内容提要

本书主要介绍一种机器学习算法——提升法，主要关注其基础理论和算法，也兼顾了应用。

全书共 14 章，分为 4 个部分。首先给出机器学习算法及其分析的概要介绍，然后第一部分重点探究了提升法的核心理论及其泛化能力。第二部分主要介绍了有助于理解和解释提升法的其他理论，包括基于博弈论的解释、贪心算法、迭代投射算法，并与信息几何学和凸优化建立了联系。第三部分主要介绍利用基于置信度的弱预测的 AdaBoost 算法的实用扩展，并用于解决多类别分类问题和排序问题。第四部分讨论了高级理论话题，包括 AdaBoost 算法、最优提升法和连续时间下的提升法之间的统计一致性。附录部分介绍了所需高级的数学概念。

本书适合对提升法感兴趣的读者，本书每章都附有练习，因此也适用于高等院校相关课程的教学。

深度学习系列
DEEP LEARNING SERIES

机器学习提升法
——理论与算法

[美] 罗伯特 · 夏皮雷（Robert. E. Schapire）
[美] 约夫 · 弗雷德 (Yoav Freund) 著

沙瀛 译

人民邮电出版社
北京

图书在版编目（CIP）数据

机器学习提升法 : 理论与算法 / （美）罗伯特·夏皮雷（Robert E.Schapire），（美）约夫·弗雷德（Yoav Freund）著 ; 沙瀛译. -- 北京 : 人民邮电出版社, 2020.10（2022.9重印）
（深度学习系列）
ISBN 978-7-115-53580-1

Ⅰ. ①机… Ⅱ. ①罗… ②约… ③沙… Ⅲ. ①机器学习—算法 Ⅳ. ①TP181

中国版本图书馆CIP数据核字(2020)第043306号

版权声明

◆ 著　　[美] 罗伯特·夏皮雷（Robert E. Schapire）
　　　　[美] 约夫·弗雷德（Yoav Freund）
译　　沙　瀛
责任编辑　陈冀康
责任印制　王　郁　焦志炜
◆ 人民邮电出版社出版发行　　北京市丰台区成寿寺路 11 号
邮编　100164　　电子邮件　315@ptpress.com.cn
网址　https://www.ptpress.com.cn
北京九州迅驰传媒文化有限公司印刷
◆ 开本：787×1092　1/16
印张：26　　2020 年 10 月第 1 版
字数：613 千字　　2022 年 9 月北京第 2 次印刷

著作权合同登记号　图字：01-2018-3258 号

定价：109.00 元
读者服务热线：(010) 81055410　印装质量热线：(010) 81055316
反盗版热线：(010) 81055315
广告经营许可证：京东市监广登字 20170147 号

译者序

弹指一挥间，提升法（boosting）提出已经整整30年了（从1989年算起，Kearns和Vallant在STOC’89提出了一个开放问题：弱可学习的和强可学习的是否是等价的？实际上提升法就回答了这个问题）。提升法一经提出，就焕发出夺目的光辉，它的提出者Schapire和Freund也因此获得了一系列的荣誉，其中就包括理论计算科学领域重要的哥德尔奖（Gödel Prize，2003年）。提升法可以做非常准确的预测，实现又非常简单，其创始人说用10行代码就可以实现该方法，因此，它获得了广泛而成功的应用。提升法的思想也很简单，可以用“三个臭皮匠顶个诸葛亮”来概括，但是其背后有雄厚的理论基础。实际上，这也符合我们对科学理论普遍的认识，挖掘、发现理论规律的过程是艰辛的，但是一旦理论、规律发现以后，这些理论规律又是十分简洁易懂的，这也就是为什么人们常常说“科学是一种美”。

当前正是深度学习独领风骚的时代，但是如果我们站在人工智能的整个发展进程来看，深度学习只是人工智能、机器学习的一个组成部分。虽然深度学习在各个领域得到了广泛的应用，获得了巨大的成功，但是我们也应该看到：对于一些根本性的问题，我们还有很长的路要走，还需要在理论上、方法上、模型上有新的重大的突破。深度学习不是人工智能的全部，Keras之父Francois Chollet就曾经表示过：对于人工智能领域，很多人罔顾历史，封闭孤立。现在研究的问题其实在几十年前就有人开始思考了，而且发表了很多真知灼见，但是有些深度学习研究人员对此却几乎一无所知。其结果就是，醉心于梯度下降的研究，而忽视了人工智能发展史、神经心理学和数学等领域更为重要的相关经验、知识的积累。他指出很多人相信“随机梯度下降（Stochastic Gradient Descend，SGD）就是答案”，这实际上是智力上的自我蒙蔽。

前人打过比方，科学研究就像武功的修炼，内力的提升和招式的学习缺一不可，相辅相成的。即使像郭靖一样学会了“降龙十八掌”，如果没有马钰对他内功修为的指导和他自己的刻苦锻炼，也是不可能充分发挥“降龙十八掌”的威力的。在人工智能领域同样需要双管齐下，内功就是相关理论基础，招式就是各种算法、tricks、调参的经验。想在相关领域做出突破性的工作，两者都要有、都要硬。而你手中的这本书就是偏重“内功修法”的理论书。

有人向岳飞请教兵法，他的回答是“运用之妙，存乎一心”。运用之妙是在掌握了ABC之后的，在充分掌握的基础之上，融会贯通，才会存乎一心。提升法这类算法实际上就有这样的特点，其思想很简单，但是其背后的理论基础十分丰富，涉及多个领域，如博弈论、信息几何学、概率论等，而且以提升法为一条主线，就可以融会贯通，知晓这些理论的相通性。本书由 Schapire 和 Freund 亲自执笔，凭借他们对算法的深厚理解以及对背后理论的深入研究，本书将提升法背后的各种理论举重若轻、抽丝剥茧、深入浅出地详加介绍。只要读者认真地阅读完本书，一定会对提升法有新的认识，对博弈论、概率论等也会有更切实的体会。

和市面上一些其他的人工智能图书相比，本书不是“实战”型的，它偏重理论，内容会枯燥一些，公式、推导多一些，要想看懂还是需要下一番苦工的，但是我认为一份耕耘，一份收获，付出总会有回报的，这就是一种基础性的修炼。本书包含提升法的理论和应用，及其由二分类到多分类、单标签到多标签如何转化的问题，从中也可以学习到很多技巧，每章最后都列出参考资料，帮助读者把握发展脉络和当前的最新成果。作者还十分贴心地在每章后面都附有练习题，看完每章的内容，可以做做练习题，检验下对书中内容的掌握程度。有些练习题还是设计得独具匠心的，所谓“题中自有颜如玉”“题中自有黄金屋”，本书也很适合作为教材使用。

从这点来说，我也十分佩服人民邮电出版社和编辑陈冀康的眼光和勇气，在当前的深度学习的大潮下，他们还选中这本书引进翻译，说明他们一直也在关注出版行业的社会效益，而不仅仅盯在经济效益上。正因为此，我也很高兴能够承担该书的翻译工作。该书的翻译工作难度比较大，理论性比较强，翻译期间我也不断地查阅相关学术资料，这也是对我本人的一种督促，促使我了解自己的知识缺陷和不足。翻译过程中也出现了一些波折，好在终于完成并交付了。交稿时的心态真的是“如临深渊、如履薄冰”，怕有错误的地方误人子弟。所以，还请各位专家、读者批评指正。

沙　瀛

狮子山下

2019 年 10 月 29 日

前 言

本书主要聚焦于一种机器学习算法——提升法，其主要思想是通过组合多个相对较弱的、不够准确的规则来创建高度准确的预测规则。围绕提升法有非常丰富的理论，其与多个领域都有联系，包括统计学、博弈论、凸优化、信息几何学等。而且 AdaBoost 以及其他提升法在生物学、视觉、语音处理等领域都获得了成功。在提升法发展的不同历史阶段，由于其表现出来的神秘感和某种悖论，提升法一直是争论的焦点。

在写作本书的过程中，我们设定的目标受众是任何对提升法感兴趣的人员（当然需要拥有一定的背景知识），不管是学生还是高级研究人员，是否有计算机科学、统计学或其他相关领域的知识。我们特别希望本书可以用于教学，因此每章都附有练习。尽管主要关注提升法，本书也介绍了与机器学习相关的各种主题以及相关领域的基础知识，如博弈论和信息论。

本书需要读者对概率论有初步了解。我们也假设读者对微积分、线性代数有基本的了解，能达到大学本科水平即可。本书附录提供了对一些更高级的数学概念的介绍，这些主要用在本书的后半部分章节中。机器学习、提升法等核心概念在本书的开始部分都有介绍。

提升法提出以来，对提升法的研究已遍布多种出版物、多个学科。本书尝试对目前的相关成果进行整合、组织、扩展和简化。其中一部分是我们与合作者的成果，但是本书的绝大部分（有几章甚至是全部内容）都是基于这个领域其他非常优秀的研究人员的成果而编写的。在每章的参考资料部分都提供了上述已发表的成果。虽然本书的绝大部分内容在其他地方都出现过，但主要章节还包括一些从来没有发表过的新成果。

本书主要关注基础理论和算法，也兼顾了应用。首先是对机器学习算法及其分析的概要介绍，然后在第一部分重点探究提升法的核心理论，特别是它的泛化能力（对新出现的数据也能做出准确的预测）。这包括对提升法训练误差的分析、基于直接的分析方法和间隔理论（margins theory）给出泛化误差的约束界。第二部分主要系统地研究有助于理解和解释提升法的其他理论，包括基于博弈论的解释、把 AdaBoost 算法看作一种最小化指数损失的贪心算法、把 AdaBoost 算法看作一种迭代投影算法，并与凸优化和信息几何学建立了联系。第三部分主要介绍利用基于置信度的弱预测的 AdaBoost 算法的实用扩展，并用于多类别分类问题和排序问题。最后，第四部分讨论了高级理论，包括 AdaBoost 算法、效率最优的提升法和连续时间下的提升法之间的统计一致性。尽管本书是围绕着理论和算法来组织的，但绝大多数章节都包括具体的应用和实用说明。

有特定目标的读者或者准备将本书作为教材的教师，可以选择不同的阅读路线。学习方向更偏理论的可以忽略第三部分。更关注提升法实际应用的可以跳过第 4、6、8 章，以及第四部分的全部内容。想从统计学角度来理解算法的可以重点关注第 7、12 章，略过第 4、6、8、13 和 14 章。本书不可避免地包含一些证明，但是这些证明可以略过或仅需大略浏览。各章节之间的依赖关系如图 P. 1 所示。

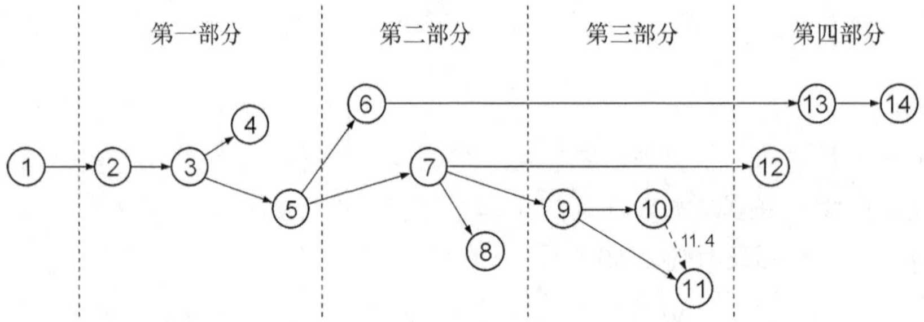

图 P. 1
本书各章节之间的依赖关系。$u \to v$ 表示建议第 u 章应该在第 v 章前阅读
（虚线箭头表示第 11 章中只有第 4 节即 11.4 节依赖于第 10 章）

本书的出版也得益于我们收到的众多批评和意见。我们特别感谢下列 10 名学生（他们在普林斯顿的研究生课程中阅读了本书的初稿）：Jonathan Chang、Sean Gerrish、Sina Jafarpour、Berk Kapicioglu、Indraneel Mukherjee、Gungor Polatkan、Alexander Schwing、Umar Syed、Yongxin (Taylor) Xi 和 Zhen (James) Xiang。他们阅读得非常仔细认真，在课内课外都提出了大量的建议。他们所给予的不同寻常的帮助，使得本书各章不仅在内容上，而且在表现形式上都有了显著的提升。

同样要感谢 Peter Bartlett、Vladimir Koltchinskii、Saharon Rosset、Yoram Singer，以及其他令人尊敬的匿名审稿人，感谢他们贡献了宝贵的时间，感谢他们提出的建设性意见和建议。下面是提供了帮助、评论、想法和见解的人员的不完全名单：Shivani Agarwal、Jordan Boyd-Graber、Olivier Chapelle、Kamalika Chaudhuri、Michael Collins、Edgar Dobriban、Miro Dudík、Dave Helmbold、Ludmila Kuncheva、John Langford、Phil Long、Taesup Moon、Lev Reyzin、Ron Rivest、Cynthia Rudin、Rocco Servedio、Matus Telgarsky、Paul Viola 和 Manfred Warmuth。对于提供了帮助但是没有出现在名单中的人员，我们深表歉意。

我们也要感谢现在和之前的雇主对这项工作的大力支持：AT&T 实验室、哥伦比亚计算学习系统中心（Columbia Center for Computational Learning Systems）、普林斯顿大学、加利福尼亚大学圣地亚哥分校、雅虎研究中心。本项研究工作获得了美国国家自然科学基金的资助（0325463、0325500、0513552、0812598 和 1016029）。

感谢所有在本书中被引用过其研究成果的合作者和同事，感谢他们同意引用他们的研究成果和相关材料，特别是图表等，上述内容已在相关章节中一一标注。感谢麻省理工学院出版社的 Katherine Almeida、Ada Brunstein、Jim DeWolf、Marc Lowenthal、Molly Seamans 以及所有为了本书的出版而不懈努力的人们。也非常感谢出版社的其他编辑们，帮助我们解决了一些棘手的版权问题，其中要特别感谢 Laurinda Alcorn 和 Frank Politano。

最后，我们要感谢我们的家人：Roberta、Jeni、Zak、Laurie、Talia、Rafi；我们的父母 Hans 和 Libby，Ora 和 Rafi。感谢他们所给予的爱、支持、鼓励和耐心。

资源与支持

本书由异步社区出品，社区（https://www.epubit.com/）为您提供相关资源和后续服务。

配套资源

本书提供如下资源：

- 书中彩图文件。

要获得以上配套资源，请在异步社区本书页面中点击，跳转到下载界面，按提示进行操作即可。注意：为保证购书读者的权益，该操作会给出相关提示，要求输入提取码进行验证。

提交勘误

作者和编辑尽最大努力来确保书中内容的准确性，但难免会存在疏漏。欢迎您将发现的问题反馈给我们，帮助我们提升图书的质量。

当您发现错误时，请登录异步社区，按书名搜索，进入本书页面，点击“提交勘误”，输入勘误信息，点击“提交”按钮即可。本书的作者和编辑会对您提交的勘误进行审核，确认并接受后，您将获赠异步社区的100积分。积分可用于在异步社区兑换优惠券、样书或奖品。

扫码关注本书

扫描下方二维码，您将会在异步社区微信服务号中看到本书信息及相关的服务提示。

与我们联系

我们的联系邮箱是 contact@epubit. com. cn。

如果您对本书有任何疑问或建议，请您发邮件给我们，并请在邮件标题中注明本书书名，以便我们更高效地做出反馈。

如果您有兴趣出版图书、录制教学视频，或者参与图书翻译、技术审校等工作，可以发邮件给我们；有意出版图书的作者也可以到异步社区在线提交投稿（直接访问 www. epubit. com/selfpublish/submission 即可）。

如果您来自学校、培训机构或企业，想批量购买本书或异步社区出版的其他图书，也可以发邮件给我们。

如果您在网上发现有针对异步社区出品图书的各种形式的盗版行为，包括对图书全部或部分内容的非授权传播，请您将怀疑有侵权行为的链接发邮件给我们。您的这一举动是对作者权益的保护，也是我们持续为您提供有价值的内容的动力之源。

关于异步社区和异步图书

“异步社区”是人民邮电出版社旗下 IT 专业图书社区，致力于出版精品 IT 技术图书和相关学习产品，为作译者提供优质出版服务。异步社区创办于 2015 年 8 月，提供大量精品 IT 技术图书和电子书，以及高品质技术文章和视频课程。更多详情请访问异步社区官网 https：//www. epubit. com。

“异步图书”是由异步社区编辑团队策划出版的精品 IT 专业图书的品牌，依托于人民邮电出版社近 30 年的计算机图书出版积累和专业编辑团队，相关图书在封面上印有异步图书的 LOGO。异步图书的出版领域包括软件开发、大数据、AI、测试、前端、网络技术等。

异步社区　　微信服务号

目　录

第一部分　算法核心分析

第二部分 基本观点

第三部分 算 法 扩 展

第四部分 高级理论

第1章 引言

由一群并不聪明的人组成的委员会如何做出高度合理的决策，尽管每个个体的判断可能都很差？由智力一般的人组成的陪审团如何综合诸多不可靠的独立观点形成一个很可能是正确的意见？在现实社会中，聚集一群智力一般的人的“智慧”并加以利用的可能性看起来是遥不可及、难以置信的。然而，这个不太可能的策略最终形成了提升法（boosting）的基石。提升法作为一种机器学习算法（简称学习算法），就是本书的主题。事实上，此算法的核心是：虽然是由很不称职的委员组成的，但是通过精心的挑选也能形成一个非常聪明的“委员会”来解决机器学习难题。

让我们通过一个具体的机器学习问题“垃圾邮件过滤”，来考虑算法是如何起作用的。垃圾邮件是现代社会才有的“烦恼病”，理想的算法应该能够准确地把垃圾邮件从收件箱中识别出来然后移除。因此，为了构建一个垃圾邮件过滤器，其主要问题就是创建一个方法：计算机可以自动地区分垃圾邮件和正常邮件。解决此问题的机器学习算法通常是这样的：收集两类数据的样例，即收集电子邮件，然后进行人工标注，由人工将邮件标注为垃圾邮件或正常邮件。机器学习算法的目的就是基于上述数据学习预测规则，然后基于此预测规则将新到的邮件正确地划分为垃圾邮件或正常邮件。

对于任何一个遭受过垃圾邮件的“狂轰滥炸”的人来说，一些识别垃圾邮件的规则会迅速出现在我们的脑海里。例如，如果邮件里有“Viagra”（伟哥）这个词，那么该邮件很可能就是一封垃圾邮件。或者，如果是来自配偶的邮件则很可能是正常邮件。这些根据个人经验总结的规则对于垃圾邮件的正确区分当然是远远不够的。例如，如果把所有包含“Viagra”的邮件都划分为垃圾邮件，其他邮件都视作正常邮件，那么肯定会经常出错。但是另一方面，这条规则也毫无疑问地给我们提供了有价值的信息。尽管此方法准确率较低，但是无论如何也比随机猜测的效果要好。

从直觉来说，发现这些弱的规则是相对容易的。事实上，我们可以合理地想象到有一种自动的“弱学习”（weak learning）方法，给定一些邮件样本，就可以有效地找到一个简单的分类规则。尽管这个分类规则可能很粗糙、很不准确，但是毕竟对区分垃圾邮件提供了一定程度的指导。进一步，如果在不同的数据子集上重复地使用这种“弱学习”方法，很可能会提取出一系列规则的集合。提升法的主要思想就是将这些“弱”的、不够准确的规则组合在一起，形成一个“委员会”，最终这个“委员会”可以做出相当准确的预测。

为了充分利用这些规则，需要解决两个关键问题：(1)如何选择邮件样本，使得弱学习方法基于这些样本学到的规则最有用；(2)一旦已经收集了足够规模的规则，如何将其组合形成一个高度准确的预测规则。对于第 2 个问题，一个可行的简单方法就是对弱学习方法习得的规则的预测结果进行投票；对于第 1 个问题，我们推荐这样的方法：后续的弱学习方法应该关注解决“最难”的样本，也就是之前的弱学习方法易于做出错误预测的样本。

通过采用与上述类似的方法，提升法已成为一个通用的、已被证实行之有效的方法：它可以将粗糙的、不甚准确的规则集合起来，形成一个十分准确的预测规则。本书将介绍提升法当前的进展，特别是 AdaBoost 算法，该算法也是在理论研究和实验验证中最受关注的算法。第 1 章将介绍 AdaBoost 算法及其相关的核心概念，还将概述本书的整体内容。

本书所用符号的说明、相关数学背景知识的简明介绍参见附录。

1.1 分类问题与机器学习

本书主要关注分类问题，即将对象归于一个小规模类别集合中的一类。例如，一个光学符号识别（Optical Character Recognition，OCR）系统对图像中的字母识别后将其分别归入 A、B、C 等字母（类）。医疗诊断是另一个分类问题，其目标是诊断患者是否患有某种疾病。换句话说，就是根据病人呈现的临床症状，判断其是否患有某种疾病。垃圾邮件过滤也是一个分类的问题，其目标是区分某一邮件是否是垃圾邮件。

我们主要关注解决分类问题的机器学习算法。机器学习是基于以往的经验习得对未来进行预测的自动方法。针对分类问题，机器学习算法通过对已标注样本（通常由人对样本做出正确分类）进行仔细研究，尝试习得可以对后来的未知样本进行正确分类的规则。

我们把分类的对象称为实例（instance）或样本，一个样本就是用来产生某一分类的某些属性的描述。在 OCR 的例子中，样本就是含有字母的图像。在医学诊断中，样本就是患者症状的描述。所有可能的样本构成的空间叫作样本空间（instance space）或样本域(domain)，用 $\mathcal{X}$ 表示。已标注样本是携带有指明其所属类别的标签（label）的样本。实例有时也指未标注样本。

在训练阶段，机器学习算法的输入是已标注样本构成的训练集合（training set)，这些已标注样本叫作训练样本（training example)。学习算法的输出是预测规则，叫作分类器（classifier）或假设（hypothesis)。一个分类器本身可以被认为是一个计算机程序，输入一个新的未标注样本，输出是对此样本所属类别的预测。因此，用数学术语描述，一个分类器就是一个函数，实现从样本到标签的映射。在本书，我们无差别地交替使用分类器或假设，前者更强调对新样本进行分类的预测规则，而后者更强调这样一个事实——规则是学习过程的结果。在具体的上下文中还会用到其他的术语，如：规则(rule)、预测规则（prediction rule)、分类规则（classification rule)、预测器（predictor)、模型（model）等。

评价分类器的性能主要通过误差率（error rate），也就是它做出错误分类的频率。为了获得这个评价指标，需要独立的测试用例集合（测试集）。分类器对每个测试样本进行分类，然后将其结果与正确的分类进行比较。错误分类的样本占总样本的百分比就是此分类器的测试误差（test error）。正确分类的样本占总样本的百分比就是（测试或训练的）准确率（accuracy）。

当然，我们并不是很关心分类器在训练集上的性能，因为构建分类器的目的主要是希望分类器在新的数据上表现良好。另一方面，如果训练集与测试集之间没有任何关系，那么这个学习问题也是不可解的（不可能通过训练集学习到在测试集上表现良好的分类器）；只有当将来与过去十分相似时，将来才是可预测的。因此，在设计和研究学习算法的时候，我们通常假设训练集和测试集来自同一个随机数据源。也就是说，我们假设样本是随机取样于标注样本所构成的空间中某个固定但未知的分布 $\mathcal{D}$，而且训练样本和测试样本都来自同一分布。分类器的泛化误差（generalization error）是指从分布 $\mathcal{D}$ 中随机选取一个样本，其错误分类的概率，也相当于分类器对由分布 $\mathcal{D}$ 生成的任意测试集的期望测试误差。因此，学习的目的可以简洁地表示为生成一个泛化误差较小的分类器。

可以用诊断是否患有冠状动脉疾病的例子来阐明这些概念。对于这个问题，一个样本就是对一个患者的描述集合，包括性别、年龄、胆固醇水平、胸口疼痛类型（如果有的话）、血压等各种检查结果。每个样本的标签或所属的类别就是医生的诊断结果：患者是否患有冠状动脉疾病。训练阶段，给学习算法提供已标注的训练数据集合，然后学习算法尝试生成一个分类器对新患者进行预测：其是否患有冠状动脉疾病。学习的目标就是生成一个尽可能准确的分类器。在后续的 1.2.3 节，将会介绍利用此公开数据集的实验。

1.2 提升法

下面我们对提升法给出更准确的描述。提升法首先假设存在基学习算法（base learning algorithm）或弱学习算法（weak learning algorithm），给定已标注训练样本，生成基分类器（base classifier）或弱分类器（weak classifier）。提升法的目标就是改善弱学习算法的性能，可把弱学习算法当作一个“黑箱”，就像一个子程序，可以被重复调用，但是弱学习算法的内部不可观测，也不可操纵。我们希望对该弱学习算法只做最小的假设。可能我们可做的最小假设就是：弱分类器不是完全没有价值的，也就是说这些弱分类器的错误率至少要比每次预测都是随机猜测的分类器稍好些。因此，就像垃圾邮件过滤例子中的那样，弱分类器是很粗糙、相当不准确的，但是也不是完全没有任何价值、完全不提供任何信息的。基学习器（base learner）产生弱假设（weak hypothesis），弱假设在性能上要比随机猜测的稍好些。这就叫作弱学习假设（weak learning assumption），也是提升法的核心概念。

就像我们无差别地交替使用分类器和假设，我们也无差别地交替使用“基”（base）和“弱”（weak），“弱”强调性能上的平庸，而“基”意味着整体算法的构建单元。

像其他学习算法一样，提升法的输入为训练样本集（x_1，y_1），…，（x_m，y_m），其中每个 x_i 是来自 $\mathcal{X}$ 的一个样本，每个 y_i 是其对应的标签或所属类别。从现在开始，本书在绝大多数情况下都假设是最简单的情况：只有两类，即－1 和＋1，尽管在第 10 章将探讨多类别分类问题。

提升法从数据中学习的唯一手段就是调用基学习算法。然而，如果只是面对同样的训练数据集，重复地调用一个基学习器，则不会发生什么有价值的事情；相反，我们希望的是不断产生相同或者相近的基学习器，因此基学习器只运行一次是得不到什么东西的。这说明，如果提升法想在基学习器的基础上提升算法的性能，就必须用某种方式来操纵输入基学习器的数据。

实际上，提升法的核心思想就是为基学习器选择训练数据集，这样每次调用基学习器的时候，都迫使它从数据中推断出新的东西。这可以通过选择这样的训练集来实现：前一个基学习器在此训练集上表现得很差，甚至比常规的弱学习器的性能还要差。如果这是可以做到的，就可以期望产生一个与前一个基学习器有很大不同的新的基学习器。这是因为，尽管我们把基学习器当作一个弱的、平庸的学习算法，但是我们希望由此产生的最终的分类器可以做出非平庸的预测。

现在准备描述提升法——AdaBoost 算法的细节，该算法集成了上述思想，伪代码如算法 1.1 所示。通过 AdaBoost 算法对基学习器进行多轮或迭代调用。通过选择每轮输入基学习器的训练集，AdaBoost 算法维护了训练样本的某一分布。第 t 轮的分布标识为 D_t，它对训练样本 i 分配的权重标识为 $D_t(i)$。从直觉上可以知道，这个权重是衡量当前轮中正确分类样本 i 的重要程度。初始时所有的权重都是一样的，但是每经过一轮，没有被正确分类的样本的权重会增加，这样，比较“难”的样本（分类出错的样本）会持续获得高的权重，迫使基学习器关注并解决这些“难”的样本。

算法 1.1

提升法：AdaBoost 算法

给定：$(x_1, y_1), \cdots, (x_m, y_m)$，$x_i \in \mathcal{X}, y_i \in \{-1, +1\}$

初始化：$D_1(i) = \frac{1}{m}, \ i = 1, \cdots, m$

对于 $t = 1, \cdots, T$

- 根据分布 D_t 训练弱学习器
- 得到弱假设 $h_t: \mathcal{X} \to \{-1, +1\}$
- 目标：选择 h_t 使得加权后的误差最小

$$\epsilon_t \doteq \mathbf{Pr}_{i \sim D_t}[h_t(x_i) \neq y_i]$$

- 令 $\alpha_t = \frac{1}{2}\ln\left(\frac{1-\epsilon_t}{\epsilon_t}\right)$
- 进行如下更新，$i = 1, \cdots, m$：

$$D_{t+1}(i) = \frac{D_t(i)}{Z_t} \times \begin{cases} e^{-\alpha_t}, & h_t(x_i) = y_i \\ e^{\alpha_t}, & h_t(x_i) \neq y_i \end{cases}$$

$$= \frac{D_t(i)\exp(-\alpha_t y_i h_t(x_i))}{Z_t}$$

> 这里，Z_t 是归一化因子（这样 D_{t+1} 才是一个分布）
> 输出最终的假设：
> $$H(x)=\operatorname{sign}\Big(\sum_{t=1}^{T}\alpha_t h_t(x)\Big)$$

基学习器的任务就是针对分布 D_t 找到一个基分类器 h_t：$\mathcal{X}\to\{-1,+1\}$ 。为了与之前的讨论一致，一个基分类器的性能是由分布 D_t 上的加权误差来评价的

$$\epsilon_t \doteq \mathbf{Pr}_{i\sim D_t}[h_t(x_i)\neq y_i]=\sum_{i:h_t(x_i)\neq y_i} D_t(i)$$

这里 $\mathbf{Pr}_{i\sim D_t}[\cdot]$ 表示根据分布 D_t 随机选择一个样本（由其下标 i 标识）的概率。因此加权误差 ϵ_t 就是根据分布 D_t 随机选择一个样本被 h_t 错误分类的概率。也就是说，它就是那些错误分类的样本的权重之和。需要注意的是，评价误差时所基于的分布 D_t 就是训练基分类器时所用的分布。

弱学习器尝试选择一个加权误差 ϵ_t 较小的弱假设 h_t 。在这种情况下，我们没有希望在绝对意义上误差能有多小，只是从宽泛的角度或者说是从相对的意义上希望这个误差尽可能小。实际上，我们只是希望比随机猜测稍微好一些就可以了，通常情况下误差值可能离零很远（误差值很大）。为了强调我们对弱学习器这种宽松的要求，我们说弱学习器的目标就是最大程度地减小（minimalize）加权误差，用这个词来暗示一个模糊的不那么严格的要求，而不是用最小化（minimize）这个词。

如果一个分类器完全随机地预测分类结果，即以等概率预测样本的分类标签为-1或$+1$，则对于给定的任意样本，其错误分类的概率都是 1/2。因此，不管在何种数据集上进行测试，这个分类器的误差就是 1/2。如果明确每次预测都是随机选择，我们就可以很容易地得到一个加权误差 ϵ_t 为 1/2 的弱假设。根据我们当前的目标，弱学习器的假设是：每个弱分类器的误差都离 1/2 有一定的距离，则每个 ϵ_t 最多是 $\frac{1}{2}-\gamma$ ，其中 γ 是小的正常数。通过这种方式，每个弱假设都比随机猜测好一点，正如加权误差所表示的那样（这个假设将在 2.3 节进一步细化）。

至于 AdaBoost 如何计算训练样本的权重 $D_t(i)$ ，在实践中有多种方法可以应用于基学习器：在某些情况下，基学习器可以直接利用这些权重；在另外一些情况下，基学习器从初始训练集中随机选择样本作为不加权的训练集，在这种情况下，选中某一样本的概率与此样本的权重成正比。这些方法将在 3.4 节中详细讨论。

回到垃圾邮件过滤的问题，样本 x_i 对应于邮件消息，标签 y_i 给出正确的分类：垃圾邮件或者正常邮件。基分类器就是由弱学习程序提供的一系列的规则，弱学习程序运行在基于分布 D_t 随机选择的训练子集上，然后产生一系列的基分类器。

一旦生成一个基分类器 h_t ，AdaBoost 则选择一个参数 α_t ，如算法 1.1 所示。直观上来看，α_t 衡量 h_t 的重要程度。对 α_t 的精确选择从当前的目的来看还不是很重要，选择 α_t 的基本原理将在第 3 章详细阐述。当前，我们只需要注意到：如果 $\epsilon_t<\frac{1}{2}$ ，则 $\alpha_t>0$，ϵ_t

越小，则 α_t 越大。因此，基分类器 h_t 越准确，则我们对其分配的权重也越大。

接下来，将分布 D_t 基于算法所示的规则进行更新。首先，由 h_t 正确分类的样本的权重乘以 $e^{-\alpha_t}$ ($e^{-\alpha_t} < 1$)；h_t 没有正确分类的样本的权重乘以 e^{α_t} ($e^{\alpha_t} > 1$)。因为我们做预测使用的标签是 $\{-1, +1\}$，因此对于每个样本 i 这个更新可以更简洁地表示为 $\exp(-\alpha_t y_i h_t(x_i))$。接下来，这个值要除以因子 Z_t 以实现归一化，即保证新的分布 D_{t+1} 其概率和仍然为 1。这个规则的效果就是增加被 h_t 错误分类的样本的权重，而减少正确分类的样本的权重。这样，权重倾向于“难”的样本。实际上，更准确的说法是，AdaBoost 选择了一个新的分布 D_{t+1}，使得最近的这个基分类器 h_t 在这个分布上表现得特别差：通过简单计算可以得出 h_t 的误差在分布 D_{t+1} 上是 1/2，就是随机猜测达到的效果（参见练习 1.1）。如上所述，通过这种方式，AdaBoost 迫使基学习器在每一轮都从数据中学到新的规律。

经过对基学习器的多次调用，AdaBoost 把多个基学习器组合在一起形成一个组合分类器（combined classifier）或最终分类器（final classifier）H。这是通过基分类器分类结果的投票加权完成的。也就是说，给定一个新的样本 x，组合分类器 H 选择基分类器的分类结果的加权多数作为其分类结果输出。这里，第 t 个基分类器 h_t 的投票权重就是前面选择的参数 α_t。最终分类器 H 预测结果的公式如算法 1.1 所示。

1.2.1 一个“玩具”例子

为了说明 AdaBoost 算法是如何工作的，让我们看一个“玩具”例子，如图 1.1 所示。这里样本就是平面上标着“+”或“−”的点，共有 $m=10$ 个训练样本，5 个标为“+”，5 个标为“−”。

我们假设基学习器找到的基分类器就是平面上的水平线或垂直线。例如，一个为垂直线的基分类器会把线右侧的点标为“+”，线左侧的点标为“−”。通过尝试可以发现，这种类型的基分类器在 10 个样本中正确分类的不会超过 7 个，这意味着没有一个这种基分类器的非加权训练误差会低于 30%。我们假设，在每 t 轮，针对分布 D_t 做任意的分割，基学习器都可以找到这种形式的有最小加权误差的基假设。我们会看到，在这个例子中，利用这种基学习器找到的这种弱基分类器，AdaBoost 算法只需要 3 轮（$T=3$）就可以构建一个组合分类器能够正确分类所有的训练样本。

在第一轮，AdaBoost 对所有的样本分配同样的权重。如图 1.1 所示，在标识为 D_1 的方框中所有的样本都同样大小。如表 1.1 所示，给定权重，基学习器选择了标识为 h_1 的基假设，它把在它左侧的点标识为“+”。这种基假设错分了 3 个点，即用圆圈标识的“+”点，因此其误差 ϵ_1 为 0.30。用算法 1.1 中的公式可得：$\alpha_1 \approx 0.42$。

构建分布 D_2：增加 h_1 错分的 3 个点的权重，减少其他点的权重，在表示分布 D_2 的方框中是通过点的大小来体现权重的。表 1.1 展示了数值计算的过程。

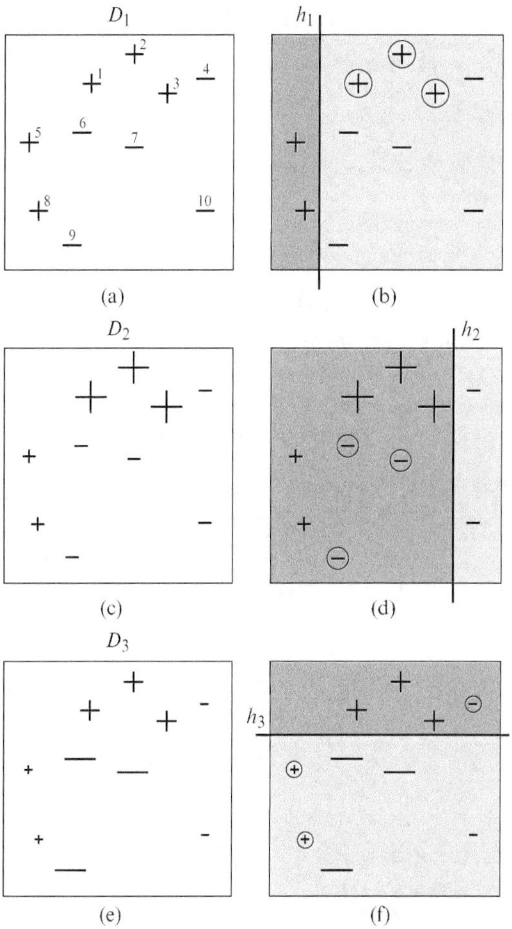

图 1.1

解释 AdaBoost 如何工作的一个“玩具”例子，共 10 个样本。每一行表示算法进行一轮，共进行 3 轮，$t=1$，2，3。每行的左方框表示当前的分布 D_t，其中每个样本的大小根据在当前分布上的权重进行缩放。每行的右侧方框表示弱假设 h_t，颜色更深的区域预测为“+”。h_t 错分的样本已用圆圈标识

表 1.1 图 1.1 所示例子的计算过程

样本	1	2	3	4	5	6	7	8	9	10	
$D_1(i)$	0.10	0.10	0.10	0.10	0.10	0.10	0.10	0.10	0.10	0.10	$\epsilon_1=0.30$，$\alpha_1\approx0.42$
$e^{-\alpha_1 y_i h_1(x_i)}$	1.53	1.53	1.53	0.65	0.65	0.65	0.65	0.65	0.65	0.65	
$D_1(i)e^{-\alpha_1 y_i h_1(x_i)}$	0.15	0.15	0.15	0.07	0.07	0.07	0.07	0.07	0.07	0.07	$Z_1\approx0.92$
$D_2(i)$	0.17	0.17	0.17	0.07	0.07	0.07	0.07	0.07	0.07	0.07	$\epsilon_2\approx0.21$，$\alpha_2\approx0.65$
$e^{-\alpha_2 y_i h_2(x_i)}$	0.52	0.52	0.52	0.52	0.52	1.91	1.91	0.52	1.91	0.52	
$D_2(i)e^{-\alpha_2 y_i h_2(x_i)}$	0.09	0.09	0.09	0.04	0.04	0.14	0.14	0.04	0.14	0.04	$Z_2\approx0.82$
$D_3(i)$	0.11	0.11	0.11	0.05	0.05	0.17	0.17	0.05	0.17	0.05	$\epsilon_3\approx0.14$，$\alpha_3\approx0.92$
$e^{-\alpha_3 y_i h_3(x_i)}$	0.40	0.40	0.40	2.52	2.52	0.40	0.40	2.52	0.40	0.40	
$D_3(i)e^{-\alpha_3 y_i h_3(x_i)}$	0.04	0.04	0.04	0.11	0.11	0.07	0.07	0.11	0.07	0.02	$Z_3\approx0.69$

10 个样本的计算过程如表所示。h_t 做出错误分类的样本在分布 D_t 行用下划线标识

在第二轮，基学习器选择了标识为 h_2 的直线为基分类器，这个基分类器正确划分了那 3 个权重相对高的点（h_1 错分的），付出的代价是错分了另外 3 个低权重的点，而这 3

个点 h_1 是正确划分了的。因为在分布 D_2 下，错分的 3 个点的权重只有 0.07，所以在分布 D_2 下，h_2 的误差 $\epsilon_2 \approx 0.21$，此时 $\alpha_2 \approx 0.65$。然后构建分布 D_3，这些分错的点的权重会增加，而其他点的权重会降低。

在第三轮，选择 h_3 为基学习器。h_1 和 h_2 分错的点 h_3 都没有分错，因为在分布 D_3 上这些点都有较高的权重。相反，它错分的 3 个点，因为都是 h_1 和 h_2 没有分错的点，所以在分布 D_3 上这些点的权重都很低。在第三轮，误差 $\epsilon_3 \approx 0.14$，此时 $\alpha_3 \approx 0.92$。

注意，我们之前讨论过每个假设 h_t 在新的分布 D_{t+1} 上的误差都是 1/2。这个结论可以通过表 1.1 进行数值验证（注意由于四舍五入导致的小误差）。

最终的组合假设 H 是 h_1、h_2 和 h_3 的加权投票，如图 1.2 所示，这里基分类器的权重分别是 α_1、α_2 和 α_3。如图所示，尽管每个弱分类器都错分了 10 个样本中的 3 个，但是组合分类器却可以正确分类全部 10 个样本。例如，对右上角“－”点的分类，h_1 和 h_2 分为“－”，而 h_3 分为“＋”，则

$$\operatorname{sign}(-\alpha_1-\alpha_2+\alpha_3)=\operatorname{sign}(-0.15)=-1$$

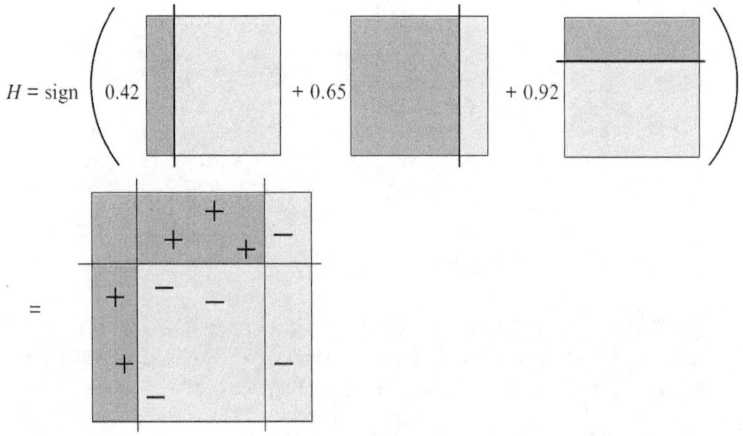

图 1.2

图 1.1 所示例子的组合分类器，其分类的最终结果就是取 3 个弱假设的分类结果的加权和的符号：$\alpha_1 h_1+\alpha_2 h_2+\alpha_3 h_3$，如图第一行所示。也就等同于图第二行所示的分类器（同图 1.1，分类器预测深色区域为正）

有人可能会质疑训练误差的迅速下降是否是 AdaBoost 算法的典型特征。基于下面的内容，回答是“是的”：给定弱学习器假设（也就是说，每个弱分类器的误差 ϵ_t 最多是 $\frac{1}{2}-\gamma$，$\gamma>0$），我们可以证明组合分类器的训练误差是弱分类器数量的函数，且呈指数级下降。上述结论在第 3 章会给出证明，尽管此结论与泛化误差（generalization error）没有直接的关系，但是这个结论也强烈地暗示了既然提升法可以有效地降低训练误差，那么也有可能可以有效地降低组合分类器的泛化误差。确实如此，在第 4 章和第 5 章，我们会利用各种理论来证明 AdaBoost 算法的组合分类器的泛化误差。

还需要注意到，尽管我们依赖于弱学习器假设来证明上述结论，然而 AdaBoost 并不需要知道前面所述的“边界”γ，只是针对误差 ϵ_t 进行调整和适应。误差 ϵ_t 的变化可能会

比较大，这反应了不同基分类器之间不同的性能。从这个意义上来说，AdaBoost 是一种自适应的提升法，正如其名字所表示的那样①。而且这种自适应性是使 AdaBoost 算法非常实用的关键特征之一。

1.2.2 算法的实验性能

从来自真实世界的多个应用数据来看，AdaBoost 算法是十分高效的。为了获得 AdaBoost 算法整体性能的直观感受，我们可以基于多个公开基准数据集，将 AdaBoost 算法与其他算法做一比较。这也是机器学习领域一种重要的方法，因为不同的算法在不同数据集上的表现可能有很大差异。这里我们考虑两个基学习算法：一个产生相当弱的、简单的基分类器，叫作决策树桩（decision s Tumps）；另一个叫作 C4.5，这是一个已经获得高效实现的用于产生决策树的算法，这个算法相对更复杂，也比决策树桩更准确一些。这些基分类器将在 1.2.3 节和 1.3 节进一步详细描述。

提升法通过改善基学习算法的准确率来达到目的。图 1.3 展示了算法在 27 个基准数据集上达到的效果。在每个散点图中，每个点代表了针对某一数据集提升法的测试误差率（x 坐标）及其对应的基学习器的测试误差率(y 坐标)。所有的误差率都是对给定数据集随机划分为训练集和测试集，并运行多次后取的平均值。在这些实验中，提升法都是运行 100 轮。

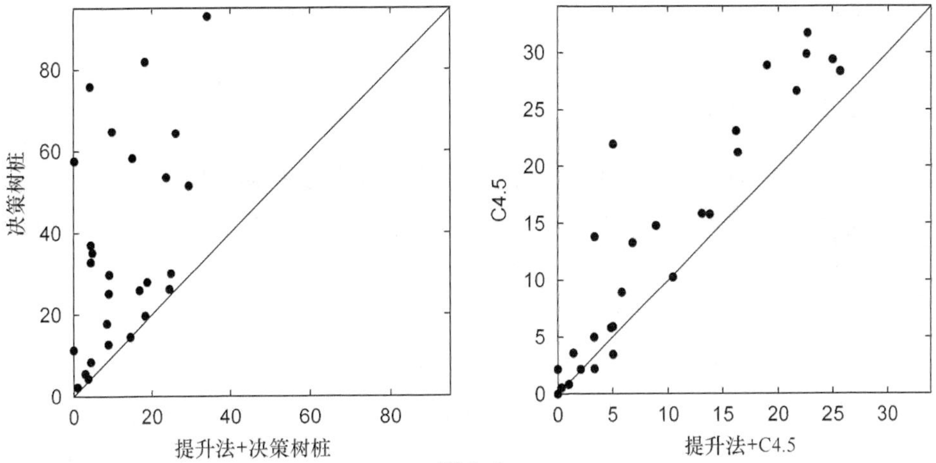

图 1.3

两个基学习算法的比较：决策树桩（decision stumps）和 C4.5，分别采用提升法或不采用提升法。散点图上的每个点代表两个算法（左图为决策树桩算法，右图为 C4.5 算法）分别在 27 个公开基准数据集上的测试误差率。每个点的 x 坐标代表使用提升法的测试误差率（百分比），y 坐标代表不使用提升法的测试误差率。所有的误差率都是多次运行取平均值

“阅读”这样的散点图需要注意：当且仅当提升法显示的性能优于基学习器的时候，对应点才会在“ $y=x$ ”直线的上面。因此，当我们看到使用相对较强的基学习器 C4.5 的时候，该算法自身就比较有效，AdaBoost 经常能够对性能提供相当大的提升。更令人惊讶的是，当采用相对较弱的决策树桩作为基分类器时，算法所带来的性能上的提升很大。事实上，这个提升如此之大以至于提升法+决策树桩（boosting stumps）甚至经常会

① 这也就是为什么 AdaBoost（adaptive boosting 的缩写）读作 ADD-uh-boost，与 adaptation 相似。

优于 C4.5，如图 1.4 所示。当然从另一方面来说，整体上提升法+C4.5（boosting C4.5）算法相比提升法+决策树桩（boosting stumps）算法可以提供更准确的结果。

简而言之，从实验效果来看，AdaBoost 算法明显具有高效的泛化能力。我们如何解释 AdaBoost 算法的这种超越训练数据的泛化推断能力？本书的主旨就是尝试回答这个问题。

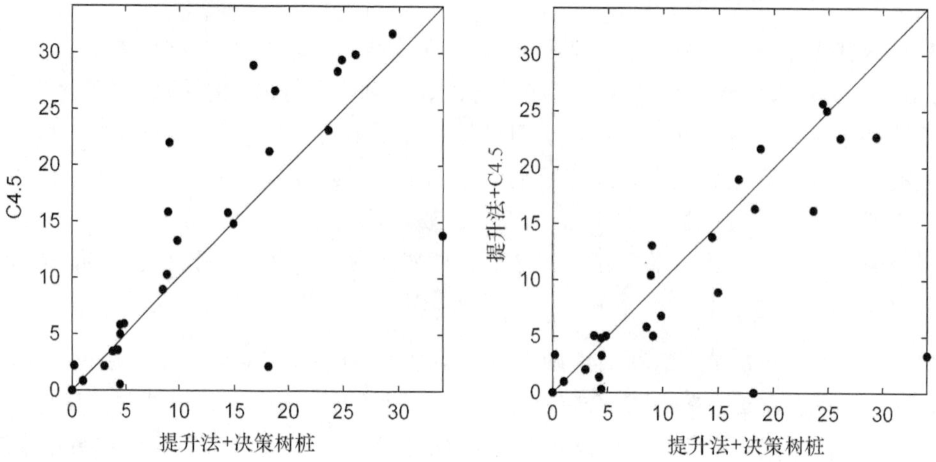

图 1.4

使用提升法的决策树桩的使用或不使用提升法的 C4.5 算法的比较（左图为不使用提升法的 C4.5，右图为使用提升法的 C4.5）

1.2.3 一个医学诊断的例子

作为一个更详细的例子，让我们回到 1.1 节讨论的心脏疾病诊断数据集。为了应用提升法，我们首先需要选择基学习器和基分类器。我们可以有多种选择，但是最简单的规则可能就是基于患者的某一特征（属性）进行预测。例如，一条规则可能是：如果一个患者的胆固醇水平最低为 228.5，那么可以判断患者有心脏疾病；否则，认为患者是健康的。

在接下来我们将要描述的实验过程中，使用的就是这种形式的基分类器，这就是在 1.2.2 节中提及的决策树桩（事实上，我们在 1.2.1 节一个“玩具”的例子中使用的弱分类器也是决策树桩）。在 3.4.2 节可以看到，通过穷尽搜索找到最佳决策树桩的基学习器可以采用某种更高效的方式实现（如前所述，这里的“最佳”意味着在给定训练样本的分布 D_t 下，可以获得最小的加权训练误差）。表 1.2 显示了当 AdaBoost 作用于全部数据集时，由基学习器产生的前 6 个基分类器。

为了在规模这么小的数据集上测试性能，我们把数据随机地分割成训练集和测试集。因为在这种情况下，测试集都非常小，所以我们使用了叫作交叉验证（cross validation）的标准方法运行多次，然后取训练误差和测试误差的平均值。图 1.5 显示了针对该数据集的平均误差率，此误差率是基分类器数量的函数。提升法可以持续地降低训练误差。测试误差也下降得很快，只需 3 轮就达到了一个较低的点——15.3%，相对于只有一个基分类器的情况（其测试误差为 28.0%），性能有了相当大的提升。然而，到达这个低点后，测试误差开始攀升，100 轮后达到了 18.8%，1 000 轮后达到了 22.0%。

随着训练的持续而导致性能的恶化是过拟合（overfitting）的一个典型例子，过拟合是一个很重要而且普遍存在的现象。随着基分类器数目的增加，组合分类器变得越来越复杂，多少导致了测试误差的恶化。过拟合在很多机器学习系统中都可以观察到，也得到了深入的理论研究。过拟合符合这样一个直观感受：对数据的简单解释要优于复杂的解释。这叫作“奥卡姆剃刀原则”（Occam's Razor）[①]。随着提升法轮数的增加，组合分类器复杂度和规模都在增加，显然在训练数据集上呈现出压倒性的性能优势，这样就容易产生过拟合。系统复杂度与准确性的联系将在第 2 章详细讨论。图 1.5 所观察到的提升法的行为特征通过第 4 章的讨论分析可以很好地获得预判。

过拟合是一个很严重的问题，因为这意味着我们对什么时候停止提升法要十分小心。就像在这个例子中看到的那样，如果我们停止得太早或太晚，都会严重影响算法的性能。而且，算法在训练集上的表现并不能对何时停止训练（防止过拟合）提供多大的帮助，因为训练误差通常都会持续下降，即使这时的过拟合已经越来越严重了。

表 1.2 在心脏疾病诊断数据集上使用 AdaBoost 算法时，产生的前 6 个基分类器

轮数	如果	那么，判断	否则
1	丘脑正常	健康	患病
2	X 射线造影染色血管数大于零	患病	健康
3	无症状的胸痛	患病	健康
4	由运动引起的 ST 段压低相对平静≥0.75	患病	健康
5	胆固醇≥228.5	患病	健康
6	静息心电图结果正常	健康	患病

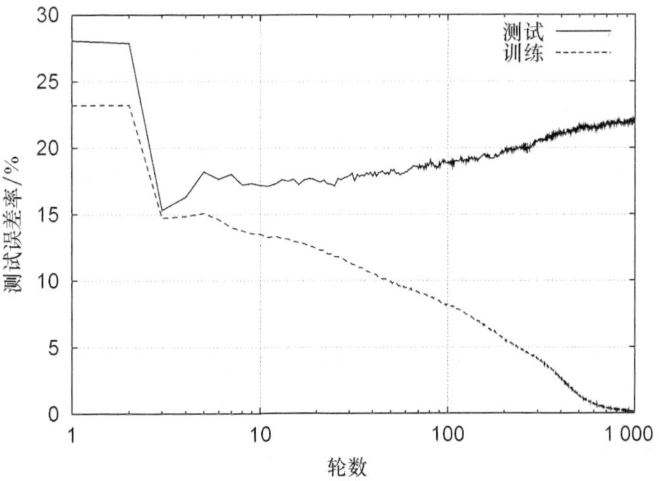

图 1.5

对心脏疾病诊断数据集使用提升法的训练与测试误差率。结果是对数据集交叉验证后的平均值

① 奥卡姆剃刀原则（Occam's Razor）：是由 14 世纪英格兰的逻辑学家奥卡姆的威廉（William of Occam，约 1285—1349 年）提出。这个原理称为“如无必要，勿增实体”，即“简单有效原理”。正如他在《箴言书注》2 卷 15 题说“切勿浪费较多东西去做，用较少的东西，同样可以做好的事情。”例如，针对某一现象，可能存在两种理论解释，那么我们通常倾向于简单的那个解释。

1.3　抗过拟合与间隔理论

上述最后一个例子展示的是将提升法用于非常弱的基分类器。这是提升法的一个应用场景，也就是说提升法基于一个非常简单、非常平凡的弱学习算法。另外，也可以利用提升法来进一步提升一个已经相当好的学习算法的准确率。

下面这个例子就是这种场景。我们不是使用一个非常弱的基学习器，而是使用一个众所周知的机器学习算法 C4.5 作为基学习器。如前所示，C4.5 产生的分类器叫作决策树(decision trees)。图 1.6 展示了一个决策树的例子。节点通过一些测试（问题）被划分为几类（对应于方框的输出边）。叶节点用预测的标签（所属类别）来标识。对一个样本进行分类，就是一条从根走到叶子节点的路径。这条路径是由途中遇到的测试的输出来决定的，预测的所属类别是由最终到达的叶子节点决定的。例如，大的、正方形的、蓝色的项被分为“－”，而中等规模、圆的、红色的项被分为“＋”。

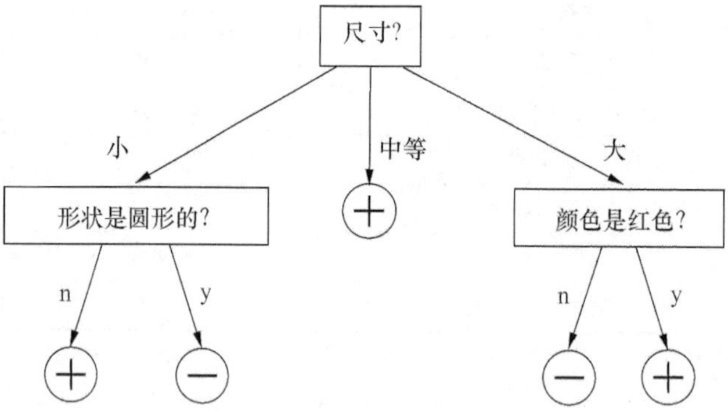

图 1.6　一个决策树的例子

我们用识别手写体英文字母的数据集来测试以 C4.5 为基学习器的提升法。使用的特征来自原始像素图像，例如选中的像素的横坐标的平均值等。数据集包含 16 000 个训练样本，4 000 个测试样本。

图 1.7 展示了 AdaBoost 算法的组合分类器的训练和测试误差率，是决策树数目的函数。由 C4.5 生成的一个决策树在这个数据集上的测试误差率是 13.8%。在这个例子中，提升法让训练误差迅速下降。事实上，只经过了 5 轮，训练误差就降到了零，因此所有的训练样本都分类正确。但是要注意到，没有什么原因可以让提升法停在这个点上不继续运行。尽管组合分类器的训练误差是零，但是每个单独的基分类器在其训练样本分布上仍然有较大的加权误差——5%～6%。因此即使在 t（轮数）很大的情况下，ϵ_t 仍然在这个范围。这就驱使 AdaBoost 继续调整训练样本的权重，继续训练基分类器。

提升法在这个数据集上的测试性能非常好，远远超过单独的决策树。而且，令人惊奇的是，不像前面的例子，这个数据集的测试误差从来不增加，即使是组合了 1 000 个决策树，而这时组合分类器已经包含了超过 200 万个决策节点。即使训练误差达到了零，测试误差仍然持续下降，从第 5 轮的 8.4%下降到了 1 000 轮时的 3.1%。

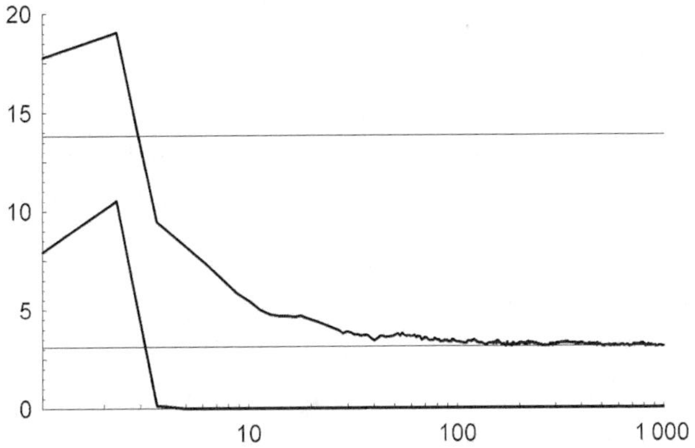

图 1.7

OCR 数据集，C4.5 为基学习器，提升法的训练误差率和测试误差率。上面的曲线是测试误差，下面的曲线是训练误差。上面的水平线显示的是单独使用 C4.5 达到的测试误差率；下面的水平线显示的是 AdaBoost 算法经过 1 000 轮后最终的测试误差率（经数学统计研究所的许可重印）

这里没有出现过拟合，看起来明显与我们以前的直觉“简单的就是好的”相矛盾。可以肯定的是，5 个决策树的组合肯定要比 1 000 个决策树的组合简单得多（如果单从规模上看，可以说简单了 200 倍），两者在训练样本上的表现都是同样的好（事实上可以叫作完美）。因此一个规模大得多的、更加复杂的组合分类器在测试样本上表现得更好，这是如何做到的？这明显就是一个悖论。

一个表面上貌似可信的解释就是 α_t 迅速收敛到 0，因此组合的基分类器的数目受到了有效的限制。然而，正如上面所述，在这种情况下，ϵ_t 维持在 5%～6%之间，远远小于 1/2，这也意味着每个基分类器的权重 α_t 也是远远大于 0 的。因此在每一轮，组合分类器是在持续增加和进化的。

这种对过拟合的“抵抗”能力是提升法的典型特征，尽管正如我们在 1.2.3 节看到的那样，提升法当然也会出现过拟合。这种抗过拟合的能力就是使其成为一个吸引人的学习算法的特性之一。但是我们如何理解这种行为呢？

在第 5 章中，我们将给出理论解释：AdaBoost 是在什么情况下、如何、为什么起作用的，特别是为什么该算法通常不会过拟合。简要地说，其主要思想如下：上述 AdaBoost 在训练集上的性能描述只考虑了训练误差，仅仅经过 5 轮就已接近 0。然而，训练误差只是问题的一部分，它只说明了有多少样本被正确或错误地分类。为了理解 AdaBoost 算法，我们也需要考虑算法做出预测的置信度（confidence），即可信程度是多少。我们将会看到这个置信度是通过一个叫作间隔（margin）的量来进行衡量的。根据这个解释，尽管训练误差——不管预测是否正确——在 5 轮过后就不变了，但随着轮数的增加，做出预测的置信度是急剧增加的。就是这种急剧增加的置信度解释了算法良好的泛化能力。

对于间隔理论我们将提供实验和理论证据。间隔理论不仅解释了为什么不会过拟合，而且提供了一个详细的框架来帮助我们从根本上理解在什么情况下使用 AdaBoost 会成功。

1.4　基础理论与算法

对算法的核心分析构成了本书的第一部分，前面已给出了概要的介绍，大量的数学理论研究证明了 AdaBoost 不仅可以减少训练误差，而且可以减少泛化误差。这里我们主要关注 AdaBoost 作为一个学习算法在什么情况下、如何、为什么是有效的。

此类分析，包括间隔理论，是我们研究提升法的最重要的部分，但这绝不是问题的终结。尽管此算法是如此简洁，AdaBoost 仍然可以从大量的、各自独立的理论分析中得到解释和证明。总之，这些理论分析不仅提供了对算法原理的丰富的理论解释，而且促使算法获得了广泛的应用，并随之产生了算法的各种变体。本书的第二部分主要介绍了解释算法理论的 3 个不同视角。

首先，我们可以把提升法与弱学习算法之间的相互作用看作有两个玩家的博弈游戏——这不仅是一种日常的游戏形式，也是博弈论领域中的典型问题，从数学角度已获得了深入的研究。实际上，AdaBoost 是重复多轮的博弈游戏的一种泛化算法的特例。主要在第 6 章介绍这方面的内容，这可以帮助我们理解算法的多种特性，例如，算法的极限行为(limiting behavior) 用更宽泛的博弈论的术语如何进行理解。我们可以看到提升法中的核心概念，例如间隔、弱学习假设等都有一个很自然的博弈论的理论解释。确实，提升法的核心思想实际上是与博弈论的一个最基本的理论紧紧地“缠绕”在一起的。通过这一视角还可以将 AdaBoost 与另一个学习算法的分支——在线学习（online learning）统一起来。

还可以进一步将 AdaBoost 算法理解为一个特定目标函数的优化算法，这个目标函数用于评价模型对数据集的拟合程度。如第 7 章所述，通过这种方式 AdaBoost 可以被看作应用于统计学习问题的更泛化方法的一种实例。这一视角更进一步地将 AdaBoost 算法与叫作逻辑斯蒂回归（logistic regression）的统计方法统一起来，这意味着 AdaBoost 可以用来估计一个特定样本是正例还是负例的概率。

从另外一个角度来看，可以把 AdaBoost 算法视为第 7 章所述问题的对偶问题(dual)，这样 AdaBoost 就可以解释成某种抽象的几何学框架。这时的基本操作就是一个点到一个子空间的投影（projection）。在这种情况下，这些“点”实际上是 AdaBoost 算法中的分布 D_t ，这个分布存在于某种“信息几何”（information geometric）空间中——这主要是基于信息论的概念，而不是通常的欧几里得几何学。正如第 8 章讨论的，通过这个角度我们可以更深刻地理解 AdaBoost 算法底层的数学结果，并可获得基本收敛特性的证明。

本书的第三部分主要关注 AdaBoost 算法的应用和扩展。AdaBoost 的基本形式如算法 1.1 所示，其解决的是最简单的学习问题——二分类问题，也就是说只有两个类别的分类问题。如果想将 AdaBoost 应用于更广泛的现实世界的学习问题，则需要对算法进行多方扩展。

在第 9 章，我们描述了 AdaBoost 的一个扩展算法，允许基分类器输出的预测结果根据其自我评价的置信度的不同而不同。从实用角度来看，这个修改可以极大地提高学习速度。而且，基于这个思路我们又引出了两个算法，不仅可以产生准确的分类结果，而且在形式上更易于理解。

第 10 章将 AdaBoost 算法扩展到多类别分类问题，这在实际应用中是十分普遍的。例如，识别数字就需要分成 10 类，一个数字一类。在第 10 章我们可以看到，为了达到这个目的，对 AdaBoost 进行扩展的方法相当多，而且绝大多数方法都可以在一个统一的框架下研究。

第 11 章将 AdaBoost 算法扩展到排序问题，就是对一个对象集合里的对象进行排序。例如，根据发生欺诈的可能性对信用卡交易进行排序，对于排在前面的交易就需要进行调查了。

最后，在第四部分，我们将讨论高级理论话题。

首先，我们会提供理解 AdaBoost 泛化能力的另一种方法，此方法显式考虑了数据固有的随机性或噪声的问题，这两个问题都会妨碍分类器实现其完美的泛化能力。在这种情况下，我们在第 12 章会揭示在合适的假设条件下，AdaBoost 算法的准确性会收敛到最佳可能的分类器。然而，我们也会看到，如果没有这些假设，当数据有噪声的时候，AdaBoost 的性能就会非常差。

AdaBoost 算法可以从多方面来进行理解，但是其本身就如其名字所表示的技术含义一样，它是一个提升（boosting）算法，一个已经被证明有效的算法：通过组合多个弱分类器来减少组合分类器的误差。事实上，对于这个具体的问题，AdaBoost 并不是最佳的选择。就如我们将在第 13 章看到的那样，还有一种最优的算法叫作“服从多数提升法”（Boost-By-Majority，BBM）。然而，后一种算法并不实用，因为它在 1.2.1 节描述的例子中不是自适应的。然而，如第 14 章所述，只要取某种极限，将通常提升法下的离散时间序列替换成连续的时间序列，此算法就是自适应的了。这就产生了“BrownBoost”算法，该算法对噪声具有更好的容忍性，而且在“零噪声”的约束下就可以推导出 AdaBoost 算法。

尽管本书是关于基础理论和算法的，但我们仍然提供了大量的实例来说明我们介绍的理论是如何应用于实践的。确实如本章前面所述，AdaBoost 算法有很多实用上的优势。该算法快速、简洁、实现简单，没有需要调优的参数（除了运行的轮数 T）、不需要基学习器的先验知识也可以很灵活地与发现基分类器的各种算法相结合。最后，有一系列的理论证明：只要提供足够的数据和适度准确的基学习器，算法的性能就可以得到保证。这也给学习系统的设计者在观念上带来了转变：从设计一个对整个空间都预测得很准确的学习算法，转变成只需要找到比随机猜测好的弱学习器就可以了。

另外，提出一些警告也是很有必要的。提升法在某一具体问题上的实际性能取决于数据和基学习器。与上面所述的理论一致，如果数据不充分、基分类器过于复杂，或者基分类器性能太差，则提升法的性能很可能很差。就如 1.2.3 节讨论的那样，提升法看起来好像特别容易受噪声的影响。尽管如此，如 1.2.2 节所述，对于大量真实世界的学习问题，提升法所表现出来的整体性能还是相当好的。

为了阐明提升法的实际应用及其性能，在本书中，我们会给出它所应用的实际问题，包括人脸识别、话题检测、对话系统中的自然语言理解、自然语言解析等。

1.5 小结

- 本章我们简要介绍了机器学习、分类问题、提升法，特别是 AdaBoost 算法及其变形，该算法也是本书的重点。我们展示了证明提升法性能的实例，概述了其丰富理论中的精彩部分。在接下来的章节中，我们将会从不同角度来介绍提升法的核心理论基础，由此发展出设计提升法的关键原则，并给出如何解决实际问题的应用样例。

1.6 参考资料

提升法植根于一个机器学习的理论框架，叫作“PAC”模型，由 Valiant [221] 提出，我们会在 2.3 节讨论其细节。基于这个框架，Kearns 和 Valiant [133] 提出了一个问题：利用一个只比随机猜测稍好的弱学习算法，是否可以实现一个组合分类器，可以达到任意高的准确率。Schapire [199] 在 1989 年提出了第一个可证明多项式时间的提升法。一年后，Freund [88] 提出一个更有效的提升法，叫作服从多数提升法，本质上是最优的（见第 13 章）。Drucker、Schapire 和 Simard [72] 利用这些早期提升法在 OCR 任务上进行了首次实验验证。但是，这两个算法在很大程度上不是很实用，因为它们都是非自适应的。第一个自适应提升法——AdaBoost 算法——是在 1995 年由 Freund 和 Schapire 提出的 [95]。

机器学习有很多很好的教材，这是一个涵盖了统计学、模式识别、数据挖掘的交叉领域，可以参考 [7，22，67，73，120，134，166，171，223，224]。关于提升法和组合分类器的研究成果还可以参考 [40，69，146，170，214]。

1.2.3 节的医疗诊断数据是由 Cleveland Clinic Foundation 的 Detrano 等人收集整理的 [66]。1.3 节的字母识别数据集是由 Frey 和 Slate 构建的 [97]。1.2.2 节和 1.3 节用到的 C4.5 决策树学习算法归功于 Quinlan [184]，该算法与 Breiman 等人的 CART 算法很相似 [39]。

Drucker 和 Cortes [71]，Jackson 和 Craven [126] 首次对 AdaBoost 算法进行实验验证。1.2.2 节的实验部分最初由 Freund 和 Schapire 发表 [93]，选入本书时对图 1.3 的右图和图 1.4 的左图做了相应的修改。AdaBoost 抗过拟合的特点最早是由 Drucker 和 Cortes [71] 发现的，Breiman [35] 和 Quinlan [183] 也注意到了这个问题。1.3 节的实验部分，包括图 1.7，来自于 Schapire 等人的工作 [202]。对 AdaBoost 算法的系统性实验验证还可以参考 [15，68，162，209]。Caruana 和 NiculescuMizil [42] 对几种学习算法进行了大规模的比较，其中就包括 AdaBoost。

1.7 练习

1.1　证明：h_t 在分布 D_{t+1} 上的误差就是 1/2，即

$$\mathbf{Pr}_{i\sim D_{t+1}}[h_t(x_i)\neq y_i]=\frac{1}{2}$$

1.2　加权误差 ϵ_t 是下列的 3 种情况，说明 AdaBoost（如算法 1.1 所示）是如何处理弱假设 h_t，并解释其原因。

a. $\epsilon_t = \frac{1}{2}$。

b. $\epsilon_t > \frac{1}{2}$。

c. $\epsilon_t = 0$。

1.3 在图 1.7 中，在第二轮，组合分类器 H 的训练误差率和测试误差率都显著增加。给出合理的解释：为什么我们可以预测两轮之后这些误差率会比第一轮之后更高。

第一部分

算法核心分析

第2章

机器学习基础

很快我们就会从理论上研究 AdaBoost 的特性，特别是它作为一个学习算法的泛化能力，也就是对训练期间没有见过的数据的预测能力。然而在这之前，我们需要退后一步，从机器学习这一大背景下考虑 AdaBoost 算法，其中就包括了对于分析 AdaBoost 算法非常有价值的基础方法和工具。

我们研究的基础问题就是：从训练集中推理出一个分类规则，这个分类规则可以对未知的测试集做出相当准确的预测。我们遇到的第一个问题就是能否找到这种学习算法。为什么我们会认为训练样本和测试样本之间有某种联系、为什么从一个小规模的训练样本中泛化出来的方法可以应用到潜在可能是无穷尽的测试样本中？尽管这些通常都是哲学家们争论的问题，但在本章，我们会针对上述问题确定一个理想化的、却具有现实意义的模型：当满足某些条件的时候，可以证明这种学习算法是完全可行的。特别地，可以看到，如果我们找到一个对训练数据集拟合得非常好的简单规则，并且训练数据集规模不是太小，那么事实上这个规则的泛化能力可以非常好，也就是说对未知的测试样本可以做出准确的预测。这就是本章提出的算法的基础，我们会经常使用上述泛化分析技术来指导我们理解如何、为什么，以及什么时候学习算法是可行的。

在本章还将概述研究机器学习的数学框架，基于此我们可以清晰自然且形式化地表述提升法。

需要注意的是，不像本书的其他章节，本章几乎省略了所有主要结论的证明，因为这些证明在很多论文或其他文章中都可以找到。详细情况可以参见本章结尾的参考资料。

2.1 机器学习直接分析方法

以我们的分析方法应用于机器学习问题为开篇，可以确保泛化效果的标准，这也为随之而来的形式化处理构建了直观基础。

2.1.1 学习的充分条件

如第 1 章所述，一个学习算法以一系列的已标注的训练样本 $(x_1, y_1), \cdots, (x_m, y_m)$ 为输入，然后根据这些样本形成一个假设（hypothesis），用这个假设对新的数据进行分类。如前所述，本书在绝大多数情况下都只考虑有两种标签（类别），也就是说每个 $y_i \in \{-1, +1\}$ 。按照惯例，我们通常说训练样本构成了一个训练集或训练数据集，尽管他们实际上是元组（同一样本可以出现多次）而不是集合。类似地，测试样本构成了测试集。

让我们以一个例子开始，实例 x_i 就是一个实数，形成的训练数据集就如表 2.1 所示。给定这样一个数据集，如何生成一个预测规则？通过观察，我们最终会注意到 x_i 取值偏大的时候（超过某一临界值），标签为正；取值偏小，则标签为负。那么我们绝大多数人会根据数据集展示出来的这一特性来选择规则。换句话说，最终会选择基于某一阈值的规则，即当 x 大于等于某一阈值 ν 时，y 为+1；x 小于 ν 时，y 为−1，即

$$h(x)=\begin{cases}+1, & \text{if } x \geqslant \nu \\ -1 & \text{otherwise}\end{cases} \tag{2.1}$$

对于 ν 的取值，可以是 5.3，也可以是 5.0（$y=-1$ 情况下 x 取的最大值）和 5.6（$y=+1$ 情况下 x 取的最小值）之间的任意值。这样的规则本质上与 1.2.3 节的决策树桩在形式上是一致的。这条规则显然有着无法抵抗的吸引力，因为它有如下两个特性，且都是人们非常喜欢的：(1) 它与给定的数据保持一致，这意味着它对于所有给定的训练样本的预测结果都是正确的；(2) 这条规则十分简洁。

表 2.1　一个数据集示例

样本	1.2	2.8	8.0	3.3	5.0	4.5	7.4	5.6	3.8	6.6	6.1	1.7
标签	−	−	+	−	−	−	+	+	−	+	+	−

每列代表一个已标注的样本。例如，第 3 个样本就是 x 取值为 8.0，其对应的类别（标签）$y=+1$

这种对简洁的偏好，如第 1 章所提到的，通常叫作“奥卡姆剃刀原则”，这是数学和大多数科学研究领域的基本信条。然而与“一致性”（consistency）不同，简洁的定义可不是那么简单，它看起来有些模糊，甚至有些神秘，尽管我们当中的绝大多数人都认为当我们看到它的时候会清晰地感觉到。简洁这一概念与我们事先的期望密切相关：我们希望可以用一个简单的规则来解释数据，或者说在多个可以解释数据的规则中，我们更倾向于选择那个简单的规则；或者反过来说，如果规则可以匹配我们的期望，那么它通常应该是简洁的。现代学习研究的成果之一就是对于简洁及其在泛化中所起到的作用给出了定量的评价方法。这方面的内容我们马上就可以看到。

当面对一个更难的数据集时，如表 2.2 所示，这个表是对表 2.1 的数据做了稍许改动形成的。针对这个数据集想找到简洁的、与样本数据完全一致的规则就没那么容易了。一方面，如果像上一个例子一样，选择一个简单的阈值规则，那么因为不可能与样本数据集完全一致，我们将不得不接受少量错误。或者，可以选择一个相当复杂的，与数据集完全一致的规则，例如以下的规则。

表 2.2　与表 2.1 稍微不同的数据集

样本	1.2	2.8	8.0	3.3	5.0	4.5	7.4	5.6	3.8	6.6	6.1	1.7
标签	−	−	+	−	−	−	+	+	+	−	+	−

$$h(x)=\begin{cases}-1, & \text{if } x<3.4\\ +1, & \text{if } 3.4\leqslant x<4.0\\ -1, & \text{if } 4.0\leqslant x<5.2\\ +1, & \text{if } 5.2\leqslant x<6.3\\ -1, & \text{if } 6.3\leqslant x<7.1\\ +1, & \text{if } x\geqslant 7.1\end{cases} \tag{2.2}$$

这样我们就面临着简洁与训练数据一致之间的权衡，这需要某种程度上的平衡和折中。

通常，一个学习方法就是要找到这样一个假设，它满足下面两个基本条件：

1. 与数据一致，即与数据吻合得很好；
2. 够简洁。

如上个例子所示，通常这两个条件是冲突的：为了更好地吻合数据（与数据一致），付出的代价就是选择相对更复杂的假设；反过来，简单的假设倾向于其拟合数据的能力较差。这种权衡非常普遍，也是许多机器学习问题的关键所在。

这是设计任何机器学习算法时在某个阶段必须面临的问题，因为我们最终必须或明确或不明确地决定采用的假设的具体形式。假设所采用的形式反映了我们对数据的预估，它也决定了算法是简单还是复杂。例如，我们可能会采用式（2.1）所示的阈值规则形式，也可能会采用式（2.2）所示的更自由的形式。原则上，对一个具体的学习问题了解得越多，越会采用更加简洁的假设（对假设施加了更多的约束）。

我们通常用训练误差（training error）或经验误差（empirical error）来评估一个具体假设 h 对训练数据的拟合程度，就是 m 个训练样本中分类错误的样本所占百分比，即

$$\widehat{\text{err}}(h)\doteq\frac{1}{m}\sum_{i=1}^{m}\mathbf{1}\{h(x_i)\neq y_i\}$$

这里 $\mathbf{1}\{\cdot\}$ 是一个指示函数（indicator function），其中的表述为真则取 1，否则为 0。尽管我们是寻找一个低训练误差率的简单分类器 h，但是实际上学习的最终目标是找到一个规则，其在测试集上具有高的预测准确率。我们通常假设训练样本和测试样本是来自同一个分布 $\mathcal{D}$ 的形式为（x，y）的已标注数据对。对于一个真实的分布，一个假设 h 的期望测试误差叫作真实（true）误差或泛化（generalization）误差，它等同于从分布 $\mathcal{D}$ 中随机选择一个样本（x，y）被错误分类的概率，即

$$\text{err}(h)\doteq\mathbf{Pr}_{(x,y)\sim\mathcal{D}}[h(x)\neq y] \tag{2.3}$$

当然，学习算法并没有方法来直接评估泛化误差 $\text{err}(h)$使其最小。作为替代，它必须要用训练误差$\widehat{\text{err}}(h)$作为泛化误差的估计或“代理”。如果只考虑一个假设 h，那么训练误差是泛化误差的合理估计，因为它们的期望是一样的。从这个意义上说，它是无偏估计（unbiased estimator）。然而，一个学习算法通常是从一个假设空间中选择一个具有（近似）最小训练误差的假设。但是需要注意，用这种方式选择的假设的训练误差不是无偏的，但几乎可以肯定会低于真实误差。这是因为，当算法选择具有最小训练误差的假设的时候，会更青睐那些训练误差碰巧远远低于真实误差的假设。

为了获得这个效果的直观认识，可以想象一个实验：一枚硬币投掷 10 次，让一个班

的学生预测每次硬币向上的是字还是“人头”。很明显，每个学生，从预期来说可以正确预测 5 次。然而，如果是一个有 50 个学生的班级，那么很可能有一个学生会非常幸运，可以正确预测其中的 8 次甚至 9 次。这个学生看起来好像拥有了“神机妙算”的能力，但是实际上只是一个偶然的机会让这个学生的预测准确率显得很高，其真实的预测准确率仍然是 50%。班级规模越大，那么这个效果越明显。极端情况下，对于一个超过 1 000 人的超大班级，我们可以预测有一个学生可以完美地正确预测所有结果。

基于同样的原因，对于学习算法，一个在训练集上有良好表现的所谓的“最佳”假设，其部分原因是这个假设拟合了一个虚假的模式，而这个虚假模式完全是在训练数据集上因为某种巧合而呈现出来的。不可避免地，这将导致所选假设的训练误差会低于真实误差。而且，这种偏差的大小直接依赖于所选假设的复杂度：假设越复杂，则对假设的约束越少，可选择的假设空间就越大，那么偏差也就越大，就像上面所举的例子。另一方面，我们将会看到，如果有足够大的训练数据集，那么这种偏差是可以得到控制的。

即使面对无限大的假设空间，也可以通过穷举或启发式的方法来找到具有最小或接近最小的训练误差的假设。例如，考虑表 2.2 所示的数据集，设置阈值规则如式（2.1）所示。图 2.1 绘制了训练误差 $\widehat{\mathrm{err}}(h)$ 的表现图，它是阈值 ν 的函数。由图可知，即使这种形式的可选分类器是无限的，m 个样本的训练数据集实际上把分类器分成了 $m+1$ 个子集，某个子集里所有的分类器对训练样本所做的预测都是一样的，因此具有同样的经验误差（例如，阈值 ν 设为 3.9 或 4.2 所作的预测结果是完全一样的）。那么我们可以通过下面的方式找到一个训练误差最小的分类器：首先根据样本值 x_i 对数据进行排序，然后一次扫描排序后的样本，依次计算所有可能的阈值 ν 下的训练误差，那么这样就可以找到一个训练误差最小的分类器。在本例中，可以发现当阈值在 5.0 和 5.6 之间的时候，可获得最小的训练误差（此方法的更多细节详见 3.4.2 节）。

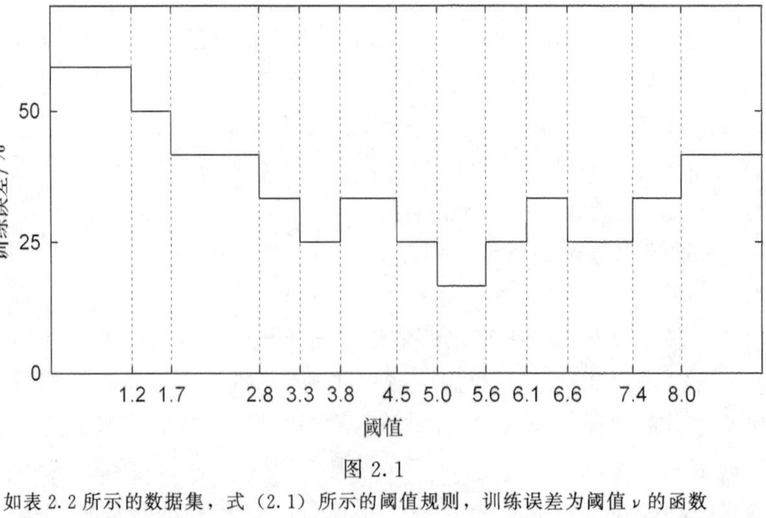

图 2.1

如表 2.2 所示的数据集，式（2.1）所示的阈值规则，训练误差为阈值 ν 的函数

通常，平衡算法的复杂度与对训练数据的拟合程度往往是许多实际学习算法的关键。例如，决策树（见 1.3 节）可以生成一个大规模的树，对训练数据拟合得非常好（往往是“太”好了!），那么就需要根据树的规模对其进行裁剪以控制算法的复杂度。

2.1.2 与另外一种算法的比较

我们接下来将上述算法与另外一种已经充分研究的算法作对比。当面对如表 2.1、表 2.2 所示的数据的时候，在某些情况下有可能会获取一些额外的信息。例如，我们可能知道每个样本 i 对应一个人，x_i 代表人的身高，y_i 表示人的性别（+1 代表男性，−1 代表女性）。换句话说，这个问题就是通过人的身高来预测性别。那么自然地，利用这些信息可以做出一些合理的假设。具体地，可以假设男性的身高符合正态分布，女性的身高也是如此，当然各自的均值 μ_+、μ_- 是不一样的，而且 $\mu_+ > \mu_-$。可以更进一步假设两个正态分布的方差 σ^2 是一样的，并且两个类别（性别）出现的概率也是一样的。

这些假设会导致不同的处理方式。我们的目标仍然是对未标注数据进行分类，但是如果知道均值 μ_+、μ_-，那么通过简单的计算就可以得到一个最佳分类器。在本例中，给定样本（身高）x，只要根据它离哪个均值更近就可以判断 y。也就是说，如果 $x \geqslant (\mu_+ + \mu_-)/2$，则 $y=+1$，否则 $y=-1$（如图 2.2 所示）。注意到这个分类器是如公式 (2.1) 所示形式的阈值规则，尽管应用这个规则背后的基本原理与之不同。如果分布的参数 μ_+、μ_- 是未知的，则可以利用训练数据对其进行估计，然后用同样的方法对测试数据进行分类。

这个方法有时叫作“生成式方法”(generative approach)，因为我们尝试对“数据是如何生成的”建模。作为对比，我们在 2.1.1 节介绍的方法通常叫作判别式方法 (discriminative approach)，因为其重点是如何直接把两类区分出来。

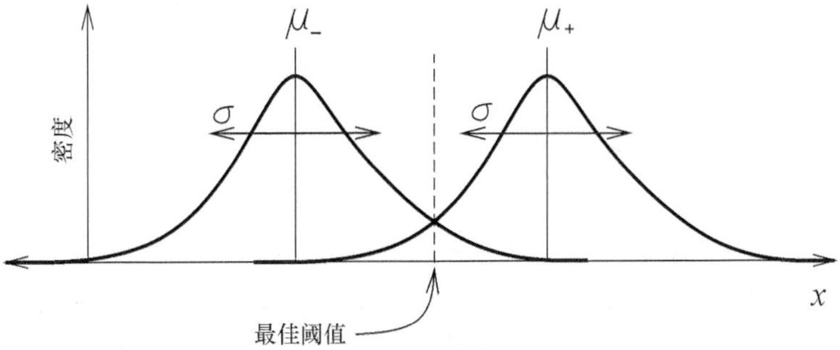

图 2.2
二分类问题：两个类别都是正态分布，方差相同，均值不同

如果我们对数据所作的上述假设是有效的，那么在这个简单例子中，分类器的良好泛化能力是有保障的。最重要的是，良好的泛化能力是依赖于数据确实是由两个正态分布生成的。如果这个假设站不住脚，那么最终的分类器性能可能会很差，如图 2.3 所示。因为这两个分布都远远偏离了正态分布，不管可以获得多少训练数据，由错误的正态分布假设所产生的阈值将远离实际的最佳阈值。

正态分布的假设将很自然地指引我们使用如式 (2.1) 所示的阈值规则，但是我们也看到对这个假设的过分依赖将导致很差的性能。另一方面，判别式方法是基于训练误差来选择最佳的阈值规则，表现很可能更好，因为在这里最佳分类器实际上就是一个阈值。因

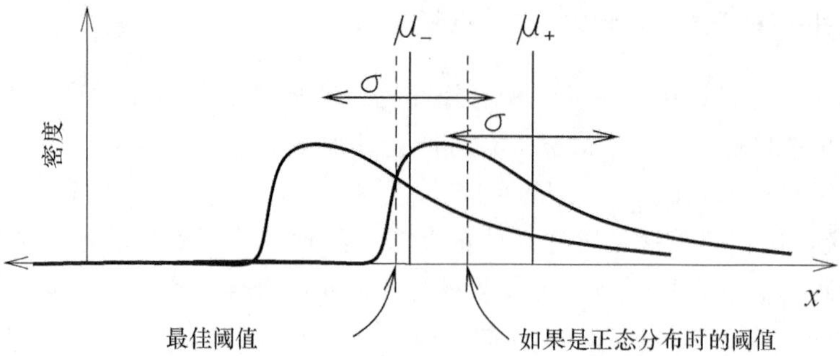

图 2.3
二分类问题：两个类别具有相同的偏态，非正态分布，均值不同

为判别式方法不依赖于数据分布的假设，因此会更加“鲁棒”。

而且，如果我们的目标只是产生一个性能良好的分类器，则估计每个类别的分布参数实际上和这个目标是没有关系的。我们并不关心各个类别的分布的均值是多少，甚至都不关心是否是正态分布。我们只关心对于任意给定的样本 x ，其对应的标签 y 更有可能是哪个。

生成式方法可以提供一个强大的、方便的计算框架，利用这个框架可以把“数据是如何生成的”之类的信息注入学习过程。然而，此方法的性能可能对这些关于数据的假设是否有效很敏感。另一方面，判别式方法更直接些，它不考虑数据的分布，就是尝试找到一个好的假设，找到一个简单的规则可以对训练数据做出准确的预测。后一种方法对数据的先入之见只是用来指导我们选择何种形式的规则，但是实际上这种方法的性能可能相对更“鲁棒”些。

2.2　通用分析方法

现在我们返回头再来讨论由学习算法产生的分类器的泛化误差的通用分析方法。这是证明算法有效的关键。正如我们之前讨论的，一个学习算法的成功实际上依赖于找到一个分类器：对训练数据非常吻合，即训练误差低；简洁。还有一个前提条件，学习算法要有足够多的训练数据。我们将会看到泛化误差以某种方式依赖于这 3 个相互作用的要素，而且这种方式可以用准确的术语进行形式化。另一方面，我们在这里提出的分析方法不依赖于数据的分布形式。例如，我们不会做出数据服从正态分布的假设。这反应了这种通用分析方法的鲁棒性，在很大程度上对数据分布的变化是免疫的。

我们先分析一个假设的泛化误差，进而分析假设族（一组假设）的泛化误差。沿着这个思路，我们提出了几种不同的技术来评估简洁和复杂度等核心概念。

2.2.1　一个假设

开始时，我们考虑一个固定的假设 h。之前我们讨论过，训练误差可以作为真实（泛化）误差的估计或“代理”。这促使我们提出这样一个问题：作为训练样本数 m 的函数，

训练误差 $\widehat{\mathrm{err}}(h)$ 与真实误差 $\mathrm{err}(h)$ 到底相差多少。首先需要注意到，始终存在这种可能性：选择的训练数据集完全没有代表性，因此不可能通过训练误差对真实误差做很好的估计。这意味着，不可能对两者之间的差别提供任何确定性的保证。与之相反，对于随机的训练数据集，我们寻找以高概率成立的约束两者之间差别的条件。

实际上，这个可以等同看作掷硬币的问题。当随机选择一个训练样本 (x_i, y_i)，$h(x_i) \neq y$ 的概率就是 $p = \mathrm{err}(h)$。我们可以把它标识为投掷硬币后，出现人头的一个事件。用这种方式，训练数据集可以看成是连续投掷 m 个硬币，每次以概率 p 出现人头。那么问题就是确定在实际投掷硬币的观察序列中出现人头所占比率为 $\hat{p}$ 的概率，也就是训练误差，这个与 p 会有很大的差异。我们可以显式地写出这个概率，也就是说最多得到 $(p-\varepsilon)m$ 个人头的概率，即

$$\sum_{i=0}^{\lfloor (p-\varepsilon)m \rfloor} \binom{m}{i} p^i (1-p)^{m-i} \tag{2.4}$$

这是一个相当笨重的表达式，但是幸运的是有相当多的方法可对其进行约束。这其中最重要的就是切诺夫界（Chernoff bounds）家族，包括霍夫丁不等式（Hoeffding's inequality），这是最简单的也是应用最广泛的方法，表述如下。

定理 2.1 $X_1, \cdots, X_m$ 为独立随机变量，$X_i \in [0,1]$，其平均值由 A_m 表示，即 $A_m = \frac{1}{m}\sum_{i=1}^m X_i$。那么对于任意 $\varepsilon > 0$，有

$$\mathbf{Pr}[A_m \geqslant \mathbf{E}[A_m] + \varepsilon] \leqslant \mathrm{e}^{-2m\varepsilon^2} \tag{2.5}$$

和

$$\mathbf{Pr}[A_m \leqslant \mathbf{E}[A_m] - \varepsilon] \leqslant \mathrm{e}^{-2m\varepsilon^2} \tag{2.6}$$

霍夫丁不等式可应用于任意有界独立随机变量的均值。在掷硬币的例子里，我们可以设以概率 p 出现人头（$X_i = 1$），以概率 $1-p$ 出现字（$X_i = 0$）。则 $A_m = \hat{p}$，是在 m 次投掷的观察序列中出现人头所占的比率，它的期望值 $\mathbf{E}[A_m]$ 是 p，式（2.6）告诉我们最多出现 $(p-\varepsilon)m$ 个人头的概率（如式 2.4 的定义）不超过 $\mathrm{e}^{-2m\varepsilon^2}$。

在学习过程中，我们可以定义：如果 $h(x_i) \neq y_i$，则随机变量 X_i 为 1，否则为 0。这意味着均值 A_m 就是 $\widehat{\mathrm{err}}(h)$，即 h 的训练误差，那么 $\mathbf{E}[A_m]$ 就是泛化误差 $\mathrm{err}(h)$。因此，根据定理 2.1，利用式（2.6），对于 m 个训练样本，我们可以得到

$$\mathrm{err}(h) \geqslant \widehat{\mathrm{err}}(h) + \varepsilon$$

的概率不超过 $\mathrm{e}^{-2m\varepsilon^2}$。换一种说法，给定 m 个随机样本，对于任意 $\delta > 0$，h 的泛化误差 $\mathrm{err}(h)$ 至少以 $1-\delta$ 的概率，满足下面的上界

$$\mathrm{err}(h) \leqslant \widehat{\mathrm{err}}(h) + \sqrt{\frac{\ln(1/\delta)}{2m}}$$

$\delta = \mathrm{e}^{-2m\varepsilon^2}$，则 $\sqrt{\frac{\ln(1/\delta)}{2m}}$ 为 ε。以定量的方式来说，如果 h 在一个合适规模的训练数据集

上获得较低的训练误差，那么我们可以很有信心地说其真实误差（泛化误差）也会较低。

利用式（2.5）同样可以获得 err(h) 的下界。我们可以用联合界（union bound）引理将两者组合到一起。联合界引理简单地说就是，对于任意两个事件 a 和 b，有

$$\mathbf{Pr}[a \vee b] \leqslant \mathbf{Pr}[a] + \mathbf{Pr}[b]$$

那么可得

$$|\operatorname{err}(h) - \widehat{\operatorname{err}}(h)| \geqslant \varepsilon$$

的概率至多是 $2e^{-2m\varepsilon^2}$。或者

$$|\operatorname{err}(h) - \widehat{\operatorname{err}}(h)| \leqslant \sqrt{\frac{\ln(2/\delta)}{2m}}$$

的概率至少是 $1-\delta$。

就像本章的绝大多数结论一样，我们这里不证明定理 2.1。然而，证明切诺夫界的方法与我们在第 3 章分析 AdaBoost 算法的训练误差的方法密切相关。在 3.3 节可以看到，霍夫丁不等式的一个特例就是分析 AdaBoost 算法的一个直接推论。

2.2.2　有限假设空间

我们可以界定一个固定的分类器的训练误差和真实误差之间的差值。尝试将这个差值应用于一个学习算法，这可能会让我们用同样的方式来估计一个假设的误差，这个假设是算法以最小化训练误差为目标而筛选出来的，毕竟我们关心的仍然只是一个假设。然而，这样的推理是完全靠不住的。简单地说，主要问题在于：训练误差用了两次，第一次是用来选择一个看起来最好的假设，第二次是用来估计真实误差。换句话说，2.2.1 节的推理需要在随机选择训练数据集之前就确定下假设 h。如果 h 本身就是一个随机变量，则推理是无效的，因为 h 是依赖于训练数据集的，是通过让训练误差最小化筛选出来的。而且，我们在 2.1.1 节非正式地讨论过，在训练集上表现优异的假设很可能在测试集上表现很差。然而，对于单独的假设，训练误差是真实误差的一个无偏估计，这也是这种论点谬误的另一个表现。

尽管有这些困难，我们仍然会看到如何分析由学习算法产生的分类器的误差，即使这个分类器是通过最小化训练误差找到的。2.1.1 节的直观讨论说明这种边界依赖于假设的形式，因为假设的形式决定了假设是简单的还是复杂的。说一个假设有一个特定的形式，实际上就相当于说这个假设属于某假设集合 $\mathcal{H}$，因为我们可以重复地定义 $\mathcal{H}$ 为所选形式下的所有假设的集合。例如 $\mathcal{H}$ 可以是如式（2.1）所示的所有阈值规则的集合。我们把 $\mathcal{H}$ 叫作假设类（hypothesis class）或者假设空间（hypothesis space）。

通常我们的方法可以证明，每个假设 $h \in \mathcal{H}$ 的训练误差都以很高的概率接近它的真实误差，这就是我们所说的一致误差（uniform error）或者叫作一致收敛界（uniform convergence bound）。这个条件确保具有最小训练误差的假设在所有假设中也是接近最小真实误差的。

如果

$$|\mathrm{err}(h)-\widehat{\mathrm{err}}(h)|\leqslant\varepsilon \tag{2.7}$$

对所有 $h\in\mathcal{H}$ 都成立，$\hat{h}$ 最小化训练误差为 $\widehat{\mathrm{err}}(h)$，$h^*$ 最小化真实误差为 $\mathrm{err}(h)$，那么 $\hat{h}$ 也接近于最小真实误差，因为

$$\begin{aligned}\mathrm{err}(\hat{h})&\leqslant\widehat{\mathrm{err}}(\hat{h})+\varepsilon\\&=\min_{h\in\mathcal{H}}\widehat{\mathrm{err}}(h)+\varepsilon\\&\leqslant\widehat{\mathrm{err}}(h^*)+\varepsilon\\&\leqslant(\mathrm{err}(h^*)+\varepsilon)+\varepsilon\\&=\min_{h\in\mathcal{H}}\mathrm{err}(h)+2\varepsilon\end{aligned} \tag{2.8}$$

我们假设上述最小值是存在的。例如，如果 $\mathcal{H}$ 是有限的，就是这样；如果不是这样的话，上述推理也很容易做相应的修改。

尽管我们假设了一个双边界，如式（2.7）所示，但今后我们将注意力主要集中在证明如下形式的单边界，对于所有的 $h\in\mathcal{H}$，有

$$\mathrm{err}(h)\leqslant\widehat{\mathrm{err}}(h)+\varepsilon \tag{2.9}$$

我们这么做，一方面是为了使表达更简洁，另一方面是因为通常只对泛化误差的上界感兴趣。这是因为，首先，如果一个学习算法很幸运地选择了一个假设，其泛化误差比训练误差小很多，这种情况对我们的讨论没有什么妨碍。更重要的是，这种情况几乎不可能发生：因为学习算法偏向于选择已经具有较低训练误差的假设，在这种情况下，其泛化误差不太可能更低了。事实上，仔细审视式（2.8）中的论证过程就可以发现，其只使用了单边一致误差界，如式（2.9）所示，我们用到了 $\widehat{\mathrm{err}}(h^*)\leqslant\mathrm{err}(h^*)+\varepsilon$，但实际上这个不需要用到一致界，因为这里只涉及单一、固定的假设 h^*。

为了证明这个一致界以很高的概率成立，最简单的情形就是 $\mathcal{H}$ 是有限的时候，这时假设 h 是从有限假设集合中选出的，且这个有限假设集合在观测训练集之前就已经确定下来了。在这种情况下，我们利用联合界引理做一个简单的推理：如果我们确定了任意一个假设 $h\in\mathcal{H}$，那么如 2.2.1 节所述，利用定理 2.1 可以得到一个满足 $\mathrm{err}(h)-\widehat{\mathrm{err}}(h)\geqslant\varepsilon$ 的概率的界的训练集，这个概率不会超过 $\mathrm{e}^{-2m\varepsilon^2}$。通过联合界引理，将上述结论推广到假设空间 $\mathcal{H}$ 的任意假设 h 都成立的概率的上界，可以通过对所有属于 $\mathcal{H}$ 的假设的概率上界取和得到，即 $|\mathcal{H}|\mathrm{e}^{-2m\varepsilon^2}$。因此，我们得到如下结论。

定理 2.2 设 $\mathcal{H}$ 为一个有限假设空间，随机选择 m 个样本的训练集，那么对于任意 $\varepsilon>0$，有

$$\mathbf{Pr}[\exists h\in\mathcal{H}\colon\mathrm{err}(h)\geqslant\widehat{\mathrm{err}}(h)+\varepsilon]\leqslant|\mathcal{H}|\mathrm{e}^{-2m\varepsilon^2}$$

这样，对于所有 $h\in\mathcal{H}$，有

$$\mathrm{err}(h)\leqslant\widehat{\mathrm{err}}(h)+\sqrt{\frac{\ln|\mathcal{H}|+\ln(1/\delta)}{2m}} \tag{2.10}$$

至少以概率 $1-\delta$ 成立。

式（2.10），即第二个约束界，表述的是任意假设 h 的泛化性能，这个简单的公式里包含了之前讨论过的决定学习算法成功与否的 3 个因素。训练误差 $\widehat{\mathrm{err}}(h)$ 作为 3 个因素中的第一个，在这个公式里可以看到与我们的推测相一致：对训练数据拟合得越好，那么其泛化能力也越好。第二个因素就是训练样本数 m，公式从定量角度无可争辩地说明了训练数据越多越好。最后一个因素就是所选择的假设的形式，也就是说从哪个假设空间 $\mathcal{H}$ 中选择假设 h。需要注意的是，如果 $\mathcal{H}$ 中的假设需要以某种形式进行标识，那么给每个属于 $\mathcal{H}$ 的假设 h 赋予一个唯一标识所需的比特数就是 $\lg|\mathcal{H}|$ 。因此，我们可以把公式中出现的 $\ln|\mathcal{H}|$（与 $\lg|\mathcal{H}|$ 只差一个常数）粗略地看作所采用的假设的“描述长度”，相当于 $\mathcal{H}$ 的复杂度的一种度量，即影响泛化能力的第三个因素。因此，此公式与“奥卡姆剃刀原则”相一致，如果其他条件都一致，简单的假设的性能优于复杂的假设的性能。

2.2.3　无限假设空间

接下来我们考虑无限假设空间。在这种情况下，2.2.2 节的结论就没有用了，例如，当采用式（2.1）形式的阈值规则的时候，阈值 ν 有无限种可能，也就是说有无限多个假设。然而这个假设空间有一个重要的属性（在 2.1 节中已说明）：任意有 m 个不同样本的训练集将无限假设空间划分成 $m+1$ 个等价假设类，在同一个等价假设类中的任意两个假设对于所有 m 个样本的预测都是一样的。也就是说，$\mathcal{H}$ 中的假设对 m 个训练样本所做的预测的不同类别（标签）数最多有 $m+1$ 个。图 2.4 是一个具体的例子。

这样，在这种情况下，尽管在 $\mathcal{H}$ 中有无限多个假设，但从某种意义上说，对于固定的 m 个样本的训练集合，有效的只有 $m+1$ 个假设。实际上可以把 $m+1$ 当成假设空间的“有效规模”，然后尝试代入定理 2.2，用 $m+1$ 来代替 $|\mathcal{H}|$ 。这样就可以给出看起来很合理的边界。不幸的是，这样的推理是有漏洞的，这里引入的“有效假设构成的有限集合”是依赖于训练数据的，因此在证明定理 2.2 过程中使用的联合界引理及其相关推理就不能用了。然而，通过更复杂的论证，可以证明这个“诱人”的想法还是行得通的。对常数做些调整，定理 2.2 中的 $|\mathcal{H}|$ 可以用 $\mathcal{H}$ 的“有效规模”来代替，这个“有效规模”是通过 $\mathcal{H}$ 在有限样本上有多少种分类方法来度量的。

对上述想法做形式化描述：对于样本空间 $\mathcal{X}$ 上的任意假设类 $\mathcal{H}$，任意有限样本 $S=\langle x_1,\cdots,x_m\rangle$，定义对分[①]（dichotomies）集或行为（behaviors）集 $\prod_{\mathcal{H}}(S)$ 为对 $\mathcal{H}$ 中的假设做预测时，S 所有可能的不同分类，即

---

① 对分（dichotomies）主要是描述对样本空间能够产生多少种不同的分类结果。例如，从 $\mathcal{H}$ 中任意选取一个假设 h，对 4 个点组成的样本空间进行二分类，设分类结果为 $\{+1,+1,+1,-1\}$，这就是一个对分（dichotomy）。考虑平面上的直线方程把数据点分成 2 类，则 2 个数据点可产生 4 种不同的分类结果，3 个数据点可产生 8 种不同的结果，4 个数据点可产生 14 种不同结果（有两种是直线方程没办法产生的，所以 $16-2=14$）。不一定所有的排列组合都能成为分类，所以不同的分类的数量一定不会超过排列组合数 2^N，如果存在三点一线的情况，则分类的数量会更少。

$$\prod_{\mathcal{H}}(S) \doteq \{\langle h(x_1),\cdots,h(x_m)\rangle : h \in \mathcal{H}\}$$

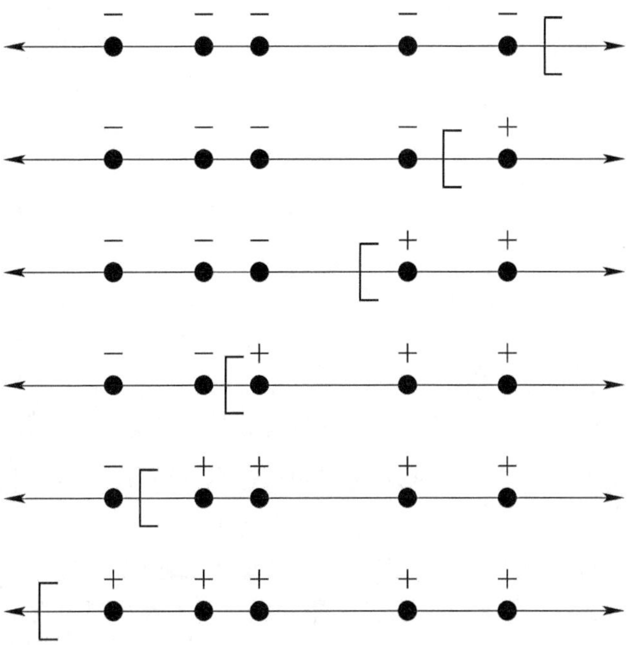

图 2.4
实数轴上有 5 个点，用如式（2.1）所示形式的阈值函数列出了所有 6 种可能的预测数据类别（分类数据）的方法。每一行的左方括号代表一种阈值 ν

我们还定义了成长函数（growth function）$\prod_{\mathcal{H}}(m)$，表示 $\mathcal{H}$ 中的假设作用于任意 m 个样本的样本集 S 时最多能产生多少种不同的对分，即最大对分数。

$$\prod_{\mathcal{H}}(m) \doteq \max_{S\in \mathcal{X}^m}\left|\prod_{\mathcal{H}}(S)\right|$$

例如，如果 $\mathcal{H}$ 是阈值函数集合，则如前所述，$\prod_{\mathcal{H}}(m)=m+1$。

现在我们可以推出比定理 2.2 更泛化的结论，可以应用到有限假设空间和无限假设空间。忽略常数，这个定理用成长函数 $\prod_{\mathcal{H}}(m)$ 来代替 $|\mathcal{H}|$。

定理 2.3 设 $\mathcal{H}$ 是任意假设空间[①]，随机选择 m 个样本的训练集，那么对于任意 $\varepsilon>0$，有

$$\mathbf{Pr}[\exists h \in \mathcal{H}:\ \mathrm{err}(h) \geqslant \widehat{\mathrm{err}}(h)+\varepsilon] \leqslant 8\prod_{\mathcal{H}}(m)\,\mathrm{e}^{-m\varepsilon^2/32}$$

那么，对于所有的 $h\in\mathcal{H}$，至少以概率 $1-\delta$，使下式成立

$$\mathrm{err}(h) \leqslant \widehat{\mathrm{err}}(h)+\sqrt{\frac{32(\ln\prod_{\mathcal{H}}(m)+\ln(8/\delta))}{m}} \tag{2.11}$$

① 为了严格地形式化，我们需要限定 $\mathcal{H}$ 在某个合适的概率空间是可度量的。在本书中，我们忽略了这一点，我们隐含地假设这点是成立的。

因此我们的注意力很自然地就转到了成长函数 $\prod_{\mathcal{H}}(m)$ 。在“好”的情况下，如采用阈值函数，则成长函数只是 m 的多项式函数，即 $O(m^d)$ ，其中常数 d 依赖于 $\mathcal{H}$ 。在这种情况下，$\ln\prod_{\mathcal{H}}(m)$ 近似等于 $d\ln m$ ，因此式（2.11）的最右边的部分是训练样本数目 m 的函数，以 $O(\sqrt{(\ln m)/m})$ 的速度趋向 0。

然而，成长函数不必一直是多项式函数。例如，考虑这样的假设类：将实数轴上有限的区间标识为“+1”，这些区间的补（实数轴上剩下的点）标识为“−1”。此假设类的一个假设可以如式（2.2）所示，其标识为“+1”的区间为 $[3.4,4.0)$ 、 $[5.2,6.3)$ 和 $[7.1,\infty)$，剩下的点标识为“−1”。这个假设空间是如此的丰富以至于对于任意的训练集合（样本都不相同）的任意分类，都存在一个与这个分类结果一致的分类器，只需要在标识为“+1”的样本周围选择足够小的区间就可以了。这样，对于任意有 m 个不同样本的训练集的对分数是 2^m ，即成长函数最坏的情况。在这种情况下，$\ln\prod_{\mathcal{H}}(m)=m\ln 2$，因此定理 2.3 的约束就没什么用了，因为它是常数级别（ $\theta(1)$ ）的了（由于我们的目标是随着 m 增大，测试误差和训练误差之间的差别应该越来越小）。另一方面，假设空间如此丰富以至于很容易找到一个假设与任意训练集完全一致，也强烈地表示了此类假设的泛化能力会比较弱。

因此我们已经看到了，在一种情况下 $\prod_{\mathcal{H}}(m)$ 是多项式，在另外一种情况下是 2^m 。这是组合学上一个值得注意的问题：不管假设空间 $\mathcal{H}$ 是什么样的，成长函数只有两种可能。而且，我们马上就会看到，统计学习方法正好对应着第一种情况，多项式的指数是对假设空间 $\mathcal{H}$ 的复杂度的一个自然度量。

为了刻画这个指数，我们现在定义一些关键的组合学概念。首先，对于样本规模为 m 的样本集合 S，所有 2^m 种可能的分类方法都可以由假设空间 $\mathcal{H}$ 中的假设产生，那么我们说 S 被 $\mathcal{H}$ 打散（shatter）。因此，如果 $\left|\prod_{\mathcal{H}}(S)\right|=2^m$ ，则 S 被 $\mathcal{H}$ 打散。进一步，我们定义了 $\mathcal{H}$ 的 VC 维（Vapnik-Chervonenkis dimension），就是可以被 $\mathcal{H}$ 打散的最大样本集的规模。如果任意大的有限样本集都可以被 $\mathcal{H}$ 打散，则其 VC 维为 ∞ 。

例如，对于式（2.1）所示的阈值函数，VC 维为 1。基于这样的规则，一个点可以被标识为“+1”或“−1”（这意味着 VC 维至少是 1），但是 2 个节点就不能被 $\mathcal{H}$ 打散，因为如果最左边的节点标识为“+1”，则最右边的节点也必须标识为“+1”（这样 VC 维严格地小于 2）[①]。对于上述区间联合的例子，我们可以看到，任意不同的节点组成的集合都可以被 $\mathcal{H}$ 打散，因此这种情况下的 VC 维是 ∞ 。

确实，当 VC 维是无限大的时候，根据定义 $\left|\prod_{\mathcal{H}}(m)\right|=2^m$ 。另一方面，当 VC 维是一个有限的数 d 的时候，则成长函数实际上是一个多项式，具体如 $O(m^d)$ 。这就得到了

① 因为若 2 个节点可以被打散，则 $2^2=4$ 种分类都要满足，但是根据阈值规则的定义，只有 3 种分类方法：$\{-1,-1\}$、$\{+1,+1\}$、$\{-1,+1\}$，不会出现 $\{+1,-1\}$ 的情况。

一个非常完美的组合学概念——Sauer's 引理。

引理 2.4 (Sauer's 引理) 如果 $\mathcal{H}$ 是一个假设类，其 VC 维 $d<\infty$，那么对于所有的 m，有

$$\prod_{\mathcal{H}}(m)\leqslant\sum_{i=0}^{d}\binom{m}{i}$$

(我们遵从这样的约定：如果 $k<0$，或者 $k>n$，$\binom{n}{k}=0$) 对于 $m\leqslant d$，这个约束条件等同于 2^m。(事实上，根据 d 的定义，在这种情况下，约束就是 $\prod_{\mathcal{H}}(m)$) 对于 $m\geqslant d\geqslant 1$，下面的约束通常更有用，即

$$\sum_{i=0}^{d}\binom{m}{i}\leqslant\left(\frac{\mathrm{e}m}{d}\right)^{d} \tag{2.12}$$

这里，如惯例，e 就是自然对数的底。

我们把这个约束条件加入定理 2.3 就得到下面的定理。

定理 2.5 设 $\mathcal{H}$ 是一个假设类，其 VC 维 $d<\infty$，随机选择样本规模为 m 的样本集，$m\geqslant d\geqslant 1$。则对于任意的 $\varepsilon>0$，有

$$\mathbf{Pr}[\exists h\in\mathcal{H}:\mathrm{err}(h)\geqslant\widehat{\mathrm{err}}(h)+\varepsilon]\leqslant 8\left(\frac{\mathrm{e}m}{d}\right)^{d}\mathrm{e}^{-m\varepsilon^2/32}$$

那么，对于所有的 $h\in\mathcal{H}$，至少以 $1-\delta$ 的概率，使下式成立

$$\mathrm{err}(h)\leqslant\widehat{\mathrm{err}}(h)+O\left(\sqrt{\frac{d\ln(m/d)+\ln(1/\delta)}{m}}\right) \tag{2.13}$$

如上所述，这个对泛化误差的约束是由之前讨论的 3 个因素所决定的。只不过，$\mathcal{H}$ 的复杂度之前是用 $\ln|\mathcal{H}|$ 来度量的，现在是用 VC 维 d 来度量的。这是一个重要的结果，因为这说明可以通过限制假设类的 VC 维的方式来避免过拟合。

第一眼可能看不出为什么用 VC 维作为复杂度的度量。然而，可以证明 VC 维也可用来提供进行学习的下界所需的样本数量。因此，从这个意义上来说，VC 维充分地刻画了(统计意义上的) 学习的复杂度。而且，VC 维也与我们之前的复杂度度量相关，即它不会超过 $\lg|\mathcal{H}|$ (见练习 2.2)。

而且，VC 维通常 (不是一直!) 等于定义 $\mathcal{H}$ 中的假设所需的参数的个数。例如，考虑 $\mathbb{R}^n$ 空间的一组点 $\mathbf{x}$，$\mathcal{H}$ 中的假设是线性阈值函数的形式，则

$$h(\mathbf{x})=\begin{cases}+1, \text{if } \mathbf{w}\cdot\mathbf{x}>0\\ -1, \text{else}\end{cases}$$

其中权重向量 $\mathbf{w}\in\mathbb{R}^n$。可以证明 (参见引理 4.1) 此假设类的 VC 维就是 n，与参数的个数一致，也就是说向量 $\mathbf{w}$ 的维数定义了 $\mathcal{H}$ 中的假设。

2.2.4 更抽象的公式

上述讨论的内容，特别是定理 2.3 可以用更抽象的术语来进行阐述，我们发现采用更抽象的方式有时更易于处理。然而，读者可能希望先跳过这个偏技术的章节，等阅读到本书后面部分需要的时候再返回来阅读。

简而言之，设 $\mathcal{Z}$ 是任意集合，$\mathcal{A}$ 是由 $\mathcal{Z}$ 的子集构成的一个族，$\mathcal{D}$ 是 $\mathcal{Z}$ 上的一个分布。我们考虑这样一个问题：根据随机取样 $S=\langle z_1,\cdots,z_m\rangle$，估计每个集合 $A\in\mathcal{A}$ 的概率。如前所述，$\mathbf{Pr}_{z\sim\mathcal{D}}[\cdot]$ 表示 z 依分布 $\mathcal{D}$ 被随机选中的概率；$\mathbf{Pr}_{z\sim S}[\cdot]$ 表示经验概率，即 z 从 m 个样本点 $z_1,\cdots,z_m$ 中被均匀随机选中的概率。我们希望证明 $\mathbf{Pr}_{z\sim S}[z\in A]$，对于任意集合 $\mathcal{A}$ 的经验概率与其真实概率 $\mathbf{Pr}_{z\sim\mathcal{D}}[z\in A]$ 十分接近，同时我们希望这个结论对每个 $A\in\mathcal{A}$ 都成立。对于一个固定的集合 A，可以用霍夫丁不等式（定理 2.1）进行证明。同样地，如果 $\mathcal{A}$ 是有限的，那么可以用联合界引理进行证明。但是当 $\mathcal{A}$ 是无限的时候，我们需要对 2.2.3 节中的机制进行泛化处理。

对于如上所述的任意有限样本 S，我们考虑 $\mathcal{A}$ 对 S 的约束，用 $\prod_{\mathcal{A}}(S)$ 表示，即 S（看作集合）与每个 $A\in\mathcal{A}$ 的交集，即

$$\prod\nolimits_{\mathcal{A}}(S)\doteq\{\{z_1,\cdots,z_m\}\cap A : A\in\mathcal{A}\}$$

与 $\prod_{\mathcal{H}}(S)$ 类似，这个集合可以看作所有 $A\in\mathcal{A}$ 中与 S 的点有交集（in-out behaviors）的集合。如前所述，成长函数是这个集合针对所有规模为 m 的样本集合 S 的最大势（cardinality），即

$$\prod\nolimits_{\mathcal{A}}(m)\doteq\max_{S\in\mathcal{Z}^m}\left|\prod\nolimits_{\mathcal{A}}(S)\right|$$

基于上述定义，则定理 2.3 成为如下形式。

定理 2.6 设 $\mathcal{A}$ 是由 $\mathcal{Z}$ 的子集构成的族，从 $\mathcal{Z}$ 独立随机地选取 m 个点形成样本集合 S，每个点都基于同一分布 $\mathcal{D}$ 选择。那么对于任意的 $\varepsilon>0$

$$\mathbf{Pr}[\exists A\in\mathcal{A}:\mathbf{Pr}_{z\sim\mathcal{D}}[z\in A]\geqslant\mathbf{Pr}_{z\sim S}[z\in A]+\varepsilon]\leqslant 8\prod\nolimits_{\mathcal{A}}(m)\,\mathrm{e}^{-m\varepsilon^2/32}$$

那么，对于所有 $A\in\mathcal{A}$，下式至少以 $1-\delta$ 的概率成立

$$\mathbf{Pr}_{z\sim\mathcal{D}}[z\in A]\leqslant\mathbf{Pr}_{z\sim S}[z\in A]+\sqrt{\frac{32\left(\ln\prod_{\mathcal{A}}(m)+\ln(8/\delta)\right)}{m}}$$

为了得到 2.2.3 节中的公式，作为特例，设 $\mathcal{Z}\doteq\mathcal{X}\times\{-1,+1\}$，即所有可能的标注样本构成的空间。那么，对于一个给定的假设空间 $\mathcal{H}$，我们定义由子集 A_h 构成的族 $\mathcal{A}$，每个 $\mathcal{A}_h$ 对应假设空间 $\mathcal{H}$ 中的一个假设 h，A_h 是假设 h 错误分类的样本的集合，即

$$\mathcal{A}\doteq\{A_h : h\in\mathcal{H}\} \tag{2.14}$$
$$A_h\doteq\{(x,y)\in\mathcal{Z}:h(x)\neq y\}$$

那么利用上述定义可以证明

$$\prod_{\mathcal{H}}(m)=\prod_{\mathcal{A}}(m) \tag{2.15}$$

则定理 2.6 与定理 2.3 产生一样的结果（参见练习 2.9）。

2.2.5 一致性假设

我们已经看到，如果可能的话，一个学习算法可以产生一个与训练数据完全一致的假设，即对所有的训练样本都不会犯错误。当然我们前期的分析还是成立的，这只是一个特例，即 $\widehat{\operatorname{err}}(h)=0$。然而，这种情况下取得的界是特别宽松的，给出的界是 $1/\sqrt{m}$ 数量级的。事实上，对于一致性假设，可以移除收敛界上的开方（需要做些常数上的调整），即获得更快的收敛速度 $1/m$（忽略取对数）。

为什么会这样？为了获得直观上的感受，仍然考虑对有偏差（bias）p 的硬币的估计问题（如 2.2.1 节）。可以证明，相比对偏差接近 1/2 的硬币的估计，偏差接近 0 或 1 则更容易些（就是需要更少的样本）。这就反应在界上。根据霍夫丁不等式，如果 $\hat{p}$ 是 m 次投掷观测到的出现人头的所占比例，则下面的公式至少以 $1-\delta$ 的概率成立

$$p \leqslant \hat{p}+\sqrt{\frac{\ln(1/\delta)}{2m}} \tag{2.16}$$

换句话说，真实值 p 与其估计值 $\hat{p}$ 的差距在 $O(1/\sqrt{m})$ 以内。

那么，现在让我们考虑当 $\hat{p}=0$ 的情况下会发生什么，也就是说，在观测序列中没有出现人头，这就对应着假设与所有训练样本都一致的情况。投掷硬币 m 次没有出现人头的概率为 $(1-p)^m \leqslant \mathrm{e}^{-pm}$。这意味着如果 $p \geqslant \ln(1/\delta)/m$，那么 $\hat{p}$ 至多以 δ 的概率为 0。这意味着当 $\hat{p}=0$ 时，下式至少以 $1-\delta$ 的概率成立

$$p<\frac{\ln(1/\delta)}{m}$$

注意这个估计是 $O(1/m)$，而不是公式 2.16 所示的 $O(1/\sqrt{m})$。

上述讨论也可以应用于学习算法的讨论，结论体现在下面的定理中。

定理 2.7 设 $\mathcal{H}$ 为假设空间，随机选择 m 个样本的训练样本集 S。如果 $\mathcal{H}$ 是有限的，那么对于所有与 S 一致的 h（$h \in \mathcal{H}$），下式至少以 $1-\delta$ 的概率成立

$$\operatorname{err}(h) \leqslant \frac{\ln|\mathcal{H}|+\ln(1/\delta)}{m} \tag{2.17}$$

对于更一般的情况，任意 $\mathcal{H}$（有限或无限）中，对于所有与 S 一致的 $h(h \in \mathcal{H})$，下式至少以 $1-\delta$ 的概率成立

$$\operatorname{err}(h) \leqslant \frac{2\lg\prod_{\mathcal{H}}(2m)+2\lg(2/\delta)}{m} \tag{2.18}$$

如果 $\mathcal{H}$ 的 VC 维为 d，$m \geqslant d \geqslant 1$，那么对于所有与 S 一致的 $h(h \in \mathcal{H})$，下式至少

以$1-\delta$的概率成立

$$\mathrm{err}(h) \leqslant \frac{2d\lg(2em/d)+2\lg(2/\delta)}{m} \tag{2.19}$$

这个定理给出了所有一致性假设的真实误差的高概率界。式(2.17)、式(2.18)和式(2.19)说明，对于所有与S一致的假设h（$h \in \mathcal{H}$），其至少以$1-\delta$的概率使$\mathrm{err}(h) \leqslant \varepsilon$（其中$\varepsilon$见定理中的定义）。换句话说，每个公式只是说法稍有不同，其实说的都是一件事：对于每个$h \in \mathcal{H}$，如果h与S一致，那么至少以$1-\delta$的概率使$\mathrm{err}(h) \leqslant \varepsilon$成立。或者用更精确的数学术语来说明，上述界表明：至少以$1-\delta$的概率，使得随机变量

$$\sup\{\mathrm{err}(h) \mid h \in \mathcal{H}，且 h 与 S 一致\}$$

至多为ε。

2.2.6　基于压缩的界

我们已经介绍了分析学习算法的两个通用技术：一个是基于统计假设类$\mathcal{H}$中假设的数目；另外一个是基于$\mathcal{H}$的 VC 维。在本小节，将简单介绍第三种方法。

我们已经注意到，第一个复杂度度量方法$\lg|\mathcal{H}|$与描述每个假设$h(h \in \mathcal{H})$所需的比特数密切相关。这样，从这个角度来看，一个学习算法必须要找到一个相对较短的描述来重构训练样本的标签。这个想法依赖于将描述转换为比特数，因此依赖于$\mathcal{H}$，则$\mathcal{H}$应该是有限的。

然而，即使$\mathcal{H}$是无限的，在很多情况下，某一具体算法产生的假设仍然可以给出一个短的描述，但不是基于比特数，而是基于训练样本自身。例如，对于式（2.1）中的阈值函数，每个分类器是由阈值ν定义的。而且，我们也已经看到，对于具体的训练样本集，处于相邻两个数据点之间的所有阈值ν所对应的分类器的行为都是一致的。这样，一个学习算法可以选择训练样本中的一个数据点作为阈值ν，由此产生的分类器只用一个训练样本就可以描述了（或者，看起来更自然的方法是：学习算法用相邻两个数据点的中值作为阈值ν，那么这个假设就用两个训练样本来描述）。

如果某算法的假设可以用κ个训练样本来表示，那么我们就把这个算法叫作规模为κ的压缩模式（compression scheme of size κ）。这样，算法就与一个函数$\mathcal{K}$建立了联系，此函数将κ个已标注样本映射到某假设空间$\mathcal{H}$中的假设。给定训练样本$(x_1,y_1),\cdots,(x_m,y_m)$，该算法选择索引$i_1,\cdots,i_\kappa \in \{1,\cdots,m\}$，输出如下假设

$$h=\mathcal{K}((x_{i_1},y_{i_1}),\cdots,(x_{i_\kappa},y_{i_\kappa}))$$

此假设由相应的样本决定。

这样的算法经常会出现，而且更自然。针对此算法的泛化误差的界也可以用有限空间$\mathcal{H}$下类似的方法来获得。具体地，可以得到下面的定理。

定理 2.8　随机选择m个样本的训练样本集，设存在一个基于规模κ的压缩模式的学

习算法，那么由此算法产生的假设 h 至少以 $1-\delta$ 的概率满足

$$\mathrm{err}(h) \leqslant \left(\frac{m}{m-\kappa}\right)\widehat{\mathrm{err}}(h) + \sqrt{\frac{\kappa \ln m + \ln(1/\delta)}{2(m-\kappa)}}$$

更进一步，任意由此算法产生的一致性假设 h 至少以 $1-\delta$ 的概率满足下面的条件

$$\mathrm{err}(h) \leqslant \frac{\kappa \ln m + \ln(1/\delta)}{m-\kappa}$$

因此，对于这样的算法，压缩模式的规模 κ 用来度量复杂度。

2.2.7 讨论

我们已经讨论了 3 种分析学习算法的通用方法。这些方法都是密切关联的，主要区别是度量复杂度的方式不同。这些界对于理解学习算法的定性行为是十分有用的。就如我们已经讨论的，界说明了泛化误差依赖于：训练误差、样本规模、所选假设的复杂度。而且，这些界对于理解普遍且很重要的过拟合现象是十分有帮助的。忽略 δ 和取对数，定理 2.2、定理 2.5 和定理 2.8 的界都有如下的形式，即

$$\mathrm{err}(h) \leqslant \widehat{\mathrm{err}}(h) + \tilde{O}\left(\sqrt{\frac{C_{\mathcal{H}}}{m}}\right) \tag{2.20}$$

其中 $C_{\mathcal{H}}$ 是对 $\mathcal{H}$ 复杂度的某种度量。因为所选假设的复杂度是可以增加的，这样训练误差就会减少，就会导致式（2.20）中右边第一项减少。然而，这会导致公式右边第二项的增加。结果就是形成了一个理想的“学习曲线”，如图 2.5 所示，完美地匹配了实际中经常可以观察到的过拟合的行为。

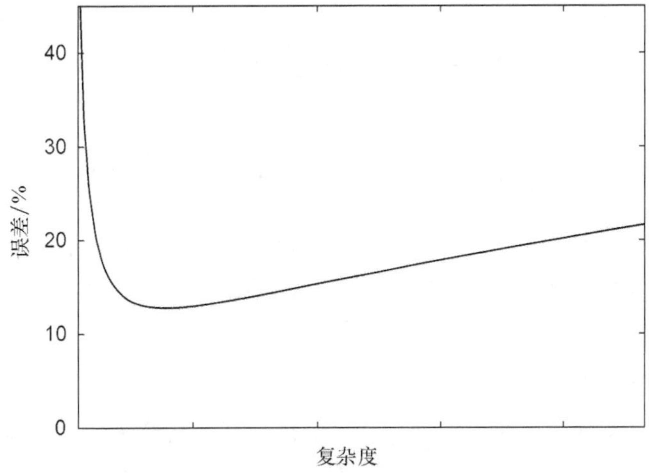

图 2.5

随着分类器复杂度变化而变化的泛化误差曲线，如式(2.20)所预测的界

另一方面，这些界通常都太宽松而无法定量地应用到实际学习问题中。在绝大多数情况下可以获得的训练数据的规模来说，界给出的约束建议只可以使用十分简单的假设类。

但是在实际应用中，往往是使用相当大的假设类（空间）可以获得很好的效果。这里的主要问题是，这些界（约束）都过于“悲观”了，它们对于所有的分布都是成立的，包括那些“最坏”的情况，而这些最坏情况下的分布使得学习十分困难。因此，尽管界的一致性是一种毋庸置疑的优点，它使结果具有通用性和鲁棒性，但是这种一致性也可能是一种缺点。因为在某种意义上，这些界可以说是更好地刻画了在理论上最坏情况下的结果，而不是在实践中遇到的实际情况。

收紧这些界的一种方法就是考虑增加额外的定量指标，这些定量指标可以通过训练样本得到。上述定理中的界只考虑了训练误差 $\widehat{\mathrm{err}}(h)$，但是实际上还可以考虑其他的指标。例如，在第 5 章描述的提升法的泛化误差的界就依赖于训练样本的间隔分布（margin distribution）属性。

2.3　提升法研究基础

下面我们将介绍一个研究机器学习的理想框架，该框架对性能有绝对的保证。正如我们将要看到的，这个学习模型允许我们准确地定义提升概念，从而为开发和分析提升算法提供基础。

2.3.1　性能的绝对保证

如之前讨论的，2.2 节的分析模型都太笼统了，在某种意义上说是一种不可知论，因为我们没有对产生标注样本数据 (x,y) 的分布 $\mathcal{D}$ 做任何假设。一方面，这种宽泛的界使得结论可以应用到广泛的学习算法中，不需要关于数据分布的先验假设。另一方面，这种宽泛的界也排除了我们对性能的绝对保证。尽管，之前讨论的界也告诉我们：如果在规模足够大的训练样本集上采用简单的假设训练误差较低，那么泛化误差也会较低。但是界并没有告诉我们在什么情况下可能找到有 99%的泛化准确率的假设。这只能在观测到训练误差后，根据界进行推导获得。

即使训练样本集合变得特别大，界仍然不能保证低的泛化误差。事实上，这种保证在这种宽泛的界情况下是不可能的，因为分布 $\mathcal{D}$ 可能导致标签 y 本质上是不可预测的。例如，因为我们没有对 $\mathcal{D}$ 做任何假设，则 y 可能独立于 x，等概率为 $+1$ 或 -1。在这种极端情况下，训练样本的规模、算法的复杂度都不可能让某一假设的泛化误差低于 50%。因此，为了提出一个学习算法的数学模型，使其可以提供泛化误差的绝对保证，我们必须接受对分布 $\mathcal{D}$ 的额外的假设。

第一步，我们假设目标是通过学习得到一个接近完美准确率的分类器。我们已经看到这个目标并不总是可能的，事实上，这在实践中几乎都是不可能的。然而，获得可能最高的准确率是学习算法的终极目标，因此从理论上了解在什么情况下可以获得接近完美的准确率也是一个根本问题。

正如我们已经看到的，标签 y 本质上是随机选择的，而不是严格由 x 决定的，因此没有方法找到一个假设 h 可以通过 x 实现对 y 的完美预测，因为这种假设不存在。因此，对

于模型的第一个必须的假设就是样本 x 和标签 y 之间存在函数关系。换句话说，我们假设存在一个目标函数

$$c: \mathcal{X} \to \{-1, +1\}$$

这样，对于任意的 x，其对应的标签 $y=c(x)$ 的概率为 1，即

$$\mathbf{Pr}_{(x,\ y)\sim\mathcal{D}}[y=c(x) \mid x]=1$$

这个相当于简单地认为 $\mathcal{D}$ 是 $\mathcal{X}$ 上的分布。假设样本是如下的形式：$(x, c(x))$，这样每个样本 x 确定地分配标签 $c(x)$。

即使是这样对数据确定性地分配标签，学习或许仍然是不可能的。例如，如果目标函数 c 是 $\mathcal{X}$ 上的一个完全随机的函数，那么没有有限的训练样本可以对在训练期间没有看到的样本提供样本和标签之间的关联关系。因此，我们也不可能找到一个假设对没有在训练过程中出现的样本做出准确的预测。因此，为了使泛化可行，我们也必须对目标函数的性质做出假设，这样训练样本与测试样本才会存在某种关联关系。我们可以假定关于 c 的任何了解（知识）都来自这样一个假设：c 属于某已知的函数类 $\mathcal{C}$，叫作目标（函数）类(target function class)。

因此我们的问题“在什么情况下接近完美的学习算法是可能的?”可以重新表述为针对哪些目标函数类 $\mathcal{C}$——其中“嵌入”了我们对目标函数 c 的假设——接近完美的学习算法是可能的。这里，我们的目标是习得一个具有接近完美的准确率的假设 h，即对任意特定的值 $\epsilon>0$，假设 h 的泛化误差都小于 ϵ，尽管 ϵ 值越小，越需要更多的数据。而且，为了避免过强的假设，我们要求学习算法是对任意目标函数 $c\in\mathcal{C}$，在样本空间 $\mathcal{X}$ 的任意分布 $\mathcal{D}$ 上都是可能的。最终，因为始终存在选中高度没有代表性的随机训练样本的可能性，我们允许学习算法以概率 $\delta>0$ 完全失败，这里 δ 也是用与 ϵ 类似的方式进行控制的。

这种概念下的学习算法要求找到的假设 h 在随机样本上以很高的概率接近完美或者近似正确，因此叫作可能近似正确可学习（probably approximately correct ① learnability）。为了和下面的区分开来，我们也把它叫作强可学习（strong learnability）。形式化的说法：一个类 $\mathcal{C}$ 是强 PAC 可学习的，如果存在一个学习算法 A，对样本空间 $\mathcal{X}$ 上的任意分布 $\mathcal{D}$，任意 $c\in\mathcal{C}$，任意的正数 ϵ 和 δ，算法的输入是 $m=m(\epsilon, \delta)$ 个样本 $(x_1, c(x_1)), \cdots, (x_m, c(x_m))$。这里 x_i 是独立随机地从 $\mathcal{D}$ 中选择，产生的假设 h 满足

$$\mathbf{Pr}[\mathrm{err}(h)>\epsilon]\leqslant\delta$$

① probably approximately correct，简称 PAC，这里用了两个词来描述“正确”：可能（probably）和近似(approximate)。“近似”是在取值上，只要和真实值的偏差小于一个足够小的值就认为“近似正确”；“可能”是在概率上，即只要“近似正确”的概率足够大就认为“可能近似正确”。PAC 关心的是能不能从假设空间中选出一个最优的假设，也就是说在有限训练集下，能不能在假设空间中找到一个好的假设来完成任务，即 PAC 可以用来判断达没达到可以选择出足够好的假设来解决问题的下限。为了保证一定的泛化能力，设定一个阈值，只要选取的假设 h 的泛化误差不超过这个值（即近似正确）就认为是“正确”的。实际上，对于所有外来的实例，假设 h 都能做到“近似正确”，这几乎是一件不可能的事。只要对于多数的外来实例都能做到“近似正确”，也就是说设定一个概率的阈值，只要“近似正确”的概率不小于这个概率阈值（即可能近似正确），就认为是“近似正确”的。如果学习算法在短时间（多项式级别）内根据少量的多项式级别的训练集样本 m，能够找到一个好的假设 h 满足上面条件，那么就说这个问题是 PAC 可学习的。

这里，$\mathrm{err}(h)$是 h 在分布 $\mathcal{D}$ 上的泛化误差，上式的概率是在随机选择训练样本 $x_1,\cdots,x_m$ 的情况下得到的概率。需要注意到训练样本的规模 m 依赖于 ϵ 和 δ ，我们通常要求是 $1/\epsilon$ 和 $1/\delta$ 的多项式级。此外，样本规模通常也依赖于类 $\mathcal{C}$ 的属性。

当计算不是问题的时候，我们可以直接利用 2.2.5 节的结论来获得更宽泛的 PAC 的结论。对于任意类 $\mathcal{C}$ ，考虑算法 A，给定任意的样本，选择 $\mathcal{C}$ 中与观测到的数据一致的任意函数 h 。根据假设，这种假设 h 一定存在（尽管从计算量上来考虑，找到这种假设可能是不可行的）。因此，在这种情况下，我们的假设空间 $\mathcal{H}$ 与 $\mathcal{C}$ 是一致的。当 $\mathcal{C}$ 是有限的，应用定理 2.7，下式至少以 $1-\delta$ 的概率成立

$$\mathrm{err}(h)\leqslant\frac{\ln|\mathcal{C}|+\ln(1/\delta)}{m}$$

令公式的右边等于 ϵ ，这意味着当给定样本规模

$$m=\left\lceil\frac{\ln|\mathcal{C}|+\ln(1/\delta)}{\epsilon}\right\rceil$$

那么 A 是可能近似正确的（至少以 $1-\delta$ 的概率使 $\mathrm{err}(h)\leqslant\epsilon$）。相似地，当 $\mathcal{C}$ 是无限的，可以证明算法对于某些样本规模是可能近似正确的，样本规模依赖于 $\mathcal{C}$ 的 VC 维（如果是有限的话）。

因此，上面所讨论的泛化误差界说明，对于 PAC 学习算法中等规模的样本集在统计意义上是足够的。剩下的问题就是如何找到一个有效的学习算法，这个问题在实际中是不可忽视的。因此我们经常增加一个有效性要求：学习算法 A 可以以多项式时间复杂度获得假设 h 。描述有效的 PAC 可学习变得非常困难和棘手。事实上，在学习系统的设计中，约束或限制算法是否可行的往往是计算上的可行性，而不是统计意义上的考虑。换句话说，在很多情况下，即使提供了足够多的数据来保证了统计意义上的泛化能力，学习还是不可解的，仅因为相关的计算是不可解的（例如，我们已经知道：对 n 个布尔型变量执行与、或、非操作构成的多项式级的目标函数类 $\mathcal{C}$ 就是这种情况）。

2.3.2　弱可学习与提升法

如上所述，要求有接近完美的泛化能力通常是不现实的——有时是统计上的原因，更多的情况下单纯是计算的原因。那么，如果我们放弃这个过于严格的要求会发生什么？换句话说，比如与其要求泛化误差低于 1%，不如满足于低于 10%或者 25%？在最极端的情况下，如果我们的目标仅仅是找到一个泛化误差略低于 50%（这一微不足道的基线）的假设，而这个基线是通过随机猜测标签来实现的。可以肯定地说，当认为（远远地）低于完美的准确率就足够了的时候，学习会变得更容易。

这种对准确率要求很弱的学习叫作弱学习（weak learning）。依据它的定义，我们只需对 PAC 进行小小的修改，我们放弃了要求：学习算法的泛化误差至多是ϵ（$\epsilon>0$）。相反，我们只满足于某固定的 ϵ 值，例如 $\epsilon=\frac{1}{2}-\gamma$ 且 $\gamma>0$，其中 γ 是某固定的但是很小的

“边界”(edge)值。形式化的说法：一个目标类 $\mathcal{C}$ 是弱 PAC 可学习的，如果对于 $\gamma>0$，样本空间 $\mathcal{X}$ 上的任意分布 $\mathcal{D}$，任意 $c\in\mathcal{C}$，任意的正数 δ，存在一个学习算法 A，算法的输入是 $m=m(\delta)$ 个样本 $(x_1,c(x_1)),\cdots,(x_m,c(x_m))$。这里 x_i 是独立随机地从 $\mathcal{D}$ 中选择，产生的假设 h 满足

$$\mathbf{Pr}\left[\operatorname{err}(h)>\frac{1}{2}-\gamma\right]\leqslant\delta$$

弱可学习是对上述过强约束的学习模型的自然“放松”。事实上，从表面上看，人们可能会担心这个模型的学习能力太弱了，只要比随机猜测稍好一点就接受为假设。确实，看起来肯定会有很多类是弱可学习的（准确率只有 51%），而不是强可学习的（准确率达 99%）。

这种推测——尽管结果被证明是完全错误的——指出了一个本质问题：强可学习模型和弱可学习模型是否是等价的？换句话说，是否存在某些类是弱可学习的而不是强可学习的？还是任何弱可学习的类也是强可学习的？提升法的出现恰恰回答了这个理论问题。提升法的存在证明了上述两种模型是等价的，它建设性地证明了弱可学习算法可以转化为强可学习算法。事实上，正是这个特性定义了真正技术意义上的提升法。

形式上，对于 $\mathcal{C}$，当给定 $m_0(\delta)$ 个样本，提升法 B 得到一个弱学习算法 A，会产生一个弱假设 h，它至少以 $1-\delta$ 的概率满足 $\operatorname{err}(h)\leqslant\frac{1}{2}-\gamma$。此外，就像任意的 PAC 算法，$\epsilon>0,\delta>0,m$ 个标注样本 $(x_1,c(x_1)),\cdots,(x_m,c(x_m))$，$c\in\mathcal{C}$（这里 B 不需要知道 $\mathcal{C}$）。根据 A，提升法一定可以产生自己的（强）假设 H，满足

$$\mathbf{Pr}[\operatorname{err}(H)>\epsilon]\leqslant\delta \tag{2.21}$$

而且在复杂度上应该只是多项式级的。换句话说，B 的样本规模 m 应该只是 $1/\epsilon$、$1/\delta$、$1/\gamma$ 和 m_0 多项式级的。相似地，B 的运行时间是与 A（以及其他参数）相关的多项式级。显然，根据定义，将这种算法应用到某类 $\mathcal{C}$ 上的一个弱学习算法，可以证明这个类也是强可学习的。事实上，AdaBoost 就是这种技术意义上的提升法，我们将在 4.3 节对此进行讨论。

这样强可学习和弱可学习等价意味着学习正像我们所定义的那样，在某种意义上是一种“要么全部，要么全都不”的现象。对于每个类 $\mathcal{C}$，每个分布，要么 $\mathcal{C}$ 都可以接近完美的学习准确率，要么根本学习不到。这两个极端之间不存在任何过渡。

2.3.3　分析提升法的方法

在本章我们探讨了两种分析模型。首先，一个假设的泛化误差是由可测量的经验统计值（通常是训练误差）来进行约束的。因为没有对数据做明确的假设，所以良好的泛化能力依赖于一个隐含的假设：即可以找到一个训练误差较小的假设。第二种分析方法对数据的生成过程增加了额外的假设，因此可以得到对泛化误差的绝对约束。提升法可以用上述两种方法进行分析。

每个学习算法都会显式或隐式地依赖于某些假设，否则学习是不可能的。提升法就是构建于弱可学习的假设之上的，前提是已经存在找到一个弱的但不是完全平凡的分类器的方法。开始时，提升法假设给定的类 $\mathcal{C}$ 是弱 PAC 可学习的（如前文的定义）。根据这个假设我们已经看到，可以证明 $\mathcal{C}$ 的 PAC 可学习有强的绝对保证，确保其具有接近完美的泛化能力。

然而在实际中这个假设可能太苛刻了，它要求：（1）根据来自已知类 $\mathcal{C}$ 的目标函数，保证标签的确定性；（2）对于每个分布，弱可学习都是成立的；（3）边界 γ 事先就知道。实践中，这些要求很难检查或保证。正如我们所讨论的，有很多方法可以对上述要求进行弱化，本书的绝大部分（但不是全部）是基于弱可学习假设的弱化版本。

首先，从通用的角度考虑，我们通常可以放弃对数据的任何显式假设。回到本章早些时候讨论的不可知论的框架上：这时标注样本 (x,y) 是由任意分布 $\mathcal{D}$ 产生的，并不要求与标签 y 之间有什么依赖关系。在这种情况下就如第 1 章所述，训练样本就是由已标注的样本对 $(x_1,y_1),\cdots,(x_m,y_m)$ 组成的。

进一步，我们不是假设如上所述的弱 PAC 可学习，我们只假设由给定的弱学习算法 A 找到的弱假设具有小于 1/2 的加权训练误差。这会产生一个不同的、更弱化的弱可学习概念，它是针对特定的实际训练样本集的。具体地，我们说经验 γ-弱可学习假设（empirical γ-weak learning assumption）成立，如果对于任意分布 $\mathcal{D}$ 上的索引是 $\{1,\cdots,m\}$ 的训练样本，弱学习算法 A 能够找到一个假设 h，其加权训练误差至多是 $\frac{1}{2}-\gamma$，即

$$\mathbf{Pr}_{i\sim\mathcal{D}}[h(x_i)\neq y_i]\leqslant\frac{1}{2}-\gamma$$

因此经验弱可学习是基于特定的标签（分类）、特定的训练样本上的分布来定义的。然而弱 PAC 可学习是基于整个域 $\mathcal{X}$ 上的任意分布，与类 $\mathcal{C}$ 中某个目标函数一致的任意分类（标签）方法。这两个概念明显是相关的，但是又有不同。即使这样，如果上下文比较明确的话，我们通常用简化的术语，例如"弱学习假设"（weak learning assumption）、"弱可学习"（weakly learnable），而省略"PAC"，或者"经验"（empirical）。

这个条件可以更进一步弱化。不假设弱学习器 A 在训练样本上的任意分布上都可以获得 $\frac{1}{2}-\gamma$ 的训练误差。我们可以只假设这只发生在提升法训练期间所用的特定分布上。利用算法 1.1 的符号，这意味着对于 AdaBoost 来说，对所有 t 及 $\gamma>0$，有 $\epsilon_t\leqslant\frac{1}{2}-\gamma$。这一性质明显地遵循经验 γ-弱可学习假设，也遵循弱 PAC 可学习假设，在 4.3 节会看到对这些的证明。而且，比较之前的已知类 $\mathcal{C}$ 的弱 PAC 可学习的讨论，可知这个假设是相当简单的，在一个实际的学习环境中可以很快获得验证。

我们甚至可以更进一步，去掉"边界 γ 是已知的"这个假设。如第 1 章所讨论的，这实际上就"定义"了提升法是自适应的，如 AdaBoost 算法。

在最终得到的完全"放松"的框架中，没有对数据做任何假设，这与本章前面所采用

的不可知论的方法类似，利用加权训练误差 ϵ_t 以及弱假设的复杂度等相关参数来分析泛化性能。尽管没有明确地假设 ϵ_t 小于 1/2，但在这种情况下，这样的约束应该意味着较高的泛化准确率。由于它是最普遍、最实用的，我们将主要遵循这种分析模型，特别是在第 4 章和第 5 章，将会证明这种形式的界。

2.4 小结

- 本章回顾了机器学习基础理论的一些基本结论，以及我们将在后续章节中对提升法进行分析所用的工具。这些通用的形式化结果使我们获得了学习算法所需的指标：充足的数据、低训练误差和简洁。最后一个指标可以通过各种方式来度量，包括：描述长度、VC 维、压缩度。这种理解也帮助我们捕捉到学习算法的本质问题：即训练数据的拟合程度与算法复杂度的权衡。最后，我们介绍了形式化的 PAC 可学习框架、弱可学习的概念，并由此引出了提升法的基本问题。
- 在此基础上，我们就可以开始分析 AdaBoost 算法。

2.5 参考资料

我们在本章所采用的机器学习的分析方法，特别是在 2.1 节和 2.2 节，最初是 Vapnik 和 Chervonenkis 的开创性工作 [225，226]。要得到更完整的论述，请参阅 Vapnik [222，223，224] 和 Devroye、Györfi 和 Lugosi [67] 的著作。2.2.3 节和 2.2.4 节描述的方法和分析过程，包括定理 2.3、定理 2.5、定理 2.6、引理 2.4，以及 VC 维都来自 Vapnik 和 Chervonenkis 的工作。然而，他们版本中的定理的常数与我们在书中提供的稍有不同，这里给出的常数是来自 Devroye、Györfi 和 Lugosi 的定理 12.5 [67]。这篇文章还概述了已证明的其他一些版本，其中一些有更好的常数。引理 2.4 由 Sauer 独立证明 [198]。Kearns 和 Vazirani 给出了式（2.12）的一个简短证明 [134]。基于 VC 维的学习下界的例子包括了 Ehrenfeucht 等人的工作 [80]，以及 Gentile 和 Helmbold [107] 的工作。霍夫丁不等式（定理 2.1）由 Hoeffding 提出 [123]。Vapnik 和 Chervonenkis [226]，以及 Blumer 等人 [27] 证明了定理 2.7、式（2.17）。Blumer 等人证明了式（2.18）[28]。

2.1.2 节描述的生成（或贝叶斯）方法的更进一步背景介绍可以参考 Duda、Hart、Stork [73]、Bishop [22] 的研究成果。

2.2.6 节中的方法，包括定理 2.8 来自 Littlestone 和 Warmuth [154]，Floyd 和 Warmuth [85] 的工作。最小描述长度原则尽管没有在本书进行讨论，却是另外一种学习方法的基础，这种方法也是基于压缩的，可以参考 Grünwald 的著作 [112]。

2.3.1 节的 PAC 可学习模型是 Valiant 提出的 [221]。在 Kearns 和 Vazirani 的书中可以了解到进一步的背景 [134]。2.3.2 节的弱 PAC 可学习的概念是由 Kearns 和 Valiant 首次提出的 [133]。如 2.3.1 节所提到的，后者的工作还包括提供了一些即使统计意义上足够多的数据，仍然是计算上无解的学习问题的实例。

本章的一些练习来自于 [28，154，198，221，225] 的材料。

2.6 练习

2.1 对于任意假设空间 $\mathcal{H}$，设 $\hat{h}$ 是最小化训练误差，h^* 是最小化泛化误差，即

$$\hat{h} \doteq \arg\min_{h \in \mathcal{H}} \widehat{\text{err}}(h)$$

$$h^* \doteq \arg\min_{h \in \mathcal{H}} \text{err}(h)$$

需要注意到 $\hat{h}$ 依赖于训练样本集。证明

$$\mathbf{E}[\widehat{\text{err}}(\hat{h})] \leqslant \text{err}(h^*) \leqslant \mathbf{E}[\text{err}(\hat{h})]$$

这里的期望在随机选择训练样本的情况下。

2.2 证明任意有限假设空间 $\mathcal{H}$ 的 VC 维最大是 $\lg|\mathcal{H}|$。证明这个约束条件是收紧的，也就是说，对于每个 $d \geqslant 1$，给出一个假设空间 $\mathcal{H}$ 的实例，其 VC 维是 d，$d = \lg|\mathcal{H}|$。

2.3 设 $\mathcal{X} = \{0,1\}^n$，$\mathcal{C}$ 是布尔单项式空间，即如下的形式

$$c(\mathbf{x}) = \begin{cases} +1, \text{if } \prod_{j \in R} x_j = 1 \\ -1, \text{else} \end{cases}$$

$R \subseteq \{1,\cdots,n\}$。换句话说，对于所有的 $j \in R$，$c(\mathbf{x}) = +1$，当且仅当所有的变量 $x_j = 1$。证明 $\mathcal{C}$ 是有效 PAC 可学习。也就是说，描述一个有效（多项式时间）的算法，可以找到与任意数据集（假设存在）一致的单项式。证明 PAC 标准（式（2.21））在样本规模是 $1/\epsilon$、$1/\delta$ 和 n 的多项式情况下成立。

2.4 设 $\mathcal{X} = \mathbb{R}^n$，$\mathcal{H}$ 是由沿坐标轴的长方形定义（axis-aligned rectangles）的假设空间，即如下形式

$$h(\mathbf{x}) = \begin{cases} +1, \text{if} \quad a_j \leqslant x_j \leqslant b_j,\ j = 1,\cdots,n \\ -1, \text{else} \end{cases}$$

$a_1,\cdots,a_n,b_1,\cdots,b_n \in \mathbb{R}$。计算 $\mathcal{H}$ 的 VC 维。

2.5 设 $\mathcal{X} = \mathbb{R}^n$，$\mathcal{C}$ 是由沿坐标轴的长方形定义的函数空间，如练习 2.4 所述。用压缩模式（compression scheme）证明 $\mathcal{C}$ 是有效 PAC 可学习（如练习 2.3）。

2.6 设 $\mathcal{X} = \mathbb{R}$，$\mathcal{C}$ 是由最多 n 个区间联合定义的函数空间，即如下的形式

$$c(x) = \begin{cases} +1, \text{if } x \in [a_1, b_1] \cup \cdots \cup [a_n, b_n] \\ -1, \text{else} \end{cases}$$

$a_1,\cdots,a_n,b_1,\cdots,b_n \in \mathbb{R}$。

a. 计算 $\mathcal{C}$ 的 VC 维。

b. 用 a 的结论证明 $\mathcal{C}$ 是有效 PAC 可学习（如练习 2.3 所述）。

2.7 证明 Sauer 引理（引理 2.4）是收紧的。也就是说，对于每个 $d \geqslant 1$，给出一个空间 $\mathcal{H}$ 的实例，其 VC 维等于 d，则对于每个 m，有

$$\prod_{\mathcal{H}}(m) = \sum_{i=0}^{d} \binom{m}{i}$$

2.8 设 $\mathcal{H}$ 是可数无限假设空间，令 $g: \mathcal{H} \to (0,1]$ 是任意函数且满足

$$\sum_{h \in \mathcal{H}} g(h) \leqslant 1$$

尽管 g 看起来有些像概率分布，但它只是一个函数（任意函数），只不过它的正值加起来正好不大于 1。假设随机选择了规模为 m 的训练样本集。

a. 证明，对于所有 $h \in \mathcal{H}$，下式至少以 $1-\delta$ 的概率成立。

$$\mathrm{err}(h) \leqslant \widehat{\mathrm{err}}(h) + \sqrt{\frac{\ln(1/g(h)) + \ln(1/\delta)}{2m}}$$

b. 设 $\mathcal{H}$ 中的假设用比特字符串的形式来表示，则 $|h|$ 标识表示假设 h 所需的比特数目。证明如何选择 g，使得对于所有 $h \in \mathcal{H}$，下式至少以 $1-\delta$ 的概率成立。

$$\mathrm{err}(h) \leqslant \widehat{\mathrm{err}}(h) + O\left(\sqrt{\frac{|h| + \ln(1/\delta)}{m}}\right)$$

c. b 中的界如何反应了对数据的拟合和算法复杂度两者之间的权衡？

2.9 证明定理 2.3 与定理 2.6 是等价的，即

a. 对于通过式（2.14）构建的 $\mathcal{A}$，证明式（2.15），证明由定理 2.6 得出定理 2.3 的结论。

b. 对于由子集构建的通用族 $\mathcal{A}$，可以用定理 2.3 来证明定理 2.6。

2.10 设 $\mathcal{X}_n = \mathbb{R}^n$，$\mathcal{H}_n$ 是所有决策树桩的假设空间，决策树桩采用如下简化的形式

$$h(\mathbf{x}) = \begin{cases} c_0, \text{if } x_k \leqslant \nu \\ c_1, \text{else} \end{cases}$$

c_0，$c_1 \in \{-1, +1\}$，$k \in \{1, \cdots, n\}$，$\nu \in \mathbb{R}$(在 3.4.2 节，我们会对决策树桩作更通用的讨论)。

a. 证明 $\prod_{\mathcal{H}_n}(m) \leqslant 2nm$。

b. 证明存在正常数 a 和 b，对于所有 $n \geqslant 1$，$\mathcal{H}_n$ 的 VC 维至多是 $a + b\ln n$。

第3章 用 AdaBoost 最小化训练误差

在本章中，我们研究如何用 AdaBoost 算法最小化训练误差，即最小化在训练样本集上的错误数量。如第 1 章所讨论的，我们将证明 AdaBoost 算法将使训练误差迅速下降，它是弱分类器的错误率的函数，即使这些弱分类器的错误率都接近（但不是太接近）平凡错误率 50%（即随机猜测的结果）。这是 AdaBoost 算法最本质的理论特质。

需要注意到我们的方法有意模糊了弱学习算法，也就是弱假设的来源。正如 2.3.3 节所讨论的，我们的分析只依赖于经验弱可学习这一个假设。这种类似不可知论的方法具有通用性和灵活性的重要优点：通过不指定具体的弱学习器，我们可以推导出一个提升法，得到的分析结果可以立即适应于任意的弱学习算法。然而在实践中，在某个阶段我们必须选择或设计一个合适的算法来达到这样的目的：针对训练样本集上任意给定的分布都可以获得比随机猜测更好的准确率。本章讨论了一些可以应用于此的方法。

我们还研究了保证弱可学习的通用条件。另外，我们将简要介绍和分析 AdaBoost 训练误差的简单证明方法和证明切诺夫界（如定理 2.1）的方法的密切关系。

有人可能会奇怪为什么要研究训练误差，因为我们的兴趣主要在泛化误差。正如第 2 章我们所看到的，对训练样本的拟合，尤其是最小化训练误差，是实现成功学习的主要条件之一。当然，目前为了简化，我们忽略了学习的另外一个主要条件——简洁，这个问题将在分析泛化误差的后续章节中进行介绍。而且，通过本章的分析，我们将会看到训练误差的研究对后续的内容是非常有帮助的。

3.1 AdaBoost 算法训练误差的界

首先证明 AdaBoost 算法训练误差的基本界。在证明这一主要定理时，我们不对训练数据集、训练样本是如何产生的，也不对弱学习器做任何假设。该定理只是根据弱假设的错误率给出训练误差的界。

在如算法 1.1 所示的 AdaBoost 算法的简化版本中，D_1 初始化为训练样本集上的均匀分布。然而，这里我们给出一个更通用的证明，可以应用到 D_1 上的任意分布。证明给出了 H 错误分类的样本所占比例的加权的上界，其中每个样本 i 被 $D_1(i)$ 加权。作为上述结论的特例，可以得到当 D_1 按算法 1.1 的方式进行初始化时，未加权的训练误差的界。

定理 3.1 基于如算法 1.1 所示的符号，令 $\gamma_t \doteq \frac{1}{2}-\epsilon_t$ ，D_1 是训练集上任意初始化的分布。那么基于分布 D_1 ，组合分类器 H（combined classifier）的加权训练误差满足下式

$$\mathbf{Pr}_{i\sim D_1}[H(x_i)\neq y_i]\leqslant \prod_{t=1}^{T}\sqrt{1-4\gamma_t^2}\leqslant \exp\left(-2\sum_{t=1}^{T}\gamma_t^2\right)$$

注意到因为 $\epsilon_t=\frac{1}{2}-\gamma_t$ ，边界 γ_t 度量第 t 个弱分类器 h_t 的错误率比随机猜测的错误率（1/2）好多少。作为定理的一个说明，假设所有的 γ_t 至少是 10%，即没有哪个 h_t 的错误率会超过 40%。那么定理就表明组合分类器的训练误差至多是

$$\left(\sqrt{1-4(0.1)^2}\right)^T\approx(0.98)^T$$

换句话说，训练误差随着基分类器的数量的增加呈指数级迅速下降。下面将对此性质进行详细地讨论。

定理背后的主要思想就是：在每一轮中，AdaBoost 算法增加被分错的样本的权重（在分布 D_t 下）。而且，因为最终的分类器 H 是弱分类器的（加权）多数投票，如果 H 分错了某一样本，那么这个样本一定是被绝大多数的弱分类器分错了。这个样本的权重经过多轮分类一定会增加，所以在最终的分布 D_{T+1} 上它的权重一定很大。但是，因为 D_{T+1} 是一个分布（其权重之和为 1)，所以只有少数几个样本有较大的权重，也只有对这些样本，分类器 H 做出了错误的分类。因此 H 的训练误差一定很小。

下面我们给出形式化证明。

证明：

令

$$F(x)\doteq\sum_{t=1}^{T}\alpha_t h_t(x) \tag{3.1}$$

展开算法 1.1 中依据 D_t 定义 D_{t+1} 的递归公式，得到

$$\begin{aligned}D_{T+1}(i)&=D_1(i)\times\frac{e^{-y_i\alpha_1h_1(x_i)}}{Z_1}\times\cdots\times\frac{e^{-y_i\alpha_Th_T(x_i)}}{Z_T}\\&=\frac{D_1(i)\exp\left(-y_i\sum_{t=1}^{T}\alpha_t h_t(x_i)\right)}{\prod_{t=1}^{T}Z_t}\\&=\frac{D_1(i)\exp(-y_iF(x_i))}{\prod_{t=1}^{T}Z_t}\end{aligned} \tag{3.2}$$

因为 $H(x)=\text{sign}(F(x))$，如果 $H(x)\neq y$ ，那么 $yF(x)\leqslant 0$，这说明 $e^{-yF(x)}\geqslant 1$。即 $\mathbf{1}\{H(x)\neq y\}\leqslant e^{-yF(x)}$ 。因此（加权）训练误差为

$$\begin{aligned}
\mathbf{Pr}_{i\sim D_1}[H(x_i)\neq y_i] &= \sum_{i=1}^{m} D_1(i)\mathbf{1}\{H(x_i)\neq y_i\} \\
&\leqslant \sum_{i=1}^{m} D_1(i)\exp(-y_iF(x_i)) && (3.3)\\
&= \sum_{i=1}^{m} D_{T+1}(i)\prod_{t=1}^{T} Z_t && (3.4)\\
&= \prod_{t=1}^{T} Z_t && (3.5)
\end{aligned}$$

这里式（3.4）用到了式（3.2），式（3.5）基于：D_{T+1} 是一个分布（其权重之和为 1）。最终，基于我们的选择 α_t，我们有

$$\begin{aligned}
Z_t &= \sum_{i=1}^{m} D_t(i)\,\mathrm{e}^{-\alpha_t y_i h_t(x_i)} \\
&= \sum_{i:y_i=h_t(x_i)} D_t(i)\,\mathrm{e}^{-\alpha_t} + \sum_{i:y_i\neq h_t(x_i)} D_t(i)\,\mathrm{e}^{\alpha_t} && (3.6)\\
&= \mathrm{e}^{-\alpha_t}(1-\epsilon_t)+\mathrm{e}^{\alpha_t}\epsilon_t && (3.7)\\
&= \mathrm{e}^{-\alpha_t}\left(\frac{1}{2}+\gamma_t\right)+\mathrm{e}^{\alpha_t}\left(\frac{1}{2}-\gamma_t\right) && (3.8)\\
&= \sqrt{1-4\gamma_t^2} && (3.9)
\end{aligned}$$

这里式（3.6）用到这样的事实—— y_i 和 $h_t(x_i)$ 取值都是 $\{-1,+1\}$；式（3.7）是根据 ϵ_t 的定义得出的；式（3.9）用到了 α_t 的定义。下面我们将进行讨论，通过选择 α_t 最小化式（3.7）。

代入式（3.5）就得到了定理的第一个约束。对于定理的第二个约束，只需要对所有实数 x 应用近似公式 $1+x\leqslant \mathrm{e}^x$。

证毕。

从证明过程可以知道 AdaBoost 对 α_t 的选择来自：训练误差的上界是由 $\prod_{t=1} Z_t$ 约束的。为了最小化这个表达式，我们可以分别最小化每个 Z_t。展开 Z_t，得到式（3.7），可以利用算法 1.1 中用到的选择 α_t 的方法来最小化此式。注意，在每一轮 α_t 都是按贪心的方式进行选择的，即不考虑本轮的选择对以后轮次的影响。

如上讨论，当假定每个弱分类器的错误率低于 50%，则定理 3.1 保证了训练误差的迅速下降。就如 2.3.3 节讨论的那样，假设：在每 t 轮，$\gamma>0$，存在$\epsilon_t\leqslant\frac{1}{2}-\gamma$ 是对经验 γ - 弱可学习假设的轻微的放松情况。当这个条件成立，定理 3.1 隐含着组合分类器的训练误差至多是

$$\left(\sqrt{1-4\gamma^2}\right)^T\leqslant \mathrm{e}^{-2\gamma^2T}$$

对于任意 $\gamma>0$，上式是 T 的指数级衰减函数。尽管在弱可学习条件下，训练误差的界更容易理解。但是重要的是要记住 AdaBoost 算法及其分析不需要这个条件。AdaBoost 算法是自适应的，不需要假设一个 γ_t 的先验下界，并分析考虑所有可能的 γ_t。如果某些 γ_t 很

大，那么进展（训练误差的界的减少）将会更大。

虽然这个界意味着训练误差的指数级下降，但是这个界本身是相当宽松的。例如，图 3.1 展示了组合分类器的训练误差与理论上界的对比曲线，该曲线是提升法轮数的函数，数据集是 1.2.3 节中描述的心脏疾病数据集。图 3.1 也展示了基分类器 h_t 在分布 D_t 上的训练误差 ϵ_t 。

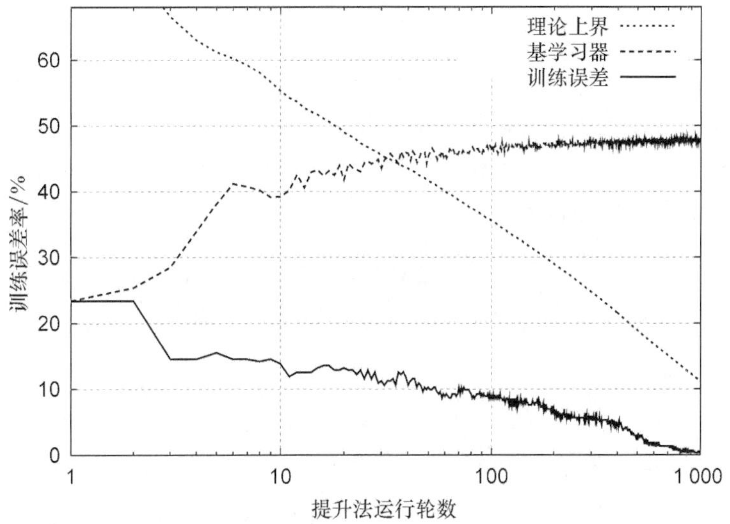

图 3.1

1.2.3 节的心脏疾病数据集上提升法的训练误差率与理论上界的比较。也展示了每个基分类器在各自加权训练样本上的错误率 ϵ_t

3.2 弱可学习的充分条件

经验 γ -弱可学习的假设是研究提升法的基础。定理 3.1 也证明了这个假设足以保证 AdaBoost 算法将使训练误差迅速下降。但是这个假设在什么情况下成立呢？有没有可能这个假设是没有意义的？也就是说，不存在这个假设成立的情况。而且我们对弱可学习的表述多少有些累赘，因为它依赖于基假设的加权训练误差，而这个加权训练误差是相对于训练集上的任意分布而言的。

在本节，我们提出一个简单的条件，这个条件就表示了经验弱可学习假设。正如我们将会看到的，这个条件只依赖于样本和标签之间的函数关系，不包括样本的分布。虽然我们只证明条件的充分性，但在后面的 5.4.3 节中，我们还将讨论条件的必要性，这样就会对弱可学习提供相当全面的刻画（但是忽略了计算效率问题）。

设所有的弱假设都属于某假设类 $\mathcal{H}$ 。因为忽略计算效率的问题，我们只是找到一个充分条件，使得假设空间 $\mathcal{H}$ 始终存在一个弱假设，对于任意分布都明显优于随机猜测。

设给定假设空间 $\mathcal{H}$ 有弱假设 $g_1,\cdots,g_\kappa$ ，非负系数 $a_1,\cdots,a_\kappa$ ，$\sum_{j=1}^{\kappa} a_j=1$，$\theta>0$，对于

训练样本 S 中每个样本 (x_i, y_i)，下式成立

$$y_i \sum_{j=1}^{\kappa} a_j g_j(x_i) \geqslant \theta \tag{3.10}$$

这个条件表示 y_i 可以由弱假设的加权多数投票来得到，因为式（3.10）意味着

$$y_i = \operatorname{sign}\left(\sum_{j=1}^{\kappa} a_j g_j(x_i)\right) \tag{3.11}$$

然而，式（3.10）中的条件稍强一些。虽然式（3.11）指出这种加权多数投票的预测几乎不可能在每个样本上都正确，但式（3.10）要求加权多数投票的预测在绝大多数情况下都是正确的。当式（3.10）的条件对所有 i 都成立的时候，我们就说样本 S 是以间隔 θ 线性可分（间隔将在第 5 章详细讨论）。

事实上，当这个条件成立的时候，经验弱可学习也成立。设 D 是 S 上的任意分布，对式（3.10）两边取期望，应用数学期望的线性特性，可得

$$\sum_{j=1}^{\kappa} a_j \mathbf{E}_{i \sim D}[y_i g_j(x_i)] = \mathbf{E}_{i \sim D}\left[y_i \sum_{j=1}^{\kappa} a_j g_j(x_i)\right] \geqslant \theta$$

因为 a_j 构成一个分布，这意味着存在 j（也就是有一个相应的弱假设 $g_j \in \mathcal{H}$），使

$$\mathbf{E}_{i \sim D}[y_i g_j(x_i)] \geqslant \theta$$

一般来说，有

$$\begin{aligned}\mathbf{E}_{i \sim D}[y_i g_j(x_i)] &= 1 \cdot \mathbf{Pr}_{i \sim D}[y_i = g_j(x_i)] + (-1) \cdot \mathbf{Pr}_{i \sim D}[y_i \neq g_j(x_i)] \\ &= 1 - 2\,\mathbf{Pr}_{i \sim D}[y_i \neq g_j(x_i)]\end{aligned}$$

因此，g_j 的加权误差是

$$\begin{aligned}\mathbf{Pr}_{i \sim D}[y_i \neq g_j(x_i)] &= \frac{1 - \mathbf{E}_{i \sim D}[y_i g_j(x_i)]}{2} \\ &\leqslant \frac{1}{2} - \frac{\theta}{2}\end{aligned}$$

这个观点说明如果样本是以间隔 2γ 线性可分，则对于每个分布，在空间 $\mathcal{H}$ 存在一个基假设，其加权误差至多是 $\frac{1}{2} - \gamma$。这样的一个假设一定可以通过穷举弱学习算法找到，这意味着（可能效率低得离谱）一个基学习算法可以通过暴力搜索的方式在空间 $\mathcal{H}$ 找到一个最好（加权训练误差最小）的弱假设。当计算代价不是问题的时候，正间隔 2γ 的线性可分是保证 γ-弱可学习的充分条件。

可以证明这种线性可分在各种情况下都成立。举个简单的例子，设每个样本 $\mathbf{x}_i$ 是 $\mathbb{R}^n$ 上的向量，对于落在某个超长方形（hyper-rectangle）$[a_1, b_1] \times \cdots \times [a_n, b_n]$ 的点 $\mathbf{x}_i$ 的标签 y_i 取 $+1$，否则取 -1（如图 3.2 所示，以二维为例）。令

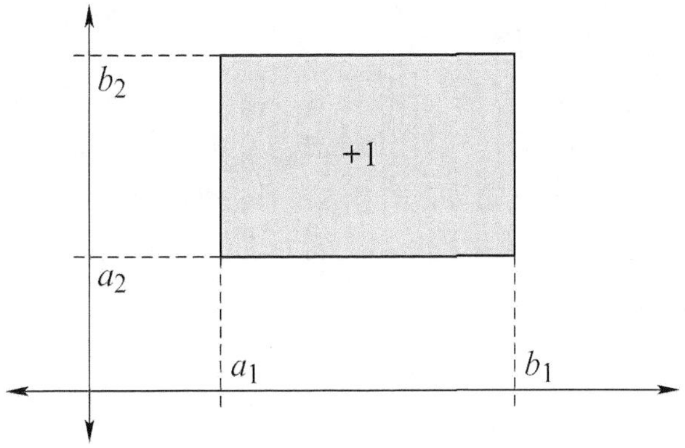

图 3.2
落在二维长方形 $[a_1,b_1]\times[a_2,b_2]$ 中的点的标签为+1，落在外面的为−1

$$f(\mathbf{x}) \doteq \frac{1}{4n-1}\left[\sum_{j=1}^{n}(\mathbf{1}^*\{x_j \geqslant a_j\}+\mathbf{1}^*\{x_j \leqslant b_j\})-(2n-1)\right] \tag{3.12}$$

如果括号里的表达式为真，则 $\mathbf{1}^*\{\cdot\}$ 取+1，否则取−1。那么可以证明，对于所有的 i，下式成立

$$y_i f(\mathbf{x}_i) \geqslant \frac{1}{4n-1}$$

如果 x_i 在超长方形里，式（3.12）内部的取和的部分则等于 $2n$，否则最大[①]是 $2n-2$。注意，把 f 写成决策树桩的凸组合（或取平均），（特征与样本的维度相匹配，包括“常数”树桩，就是一直预测为+1 或−1 的树桩），这说明我们的线性可分假设成立，因此当使用决策树桩的时候，弱学习假设也成立（参见 3.4.2 节了解更多关于决策树桩的细节）。

利用定理 3.1，可以反向思考上述讨论。如前所述，如果对某 $\gamma>0$，γ-弱学习假设成立，那么组合分类器的错误分类的数目至多 $e^{-2\gamma^2 T}$（D_1 为均匀分布）。

因此，如果

$$T > \frac{\ln m}{2\gamma^2}$$

则 $e^{-2\gamma^2 T} < 1/m$，那么组合分类器的训练误差通常是 $1/m$ 的整数倍，事实上必须是 0。而且最终的分类器是加权多数投票的形式。这意味着，在弱学习假设下，定理 3.1 表示：式（3.11）对于某些基分类器必须成立，而且相应的系数可以通过 AdaBoost 的组合分类器获得。如前所述，这个明显比式（3.10）还要弱。然而，以此为起点，在 5.4.2 节我们将拥有必要的工具来进行全面的讨论。

① 当点在超长方形之外的时候，至少有一维是不满足公式（3.12）取和中的两个条件的，则此维的取值为 $+1-1=0$，因此取和部分的最大值是 $2\times(n-1)=2n-2$。

3.3 与切诺夫界的关系

如 2.2.1 节所述，证明定理 3.1 所用的方法与证明切诺夫界的方法关系密切，例如霍夫丁不等式（定理 2.1）。为了建立两者之间的联系，我们简单地证明（尽管多少有些古怪和偏离主题）：可以由定理 3.1 直接推论得到霍夫丁不等式的一个特例。设 $X_1,\cdots,X_n$ 是独立同分布的随机变量

$$X_t=\begin{cases}1，以概率\dfrac{1}{2}+\gamma\\0，以概率\dfrac{1}{2}-\gamma\end{cases}$$

$\gamma>0$。至多 X_t 的一半取 1 的概率是多少？即下式的概率

$$\frac{1}{n}\sum_{t=1}^{n}X_t\leqslant\frac{1}{2}\tag{3.13}$$

根据定理 2.1，此概率不超过 $e^{-2n\gamma^2}$，因为根据定理中的符号，$\mathbf{E}[A_n]=\dfrac{1}{2}+\gamma$。①

利用一个人工定义的训练集，通过分析 AdaBoost 的训练误差可以得到上述相同的结论。设训练样本集 S 中样本为 $\{0,1\}^n$，即所有 n-比特(bit)的序列 $\mathbf{x}$ 对应 $X_1,\cdots,X_n$ 的输出。S 中每个样本的标签 $y=+1$。设初始的分布 D_1 与产生这些随机变量的过程一致，因此

$$D_1(\mathbf{x})=\mathbf{Pr}[X_1=x_1,\cdots,X_n=x_n]=\prod_{t=1}^{n}\left[\left(\frac{1}{2}+\gamma\right)^{x_t}\left(\frac{1}{2}-\gamma\right)^{1-x_t}\right]$$

（这里，我们有点“滥用”符号，分布 D_t 直接定义在样本集 S 的样本上，而不是在这些样本的索引上。）现在设轮数 T 等于 n，定义第 t 个弱假设 h_t 为

$$h_t(\mathbf{x})=\begin{cases}+1，\text{if } x_t=1\\-1，\text{if } x_t=0\end{cases}$$

基于上述定义，可以证明（练习 3.4）

$$\epsilon_t=\mathbf{Pr}_{\mathbf{x}\sim D_t}[h_t(\mathbf{x})\neq+1]=\frac{1}{2}-\gamma\tag{3.14}$$

这是根据分布 D_1 下 h_t 预测的独立性，以及 AdaBoost 进行分布更新的乘法性质得到的。这意味着所有的 α_t 等于一个正常数

---

① 直接代入定理 2.1 的公式中，$\mathbf{Pr}[A_n\leqslant\mathbf{E}[A_n]-\gamma]\leqslant e^{-2n\gamma^2}$，其中 $A_n=\frac{1}{n}\sum_{t=1}^{n}X_t$，$\mathbf{E}[A_n]=\frac{1}{2}+\gamma$，最后得到：$\mathbf{Pr}\left[\frac{1}{n}\sum_{t=1}^{n}X_t\leqslant\frac{1}{2}\right]\leqslant e^{-2n\gamma^2}$。

$$\alpha_t = \alpha = \frac{1}{2}\ln\left(\frac{\frac{1}{2}+\gamma}{\frac{1}{2}-\gamma}\right)$$

因此组合分类器 $H(\mathbf{x})$是一个简单（不加权）的 h_t 的多数投票，其值为+1，当且仅当

$$\sum_{t=1}^{n} h_t(\mathbf{x}) > 0$$

或者

$$\frac{1}{n}\sum_{t=1}^{n} x_t > \frac{1}{2}$$

因此，应用定理 3.1，我们有式（3.13）的概率等于

$$\begin{aligned}\mathbf{Pr}_{\mathbf{x}\sim D_1}\left[\frac{1}{n}\sum_{t=1}^{n} x_t \leqslant \frac{1}{2}\right] &= \mathbf{Pr}_{\mathbf{x}\sim D_1}[H(\mathbf{x}) \neq +1] \\ &\leqslant (1-4\gamma^2)^{n/2} \leqslant e^{-2n\gamma^2}\end{aligned}$$

当我们应用霍夫丁不等式时得到了同样的界，这不是巧合，是用相似的证明技巧的结果。而且，AdaBoost 和定理 3.1 的泛化，就如 5.4.2 节所讨论的那样，可以用来证明定理 2.1（参见练习 5.4），也可以用来证明定理 2.1 的扩展，例如用于非独立随机变量（叫作鞅①）的 Azuma 引理②。我们对 AdaBoost 的分析甚至适用于弱假设不独立（或鞅）的情况，这表明 AdaBoost 的机制在某种程度上迫使它们表现得好像它们实际上是独立的。

因此，AdaBoost 是在提升法背景下，霍夫丁不等式的某种模拟。霍夫丁不等式是二项式分布（式 2.4）的尾部的近似。因此哪个提升法是与二项式的尾部精确对应的？表面看起来好像这个奇怪的问题不会有什么有意义的答案。但是，它确实是有的，第 13 章所展示的 BBM 算法，就提供了提升法的精确形式，其对应的界就是二项式分布的尾部，而不是切诺夫界类型的那种近似。

3.4 基学习算法的设计和使用

AdaBoost 算法和所有其他提升算法一样，本质上是一种不完全的学习方法。因为它本质上是一种“元”算法（meta-algorithm），这说明此算法是构建在某些未指定的基学习算法之上或是与之结合。在本节，我们探讨基学习算法的使用和选择的一般方法。

基学习算法的任务就是产生基假设 h_t 。作为输入，算法接收训练样本集

---

① 鞅（martingale）是指一个随机变量序列。某一时刻，在给定之前的所有值的情况下，序列中下一个值的条件期望就是当前的值。例如离散鞅（discrete-time martingale）的定义如下。在任意时刻 n，离散随机过程 $X_1, X_2, X_3, \cdots$ 满足：(1) $\mathbf{E}(|X_n|) < \infty$；(2) $\mathbf{E}(|X_{n+1}| X_1, \cdots, X_n|) = X_n$。也就是说已知此刻以及之前的所有观测值，下一时刻的期望观测值等于此刻的值。

② 引理 1：若随机变量 X 满足 $\mathbf{E}(X) = 0$，$P(-\alpha \leqslant X \leqslant \beta) = 1$，$\alpha > 0$，$\beta > 0$，则对任意的凸函数 $f(x)$，有 $\mathbf{E}(f(x)) \leqslant \frac{\beta}{\alpha+\beta}f(-\alpha) + \frac{\alpha}{\alpha+\beta}f(\beta)$。引理 2：对任意的参数 k，$0 \leqslant k \leqslant 1$，有 $k\,e^{(1-k)x} + (1-k)\,e^{-kx} \leqslant e^{x^2/8}$。

$$S = \langle (x_1, y_1), \cdots, (x_m, y_m) \rangle \tag{3.15}$$

和一组权重 D_t 。评价候选假设 h 性能优劣的标准就是加权训练误差

$$\epsilon_t \doteq \mathbf{Pr}_{i \sim D_t}[h(x_i) \neq y_i] \tag{3.16}$$

换句话说，它需要找一个基假设 h_t， 使 ϵ_t 最小或者至少 ϵ_t 要比 1/2 小些。定理 3.1 表明这足以迅速降低 AdaBoost 算法的训练误差。此外，在后续章节中，我们将会看到基分类器的加权训练误差 ϵ_t 也与 AdaBoost 算法的泛化误差直接有关。

接下来，我们将简化符号，去掉下标，即 $D = D_t$ 、$h = h_t$ ，诸如此类。

3.4.1 使用样本的权重

基学习器的目标是寻找训练误差的最小化，只不过这时的训练样本有不同的权重。因此我们需要解决的第一个问题就是如何使用这些权重。这里有两种主要的方法。第一种方法就是根据给定的分布 D 随机选择一系列的样本 S'，生成普通的、未加权的训练样本。即

$$S' = \langle (x_{i_{1'}}, y_{i_1}), \cdots, (x_{i_{m'}}, y_{i_{m'}}) \rangle$$

这里每个 i_j 是根据分布 D 独立随机选择的[①]。这些未加权样本可以输入到基学习算法，基学习算法也就不需要关注加权的样本。因此，这种方法叫作重取样-提升法（boosting by resampling），当所选的基学习器不能轻易地修改以处理给定的加权样本的时候，这种方法就非常有用了。

如果 S' 的规模 m' 足够大，针对 S' 的未加权训练误差就是分布 D 上对 S 的加权训练误差的一个合理的估计（在第 2 章详细讨论了基分类器的复杂度，以及当样本的训练误差最小时，这种复杂度与样本的训练误差和真实误差之间差异趋势的关系）。通常，选择 m' 等于 m ，尽管有时有理由选择更大或更小的值。例如，选择比 m 小得多的样本规模 m' ，有时可以提高计算速度。尽管重取样-提升法引入了额外的一层，有些偏离了最小化误差的目标，但是这种随机性注入有时对学习过程是有益的，因为它起到了一定的平滑作用，可以抵消一部分由基学习器的可变行为（variable behavior）导致的误差。我们将在 5.5 节讨论的一种叫作“bagging”的相关方法，其工作原理基本相同[②]。

---

① 根据分布 D 选择点 i：给定一个标准（伪）随机数生成器，我们首先用线性时间事先计算好累积分布 $0 = C_0 \leqslant C_1 \leqslant \cdots \leqslant C_m = 1$，这里 $C_i = C_{i-1} + D(i) = \sum_{j=1}^{i} D(j)$ 。下一步，我们从 $[0,1)$ 中随机选择 r，令 i 是 $\{1, \cdots, m\}$ 中唯一整数，且 $r \in [C_{i-1}, C_i]$ 。可以用折半查找方法找到这个 i ，需用 $O(\log m)$ 时间。可以证明这个随机数 i 是严格按照 D 分布的。

② bagging 和 boosting 都是模型融合的方法，将弱分类器融合之后形成一个强分类器，而且融合之后的效果会比最好的弱分类器更好。bagging 即套袋法，其算法过程如下。从原始样本集中抽取训练集。每轮从原始样本集中使用 bootstraping 方法抽取 n 个训练样本（在训练集中，有些样本可能被多次抽取到，而有些样本可能一次都没有被抽中）。共进行 k 轮抽取，得到 k 个训练集（k 个训练集之间是相互独立的），每次使用一个训练集得到一个模型，k 个训练集共得到 k 个模型。对于分类问题，将上步得到的 k 个模型采用投票的方式得到分类结果；对于回归问题，计算上述模型的均值作为最后的结果（所有模型的重要性相同）。因此通常认为 bagging 是减少方差（variance），boosting 算法是减少偏差。

当然，在重取样-提升法的过程中，基学习器只能最小化加权训练误差的近似值。另外一种方法就是修改基学习算法，这样就可以直接利用样本的权重，显式地最小化加权训练误差。我们将很快看到这样的例子。这种方法叫作重加权提升法(boosting by reweighting)，具有直接、精确的优点，并且在估计最佳基假设时，避免了所有不精确的问题。

3.4.2　算法设计

从广义上说，设计基学习算法也有两种方法。一种方法是选择现有的、现成的学习算法。提升法可以用于任何学习算法，因此没有理由不用提升法来进一步改善性能已相当好的算法。因此，对于基学习算法，我们可以用标准的、已充分研究的算法，例如决策树（参见 1.3 节）或神经网络。这些算法中有些可能期望得到未加权的样本，但如果使用重取样-提升法，这就不是问题。即使是使用重加权提升法，许多算法也可以通过修改来处理样本的权重。例如，一个标准的决策树算法可以选择一个节点，将其放置在树的根部，以最大化某种“纯度”的评价指标，例如熵或者基尼指数。这种评价指标通常都可以进行修改，从而把样本的权重考虑进去（对某些指标进行修改是很自然的事情，例如熵就是根据分布来定义的）。

另一种方法就是设计一个基学习器：找到非常简单的基假设，依据提升法的概念，这可能只比随机猜测好一点点。一个典型的选择就是用决策树桩。决策树桩就是一层的决策树（因此得名），如 1.2.3 节所示的那样，其中给出了大量的示例。对于一个给定的加权训练数据集，找到其最佳决策树桩，最小化式（3.16）计算可以非常迅速。这里我们把这个作为一个经常使用的基学习器的具体例子。

如 1.2.3 节的例子所示，我们假设样本由给定的特征或属性集合 $f_1,\cdots,f_n$ 所描述。例如，如果每个样本 x 是一个人，那么某个特征 $f_k(x)$ 可能是 x 的身高或者此人的性别、眼睛的颜色等。可能有多种类型的特征，例如：取值为 $\{0,1\}$ 的二分类特征；离散（类别）特征取值为无序的有限集合；取值自$\mathbb{R}$中的连续特征。一个具体的决策树桩与某一特征有关，但是具体的形式依赖于特征的类型。

给定一个数据集 S，如式（3.15）所示，给定 S 上的分布 D，我们的目标是设计一个决策树桩基学习器，找到针对 S 和 D 的最佳决策树桩。我们通过有效地搜索，最终考虑所有可能的决策树桩来达到此目标。这个搜索过程的“外循环”是依次考虑每个特征 f_k，找到与这个特征相关的最佳决策树桩，最终是找到全局最优的决策树桩。因为这个过程比较简单，让我们固定在某一特定的特征 f_k，然后集中考虑“内循环”的部分，即找到与这个特征相关的最佳决策树桩。

如果 f_k 是二分类特征，那么决策树桩只在分支的时候有所变化。因此，有如下的形式，即

$$h(x)=\begin{cases}c_0, & \text{if } f_k(x)=0\\ c_1, & \text{if } f_k(x)=1\end{cases} \tag{3.17}$$

我们只需要从 $\{-1,+1\}$ 中找到 c_0 和 c_1 的最佳值。可以通过尝试所有的 4 种可能来找

到，但是存在更通用的方法。对于 $j \in \{0,1\}$ 和 $b \in \{-1,+1\}$，令

$$W_b^j \doteq \sum_{i: f_k(x_i)=j \wedge y_i=b} D(i) = \mathbf{Pr}_{i\sim D}[f_k(x_i)=j \wedge y_i=b] \tag{3.18}$$

是特征 f_k 等于 j，标签是 b 的样本所占的加权百分比。我们也用 W_+^j 和 W_-^j 来分别代替 W_{+1}^j 和 W_{-1}^j。那么如式（3.17）所示的 h 的加权误差可通过下式计算

$$W_{-c_0}^0 + W_{-c_1}^1 \tag{3.19}$$

这是因为，如果 $f_k(x)=0$，那么 $h(x)=c_0$，则标签与 $h(x)$ 不同的样本的权重就是式（3.19）的第一项，同理可得 $f_k(x)=1$ 时的情况。如果 c_j 采用如下形式

$$c_j = \begin{cases} +1, & \text{if } W_-^j < W_+^j \\ -1, & \text{if } W_-^j > W_+^j \end{cases} \tag{3.20}$$

则最小化式（3.19）。

如果 $W_-^j = W_+^j$，则 c_j 随意选择。代入式（3.19），则在此最优解情况下，h 的加权误差为

$$\min\{W_-^0, W_+^0\} + \min\{W_-^1, W_+^1\}$$

现在设 f_k 是某有限集合的离散值，如 $\{1,\cdots,J\}$。我们可以考虑决策树桩有 J 路（J-way）分支，即如下的形式

$$h(x) = \begin{cases} c_1, & \text{if } f_k(x)=1 \\ \vdots \\ c_J, & \text{if } f_k(x)=J \end{cases} \tag{3.21}$$

直接泛化上述结果，设 W_b^j 如式（3.18）中的定义，$j=1,\cdots,J$。注意，上述过程只需要对数据扫描一次就可以实现，即 $O(m)$ 的时间复杂度。c_j 的最优解完全如式（3.20）所示，给定一个树桩，其加权误差为

$$\sum_{j=1}^{J} \min\{W_-^j, W_+^j\} \tag{3.22}$$

另外，我们可能希望用更简单的树桩，只有两个分支，即如下的形式

$$h(x) = \begin{cases} c_0, & \text{if } f_k(x)=r \\ c_1, & \text{else} \end{cases}$$

c_0 和 $c_1 \in \{-1,+1\}$，$r \in \{1,\cdots,J\}$。同样，可以依次穷举 $4J$ 个选项，但是有更有效的方法，首先如上所述，在线性时间里计算得到 W_b^j，即

$$W_b \doteq \sum_{j=1}^{J} W_b^j$$

那么与前面的过程相似，对于某个特定的选择 r，c_0 和 c_1 的最佳选择有如下的加权训练误差，即

$$\min\{W_-^r, W_+^r\} + \min\{W_- - W_-^r, W_+ - W_+^r\}$$

因此，可以在 $O(J)$ 时间复杂度内找到 r 的最佳选择，就是使这个表达式最小。那么可以用与式（3.20）相似的表达式来确定 c_0 和 c_1 的最佳选择。

f_k 是连续的情况更具挑战性。这里，我们考虑如下形式的决策树桩

$$h(x) = \begin{cases} c_0, & \text{if } f_k(x) \leqslant \nu \\ c_1, & \text{if } f_k(x) > \nu \end{cases} \tag{3.23}$$

ν 为实数阈值。对于某个固定选择的 ν，我们本质上是在考虑二进制形式，可以计算

$$W_b^0 \doteq \mathbf{Pr}_{i\sim D}[f_k(x_i) \leqslant \nu \wedge y_i = b]$$
$$W_b^1 \doteq \mathbf{Pr}_{i\sim D}[f_k(x_i) > \nu \wedge y_i = b]$$

c_0 和 c_1 的设置如前。然而，除了 c_0 和 c_1 的 4 种选择，我们还需要考虑 ν 的无限可能选择。然而，与 2.2.3 节的讨论相似，我们可以利用这样的事实：m 个样本的任意有限元素的集合 S 把可能的阈值 $\nu \in \mathbb{R}$ 形成的空间分成了 $m+1$ 个等价的类，因此当 ν 来自同一个等价类的时候，上述决策树桩的行为在样本 S 上应该是相同的。更具体地，设 S 已基于 f_k 进行排序

$$f_k(x_1) \leqslant f_k(x_2) \leqslant \cdots \leqslant f_k(x_m)$$

那么，搜索上述形式的最佳决策树桩，只需要在每个间隔 $[f_k(x_i), f_k(x_{i+1}))$、$[-\infty, f_k(x_1))$、$[f_k(x_m), +\infty]$ 中考虑一个阈值 ν，其中 $i=1,\cdots,m-1$。

因此本质上是对 c_0、c_1 和 ν 考虑 $4(m+1)$ 种可能的选择。穷举式计算每个选择下的加权训练误差需要 $O(m^2)$ 时间复杂度。然而，如果样本已经根据 f_k 进行了排序，那么找到最佳决策树桩只需要 $O(m)$ 时间复杂度。可以通过下面的方法实现：扫描样本，依次考虑每个阈值等价类，扫描每个样本的时候增量式更新 W_b^j。伪代码如算法 3.1 所示，只考虑样本的 f_k 值都不相同的情况。要理解这个算法为什么有效，主要是要注意到，在 $i=1,\cdots,m-1$ 依次迭代的时候，根据 $[f_k(x_i), f_k(x_{i+1}))$ 区间的任意 ν 定义的决策树桩，W_b^j 被正确设置，其他计算的正确性也是由此而来（如果 f_k 的值是不唯一的，那么算法需要做相应的修改：当 $f_k(x_i)=f_k(x_{i+1})$ 的时候，只有 W_b^j 进行了更新，其他计算部分直接跳过）。

如果有足够的内存，对于每个特征，样本只需要预排序一次（不是每一轮都需要），则时间复杂度为 $O(m\log m)$。

算法 3.1

单一连续的特征如何找到决策树桩

给定：$(x_1, y_1), \cdots, (x_m, y_m)$

　　实数值特征 f_k，且 $f_k(x_1) < \cdots < f_k(x_m)$

　　基于 $\{1,\cdots,m\}$ 的分布 D

目标：

　　针对 f_k 找到具有最小加权训练误差的决策树桩

初始化：

$$W_b^0 \leftarrow 0,\ W_b^1 \leftarrow \sum_{i:y_i=b} D(i),\ b \in \{-1, +1\}$$

$$\epsilon_{best} \leftarrow \min\{W_-^1, W_+^1\}$$

选择 $\nu \in [-\infty, f_k(x_1)]$，按照式（3.20）计算 c_0、c_1

对于 $i=1,\cdots,m$，

$$W_{y_i}^0 \leftarrow W_{y_i}^0 + D(i)$$

$$W_{y_i}^1 \leftarrow W_{y_i}^1 - D(i)$$

$$\epsilon \leftarrow \min\{W_-^0, W_+^0\} + \min\{W_-^1, W_+^1\}$$

如果 $\epsilon < \epsilon_{best}$：

$$\epsilon_{best} \leftarrow \epsilon$$

$$\text{选择 } \nu \in \begin{cases} [f_k(x_i), f_k(x_{i+1})), & \text{if} \quad i < m \\ [f_k(x_m), +\infty), & \text{if} \quad i = m \end{cases}$$

输出：

当前的 c_0、c_1 和 ν 的最终值所对应的 h，如式（3.23）所示

3.4.3 在人脸识别中的应用

上述方法是通用的。有时基学习算法可以根据具体的应用进行特别的定制，通常会带来更大的好处。事实上，基学习算法的选择给我们提供了大量的机会，可以将关于某特定问题的先验专家知识融入提升法的过程中。将提升法应用于人脸识别就是一个很好的例子。检测出某类实体的所有实例，例如在照片、电影、其他数字图像中识别人脸是计算机视觉中的一个基本问题。

作为应用提升法解决这一挑战的第一步，我们需要将实际上的一个搜索任务（找到人脸）转换成分类问题。要做到这点，我们可以把 24 像素×24 像素的子图看作样本，每个样本被认为是正的，当且仅当在标准的尺度下子图能够捕捉到完整的正面的人脸。一个样本如图 3.3 左图所示。显然，这种子图的精确分类器可以用来检测图像中的所有人脸，只需要扫描整个图像，报告出现正例的样本就有人脸。在不同的尺度上重复这个过程，就可以发现不同大小的人脸。不用说，这种穷尽搜索的方式要求在最内循环中使用非常快的分类器。

下一步主要的设计决策就是弱分类器和弱学习算法的选择。提升法允许我们选择非常简单的弱分类器，即使它们单独拿出来都相当的不准确；潜在地，这种简单的分类器的额外好处就是可以运行得非常快。在某种极端情况下，我们可以用弱分类器只检测相对亮和暗的矩形模式，如图 3.3 第一行所示。左边的对图像特定位置上暗的区域在亮的区域之上这种模式比较敏感，右边的是对暗的区域环绕在亮的区域周围比较敏感。用更准确的术语来说，这个模式定义了一个实数值的特征：它等于黑色矩形中所有像素的亮度之和减去所有白色矩形中所有像素的亮度之和。可以用此特征来定义一个决策树桩，如 3.4.2 节所述，它根据特定图像的该特征值是否高于或低于某个阈值来进行预测。

在训练期间，我们可以考虑由少量类型所组成的所有可能模式来定义特征，如图 3.4 所给出的 4 种类型。每个类型都定义大量的模式，每个模式标识一个特征。例如，左边的

类型就定义了如下所有可能的模式：由尺寸相同的黑色矩形和白色矩形组成，白色矩形在黑色矩形上面。在 24 像素×24 像素图像中，图 3.4 中的 4 种类型定义了 45 396 个特征。

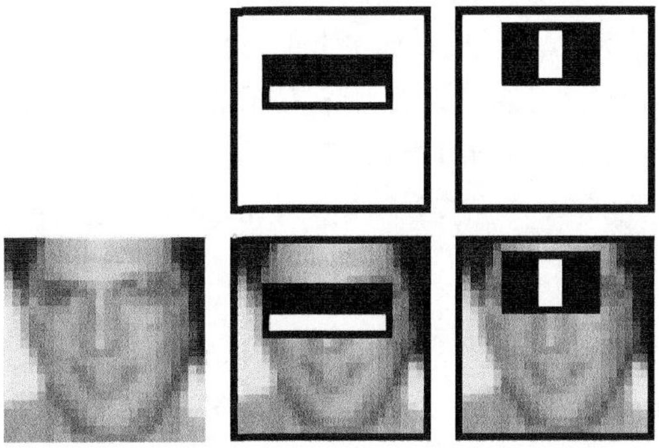

图 3.3
提升法前两轮选择的特征在第一行分别显示，在第二行显示的是与左侧人脸图叠加后的效果（Copyright ©2001 IEEE，拷贝许可［227］）

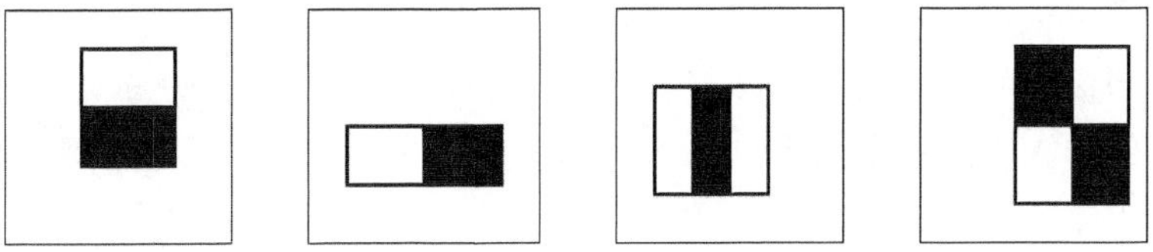

(a) (b) (c) (d)

图 3.4
用来定义特征的 4 种类型

定义了大量的实数值特征后，我们就可以采用 AdaBoost 算法，用 3.4.2 节给出的弱学习算法来找到最佳的决策树桩。图 3.3 展示了提升法前两轮找到的两个特征：前者明显利用了眼睛要比额头暗些的特征，后者则利用了眼睛要比鼻梁暗些的类似特征。很明显，诸如此类的弱检测器单独来做人脸识别的性能会非常差。

然而，当用提升法把这些弱检测器组合起来后，AdaBoost 的最终分类器的效果相当好。例如，经过 200 轮后，在一个测试数据集上，最终分类器可以识别 95%的人脸，而且在 14 084 个样本中只有一个没有人脸的样本被错误识别为人脸。图 3.5 展示了在一些测试样本上的识别结果。

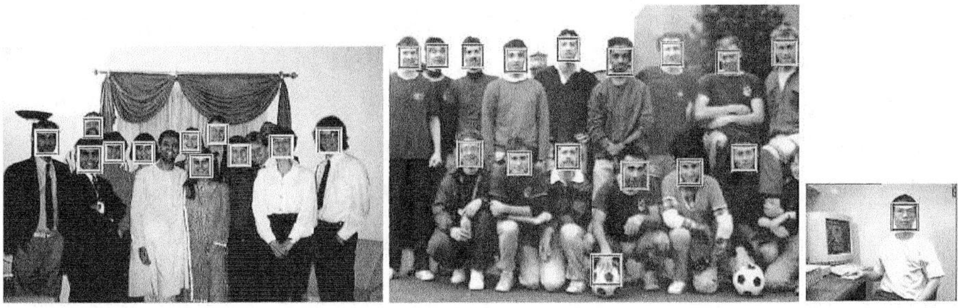

(a) (b) (c)

图 3.5
提升法的最终分类器在测试样本上人脸识别的效果（Copyright ©2001 IEEE，拷贝许可［227］）

这种人脸识别方法不仅具有高准确率，而且可以实现非常快速的人脸识别。通俗地说，特征计算所需的时间与所涉及的矩形的大小成比例。然而，只要进行一些预计算，对任意特征的计算都可以在常数时间内完成。为了解释这个原理，我们首先定义积分图像（integral image）$I(x,y)$ 是点 (x,y) 左上部分的所有像素的亮度之和，即点 (x,y) 是其右下角。从左上角开始，对图像中的所有像素点 (x,y) 扫描一次就可以完成上述计算。计算完成后，任意矩形的所有像素之和可以通过对积分图像的 4 个引用完成。例如，为了计算图 3.6 所示的矩形 R 的所有像素之和，可以通过下式完成

$$R=(A+B+C+R)-(A+C)-(A+B)+(A) \tag{3.24}$$

尽管，这个公式对符号有些轻微的“滥用”：我们用 A、B、C 和 R 既代表了图中的矩形，又表示了这些矩形中所有像素之和。注意到式（3.24）中的 4 个括号项可以通过相应位置在积分图像中查表完成，分别是 R 的右下角（$A+B+C+R$）、左下角（$A+C$）、右上角（$A+B$）、左上角（A）。这样任意矩形的所有像素之和，也就是任意特征，都可以通过积分图像中的引用查表操作在小的常数时间内完成。这意味着这些特征可以实现快速计算，极大地提高训练和测试的速度。

测试可以用级联的方式来进一步提高速度，相对小的、粗糙的分类器就足够把大量的、绝大多数的非人脸的背景图像过滤掉。算法如此之快，完全可以应用到每秒 15 帧的实时视频上实现人脸识别。

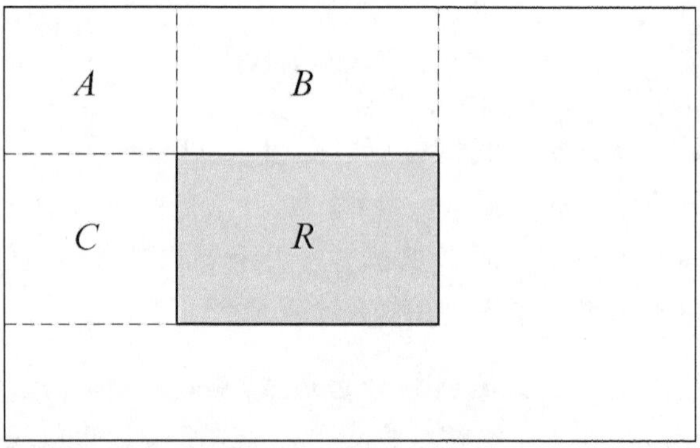

图 3.6
任意矩形 R 的所有像素之和都可以通过积分图像的 4 个引用来完成

3.5　小结

- 综上所述，在本章我们证明了 AdaBoost 算法的训练误差的界。我们看到，在给定弱学习假设的条件下，训练误差作为提升法轮数的函数以指数级迅速下降。我们也证明了弱学习假设成立的一般充分条件，以及如何设计或选择一个弱学习算法。下一步，我们将会研究泛化问题。

3.6 参考资料

定理 3.1 中给出的训练误差的界来自 Freund 和 Schapire 的工作 [95]。

3.2 节给出的具有正间隔的线性可分和弱可学习之间的联系由 Rätsch 和 Warmuth 首次提出 [187]，他们从博弈论的角度来考虑提升法，这将在第 6 章进行详细讨论。可以参考近期 Shalev-Shwartz 和 Singer 的工作 [211]。

若要与 3.3 节中证明切诺夫界的方法进行对比，可以参考霍夫丁论文中的证明 [123]。

在 AdaBoost 算法出现之前，Holte [125] 研究了与决策树桩非常相似的"1-规则"（1-rules），发现这些非常简单的规则本身就可以提供惊人的高准确率。3.4.2 节中描述的发现最佳决策树桩的算法是从构建决策树的标准方法改进而来的 [39，184]。

3.4.3 节的面部识别系统来自 Viola 和 Jones 的工作 [227，228]。图 3.4 和图 3.6 也来自上述工作，图 3.3 和图 3.5 直接从 [227] 复制而来。

本章的部分练习来源于 [88，95，108，194，199]。

3.7 练习

3.1 证明算法 1.1 中 AdaBoost 更新过程中由 D_t 计算 D_{t+1} 可以重写成如下的等价形式

$$D_{t+1}(i) = \frac{D_t(i)}{1 + 2\, y_i h_t(x_i)\, \gamma_t}$$

这里 $i = 1,\cdots,m$ 。

3.2 考虑下面只运行 3 轮的"迷你"提升法。

· 给定训练数据，如算法 1.1 所述的 AdaBoost 算法。设 D_1 、h_1 、ϵ_1 和 D_2 、h_2 、ϵ_2 和 AdaBoost 前两轮的计算过程一样。

· 对于 $i=1,\cdots,m$，计算

$$D_3(i) = \begin{cases} D_1(i)/Z, \text{if } h_1(x_i) \neq h_2(x_i) \\ 0，\text{else} \quad 其他 \end{cases}$$

Z 是归一化因子（这样的话 D_3 就是一个分布）。

· 得到弱假设 h_3 。

· 输出最终的假设

$$H(x) = \text{sign}(h_1(x) + h_2(x) + h_3(x))$$

我们将会看到这 3 轮将会对准确率产生很小但是明显的提升。

设 $\gamma_t \doteq \frac{1}{2} - \epsilon_t$ 是 t 轮的边界，假设 $0 < \gamma_t < \frac{1}{2}$ ，$t=1,2,3$。$b \doteq \mathbf{Pr}_{i\sim D_2}[h_1(x_i) \neq y_i \wedge h_2(x_i) \neq y_i]$ ，即 b 是分布 D_2 上 h_1 和 h_2 都不正确的概率。

a. 依据 γ_1 、γ_2 、γ_3 和 b，写出下面的准确表达式。

i. $\mathbf{Pr}_{i\sim D_1}[h_1(x_i) \neq y_i \wedge h_2(x_i) \neq y_i]$

ii. $\mathbf{Pr}_{i\sim D_1}[h_1(x_i) \neq y_i \wedge h_2(x_i) = y_i]$

iii. $\mathbf{Pr}_{i\sim D_1}[h_1(x_i) = y_i \wedge h_2(x_i) \neq y_i]$

iv. $\mathbf{Pr}_{i\sim D_1}[h_1(x_i) \neq h_2(x_i) \wedge h_3(x_i) \neq y_i]$

v. $\mathbf{Pr}_{i\sim D_1}[H(x_i) \neq y_i]$

[提示：参考练习 1.1，3.1]

b. 设 $\gamma = \min\{\gamma_1, \gamma_2, \gamma_3\}$ 。证明最终分类器 H 的训练误差不会超过

$$\frac{1}{2} - \frac{3}{2}\gamma + 2\gamma^3$$

证明这个值严格小于 $\frac{1}{2}-\gamma$，即弱假设（最坏情况下）的误差。因此，准确率得到了一个小的提升（我们注意到，可以通过递归地应用这种方法进一步放大这种提升）。

3.3　考虑 AdaBoost 的一个变形，组合分类器 H 由分类器 $\widetilde{H}$ 来代替，此分类器的预测是随机化的。特别地，对于任意的 x，$\widetilde{H}$ 以下面的概率预测为 $+1$，有

$$\mathbf{Pr}_{\widetilde{H}}[\widetilde{H}(x)=+1]=\frac{\mathrm{e}^{F(x)}}{\mathrm{e}^{F(x)}+\mathrm{e}^{-F(x)}}$$

否则预测为 -1，这里 F 如式（3.1）所示。证明 $\widetilde{H}$ 的训练误差的界是定理 3.1 中的 H 的一半，即证明

$$\mathbf{Pr}_{i\sim D_1,\ \widetilde{H}}[\widetilde{H}(x_i)\neq y_i]\leqslant\frac{1}{2}\prod_{t=1}^{T}\sqrt{1-4\gamma_t^2}$$

这里概率的计算来自两个方面：一个是根据分布 D_1 选择 i，另外一个是 $\widetilde{H}$ 预测的随机性。

3.4　证明公式（3.4）。

3.5　设弱学习条件保证成立，因此在提升算法开始之前就知道 $\epsilon_t\leqslant\frac{1}{2}-\gamma$，$\gamma>0$。描述 AdaBoost 的一个修改版本：最终的分类器是一个简单（无加权）的多数投票，证明其训练误差不超过 $(1-4\gamma^2)^{T/2}$。

3.6　设 $\mathcal{X}_n=\{0,1\}^n$，$\mathcal{G}_n$ 是某布尔函数类 $g:\mathcal{X}_n\to\{-1,+1\}$。$\mathcal{M}_{n,k}$ 是所有下面这种布尔函数构成的类。这种布尔函数可以写成 $\mathcal{G}_n$ 中 k 个函数（不需要唯一）的简单多数投票，这里 k 是奇数，有

$$\mathcal{M}_{n,k}\doteq\left\{f:x\mapsto\operatorname{sign}\left(\sum_{j=1}^{k}g_j(x)\right)\mid g_1,\cdots,g_k\in\mathcal{G}_n\right\}$$

对于这个问题，我们可以看到，粗略地说，如果 f 可以写成 $\mathcal{G}_n$ 中多项式量级的函数的多数投票，那么在任意分布下，f 可以由 $\mathcal{G}_n$ 中某函数近似。但是如果 f 不能写成多数投票的方式，那么存在某些“难”的分布，在这些分布上 f 不能被 $\mathcal{G}_n$ 中的任何函数近似。

a. 证明如果 $f\in\mathcal{M}_{n,k}$，那么对于 $\mathcal{X}_n$ 上所有分布 D，存在一个函数 $g\in\mathcal{G}_n$，有

$$\mathbf{Pr}_{x\sim D}[f(x)\neq g(x)]\leqslant\frac{1}{2}-\frac{1}{2k}$$

b. 证明如果 $f\notin\mathcal{M}_{n,k}$，那么 $\mathcal{X}_n$ 上存在一个分布 D，对于每个 $g\in\mathcal{G}_n$，有

$$\mathbf{Pr}_{x\sim D}[f(x)\neq g(x)]>\frac{1}{2}-\sqrt{\frac{n\ln 2}{2k}}$$

[提示：用提升法]

第 4 章

泛化误差的直接界

在第 3 章中，我们证明了 AdaBoost 算法训练误差的界。然而，正如之前已经指出的，在学习中我们真正关心的是它在面对训练期间没有见过的数据时的泛化能力。事实上，一种能够降低训练误差的算法不一定有资格作为提升算法。如 2.3 节所讨论的，提升算法是一种可以使泛化误差任意接近零的算法。换句话说，它是一种对训练期间没有见过的数据具有接近完美的预测能力的学习算法，前提条件是对算法提供合理规模的训练样本，所使用的弱学习算法可以始终如一地找到比随机猜测稍好的弱假设。

事实上，有多种方法可以分析 AdaBoost 算法的泛化误差，本书将研究其中的几种。在本章，我们会介绍第一种方法，着重于对第 2 章概述的通用方法的直接应用，从将最终分类器看作基假设的组合的角度来进行分析。通过上述内容足以证明 AdaBoost 确实是一种提升算法。然而，我们也将看到，推导出的泛化误差的界预示着 AdaBoost 算法将会过拟合，但是这一预测在实际环境中常常被证明是错误的。这一不足之处将在第 5 章得到解决，第 5 章会提出基于间隔理论的分析方法。

4.1 基于 VC 理论的泛化误差的界

我们直接从基于 AdaBoost 输出的假设形式的分析开始。

4.1.1 基本假设

在证明第 3 章的训练误差的界的时候，我们不需要对数据提出任何假设。(x_i, y_i) 对是完全任意的，弱假设 h_t 也是同样的。不需要任何假设，定理 3.1 都成立。但是现在研究泛化误差，就不能那么“随意”了，我们必须接受额外的假设。这是因为，正如第 2 章所讨论的，如果训练的数据和测试的数据没有任何关系，那么我们不可能在测试阶段会做得有多好。因此，如第 2 章所做的那样，我们假设：所有的样本（包括训练和测试阶段），都是基于同样（未知）的分布 $\mathcal{D}$ 随机产生 $\mathcal{X} \times \{-1, +1\}$。如前所述，我们的目标是找到一个分类器 h，具有较低的泛化误差，即

$$\mathrm{err}(h) \doteq \mathbf{Pr}_{(x,y)\sim\mathcal{D}}[h(x) \neq y]$$

即在产生训练样本 $(x_1, y_1), \cdots, (x_m, y_m)$ 的同一分布 $\mathcal{D}$ 上随机选择的新样本 (x, y) 被错误分类的概率要低。我们假设在 AdaBoost 的泛化误差分析过程中都使用这个概率框架。

如第 1、2 章讨论的那样，学习算法就是对数据尽量进行拟合，但是不要过拟合。就如科学研究，我们希望尽可能用最简单的方式（分类器）来解释我们的观察（数据）。提升法不能直接控制每轮所选的基分类器 h_t 。如果这些基分类器已经采用了非常复杂的形式导致了对数据的过拟合，那么提升法一定也会产生过拟合。因此，为了得出对泛化误差有意义的界，我们还必须对基分类器的复杂度或表达能力有所假设。换句话说，AdaBoost 算法的泛化误差的界不可避免地依赖于基分类器的复杂度的某种度量。

更准确地说，我们假设所有的基分类器都是从某分类器空间 $\mathcal{H}$ 中选择的。例如，可以是所有决策树桩构成的空间，或者所有决策树构成的空间（可能决策树规模有所限制）。如 2.2.2 节所述，当 $\mathcal{H}$ 的势（cardinality）是有限的，我们可以用 $\lg|\mathcal{H}|$ 来度量它的复杂度，这个可以解释为描述它的一个成员所需的比特数。当 $\mathcal{H}$ 是无限的，我们使用的是 $\mathcal{H}$ 的 VC 维，这是一种组合度量，如 2.2.3 节所述，适合用来度量学习某函数类的困难程度。因此，我们希望泛化误差的界是依赖于这两个复杂度中的一个。

在 3.1 节已经证明了训练误差的界。在本章，通过证明一个关于训练误差和泛化误差之差的界，来推出泛化误差的界。这本质上是第 2 章介绍的分析模型。我们已经看到对于一个特定的分类器 h ，训练误差 $\widehat{\text{err}}(h)$ 可以看作泛化误差的经验估计，而且这个估计随着数据的增加而越来越准确。然而，在学习过程中，我们通常根据训练数据来选择分类器 h ，通常选择训练误差最小的分类器。这种选择假设 h 的方式通常会导致训练误差和泛化误差之间有显著的差异。而且，在选择训练样本之前，我们不知道最终哪个分类器会被选中。我们必须约束的是所有可能在学习算法中产生的 h 的 $\text{err}(h)$ 和 $\widehat{\text{err}}(h)$ 之间的差异。这里，我们用 2.2 节中介绍的强大的工具来证明这些通用结论。

4.1.2　AdaBoost 分类器的形式与复杂度

如上所述，$\mathcal{H}$ 是基分类器空间，从 $\mathcal{H}$ 中选择 h_t 。设 $\mathcal{C}_T$ 是组合分类器构成的空间，由 AdaBoost 算法经 T 轮后产生。组合分类器 H 是 T 个基分类器预测的加权多数投票，即

$$H(x) = \text{sign}\Big(\sum_{t=1}^{T} \alpha_t h_t(x)\Big) \tag{4.1}$$

$\alpha_1, \cdots, \alpha_t$ 为实数，$h_1, \cdots, h_T$ 是来自 $\mathcal{H}$ 空间的基分类器。换一种表示方式，可以将 $\mathcal{H}$ 写成如下的形式

$$H(x) = \sigma(h_1(x), \cdots, h_T(x))$$

这里 σ：$\mathbb{R}^T \rightarrow \{-1, 0, +1\}$ 是某种线性门限函数（linear threshold function），形式如下

$$\sigma(\mathbf{x}) = \text{sign}(\mathbf{w} \cdot \mathbf{x}) \tag{4.2}$$

$\mathbf{w} \in \mathbb{R}^T$ 。令 $\sum_T$ 是所有这种线性门限函数构成的空间，那么 $\mathcal{C}_T$ 就是 $\mathcal{H}$ 中 T 个假设定义的线性门限函数构成的空间，即

$$\mathcal{C}_T=\left\{x \mapsto \sigma(h_1(x),\cdots,h_T(x)): \sigma \in \sum\nolimits_T ;\ h_1,\cdots,h_T \in \mathcal{H}\right\}$$

我们的目标就是证明对于所有 $h \in \mathcal{C}_T$，训练误差 $\widehat{\operatorname{err}}(h)$ 都是 $\operatorname{err}(h)$ 的良好估计。我们在2.2节看到，这可以通过计算 $\mathcal{C}_T$ 中函数的数目来证明。但是遗憾的是，因为 $\sum_T$ 是无限的（每个线性门限函数由一个向量 $\boldsymbol{w}$ 来定义，$\boldsymbol{w} \in \mathbb{R}^T$），$\mathcal{C}_T$ 也是无限的。然而，我们也看到，可以通过 $\mathcal{C}_T$ 中有限点集上的函数的可能的行为或对分（dichotomies）的数目来证明上述约束。在下面的引理中将采用这种计算方法。

从技术上讲，应用2.2节的形式，组合分类器必须输出的预测是 $\{-1,+1\}$，而不是 $\{-1,0,+1\}$。因此，只在本章，我们重新定义式（4.1）、式（4.2）中的符号函数的范围为 $\{-1,+1\}$，只需重新定义 $\operatorname{sign}(0)=-1$ 就可以了，而不是在本书其他章节定义的0。当然还有其他方法可以解决这个技术上的难题，但无疑这种方法是最直接的（参见练习4.1）。

在2.2.3节，我们注意到：$\sum_n$ 是 $\mathbb{R}^n$ 上线性门限函数构成的空间，其VC维为 n。下面我们将会使用这个特性。这里我们给出证明。

引理4.1 $\mathbb{R}^n$ 上线性门限函数构成的空间 $\sum_n$ 的VC维为 n。

证明：

设 $\boldsymbol{e}_i \in \mathbb{R}^n$ 是一个基向量，其第 i 维为1，其他维都为0。那么 $\boldsymbol{e}_1,\cdots,\boldsymbol{e}_n$ 可以被 $\sum_n$ 打散。如果 $y_1,\cdots,y_n$ 是 $\{-1,+1\}$ 标签的任意集合，那么 $\boldsymbol{w}=\langle y_1,\cdots,y_n\rangle$ 实现了相应的对分，因为

$$\operatorname{sign}(\boldsymbol{w} \cdot \boldsymbol{e}_i)=y_i$$

所以，$\sum_n$ 的VC维至少是 n。

为了达到一种矛盾的情况，设现在存在一个 $n+1$ 个点构成的集合，$\boldsymbol{x}_1,\cdots,\boldsymbol{x}_{n+1} \in \mathbb{R}^n$，被 $\sum_n$ 打散。那么，作为 n 维空间的 $n+1$ 个点，必然存在实数 $\beta_1,\cdots,\beta_{n+1}$ 不全是零，且

$$\sum_{i=1}^{n+1} \beta_i \boldsymbol{x}_i=\mathbf{0}$$

不失一般性，假设 $\beta_{n+1}>0$。因为这些点被 $\sum_n$ 打散，则存在 $\boldsymbol{w} \in \mathbb{R}^n$，使

$$\operatorname{sign}(\boldsymbol{w} \cdot \boldsymbol{x}_{n+1})=+1 \tag{4.3}$$

因此

$$\operatorname{sign}(\boldsymbol{w} \cdot \boldsymbol{x}_i)=\begin{cases}+1, & \text{if } \beta_i>0 \\ -1, & \text{if } \beta_i \leqslant 0\end{cases} \tag{4.4}$$

$i=1,\cdots,n$。式（4.3）说明 $\boldsymbol{w} \cdot \boldsymbol{x}_{n+1}>0$，然而式（4.4）说明 $\beta_i(\boldsymbol{w} \cdot \boldsymbol{x}_i) \geqslant 0, i=1,\cdots,n$。这样就得到下面的矛盾

$$\begin{aligned}0&=\boldsymbol{w}\cdot 0\\&=\boldsymbol{w}\cdot\sum_{i=1}^{n+1}\beta_i\,\mathbf{x}_i\\&=\sum_{i=1}^{n}\beta_i(\boldsymbol{w}\cdot\boldsymbol{x}_i)+\beta_{n+1}(\boldsymbol{w}\cdot\mathbf{x}_{n+1})\\&>0\end{aligned}$$

因此，$\sum_n$ 的 VC 维至多是 n。

证毕。

4.1.3　有限基假设空间

现在我们准备计算在任意样本 S 上 $\mathcal{C}_T$ 的分类器产生的对分的数目。为了简单起见，我们主要关注基假设空间 $\mathcal{H}$ 是有限的情况。

引理 4.2　假设 $\mathcal{H}$ 是有限的。设 $m\geqslant T\geqslant 1$。对于由 m 个点构成的任意集合 S，由 $\mathcal{C}_T$ 实现的对分的数目有如下约束

$$\left|\prod\nolimits_{\mathcal{C}_T}(S)\right|\leqslant\prod\nolimits_{\mathcal{C}_T}(m)\leqslant\left(\frac{em}{T}\right)^T|\mathcal{H}|^T$$

证明：

设 $S=\langle x_1,\cdots,x_m\rangle$ 。考虑一个特定的固定基假设序列 $h_1,\cdots,h_T\in\mathcal{H}$ 。我们可以创建一个修改后的样本空间 $S'=\langle\mathbf{x}'_1,\cdots,\mathbf{x}'_m\rangle$ ，这里我们定义

$$\mathbf{x}'_i\doteq\langle h_1(x_i),\cdots,h_T(x_i)\rangle$$

是空间 $\mathbb{R}^T$ 中的向量，通过将 $h_1,\cdots,h_T$ 作用到 x_i 来获得。

根据引理 4.1，$\sum_T$ 的 VC 维为 T，根据 Sauer 引理（引理 2.4）和式（2.12）作用到 S' ，得

$$\left|\prod\nolimits_{\Sigma_T}(S')\right|\leqslant\left(\frac{em}{T}\right)^T\tag{4.5}$$

即对于固定的 $h_1,\cdots,h_T$ ，$\sigma\in\sum_T$ ，有如下形式的函数

$$\sigma(h_1(x),\cdots,h_T(x))$$

所定义的对分的数目由式（4.5）所约束。因为 $h_1,\cdots,h_T$ 的可选数目等于 $|\mathcal{H}|^T$ ，因此对应于每一个 $h_1,\cdots,h_T$ 的选择，对分的数目都是如式（4.5）所述，所以我们就得到了引理中声明的界。

证毕。

现在我们可以直接应用定理 2.3 和定理 2.7 来得到下面的定理，该定理给出了 AdaBoost 算法的泛化误差的一般界，或是任意由基分类器的加权多数投票构成的组合分

类器 H 的泛化误差的一般界。与第2章的结论和直观感受一致，这个界依赖于训练误差 $\widehat{\mathrm{err}}(H)$、样本规模 m，以及有效表示 H 复杂度的两项：轮数 T 和 $\lg|\mathcal{H}|$（对基分类器复杂度进行度量）。这些是对 H 复杂度的直观度量，因为它们大致对应于 H 的总体规模。H 主要由 T 个基分类器组成，每个基分类器的大小是（以比特计）$\lg|\mathcal{H}|$。

定理 4.3 设 AdaBoost 运行 T 轮，随机样本 $m \geqslant T$，使用的基分类器来自一个有限空间 $\mathcal{H}$。那么，组合分类器 H 至少以 $1-\delta$ 的概率满足

$$\mathrm{err}(H) \leqslant \widehat{\mathrm{err}}(H) + \sqrt{\frac{32\left[T\ln(em|\mathcal{H}|/T) + \ln(8/\delta)\right]}{m}}$$

而且，如果 H 与训练数据集一致（因此 $\widehat{\mathrm{err}}(H)=0$），那么

$$\mathrm{err}(H) \leqslant \frac{2T\lg(2em|\mathcal{H}|/T) + 2\lg(2/\delta)}{m}$$

证明：

只需要把引理4.2的界代入定理2.3和定理2.7。

证毕。

现在有可能证明，如果给定足够多的数据，经验弱学习假设足以保证 AdaBoost 获得任意低的泛化误差。从2.3节的方法角度来看，这几乎等同于说（但还不是完全等价）AdaBoost 是一个提升算法，这个问题我们将在4.3节进行讨论。然而，推论4.4给出了保证 AdaBoost 具有接近完美的泛化能力的实际条件。

推论 4.4 除了定理4.3的假设，设每个基分类器具有加权误差 $\epsilon_t \leqslant \frac{1}{2} - \gamma$，$\gamma > 0$。令轮数 T 是大于 $(\ln m)/(2\gamma^2)$ 的最小整数。那么，组合分类器 H 至少以 $1-\delta$ 的概率使泛化误差至多是

$$O\left(\frac{1}{m}\left[\frac{(\ln m)(\ln m + \ln|\mathcal{H}|)}{\gamma^2} + \ln\left(\frac{1}{\delta}\right)\right]\right)$$

证明：

根据定理3.1，组合分类器的训练误差最大是 $\mathrm{e}^{-2\gamma^2 T} < \frac{1}{m}$。因为有 m 个样本，这意味着训练误差必须是零。应用定理4.3的第二部分就可以得到上述结论。

证毕。

注意到，依据样本规模 m，这个界以 $O((\ln m)^2/m)$ 的速度收敛于零，m 与相关参数 $1/\gamma$、$1/\epsilon$、$1/\delta$、$\ln|\mathcal{H}|$ 是多项式关系，因此可以使这个界小于 ϵ，$\epsilon > 0$。

推论4.4给出的是 AdaBoost 训练误差的理论界为零，即当 AdaBoost 算法停止的时候的泛化误差的界。那么，如果在执行了其他轮数的情况下，会怎么样？将定理3.1与定理4.3组合起来，我们可以得到如下形式的泛化误差的界，即

$$e^{-2\gamma^2 T} + O\left(\sqrt{\frac{T\ln(m|\mathcal{H}|/T)+\ln(1/\delta)}{m}}\right) \tag{4.6}$$

此函数如图 4.1 所示。当 T 很小的时候，第一项占主导地位，我们可以看到界以指数级下降；然而，当 T 变大时，第二项占主导地位，导致界显著增加。换句话说，这个界预测了经典的过拟合行为。这个似乎是有道理的，因为随着 T 的增加，构成组合分类器的基分类器的数目持续增加，说明了组合分类器的规模和复杂度也在增加。当训练误差为零的时候，即 H 与训练数据集一致的时候，我们看定理 4.3 中的第二个界，此时这个界作为 T 的函数会无限制地增加。这表明当训练误差为零的时候（如果不是更早的话），最好停止 AdaBoost 算法。事实上，AdaBoost 有时会观测到这种过拟合行为，如 1.2.3 节所示。然而，我们在 1.3 节中也看到了 AdaBoost 算法通常是抗过拟合的。当与训练集一致后（训练误差为零），AdaBoost 还可以运行相当长的时间，这会使算法的性能得到显著的提升。上面的分析解释不了这些现象。在第 5 章我们将对 AdaBoost 算法的行为进行另一种解释。

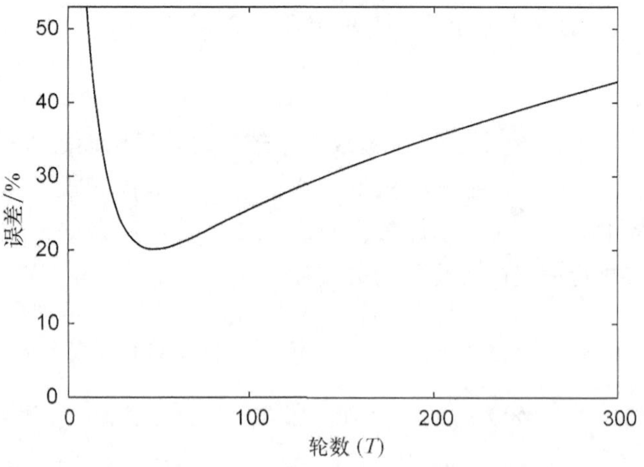

图 4.1

式（4.6）给出的泛化误差的界，是轮数 T 的函数，使用的常数来自定理 4.3，其中 $\gamma = 0.2$、$m = 10^6$、$\ln|\mathcal{H}| = 10$、$\delta = 0.05$

4.1.4　无限基分类器空间

定理 4.3 证明的是基分类器空间 $\mathcal{H}$ 是有限的情况。如果 $\mathcal{H}$ 是无限的，可以利用它的 VC 维是 d 进行类似的论证。本质上，只需要调整引理 4.2 中 $\prod_{c_T}(m)$ 的计算。

引理 4.5　设 $\mathcal{H}$ 有有限 VC 维 $d \geqslant 1$。设 $m \geqslant \max\{d, T\}$ 。对于任意 m 个点的集合 S ，由 $\mathcal{C}_T$ 实现的对分的数目的界如下

$$\left|\prod\nolimits_{c_T}(S)\right| \leqslant \prod\nolimits_{c_T}(m) \leqslant \left(\frac{em}{T}\right)^T \left(\frac{em}{d}\right)^{dT}$$

证明：

设 $S=\langle x_1,\cdots,x_m\rangle$。我们知道 $\mathcal{H}$ 在 S 上只能实现有限的对分集。设 $\mathcal{H}'$ 是 $\mathcal{H}$ 的子集，对于每个对分，$\mathcal{H}'$ 恰好包含它的一个“代表”。换句话说，对于每个 $h\in\mathcal{H}$，恰好存在一个 $h'\in\mathcal{H}'$，对于出现在 S 上每一个样本 x_i，有 $h(x_i)=h'(x_i)$。根据定义和 Sauer 引理（引理 2.4），加上式（2.12），有

$$|\mathcal{H}'|=\left|\prod\nolimits_{\mathcal{H}}(S)\right|\leqslant\left(\frac{em}{d}\right)^{d}$$

因为 $\mathcal{H}$ 上的每个函数，根据它在 S 上的行为在 $\mathcal{H}'$ 上都有代表，从 $\mathcal{H}$ 选择函数集 $h_1,\cdots,h_T$（就像引理 4.2 的证明）就等于从 $\mathcal{H}'$ 中选择函数。因此，可选的数目是 $|\mathcal{H}'|^T$。因此，利用证明引理 4.2 用的方法，有

$$\begin{aligned}\left|\prod\nolimits_{\mathcal{C}_T}(S)\right|&\leqslant\left(\frac{em}{T}\right)^{T}|\mathcal{H}'|^{T}\\&\leqslant\left(\frac{em}{T}\right)^{T}\left(\frac{em}{d}\right)^{dT}\end{aligned}$$

证毕。

利用引理 4.5，对定理 4.3 和推论 4.4 的修正都是比较直接的。本质上，我们最终得到的界就是将 $\ln|\mathcal{H}|$ 替换为 d，加上额外的 log 因子。

定理 4.6 设 AdaBoost 运行 T 轮，有 m 个随机样本，来自空间 $\mathcal{H}$ 的基分类器的 VC 维 $d\geqslant 1$。设 $m\geqslant\max\{d,T\}$。组合分类器 H 至少以 $1-\delta$ 的概率（随机选择样本）满足

$$\operatorname{err}(H)\leqslant\widehat{\operatorname{err}}(H)+\sqrt{\frac{32\left[T(\ln(em/T)+d\ln(em/d))+\ln(8/\delta)\right]}{m}}$$

而且，如果 H 与训练集一致（因此 $\widehat{\operatorname{err}}(H)=0$），则至少以 $1-\delta$ 的概率，有

$$\operatorname{err}(H)\leqslant\frac{2T(\lg(2em/T)+d\lg(2em/d))+2\lg(2/\delta)}{m}$$

推论 4.7 除了定理 4.6 的假设，设每个基分类器有加权误差 $\epsilon_t\leqslant\frac{1}{2}-\gamma$，$\gamma>0$。设轮数 T 是大于 $(\ln m)/(2\gamma^2)$ 的最小整数。那么，组合分类器 H 至少以 $1-\delta$ 的概率使泛化误差至多是

$$O\left(\frac{1}{m}\left[\frac{\ln m}{\gamma^2}\left(\ln m+d\ln\left(\frac{m}{d}\right)\right)+\ln\left(\frac{1}{\delta}\right)\right]\right)$$

因此，总的来说，定理 4.3 和定理 4.6 说明可以忽略 log 因子，即

$$\operatorname{err}(H)\leqslant\widehat{\operatorname{err}}(\mathcal{H})+\tilde{O}\left(\sqrt{\frac{T\cdot C_{\mathcal{H}}}{m}}\right)$$

这里 $C_{\mathcal{H}}$ 是对基假设空间 $\mathcal{H}$ 的复杂度的某种度量。同样地，如果 H 与训练数据集是一致的，则泛化误差为

$$\mathrm{err}(H) \leqslant \tilde{O}\left(\frac{T \cdot C_{\mathcal{H}}}{m}\right)$$

如 2.2 节中的泛化误差界，这个界依赖于对数据的拟合程度、复杂度、训练数据集规模，这里我们用 $T \cdot C_{\mathcal{H}}$ 来度量 T 个基分类器组合后的复杂度。

推论 4.4 和推论 4.7 证明：当复杂度 $C_{\mathcal{H}}$ 是有限的和固定的，在经验弱学习假设的情况下，泛化误差迅速接近零。

4.2 基于压缩的界

到目前为止，我们已经知道如何基于基假设的复杂度来分析 AdaBoost。因此，我们集中在基学习算法输出的假设上。在本节，我们将研究相反的思路，基于对基学习算法的输入来分析 AdaBoost，特别是基学习器所用的样本数目。这种奇怪的分析模型实际上对于提升算法是十分自然的。除了提供泛化误差的界，在合适的配置条件下证明 AdaBoost 是真正的提升算法，这种方法还可以证明强可学习和弱可学习的一般等价性。此外，在从这个角度研究 AdaBoost 算法的时候，我们将会强调提升算法的一个显著特性，即在提升过程中，弱学习算法只用到很少部分训练样本（绝大多数样本甚至从来都不会被弱学习器看到）。事实上，正是这种特性构成了这种分析的基础。

4.2.1 主要思想

在本节，我们假设采用重取样提升（boosting by resampling）算法。换句话说，如 3.4.1 节所述，我们假设在每 t 轮，弱学习器是在随机选择的未加权样本上进行训练的，这些样本是根据当前分布 D_t 在全体训练集上采用放回取样随机选择的（这样，当提升算法是加权的情况下，这些结论就不能直接应用了）。我们进一步假设每轮产生的未加权样本都有固定的规模 $m'=m_0$，且不依赖于全体样本的规模 m（或者至少不是严重依赖）。这不是不可理解的，因为弱学习器的目标就是固定的准确率 $\frac{1}{2}-\gamma$，因此应该只需要固定的样本规模。

我们也明确假设弱学习算法不用随机化，因此可以把它看成一个固定的、确定性的从 m_0 个未加权样本到一个假设 h 的映射。在这种假设条件下，弱学习器产生的任意弱假设可以由它训练的确定序列的 m_0 个样本来表示。

此外，如果我们暂时假设 AdaBoost 的输出是一个简单（未加权）的多数投票的组合分类器，那么这个组合分类器同样可以由训练了 T 个弱假设的 Tm_0 个样本来表示。换句话说，在这种情况下，Tm_0 个样本可以表示组合分类器。这个组合分类器是弱假设的多数投票，可以把样本序列分成 T 份，每份有 m_0 个样本，每份样本运行弱学习算法就可以获得一个弱假设。

因此，根据上述假设，如 2.2.6 节所述，AdaBoost 算法事实上是一个规模为 $\kappa = Tm_0$ 的压缩模式。换句话说，因为组合分类器可以用 Tm_0 个样本来表示，且 m_0 是固定的，当

$T \ll m$ 时，可以实现与训练数据集的一致。那么我们可以马上应用定理 2.8 得到泛化误差的界。上述分析只是基于这些特征，没有考虑所用的基假设的具体形式。

但是我们如何把这个思想应用到 AdaBoost（事实上 AdaBoost 的输出是加权的多数投票)？利用与上述相同的思想，我们可以通过一系列的样本来表示弱假设，但是我们如何表示实数值的权重 $\alpha_1,\cdots,\alpha_T$？为了回答这个问题，我们提出了一种通用的混合方法，将 2.2.6 节基于压缩的分析与 2.2.3 节的 VC 理论结合起来。

4.2.2 混合压缩模式

在标准的压缩模式中，如 2.2.6 节所述，学习算法输出一个假设 h，这个假设自身可以由一系列训练样本来表示。在一个规模为 κ 的混合压缩模式中，假设是从假设类 $\mathcal{F}$ 中选择的，这里类（而不是假设本身）是由 κ 个训练样本来表示的。因此，一个混合压缩模式是由下列两项来定义的：规模 κ，实现 κ 个已标注样本的元组到假设集的映射 $\mathcal{K}$。给定训练集 $(x_1,y_1),\cdots,(x_m,y_m)$，学习算法首先选定一组索引 $i_1,\cdots,i_\kappa \in \{1,\cdots,m\}$，这样就指定了一个类

$$\mathcal{F} = \mathcal{K}((x_{i_1},y_{i_1}),\cdots,(x_{i_\kappa},y_{i_\kappa})) \tag{4.7}$$

然后算法从这个类 $\mathcal{F}$ 中选择并输出一个假设 h，$h \in \mathcal{F}$。

需要注意到，一个标准的压缩模式是 $\mathcal{F}$ 只有一个元素的特例。

AdaBoost 算法是基于上述条件的混合压缩模式的一个例子。我们已经看到 T 个弱假设 $h_1,\cdots,h_T$ 可以用 $\kappa = T m_0$ 个训练样本来表示。那么最终的类 $\mathcal{F}$(从中选出最终的假设）是由基于所选的固定的弱假设集 $h_1,\cdots,h_T$ 的所有线性门限函数（即加权的多数投票分类器）组成，即

$$\mathcal{F} = \left\{H: x \mapsto \mathrm{sign}\left(\sum_{t=1}^{T} \alpha_t h_t(x)\right) \mid \alpha_1,\cdots,\alpha_T \in \mathbb{R}\right\} \tag{4.8}$$

结合定理 2.7 和定理 2.8，我们可以获得混合压缩模式的通用结果，这个结果依赖于规模 κ 和此模式选择的类 $\mathcal{F}$ 的复杂度。简单起见，我们只关注与训练数据一致的情况，当然同样的方法可以进一步泛化。

定理 4.8 设一个基于混合压缩模式的学习算法，其混合压缩模式的规模为 κ，相关函数 $\mathcal{K}$ 如式（4.7）所定义，有规模为 m 的随机训练样本集 S。进一步假设，对于每个 κ-元组，结果类 $\mathcal{F}$ 的 VC 维最大为 $d(d \geqslant 1)$。设 $m \geqslant d+\kappa$。那么，由此算法产生的与 S 一致的任意假设 h 至少以 $1-\delta$ 的概率满足

$$\mathrm{err}(h) \leqslant \frac{2d\lg[2\mathrm{e}(m-\kappa)/d] + 2\kappa\lg m + 2\lg(2/\delta))}{m-\kappa} \tag{4.9}$$

证明：

令 ε 等于式（4.9）的右边部分。

首先，让我们固定索引 $i_1,\cdots,i_\kappa$，令 $I=\{i_1,\cdots,i_\kappa\}$。一旦通过索引集中的索引选定

了样本$(x_{i_1},y_{i_1}),\cdots,(x_{i_\kappa},y_{i_\kappa})$，那么式（4.7）中的类$\mathcal{F}$也确定下来了。而且，因为假设训练样本是独立的，不在I中的训练样本（即$S'=\langle(x_i,y_i)\rangle_{i\notin I}$）也是独立于$\mathcal{F}$的。因此，可以应用定理 2.7，具体的就是公式（2.19），把$\mathcal{F}$看作假设空间，S'是训练集，其规模为$m-|I|\geqslant m-\kappa$，这里我们用δ/m^κ来代替δ。那么，$\mathcal{F}$的 VC 维至少以$1-\delta/m^\kappa$的概率至多是d。这个结论意味着与S'一致的任意属于$\mathcal{F}$的假设h有$\mathrm{err}(h)\leqslant\varepsilon$，这对于全部样本$S$一致的任意属于$\mathcal{F}$的假设$h$也成立。这个结论对于任意选择的特定的样本$(x_{i_1},y_{i_1}),\cdots,(x_{i_\kappa},y_{i_\kappa})$都是成立的，也意味着如果这些样本是随机选择的，该结论也成立。

因此，我们认为对于任意选择的固定的索引$i_1,\cdots,i_\kappa$，与样本一致的$h(h\in\mathcal{F})$至少以$1-\delta/m^\kappa$的概率使$\mathrm{err}(h)\leqslant\varepsilon$。因此，根据联合界，因为这些索引有$m^\kappa$种选择，则对于所有的索引序列。这个结论至少以$1-\delta$的概率成立。这个意味着定理的结论。

证毕。

4.2.3 应用到 AdaBoost

我们可以将这个结果直接应用到 AdaBoost，我们已经讨论了合适的混合压缩模式。这里，如式（4.8）所示，由固定的T个弱假设构成的集合上的所有线性门限函数构成了类$\mathcal{F}$。此类的 VC 维不可能大于在$\mathbb{R}^T$空间上点的线性门限函数的 VC 维，在引理 4.1 中我们已经证明了后者的 VC 维是T。因此，通过为 AdaBoost 构建此模式，我们已经证明了下面的定理。

定理 4.9 设 AdaBoost 算法在m个随机样本上运行T轮。用重取样方式选择m_0个未加权样本，$m\geqslant(m_0+1)T$，用确定性弱学习算法在上述样本上对每个弱假设进行训练。那么，如果组合分类器H与全部的训练数据集一致，那么至少以$1-\delta$的概率（样本随机选择），使下式成立

$$\mathrm{err}(H)\leqslant\frac{2T\lg(2\mathrm{e}(m-Tm_0)/T)+2Tm_0\lg m+2\lg(2/\delta)}{m-Tm_0}$$

证明：

将$\kappa=Tm_0$和$d=T$代入定理 4.8。

证毕。

当我们增加弱学习假设，我们就得到了与引理 4.4 类似的下述引理。

引理 4.10 除了定理 4.9 的假设，设每个基分类器有加权误差$\epsilon_t\leqslant\frac{1}{2}-\gamma$，$\gamma>0$。令运行轮数$T$大于等于$(\ln m)/(2\gamma^2)$的最小整数。那么，至少以$1-\delta$的概率，使组合分类器$H$的泛化误差至多是

$$O\left(\frac{1}{m}\left[\frac{m_0(\ln m)^2}{\gamma^2}+\ln\left(\frac{1}{\delta}\right)\right]\right) \tag{4.10}$$

这里为了使用 $O(\cdot)$ 符号，我们假设，对于某常数 $c<1$，$Tm_0 \leqslant cm$ 。

对于上述界 m_0 ，用来训练弱学习器的样本的数目，实际上是作为一种复杂度的度量，而不是采用它输出的弱假设的某种度量。否则，上述界本质上与 4.1 节是同样的形式。

4.3　强学习与弱学习的等价性

最后，我们准备证明从技术角度来看 AdaBoost 是一种提升算法，并且证明在如 2.3 节描述的 PAC 模型中，强可学习与弱可学习是等价的。注意，引理 4.4 和引理 4.7 并不能证明这一点，因为它们的界依赖于弱假设的复杂度。因此，它们隐含地要求样本规模 m 相对于复杂度要足够大。这个超出了仅仅是弱可学习的假设。然而，通过基于压缩的分析，可以让我们绕过这个困难。

定理 4.11　一个目标类 $\mathcal{C}$ 是（有效）弱 PAC 可学习当且仅当它是（有效）强 PAC 可学习。

证明：

强学习意味着弱学习是平凡的。为了证明逆命题，我们将 AdaBoost 应用到一个给定的弱学习算法。下面是相应的细节。

设 $\mathcal{C}$ 是弱 PAC 可学习。那么存在一个常数 $\gamma>0$，算法 A：对在样本空间 $\mathcal{X}$ 上的任意分布 $\mathcal{D}$ ，任意 $c\in\mathcal{C}$ ，输入 m_0 个随机样本 $(x_1,c(x_1)),\cdots,(x_{m_0},c(x_{m_0}))$ ，至少以 1/2 的概率，其输出的假设 $\operatorname{err}(h)\leqslant\frac{1}{2}-\gamma$ 。要注意到，相对于 2.3 节的定义，我们进一步弱化了对 A 的要求，只要求 A 至少以 1/2 的概率成功准确分类，有效地将之前定义的 δ 固定到一个常数。

我们假设 A 是确定性的。如果不是，那么有通用的构建方法可以将一个随机的 PAC 算法转换为确定性的；然而，这部分内容超出了本书的范围。

为了构建一个强的 PAC 学习算法，我们把 A 作为弱学习算法，在其上应用 AdaBoost 算法。对于某未知目标 $c\in\mathcal{C}$ ，给定 m 个样本，给定 $\delta>0$。我们运行 AdaBoost 算法 T 轮，其中 T 是大于 $(\ln m)/(2\gamma^2)$ 的最小整数。在每 t 轮，我们采用重取样提升法，根据分布 D_t 选择 m_0 个样本。这些样本应用弱学习算法 A，产生一个弱假设 h_t 。如果 h_t 在分布 D_t 上的误差大于 $\frac{1}{2}-\gamma$ ，即如果不是下面的情况

$$\mathbf{Pr}_{i\sim D_t}[h_t(x_i)\neq c(x_i)]\leqslant\frac{1}{2}-\gamma \tag{4.11}$$

那么忽略 h_t ，重复这个过程直到找到满足公式(4.11)的 h_t 。如果经过 $L\doteq\lceil\lg(2T/\delta)\rceil$ 次尝试后，这样的 h_t 没有找到，则提升法失败。

失败的概率有多大？弱学习算法在第 t 轮的训练集是从分布 D_t 中选择的 m_0 个样本，因此从 A 的视角来看，D_t 就是“真实”的分布。因此，根据我们对这个算法所做的假设，

假设 h_t 在这个"真实"分布上的加权误差大于 $\frac{1}{2}-\gamma$ 的概率至多是 1/2。因此，L（相互独立）次尝试后失败的概率至多是

$$2^{-L} \leqslant \frac{\delta}{2T}$$

因此，根据联合界，在任意 T 轮后失败的概率至多是 $\delta/2$。

当失败没有发生的时候，每个假设 h_t 的加权误差 $\epsilon_t \leqslant \frac{1}{2}-\gamma$。因此应用引理 4.10（这里我们用 $\delta/2$ 来代替 δ），总体失败的概率（包括选择弱假设或选择训练集）至多是 δ（同理，适用于联合界）。

因此，至少以 $1-\delta$ 的概率，AdaBoost 算法产生一个组合分类器 H，其误差至多是如式（4.10）给出的。这个界可以小于任意的 $\epsilon>0$，只要选择 m 是 m_0、$1/\gamma$、$1/\epsilon$ 和 $1/\delta$ 的合适的多项式函数。因此类 $\mathcal{C}$ 在 PAC 模型下是强可学习的。进一步，如果 A 是有效的（即多项式时间），那么正如我们所描述的，AdaBoost 算法也将是强可学习的，因为整体的运行时间是 m、$1/\delta$、$1/\gamma$ 以及弱学习器 A 自身运行时间的多项式函数。

证毕。

注意，在这个证明过程中，弱学习算法在计算弱假设（其构成了组合分类器）的时候，只用了

$$T m_0 = O\left(\frac{m_0 \ln m}{\gamma^2}\right)$$

个样本（即使我们把弱学习器运行失败的弱假设所用的样本也算上，这个总数也只是增加很小的一部分）。因为我们认为 m_0 和 γ 是固定的，这意味着只有很小的一部分（都可以忽略不计的）训练集（m 个样本中的 $O(\ln m)$ 个）作为弱学习器的输入。显然，提升法的所有工作就是围绕如何从数据集中选择这一小部分数据展开的。

此外，我们的分析不仅提供了提升法的界，而且为更普遍意义上的学习算法提供了界。例如，定理 4.11 的证明给出了一种构造，其中 AdaBoost 算法的泛化误差作为 m 的函数（如上述方式选择 T）以下面的速度下降

$$O\left(\frac{(\ln m)^2}{m}\right) \tag{4.12}$$

但是同样的构建方式也证明了任意的 PAC 学习算法 A 可以转换成具有上述特征的算法。为了实现这种转换，我们可以简单地硬编码 A 的参数，可以设 $\epsilon=\frac{1}{4}$、$\delta=\frac{1}{2}$。则转换后的算法是一个弱学习算法，与 AdaBoost 算法相结合，将具有与式（4.12）相同的泛化误差下降速率。因此，如果一个类是（有效的）可学习的，那么它将（有效地）以式（4.12）所示的学习速率进行学习。这种论证同样适用于其他性能度量方法。

4.4 小结

- 总之，我们描述了适用于 AdaBoost 的几种分析模型。每种分析模型都是基于总的规模，即组合的基假设的数目，来度量组合分类器的复杂度，对基假设复杂度的度量方法各有不同。我们已经知道，如果弱假设比随机猜测稍好些，AdaBoost 的泛化误差就可以非常小，即强 PAC 可学习和弱 PAC 可学习表面看起来好像差别很大，但是实际上是等价的。然而，我们所有的分析都预测到了过拟合，这有时会成为 AdaBoost 算法的一个问题。在第 5 章，我们将提出一个相当不同的分析方法，它看起来似乎更符合 AdaBoost 算法在实际情况下的行为。

4.5 参考资料

将 4.1 节分析模式应用于 AdaBoost 来自 Freund 和 Schapire 的工作 [95]，直接基于 Baum 和 Haussler 的工作 [16]。引理 4.1 由 Dudley 证明（在更广泛的条件下）[77]。更进一步的背景知识参见 Anthony 和 Bartlett 的著作 [8]。

4.2 节的混合压缩模式基于 Littlestone 和 Warmuth [154]、Floyd 和 Warmuth [85] 的标准压缩模式。Schapire 注意到提升算法的压缩数据集的偏好 [199]，其首次作为分析泛化误差的基础是来自 Freund [88]。

4.3 节的强、弱可学习的等价性首次由 Schapire [199] 证明，之后是 Freund [88]，尽管使用的是先于 AdaBoost 的提升算法。上述工作也都证明了 PAC 学习的通用资源要求。

4.11 定理证明过程中提到的随机 PAC 学习算法可以转换成一个确定性的算法，这个是由 Haussler 等人 [121] 证明的。

本章部分练习来自于 [16，77，85，88，199]。

4.6 练习

4.1 如 4.1 节所述，我们发现需要将 sign(0)重新定义为−1，而不是 0。这样组合分类器 H 的取值范围为 $\{-1,+1\}$，而不是 $\{-1,0,+1\}$（预测为 0 被认为是错误）。当 sign(0)定义为 0 的时候，如何修改定理 4.3 和 4.6 的证明过程。

[提示：用 2.2.4 节的结论，取合适的 $\mathcal{X}\times\{-1,+1\}$ 的子集的族]

4.2 设 $\sum'_n$ 是实现从 $\mathbb{R}^n$ 到 $\{-1,+1\}$ 的映射的所有函数构成的空间，映射的形式如下

$$\mathbf{x}\longmapsto \mathrm{sign}(\mathbf{w}\cdot\mathbf{x}+b)$$

$\mathbf{w}\in\mathbb{R}^n$，$b\in\mathbb{R}$(这里我们仍然定义 sign(0)为−1)。有时把这个叫作仿射门限函数（affine threshold functions)，与线性门限函数的不同之处只在“偏置”项 b。找到 $\sum'_n$ 的 VC 维。

4.3 一个前馈网络定义了一个有向无环图，输入节点为 $x_1,\cdots,x_n$，计算节点为 $u_1,\cdots,u_N$，如图 4.2 所示。输入节点没有输入边。计算节点中有一个节点叫作输出节点，没有输出边。每个计算节点 u_k 关联一个函数 f_k：$\mathbb{R}^{n_k}\rightarrow\{-1,+1\}$，这里 n_k 是 u_k 的入度（节点的入边数）。输入 $\mathbf{x}\in\mathbb{R}^n$，网络按照前馈的方式来计算其输出 $g(\mathbf{x})$。例如，给定输入 $\mathbf{x}=\langle x_1,x_2,x_3\rangle$，图 4.2 中的网络按如下方式计算$g(\mathbf{x})$。

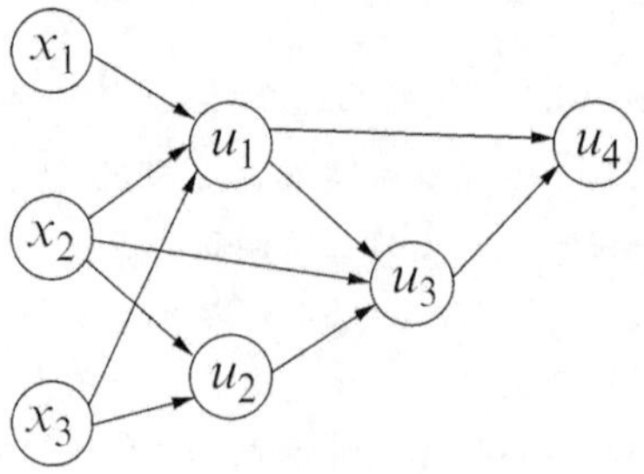

图 4.2

前馈网络示例。3 个输入节点：x_1、x_2、x_3，$n=3$；4 个计算节点：u_1、u_2、u_3、u_4，$N=4$；10 条边：$W=10$。输出节点是 u_4

$$\begin{aligned} u_1 &= f_1(x_1, x_2, x_3) \\ u_2 &= f_2(x_2, x_3) \\ u_3 &= f_3(u_1, x_2, u_2) \\ u_4 &= f_4(u_1, u_3) \\ g(\mathbf{x}) &= u_4 \end{aligned}$$

这里，我们有些滥用符号了，x_j 和 u_k 既代表网络的节点，也代表与节点相关联的输入值/计算值。图的边数表示为 W。

在下面我们认为图是固定的，但是允许函数 f_k 是可以变化的，或者是从数据中习得的。特别地，令 $\mathcal{F}_1, \cdots, \mathcal{F}_N$ 是函数构成的空间。如上所述，每组函数 $f_1, \cdots, f_N$ 的选择相应地可以推出函数 $g: \mathbb{R}^n \to \{-1, +1\}$。当 f_k 从 $\mathcal{F}_k$ 中选择，$k=1, \cdots, N$，我们设 $\mathcal{G}$ 为所有此类函数构成的空间。

a. 证明：

$$\prod_{\mathcal{G}}(m) \leqslant \prod_{k=1}^{N} \prod_{\mathcal{F}_k}(m)$$

b. 设 d_k 是 $\mathcal{F}_k$ 的 VC 维，$d \doteq \sum_{k=1}^{N} d_k$。设 $m \geqslant d_k \geqslant 1$，对于所有的 k，证明

$$\prod_{\mathcal{G}}(m) \leqslant \left(\frac{emN}{d}\right)^d$$

［**提示：用 Jensen 不等式（公式 A.4）**］

c. 在一个典型的神经网络或多层感知器中，函数 f_k 是仿射门限函数，如练习 4.2 所述，因此 $\mathcal{F}_k = \sum'_{n_k}$。在这种情况下，依据 N、n 和 W 给出 d 的一个精确表达。推导出每个 $g \in \mathcal{G}$ 的泛化误差的界至少以 $1-\delta$ 的概率成立，$m \geqslant d$，界用 $\widehat{\mathrm{err}}(g)$、$N$、$n$、$W$、$m$ 和 δ 这几项来表示。推导出当 g 与训练集一致的时候的界。

4.4　这个练习建立了压缩模式的规模与 VC 维的关系。设所有的训练样本都根据某未知目标函数 c 来进行标注，$c \in \mathcal{C}$（c 属于一个已知类 $\mathcal{C}$），且 $\mathcal{C}$ 的 VC 维 $d \geqslant 1$。设存在一个（确定性）算法 A，当给定任意数据集 S，输出某个假设 $h \in \mathcal{C}$，且 h 与 S 一致。在这里不需要考虑有效性。

a. 设 B 是一个（标准的）规模为 κ 的压缩模式，当给定 $m \geqslant d$ 个训练样本，按如上所述的方式进行标注，通常都会产生一个假设 h，其与给定的数据一致。作为一个压缩模式，每个这样的假设 h 可以被 κ 个训练样本来表示。证明：$\kappa \geqslant d/(1+\lg d)$。

[提示：通过计算 B 在打散的训练数据集上可能的输入和输出的个数，证明，当 κ 很小的时候，一定会存在对打散数据集两种不同的标注方式映射到同一个假设的情况，这就产生了矛盾]

b. 证明存在压缩模式 B，其具有与(a) 相同的性质，其规模 κ（当 $m \geqslant d$）至多是 $Cd\ln m$，C 是某个绝对常数（我们这里允许规模 κ 适度地依赖样本规模 m）。

[提示：首先，证明 A 如何可以作为一个弱学习算法，其需要样本的规模为 $O(d)$，然后用提升法]

4.5 支持向量机（Support-Vector Machines，SVMs）将在 5.6 节讨论，其产生如下形式的分类器

$$h(x) = \text{sign}(\sum_{i=1}^{m} b_i g(x_i, x))$$

$b_1, \cdots, b_m \in \mathbb{R}$，$x_1, \cdots, x_m$ 是训练样本，$g: \mathcal{X} \times \mathcal{X} \to \mathbb{R}$是固定的函数。我们说这样的分类器是 κ-稀疏的，如果最多有 κ 个 b_i 是非零的。证明：至少以 $1-\delta$ 的概率，此种形式的 κ-稀疏的分类器与随机训练数据集的规模为 m 的分类器，其泛化误差至多是

$$O(\frac{\kappa \ln m + \ln(1/\delta)}{m-\kappa})$$

给出明确的常数。

第5章

用间隔理论解释提升法的有效性

在第 4 章中，我们证明了 AdaBoost 算法的泛化误差的界，这些都预测出了会有经典的过拟合问题。考虑到随着额外的轮数的增加，AdaBoost 组合分类器的复杂度明显增加，这种预测看起来是合理的、直观的。尽管这种过拟合是可能的，但我们在 1.3 节看到 AdaBoost 有时并不过拟合。这里，我们给出了一个例子，由 1 000 个决策树组成的组合分类器在测试数据上的性能要远远好于由 5 个决策树组成的组合分类器，即使它们在训练数据上的表现都是同样的完美。实际上，大量的实验说明 AdaBoost 通常对过拟合有一定的抵抗能力。我们如何解释这种现象？为什么第 4 章提出的理论是不充分的？像前面例子那样复杂的组合分类器（1 000 个决策树，接近 200 万个的决策节点）如何在测试数据上表现得如此之好？

在本章我们找到一个方法来解决这个看起来矛盾的问题。我们提出了另外一个分析 AdaBoost 泛化误差的理论，提供了对于该算法不会过拟合的定性的解释，也给出具体的预测：在什么情况下会过拟合。这个新方法的核心概念就是置信度，主要思想就是分类器对某些预测比其他预测更有信心，置信度的差异对泛化有影响。置信度在第 4 章完全被忽略了，当时我们的分析主要考虑在训练数据集上错误分类的样本数目，而没有考虑对这种预测的把握程度（可信程度）。通过显式地考虑置信度，新的分析将给出新的界，此界对 AdaBoost 是如何工作的将给出完全不同的预测，以及在什么情况下会发生过拟合。

为了形式化、量化置信度，我们引入一个度量叫作间隔。我们的分析由两部分论证组成。首先，我们证明了训练数据集上更大的间隔将保证更好的泛化性能（或者更准确地说，改进了泛化误差的可证明上界）。其次，我们证明 AdaBoost 倾向于增加训练数据集上的间隔，即使训练误差已经是零了。由此，我们证明，通过连续地训练，AdaBoost 往往对自己的预测越来越有信心，预测的置信度越高，就越有可能是正确的。注意在这种分析中，提升法的轮数与最终的分类器的总体规模呈正比，对泛化的影响很小或者几乎没有什么影响，取而代之的是间隔。因此这可能会进一步增加轮数，该理论在某些可识别的环境下，预测不会过拟合。

我们用来证明上述分析的两个部分的方法直接建立在前几章所介绍的方法基础之上。此外，基于对假设复杂度的另外一个不同的度量方法，我们引入另一个更通用、更强大的方法，叫作 Rademacher 复杂度。

将 AdaBoost 作为间隔最大化算法的观点，提供了一种可能：如果能修改 AdaBoost 以更积极地最大化间隔，那么可能会得到更好的算法。在本章的后半部分，我们会考虑如何实现上述想法，以及解决其中涉及的一些微小的困难。我们也会讨论 AdaBoost 算法与其他间隔扩大化学习算法的关联，如支持向量机。

对提升法基于间隔理论的解释不仅可以与第 4 章所述的分析方法进行对比，还可以与另外一种有竞争力的解释“偏差-方差理论（bias-variance theory）”作对比。偏差-方差理论把 AdaBoost 的强劲性能主要归功于它对“不稳定”的基学习算法的“平均”或“平滑”效应。在本章我们还会进一步讨论为什么这些解释（尽管可能与相关的方法有关）最终对 AdaBoost 来说都是不充分的。

最后，我们将探讨间隔及其解释作为置信度的一种度量手段的实际应用情况。

5.1 间隔作为置信度的度量

我们分析的基础就是间隔概念，是对组合分类器所做的预测的置信度的定量度量。回忆下，组合分类器是如下的形式

$$H(x) = \operatorname{sign}(F(x))$$

这里

$$F(x) \doteq \sum_{t=1}^{T} \alpha_t h_t(x)$$

为了后续的方便，对基分类器的非负权重 α_t 进行归一化，令

$$a_t \doteq \frac{\alpha_t}{\sum_{t'=1}^{T} \alpha_{t'}} \tag{5.1}$$

并且，令

$$f(x) \doteq \sum_{t=1}^{T} a_t h_t(x) = \frac{F(x)}{\sum_{t=1}^{T} \alpha_t} \tag{5.2}$$

那么 $\sum_{t=1}^{T} a_t = 1$，因为乘以一个正常数不会改变 $F(x)$ 的符号，所以写作

$$H(x) = \operatorname{sign}(f(x)) \tag{5.3}$$

对于一个给定的已标注样本 (x,y)，我们可以定义间隔就是 $yf(x)$。简单起见，这个定量的指标有时也指归一化后的间隔，是为了和没有归一化的间隔 $yF(x)$ 相区分，未归一化的间隔就是省略了上述的归一化步骤。后面，我们对这两个指标都很感兴趣，尽管它们的性质有很大的不同。当上下文信息足够充分且不会产生混淆的情况下，我们经常会直接用更短的术语“间隔”。特别地，贯穿本章，这个术语都是指归一化间隔。

基分类器 h_t 取值为 $\{-1,+1\}$，并且标签 y 也是 $\{-1,+1\}$。因为权重 a_t 是归一化

的，这说明 f 的范围为 $[-1,+1]$，因此其间隔也是 $[-1,+1]$。而且，$y=H(x)$ 当且仅当 y 取的符号与 $f(x)$ 一致，也就是说，当且仅当 $(x,\ y)$ 的间隔是正的。因此，间隔的符号指明样本是否被组合分类器正确分类。

如前所述，组合分类器 H 是基分类器的预测的加权多数投票，h_t 的投票的权重为 a_t 。另外一种等价的思考间隔的方式是将间隔看作预测正确标签 y 的基分类器的权重和预测错误标签 $-y$ 的基分类器的权重之间的差异。一方面，当两个投票十分接近，$H(x)$ 预测的结果标签将基于微弱的多数优势，这样间隔在量上会较小，在直观感觉上，我们对此预测也缺乏信心。另一方面，当 $H(x)$ 的预测是基于清晰的基分类器的绝对多数的投票，那么间隔也会相应地较大，则对预测的结果也会有较大的信心。因此，间隔的量或值（或者等价的，就是 $f(x)$）是对置信度的一个合理的评价指标。间隔的取值范围的解释如图 5.1 所示。

我们可以可视化 AdaBoost 对训练样本的间隔的影响，画出它们的分布曲线。特别地，我们创建一个图显示间隔最大是 θ 的训练样本所占的百分比，$\theta\in[-1,+1]$ 。对于这种累积分布曲线，分布的大部分位于曲线陡然上升的部分。图 5.2 显示了这种间隔分布图，所用的就是创建图 1.7 的数据集。其显示了第 5、100、1 000 轮之后的间隔分布。尽管训练误差没有发生任何变化，但这些曲线表示了间隔分布的剧烈变化。例如，第 5 轮之后，尽管训练误差是零（因此没有样本有负的间隔），但相当部分的训练样本（7.7%）其间隔小于 0.5。到了第 100 轮的时候，所有的样本都已向右移动，因此没有一个样本的间隔小于 0.5，几乎所有的间隔都大于 0.6（另一方面，许多间隔 1.0 的跌回到 0.6～0.8）。与此趋势一致，任意训练样本的最小间隔从第 5 轮的 0.14，增加到第 100 轮的 0.52，第 1 000 轮的 0.55。

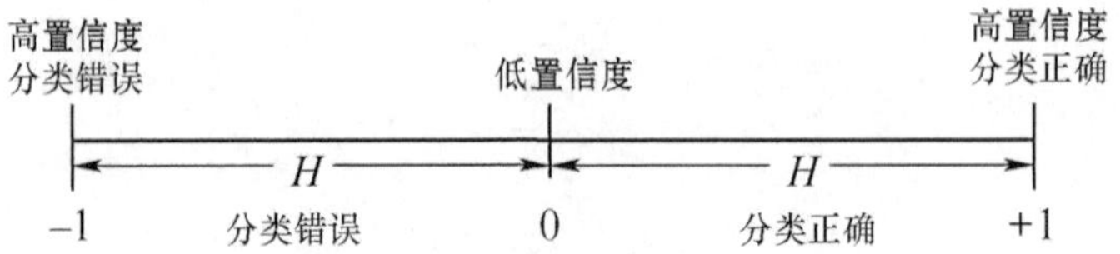

图 5.1

一个样本的间隔在 $[-1,+1]$ 之间，当且仅当组合分类器 H 分类正确时取为正。间隔的值度量了组合分类器预测的置信度

因此，这个例子说明了 AdaBoost 在间隔上的强有力的影响，更具有效果地提升这些有小的或负的间隔的样本。而且，通过与图 1.7 的对比，我们可以看到整个间隔的增加与在测试集上的良好性能有关。

事实上，就像将要看到的，AdaBoost 单单基于这些曲线就可以进行理论分析。我们首先证明 AdaBoost 的泛化误差的界（或者其他的投票方法）仅依赖于训练样本的间隔，不依赖于提升法运行的轮数。这样，这个界预测了只要可以获得大的间隔，AdaBoost 就不会过拟合，不管它运行多久（当然，基分类器相对于训练数据集的规模不能太复杂）。

分析的第二部分将证明，如图 5.2 所观察到的，AdaBoost 通常倾向于增加所有训练样本的间隔。所有这些将在下面进行详细地讨论。

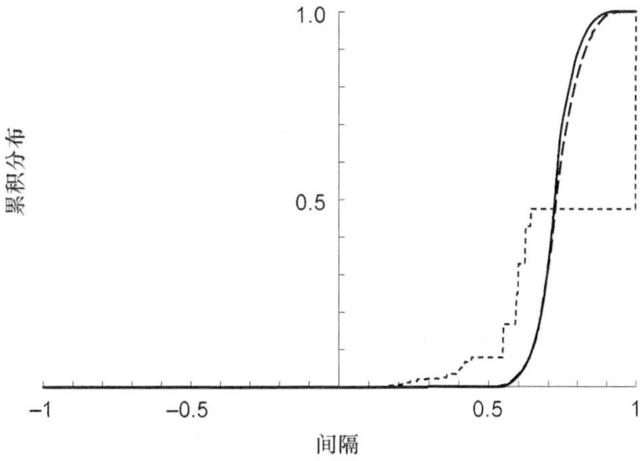

图 5.2

C4.5 提升算法的间隔分布图，基于 letter 数据集。经过 5、100、1 000 次迭代后，训练样本的间隔的累积分布各自由短破折线、长破折线（大部分都被覆盖了）和实线来表示（经数学统计研究所许可使用）

5.2 泛化误差的基于间隔的分析

我们首先证明基于训练数据集的间隔的泛化误差界。

5.2.1 直观感受

让我们首先说明下证明背后的某种直观感受。AdaBoost 的组合分类器是一个加权的多数投票，构建在一个可能很庞大、由基分类器组成的“委员会”之上。类似地，真实世界的政治选举也可能由上千万、上亿的投票人参加。而且，选举结果通常可以通过民意调研来进行预测，也就是说，随机调研一个相对较小的选举人子集，大约 1 000 个选举人，不管总体选举人是多大规模①。如果被选举人不是难分伯仲，也就是说当某个候选人具有较大优势的时候，这个方法很有效。比较被选举人之间的接近程度就是用间隔来度量。

采用同样的方式，甚至一个非常复杂的组合分类器的预测结果也可以通过对它的基分类器随机取样来得到。如果全体基分类器的间隔足够大，那么这种“抽样调查”的基分类器的多数投票结果通常与组合分类器作代表的“全体委员会”的投票结果是一致的。间隔越大，所需取样的基分类器数就越少。

因此，如果绝大多数的样本都有大的间隔，那么组合分类器可以通过小规模的基分类器的组合来近似。这就允许我们使用第 4 章的方法，应用到相对小规模的基分类器组成的组合分类器上。这个思想说明任何具有大的间隔的组合分类器都可以用一个相对小规模的分类器来近似，这样就可以对这些更简单的分类器的近似集合使用更直接的方法。

① 有统计结果证明了，一般只需要以 1 000～3 000 人的规模进行研究就可以达到很高的置信度。

我们现在做些形式化的处理。如同第 4 章，我们假设所有的基分类器都属于某一空间 $\mathcal{H}$ 。为了简化，不失一般性，我们假设 $\mathcal{H}$ 对取负操作是封闭的，即当 $h \in \mathcal{H}$ ，则 $-h \in \mathcal{H}$（这让我们避免考虑基分类器是负权重的情况）。我们定义 $\mathcal{H}$ 的凸包 co($\mathcal{H}$) 是所有映射构成的集合，映射是对 $\mathcal{H}$ 中分类器进行加权平均产生的

$$\operatorname{co}(\mathcal{H}) \doteq \left\{f: x \mapsto \sum_{t=1}^{T} a_t h_t(x) \mid \alpha_1, \cdots, \alpha_T \geqslant 0;\ \sum_{t=1}^{T} \alpha_t = 1;\ h_1, \cdots, h_T \in \mathcal{H};\ T \geqslant 1\right\} \tag{5.4}$$

如式 (5.2)，由 AdaBoost 产生的函数 f 是此集合的一员。

照例，$\mathcal{D}$ 是真实的分布，所有的样本都产生于此，$S = \langle (x_1, y_1), \cdots, (x_m, y_m) \rangle$ 是训练样本集。我们有时感兴趣的是：根据分布 $\mathcal{D}$ ，一个样本 (x, y) 被随机选中的概率或期望，我们通常记为 $\mathbf{Pr}_{\mathcal{D}}[\cdot]$ 或 $\mathbf{E}_{\mathcal{D}}[\cdot]$ 。我们有时也考虑经验分布下 (x, y) 被选中的概率，即从训练样本集 S 中被均匀随机选中的概率。在这种情况下，我们使用符号 $\mathbf{Pr}_S[\cdot]$ 或 $\mathbf{E}_S[\cdot]$ 。例如，$\mathbf{Pr}_{\mathcal{D}}[H(x) \neq y]$ 是 H 的真实泛化误差，且

$$\mathbf{Pr}_S[H(x) \neq y] \doteq \frac{1}{m} \sum_{i=1}^{m} \mathbf{1}\{H(x_i) \neq y_i\}$$

是训练误差。回忆一下，当且仅当间隔 $yf(x)$ 是非正的时候，H 发生预测错误，我们可以把 H 的泛化误差等价写为 $\mathbf{Pr}_{\mathcal{D}}[yf(x) \leqslant 0]$ ，对训练误差也可以采用类似的写法。

定理 5.1 和定理 5.5 是本节的主要结论，它们说明任意多数投票分类器的泛化误差可以以很高的概率依据下面的参数进行约束：间隔低于阈值 θ 的训练样本的数目，加上一个附加项。这个附加项依赖于：训练样本的数目、对 $\mathcal{H}$ 的复杂度的度量、阈值 θ（此项主要是防止我们选择的阈值 θ 过于接近零）。如第 2 章和第 4 章所述，当 $\mathcal{H}$ 是有限的，$\mathcal{H}$ 的复杂度通过 $\log|\mathcal{H}|$ 来度量；当 $\mathcal{H}$ 是无限的，则它的复杂度用 VC 维来度量。

5.2.2　有限基假设空间

我们先从简单的情况入手：基分类器的空间 $\mathcal{H}$ 是有限的。

定理 5.1　设 $\mathcal{D}$ 是 $\mathcal{X} \times \{-1, +1\}$ 上的分布，S 是根据分布 $\mathcal{D}$ 独立随机选择的 m 个样本构成的样本集。设基分类器空间 $\mathcal{H}$ 是有限的，$\delta > 0$。那么在训练样本集 S 上，每个加权平均函数 $f \in \operatorname{co}(\mathcal{H})$ 至少以 $1-\delta$ 的概率满足下面的约束

$$\mathbf{Pr}_{\mathcal{D}}[yf(x) \leqslant 0] \leqslant \mathbf{Pr}_S[yf(x) \leqslant \theta] + O\left(\sqrt{\frac{\log|\mathcal{H}|}{m\theta^2} \cdot \log\left(\frac{m\theta^2}{\log|\mathcal{H}|}\right) + \frac{\log(1/\delta)}{m}}\right)$$

所有的 θ 满足 $\theta > \sqrt{(\ln|\mathcal{H}|)/(4m)}$

公式左侧是泛化误差。右侧第一项是间隔低于某阈值 θ 的训练样本所占的百分比，如果绝大多数的训练样本有大的间隔值（也就是说，大于 θ ）则此项会很小。右侧的第二项是附加项，如果 θ 远离零，那么基分类器的复杂度受到控制，则随着训练样本集的规模 m 变大，此项会变小。这个界与在第 2 章介绍的类似，例如定理 2.2 和定理 2.5，这些定理

量化了泛化误差是如何依赖于训练样本的拟合程度和假设的复杂度。然而这里对数据的拟合程度是由具有小的间隔（最大是 θ ）的样本数目来度量的，而不是训练误差。更重要的是，只有基分类器的复杂度满足了界的公式，构成 f 的非零项数——在提升法的上下文中就是指轮数 T——则不会出现在这个界中。

这个分析与在 5.1 节讨论的例子中观察到的行为完全一致，随着提升算法轮数的增加，并没有观察到性能上的衰减。而且，随着持续的提升，性能的改善明显与训练样本的间隔的增加有关。在 1.2.3 节看到的过拟合行为在性质上与上述分析也是一致的。在这种情况下，看起来相对较小的样本集和通常较小的间隔一起决定了经过几轮提升之后的表现。

证明：

为了证明，我们定义 $\mathcal{A}_n$ 是来自 $\mathcal{H}$ 的 n 个假设的无加权平均构成的集合，即

$$\mathcal{A}_n \doteq \left\{f : x \mapsto \frac{1}{n}\sum_{j=1}^{n} h_j(x) \mid h_1, \cdots, h_n \in \mathcal{H}\right\}$$

注意，在上述集合中同一个 h 可能会出现多次。

如上所述，证明的主要思想是通过随机调研其“选民”来近似任意加权平均函数 $f \in \mathrm{co}(\mathcal{H})$。任意这样的函数有如式（5.2）、式（5.4）所示的形式。注意，基分类器的权重 a_t 定义了 $\mathcal{H}$ 上的概率分布，即单独的基分类器被随机选中的概率。更进一步，我们可以想象一个实验，从 $\mathcal{H}$ 中独立随机选择 n 个基分类器 $\tilde{h}_1, \cdots, \tilde{h}_n$ 。因为每个 $\tilde{h}_j$ 是从 $\mathcal{H}$ 中独立随机选择的，我们以概率 a_t 选择 $\tilde{h}_j$ 等于 h_t 。我们可以得到如下的未加权平均

$$\tilde{f}(x) \doteq \frac{1}{n}\sum_{j=1}^{n} \tilde{h}_j(x) \tag{5.5}$$

显然，这是 $\mathcal{A}_n$ 的成员。我们就用函数 $\tilde{f}$ 来近似 f 。

我们假设在这个证明过程中，$\tilde{f}$ 就是用上述随机方法选择的，其随机选择的概率和期望分别用 $\mathbf{Pr}_{\tilde{f}}[\cdot]$ 和 $\mathbf{E}_{\tilde{f}}[\cdot]$ 来表示。n 的选择将在后面叙述。

下面是证明的非规范化描述，主要由两部分组成。首先，我们将证明在绝大多数样本 (x, y) 满足下面的情况下，$\tilde{f}$ 是对 f 的良好近似，即

$$|yf(x) - y\tilde{f}(x)| \leqslant \frac{\theta}{2}$$

因此，如果 $yf(x) \leqslant 0$，那么很可能 $y\tilde{f}(x) \leqslant \frac{\theta}{2}$ ，这意味着

$$\mathbf{Pr}_{\mathcal{D}}[yf(x) \leqslant 0] \lesssim \mathbf{Pr}_{\mathcal{D}}\left[y\tilde{f}(x) \leqslant \frac{\theta}{2}\right] \tag{5.6}$$

这里，我们用 $\lesssim$ 来表示在严格的非正式意义下的近似不等于。类似的论证会证明

$$\mathbf{Pr}_{S}\left[y\tilde{f}(x) \leqslant \frac{\theta}{2}\right] \lesssim \mathbf{Pr}_{S}[yf(x) \leqslant \theta] \tag{5.7}$$

论证的第二个关键部分是证明：从 $\mathcal{A}_n$ 中选择的函数的间隔在训练样本集上的统计特性与它们在真实分布 $\mathcal{D}$ 上的相似。特别地，我们证明对于所有 $\tilde{f} \in \mathcal{A}_n$，小间隔的经验概率以高概率接近其真实概率，即

$$\mathbf{Pr}_{\mathcal{D}}\left[y\tilde{f}(x) \leqslant \frac{\theta}{2}\right] \lesssim \mathbf{Pr}_S\left[y\tilde{f}(x) \leqslant \frac{\theta}{2}\right] \tag{5.8}$$

将式（5.6）、式（5.7）和式（5.8）结合起来，得到

$$\mathbf{Pr}_{\mathcal{D}}[yf(x) \leqslant 0] \lesssim \mathbf{Pr}_{\mathcal{D}}[y\tilde{f}(x) \leqslant \frac{\theta}{2}] \lesssim \mathbf{Pr}_S[y\tilde{f}(x) \leqslant \frac{\theta}{2}] \lesssim \mathbf{Pr}_S[yf(x) \leqslant \theta]$$

证毕。

现在我们讨论细节问题。我们首先观察到，对于固定的 x，如果 n 足够大，那么 $\tilde{f}(x)$ 会接近它的期望，它的期望就等于 $f(x)$。具体地说，我们有

引理 5.2　对于固定的 x，$\theta > 0$，$n \geqslant 1$，有

$$\mathbf{Pr}_{\tilde{f}}\left[|\tilde{f}(x) - f(x)| \geqslant \frac{\theta}{2}\right] \leqslant 2\mathrm{e}^{-n\theta^2/8} \doteq \beta_{n,\theta}$$

证明：

对于固定的 x，$\tilde{h}_j(x)$ 是取值为 $\{-1, +1\}$ 的随机变量。因为以概率 a_t 使 $\tilde{h}_j = h_t$，则它的期望值是

$$\mathbf{E}_{\tilde{f}}[\tilde{h}_j(x)] = \sum_{t=1}^{T} a_t h_t(x) = f(x)$$

根据式（5.5），可得 $\mathbf{E}_{\tilde{f}}[\tilde{f}(x)] = f(x)$。做最小程度的缩放，对独立随机变量集合 $\tilde{h}_1(x), \cdots, \tilde{h}_n(x)$ 用霍夫丁不等式（定理 2.1），得到

$$\mathbf{Pr}_{\tilde{f}}\left[|\tilde{f}(x) - f(x)| \geqslant \frac{\theta}{2}\right] \leqslant \beta_{n,\theta}$$

证毕。

下一个引理将进一步证明：如果（x,y）是从任意分布 P 随机选择的，那么从“平均”意义上来说，f、$yf(x)$ 的间隔将接近 $\tilde{f}$、$y\tilde{f}(x)$ 的间隔。下面用 $\mathbf{Pr}_P[\cdot]$ 和 $\mathbf{E}_P[\cdot]$ 中分别表示从 P 中随机选择(x,y)的概率和期望。

证明采用了间隔化原理（marginalization）：如果 X 和 Y 是随机变量，那么任意事件 a 的概率都可以计算为当其中一个变量保持不变时该事件的期望概率

$$\mathbf{Pr}_{X,Y}[a] = \mathbf{E}_X[\mathbf{Pr}_Y[a \mid X]]$$

引理 5.3　设 P 是(x,y)上的分布。那么对于 $\theta > 0$，$n \geqslant 1$，有

$$\mathbf{Pr}_{P,\tilde{f}}\left[|yf(x) - y\tilde{f}(x)| \geqslant \frac{\theta}{2}\right] \leqslant \beta_{n,\theta}$$

证明：

用间隔化原理和引理 5.2，我们有

$$\begin{aligned}\mathbf{Pr}_{P,\tilde{f}}\left[|yf(x)-y\tilde{f}(x)|\geqslant\frac{\theta}{2}\right]&=\mathbf{Pr}_{P,\tilde{f}}\left[|f(x)-\tilde{f}(x)|\geqslant\frac{\theta}{2}\right]\\&=\mathbf{E}_P\left[\mathbf{Pr}_{\tilde{f}}\left[|f(x)-\tilde{f}(x)|\geqslant\frac{\theta}{2}\right]\right]\\&\leqslant\mathbf{E}_P[\beta_{n,\theta}]=\beta_{n,\theta}\end{aligned}$$

证毕。

因此 $\tilde{f}$ 是 f 的一个良好近似。特别地，我们现在可以用更精确的术语来证明式(5.6)。具体地，将引理 5.3 应用于分布 $\mathcal{D}$，得到

$$\begin{aligned}\mathbf{Pr}_{\mathcal{D}}[yf(x)\leqslant 0]&=\mathbf{Pr}_{\mathcal{D},\tilde{f}}[yf(x)\leqslant 0]\\&\leqslant\mathbf{Pr}_{\mathcal{D},\tilde{f}}\left[y\tilde{f}(x)\leqslant\frac{\theta}{2}\right]+\mathbf{Pr}_{\mathcal{D},\tilde{f}}\left[yf(x)\leqslant 0,\ y\tilde{f}(x)>\frac{\theta}{2}\right] \quad (5.9)\\&\leqslant\mathbf{Pr}_{\mathcal{D},\tilde{f}}\left[y\tilde{f}(x)\leqslant\frac{\theta}{2}\right]+\mathbf{Pr}_{\mathcal{D},\tilde{f}}\left[|yf(x)-y\tilde{f}(x)|>\frac{\theta}{2}\right]\\&\leqslant\mathbf{Pr}_{\mathcal{D},\tilde{f}}\left[y\tilde{f}(x)\leqslant\frac{\theta}{2}\right]+\beta_{n,\theta} \quad (5.10)\end{aligned}$$

这里，式（5.9）用到了下面的简单等式：对于任意两个事件 a 和 b，有

$$\mathbf{Pr}[a]=\mathbf{Pr}[a,b]+\mathbf{Pr}[a,\neg b]\leqslant\mathbf{Pr}[b]+\mathbf{Pr}[a,\neg b] \quad (5.11)$$

式（5.7）由类似的推导所得，利用式（5.11）和引理 5.3，作用到经验分布，即

$$\begin{aligned}\mathbf{Pr}_{S,\tilde{f}}\left[y\tilde{f}(x)\leqslant\frac{\theta}{2}\right]&\leqslant\mathbf{Pr}_{S,\tilde{f}}[yf(x)\leqslant\theta]+\mathbf{Pr}_{S,\tilde{f}}\left[y\tilde{f}(x)\leqslant\frac{\theta}{2},\ yf(x)>\theta\right]\\&\leqslant\mathbf{Pr}_{S,\tilde{f}}[yf(x)\leqslant\theta]+\mathbf{Pr}_{S,\tilde{f}}\left[|yf(x)-y\tilde{f}(x)|>\frac{\theta}{2}\right]\\&\leqslant\mathbf{Pr}_{S}[yf(x)\leqslant\theta]+\beta_{n,\theta} \quad (5.12)\end{aligned}$$

下面开始证明第二部分，我们将要证明式（5.8）对所有 $\tilde{f}\in\mathcal{A}_n$ 以高概率成立。

引理 5.4 设

$$\varepsilon_n\doteq\sqrt{\frac{\ln[n(n+1)^2|\mathcal{H}|^n/\delta]}{2m}}$$

那么，至少以 $1-\delta$ 的概率（这里的概率是从训练样本集 S 随机选择获得的），对于所有 $n\geqslant 1$，所有 $\theta\geqslant 0$，所有 $\tilde{f}\in\mathcal{A}_n$，有

$$\mathbf{Pr}_{\mathcal{D}}\left[y\tilde{f}(x)\leqslant\frac{\theta}{2}\right]\leqslant\mathbf{Pr}_{S}\left[y\tilde{f}(x)\leqslant\frac{\theta}{2}\right]+\varepsilon_n \quad (5.13)$$

证明：

设 $p_{\tilde{f},\theta}=\mathbf{Pr}_{\mathcal{D}}\left[y\tilde{f}(x)\leqslant\frac{\theta}{2}\right]$，$\hat{p}_{\tilde{f},\theta}=\mathbf{Pr}_{S}\left[y\tilde{f}(x)\leqslant\frac{\theta}{2}\right]$。首先考虑一个特定的 n、

$\tilde{f}$、θ 都固定的情况，设 B_i 是伯努利（Bernoulli）随机变量，如果 $y_i\tilde{f}(x_i)\leqslant\frac{\theta}{2}$，则取 1，否则取 0。注意下面的随机过程就是样本 S 的随机选择。那么

$$\hat{p}_{\tilde{f},\theta}=\frac{1}{m}\sum_{i=1}^{m}B_i$$

并且

$$p_{\tilde{f},\theta}=\mathbf{E}[B_i]=\mathbf{E}[\hat{p}_{\tilde{f},\theta}]$$

因此，根据霍夫丁不等式（定理 2.1）有

$$\mathbf{Pr}[p_{\tilde{f},\theta}\geqslant\hat{p}_{\tilde{f},\theta}+\varepsilon_n]=\mathbf{Pr}[\hat{p}_{\tilde{f},\theta}\leqslant\mathbf{E}[\hat{p}_{\tilde{f},\theta}]-\varepsilon_n]\leqslant \mathrm{e}^{-2\varepsilon_n^2 m}\tag{5.14}$$

这意味着式（5.13）对于固定的 $\tilde{f}$ 和 θ 以高概率成立。我们接下来用联合界来证明对于所有的 $\tilde{f}$ 和 θ 也都以高概率成立。

注意，$y\tilde{f}(x)\leqslant\frac{\theta}{2}$ 当且仅当

$$y\sum_{j=1}^{n}\hat{h}_j(x)\leqslant\frac{n\theta}{2}$$

（根据 $\tilde{f}$ 的定义）。此公式成立，当且仅当

$$y\sum_{j=1}^{n}\hat{h}_j(x)\leqslant\left\lfloor\frac{n\theta}{2}\right\rfloor$$

因为左侧项是一个整数。因此，$p_{\tilde{f},\theta}=p_{\tilde{f},\bar{\theta}}$，$\hat{p}_{\tilde{f},\theta}=\hat{p}_{\tilde{f},\bar{\theta}}$，这里 $\bar{\theta}$ 通过下式选择

$$\frac{n\bar{\theta}}{2}=\left\lfloor\frac{n\theta}{2}\right\rfloor$$

也就是说，从下面的集合中选择

$$\Theta_n\doteq\{\frac{2i}{n}:i=0,1,\cdots,n\}$$

这里不需要考虑 $\theta>2$，因为 $y\tilde{f}(x)\in[-1,+1]$。因此，对于固定的 n，对于任意 $\tilde{f}\in\mathcal{A}_n$，$\theta\geqslant 0$，$p_{\tilde{f},\theta}\geqslant\hat{p}_{\tilde{f},\theta}+\varepsilon_n$ 的概率为

$$\begin{aligned}\mathbf{Pr}[\exists\tilde{f}\in\mathcal{A}_n,\ \theta\geqslant 0:p_{\tilde{f},\theta}\geqslant\hat{p}_{\tilde{f},\theta}+\varepsilon_n]&=\mathbf{Pr}[\exists\tilde{f}\in\mathcal{A}_n,\ \theta\in\Theta_n:p_{\tilde{f},\theta}\geqslant\hat{p}_{\tilde{f},\theta}+\varepsilon_n]\\&\leqslant|\mathcal{A}_n|\cdot|\Theta_n|\cdot\mathrm{e}^{-2\varepsilon_n^2 m}\qquad(5.15)\\&\leqslant|\mathcal{H}|^n\cdot(n+1)\cdot\mathrm{e}^{-2\varepsilon_n^2 m}\qquad(5.16)\\&=\frac{\delta}{n(n+1)}\qquad(5.17)\end{aligned}$$

式（5.15）用到了式（5.14）和联合界。式（5.16）就是简单的计数。式（5.17）是基于对 ε_n 的选择。

最后一次应用联合界，得到对于任意 $n\geqslant 1$，此事件发生的概率至多为

$$\sum_{n=1}^{\infty}\frac{\delta}{n(n+1)}=\delta$$

证毕。

证明： 现在可以完成定理 5.1 的证明。

假设在“良好”的条件下，对于所有 $n\geqslant 1$，所有 $\tilde{f}\in\mathcal{A}_n$，所有 $\theta\geqslant 0$，式 (5.13) 成立。(根据引理 5.4 至少以 $1-\delta$ 的概率成立) 用间隔化原理 (两次)，这意味着

$$\begin{aligned}\mathbf{Pr}_{\mathcal{D},\tilde{f}}\left[y\tilde{f}(x)\leqslant\frac{\theta}{2}\right]&=\mathbf{E}_{\tilde{f}}\left[\mathbf{Pr}_{\mathcal{D}}\left[y\tilde{f}(x)\leqslant\frac{\theta}{2}\right]\right]\\&\leqslant\mathbf{E}_{\tilde{f}}\left[\mathbf{Pr}_{S}\left[y\tilde{f}(x)\leqslant\frac{\theta}{2}\right]+\varepsilon_n\right]\\&=\mathbf{Pr}_{S,\tilde{f}}\left[y\tilde{f}(x)\leqslant\frac{\theta}{2}\right]+\varepsilon_n\end{aligned}\tag{5.18}$$

把所有这些都放在一起 [特别是式(5.10)、式(5.12)和式(5.18)]。对于所有 $f\in\mathrm{co}(\mathcal{H})$，所有 $n\geqslant 1$，所有 $\theta>0$，至少以 $1-\delta$ 的概率，有

$$\begin{aligned}\mathbf{Pr}_{\mathcal{D}}[yf(x)\leqslant 0]&\leqslant\mathbf{Pr}_{\mathcal{D},\tilde{f}}\left[y\tilde{f}(x)\leqslant\frac{\theta}{2}\right]+\beta_{n,\theta}\\&\leqslant\mathbf{Pr}_{S,\tilde{f}}\left[y\tilde{f}(x)\leqslant\frac{\theta}{2}\right]+\varepsilon_n+\beta_{n,\theta}\\&\leqslant\mathbf{Pr}_{S}[yf(x)\leqslant\theta]+\beta_{n,\theta}+\varepsilon_n+\beta_{n,\theta}\\&=\mathbf{Pr}_{S}[yf(x)\leqslant\theta]+4\mathrm{e}^{-n\theta^2/8}\\&\quad+\sqrt{\frac{\ln[n(n+1)^2|\mathcal{H}|^n/\delta]}{2m}}\end{aligned}$$

定理中声明的界可以通过如下的式子获得

$$n=\left\lceil\frac{4}{\theta^2}\ln\left(\frac{4m\theta^2}{\ln|\mathcal{H}|}\right)\right\rceil$$

证毕。

5.2.3 无限基假设空间

定理 5.1 只能应用到有限基分类器空间 $\mathcal{H}$ 的情况。当空间是无限的，要用 VC 维作为复杂度的度量，则引出与定理 5.1 类似的下面的定理。

定理 5.5 设 $\mathcal{D}$ 是 $\mathcal{X}\times\{-1,+1\}$ 上的分布，S 是根据分布 $\mathcal{D}$ 独立随机选择的 m 个样本构成的样本集。设基分类器空间 $\mathcal{H}$ 的 VC 维是 d，$\delta>0$。设 $m\geqslant d\geqslant 1$。那么，在训练样本集 S 上进行随机选择，每个加权平均函数 $f\in\mathrm{co}(\mathcal{H})$ 至少以 $1-\delta$ 的概率满足下面的界：

$$\mathbf{Pr}_{\mathcal{D}}[yf(x)\leqslant 0]\leqslant\mathbf{Pr}_{S}[yf(x)\leqslant\theta]+O\left(\sqrt{\frac{d\log(m/d)\log(m\theta^2/d)}{m\theta^2}+\frac{\log(1/\delta)}{m}}\right)$$

所有 $\theta > \sqrt{8d\ln(em/d)/m}$ 。

证明：

这个定理可以像定理 5.1 那样证明，除了引理 5.4 需要修正为如下的引理。

引理 5.6　令

$$\varepsilon_n \doteq \sqrt{\frac{32[\ln(n\ (n+1)^2)+dn\ln(em/d)+\ln\ (8/\delta)]}{m}}$$

那么，对于所有 $n \geqslant 1$，所有 $\tilde{f} \in \mathcal{A}_n$ ，所有 $\theta \geqslant 0$，下式至少以 $1-\delta$ 的概率成立（基于训练样本的随机选择），有

$$\mathbf{Pr}_{\mathcal{D}}\left[y\tilde{f}(x) \leqslant \frac{\theta}{2}\right] \leqslant \mathbf{Pr}_S\left[y\tilde{f}(x) \leqslant \frac{\theta}{2}\right] + \varepsilon_n \tag{5.19}$$

证毕。

证明：

为了证明这个引理，我们利用定理 2.6，而不是联合界。为此，我们构建了样本-标签对的空间 $\mathcal{Z} = \mathcal{X} \times \{-1, +1\}$ 的子集形成的族。对于任意 $\tilde{f} \in \mathcal{A}_n$，$\theta \geqslant 0$，设

$$B_{\tilde{f},\theta} \doteq \left\{(x, y) \in \mathcal{Z} : y\tilde{f}(x) \leqslant \frac{\theta}{2}\right\}$$

这是样本-标签对的集合，它们对于 $\tilde{f}$ 最大的间隔是 $\frac{\theta}{2}$ 。那么设 $\mathcal{B}_n$ 是所有上述这种子集的集合

$$\mathcal{B}_n \doteq \{B_{\tilde{f},\theta} : \tilde{f} \in \mathcal{A}_n,\ \theta \geqslant 0\}$$

对这个集合应用定理 2.6，首先计算 $\mathcal{B}_n$ 上的集合在有限的 m 个点上可能的对分的数目，即 $\prod_{\mathcal{B}_n}(m)$ 。令 $x_1, \cdots, x_m \in \mathcal{X}$，并且 $y_1, \cdots, y_m \in \{-1, +1\}$ 。因为 $\mathcal{H}$ 的 VC 维为 d ，由 Sauer 引理（引理 2.4）和式（2.12）给出基于 $\mathcal{H}$ 空间上的假设的 x_i 的分类方法数目为

$$|\{\langle h(x_1), \cdots, h(x_m)\rangle : h \in \mathcal{H}\}| \leqslant \sum_{i=0}^{d}\binom{m}{i} \leqslant \left(\frac{em}{d}\right)^d$$

$m \geqslant d \geqslant 1$。这说明与函数 $\tilde{f} \in \mathcal{A}_n$ 关联的间隔行为的数目是

$$|\{\langle y_1\tilde{f}(x_1), \cdots, y_m\tilde{f}(x_m)\rangle : \tilde{f} \in \mathcal{A}_n\}| \leqslant \left(\frac{em}{d}\right)^{dn}$$

因为每个 $\tilde{f} \in \mathcal{A}_n$ 是由来自 $\mathcal{H}$ 空间的 n 个函数组成。因此我们只需要考虑 $n+1$ 个不同的 θ 值（也就是说，只有 $\theta \in \Theta_n$ ，如同引理 5.4 的证明过程），可得

$$\prod_{\mathcal{B}_n}(m) \leqslant (n+1)\left(\frac{em}{d}\right)^{dn}$$

现在应用定理 2.6，对于 $n \geqslant 1$，对于所有 $B_{\tilde{f},\theta} \in \mathcal{B}_n$ ，至少以 $1-\delta/(n(n+1))$ 的概

率有

$$\mathbf{Pr}_{z\sim\mathcal{D}}[z \in B_{\tilde{f},\theta}] \leqslant \mathbf{Pr}_{z\sim S}[z \in B_{\tilde{f},\theta}] + \varepsilon_n$$

如引理中的方式选择 ε_n 。这与式（5.19）等价。因此，根据联合界，同样的声明至少以 $1-\delta$ 的概率对所有 $n \geqslant 1$ 成立。

证毕。

定理 5.5 剩下部分的证明与之前的相同，直到需要代入我们新选择的 ε_n 。至少以 $1-\delta$ 的概率，有

$$\mathbf{Pr}_{\mathcal{D}}[yf(x) \leqslant 0] \leqslant \mathbf{Pr}_S[yf(x) \leqslant \theta] + 4\mathrm{e}^{-n\theta^2/8} + \sqrt{\frac{32[\ln(n(n+1)^2) + dn\ln(em/d) + \ln(8/\delta)]}{m}}$$

对所有 $f \in \mathrm{co}(\mathcal{H})$，$n \geqslant 1, \theta > 0$。设

$$n = \left\lceil \frac{4}{\theta^2}\ln\left(\frac{m\theta^2}{8d\ln(em/d)}\right)\right\rceil$$

就得到了定理中声明的界。

证毕。

目前我们主要集中在通用情况下，这时有些训练样本的间隔可能会低于某 θ 值。这就导致了定理 5.1 和定理 5.5 的界中额外的项，即形如 $\tilde{O}(1/\sqrt{m})$ 的 m 的函数。然而，正如我们在 2.2.5 节看到的，基于一致性假设，可以获得更好的收敛速度。基于同样的原因，在本节，只要所有的训练样本的间隔都大于 θ，则 $\mathbf{Pr}_S[yf(x) \leqslant \theta]=0$，那么这些定理可以做相似的修改以 $\tilde{O}(1/m)$ 级复杂度获得更佳的界。

5.3 基于 Rademacher 复杂度的分析

在继续后面的内容之前，让我们先停下来介绍另一种分析方法，这种方法可能在数学上更抽象，但更通用和更强大。我们只概述其主要思想，省略绝大部分的证明（进一步的阅读请参见本章的参考书目）。

我们已经研究了度量分类器空间复杂度的各种方法。这里，介绍另一种度量方法，也是这个分析方法的核心。实际上，如果发现用 $\mathcal{H}$ 中的分类器可以很容易地拟合任意的数据集，那么我们就可以说这个空间 $\mathcal{H}$ 特别“丰富”或具有“表现力”。按照惯例，衡量一个假设 h 拟合数据集 $(x_1,y_1),\cdots,(x_m,y_m)$ 的好坏程度是用训练误差，训练误差本质上就是预测值 $h(x_i)$ 与标签 y_i 的相关性，即

$$\frac{1}{m}\sum_{i=1}^{m} y_i h(x_i)$$

假设 $h \in \mathcal{H}$ 有最佳的拟合，则

$$\max_{h \in \mathcal{H}} \frac{1}{m} \sum_{i=1}^{m} y_i h(x_i)$$

这实际上提供了衡量空间 $\mathcal{H}$ 作为整体对数据拟合程度的指标。

现在设标签 y_i 是随机选择的，没有考虑 x_i 。换句话说，设每个 y_i 用一个随机变量 σ_i 来代替，以等概率分别取 -1 或 $+1$，独立于其他任何事件。因此，σ_i 表示纯噪声的标签。我们可以通过期望来衡量空间 $\mathcal{H}$ 对噪声的拟合程度

$$\mathbf{E}_\sigma\left[\max_{h \in \mathcal{H}} \frac{1}{m} \sum_{i=1}^{m} \sigma_i h(x_i)\right] \tag{5.20}$$

这里用 $\mathbf{E}_\sigma[\cdot]$ 来表示 σ_i 选择的期望。返回到我们最初的推测，如果 $\mathcal{H}$ 是一个“丰富”的类，它应该能轻松地拟合甚至是随机噪声的数据，因此式（5.20）的值应该很大；相反地，对于有更多约束的类，我们期望式（5.20）的值应该较小。这说明这个表达式可以是度量 $\mathcal{H}$ 复杂度的一个合理的指标。

这个概念可以马上泛化到实数值函数的族，而不仅仅是分类器。用更抽象的术语，设 $\mathcal{Z}$ 是任意空间，$\mathcal{F}$ 是由函数 f：$\mathcal{Z} \to \mathbb{R}$构成的任意族。设 $S=\langle z_1,\cdots,z_m\rangle$ 是 $\mathcal{Z}$ 上一系列的点。那么 S 上的 $\mathcal{F}$ 的 Rademacher 复杂度（Rademacher complexity），即本节的核心，定义如下①

$$R_S(\mathcal{F}) \doteq \mathbf{E}_\sigma\left[\sup_{f \in \mathcal{F}} \frac{1}{m} \sum_{i=1}^{m} \sigma_i f(z_i)\right] \tag{5.21}$$

注意，式（5.20）就是 $\langle x_1,\cdots,x_m\rangle$ 上的 $\mathcal{H}$ 的 Rademacher 复杂度，只要令 $\mathcal{F}=\mathcal{H}$，$\mathcal{Z}=\mathcal{X}$。

像 2.2 节介绍的复杂度度量方法，Rademacher 复杂度的主要目的是约束经验概率与真实概率或期望之间的差值。特别地，可以证明下面的通用结论。

定理 5.7　设 $\mathcal{F}$ 是函数 f：$\mathcal{Z} \to [-1,+1]$ 构成的任意族。设 S 是根据某分布 $\mathcal{D}$ 从 $\mathcal{Z}$ 独立随机选择的 m 个点构成的序列。那么，对于所有 $f \in \mathcal{F}$，至少以 $1-\delta$ 的概率有

$$\mathbf{E}_{z\sim\mathcal{D}}[f(z)] \leqslant \mathbf{E}_{z\sim S}[f(z)] + 2R_S(\mathcal{F}) + \sqrt{\frac{2\ln(2/\delta)}{m}}$$

如 2.2.4 节，$\mathbf{E}_{z\sim\mathcal{D}}[\cdot]$ 和 $\mathbf{E}_{z\sim S}[\cdot]$ 分别表示真实分布下和经验分布下的期望。注意这里出现的 Rademacher 复杂度是针对样本 S 的，基于期望或最坏情况下的复杂度可以分别获得相应的结果。

因此，根据这个定理，证明一致收敛的结果转换为计算 Rademacher 复杂度。我们简要概述下解决此问题的 3 种技术。结合定理 5.7，这些就足以对基于间隔的投票分类器进行完整地分析。

① Rademacher 复杂度通常用如下的定义：$\mathbf{E}_\sigma\left[\sup_{f \in \mathcal{F}} \frac{1}{m}\left|\sum_{i=1}^{m}\sigma_i f(z_i)\right|\right]$。我们用了如式（5.21）所示的“单边”的形式，因为这样处理更简单和方便。

首先，在上面给出的特定情况下，$\mathcal{H}$ 是二分类分类器构成的空间，且 $\mathcal{Z}=\mathcal{X}$，Rademacher 复杂度马上就会与我们之前所使用的复杂度度量指标建立关联。特别地，如果 $\mathcal{H}$ 是有限的，那么可以证明（参见练习 6.4）

$$R_S(\mathcal{H}) \leqslant \sqrt{\frac{2\ln|\mathcal{H}|}{m}} \tag{5.22}$$

（这里 m 是样本集 S 的大小）。一般地，对于任意 $\mathcal{H}$，有

$$R_S(\mathcal{H}) \leqslant \sqrt{\frac{2\ln\left|\prod_{\mathcal{H}}(S)\right|}{m}}$$

如同 2.2.3 节，这里 $\prod_{\mathcal{H}}(S)$ 是 $\mathcal{H}$ 空间在 S 上实现的对分构成的集合。根据 Sauer 引理（引理 2.4）和式（2.2），这意味着，如果 $\mathcal{H}$ 的 VC 维是 d，则

$$R_S(\mathcal{H}) \leqslant \sqrt{\frac{2d\ln(em/d)}{m}} \tag{5.23}$$

这里 $m \geqslant d \geqslant 1$。因此，从某种意义上说，Rademacher 复杂度作为一种复杂度的度量指标包含了 $\lg|\mathcal{H}|$ 和 VC 维，产生的结果至少是同样通用的。例如，定理 2.2 和定理 2.5 现在可以作为定理 5.7 的推论导出（可能需要调整下常数）。即

$$R_S(\mathrm{co}(\mathcal{H})) = R_S(\mathcal{H}) \tag{5.24}$$

这个结论可以直接由式（5.21）中 Rademacher 复杂度的定义得到。因为，对于 σ_i 和 x_i 的任意值，对 $\mathrm{co}(\mathcal{H})$ 中的函数 f 取

$$\sum_{i=1}^{m} \sigma_i f(x_i)$$

的最大值可以认为是在一个“角落”里实现的，即取最大值的函数 f 实际上等于初始空间 $\mathcal{H}$ 上的某一分类器 h。这一性质使得 Rademacher 复杂度特别适合对投票分类器进行研究。下面马上就会看到。

最后，我们考虑当类 $\mathcal{F}$ 中的所有函数都进行同样的变换，那么 Rademacher 复杂度会发生什么变化？具体地说，让 ϕ：$\mathbb{R} \to \mathbb{R}$是任意的利普希茨函数（Lipschitz function）。也即，对于某常数 $L_\phi > 0$，这个常数叫作利普希茨常数（Lipschitz constant），对于所有 u、$v \in \mathbb{R}$我们有

$$|\phi(u) - \phi(v)| \leqslant L_\phi \cdot |u - v|$$

用 $\phi \circ \mathcal{F}$ 表示 ϕ 和 $\mathcal{F}$ 中的所有函数组合的结果

$$\phi \circ \mathcal{F} \doteq \{z \mapsto \phi(f(z)) \mid f \in \mathcal{F}\}$$

可以证明（参见练习 5.5）转换后的类的 Rademacher 复杂度的缩放尺度最大就是 L_ϕ，即

$$R_S(\phi \circ F) \leqslant L_\phi \cdot R_S(F) \tag{5.25}$$

有了这些工具，我们可以得到与 5.2 节类似的基于间隔的分析结果（实际上该结果更

好些)。

设 $\mathcal{H}$ 是基分类器的空间，$\mathcal{M}$ 是形如 $yf(x)$ 的所有"间隔函数"构成的空间，其中 f 是基分类器的任意凸组合

$$\mathcal{M} \doteq \{(x,y) \mapsto yf(x) \mid f \in \mathrm{co}(\mathcal{H})\}$$

注意

$$R_S(\mathcal{M}) = R_S(\mathrm{co}(\mathcal{H})) \tag{5.26}$$

因为标签 y_i 已被 σ_i"吸收"了，因此在式（5.21）给出的 Rademacher 复杂度的定义下，y_i 就变得无关紧要了。

对于任意 $\theta > 0$，令 ϕ 是分段线性函数（piecewise-linear function），如图 5.3 所示，

$$\phi(u) \doteq \begin{cases} 1, & \text{if } u \leqslant 0 \\ 1 - u/\theta, & \text{if } 0 \leqslant u \leqslant \theta \\ 0, & \text{if } u \geqslant \theta \end{cases} \tag{5.27}$$

此函数是利普希茨函数，$L_\phi = 1/\theta$。

我们对类 $\phi \circ \mathcal{M}$ 应用定理 5.7。根据定义，对于样本规模为 m 的所有 $f \in \mathrm{co}(\mathcal{H})$，其至少以 $1-\delta$ 的概率有

$$\mathbf{E}_{\mathcal{D}}[\phi(yf(x))] \leqslant \mathbf{E}_S[\phi(yf(x))] + 2R_S(\phi \circ \mathcal{M}) + \sqrt{\frac{2\ln(2/\delta)}{m}} \tag{5.28}$$

依次用式(5.25)、式(5.26)、式(5.24)和式(5.23)，我们可以计算表达式中的 Rademacher 复杂度为

$$\begin{aligned} R_S(\phi \circ M) &\leqslant L_\phi \cdot R_S(\mathcal{M}) \\ &= L_\phi \cdot R_S(\mathrm{co}(\mathcal{H})) \\ &= L_\phi \cdot R_S(\mathcal{H}) \\ &\leqslant \frac{1}{\theta} \cdot \sqrt{\frac{2d\ln(em/d)}{m}} \end{aligned} \tag{5.29}$$

这里 d 是 $\mathcal{H}$ 的 VC 维，假设 $m \geqslant d \geqslant 1$（利用式（5.22）可以获得基于 $\ln|\mathcal{H}|$ 的界）。

注意，从图 5.3 可以明显看出

$$\mathbf{1}\{u \leqslant 0\} \leqslant \phi(u) \leqslant \mathbf{1}\{u \leqslant \theta\}$$

因此

$$\mathbf{Pr}_{\mathcal{D}}[yf(x) \leqslant 0] = \mathbf{E}_{\mathcal{D}}[\mathbf{1}\{yf(x) \leqslant 0\}] \leqslant \mathbf{E}_{\mathcal{D}}[\phi(yf(x))]$$

并且

$$\mathbf{E}_S[\phi(yf(x))] \leqslant \mathbf{E}_S[\mathbf{1}\{yf(x) \leqslant \theta\}] = \mathbf{Pr}_S[yf(x) \leqslant \theta]$$

因此，结合式（5.28）和式（5.29），对于所有 $f \in \mathrm{co}(\mathcal{H})$，至少以 $1-\delta$ 的概率得到

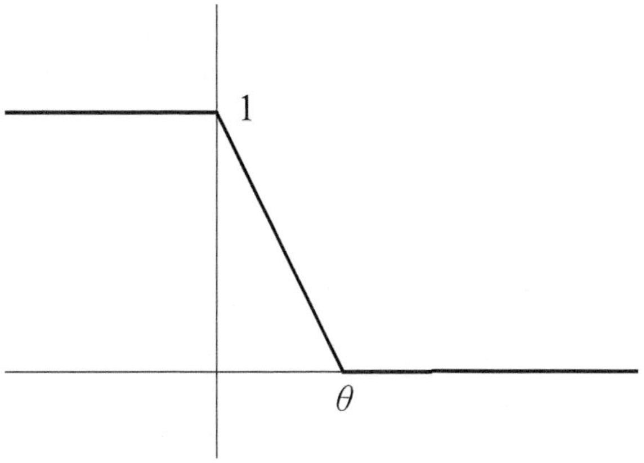

图 5.3
式（5.27）所示的分段线性函数

$$\mathbf{Pr}_{\mathcal{D}}[yf(x)\leqslant 0]\leqslant \mathbf{Pr}_S[yf(x)\leqslant\theta]+\frac{2}{\theta}\cdot\sqrt{\frac{2d\ln(em/d)}{m}}+\sqrt{\frac{2\ln(2/\delta)}{m}}$$

这本质上与定理 5.5 相同（实际上，还稍好些）。

5.4 提升法对间隔分布的影响

5.2 节和 5.3 节的分析适用于任意的投票分类器，不仅仅是由提升法产生的。在本节，将给出理论证明：AdaBoost 算法特别适合于最大化具有大的间隔的训练样本的数目。简单地说，这是因为在每一轮，AdaBoost 对具有最小间隔的样本给予最大的权重。

5.4.1 AdaBoost 间隔的界

在定理 3.1 我们证明：如果经验 γ- 弱学习假设成立，或者更具体地，如果弱分类器的加权训练误差 ϵ_t 都小于 $\frac{1}{2}-\gamma$，那么组合分类器的训练误差（也就是说，间隔小于 0 的训练样本所占的比例）作为弱分类器的数目的函数呈指数级下降。这里，我们扩展了这个证明到更通用的界：对于任意 $\theta\geqslant 0$，间隔低于 θ 的训练样本所占的比例。最终的界依赖于弱假设的边界 γ_t 和 θ。结果证明：在同样的弱学习条件下，如果 θ 不是太大，那么间隔小于 θ 的训练样本所占的比例是提升轮数的函数，以指数级下降到零。

注意：定理 3.1 是该定理的一个特例，此时 $\theta=0$。

定理 5.8 给定如算法 1.1 的符号，令 $\gamma_t\doteq\frac{1}{2}-\epsilon_t$。那么具有最大 θ 间隔的训练样本所占比例至多是

$$\prod_{t=1}^{T}\sqrt{(1+2\gamma_t)^{1+\theta}(1-2\gamma_t)^{1-\theta}}$$

证明：令 f 如式（5.2）中的定义。注意，$yf(x) \leqslant \theta$ 当且仅当

$$y \sum_{t=1}^{T} \alpha_t h_t(x) \leqslant \theta \sum_{t=1}^{T} \alpha_t$$

上式成立，当且仅当

$$\exp\left(-y \sum_{t=1}^{T} \alpha_t h_t(x) + \theta \sum_{t=1}^{T} \alpha_t\right) \geqslant 1$$

因此

$$\mathbf{1}\{yf(x) \leqslant \theta\} \leqslant \exp\left(-y \sum_{t=1}^{T} \alpha_t h_t(x) + \theta \sum_{t=1}^{T} \alpha_t\right)$$

因此，具有最大 θ 间隔的训练样本所占比例为

$$\begin{aligned}
\mathbf{Pr}_S[yf(x) \leqslant \theta] &= \frac{1}{m} \sum_{i=1}^{m} \mathbf{1}\{y_i f(x_i) \leqslant \theta\} \\
&\leqslant \frac{1}{m} \sum_{i=1}^{m} \exp\left(-y_i \sum_{t=1}^{T} \alpha_t h_t(x_i) + \theta \sum_{t=1}^{T} \alpha_t\right) \\
&= \frac{\exp\left(\theta \sum_{t=1}^{T} \alpha_t\right)}{m} \sum_{i=1}^{m} \exp\left(-y_i \sum_{t=1}^{T} \alpha_t h_t(x_i)\right) \\
&= \exp\left(\theta \sum_{t=1}^{T} \alpha_t\right) \left(\prod_{t=1}^{T} Z_t\right)
\end{aligned} \tag{5.30}$$

这里，最后一个等式来自定理 3.1 证明中使用的相同的推导。把式（3.9）中 α_t 和 Z_t 的值代入，定理得证。

证毕。

为了得到这个界的清晰表示，若对所有 t，令 $\epsilon_t \leqslant \frac{1}{2} - \gamma$，$\gamma > 0$，看看会发生什么。有了这个假设，我们可以简化定理 5.8 中上界为

$$\left(\sqrt{(1-2\gamma)^{1-\theta}\,(1+2\gamma)^{1+\theta}}\right)^T$$

当括号内的表达式严格地小于 1，也就是说，当

$$\sqrt{(1-2\gamma)^{1-\theta}\,(1+2\gamma)^{1+\theta}} < 1 \tag{5.31}$$

这个界意味着：$yf(x) \leqslant \theta$ 的训练样本所占比例是 T 的函数，按指数级下降到零，在某些点上一定是零，因为这个比例必须是 $1/m$ 的倍数。而且，通过求解 θ，我们得到式（5.31）成立，当且仅当

$$\theta < \Upsilon(\gamma)$$

这里

$$\Upsilon(\gamma) \doteq \frac{-\ln(1-4\gamma^2)}{\ln\left(\frac{1+2\gamma}{1-2\gamma}\right)} \tag{5.32}$$

这个函数如图 5.4 所示。可以看到，若 $0\leqslant\gamma\leqslant\frac{1}{2}$，则 $\gamma\leqslant\Upsilon(\gamma)\leqslant 2\gamma$。因此当 γ 较小时，$\Upsilon(\gamma)$ 接近 γ。换句话说，我们已经证明如果每个弱假设的边界至少是 γ（即当经验 γ- 弱学习假设成立的情况下所发生的），在大的轮数 T 的约束下，最终所有样本的间隔至少是 $\Upsilon(\gamma)\geqslant\gamma$。在这种情况下，$\Upsilon(\gamma)$ 作为最小边界的函数约束了最小间隔。

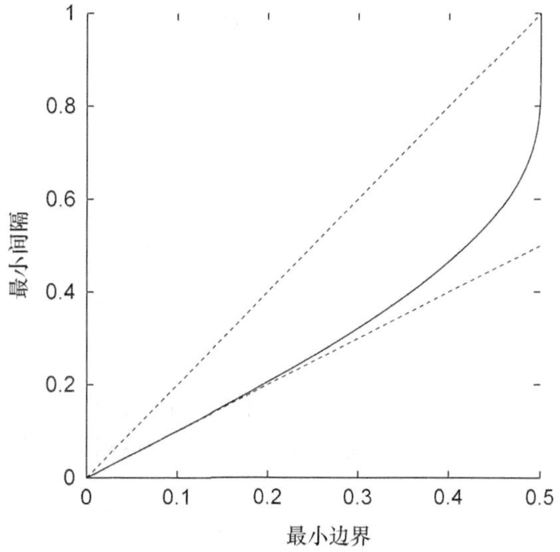

图 5.4

AdaBoost 保证的最小间隔 $\Upsilon(\gamma)$ 是最小边界 γ 的函数。图中还画出了线性的上界和下界（γ 和 2γ）。

因此，当弱分类器始终优于随机猜测时，经过足够多的提升轮数后，一定能保证训练样本的间隔较大。而且，我们可以看到这里存在的直接关系：弱分类器的边界 γ_t 越大，AdaBoost 的组合分类器获得的间隔也越大。这种边界与间隔的直接的紧密关系出现在 3.2 节，其植根于在第 6 章将要讨论的博弈论的观点。

这表明，采用更强的基分类器（例如，决策树）将产生准确率更高的预测规则，因此有更大的边界，也将产生更大的间隔，更少的过拟合，正如我们在 5.1 节的例子中所观察到的。相反，弱基分类器（例如，决策树桩）倾向于产生更小的边界，因此也将产生更小间隔，例如，在图 5.5 中对基准数据集使用决策树桩的间隔分布中可以看到（对这个图进一步的讨论在后面）。另一方面，强基分类器通常复杂度要比弱基分类器高，这种复杂度，根据推测和定理 5.1、定理 5.5 的界来看，是对性能的一种损害。因此，我们在（基分类器的）复杂度和对数据的拟合程度（基于它们的边界进行度量）之间再一次面对一个基本的权衡。

5.4.2 更积极的间隔最大化

定理 5.8 证明，在经验 γ- 弱学习假设的条件下，最终所有训练样本的间隔至少是 $\Upsilon(\gamma)\geqslant\gamma$。这是令人鼓舞的，因为 5.2 节的分析证明大的间隔意味着更好的泛化能力。然而，这还不是能做到的最好的程度。虽然在实践中，AdaBoost 经常看起来获得了最大可能的最小间隔（即训练样本的最小间隔），但从理论上可以证明，在 γ- 弱学习假设的条件下，$\Upsilon(\gamma)$ 是 AdaBoost 获得的最小间隔的最好的泛化界（参见练习 5.1）。相比之下，事实证明其他方法可以获得 2γ 的间隔，当 γ 很小的时候，这个间隔差不多是 $\Upsilon(\gamma)$ 的两倍。

事实上，定理 5.8 的证明可以用来推导出 AdaBoost 的变形，其更直接地最大化那些间隔大于某事先声明的 θ 的训练样本的数目。AdaBoost，如定理 3.1 的证明过程，其目的是最小化通常的训练误差 $\mathbf{Pr}_S[yf(x)\leqslant 0]$。假设我们的目标是最小化 $\mathbf{Pr}_S[yf(x)\leqslant \theta]$，对于某个选定的 θ 值。那么式（5.30）结合式（3.8）可得

$$\mathbf{Pr}_S[yf(x)\leqslant\theta]\leqslant\prod_{t=1}^{T}\left[\mathrm{e}^{(\theta-1)\alpha_t}\left(\frac{1}{2}+\gamma_t\right)+\mathrm{e}^{(\theta+1)\alpha_t}\left(\frac{1}{2}-\gamma_t\right)\right] \tag{5.33}$$

可以不像 AdaBoost 那样选择 α_t，我们可以直接按照最小化式（5.33）的方式来选择 α_t，则

$$\alpha_t=\frac{1}{2}\ln\left(\frac{1+2\gamma_t}{1-2\gamma_t}\right)-\frac{1}{2}\ln\left(\frac{1+\theta}{1-\theta}\right) \tag{5.34}$$

这个取值比 AdaBoost 的取值小，是因为等式中最右边部分的常量。设每个 $\alpha_t>0$（这等同于假设 $\gamma_t\geqslant\theta/2$），把这个代入式（5.33），那么就可以得到界

$$\mathbf{Pr}_S[yf(x)\leqslant\theta]\leqslant\exp\left(-\sum_{t=1}^{T}\mathrm{RE}_b\left(\frac{1}{2}+\frac{\theta}{2}\,\Big\|\,\frac{1}{2}+\gamma_t\right)\right) \tag{5.35}$$

这里，$\mathrm{RE}_b(p\,\|\,q)$，p、$q\in[0,1]$，是（二元）相对熵

$$\mathrm{RE}_b(p\,\|\,q)=p\ln\left(\frac{p}{q}\right)+(1-p)\ln\left(\frac{1-p}{1-q}\right) \tag{5.36}$$

这只是使用了在 6.2.3 节的更通用的相对熵的一个特例，用到伯努利分布 $(p,1-p)$ 和 $(q,1-q)$。在一般情况下，二进制相对熵通常都是非负的，当且仅当 $p=q$ 的时候为 0。此外，当 $q\geqslant p$ 时，随着 q 而增加。进一步的背景知识可以参见 8.1.2 节。

因此，如果事先选好 θ，对于某 $\gamma>\theta/2$，γ-弱学习假设成立，则间隔最大为 θ 的训练样本所占的比例不会超过

$$\exp\left(-T\cdot\mathrm{RE}_b\left(\frac{1}{2}+\frac{\theta}{2}\,\Big\|\,\frac{1}{2}+\gamma\right)\right)$$

它是轮数 T 的函数，以指数级速度趋于零。因此，当 T 足够大，所有的训练样本的间隔至少是 θ。如果 γ 事先已知，那么可以选择比 2γ 略小的 θ。这说明，根据关于边界的额外的信息，可以修改 AdaBoost，使得所有的训练样本的间隔可以任意接近 2γ，大概是我们从定理 5.8（未修改）的 AdaBoost 推导得到的界的 2 倍。从 5.4.3 节的讨论可知，这也是任意算法可以获得的最佳界。

在事先不知道 γ 的情况下，也提出了相应的方法。例如，arc-gv、$\mathrm{AdaBoost}^*_\nu$，通过对 θ 进行动态调整，不需要先验信息，可以获得同样间隔的界（参见练习 5.3）。用这种方式修改 AdaBoost，可以证明其最小间隔收敛于可能的最大值。根据定理 5.1 和定理 5.5，

可以简单地说间隔越大越好，这说明应该有益于算法的性能。然而，在实践中，这种方法往往不能带来性能上的改善，这主要是由于以下两种原因。一个原因是当尝试更加积极地最大化最小间隔时，基学习器经常被迫返回复杂度更高的基分类器，这样这些定理中的复杂度项（$\lg|\mathcal{H}|$或者d）便会更大，会抵消掉间隔带来的改进。对于非常灵活的基分类器，这更是一个问题（例如，决策树），因为根据决策树的总体规模和深度的不同，其复杂度会有很大的差异。

例如，表 5.1 展示了以决策树算法 CART 作为基学习器，在 5 个基准数据集上运行 AdaBoost 和 arc-gv 的结果。arc-gv 的最小间隔始终都大于 AdaBoost 的，但是其测试误差也始终高于 AdaBoost 的。尽管在这些实验中，通过迫使 CART 返回固定节点数的树的方式来控制复杂度，但对实验结果仔细检查发现，当运行 arc-gv 算法的时候，CART 倾向于产生更深、更“纤细”的树。可以认为，这样会做出更有针对性、更具体的预测，从而更容易过拟合。

即使可以控制基分类器的复杂度（例如，采用决策树桩），还有另外一个原因也可能导致性能上没有什么改善。虽然这些方法在增加所有训练样本的最小间隔上很成功，但是这种增加是牺牲绝大多数的其他训练样本为代价的。因此尽管最小间隔增加了，但大部分的间隔分布是在减少。注意，定理 5.1 和定理 5.5 的界依赖于整个间隔分布，而不仅是最小间隔。

表 5.1 AdaBoost 和 arc-gv 算法的测试误差（百分比）、最小间隔、平均决策树深度（取运行 10 次的平均值），算法运行 500 轮，CART 决策树剪切成 16 个叶节点作为弱分类器

	测试误差		最小间隔		平均决策树深度	
	arc-gv	AdaBoost	arc-gv	AdaBoost	arc-gv	AdaBoost
breast cancer	3.04	2.46	0.64	0.61	9.71	7.86
ionosphere	7.69	3.46	0.97	0.77	8.89	7.23
ocr 17	1.76	0.96	0.95	0.88	7.47	7.41
ocr 49	2.38	2.04	0.53	0.49	7.39	6.70
splice	3.45	3.18	0.46	0.42	7.12	6.67

例如，图 5.5 显示决策树桩作为弱假设，在其中一个基准数据集上分别运行 AdaBoost 和 arc-gv 得到的间隔分布。arc-gv 确实获得了更高的最小间隔（arc-gv 的是 -0.01，而 AdaBoost 的是 -0.06）。但是，正如图中所示，AdaBoost 的绝大部分训练样本有更高的间隔。

5.4.3 弱可学习的充分必要条件

在 3.2 节中，我们给出了经验 γ- 弱学习假设成立的充分条件，即训练数据以间隔 2γ 线性可分，这意味着存在某个线性门限函数（即某组合分类器），使得每个训练样本的间隔最小为 2γ。现在我们有方法来证明是其必要条件，也就是证明这个条件既是充分的又是必要的。设经验 γ- 弱学习假设成立。那么根据前面所述，修改后的 AdaBoost，对于任意 $\theta < 2\gamma$，将会找到一个组合分类器，使得所有的训练样本的间隔至少是 θ。换句话说，

数据以间隔 θ 线性可分。因为 θ 可以任意接近 2γ，这实质上就证明了必要条件。因此，存在一个组合分类器，对于每个训练样本其间隔至少为 2γ，当且仅当对于训练数据集上的每个分布都存在一个边界至少为 γ 的弱假设。

此外，我们可以很自然地定义一个表示最优间隔（optimal margin）的符号，意味着最大值 θ^*：对某组合分类器，每个训练样本的间隔至少是 θ^*。我们可以定义相应的最优边界（optimal edge）的符号，意味着最大值 γ^*：对于每个分布，存在某弱假设，其边界至少是 γ^*（与本节的其他概念一样，这两个概念都是基于特定的数据集和假设空间）。那么当且仅当最优间隔是 $2\gamma^*$，上述的等效性意味着最优边界等于某值 γ^*。

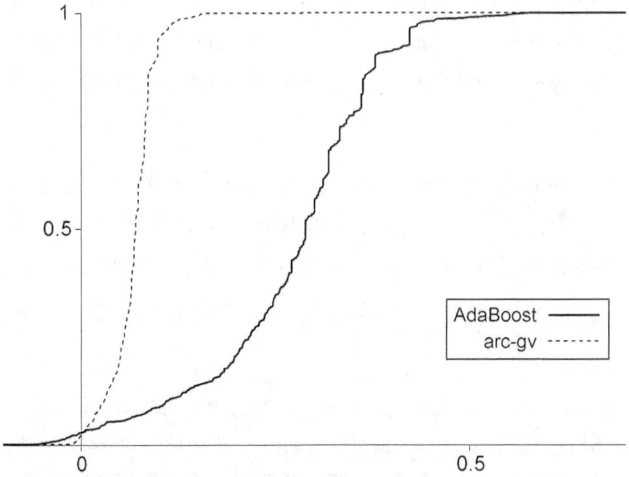

图 5.5
AdaBoost 和 arc-gv 的累积间隔，基于乳腺癌数据集，基分类器为决策树桩，用提升法运行 100 轮

在这里，我们又遇到了边界和间隔之间不可分割的关系。为了理解得更加深入，在第 6 章我们将会看到：边界和间隔之间的等价性，线性可分和经验弱学习假设之间的等价性。实际上它们都是博弈论基本结论的直接结果。

5.5 偏差、方差和稳定性

在本章中，我们从间隔理论角度解释了 AdaBoost 算法的成功和失败。另外一个对分类器的投票可以提升性能的解释是把分类器的期望泛化误差分为偏差（bias）项和方差（variance）项。尽管这些定义的细节因人而异，但是它们都试图定义下列的定量性质。偏差主要是度量学习算法的相对稳定的误差，即使我们有无限多个独立训练的分类器，这种误差始终存在。方差是度量由单个分类器产生的波动而导致的误差，其思想是：对多个分类器取平均，可以减少方差，进而减少期望误差。在本节，我们讨论偏差-方差理论对投票的方法（特别是提升法）提供性能解释的优缺点。

偏差-方差分析起源于二次回归，用误差的平方来度量性能（见第 7 章）。对独立训练的回归函数取平均永远不会增加期望误差。这个鼓舞人心的知识很好地反映在对期望误差平方进行偏差-方差的分离中。偏差和方差都是非负的，取平均可以减少方差项，但是不会改变偏差项。

人们可能很自然地希望这种优美的分析从二次回归延续到分类问题。但是遗憾的是，对几个分类规则进行多数投票有时会导致期望分类误差的增加（我们马上就会看到投票是如何使情况变糟的例子）。这个简单的结果表明，对分类问题找到一个可以像二次回归那样自然和令人满意的偏差-方差分离，可能本质上是很困难或者甚至是不可能的。这种困难反映在无数偏差和方差的定义中。

减少方差是其他投票方法的基础，尤其是 bagging 方法的基础。这个方法与提升法十分相似，但是，分布 $\mathcal{D}_t$ 对所有迭代都是固定的。如 3.4.1 节所述，对训练数据集进行统一的重取样，因此每个基分类器都是在所谓“自举样本”（bootstrap samples）的数据集上进行训练。也就是说，在每 t 轮，基学习器在 m 个样本上进行训练，这些样本都是从原始数据集中均匀随机选择的（每次选择先放回再取样）。因此，某些样本将会出现不只一次，然而平均而言，有超过 1/3 的样本则被完全忽略了。

方差的概念有助于理解 bagging 算法。从经验上来看，bagging 算法对于方差较大的学习算法是最有效的。方差较大的学习算法是不稳定的，数据上微小的变化会导致习得的分类器的巨大变化。事实上，方差有时被定义为在理想条件下对大量的基分类器使用 bagging 算法而减少的误差。这种理想条件是样本要忠实地近似于真正独立的样本。然而，这个假设在实际应用中可能不成立。在这种情况下，即使方差在基学习算法的误差中占主导地位，bagging 也可能达不到预期的性能。

已经证明提升算法也是一种减少方差的过程。这方面的证据一部分来自于当采用像 C4.5 或者 CART 之类的决策树学习算法时，观察到的提升算法带来的性能上的提升。因为经验上已知这些算法是高方差的，此类算法的误差主要是由方差引起的，所以误差的减少主要是由于方差的减少也就不足为奇了。然而，当使用的学习算法的误差主要是由偏差而不是方差导致的，提升算法仍然非常有效。实际上，提升法倾向于用在相当弱的基学习算法上（例如，决策树桩），这些算法通常都是高偏差、低方差的。

为了说明这一点，表 5.2 展示了在 3 个人造数据集（每个 300 个样本）上运行提升算法和 bagging 算法的结果。使用决策树算法 C4.5（参见 1.3 节）和决策树桩（参见 3.4.2 节）作为基学习算法。对每个算法运行多次，然后估计偏差、方差和平均泛化误差，用到了两组不同的偏差和方差的定义，一个来自 Kong 和 Dietterich，另外一个来自 Breiman。

很明显，这些实验表明提升法所做的不仅仅是减少方差。例如，在“ringnorm”数据集上，提升法把决策树桩算法的误差从 40.6%减少到了 12.2%，但是把方差从−7.9%增加到了 6.6%，用的是 Kong 和 Dietterich 的定义；对于 Breiman 的定义，则从 6.7%增加到 8.0%。可以看出误差的减少明显来自于偏差的显著降低。

表 5.2　在 3 个人造数据集上提升算法和 bagging 算法的偏差-方差实验结果

		Kong 和 Dietterich 的定义						Breiman 的定义					
		决策树桩			C4.5			决策树桩			C4.5		
Name		——	Boost	Bag	——	Boost	Bag	——	Boost	Bag	——	Boost	Bag
twonorm	偏差	2.5	0.6	2.0	0.5	0.2	0.5	1.3	0.3	1.1	0.3	0.1	0.3
	方差	28.5	2.3	17.3	18.7	1.8	5.4	29.6	2.6	18.2	19.0	1.9	5.6
	误差	33.3	5.3	21.7	21.6	4.4	8.3	33.3	5.3	21.7	21.6	4.4	8.3
threenorm	偏差	24.5	6.3	21.6	4.7	2.9	5.0	14.2	4.1	13.8	2.6	1.9	3.1
	方差	6.9	5.1	4.8	16.7	5.2	6.8	17.2	7.3	12.6	18.8	6.3	8.6
	误差	41.9	22.0	36.9	31.9	18.6	22.3	41.9	22.0	36.9	31.9	18.6	22.3
ringnorm	偏差	46.9	4.1	46.9	2.0	0.7	1.7	32.3	2.7	37.6	1.1	0.4	1.1
	方差	−7.9	6.6	−7.1	15.5	2.3	6.3	6.7	8.0	2.2	16.4	2.6	6.9
	误差	40.6	12.2	41.4	19.0	4.5	9.5	40.6	12.2	41.4	19.0	4.5	9.5

对每个数据集、学习算法，估计偏差、方差和泛化误差，然后按百分比记录，用了两组偏差和方差的定义。C4.5 和决策树桩作为基学习算法。有破折号的列表示只运行了基学习算法

如果把提升法看作是一种减少方差的算法，则会认为当与一个具有低方差的“稳定”的学习算法一起使用的时候，提升法就会失败。这明显是错误的，上面的实验已经证明了。本章提出的理论对提升法可能失败的情况提出了不同的描述。定理 5.1、定理 5.5 和定理 5.8 预测了提升法在下面情况下会性能欠佳：(1) 没有与基分类器复杂度相符的足够的训练数据；(2) 基分类器的训练误差（定理 5.8 中的 ϵ_t）变得太大、太快。

此外，尽管 bagging 算法最初是作为一种减少方差的方法引进的，它也可以用 5.2 节的间隔理论来进行分析，因为这个理论可以应用于任何基于投票的方法，这就包括 bagging 算法。通常这种分析依赖于间隔分布、基分类器的复杂度、训练数据集的规模，而不依赖于 bagging 的轮数。在 bagging 的情况下，一个训练样本的间隔只是对能够正确分类这个训练样本的基分类器占全体分类器的比例的度量，这个指标在多轮之后必定收敛于一个概率：即根据自举（bootstrap）过程随机产生的一个基分类器对这个训练样本正确分类的概率。因此，尽管基于直观的量化分析提供的是性能非渐进的约束，但这个分析预测很少或几乎没有过拟合。作为例子，图 5.6 展示了用 bagging 来代替提升法的学习曲线和间隔分布，利用与 5.1 节同样的基学习器、数据集，可以与图 1.7、图 5.2 进行对比。典型地，bagging 的间隔分布不同于提升法，但是仍然表明具有低间隔的样本只占相当少的部分（尽管在本例中没有提升法那么少）。

对提升法或其他投票类算法的偏差-方差的解释与一个推测密切相关：对多个分类器取平均（或者投票表决）确实会有比单个基分类器更好的预测效果，就像人们期望的那样，多次估计然后取平均（例如，估计硬币的偏置）会好于单次估计。这个观点是基于这样的假定：由投票形成的组合分类器复杂度并不比基分类器高。但是遗憾的是，这个假定对于分类问题通常就不成立了。一个服从多数投票分类器实质上比基分类器更复杂，而且更倾向于过拟合，而其基分类器可能非常简单。

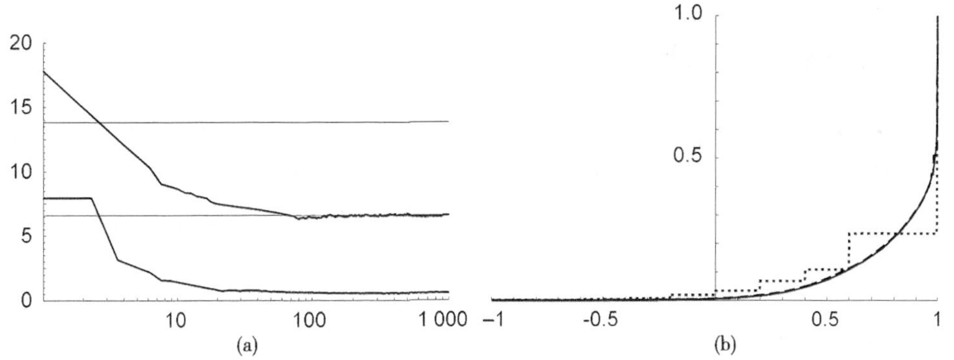

图 5.6

在 letter 数据集上运行 bagging 的结果，以 C4.5 作为基分类器。图 (a) 显示了测试误差百分比（上曲线）和训练误差百分比（下曲线），横坐标是轮数。图 (b) 显示了间隔分布。可以参考图 1.7 与 5.2（经数学统计研究所许可使用）

作为例子，设我们用的基分类器是 delta 函数：对输入空间的某一点预测为+1，其他任意点预测为−1，或者反过来（某一点预测为−1，其他点为+1）；或者是常数函数对任意点预测为−1 或任意点预测为+1。对于规模为 m 的训练数据集，样本都是唯一的，对于此数据集上的任意分布 $\mathcal{D}$，一定存在一个 delta 函数，其误差（分布 $\mathcal{D}$ 上）最大是

$$\frac{1}{2}-\frac{1}{2m}$$

这是因为一个训练样本 (x_i, y_i) 在分布 $\mathcal{D}$ 上一定有至少 $1/m$ 的概率，因此一个合理构建的 delta 函数正确分类 x_i 的概率，至少是剩下其他的样本的概率的一半。因此，$\gamma = 1/(2m)$，经验 γ -弱学习假设成立。这意味着，根据定理 3.1，AdaBoost 最终将构建一个组合分类器，可以正确分类所有 m 个训练样本。

如第 2 章所讨论的，我们可以很容易地构建出规则来拟合任意的训练数据集，这说明了我们不会指望这种规则对于训练数据集之外的测试样本的性能会有多么好。换句话说，这种投票规则的复杂度相对于样本的规模太复杂了，因此没有多大的用处。事实上，这证明了规则的 VC 维是无限的。注意，这种复杂度完全是投票的结果。每个这种 delta 函数都十分简单（此类函数的 VC 维是 3），看起来会欠拟合绝大多数的数据集。通过对很多这种简单的规则进行投票，我们最终获得的组合分类器，相反却相当的复杂，几乎可以确认对任意的数据集都会过拟合。

我们的分析证明 AdaBoost 是通过使其具有大的间隔来控制组合分类器的复杂度的。事实上，当可以获得大的间隔时，定理 5.1、定理 5.5 就证明了 AdaBoost 的表现就相当于其组合分类器的复杂度与基分类器的复杂度是同样级别的，因此由对大量基分类器进行多数投票而带来的负面影响被最小化了。

在上述例子中，AdaBoost 可预测的差的性能与基于间隔的分析是一致的。如果 AdaBoost 运行了相当长的时间，如前所述，所有的训练样本都可以被正确分类，但是间隔很小（$O(1/m)$），间隔太小了就不可能有很好的泛化性能（为了有意义，定理 5.1、定理 5.5 要求间隔至少是 $\Omega(1/\sqrt{m})$）。

5.6 与支持向量机的关系

基于（近似）间隔最大化原则的分类方法不只有提升法。特别地，支持向量机就是基于这个原则，而且因为其对通用机器学习任务十分有效而很流行。尽管提升法和 SVMs 都是基于广义定义为“间隔”的指标的最大化原则的学习算法，但在本节我们将会看到在某些重要方面两者显著的差异。

5.6.1 支持向量机概览

因为对支持向量机的全面描述超出了本书的范围，我们只对此方法的主要结构做简单介绍。

设分类的样本 $\mathbf{x}$ 实际上是欧拉空间 $\mathbb{R}^n$ 上的点。这样给定了 $(\mathbf{x}_1, y_1), \cdots, (\mathbf{x}_m, y_m)$，$\mathbf{x}_i \in \mathbb{R}^n$，$y_i \in \{-1, +1\}$。我们给定如图 5.7 所示的例子，这里 $n=2$。这里我们已经看到支持向量机与提升法之间的一个重要差异：SVMs 基于对数据的几何学角度。

给定这样的数据，支持向量机的第一个想法就是找到一个线性分类器，或者是线性门限函数，可以正确地标注数据。通常，如果存在这样的一个分类器或函数，那么很可能会存在很多个这样的线性分类器。支持向量机并不是任意地选择一个，支持向量机选择一个可以将正例与负例分开的超平面，而且这个超平面尽可能远离最近的数据点。例如，如图 5.7 所示，我们可能找到一个超平面（在本例中是一条直线），并且使得如图所示的分隔距离最大。因此，我们不仅希望对训练样本正确分类，还希望这些训练样本距离分隔线越远越好。

为了形式化描述，分隔超平面由下式给出①：$\mathbf{w} \cdot \mathbf{x} = 0$。为了不失一般性，这里的 $\mathbf{w}$ 是单位长度，即 $\|\mathbf{w}\|_2 = 1$。用超平面对样本 $\mathbf{x}$ 进行分类是看样本落在超平面的哪一边，即采用如下的规则，即

$$\text{sign}(\mathbf{w} \cdot \mathbf{x})$$

针对由 $\mathbf{w}$ 定义的超平面，一个样本与分隔超平面之间的距离（有符号）叫作间隔（margin）。我们将会看到，这个间隔与提升法用的间隔有关联，但是又有不同。样本 $(\mathbf{x}, y)$ 的间隔经计算为 $y(\mathbf{w} \cdot \mathbf{x})$。整个训练数据集的间隔就是单个样本的间隔的最小值，即 $\min_i y_i(\mathbf{w} \cdot \mathbf{x}_i)$。那么其主要思想就是找到超平面 $\mathbf{w}$ 使最小间隔最大化。

① 为了简化计算，这里假设超平面经过原点。

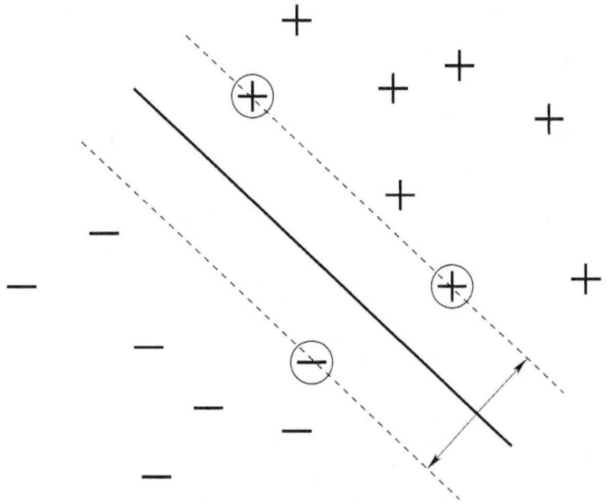

图 5.7

二维样本数据使用支持向量机可能会找到的分隔超平面。支持向量（support vectors）就是离超平面最近的样本，已用圆圈标识

当然，线性门限函数的表达能力是有限的，特别是在低维的情况下，这是众所周知的。然而，原始低维空间中线性不可分的数据映射到高维空间就可能可分了。

例如，图 5.8 中的数据明显是线性不可分的。然而，设我们通过如下的方式将二维的数据 $\mathbf{x}=\langle x_1,x_2\rangle$ 映射到 $\mathbb{R}^6$ 空间

$$\mathbf{h}(\mathbf{x})=\mathbf{h}(x_1,x_2)\doteq\langle 1,x_1,x_2,x_1x_2,x_1^2,x_2^2\rangle$$

则由这些映射点定义的线性超平面有如下的形式

$$\mathbf{w}\cdot\mathbf{h}(\mathbf{x})=w_1+w_2x_1+w_3x_2+w_4x_1x_2+w_5x_1^2+w_6x_2^2=0$$

其中，$w_1,\cdots,w_6$ 是标量。换句话说，映射空间中的线性超平面可以用来表示任意原始空间中的二次曲线，包括如图 5.8 所示的椭圆，这个椭圆明显可以把正样本和负样本分隔出来。更简单的例子如图 5.9 所示。

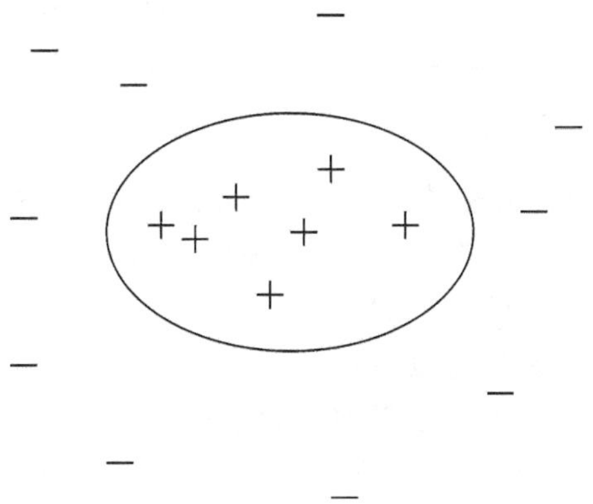

图 5.8

二维数据线性不可分，但是用椭圆就可分了，或者等价地映射到六维空间后就有超平面可分了

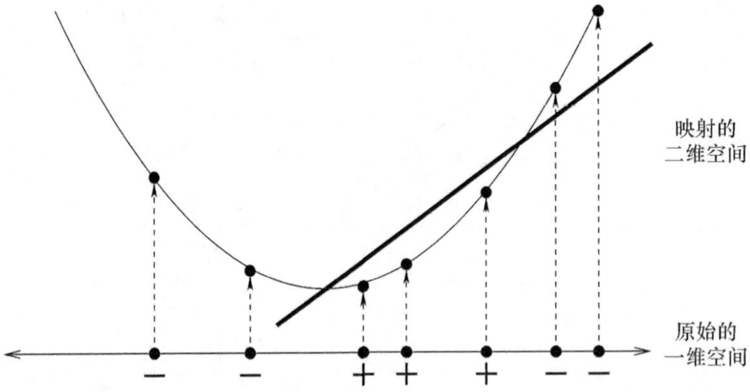

图 5.9
原始数据是一维空间上的 7 个点，明显不是线性可分的。然而，当这些点映射成二维向量：$\langle x, x^2\rangle$，成为如图所示的一个抛物线上的点，就变成线性可分了

因此，在通常意义上，样本 $\mathbf{x} \in \mathbb{R}^n$ 通过映射 $\mathbf{h}$ 可以投射到更高维的空间 $\mathbb{R}^N$，只需要将算法中所有出现 $\mathbf{x}$ 的地方替换成 $\mathbf{h}(\mathbf{x})$。在这个例子中，二维空间数据映射到六维空间，即 $n=2$, $N=6$。然而在实践中，原始数据可以是一个合理维度（如 100），但是最终映射到一个非常庞大的维度空间中（比如，十亿维或者更高），这看起来可能是非常昂贵的计算操作。

幸运的是，在很多情况下，一个基于“核”（kernel）的出色技术可以使得上述计算操作可行。实现支持向量机所需要的唯一操作就是：(映射)点对之间的内积，即 $\mathbf{h}(\mathbf{x}) \cdot \mathbf{h}(\mathbf{z})$。有时这可以非常高效地完成。例如，我们可以稍微修改上面的示例。

$$\mathbf{h}(\mathbf{x}) = \mathbf{h}(x_1, x_2) \doteq \langle 1, \sqrt{2}\, x_1, \sqrt{2}\, x_2, \sqrt{2}\, x_1 x_2, x_1^2, x_2^2\rangle$$

引入的几个常数对基于此映射而得到的线性门限函数没有影响。但是，现在可以证明

$$\begin{aligned}\mathbf{h}(\mathbf{x}) \cdot \mathbf{h}(\mathbf{z}) &= 1 + 2 x_1 z_1 + 2 x_2 z_2 + 2 x_1 x_2 z_1 z_2 + x_1^2 z_1^2 + x_2^2 z_2^2 \\ &= (1 + \mathbf{x} \cdot \mathbf{z})^2 \end{aligned} \tag{5.37}$$

因此，映射点的内积可以不用显式地展开到高维空间中进行计算，只需要在原来的低维空间中取内积，加 1，然后平方即可。

式（5.37）右边的函数称为核函数（kernel function)，还有很多其他类似的核函数使得当映射到高维空间的时候，实现支持向量机成为可能。这个技巧可以节省大量的计算量。例如推广上面的例子，如果我们想增加所有项到 k 度（上面例子的度为 2)，也就是说将 n 维映射到 $O(n^k)$ 维，我们可以用式（5.37）中的核函数来计算这个高维空间的内积，只不过是用 k 来代替 2，这个核函数的时间复杂度为 $O(n + \ln k)$。用核函数来快速计算高维空间的内积是支持向量机算法的第二个关键组成部分。

人们已经提出了多种类型的核函数，上面的多项式核函数只是一个例子。事实上，核函数可以基于字符串、树来定义，而不仅是向量。由于最初的原始对象不必是向量，因此我们在下面表示样本的时候，恢复更通用的形式 x，而不是 $\mathbf{x}$。

尽管将数据映射到一个超高维空间的计算困难有时可以通过某种方法来解决，但在统计学角度，仍然存在着“维度诅咒”的问题，这表明基于高维数据（相对于训练样本的数量）的泛化能力可能比较差。事实上，$\mathbb{R}^N$ 空间中的一般线性门限函数的 VC 维是 N（参见引理 4.1），这说明训练样本的数量必须和维数是一个数量级的。然而，具有较大间隔的线性门限函数的 VC 维可能低得多。特别地，不失一般性，假设所有样本都映射到一个单位球内，即 $\|\mathbf{h}(x)\|_2 \leqslant 1$。那么可以证明间隔 $\gamma > 0$ 的线性门限函数的 VC 维最大是 $1/\gamma^2$，与维数无关。这说明即使在超高维的空间，只要能够获得较大的间隔，良好的泛化能力还是可能的。

5.6.2 与提升法的比较

当用如上所述的映射函数 $\mathbf{h}$，SVMs 生成的线性分类器有如下形式

$$\operatorname{sign}(\boldsymbol{w} \cdot \mathbf{h}(x))$$

另一方面，AdaBoost 得到的最终分类器的形式如式（5.3）所示，有

$$\operatorname{sign}(\sum_{t=1}^{T} a_t h_t(x))$$

这里 a_t 与式（5.1）中的一样，为非负，其和为 1。事实上，就是多了些符号，可以看出其形式与 SVMs 完全相同。为了简单起见，我们假设基分类器空间 $\mathcal{H}$ 是有限的，由函数 $\hbar_1, \cdots, \hbar_N$ 组成。那么我们可以定义向量

$$\boldsymbol{h}(x) \doteq \langle \hbar_1(x), \cdots, \hbar_N(x) \rangle$$

尽管 $\mathcal{H}$ 是有限的，但典型的 $\mathcal{H}$ 的规模通常都很大，因此 $\boldsymbol{h}(x)$ 是超高维向量。在提升法的每 t 轮，选择此向量的一个坐标 j_t 就对应所选的基分类器 $h_t = \hbar_{j_t}$。

设

$$\boldsymbol{w}_j = \sum_{t:j_t=j} a_t$$

$j=1,\cdots,N$，我们还可以根据 a_t 定义一个权重向量 $\boldsymbol{w} \in \mathbb{R}^N$，因此

$$\boldsymbol{w} \cdot \mathbf{h}(x) = \sum_{t=1}^{T} a_t h_t(x)$$

这样，AdaBoost 的最终分类器与 SVMs 的形式一致，都是线性门限函数，尽管在不同的空间。这种表示还强调了这样一个事实：AdaBoost 就像 SVMs，使用映射 $\mathbf{h}$ 将数据映射到超高维空间。事实上，正如之前已经提到的，映射空间的维数等于基分类器构成的整个空间的势——通常是非常大的空间。

如前所述，SVMs 和提升法都可以作为最大化某些间隔概念的方法来理解和分析。然而，这两种方法用来描述间隔的精确形式，却在细微但重要的方面上有所不同。SVMs 对样本 (x, y) 所用间隔的定义为 $y(\boldsymbol{w} \cdot \mathbf{h}(x))$。提升法所用的间隔看起来是一样的

$$yf(x) = y\sum_{t=1}^{T} a_t h_t(x) = y(\boldsymbol{w} \cdot \mathbf{h}(x))$$

然而，上述符号没有表示一个主要的区别。在分析 SVMs 的时候，我们假设 $\boldsymbol{w}$ 具有欧几里得单位长度（即 $\|\boldsymbol{w}\|_2=1$），而且 $\mathbf{h}$ 将数据映射到单位球体内，即对于所有的 x $\|\mathbf{h}(x)\|_2 \leqslant 1$。相比之下，对于提升法我们发现，对 a_t 进行归一化，$\sum_{t=1}^{T}|a_t|=1$，有 $\|\boldsymbol{w}\|_1=1$。此外，映射 $\mathbf{h}$ 的坐标对应于基分类器，其取值范围为 $\{-1,+1\}$。因此

$$\max_j |\hbar_j(x)|=1$$

或者，更简洁地，对所有 x，$\|\mathbf{h}(x)\|_\infty=1$（参见附录 A. 2 了解更多 ℓ_p 范式）。

因此，两个间隔的定义都假设权重向量 $\boldsymbol{w}$ 和映射 $\boldsymbol{h}$ 都是有界的，但是使用了不同的范式。SVMs 方法本质上来自几何学，用的是欧几里得范式，然而提升法用的是 ℓ_1 和 ℓ_∞ 范式。

范式的选择可以造成巨大的差异。例如，设 $\mathbf{h}(x)$ 的所有组成成分的取值范围都是 $\{-1,+1\}$，权重向量 $\boldsymbol{w}$ 分配 N 个坐标中的 k（k 是奇数）个为单位权重，其他的权重为 0。换句话说，$\text{sign}(\boldsymbol{w}\cdot\mathbf{h}(x))$ 就是计算 k 个维度或 k 个基分类器的简单多数投票。尽管过于简单，但这也意味着对于学习问题来说，在大规模的特征/维度/基分类器中只有其中的一部分（子集）是与所学习的内容实际相关的。经适当的规范化后，我们看到此分类器的提升法的间隔（ℓ_1/ℓ_∞）是 $1/k$，如果 k 不特别大，这还是相对合理的。同时，这个间隔也独立于维数 N。另一方面，SVMs（ℓ_2/ℓ_2）的间隔是 $1/\sqrt{kN}$，如果 N 比较大，则结果可能很糟。我们也可以构建出 SVMs 的间隔更有优势的例子。

Boosting 和 SVMs 之间还有另外一个重要区别。两者的目标都是在超高维空间中找到一个线性分类器。然而从计算的角度来看，他们做到这点的方法有很大的不同：SVMs 是用核函数的方法来进行高维空间的计算；提升法依赖于基学习算法一次作用于高维空间的一个维度。

最后，我们要指出 SVMs 方法是显式地最大化最小间隔（尽管某些变形会在一定程度上放松这个目标）。AdaBoost，正如 5.4 节所讨论的，并不是最大化最小间隔，而是倾向于增加间隔的整体分布，这个特性从经验来看有时是有利的。

5.7 间隔的实际应用

虽然我们主要关注间隔的理论应用，但从实际角度来看，间隔作为一种合理的置信度的衡量指标还是相当有用的。在本节，我们将介绍这个原则的两个应用。

5.7.1 为了获得更高的准确率拒绝低置信度的预测

如前面所讨论的，间隔越大，我们对组合分类器的预测就越有信心。与我们之前的理论讨论一致，我们希望具有高置信度的样本也有相应的高概率被正确分类。此外，注意间隔的绝对值（即 $|yf(x)|=|f(x)|$）可以不知道标签 y 就得到结果。正如我们将要看到

的，这些特征在要求有高的预测准确率的时候是非常有用的，即使它们被限制在具体的某一领域内，因为这些领域要求使用那种“知道自己知道什么（或者不知道什么）”的分类器。

例如，考虑一个分类器，它是语音对话系统的一部分，根据话语的含义对其进行分类（参见 10.3 节）。一方面一个具有高置信度的分类器意味着系统的其他部分可以信赖它。另一方面，一个低置信度的分类器则可以进行进一步的相应的处理，例如，要求用户重复响应或者提供进一步的信息。同样地，一个根据主题对新闻文章进行自动分类的分类器，如果产生高置信度的预测，则是可信的；但是如果是低置信度的，就要交给人来进行人工标注。其他任务，例如垃圾邮件过滤，我们可能会把所有低置信度的预测都当作正常邮件，只有那些以高置信度被预测为垃圾邮件的才被过滤掉，这样可以减少合法正常邮件被当成垃圾邮件而被过滤掉的概率。

通常，我们可以选择一个阈值，所有预测间隔绝对值高于这个值的样本都是值得信赖的，因为它们有高置信度；然而，那些低置信度的、低于阈值的样本则被拒绝。特定阈值的选择基于留存（held-out）数据（没有在训练阶段出现的数据）的性能，并考虑具体应用的需求。当然，拒绝的样本越多，则留下来的样本准确率也越高。

图 5.10 显示了在实际数据集上两者的权衡。在本例中，样本来自美国的人口普查数据库 1994 年数据，每个样本（人）包括年龄、教育程度、婚姻状况等信息。问题是预测给定的某人的收入是否会超出 50 000 美元。在本实验中，AdaBoost 在 10 000 个训练样本上，采用决策树桩为基分类器，运行了 1 000 轮（此外，如第 9 章所述，也采用了实数值弱假设）。

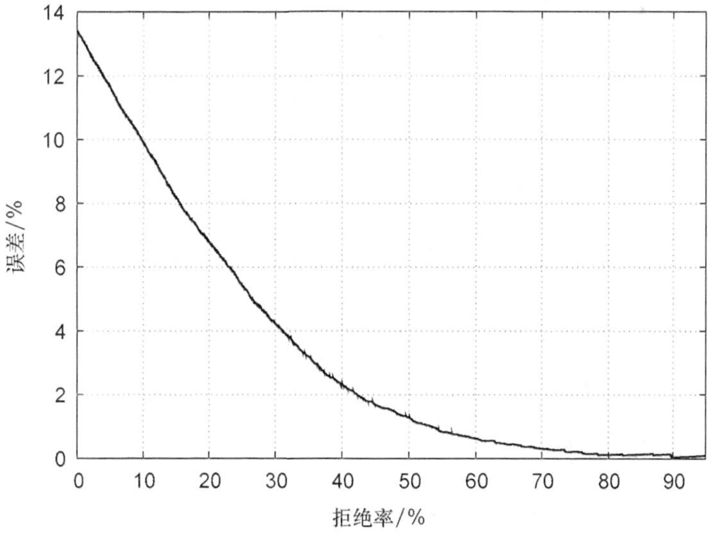

图 5.10

人口普查数据集上误差和拒绝率之间的权衡。曲线上的点是依每个可能的间隔阈值绘制的，x 轴是被拒绝的测试样本的百分比（间隔绝对值低于阈值），y 轴是没有被拒绝的测试样本的误差的百分比（间隔绝对值高于阈值）

全部 20 000 个测试样本，其总体测试误差为 13.4%。然而，如图所示，如果拒绝一部分测试数据，则可以获得更低的测试误差。例如，当拒绝 20%的间隔绝对值较小的测试数据时，剩下 80%的测试数据的测试误差下降接近一半，达到 6.8%。测试误差可以低于 2%，付出的代价就是拒绝大约 43%的测试样本。因此，可以在数据集可识别的、不可忽略的子集上获得相当高的准确率。

5.7.2 主动学习

现在让我们转向间隔的另一个应用。在本书中，我们默认有充足的已标注样本。然而在很多应用中，尽管可能有充足的未标注样本，我们发现可靠的已标注样本可能非常缺乏，这可归咎于人工标注工作的困难、花费巨大及消耗的时间长。例如，像人脸识别这样的计算机视觉任务（3.4.3 节），从互联网上收集成千上万的图像是十分容易的。然而，从上述海量的图片中人工标注出所有的人脸（或者非人脸）则是十分枯燥乏味的，而且需要耗费大量的时间。同样地，如前所述的语音对话系统，获得语音记录是相对便宜的，对其进行正确的标注分类则需要大量费用。

在这种情况下，我们有大量的未标注样本，但是只有有限的资源来对样本进行标注，因此比较合理的是仔细选择对哪些样本进行标注，这个方法就叫作“主动学习”（active learning）。理想情况下，我们希望选择的样本，它们的标签是“信息最丰富的”，对推动学习过程是最有帮助的。但这些通常都是很难量化和度量的概念，特别是在对真实的标签一无所知的情况下。尽管如此，我们认为一般预测低置信度的样本具有下面的性质：如果我们非常不确定一个给定的样本的正确标签，那么无论最终这个标签是什么，对我们来说都是新知识，都会推动学习过程。因此我们的想法是用一个规模持续增加的已标注标签样本池来迭代训练分类器，在每次迭代的时候，都选择那些具有低置信度的未标注样本来进行标注。

对于提升法，我们已经做了深入的讨论，间隔的绝对值 $|f(x)|$ 可以用来作为置信度的度量指标。把这些想法结合在一起就产生了类似算法 5.1 的过程。这个简单的主动学习算法效率惊人。

算法 5.1

基于 AdaBoost 的主动学习算法，用间隔绝对值作为置信度的度量指标

给定：大规模的未标注样本
　　　有限的标注资源
初始化：随机选择初始样本集进行标注
重复：

- 在目前已标注的样本集上训练 AdaBoost
- 如式（5.2）所示，获得（归一化）最终的假设 $f(x)$
- 选择 k 个具有最小间隔绝对值 $|f(x)|$ 的未标注样本进行标注

例如，此方法已应用到前文提到的语音对话系统，其细节将在 10.3 节描述。图 5.11 展示了如何用上述的方法主动地选择对哪些样本进行标注，并且与每轮都是随机选择样本的情况进行了对比。实验中，初始选择了 1 000 个样本进行标注，在每轮迭代中增加 $k=500$ 个样本。使用决策树桩，详情见 10.3 节，提升法运行了 500 轮。实验重复 10 次，结果取平均。在每种情况下，样本都是从一个有 40 000 个样本的样本池中选择的，开始所有的样本都是未标注的。[①]

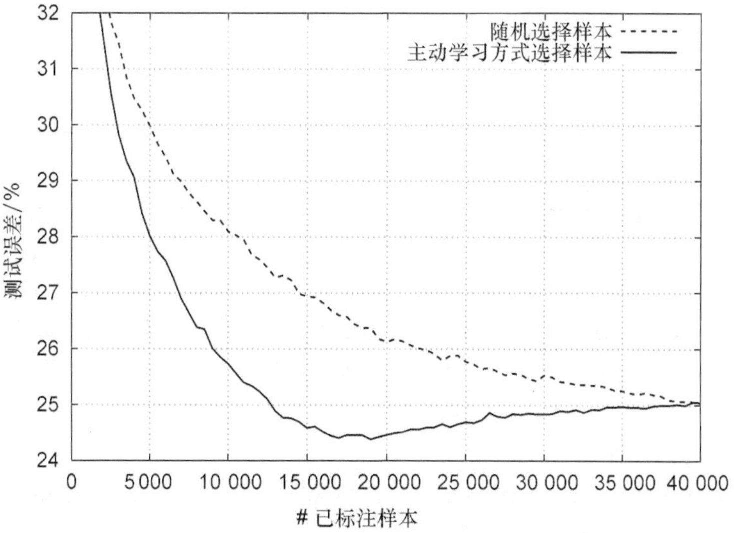

图 5.11

在标注样本持续增加的情况下，语音对话系统获得的测试误差。有两种方法从固定的样本池中选择样本：(1) 主动学习的方法；(2) 随机选择

就样本的标注工作而言，图 5.11 展示了标注工作量的下降是惊人的。例如，如表 5.3 所示，为了达到测试误差率为 25%，随机选择样本进行标注的时候需要标注 40 000 个样本（即全部训练数据集），但是采用主动学习的方式，只需要对 13 000 个样本进行标注——不到原来规模的三分之一。

在这些受控实验中，使用了固定规模的 40 000 个样本来进行训练，这样主动学习方法和随机选择的方法的性能最终都收敛到同一点。这意味着主动学习曲线的后半部分反映出一旦其他样本都已经标注好了之后，学习后期增加的都是低信息量的样本，如果还有更大规模的未标注样本池，那么性能还可以进一步地提高（在某些应用中，每天都有持续稳定的未标注样本流入，那么可以认为样本的供应是无限的）。此外，这个数据集有趣的地方还在于：如果有选择地使用这些样本，即使只使用了数据集的一半样本，性能也可以超过使用全部的数据集。使用主动学习方法，只需 19 000 个标注样本，测试误差为 24.4%；而使用全部 40 000 个样本，测试误差为 25.0%。很明显，在学习过程后期标注的样本不仅没能提供新信息，而且可能因为标注错误而引入了错误的信息。

① 因为这个数据集是多类多标签的，对间隔的定义做了些修改，即最终的分类器对前两个（top 2）标签的预测的“分数”之差。同样，用 one-error（排在最前面的标签是错误的样本数占样本总数的比例）来代替了分类错误。

表 5.3

根据图 5.11 所示的实验，得到不同测试误差所需的算法运行轮数以及采用主动学习方法后标注工作减少的工作量

测试误差/%	首次达到		标注工作减少的工作量/%
	随机选择标注样本	主动学习方法选择标注样本	
27.0	14 500	7 000	51.7
26.0	22 000	9 000	59.1
25.0	40 000	13 000	67.5
24.5	-	16 000	-

5.8 小结

- 在本章我们探讨了对 AdaBoost 泛化能力的一种理论解释：AdaBoost 倾向于最大化训练样本的间隔。具体来说，该理论认为 AdaBoost 的泛化性能在很大程度上取决于训练样本的规模、基分类器的复杂度以及训练样本的间隔。反过来，这些间隔又与基分类器的边界密切相关。这个理论解释了为什么 AdaBoost 通常不会过拟合，也定性分析了在什么条件下 AdaBoost 会失败。
- 相比偏置-方差的分析方法，间隔理论可以对 AdaBoost 的行为提供更全面完整的解释，而且它将 AdaBoost 与另一种基于间隔的学习方法 SVMs 建立了关联。但是，遗憾的是，由于各种原因，当试图将理论的见解直接作为改善 AdaBoost 的性能的手段的时候，只取得了部分成功。即便如此，间隔作为置信度的度量指标仍然有很高的实用价值。
- 在下面的章节中，我们将探讨 AdaBoost 算法的其他解释。

5.9 参考资料

如 5.1 节、5.2 节（包括图 5.2）所述，用间隔来解释 AdaBoost 和其他投票方法的有效性，来自 Schapire 等人的工作 [202]。他们的分析基于 Bartlett [11] 关于神经网络的相关结论。Breiman 证明了当所有样本的间隔都大于 θ 情况下的界（如 5.2 节的最后段落）[36]。还可以参见 Wang 等人 [230] 基于“均衡间隔”（equilibrium margin）概念的精炼的分析。

如 5.3 节所示，使用 Rademacher 复杂度作为投票方法的分析工具，是由 Koltchinskii 和 Panchenko [139] 引入的。对这些方法的精彩综述，包括证明和参考文献，可以参见 Boucheron、Bousquet 和 Lugosi 的工作 [30]。

定理 5.8 由 Schapire 等人证明 [202]。如 5.4.1 节所述，渐进最小间隔的界 $\gamma(\gamma)$ 来自 Rätsch 和 Warmuth 的工作 [187]。这个界由 Rudin、Schapire 和 Daubechies 证明是收紧的 [196]。Rudin、Daubechies 和 Schapire 首次证明了：即使使用穷举的弱学习器，AdaBoost 也不需要一直得到可能的最大的最小间隔 [194]。

根据式(5.34)中 α_t 的选择而得到的 AdaBoost 的修改版本，最初是 Rätsch 等人 [186] 和 Breima [36] 进行了研究，随后是 Rätsch 和 Warmuth [187]，后者将这个算法叫作 AdaBoost$_\rho$，也给出了与 5.4.2 节类似的分析。算法 arc-gv 和 AdaBoost$_\nu^*$ 证明可以最大化最小间隔，分别来自 Breiman [36]、Rätsch 和 Warmuth [187]的工作。Grove 和 Schuurmans [111]；Rudin、Schapire 和 Daubechies [196]，Shalev-Shwartz 和 Singer [211]给出了拥有这个性质的其他算法。Mason、Bartlett 和 Baxter [167] 给出了一个直接优化间隔的算法(尽管不一定是最小间隔)。

Breiman [36] 对 arc-gv 的实验证明：arc-gv 获得的间隔要高于 AdaBoost，但是其测试误差也较高。Grove 和 Schuurmans [111] 也获得了相似的结论。表 5.1 和图 5.5 的实验结果以及对 Breiman 发现的解释都来自 Reyzin 和 Schapire 的工作 [188]。

第 3 章及 5.4.3 节所述，最优间隔和最优边界的联系最早由 Rätsch 和 Warmuth 提出 [187]。

在 5.5 节讨论的 bagging 算法来自 Breiman 的工作 [34]，他也对 bagging 算法和提升法的有效性提出了偏差-方差的解释 [35]。这里用到的偏差-方差的定义来自 Breiman [35]、Kong 和 Dietterich [140]，尽管其他人也提出过 [138, 217]。本节的主要证明和结论，包括表 5.2（做了修改）、图 5.6，来自 Schapire 等人的工作 [202]。表 5.2 用到的人工合成数据集来自 Breiman [35]。bagging 与 Breiman 的随机森林 [37] 密切相关，随机森林也是一个组合决策树的高效方法。

Boser，Guyon 和 Vapnik [29]，Cortes 和 Vapnik [56] 开展了支持向量机的开创性工作。还可以参考 Cristianini 和 Shawe-Taylor [58]，Schölkopf 和 Smola [208] 撰写的专著。在 5.6 节与提升法的对比来自 Schapire 等人的工作 [202]。

5.7.1 节用到的人口普查数据集由 Terran Lane 和 Ronny Kohavi 整理。

主动学习的研究工作可以追溯到 Cohn，Atlas 和 Ladner [51]，Lewis 和 Catlett [151] 的工作。将主动学习方法与提升法相结合，本质上与 5.7.2 节讨论的方法类似，来自 Abe 和 Mamitsuka [1] 的工作。本节中的实验和结论（包括图 5.11，有修改）来自 Tur、Schapire 和 Hakkani-Tür [220]，还可以参考 Tur、Hakkani-Tür 和 Schapire [219]。观察到的结论：当使用主动学习方法的时候，少量数据可以达到更好的效果。最早是由 Schohn 和 Cohn [207] 在其他情况下注意到的。

本章部分练习来自于 [10, 13, 26, 150, 187, 196]。

5.10 练习

5.1 设 AdaBoost 一直运行不停止。除了通常的符号，设

$$F_T(x) \doteq \sum_{t=1}^{T} \alpha_t h_t(x)$$

且

$$s_T \doteq \sum_{t=1}^{T} \alpha_t$$

不失一般性，设 $\alpha_t > 0$。设在第 t 轮，最小（归一化）间隔用如下标识

$$\theta_t \doteq \min_i \frac{y_i F_t(x_i)}{s_t}$$

最后，我们定义 t 轮的平滑间隔（smooth margin）为

$$g_t \doteq \frac{-\ln\left(\frac{1}{m}\sum_{i=1}^{m} \mathrm{e}^{-y_i F_t(x_i)}\right)}{s_t}$$

a. 证明

$$\theta_t \leqslant g_t \leqslant \theta_t + \frac{\ln m}{s_t}$$

因此，如果 s_t 变大，则 g_t 越来越接近 θ_t。

b. 证明 g_T 是 $\Upsilon(\gamma_t)$ 的加权平均，即

$$g_T = \frac{\sum_{t=1}^{T} \alpha_t \Upsilon(\gamma_t)}{s_T}$$

c. 令 $0 < \gamma_{\min} < \gamma_{\max} < \frac{1}{2}$。证明：如果边界 γ_t 最终都落在狭窄的范围 $[\gamma_{\min}, \gamma_{\max}]$ 内，那么平滑间隔 g_t，还有最小间隔 θ_t 都一定收敛到 $[\Upsilon(\gamma_{\min}), \Upsilon(\gamma_{\max})]$。具体地说，设 $t_0 > 0$，对于所有 $t \geqslant t_0$，有 $\gamma_{\min} \leqslant \gamma_t \leqslant \gamma_{\max}$。证明

$$\liminf_{t\to\infty} \theta_t = \liminf_{t\to\infty} g_t \geqslant \Upsilon(\gamma_{\min})$$

并且

$$\limsup_{t\to\infty} \theta_t = \limsup_{t\to\infty} g_t \leqslant \Upsilon(\gamma_{\max})$$

可参考附录 A.4 的定义。

d. 证明：如果边界 γ_t 收敛（当 $t \to \infty$）到某值 γ，$\gamma \in (0, \frac{1}{2})$，那么最小间隔 θ_t 收敛于 $\Upsilon(\gamma)$。

5.2　证明二元相对熵（binary relative entropy）的下列属性。

a. $\mathrm{RE}_b(p \parallel q)$ 对 q 是凸的（固定 p），对 p 是凸的（固定 q）（参考附录 A.7 的定义）。

b. 对所有 p、$q \in [0,1]$，$\mathrm{RE}_b(p \parallel q) \geqslant 2(p-q)^2$。

[提示：用泰勒定理，参见定理 A.1]

5.3　设对某事先未知的 $\gamma^* > 0$，γ^*-弱学习假设成立。在这种情况下，算法 AdaBoost^*_ν 可以用来有效地找到一个组合分类器，其最小间隔可以任意接近 $2\gamma^*$。也就是说，对所有的训练样本，其间隔至少是 $\theta \doteq 2\gamma^* - \nu$，这里 $\nu > 0$，是给定的准确率参数。这个算法过程与 AdaBoost（见算法 1.1）类似，除了第 t 轮的 α_t 按下面的方式进行计算：

- $\gamma_t = \frac{1}{2} - \epsilon_t$（注意到根据假设：$\gamma_t \geqslant \gamma^*$）；
- $\hat{\gamma}_t = \min\{\gamma_1, \cdots, \gamma_t\}$；
- $\hat{\theta}_t = 2\hat{\gamma}_t - \nu$；

$\alpha_t = \frac{1}{2}\ln\left(\frac{1+2\gamma_t}{1-2\gamma_t}\right) - \frac{1}{2}\ln\left(\frac{1+\hat{\theta}_t}{1-\hat{\theta}_t}\right)$。

a. 证明：经过了 T 轮，间隔低于 θ 的训练样本所占的比例最大是

$$\exp\left(-\sum_{t=1}^{T} \mathrm{RE}_b\left(\frac{1}{2} + \frac{\hat{\theta}_t}{2} \parallel \frac{1}{2} + \gamma_t\right)\right)$$

b. 证明：如果 $T > 2(\ln m)/\nu^2$，那么所有训练样本的间隔最少是 θ。

5.4　设 $X_1, \cdots, X_n$ 是独立伯努利随机变量，有

$$X_i = \begin{cases} 1, & \text{以概率 } p \\ 0, & \text{以概率 } 1-p \end{cases}$$

设 $A_n \doteq \frac{1}{n}\sum_{i=1}^{n} X_i$

a. 扩展 3.3 节的方法，证明：如果 $q \leqslant p$，那么

$$\mathbf{Pr}[A_n \leqslant q] \leqslant \exp(-n \cdot \mathrm{RE}_b(q \parallel p))$$
$$\leqslant e^{-2n(q-p)^2}$$

b. 根据（**a**）的推导，提出并证明与（**a**）类似的在 $\mathbf{Pr}[A_n \geqslant q]$ 情况下的界。

5.5 该练习是对式（5.25）的证明。如 5.3 节，设 $\mathcal{F}$ 是 $\mathcal{Z}$ 上实数值函数组成的族，$S=\langle z_1,\cdots,z_m\rangle$ 是 $\mathcal{Z}$ 上的点序列。

a. 设 $\phi(u) \doteq au+b$，对所有的 u，$a \geqslant 0, b \in \mathbb{R}$。根据 a、b 和 $R_S(\mathcal{F})$ 找到 $R_S(\phi \circ \mathcal{F})$。

b. 设 ϕ：$\mathbb{R} \rightarrow \mathbb{R}$ 是任意收缩的（contraction），也就是说，是一个利普希茨函数，利普希茨常数 $L_\phi = 1$。设 $U \subseteq \mathbb{R}^2$ 是由实数对构成的任意集合。证明

$$\mathbf{E}_\sigma[\sup_{(u,v)\in U}(u+\sigma\phi(v))] \leqslant \mathbf{E}_\sigma[\sup_{(u,v)\in U}(u+\sigma v)]$$

这里的期望是在 σ 是均匀随机选择的情况下，$\sigma \in \{-1,+1\}$。

［**提示：首先证明，对所有** u_1、v_1、u_2、$v_2 \in \mathbb{R}$，$(u_1+\phi(v_1))+(u_2-\phi(v_2)) \leqslant \max\{(u_1+v_1)+(u_2-v_2),(u_1-v_1)+(u_2+v_2)\}$］

c. 利用（**b**）的内容，证明：如果 ϕ 是收缩的（contraction），那么 $R_S(\phi \circ \mathcal{F}) \leqslant R_S(\mathcal{F})$。

d. 推导：如果 ϕ 是一个利普希茨函数，利普希茨常数 $L_\phi > 0$，那么 $R_S(\phi \circ \mathcal{F}) \leqslant L_\phi \cdot R_S(\mathcal{F})$。

5.6 这个练习是推导使用 ℓ_2/ℓ_2 范式的基于间隔的分类器的泛化误差界，例如 SVMs。设 $\mathcal{X}$ 是 $\mathbb{R}^n$ 空间中的单位球，即

$$\mathcal{X} \doteq \{\mathbf{x} \in \mathbb{R}^n: \|\mathbf{x}\|_2 \leqslant 1\}$$

因此，S 中的 m 个随机训练样本是 $\mathcal{X}\times\{-1,+1\}$ 上的点对（$\mathbf{x}_i$，y_i）。设 $\mathcal{F}$ 是由单位长度的权重向量 $\boldsymbol{w}$ 定义的所有可能的间隔函数构成的集合

$$\mathcal{F} \doteq \{(\mathbf{x}, y) \mapsto y(\boldsymbol{w}\cdot\boldsymbol{x}) \mid \boldsymbol{w} \in \mathbb{R}^n, \|\boldsymbol{w}\|_2 = 1\}$$

a. 证明：$\mathcal{F}$ 的 Rademacher 复杂度是

$$R_S(\mathcal{F}) \leqslant \frac{1}{\sqrt{m}}$$

［**提示：先证明** $R_S(\mathcal{F}) = \frac{1}{m}\mathbf{E}_\sigma[\|\sum_{i=1}^{m}\sigma_i\mathbf{x}_i\|_2]$**，然后用 Jensen 不等式（参见式（A.4））**］

b. 对于任意 $\theta > 0$，证明：对于所有权重向量 $\boldsymbol{w} \in \mathbb{R}^n$，$\|\mathbf{w}\|_2 = 1$，至少以 $1-\delta$ 的概率，

$$\mathbf{Pr}_\mathcal{D}[y(\boldsymbol{w}\cdot\mathbf{x}) \leqslant 0] \leqslant \mathbf{Pr}_S[y(\boldsymbol{w}\cdot\mathbf{x}) \leqslant \theta] + O\left(\frac{1}{\theta\sqrt{m}} + \sqrt{\frac{\ln(1/\delta)}{m}}\right)$$

给出明确的常数。

5.7 如 5.5 节给出的例子，设我们用 delta 函数和常数函数作为基分类器。给出一个随机数据集的例子，训练数据集可以是任意有限规模 $m \geqslant 1$，通常都会存在一个（加权）多数投票分类器（在上述的基分类器基础上），训练误差是零，但是泛化误差是 100%。

5.8 设我们使用简化的决策树桩作为基分类器，如练习 2.10。设同一个样本 x 从来不会以相反的标签出现在训练数据集中。

a. 当维数 $n=1$，证明或反驳：对于任意训练数据集，都会存在一个加权的多数投票分类器，其基分类器是决策树桩，这个组合分类器与训练数据是一致的（也就是说，其训练误差是零）。

b. 当 $n \geqslant 2$ 时，证明或反驳上述声明。

5.9　设域 $\mathcal{X}$ 是 $\mathbb{R}^n$ 空间的单位球体 $\mathcal{S}$，即

$$\mathcal{S} \doteq \{\mathbf{x} \in \mathbb{R}^n : \|\mathbf{x}\|_2 = 1\}$$

给定训练数据 $(\mathbf{x}_1, y_1), \cdots, (\mathbf{x}_m, y_m)$ 在 $\mathcal{S} \times \{-1, +1\}$ 中，设存在一个未知的权重向量 $w^* \in \mathcal{S}$，使 $y_i(w^* \cdot \mathbf{x}_i) \geqslant \gamma$，对所有 i 成立，这里 $\gamma \geqslant 0$ 是已知的。因此，这个数据集具有正间隔，线性可分，但是使用的是 ℓ_2/ℓ_2 范式，而不是 ℓ_1/ℓ_∞。

考虑在上述数据上给定分布 D 的下列弱学习算法：

- 从 $\mathcal{S}$ 随机选择 w，令 $h_{\mathbf{w}}(\mathbf{x}) \doteq \text{sign}(w \cdot \mathbf{x})$；
- 如果 $\text{err}_D(h_{\mathbf{w}}) \doteq \mathbf{Pr}_{i \sim D}[h_{\mathbf{w}}(\mathbf{x}_i) \neq y_i]$ 至多是 $\frac{1}{2} - \frac{\gamma}{4}$，则暂停，输出 $h_{\mathbf{w}}$；
- 否则，重复；
- 如果上述过程暂停了，说明已经成功找到了一个弱分类器 $h_{\mathbf{w}}$，其边界为 $\frac{\gamma}{4}$。但是原则上，让这个过程停下来可能需要很长的时间（或者永远）。我们将会看到，当 γ 不是太小时，这不太可能发生。

下面的（a）和（b），针对某一特定的样本 $(\mathbf{x}_i, y_i)$。

a. 证明 w^* 和 $y_i\, \mathbf{x}_i$ 之间的夹角最大是 $\frac{\pi}{2} - \gamma$（可以用不等式：对于 $\theta > 0$，有 $\sin\theta \leqslant \theta$）。

b. 选择 w，使得 $w \cdot w^* \geqslant 0$，证明 $h_{\mathbf{w}}(\mathbf{x}_i) \neq y_i$ 的概率最大是 $\frac{1}{2} - \frac{\gamma}{\pi}$。也就是说，证明

$$\mathbf{Pr}_w[h_{\mathbf{w}}(\mathbf{x}_i) \neq y_i \mid w \cdot w^* \geqslant 0] \leqslant \frac{1}{2} - \frac{\gamma}{\pi}$$

这里，$\mathbf{Pr}_{\mathbf{w}}[\cdot]$ 表示随机选择 w 的概率。

[提示：考虑 w 的投影 $\overline{w}$，即由 w^* 和 $y_i\, \mathbf{x}_i$ 定义的二维平面。首先证明它的方向，$\overline{w}/\|w\|_2$，均匀分布在这个平面的单位圆上]

c. 对于某些绝对常数 $c>0$，证明

$$\mathbf{Pr}_{\mathbf{w}}\left[\text{err}_D(h_{\mathbf{w}}) \leqslant \frac{1}{2} - \frac{\gamma}{4}\right] \geqslant c\gamma$$

因此，按照期望，对任意分布 D 上述的过程将会停止在 $O(1/\gamma)$ 次迭代。

第二部分

基　本　观　点

第6章

博弈论、在线学习和提升法

在研究了分析提升法的训练误差、泛化误差的方法之后，我们现在转向其他一些可以对提升法进行思考、理解和解释的方法。我们首先从提升法与博弈论之间基本而优美的联系开始。借助数学的抽象思维，博弈论研究各种普通的游戏，例如国际象棋或西洋跳棋等，但是此领域也关注更普遍的情况，尝试对所有人类、动物、公司、国家、软件等之间的关系、互动进行建模。提升法也是两个代理之间的互动：提升算法和弱学习算法之间的互动。正如我们将要看到的，这两个代理实际上是按照一种标准的博弈论的方式重复地玩游戏。而且，我们将看到提升法的一些核心概念，包括：间隔、边界、弱学习假设等，这些概念在博弈论的背景下都有直接、自然的解释。事实上，在给定弱学习假设的前提下，提升法的原理可能与零和博弈的基础理论——冯·诺依曼著名的极小极大理论（minmax theorem）密切相关。此外，本章提出的学习框架可以对这个经典理论给出十分简单的证明。

AdaBoost 及其简化版变形实际上是普通重复博弈（repeated games）的通用算法的一个特例。在本章，我们的精力主要在这个通用博弈算法的描述上。接下来，我们将看到提升法如何作为所选博弈的一个特例来理解。而且，通过调换两个参与者（player）的角色，我们将会得到另外一个学习问题的解决方法，即已获得充分研究的在线预测模型。在这个模型中，学习代理预测一系列样本的所属类别，并尽量减少预测错误。因此，通过将提升法和在线学习（online learning）都置于博弈论的背景下，可以揭示两者之间紧密的联系。

我们以包含“读心术”（mind-reading）元素的经典博弈论应用来结束本章。

6.1 博弈论

首先我们先回顾下基本的博弈论。我们研究两个参与者的博弈的标准式（normal form）[①]。这样的博弈由一个矩阵 $\boldsymbol{M}$ 来定义。有两个参与者，一个行参与者，一个列参与者。为了玩这个游戏，行参与者选择一行 i，同时，列参与者选择一列 j。选中的元素 $\boldsymbol{M}(i,j)$是行参与者的“损失”（尽管，在博弈论中站在参与者的角度，通常用“报酬”

① 标准式：用表格描述博弈的策略及其收益的形成称为博弈的标准式。

"收益""利润"之类的术语，参与者的目的是使其最大化。但是为了与本书的其他内容一致，我们这里采用了与"报酬"之类的等价的、偏消极的术语"损失"）。

例如，儿童经常玩的游戏"石头、剪子、布"① 的损失矩阵如下。

	石头	布	剪子
石头	$\frac{1}{2}$	1	0
布	0	$\frac{1}{2}$	1
剪子	1	0	$\frac{1}{2}$

如果行参与者出"布"，列参与者出"剪子"，则行参与者输了，其损失为 1。

行参与者的目标是最小化其损失，我们将主要从行参与者的视角来看待这个博弈。通常，列参与者的目的是最大化这个损失。在这种情况下，博弈叫作"零和"博弈②，为什么这么命名，就是因为列参与者的损失就是行参与者的损失的负数（即收益），因此两个参与者的损失加起来就是零。我们绝大多数的结论都是在零和博弈的背景下给出的。然而，当没有对列参与者的目标或策略做任何假设的时候，结论还是适用的，因为列参与者可能有其他目的。在下面我们将回到这点进行阐述。

6.1.1 随机玩法

如上所述，每个参与者选择某行或某列，通常是允许随机选择的。也就是说，行参与者对矩阵 $\boldsymbol{M}$ 的行以分布 P 进行选择，（同时）列参与者对矩阵 $\boldsymbol{M}$ 的列以分布 Q 进行选择。两个分布 P 和 Q 定义了如何在行或列进行选择。则行参与者的期望损失可用下式得到

$$\boldsymbol{M}(P,\ Q) \doteq \sum_{i,j} P(i)\boldsymbol{M}(i,j)Q(j) = P^{\top}\boldsymbol{M}Q$$

有时，就像在这个表达式中，我们把 P 和 Q 作为（列）向量。为了简化符号，就用 $\boldsymbol{M}$（P,Q）来表示损失（而不是损失的期望）。而且，如果行参与者基于分布 P 进行选择，而列参与者选择列 j，则（期望）损失是 $\sum_i P(i)\boldsymbol{M}(i,j)$，这个我们用 $\boldsymbol{M}(P,j)$ 来表示。类似地，可以定义符号 $\boldsymbol{M}(i,Q)$。

单独（确定性）选择行 i 和列 j 叫作纯策略（pure strategies）③，行、列基于分布 P、Q 进行随机选择叫作混合策略（mixed strategies）④。矩阵 $\boldsymbol{M}$ 的行数用 m 表示。

① 在这个游戏中，两个儿童同时伸出手，分别表示石头、剪子、布。例如，如果一个儿童出"布"，另外一个出"剪子"，则后者赢，因为"剪子可以剪开布"。同理，"布"可以包住"石头"，"石头"可以打破"剪子"。如果两个人出的一样，则为平局。

② 零和博弈（zero-sum game）：在零和博弈中，参与者的收益之和总为零。也就是说，某参与者的收益减少，其他参与者的收益必然会增加。

③ 纯策略（pure strategies）：每个标准式博弈都可以通过一些策略及其相应的收益来进行说明，这些策略就是博弈中的纯策略。

④ 混合策略（mixed strategies）：一个或多个参与者根据给定的正概率值选择两种或两种以上的策略所形成的纳什均衡称为混合策略均衡，这种策略就是混合策略。

6.1.2 序列玩法

到目前为止，我们都假设参与者同时选择各自的策略（纯策略或混合策略）。现在假设游戏是交替进行的。也就是说，在行参与者已经选择并且声明它的策略 P 之后，假设列参与者选择它的策略 Q 。进一步假设，列参与者的目标就是最大化行参与者的损失（即游戏是零和博弈）。那么在给定 P 之后，这样一个“最坏情况”或“对抗性”的列参与者将会选择 Q 来最大化 $\mathbf{M}(P,Q)$。也就是说，如果行参与者执行了混合策略 P ，那么他的损失就是

$$\max_Q \boldsymbol{M}(P,Q) \tag{6.1}$$

在此处及本章内容中，$\max\limits_Q$ 表示最大化列上的所有概率分布；相似地，$\min\limits_P$ 表示最小化行上的所有概率分布。这些极值存在是因为在有限空间上这些分布的集合是紧凑的(compact)。

式（6.1）可以看作 P 的函数，即当行参与者选择某具体策略的情况下，会得到什么样的损失。知道这个之后，那么行参与者应该选择 P 使这个表达式最小。为了实现这个目标，则行参与者的损失是如下的形式

$$\min_P \max_Q \boldsymbol{M}(P,Q) \tag{6.2}$$

因此，这个量表示的是行参与者遭受的损失：行参与者先执行它的策略，然后是列参与者执行，并假设两者的策略都是最优的。注意，式（6.2）中最小最大化（minmax）的顺序与游戏的顺序一致（当然最小化和最大化进行数学计算的时候是由内向外的）。

实现了式（6.2）的最小化的混合策略 P^* 的就叫作极小极大策略（minmax strategy）[①]，在这个条件下式（6.2）得到最优解。

如果现在我们调换游戏的顺序，也就是说，列参与者先玩，那么行参与者可以在已经知晓列参与者所选策略 Q 的情况下选择自己的策略。那么通过类似的过程，我们可以得到行参与者的损失是

$$\max_Q \min_P \boldsymbol{M}(P,Q)$$

实现了上式的最大化的策略 Q^* 就叫作极大极小策略（maxmin strategy）[②]。

注意，因为

$$\mathbf{M}(P,Q)=\sum_{j=1}^{n}\boldsymbol{M}(P,j)Q(j)$$

当 Q 集中在单独列 j 的时候，式（6.1）在分布 Q 上的最大值通常都是可以实现的。换句话说，对于任意的 P，有

---

① 极小极大策略（minmax strategy）：如果我们确定了每一策略可能获得的最大收益，那么这些最大收益中数值最小的收益所对应的策略就是最小最大策略。

② 极大极小策略（maxmin strategy）：如果我们确定了每一策略可能获得的最小收益，那么这些最小收益中数值最大的收益所对应的策略就是最大最小策略。

$$\max_{Q} \boldsymbol{M}(P, Q) = \max_{j} \boldsymbol{M}(P, j) \tag{6.3}$$

则类似地，对于任意 Q ，有

$$\min_{P} \boldsymbol{M}(P, Q) = \min_{i} \boldsymbol{M}(i, Q) \tag{6.4}$$

这里的 $\min_{i}$ 、$\max_{j}$ 分别表示在所有行 i 上取最小值或者在所有列 j 上取最大值。另外，实现式（6.2）最小化的极小极大策略 P^* 通常不是纯策略（ Q^* 的情况也类似）。

6.1.3 极小极大理论

通常情况下，我们希望最后选择策略的参与者有优势，因为这样他就可以准确地知道对手的策略——至少我们希望后选择策略没有什么坏处。因此，我们希望行参与者后选择策略时的损失不大于先选择策略的情况，即

$$\max_{Q} \min_{P} \boldsymbol{M}(P, Q) \leqslant \min_{P} \max_{Q} \boldsymbol{M}(P, Q) \tag{6.5}$$

事实上，这通常是满足的。我们可能进一步猜测在某些游戏中后选择执行是确实有好处的。因此，至少在某些情况下，式（6.5）是严格的不等式。但是，令人惊讶的是，事实上哪个参与者先玩并不重要。冯·诺依曼著名的极小极大理论指出这两种情况下的结果（outcome）是一样的，对于任意矩阵 $\boldsymbol{M}$ ，有

$$\max_{Q} \min_{P} \boldsymbol{M}(P, Q) = \min_{P} \max_{Q} \boldsymbol{M}(P, Q) \tag{6.6}$$

等式两边的公共价值（common value）v 叫作博弈 $\boldsymbol{M}$ 的价值（value）。6.2.4 节将给出极小极大理论的证明。

用文字来描述，就是式(6.6)意味着行参与者有一个(极小极大)策略 P^* ，不管列参与者的策略 Q 是如何，甚至列参与者是在已经知道 P^* 的情况下进行选择的，$\boldsymbol{M}(P^*, Q)$遭受的损失（loss）最大是 v 。而且，P^* 也是 Q^* 情况下最优的策略，对于行参与者的任意策略 P（包括 P^* ），列参与者采用 Q^* 可以产生至少 v 的损失。相应的（极大极小）策略 Q^* 也是对称最优的。

例如，对于“石头、剪子、布”游戏，最优的极小极大策略是以等概率 $\frac{1}{3}$ 来选择“石头”“剪子”或“布”。这样，不管对手是如何做的，这种策略的期望损失就是 $\frac{1}{2}$ ，就是这个博弈的价值。在这种情况下，采用其他任何（混合）策略，如果被采用最优策略的对手获悉，将导致严格的更高的损失。

因此，经典的博弈论认为：给定一个（零和）博弈 $\boldsymbol{M}$ ，参与者应该采用极小极大策略。计算得到这种策略的过程，叫作博弈的求解（solving the game），可以采用线性规划的方法，即采用标准方法，在线性不等式的约束下，最大化一个线性函数（参见练习 6.9）。然而，这种方法存在一些问题，例如：

- $\boldsymbol{M}$ 可能是未知的。

- $\boldsymbol{M}$ 的规模可能很庞大，通过线性规划来计算极小极大策略很可能是不可行的。
- 列参与者很可能不是完全对抗性，这样列参与者采取的策略导致的损失可能远远小于博弈价值 v 。

关于最后一点，仍然考虑“石头、剪子、布”的例子。设想《辛普森一家》[①] 中的一幕，巴特和他的妹妹丽莎玩这个游戏。丽莎想：“可怜的笨蛋巴特，他会一直出石头。”然而巴特在想：“还是石头好，没有什么可以打败它。”如果丽莎还是遵从上面提出的所谓“最优”的极小极大策略，那么她承受的损失仍然是 $\frac{1}{2}$ ，并且明显错过了每次都可以打败巴特的机会，那就是一直出“布”。这是因为极小极大策略是针对完全对抗性对手使用的(对于这个例子，至少要找个比巴特聪明的对手)，但是如果对手采用了次优的策略，那么获得的结果也就是次优的。

6.2 从重复博弈[②]中学习

如果游戏只玩一次，那么我们无法克服先验知识缺乏的困难，例如对游戏 $\boldsymbol{M}$ 的了解、对手的意图和能力等。然而，在重复博弈[②]（多轮游戏）中，与同样的对手就同样的游戏进行多次，人们希望能从多个轮次中学习到某些东西，期待面对特定的对手玩得越来越好，这就是本节的主题。

6.2.1 学习模型

我们从形式化重复博弈（多轮游戏）的模型开始。为了简化表示，我们假设在本章的后续内容中，所有的矩阵 $\boldsymbol{M}$ 的损失都在 $[0,1]$ 范围内。这并不会限制结论的通用性，因为对于任意只有有限个元素的矩阵，都可以通过旋转、缩放等操作满足这一假设，而不会从根本上改变游戏。

为了强调两个参与者的角色，我们把行参与者称为学习者（learner），列参与者称为环境（environment）。如前所述，$\boldsymbol{M}$ 是一个游戏（博弈）矩阵，对于学习者可能是未知的。这个游戏重复多轮（rounds）。在每轮 $t=1,\cdots,T$：

（1）学习者选择混合策略 P_t ；

（2）环境选择混合策略 Q_t（这个可能是在已知 P_t 的情况下做出的选择）；

（3）允许学习者观察每行 i 的损失 $\boldsymbol{M}(i, Q_t)$，这就是当采用纯策略 i 的时候所承受的损失；

（4）学习者的损失是 $\boldsymbol{M}(P_t, Q_t)$。

---

① 《辛普森一家》(The Simpsons) 是美国福克斯广播公司出品的一部动画情景喜剧。该剧展现了霍默、玛姬、巴特、丽莎和麦琪一家五口的生活。巴特 (Bart) 是淘气可爱的 10 岁男孩，丽莎 (Lisa) 是个博学多才的 8 岁女孩。

② 重复博弈：当博弈重复进行时，我们必须把序列作为一个整体分析，序列的子博弈完美均衡就是博弈的均衡。

学习者的基本目标就是最小化累积损失（cumulative loss），即

$$\sum_{t=1}^{T} \boldsymbol{M}(P_t, Q_t) \tag{6.7}$$

如果环境是对抗性的，那么相关的目标就是如何接近最优的性能，即极小极大策略 P^* 。然而，对于更多的相对友善的环境，目标是尽可能小的损失，这可能比游戏的价值好得多。因此，学习者的目标就是针对环境实际选择的策略序列 $Q_1, \cdots, Q_t$ ，做得几乎和最佳策略一样的好。也就是说，学习者的目标就是实际的累积损失不会比后来的（事后发现）最佳（固定）策略的累积损失差多少，即

$$\min_P \sum_{t=1}^{T} \boldsymbol{M}(P, Q_t) \tag{6.8}$$

6.2.2 基本算法

现在我们描述一个在重复博弈中可以实现上述目标的叫作 MW（multiplicative weights）的算法[①]。MW 学习算法以最初的混合策略 P_1 开始，用在游戏的第一轮。之后每 t 轮，学习者根据下面的 MW 规则计算新的混合策略 P_{t+1}

$$P_{t+1}(i) = \frac{P_t(i)\exp(-\eta \boldsymbol{M}(i,\ Q_t))}{Z_t} \tag{6.9}$$

这里 Z_t 是一个归一化因子

$$Z_t = \sum_{i=1}^{m} P_t(i)\exp(-\eta \boldsymbol{M}(i, Q_t)) \tag{6.10}$$

η 是此算法的参数，$\eta > 0$。

这是一个非常直接的规则，增加了前一轮低损失的策略（也就是说 $\boldsymbol{M}(i, Q_t)$ 较小）作为未来策略的机会，同时降低了高损失的策略作为未来策略的机会。后面我们会讨论如何选择 P_1 和 η 。

6.2.3 分析

下面将给出与这个算法相关的主要定理。粗略地说，这个通用定理给出了学习者的累积损失（式（6.7））的界，这个界主要依据后来的最佳策略的累积损失（式（6.8）），再加上一个额外项，后续会证明此项对于较大的轮数 T 相对不重要。正如我们将要看到的，这个结果有很多含义。

该定理及其证明利用了相对熵（relative entropy），即两个概率分布 P 和P' 在 {1,⋯,

---

① MW（multiplicative weights）算法思想在许多领域都有应用，以至于可以将其类比于“分而治之”这样的“元算法”。multiplicative weights 算法可以解释为：决策者有一个包含 n 种备选决策的集合，每种决策包含特定的收益 m ，决策者通过反复地做出选择（同时获得相应收益）来实现长期运行下的最大化收益。尽管这种最佳选择不是先验的，但我们依然能够通过维护权重，并依此随机选择来实现一个最佳的方案。具体操作是：每一轮把当前权重和一个与当前轮收益有关的因子做乘法。长此以往，拥有最高收益的方案被选中的概率将显著增大。

$m\}$ 上距离（或者叫作“散度”（divergence））的度量，相对熵也叫作 Kullback-Leibler 散度（KL-散度），即

$$\mathrm{RE}(P \parallel P') \doteq \sum_{i=1}^{m} P(i)\ln\left(\frac{P(i)}{P'(i)}\right) \tag{6.11}$$

这个是测度（measure）[①]，尽管不是度量（metric），但它通常是非负的，当且仅当 $P=P'$ 的时候为零。进一步的背景知识可以参见 8.1.2 节。

定理 6.1 对于任意矩阵 $\boldsymbol{M}$，其有 m 行，矩阵元素取值范围为 $[0,1]$，对于环境执行的任意混合策略序列 $Q_1,\cdots,Q_T$，在参数 η 下，算法 MW 执行的混合策略序列 $P_1,\cdots,P_T$ 满足

$$\sum_{t=1}^{T}\boldsymbol{M}(P_t,Q_t) \leqslant \min_{P}\left[\alpha_\eta \sum_{t=1}^{T}\boldsymbol{M}(P,Q_t) + c_\eta \mathrm{RE}(P \parallel P_1)\right]$$

这里，有

$$\alpha_\eta = \frac{\eta}{1-\mathrm{e}^{-\eta}} \qquad c_\eta = \frac{1}{1-\mathrm{e}^{-\eta}}$$

我们的证明使用了一种“平摊分析”（amortized analysis）[②] 的方法，在这种分析中，相对熵是用来作为一种“势能”（potential）函数，或者是对进展的度量。证明的核心就是下面的引理，它界定了某轮前后势能的变化。注意，势能是相对于一个任意参考分布 $\widetilde{P}$（reference distribution）来进行度量的，这个参考分布 $\widetilde{P}$ 可以被认为是“最好”的分布，尽管事实上分析同时适用于所有可能的 $\widetilde{P}$。用文字描述，引理证明当学习者相对 $\widetilde{P}$ 遭受重大损失时，那么势能一定大幅下降。因为势能永远不可能是负的，这样就允许我们界定相对 $\widetilde{P}$ 的学习者的累积损失。

引理 6.2 对带有参数 η 的 MW 方法，每 t 轮对于任意混合策略 $\widetilde{P}$，有

$$\mathrm{RE}(\widetilde{P} \parallel P_{t+1}) - \mathrm{RE}(\widetilde{P} \parallel P_t) \leqslant \eta\boldsymbol{M}(\widetilde{P},Q_t) + \ln(1-(1-\mathrm{e}^{-\eta})\boldsymbol{M}(P_t,Q_t))$$

证明：

我们有下面一系列的等式和不等式

$$\begin{aligned}&\mathrm{RE}(\widetilde{P} \parallel P_{t+1}) - \mathrm{RE}(\widetilde{P} \parallel P_t)\\ &= \sum_{i=1}^{m}\widetilde{P}(i)\ln\left(\frac{\widetilde{P}(i)}{P_{t+1}(i)}\right) - \sum_{i=1}^{m}\widetilde{P}(i)\ln\left(\frac{\widetilde{P}(i)}{P_t(i)}\right)\end{aligned} \tag{6.12}$$

---

① 测度（measure）是一个函数将一个非负数赋给某给定集合，服从某数学性质，通常是长度、体积、概率等。度量（metric）是指在某度量空间（metric space）对两点 x、y 之间的“距离”的某种测量，它是两点 x、y 的实数值函数 $d(x,y)$，满足下面的属性：（1）正定，$d(x,y) >=0$，$d(x,y)=0$，if $x=y$；（2）对称，$d(x,y)=d(y,x)$；（3）三角不等式，$d(x,y)\leqslant d(x,z)+d(z,y)$。这里说相对熵不是度量，主要是说它不满足对称性。

② 平摊分析（amortized analysis）是算法复杂度的一种分析方法。它的基本概念是：给定一连串操作，大部分的操作是非常廉价的，有极少的操作可能非常昂贵，因此一个标准的最坏分析可能过于消极了。因此，其基本理念在于，当昂贵的操作特别少的时候，它们的成本可能会均摊到所有的操作上。如果人工均摊的花销仍然便宜的话，对于整个序列的操作我们将有一个更加严格的约束。本质上，平摊分析就是在最坏的场景下，对于一连串操作给出一个更加严格约束的一种策略。有 3 类比较常见的平摊分析方法：聚类分析方法、记账方法和势能方法。

$$
\begin{aligned}
&= \sum_{i=1}^{m} \tilde{P}(i) \ln\left(\frac{P_t(i)}{P_{t+1}(i)}\right) \\
&= \sum_{i=1}^{m} \tilde{P}(i) \ln\left(\frac{Z_t}{\exp\left(-\eta \boldsymbol{M}(i, Q_t)\right)}\right) && (6.13) \\
&= \eta \sum_{i=1}^{m} \tilde{P}(i) \boldsymbol{M}(i, Q_t) + \ln Z_t \\
&= \eta \sum_{i=1}^{m} \tilde{P}(i) \boldsymbol{M}(i, Q_t) + \ln\left[\sum_{i=1}^{m} P_t(i) \exp\left(-\eta \boldsymbol{M}(i, Q_t)\right)\right] && (6.14) \\
&\leqslant \eta \boldsymbol{M}(\tilde{P}, Q_t) + \ln\left[\sum_{i=1}^{m} P_t(i)\left(1-(1-\mathrm{e}^{-\eta}) \boldsymbol{M}(i, Q_t)\right)\right] && (6.15) \\
&= \eta \boldsymbol{M}(\tilde{P}, Q_t) + \ln\left[1-(1-\mathrm{e}^{-\eta}) \boldsymbol{M}(P_t, Q_t)\right]
\end{aligned}
$$

式（6.12）就是相对熵的定义。式（6.13）根据的是式（6.9）给出的 MW 更新规则。式（6.14）用了式（6.10）中的 Z_t 的定义。式（6.15）用了如下等式：因为 e^x 的凸性，对于 $q \in [0,1]$，有

$$
\mathrm{e}^{-\eta q} = \exp(q(-\eta) + (1-q) \cdot 0) \leqslant q\,\mathrm{e}^{-\eta} + (1-q)\,\mathrm{e}^0 = 1-(1-\mathrm{e}^{-\eta})q
$$

证毕。

定理 6.1 的证明

证明：

设 $\tilde{P}$ 是任意混合行策略。我们首先利用对于任意 $x<1$，有 $\ln(1-x) \leqslant -x$，来简化引理 6.2 不等式的最后一项，这说明

$$
\mathrm{RE}(\tilde{P} \parallel P_{t+1}) - \mathrm{RE}(\tilde{P} \parallel P_t) \leqslant \eta \boldsymbol{M}(\tilde{P}, Q_t) - (1-\mathrm{e}^{-\eta}) \boldsymbol{M}(P_t, Q_t)
$$

对上述不等式在 $t=1,\cdots,T$ 上求和，得到

$$
\mathrm{RE}(\tilde{P} \parallel P_{T+1}) - \mathrm{RE}(\tilde{P} \parallel P_t) \leqslant \eta \sum_{t=1}^{T} \boldsymbol{M}(\tilde{P}, Q_t) - (1-\mathrm{e}^{-\eta}) \sum_{t=1}^{T} \boldsymbol{M}(P_t, Q_t)
$$

调整该不等式，并且注意到 $\mathrm{RE}(\tilde{P} \parallel P_{T+1}) \geqslant 0$，得到

$$
\begin{aligned}
(1-\mathrm{e}^{-\eta}) \sum_{t=1}^{T} \boldsymbol{M}(P_t, Q_t) &\leqslant \eta \sum_{t=1}^{T} \boldsymbol{M}(\tilde{P}, Q_t) + \mathrm{RE}(\tilde{P} \parallel P_1) - \mathrm{RE}(\tilde{P} \parallel P_{T+1}) \\
&\leqslant \eta \sum_{t=1}^{T} \boldsymbol{M}(\tilde{P}, Q_t) + \mathrm{RE}(\tilde{P} \parallel P_1)
\end{aligned}
$$

因为 $\tilde{P}$ 是随机选择的。

证毕。

为了使用 MW，我们需要选择初始分布 P_1 和参数 η。我们从 P_1 的选择开始。通常，P_1 越接近好的混合策略 $\tilde{P}$，MW 全部损失的界越低。然而，即使我们没有好的混合策略的先验知识，我们仍然可以通过使用均匀分布作为初始策略来获得合理的性能。这样给出的性能界对所有 m 行的游戏都是成立的。注意，这个界对列数没有明显的依赖关系，仅对数依赖于行数。我们将在后续的应用环节研究这些性质。

推论 6.3 如果 MW 把 P_1 设置为均匀分布，那么它的全部损失由下式约束

$$\sum_{t=1}^{T}\boldsymbol{M}(P_t,Q_t)\leqslant\alpha_\eta\min_P\sum_{t=1}^{T}\boldsymbol{M}(P,Q_t)+c_\eta\ln m$$

这里 α_η 、c_η 的定义见定理 6.1。

证明：

如果对于所有 i ，$P_1(i)=1/m$ ，那么对于所有的 P，$\mathrm{RE}(P\parallel P_1)\leqslant\ln m$ 。

证毕。

下面我们讨论参数 η 的选择。当 η 接近 0，α_η 接近 1，c_η 增加到无穷大。另一方面，如果我们固定 η ，让轮数 T 增加，那么第二项 $c_\eta\ln m$ 相对于 T 可以忽略不计（因为它是固定的）。因此，通过选择 η 作为 T 的函数，当 $T\rightarrow\infty$ 时，η 趋于 0，学习者可以确保它平均每次的损失不会比最佳策略的损失差太多。如下面的推论所示。

推论 6.4 在定理 6.1 的条件下，设 η 为

$$\ln\left(1+\sqrt{\frac{2\ln m}{T}}\right)$$

则学习者遭受的平均每次的损失是

$$\frac{1}{T}\sum_{t=1}^{T}\boldsymbol{M}(P_t,Q_t)\leqslant\min_P\frac{1}{T}\sum_{t=1}^{T}\boldsymbol{M}(P,Q_t)+\Delta_T$$

这里

$$\Delta_T\doteq\sqrt{\frac{2\ln m}{T}}+\frac{\ln m}{T}=O\left(\sqrt{\frac{\ln m}{T}}\right)$$

证明：

根据推论 6.3

$$\sum_{t=1}^{T}\boldsymbol{M}(P_t,Q_t)\leqslant\min_P\sum_{t=1}^{T}\boldsymbol{M}(P,Q_t)+(\alpha_\eta-1)T+c_\eta\ln m \tag{6.16}$$

$$=\min_P\sum_{t=1}^{T}\boldsymbol{M}(P,Q_t)+\left[\left(\frac{\eta}{1-\mathrm{e}^{-\eta}}-1\right)T+\frac{\ln m}{1-\mathrm{e}^{-\eta}}\right]$$

$$\leqslant\min_P\sum_{t=1}^{T}\boldsymbol{M}(P,Q_t)+\left[\left(\frac{\mathrm{e}^{\eta}-\mathrm{e}^{-\eta}}{2(1-\mathrm{e}^{-\eta})}-1\right)T+\frac{\ln m}{1-\mathrm{e}^{-\eta}}\right] \tag{6.17}$$

在式（6.16）中用到了我们的假设：$\boldsymbol{M}$ 的损失范围在 $[0,1]$。这意味着任意 T 轮游戏的损失都不会超过 T。在式（6.17）中我们用到了近似：$\eta\leqslant\frac{(\mathrm{e}^{\eta}-\mathrm{e}^{-\eta})}{2}$ ，对任意 $\eta>0$ 都成立，这是因为泰勒级数的展开，即

$$\frac{\mathrm{e}^{\eta}-\mathrm{e}^{-\eta}}{2}=\eta+\frac{\eta^3}{3!}+\frac{\eta^5}{5!}+\cdots\geqslant\eta$$

最小化式 (6.17) 最右边方括号内的表达式，给出了 η 的选择。将这个选择代入就可以得到声明的界。

证毕。

因为当 $T \to \infty$ 时，$\Delta_T \to 0$，我们看到，当 T 足够大的时候，学习者平均每次的损失超过最佳混合策略的部分可以任意地小。也就是说，即使没有 $\boldsymbol{M}$ 或者先验知识，学习者也可以做得几乎与事先知道矩阵 $\boldsymbol{M}$ 和环境执行的确切序列 $Q_1, \cdots, Q_T$ 一样好（假设要求学习者对全部序列都执行固定的混合策略）。

注意，在分析中我们没有对环境做任何假设。定理 6.1 保证了学习者的累积损失不会超过任意固定混合策略的太多。正如下一个推论所证明的，损失不会超过游戏的价值太多。然而，这是对通用结论相当程度的弱化。如果环境是非对抗性的，那么可能会有更好的行策略。在这种情况下，该算法可以保证几乎和这个更好的策略一样好。

推论 6.5　在推论 6.4 的条件下，有

$$\frac{1}{T}\sum_{t=1}^{T}\boldsymbol{M}(P_t, Q_t) \leqslant v + \Delta_T$$

这里，v 是游戏 $\boldsymbol{M}$ 的价值。

证明：

设 P^* 是 $\boldsymbol{M}$ 的极小极大策略，因此对于所有列策略 Q，$\boldsymbol{M}(P^*, Q) \leqslant v$ 。那么，根据推论 6.4，有

$$\frac{1}{T}\sum_{t=1}^{T}\boldsymbol{M}(P_t, Q_t) \leqslant \frac{1}{T}\sum_{t=1}^{T}\boldsymbol{M}(P^*, Q_t) + \Delta_T \leqslant v + \Delta_T$$

证毕。

6.2.4　极小极大理论的证明

更加有趣的是，推论 6.4 可以用来推导 6.1.3 节所讨论的冯·诺依曼的极小极大理论的非常简单的证明。为了证明这个理论，我们需要证明

$$\min_P \max_Q \boldsymbol{M}(P, Q) = \max_Q \min_P \boldsymbol{M}(P, Q)$$

证明：

$$\min_P \max_Q \boldsymbol{M}(P, Q) \geqslant \max_Q \min_P \boldsymbol{M}(P, Q) \tag{6.18}$$

如前所述，显然：对于任意 $\tilde{P}$ 、任意 Q，$\boldsymbol{M}(\tilde{P}, Q) \geqslant \min_P \boldsymbol{M}(P, Q)$ 。因此，$\max_Q \boldsymbol{M}(\tilde{P}, Q) \geqslant \max_Q \min_P \boldsymbol{M}(P, Q)$ 。因为这对所有的 $\tilde{P}$ 都成立，我们得到式 (6.18)。因此，证明极小极大理论比较困难的部分就是证明

$$\min_P \max_Q \boldsymbol{M}(P, Q) \leqslant \max_Q \min_P \boldsymbol{M}(P, Q) \tag{6.19}$$

设我们运行 MW 算法（如推论 6.4 设置 η），对抗的是最大化的对抗性环境，也就是说环境一直选择最大化学习者损失的策略。即在每 t 轮，环境选择

$$Q_t = \arg\max_{Q} \boldsymbol{M}(P_t, Q) \tag{6.20}$$

设 $\bar{P}$ 和 $\bar{Q}$ 是各方选择策略的平均，则

$$\bar{P} \doteq \frac{1}{T}\sum_{t=1}^{T} P_t, \qquad \bar{Q} \doteq \frac{1}{T}\sum_{t=1}^{T} Q_t \tag{6.21}$$

很明显，$\bar{P}$ 和 $\bar{Q}$ 是概率分布。

那么，我们有

$$\begin{aligned}
\min_P \max_Q P^\top \boldsymbol{M} Q &\leqslant \max_Q \bar{P}^\top \boldsymbol{M} Q \\
&= \max_Q \frac{1}{T}\sum_{t=1}^{T} P_t^\top \boldsymbol{M} Q && \text{根据} \bar{P} \text{ 的定义} \\
&\leqslant \frac{1}{T}\sum_{t=1}^{T} \max_Q P_t^\top \boldsymbol{M} Q \\
&= \frac{1}{T}\sum_{t=1}^{T} P_t^\top \boldsymbol{M} Q_t && \text{根据} Q_t \text{ 的定义} \\
&\leqslant \min_P \frac{1}{T}\sum_{t=1}^{T} P^\top \boldsymbol{M} Q_t + \Delta_T && \text{根据推论 6.4} \\
&= \min_P P^\top \boldsymbol{M}\, \bar{Q} + \Delta_T && \text{根据} \bar{Q} \text{ 的定义} \\
&\leqslant \max_Q \min_P P^\top \boldsymbol{M}\, Q + \Delta_T
\end{aligned}$$

因为 Δ_T 可以任意接近 0，这就证明了式（6.19）和极小极大理论。

证毕。

6.2.5 一个游戏的近似解

前面的推导除了给出了一个已经有很多证明的著名理论的证明外，还证明了算法 MW 可以用来找到一个近似的极小极大或极大极小策略，这是游戏 $\boldsymbol{M}$ 的近似解。

在上面给出的一系列等式和不等式中，跳过第一个不等式，我们看到

$$\max_Q \boldsymbol{M}(\bar{P}, Q) \leqslant \max_Q \min_P \boldsymbol{M}(P, Q) + \Delta_T = v + \Delta_T$$

因此，混合策略 $\bar{P}$ 是一个近似极小极大策略（approximate minmax strategy），即对于所有的列策略 Q，$\boldsymbol{M}(\bar{P}, Q)$ 超过游戏价值 v 的部分不会大于 Δ_T 。因为 Δ_T 可以是任意小，所以这个近似可以任意接近。

类似地，忽略上述推导过程的最后一个不等式，我们有

$$\min_P \boldsymbol{M}(P, \overline{Q}) \geqslant v - \Delta_T$$

因此 $\overline{Q}$ 也是一个近似极大极小策略。此外，根据式（6.3），满足式（6.20）的 Q_t 通常可以作为一个纯策略（也就是说，针对 $\boldsymbol{M}$ 的某一列的混合策略）。因此，近似极大极小策略 $\overline{Q}$ 额外还有一个很好的性质：稀疏性。它的元素中最多有 T 个是非零的。

将 MW 看作游戏的近似解的方法是 6.4 节中推导提升法的核心内容。

6.3 在线预测

到目前为止，我们只考虑了“批处理”的方式，提供一批随机选择的训练样本给学习器，然后形成一个假设，对新出现的随机测试样本进行预测。一旦训练完成，就不会对选择的预测规则做任何更改。

作为对比，在在线预测模型中（online prediction model），学习器观察到一系列的样本，然后一次预测一个标签。因此，在每个时间步 $t=1,\cdots,T$ 中，给学习器提供一个样本 x_t，学习器预测 x_t 的标签，然后立刻得到 x_t 的正确标签。如果预测的结果和正确标签不一致，则产生一个错误。学习器的目标就是最小化所犯错误的总数。

作为在线学习可能适用的一个具体例子，假设我们希望能够预测一段时间内的股票市场。每天早上根据当前的市场状况，我们预测当天某些市场指标会上升或下降。那么，每天晚上我们就会发现早上的预测是否正确。我们的目标是随着时间的推移学会如何做出准确地预测，使错误预测的总数尽可能地小。

在线模型和批处理模型之间有本质的不同。在批处理模型中，训练阶段和测试阶段有严格的划分。在线模型中，训练和测试是同时发生的，因此每个样本既可以作为以往在线学习模型的测试样本，又可以作为未来提升预测性能的训练样本。

另外一个本质区别与样本的生成有关。在批处理模型中，我们总是假设所有的样本都是随机、独立、同分布的。在在线模型中，对于样本的生成没有任何假设。样本序列完成是随机的，甚至可能是在一个对手的控制之下，它可能有意地设置样本以降低学习器的性能。

标签也可能是对手有意选择的，在这种情况下，可能没有办法来限制学习器错误分类的数目。为了在这种情况下得到有意义的结果，我们在某些规模可能很庞大的假设类中寻找相对于最佳的固定预测规则（或假设）表现较好的学习算法。因此，如果在这个类中有某个假设可以做出准确的预测，那么我们的学习算法也应该可以做得同样好。

从历史角度来看，上述博弈论算法 MW 就是一种叫作加权多数算法（weighted majority algorithm）的在线预测算法的直接推广。这并不奇怪，因为通过选择合适的 $\boldsymbol{M}$，在线预测算法可以通过更一般的博弈算法推广得到。在本节，我们将进一步地明确两者之间的联系。这样在博弈论这一共同的大背景下，我们就为建立在线学习和提升法之间的根本联系迈出了坚实的一步。

为了形式化该学习算法，设 X 是有限样本集，$\mathcal{H}$ 是由假设 $h: X \to \{-1,+1\}$ 构成的有限空间。这些代表了预测规则的固定集合，用来比较学习算法的性能。设 $c: X \to \{-1,+1\}$ 是一个未知的目标函数，不一定在 $\mathcal{H}$ 中，c 定义了每个样本的真实正确标签。这个目标函数可能是完全随机的。即便如此，这里我们还是含蓄地引入一个温和的假设：即同一样本不会以不同的标签出现两次。这个假设是完全没有必要的（参见练习 6.7），但是它确实简化了表达。

学习进行多轮，在每轮 $t=1,\cdots,T$：

1. 学习器观测到一个样本 $x_t \in X$，样本是随机选择的；

2. 学习器随机预测 x_t 的标签 $\hat{y}_t \in \{-1,+1\}$。

3. 学习器观测到正确的标签 $c(x_t)$。

学习器错误分类数目的期望值是

$$\mathbf{E}\left[\sum_{t=1}^{T}\mathbf{1}\{\hat{y}_t \neq c(x_t)\}\right]=\sum_{t=1}^{T}\mathbf{Pr}\left[\hat{y}_t \neq c(x_t)\right] \tag{6.22}$$

请注意，在这种情况下，所有的期望和概率都是根据学习器自身的随机化来考虑的，而不是根据不一定是随机的样本和标签来考虑的。任何固定的假设 h 所犯的错误分类的数目是

$$\sum_{t=1}^{T}\mathbf{1}\{h(x_t) \neq c(x_t)\}$$

学习器的目标就是最小化错误分类数目的期望，这个是相对于由后来确定的空间 $\mathcal{H}$ 中的最佳假设的错误分类数目，即

$$\min_{h\in\mathcal{H}}\sum_{t=1}^{T}\mathbf{1}\{h(x_t) \neq c(x_t)\}$$

因此，我们要求学习器在目标 c “接近”空间 $\mathcal{H}$ 中的任何一个假设时都表现良好。

可以把在线预测问题转换为重复博弈问题的一个特例，这是非常直观的。也就是说，证明重复博弈的算法如何可以作为一个“子程序”来解决在线预测问题。在这个转换过程中，环境对某列的选择对应于样本 $x \in X$ 的选择，这个样本在给定某轮中提供给学习器，然而学习器的行的选择对应于某个特定的假设 $h \in \mathcal{H}$ 的选择，这个假设用来预测标签 $h(x)$。更具体地说，我们定义了一个游戏矩阵，有 $|\mathcal{H}|$ 行，由 $h \in \mathcal{H}$ 索引，有 $|X|$ 列，由 $x \in X$ 索引。假设（行）h 和样本（列）x 联合确定的矩阵中的元素定义为

$$\mathbf{M}(h,x) \doteq \mathbf{1}\{h(x) \neq c(x)\}=\begin{cases}1, & \text{if } h(x) \neq c(x)\\ 0, & \text{else}\end{cases}$$

因此，$\mathbf{M}(h,x)$ 是 1，当且仅当 h 与样本 x 的目标 c 不一致时成立。我们把这个矩阵叫作错误矩阵（mistake matrix）。

为了得到在线学习算法，我们将 MW 应用到错误矩阵 $\mathbf{M}$。这个推导过程，如图 6.1 所示，在 MW 和在线预测问题之间建立了一个中介。在每一轮中，来自 MW 的 P_t 和所选

的样本 x_t 用来计算预测 $\hat{y}_t$ 。接收到 $c(x_t)$ 后，计算得到矩阵值 $\boldsymbol{M}(\cdot, Q_t)$ ，然后传递给 MW，选择合适的 Q_t 。

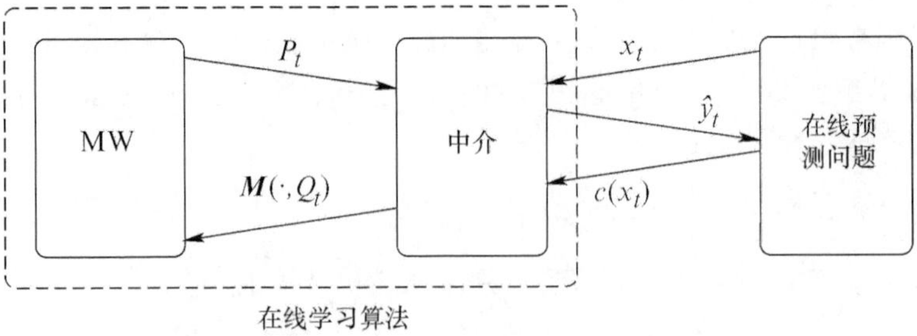

图 6.1
在线预测背景下如何使用 MW 的示意图

更准确地说，MW 首先初始化分布 P_1 是 $\mathcal{H}$ 空间上假设的均匀分布。下一步，在每轮 $t=1,\cdots,T$ 上，上述的在线学习算法执行步骤如下：

1. 接收样本 $x_t \in X$ ；

2. 根据 MW 计算的分布 P_t ，随机选择 $h_t \in \mathcal{H}$ ；

3. 预测 $\hat{y}_t = h_t(x_t)$ ；

4. 接收 $c(x_t)$；

5. 设 Q_t 是针对 x_t 的纯策略，对于所有 $h \in \mathcal{H}$ ，计算

$$\boldsymbol{M}(h, Q_t) = \boldsymbol{M}(h, x_t) = \mathbf{1}\{h(x_t) \neq c(x_t)\}$$

6. 用 MW 算法计算分布 P_{t+1} ，对于所有 $h \in \mathcal{H}$ ，有下面的更新规则

$$P_{t+1}(h) = \frac{P_t(h)}{Z_t} \times \begin{cases} e^{-\eta}, & \text{if} \quad h(x_t) \neq c(x_t) \\ 1, & \text{else} \end{cases}$$

这里，Z_t 是归一化因子。

为了分析，注意

$$\begin{aligned} \boldsymbol{M}(P_t, x_t) &= \sum_{h \in \mathcal{H}} P_t(h) \boldsymbol{M}(h, x_t) \\ &= \mathbf{Pr}_{h \sim P_t}[h(x_t) \neq c(x_t)] \\ &= \mathbf{Pr}[\hat{y}_t \neq c(x_t)] \end{aligned} \tag{6.23}$$

直接应用推论 6.4（选择合适的 η），我们有

$$\sum_{t=1}^{T} \boldsymbol{M}(P_t, x_t) \leqslant \min_{h \in \mathcal{H}} \sum_{t=1}^{T} \boldsymbol{M}(h, x_t) + O(\sqrt{T \ln |\mathcal{H}|})$$

根据 $\boldsymbol{M}$ 的定义、式（6.22）和式（6.23），可得

$$\mathbf{E}\left[\sum_{t=1}^{T} \mathbf{1}\{\hat{y}_t \neq c(x_t)\}\right] \leqslant \min_{h \in \mathcal{H}} \sum_{t=1}^{T} \mathbf{1}\{h(x_t) \neq c(x_t)\} + O(\sqrt{T \ln |\mathcal{H}|}) \tag{6.24}$$

因此，学习器错误分类的期望数目超过 $\mathcal{H}$ 空间的最佳假设的错误分类数目的部分不会超过 $O(\sqrt{T\ln|\mathcal{H}|})$ 。等价地，两边都除以 T，可得

$$\mathbf{E}\left[\frac{1}{T}\sum_{t=1}^{T}\mathbf{1}\{\hat{y}_t \neq c(x_t)\}\right] \leqslant \min_{h\in\mathcal{H}}\frac{1}{T}\sum_{t=1}^{T}\mathbf{1}\{h(x_t) \neq c(x_t)\} + O\left(\sqrt{\frac{\ln|\mathcal{H}|}{T}}\right)$$

因为最后一项会随着 T 变大而消失，这说明算法做出错误分类的轮数占总轮数的比例将非常接近所有 $h \in \mathcal{H}$ 中的最佳可能。

上述结论可以通过多种方式进行推广。例如，推广到任意有界的“损失”函数（例如损失的平方，而且不是 0-1 的错误分类损失），或者在某种情况下，学习器尝试获得的性能相当于一组（可能改变的）“专家”的最佳结果，而不是一组固定的假设。

6.4 提升法

最后，我们还是回到提升法，这里研究的是一个简化形式。我们将会看到提升法是如何成为本章的普通博弈问题的一个特例，从这个角度出发不仅可以（重新）推导出提升法的一个算法，而且能对提升法的本质特征提出新的见解。

如 6.3 节，为了简化表述，我们设 X 是样本空间（典型地，在这种情况下就是训练集），$\mathcal{H}$ 是（弱）假设空间，c 是某未知的目标函数或标签函数。我们假设存在某弱学习算法，对于某 $\gamma > 0$，以及 X 上的任意分布 D，算法可以找到一个假设 $h \in \mathcal{H}$ ，其误差对于分布 D 最大是 $\frac{1}{2} - \gamma$ 。这就是 2.3.3 节的经验 γ-弱学习假设。

回顾一下，提升算法中，弱学习算法在多个分布上运行多次，所选的弱假设组合成一个最终的假设，该假设的误差应该很小，或者甚至是零。因此，提升法运行多轮，在第 t 轮，$t = 1,\cdots,T$：

（1）在 X 上构建分布 D_t ，把这个分布传递给弱学习器；

（2）弱学习器产生一个假设 $h_t \in \mathcal{H}$ ，其误差最大是 $\frac{1}{2} - \gamma$

$$\mathbf{Pr}_{x\sim D_t}[h_t(x) \neq c(x)] \leqslant \frac{1}{2} - \gamma$$

经过 T 轮，弱假设 $h_1,\cdots,h_T$ 组合形成一个最终的假设 H。我们都知道，设计一个提升法的关键就是：（1）如何选择分布 D_t ；（2）如何组合 h_t 形成最终的假设。

6.4.1 提升法和极小极大理论

在推导提升法之前，让我们先回顾下 6.3 节中的错误矩阵 $\boldsymbol{M}$ 和极小极大理论之间的关系。这个关系与我们后续提升法的设计和理解密切相关。

回想一下，错误矩阵 $\boldsymbol{M}$ 的行和列是分别由假设和样本来索引的，$\boldsymbol{M}(h,x) = 1$ 当且仅当 $h(x) \neq c(x)$ 时成立，否则为 0。假设经验 γ-弱学习如前所述，那么极小极大理论

是如何描述 $\boldsymbol{M}$ 的？设 $\boldsymbol{M}$ 的价值是 v，那么结合式（6.3）和式（6.4），极小极大理论告诉我们

$$\begin{aligned}\min_P \max_{x\in X} \boldsymbol{M}(P,x) &= \min_P \max_Q \boldsymbol{M}(P,Q)\\ &= v\\ &= \max_Q \min_P \boldsymbol{M}(P,Q)\\ &= \max_Q \min_{h\in\mathcal{H}} \boldsymbol{M}(h,Q)\end{aligned}\tag{6.25}$$

注意，根据 $\boldsymbol{M}$ 的定义

$$\boldsymbol{M}(h,Q)=\mathbf{Pr}_{x\sim Q}[h(x)\neq c(x)]$$

因此，式（6.25）的右边部分说明：对于每个假设 h，存在一个 X 上的分布 Q^*，使 $\boldsymbol{M}(h,Q^*)=\mathbf{Pr}_{x\sim Q^*}[h(x)\neq c(x)]\geqslant v$ 。然而，因为我们假设 γ -弱学习，一定存在假设 h，使

$$\mathbf{Pr}_{x\sim Q^*}[h(x)\neq c(x)]\leqslant \frac{1}{2}-\gamma$$

利用上述推论过程，可得 $v\leqslant \frac{1}{2}-\gamma$ 。

另一方面，式(6.25)的左边部分说明这种假设空间 $\mathcal{H}$ 上存在分布 P^* ，对于每个 $x\in X$ ，有

$$\mathbf{Pr}_{h\sim P^*}[h(x)\neq c(x)]=\boldsymbol{M}(P^*,x)\leqslant v\leqslant \frac{1}{2}-\gamma<\frac{1}{2}\tag{6.26}$$

用文字叙述的话，就是说每个样本 x 被少于 1/2 的假设错分，其权重为 P^* 。即每个假设 $h\in\mathcal{H}$ 被分配的权重为 $P^*(h)$，$\mathcal{H}$ 空间上定义的加权多数投票分类器会正确分类所有的样本 x。用符号表示就是，对于所有的 $x\in X$ ，有

$$c(x)=\operatorname{sign}\Big(\sum_{h\in\mathcal{H}} P^*(h)h(x)\Big)$$

因此，弱学习假设加上极小极大理论说明目标 c 必须（在 X 上）在功能上等价于 $\mathcal{H}$ 空间上的某加权多数假设。

这个推理告诉我们关于加权多数投票的间隔更强的结论。回忆第 5 章，一个样本的间隔是投票正确标签的假设的加权比例与投票错误标签的假设的加权比例之差。在这种情况下，根据式（6.26），这个差至少是

$$(\frac{1}{2}+\gamma)-(\frac{1}{2}-\gamma)=2\gamma$$

即所有样本中的最小间隔至少是 2γ 。这本质上与 5.4.3 节的结论一致，在 5.4.3 节证明经验 γ -弱学习表示（事实上是等价的）以间隔 2γ 线性可分，这是边界与间隔密切相关的一个重要例子。现在，在博弈论的背景下，我们可以看到上述结论都是博弈（游戏）的价值的体现，他们之间的密切关系也是极小极大理论的直接结果。

6.4.2 提升法的思想

因此经验 γ -弱学习表示目标 c 可以作为 $\mathcal{H}$ 上加权多数假设来进行计算。而且函数中所用的权重（由上面的分布 P^* 定义）不是旧的权重，而是一个博弈 $\boldsymbol{M}$ 的极小极大策略。这是提升法的基础，通过近似权重 P^* 来拟合目标标签 c 。因为这些权重是博弈 $\boldsymbol{M}$ 的极小极大策略，所以我们希望用 6.2 节描述的方法即 MW 算法来实现游戏的近似解的问题。

问题是，生成的算法如果应用到错误矩阵 $\boldsymbol{M}$，那么就不适合提升模型。回忆下，在每轮中 MW 算法是就游戏矩阵行计算分布的（矩阵 $\boldsymbol{M}$ 的情况下就是假设）。然而，在提升模型中，每轮我们想计算的是在样本（矩阵 $\boldsymbol{M}$ 的列）上的分布。

虽然我们有计算行上分布的算法，但是还需要一个计算列上分布的算法，那么一个明显的解决方法就是调换行和列各自的角色。这就是我们下面采用的方法，即不直接使用游戏矩阵 $\boldsymbol{M}$，而构建了 $\boldsymbol{M}$ 的对偶（dual）矩阵，除了行参与者和列参与者的角色进行了互换，其他的不变。

构建游戏矩阵 $\boldsymbol{M}$ 的对偶矩阵 $\boldsymbol{M}'$ 是很直接的。首先，我们需要调换行和列，即取矩阵的转置 $\boldsymbol{M}^\top$ 。然而，这是不够的，因为 $\boldsymbol{M}$ 的列参与者是想最大化最后的结果，但是 $\boldsymbol{M}'$ 的行参与者想最小化结果（损失）。因此，我们还需要调换最小化和最大化，这很容易做到，就是对矩阵取负，产生了 $-\boldsymbol{M}^\top$ 。最终，为了与我们一般的损失的定义一致（一般定义的损失范围取 $[0,1]$ ），我们对每个结果都增加常数 1，这对游戏没有影响。因此，矩阵 $\boldsymbol{M}$ 的对偶矩阵 $\boldsymbol{M}'$ 是

$$\boldsymbol{M}' = \mathbf{1} - \boldsymbol{M}^\top \tag{6.27}$$

这里的 $\mathbf{1}$ 是指具有相应维度的所有元素都是 1 的矩阵。

那么对于错误矩阵 $\boldsymbol{M}$，其对偶矩阵有 $|X|$ 行和 $|\mathcal{H}|$ 列，分别由样本和假设来索引，矩阵的每个元素有

$$\boldsymbol{M}'(x,h) \doteq 1 - \boldsymbol{M}(h,x) = \mathbf{1}\{h(x)=c(x)\} = \begin{cases} 1, & h(x)=c(x) \\ 0, & \text{其他} \end{cases}$$

注意到游戏 $\boldsymbol{M}$ 的任意极小极大策略都变成了游戏 $\boldsymbol{M}'$ 的极大极小策略。因此，之前我们感兴趣的是找到一个 $\boldsymbol{M}$ 的近似极小极大策略，现在我们感兴趣的是找到一个 $\boldsymbol{M}'$ 的近似极大极小策略。

我们现在可以把算法 MW 应用到游戏矩阵 $\boldsymbol{M}'$ ，因为根据 6.2.5 节的结论，这将构建一个近似极大极小策略。如图 6.2 所示，首先在 MW 和弱学习算法之间建立一个中介（媒介），在每轮运算中，用从 MW 计算所得的分布 P_t 来计算 D_t ，然后用来自弱学习器的假设 h_t 来计算 $\boldsymbol{M}'(\cdot, Q_t)$ ，选择合适的 Q_t 。整个过程用更精确的术语描述如下。

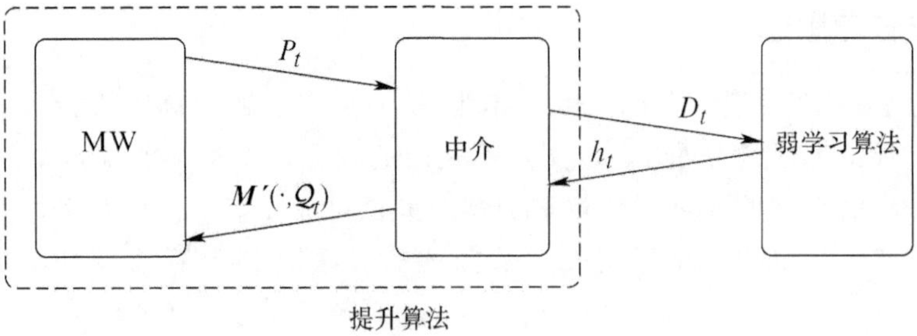

图 6.2
如何用 MW 推导出提升法的示意

MW 首先初始化分布 P_1 为 X 上的均匀分布。然后，在每轮 $t=1,\cdots,T$ 中，提升算法步骤如下：

(1) 令 $D_t=P_t$，将 D_t 输入弱学习算法；

(2) 自弱学习器计算得到假设 h_t，满足

$$\mathbf{Pr}_{x\sim D_t}[h_t(x)=c(x)]\geqslant\frac{1}{2}+\gamma$$

(3) 令 Q_t 是 h_t 上的纯策略，对所有 $x\in X$，计算

$$\boldsymbol{M}'(x,Q_t)=\boldsymbol{M}'(x,h_t)=\mathbf{1}\{h_t(x)=c(x)\}$$

(4) 用算法 MW 计算新的分布 P_{t+1}，即对于所有 $x\in X$

$$P_{t+1}(x)=\frac{P_t(x)}{Z_t}\times\begin{cases}\mathrm{e}^{-\eta}, & \text{if } h_t(x)=c(x)\\ 1, & \text{else}\end{cases}$$

这里，Z_t 是归一化因子。

我们的目标还是用 6.2.5 节中的近似求解游戏的方法找到 $\boldsymbol{M}'$ 的近似极大极小策略。根据上述的方法，在每 t 轮，Q_t 可能是一个纯策略 h_t，选择 Q_t 最大化下式

$$\boldsymbol{M}'(P_t,h_t)=\sum_x P_t(x)\,\boldsymbol{M}'(x,h_t)=\mathbf{Pr}_{x\sim P_t}[h_t(x)=c(x)]$$

换句话说，h_t 对于分布 P_t 应该有最大的准确率。这也正是弱学习器的目标（尽管不能保证找到最佳的 h_t，但实际上准确率达到 $\frac{1}{2}+\gamma$ 就足够满足我们的要求）。

因此，弱学习器的目标是最大化弱假设的加权准确率，但是在博弈论的背景下，目标正好相反，即选择分布 D_t，使弱学习器尽可能地难以找到一个准确的假设。因此，尽管我们之前宽泛地说提升法关注于困难的样本，但现在我们可以看到，更准确地说法是：提升法关注于找到样本上最困难的分布。

最后，6.2.5 节的方法表明 $\bar{Q}=\frac{1}{T}\sum_{t=1}^{T}Q_t$ 是一个近似极大极小策略。如果对假设根据 $\boldsymbol{M}'$ 的极大极小策略进行加权，我们知道目标 c 等价于假设的多数投票。因为

在这种情况下，Q_t 关注于纯策略（假设）h_t，这导致所选的最终的假设 H 就是 $h_1,\cdots,h_T$ 取多数

$$H(x)=\operatorname{sign}\Big(\sum_{t=1}^{T} h_t(x)\Big)$$

注意，作为副产品

$$\bar{P}=\frac{1}{T}\sum_{t=1}^{T} P_t=\frac{1}{T}\sum_{t=1}^{T} D_t$$

也收敛于一个 $\boldsymbol{M}'$ 的近似极小极大解。因此，提升法计算的（平均）分布 D_t 也有自然的博弈论的解释。

6.4.3 分析

实际上，最终的提升法计算得到一个最终的假设 H，当 T 足够大的时候，H 功能上等价于 c。我们将在此节证明这是如何从推论 6.4 得到的。

如前所示，对于所有 t，根据我们对 γ -弱可学习的假设

$$\boldsymbol{M}'(P_t,h_t)=\mathbf{Pr}_{x\sim P_t}[h_t(x)=c(x)]\geqslant\frac{1}{2}+\gamma$$

根据推论 6.4，对于合适的 η，有

$$\frac{1}{2}+\gamma\leqslant\frac{1}{T}\sum_{t=1}^{T}\boldsymbol{M}'(P_t,h_t)\leqslant\min_{x\in X}\frac{1}{T}\sum_{t=1}^{T}\boldsymbol{M}'(x,h_t)+\Delta_T \tag{6.28}$$

因此，对于所有的 x，有

$$\frac{1}{T}\sum_{t=1}^{T}\boldsymbol{M}'(x,h_t)\geqslant\frac{1}{2}+\gamma-\Delta_T>\frac{1}{2} \tag{6.29}$$

这里，最后一个不等式当 T 足够大的时候成立（具体的就是，当 $\Delta_T<\gamma$）。注意，根据 $\boldsymbol{M}'$ 的定义，$\sum_{t=1}^{T}\boldsymbol{M}'(x,h_t)$ 就是在样本 x 上与 c 一致的假设 h_t 的数目。因此，换句话说，式（6.29）说明超过一半的假设 h_t 在 x 上预测正确。这意味着，根据 H 的定义，对于所有的 x，$H(x)=c(x)$。

要使上式成立，我们只需要 $\Delta_T<\gamma$，这就是 $T=\Omega((\ln|X|)/\gamma^2)$ 的情况。此外，将 6.4.2 节的证明方法应用到式（6.29），我们会看到每个 x 的间隔至少是 $2\gamma-2\Delta_T$。因此，随着 T 增大，Δ_T 接近 0，渐进获得至少是 2γ 的最小间隔。结合 5.4.3 节的讨论，这证明假设在每轮选择“最佳”（最小加权误差）的弱假设 h_t，将渐进获得最优间隔。

当博弈子程序 MW 已“编译”完成，用 2α 来代替 η（为了与早期符号兼容），我们最终得到的就是一个 AdaBoost（见算法 1.1）的简化版本，所有的 α_t 都被设为固定的参数 α。我们把这个简化的算法称为 α -Boost，尽管它有时也被叫作 ε -boosting 或者 ε -AdaBoost。

当 α 和 T 根据推论 6.4 的结论被选择时，上述分析证明 α -Boost 收敛于组合分类器的最大间隔，这说明 T 作为 α 的函数必须进行精心调整（或者反之亦然）。事实上，有个稍微不同的分析证明，如果 α 只是简单地选择为“非常小”，结论依然成立，然而算法要运行“很长的时间”（但是没有运行太长时间的危险）。特别地，我们可以不用式（6.28）中的推论 6.4，而用推论 6.3。则

$$\frac{1}{2}+\gamma \leqslant \frac{1}{T}\sum_{t=1}^{T} \boldsymbol{M}'(P_t, h_t) \leqslant a_\eta \min_{x\in X} \frac{1}{T}\sum_{t=1}^{T} \boldsymbol{M}'(x, h_t) + \frac{c_\eta \ln m}{T}$$

这里 $\eta = 2\alpha$ ，重新调整可得

$$\begin{aligned}\min_{x\in X} \frac{1}{T}\sum_{t=1}^{T} \boldsymbol{M}'(x, h_t) &\geqslant \frac{1}{a_\eta}\left[\left(\frac{1}{2}+\gamma\right)-\frac{c_\eta \ln m}{T}\right] \\ &=\left(\frac{1}{2}+\gamma\right)-\left(1-\frac{1-\mathrm{e}^{-2\alpha}}{2\alpha}\right)\left(\frac{1}{2}+\gamma\right)-\frac{\ln m}{2\alpha T} \\ &\geqslant \left(\frac{1}{2}+\gamma\right)-\alpha\left(\frac{1}{2}+\gamma\right)-\frac{\ln m}{2\alpha T}\end{aligned}$$

这里的最后一个不等式用到了泰勒近似 $\mathrm{e}^{-z} \leqslant 1-z+z^2/2$，对于所有 $z \geqslant 0$。因此，与之前的证明过程类似，所有样本 x 的间隔至少是

$$2\gamma-\alpha(1+2\gamma)-\frac{\ln m}{\alpha T}$$

当 T 非常大时，最右项可以忽略不计，因此间隔距离在 2γ 周围，不超过 $\alpha(1+2\gamma) \leqslant 2\alpha$ ，是给定 γ -弱学习假设的最佳可能间隔（参见 5.4.3 节）。因此，这个证明过程说明可以找到具有最小间隔的组合分类器，且其最小间隔可以任意接近最优值，只要合适地选择 α ，然后算法运行足够长的时间（以如上所述的收敛速度）。

所以，作为 AdaBoost 的替代算法或 5.4.2 节中给出的变形，我们看到简化版算法 α-Boost 可以用来最大化最小间隔。然而，除了 5.4.2 节的提示，我们预计这个过程在实践中会很慢，因为 α 必须很小，T 相应的必须很大。

6.5　应用于“读心术”游戏

作为本章的结尾，我们将简要描述如何将上述思想应用到一款简单的叫作“便士匹配”（penny-matching，或者 odds and evens）的游戏。一个玩家被指定为“偶数”玩家，另外一个玩家就是“奇数”玩家。在每一轮，他们做好选择，然后同时显示一个比特位，“+”或“−”（我们有时标识为+1，−1）。如果这两个比特位一致（匹配），那么“偶数”玩家赢；否则“奇数”玩家赢。这个游戏通常要玩多轮。

和“石头、剪刀、布”游戏类似，便士匹配游戏包含了“读心术”类游戏的基本要素，即每个玩家试图预测另外一个玩家可能怎么做，然后采取相应的行动，同时又尽量保持自己行为的不可预测性。当然，原则上玩家完全可以随机选择他们的比特位（这个就是博弈论中的极小极大理论）。然而，除非提供了一个外部的随机数据源，例如真实的硬币

或者计算机，否则人类是非常不擅长做出完全随机的行为（下面我们将会看到实际的证据）。而且，能够看穿对方意图的玩家更有机会获胜。

在20世纪50年代，David Hagelbarger与后来的香农在探索如何制造具有“智能”的计算设备的早期阶段，曾经发明了一个学习机器可以与人类玩这个游戏。在那个年代，照字面上的意思就是建了一台机器（图6.3展示的是Hagelbarger设计的机器的原理图），他将其称为“序列推断机器人”（sequence extrapolating robot）。香农把他后来设计的机器叫作“读心机器”。他们的设计都很简单，记录人类在相似的环境下是如何做出选择的，然后根据历史记录采取相应的行动。在每一轮，他们的机器会考虑当前的“游戏状态”，以及当遇到同样状态的时候，人类之前是如何做抉择的；然后，预测人类在下一步可能如何行动。在他们的机器中，游戏状态仅限于最后两轮发生的情况，具体来说，就是人类在最后一轮是输还是赢，人类在倒数第二轮是输还是赢，在最后两轮，人类所选择的行为是否一致。

这里，我们描述一个更复杂的方法来玩这个游戏，主要基于6.3节的在线预测模型。正如我们已经讨论的，这个游戏的核心问题是预测对手下一步会怎么做。而且，这些预测必须采用在线的方式。在这种对抗情况下，把“数据”看作随机的就不太合理了。鉴于给定问题的这些属性，在线学习模型看起来是非常合适的。

回忆下在在线预测中，每t轮，学习器接收到一个样本x_t，产生一个预测$\hat{y}_t$，然后观察结果或者标签$c(x_t)$，这个标签我们自此以后标识为y_t。学习器的目标就是最小化犯错误的次数，即$\hat{y}_t \neq y_t$的轮数。为了在便士匹配游戏中用上这些术语，我们首先把“偶数”玩家标识为学习器，其目标是匹配人类对手的选择。在第t轮，我们把人类在本轮的选择标识为y_t，学习器的预测$\hat{y}_t$作为本轮它自己的选择。那么当且仅当$\hat{y}_t \neq y_t$，学习器会输掉本轮。换句话说，在这种情况下，在线预测中最小化所犯的错误就等同于最小化在便士匹配游戏中输掉的轮数。

如6.3节所示，给定样本x_t，在线学习算法基于$\mathcal{H}$空间中的规则h生成的预测器$h(x_t)$，输出它自己的预测$\hat{y}_t$。在当前的情况下，我们把样本x_t当作到第t轮（不包括t轮）为止的全部历史记录。具体地，这意味着两个玩家在前$t-1$轮做出的所有行动。给定上述历史记录，每个预测规则h对人类下一步怎么做做出预测。

6.3节中的算法给出如何组合$\mathcal{H}$空间中的规则给出预测，使其组合预测结果$\hat{y}_t$几乎与空间中的最佳规则效果一样好。

因此，剩下来的工作就是选择预测器空间$\mathcal{H}$。但我们得到的界说明$\mathcal{H}$可能相当大，但我们只需要预测其中的一个规则相当好就可以了。明显地，我们可能会想象各种预测器，这里我们只描述多种可能方法中的一种。

如同Hagelbarger和香农所做的，依据最近的历史记录来进行预测看起来是很自然的。例如，假设人类倾向于交替出“−1”或“+1”，就像下面这样。

−+−+−+−+−+−+−+−…

这样的模式可以被一条规则捕捉到：如果上次是“−”，则预测本轮是“+”；如果上次是“+”，则预测本轮是“−”。这个简单的规则可以表示成决策树，就像图 6.4 左侧的树所示，节点说明了根据上一次的行动来决定走哪个分支，叶节点提供了对本轮的预测结果。

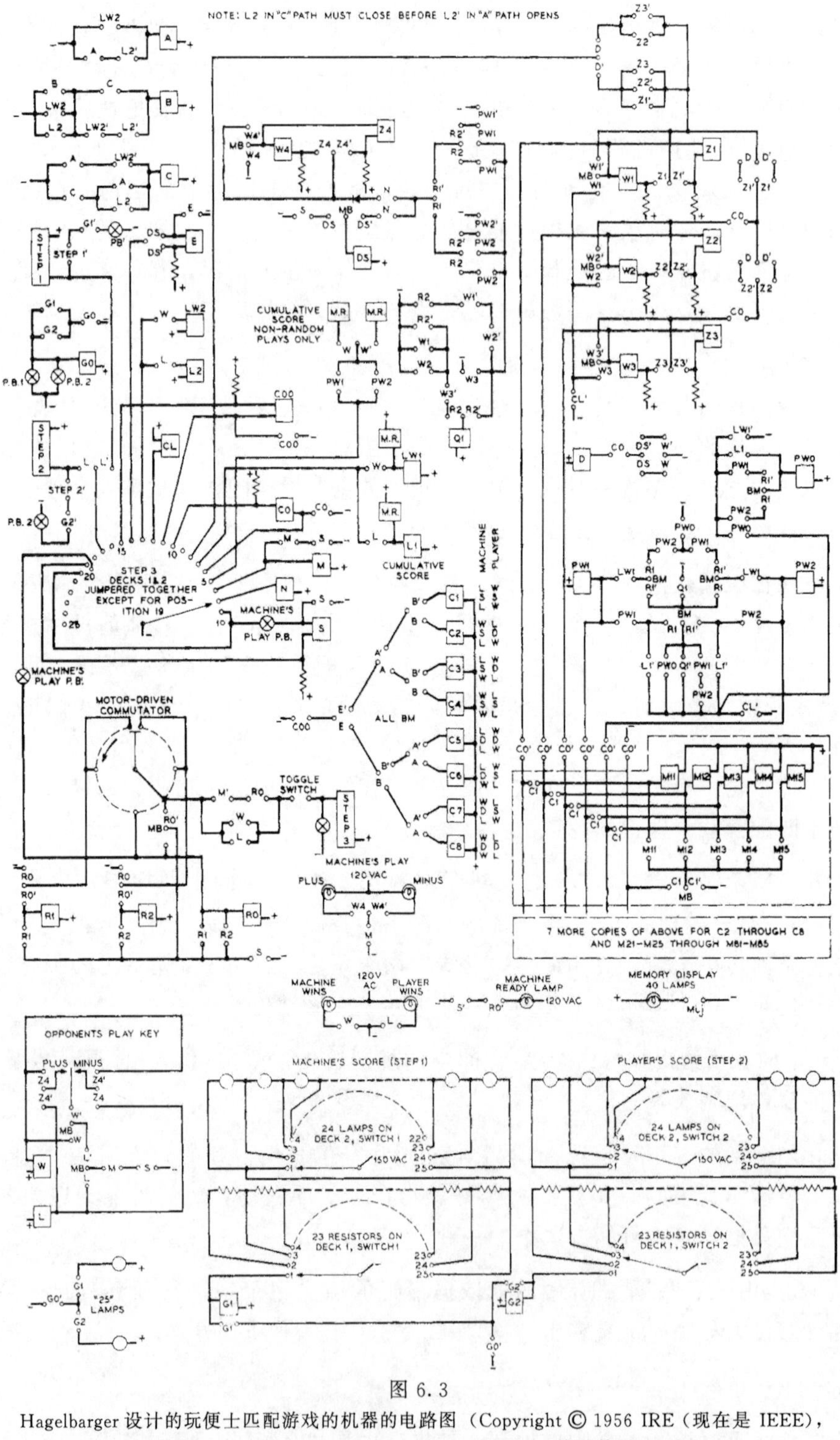

图 6.3

Hagelbarger 设计的玩便士匹配游戏的机器的电路图（Copyright © 1956 IRE（现在是 IEEE），经 IRE Transactions on Electronic Computers，EC-5(1)：1-7，许可使用，1956.3）

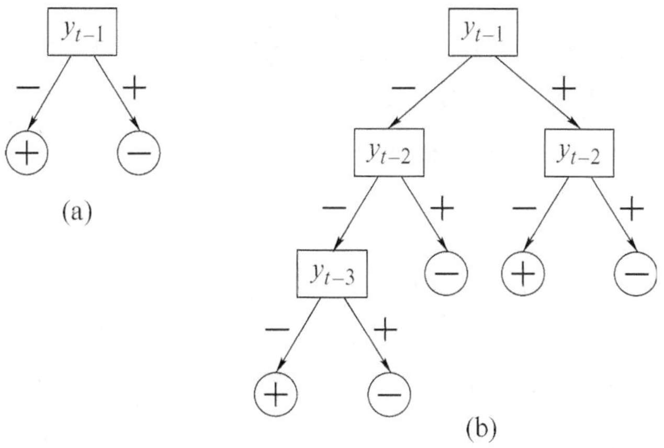

图 6.4

两个上下文树的例子：基于之前的行动 $y_1,\cdots,y_{t-1}$ 来预测人类的下一步行动 y_t。这些树的评价方法同 1.3 节，在这种情况下意味着沿着行动历史向下直到遇到一个叶节点，叶节点提供了对当前上下文的预测

假设，现在人类倾向于采用更复杂的模式，如下

++−−−++−−−++−−−…

这个模式也可以由一个决策树来捕捉到，如图 6.4 右侧的决策树所示。例如，这个决策树告诉我们，如果上一次是“+”，上上次是“−”，那么对本次的预测是“+”。但是，如果上两次都是“−”，则根据这个规则，我们需要再向上看一次才能进行预测。

注意，我们有理由采用类似上述的简单模式来构建规则，在这种情况下，这些规则不需要给出完美的预测。只要他们能够捕捉到普遍的趋势，使其预测结果好过完全随机的结果就足够了。

这种决策树叫作上下文树（context trees），因为每个预测都是基于最近历史的上下文做出的，我们需要回溯以往直到规则获得足够的信息以做出预测。我们目前考虑的决策树只考虑了人类是如何行动的，但是，通常我们也可能希望考虑最近的其他方面的信息。例如，谁赢了本轮，是否人类的预测会在本轮到下一轮之间发生改变。事实上，基于 Hagelbarger 和香农的“游戏状态”的规则也可以加入这种决策树的形式中。

因此，我们的想法是识别出利用这种上下文树的在线预测算法所用的规则。这会导致这样的问题：规则空间中应该包含哪些树。为了回答这个问题，我们先固定查看历史信息的顺序。例如，如上所示的树，在第 t 轮，首先查看人类最后一次的行为 y_{t-1}，然后是 y_{t-2}，y_{t-3}，依此类推。这意味着我们考虑的所有的树都会查看树根部的 y_{t-1}，然后在下一级的所有节点查看 y_{t-2}，依此类推。关键在于与特定节点相关的查看顺序都是固定的，对于家族树中所有树也都是一样的(尽管我们在这里主要集中在一个单一的固定的查看顺序，但这些方法可以马上推广到其他情况：只考虑几种顺序，每种顺序都定义了自己的家族树)。

服从于对查看顺序的限制，我们现在可以考虑 $\mathcal{H}$ 空间中的所有可能的上下文树，这意味着所有可能的树的拓扑，或者所有可能的树的裁剪方法，以及所有可能的标注叶节点

的方法。例如，图 6.4 展示的两株可能的树就与我们上面描述的具体的规则一致。通常，可能的树的数目是指数级的，因为有指数级可能的树的拓扑，有指数级可能的标注叶节点的方法。如前所述，一方面，这些数目庞大的规则从性能角度来看都不是一个问题，因为界（如式 6.4 所示）只是 $|\mathcal{H}|$ 的对数的规模。而且，完全有可能通过至少一条这样的规则就可以捕捉到人类所选的行为模式。

另一方面，从计算角度来看，拥有数量庞大的规则的代价是十分昂贵的，因为此类算法的朴素实现在每轮所需的时间空间都是与 $|\mathcal{H}|$ 成线性关系。然而，事实证明对于结构良好的规则族来说，在时空方面可以特别高效地实现 6.3 节的在线学习算法。这是因为所需的基于树的计算可以“坍缩”成某种形式，这种形式可以应用动态规划来解决。

在“读心术”游戏中应用这些思想的实际事件在互联网上可以公开获得，这个游戏会一直玩下去直到某个玩家赢了 100 轮。

图 6.5 展示了在 2006 年 3 月至 2008 年 6 月期间的 11 882 次游戏的最终分数的直方图。分数是人类赢的次数减去计算机赢的次数（因此分数是正的，当且仅当人类赢得了整个游戏）。这个图展示了通常都是计算机赢，而且有大的间隔。事实上，计算机赢了其中的 86.6%。所有游戏的平均分数是−41.0，中位分数是−42，意味着其中一半的游戏，当计算机赢了 100 轮的时候，人类赢了 58 轮或者更少。当然，一个纯随机的玩家，在与计算机对抗的时候，表现会优于人类，必然赢得其中 50%的游戏，平均分数和中位分数都是零（期望）。

此数据集有一个奇怪的现象，如图 6.6 所示。显然，人类玩得越快，他们就越可能输。推测发现，这是因为玩得越快的玩家其行为越倾向于有某种模式，而这种节奏和模式很容易被学习算法识别出来，因此这些玩家的行为就更容易被预测到。

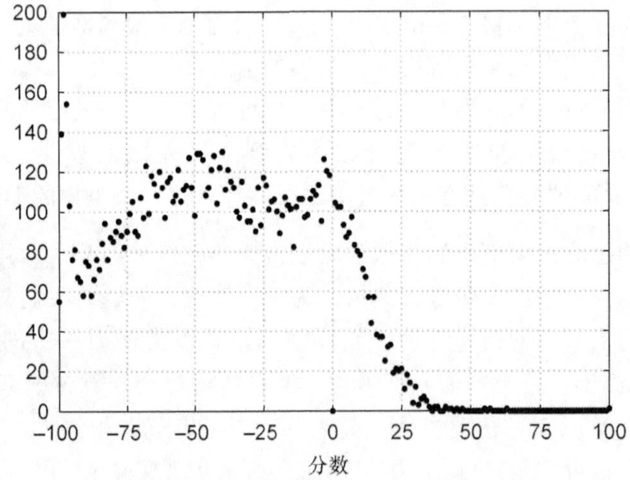

图 6.5

多次游戏（共 11 882 次）所得分数的直方图，分数在 −100 和 100 之间。分数是人类赢的轮数减去计算机赢的轮数，因此分数为负就是计算机赢（没有分数取零的情况，因为在此游戏规则下平局是不可能的）

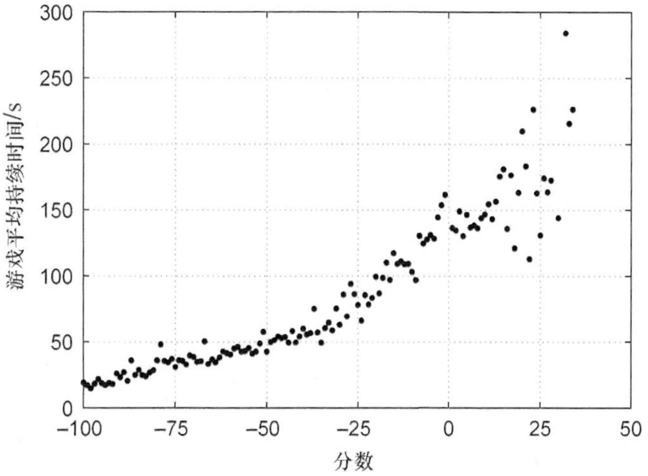

图 6.6

游戏的平均持续时间与最终得分的关系图。对于每个可能的分数，每个点的 x 轴值代表分数，y 轴值是最终取得这个分数的所有游戏的平均持续时间（不包括少于 5 次的游戏所对应的分数。为了缓和异常点的影响，对于少数持续时间超过 10 分钟的，就认为他们持续了 10 分钟）

6.6 小结

- 在本章我们看到 AdaBoost 算法（至少是一个简化版本）可以看作解决重复博弈的通用算法的特例。这样可以让我们更加深入地理解 AdaBoost 算法，如下
  1. 组合分类器中的弱假设的权重一定收敛于与提升法对应的（对偶）错误矩阵博弈的近似极大极小策略；
  2. 样本上的（平均）分布 D_t 一定收敛于同一博弈的近似极小极大策略；
  3. 边界和间隔两个概念通过极小极大理论密切地联系起来。
- 此外，我们也看到在线学习如何成为提升法的对偶问题。

6.7 参考资料

我们在 6.1 节介绍的是基本博弈理论。进一步的背景知识可以在入门级的教材中找到，如 [103，174，179，180]。6.1.3 节的极小极大理论来自冯·诺依曼的工作 [175]。

6.2 节中的算法及其分析、极小极大理论的证明都来自 Freund 和 Schapire 的工作 [94，96]，是 Littlestone 和 Warmuth [155] 工作的直接泛化。同样具有“不反悔（no-regret）”属性的算法（又叫作“Hannan 一致性”或“通用一致性”），它的损失可以保证不会太差于最佳的固定策略，这可以追溯到二十世纪五十年代的 Hannan [117] 和 Blackwell [23，24] 的工作。其他的方法包括：Foster 和 Vohra [86]、Hart 和 Mas-Colell [118]，以及 Fudenberg 和 Levine [101] 的工作，此类“指数级虚构的游戏”（exponential fictitious play）的方法与加权多数算法非常类似。

Littlestone、Warmuth [155] 和 Vovk [229] 首先研究了 6.3 节中的在线预测模型，其根源可以追溯到很多其他领域的工作，例如博弈论、数据压缩等。在本章出现的加权多数算法及其分析最初源自 Littlestone 和 Warmuth 的工作 [155]。并由 Freund 和 Schapire 再次引入 [94]。Cesa-Bianchi 等人 [45] 和 Vovk [229] 对在线预测问题提出的界优于本章中提出的。

不反悔算法和在线学习算法的进一步背景知识可参考 Cesa-Bianchi 和 Lugosi 的专著［47］。Fudenberg 和 Levine 的专著对在线学习和博弈论提出了不同的视角［102］。

6.4 节描述的提升法和博弈论之间的联系来自 Freund 和 Schapire［94］的研究。然而，最初 AdaBoost 与在线学习之间的联系是来自叫作 Hedge［95］的加权多数算法的泛化。

6.4.3 节的 α-Boost 算法，算法中所有的 α_t 都取固定的小的常数 α，由 Friedman 提出［100］。Rosset、Zhu 和 Hastie［192］、Zhang 和 Yu［236］研究了此算法的收敛性和间隔最大化属性。在本章给出的证明类似 Xi 等人的工作［233］。

任意博弈都可以用线性规划来解决，反之亦然，任意线性规划问题都可以通过合适的零和博弈来解决［62］。这种等价性也说明提升法和线性规划间的密切关系。事实上，找到最大化间隔的分类器的问题可以转换为线性规划的问题。Grove、Schuurmans［111］和 Demiriz、Bennett、Shawe-Taylor［65］对两者之间的联系进行了深入的研究。

Oza 和 Russell［181］给出了组合在线学习和提升法的方法——具体地说，就是以在线的方式来运行 AdaBoost。

如 6.5 节所述，学习玩便士匹配游戏的早期机器由 Hagelbarger［115］发明设计，之后是香农的工作［213］。图 6.3 来自前者的工作。所有可能的上下文树的预测组合方法来自 Helmbold 和 Schapire［122］的工作，是对 Willems、Shtarkov 和 Tjalkens 的加权上下文树的方法［231］的直接修改。互联网上的实现由 Anup Doshi 提供。

6.1.3 节引用的《辛普森一家》的场景首次于 1993 年 4 月 15 日播放（场景号＃9F16）。

本章部分练习来自于［62，96，153］。

6.8　练习

下面的练习，除非特殊说明，假设所有的博弈矩阵中的元素取值范围都是［0,1］。

6.1　证明当运用纯策略的时候，极小极大理论（式 6.6）是错误的。换句话说，给定一个游戏 $\boldsymbol{M}$ 的样本，则

$$\min_i \max_j \boldsymbol{M}(i,j) \neq \max_j \min_i \boldsymbol{M}(i,j)$$

6.2　对 $m\times n$ 的博弈矩阵 $\boldsymbol{M}$，设 MW 为相互对抗的方法。即在每一轮，行参与者用 MW 来选择它的混合策略 P_t，列参与者将另一个 MW 应用到 $\boldsymbol{M}$ 的对偶矩阵 $\boldsymbol{M}'$ 来选择它的混合策略 Q_t（式（6.27））。将推论 6.4 应用到这两个 MW，给出极小极大理论的另一个证明。证明如式（6.21）所定义的 $\bar{P}$ 和 $\bar{Q}$ 是近似的极小极大策略和极大极小策略。

6.3　博弈 $\boldsymbol{M}$ 的价值 v 和其对偶 $\boldsymbol{M}'$（式（6.27））的价值 v' 之间的关系是什么？特别地，如果 $\boldsymbol{M}$ 是对称的（即等于它的对偶矩阵），则其价值必须是多少？证明结论。

6.4　设 $S=\langle x_1,\cdots,x_m\rangle$ 是 $\mathcal{X}$ 上 m 个不同的点构成的序列。参考 5.3 节的定义，证明

$$R_S(\mathcal{H})\leqslant O\left(\sqrt{\frac{\ln|\mathcal{H}|}{m}}\right) \tag{6.30}$$

然后应用 6.3 节中的分析方法，构建样本及其标签的适当表示方式（式（6.30）与式（5.22）是一样的，只是用了更弱的常数）。

［提示：考虑所有标签都是均匀随机选择的］

6.5　vMW 是 MW 算法的变形，其参数 η 随轮数变化。设 $u\in[0,1]$ 是给定的对游戏 $\boldsymbol{M}$ 价值的估计值。开始是任意的初始策略 P_1。在第 t 轮，由 P_t 计算得到新的混合策略 P_{t+1}，方式同式（6.9），但是用 η_t 来代替 η，则

$$\eta_t \doteq \max\left\{0, \ln\left(\frac{(1-u)\,\ell_t}{u(1-\ell_t)}\right)\right\}$$

这里，$\ell_t \doteq \boldsymbol{M}(P_t, Q_t)$，设

$$\hat{Q} \doteq \frac{\sum_{t=1}^{T} \eta_t Q_t}{\sum_{t=1}^{T} \eta_t}$$

对于下面的（**a**）和（**b**），假设对于所有的 t，有 $\ell_t \geqslant u$。

a. 对于任意混合策略 $\widetilde{P}$，证明：如果 $\boldsymbol{M}(\widetilde{P}, \hat{Q}) \leqslant u$，那么

$$\mathrm{RE}(\widetilde{P} \parallel P_{T+1}) - \mathrm{RE}(\widetilde{P} \parallel P_1) \leqslant -\sum_{t=1}^{T} \mathrm{RE}_b(u \parallel \ell_t)$$

b. 证明

$$\mathbf{Pr}_{i\sim P_1}[\boldsymbol{M}(i, \hat{Q}) \leqslant u] = \sum_{i:\,\boldsymbol{M}(\mathbf{i},\ \hat{Q})\leqslant u} P_1(i) \leqslant \exp\left(-\sum_{t=1}^{T} \mathrm{RE}_b(u \parallel \ell_t)\right)$$

c. 设游戏的价值 v 最大是 u，设 vMW 开始运行时 P_1 是均匀分布的。对于所有 $\varepsilon > 0$，证明 $\ell_t \geqslant u + \varepsilon$ 的轮数不会超过

$$\frac{\ln m}{\mathrm{RE}_b(u \parallel u+\varepsilon)}$$

d. 证明 AdaBoost 是如何从 vMW 推导出来的，定理 3.1 中的分析是如何作为（**b**）的特例推导出来的（可以假设 AdaBoost 中每轮：$\epsilon_t \leqslant \frac{1}{2}$）。

e. 同样地，证明：5.4.2 节中的 AdaBoost 算法是如何由 vMW 推导出来的，其中 α_t 如式（5.34）所示进行设置；式（5.35）的界是如何作为（**b**）的特例推导出来的（假设每 t 轮：$\gamma_t \geqslant \theta/2$）。

f. 用提升法的语言，用精确的术语解释（**c**）对（**d**）和（**e**）中的提升法的含义。

6.6 对于 6.3 节中的在线学习模型，设目标 c 是以间隔 θ 线性可分，即设 $\mathcal{H}$ 空间的分类器上存在权重向量 $\boldsymbol{w}$，$\|\boldsymbol{w}\|_1 = 1$，对于所有 $x \in X$，有

$$c(x)\left(\sum_{h\in\mathcal{H}} \boldsymbol{w}_h h(x)\right) \geqslant \theta$$

这里 $\theta > 0$，且 θ 是已知的（但是 $\boldsymbol{w}$ 是未知的）。推导和分析一个在线学习算法：用 $\mathcal{H}$ 空间上的分类器的（确定的）加权多数投票来进行每轮的预测，对于任意样本序列，所犯错误最多是

$$O\left(\frac{\ln|\mathcal{H}|}{\theta^2}\right)$$

给出明确的常数。

[提示：参考练习 6.5]

6.7 6.3 节的在线学习模型，假设每个样本 x_t 用 $c(x_t)$ 来标注，这里 c 是某个未知目标函数。这意味着同样的样本不会以不同的标签出现。设我们移除了这个假设，那么与每个样本 x_t 对应的“正确”的标签现在可以是任意值 $y_t \in \{-1, +1\}$。基于这种放松的情况，证明式（6.24）的界成立，只对 6.3 节中给出的算法做出适当的修改，并且用 y_t 来代替 $c(x_t)$。

6.8 根据练习 6.7 中的修改的在线学习模型，设样本空间 X 不是很大，$\mathcal{H}$ 是 X 上的所有可能的二进制函数，即所有的函数 h: $X \to \{-1, +1\}$。因为 $|\mathcal{H}| = 2^{|X|}$，6.3 节（修改的）算法的朴素实现需要的时间和空间在 $|X|$ 上是指数级的。设计一个替代算法：1）从输入、输出的行为来看是等价的（这样的话，给定一样的样本，做出的预测也是一样的）；2）所需的空间复杂度在 $|X|$ 上是线性的，每轮所需的时间则更少。证明你的算法有上述的性质。

6.9 这个练习主要是探究线性规划和零和博弈之间的等价性。线性规划是一个优化问题，目标是最大化某个线性目标函数，并且服从线性不等式的约束。因此，问题具有下面的形式。

最大化：$\mathbf{c} \cdot \mathbf{x}$。

满足：$\mathbf{A}\mathbf{x} \leqslant \mathbf{b}$，并且 $\mathbf{x} \geqslant \mathbf{0}$。 (6.31)

这里，在 $\mathbf{x} \in \mathbb{R}^n$ 的情况下解决此问题，给定 $\mathbf{A} \in \mathbb{R}^{m \times n}$，$\mathbf{b} \in \mathbb{R}^m$，$\mathbf{c} \in \mathbb{R}^n$。在这个练习中，向量之间的不等式意味着元素间的不等式（即 $\mathbf{u} \geqslant \mathbf{v}$，当且仅当对于所有的 i，有 $u_i \geqslant v_i$）。

a. 证明：解决博弈问题，即找到一个极小极大策略 P^*，可以表达为一个线性规划问题。

每个原始形式的线性规划，如式（6.31）所示，都有一个相应的对偶规划及对偶变量 $\mathbf{y} \in \mathbb{R}^m$。

最小化：$\mathbf{b} \cdot \mathbf{y}$。

满足：$\mathbf{A}^\top \mathbf{y} \geqslant \mathbf{c}$，并且 $\mathbf{y} \geqslant \mathbf{0}$。 (6.32)

b. 求（a）中的线性规划的对偶。用博弈论的术语，说明解的意义。

回到如上所述的通用的线性规划及其对偶（式（6.31）、式（6.32）），某向量 $\mathbf{x} \in \mathbb{R}^n$ 是可行的，如果 $\mathbf{A}\mathbf{x} \leqslant \mathbf{b}$，并且 $\mathbf{x} \geqslant \mathbf{0}$；同样地，$\mathbf{y} \in \mathbb{R}^m$ 是可行的，如果 $\mathbf{A}^\top \mathbf{y} \geqslant \mathbf{c}$，并且 $\mathbf{y} \geqslant \mathbf{0}$。

c. 证明：如果 $\mathbf{x}$、$\mathbf{y}$ 都是可行的，则 $\mathbf{c} \cdot \mathbf{x} \leqslant \mathbf{b} \cdot \mathbf{y}$。更进一步，如果 $\mathbf{x}$、$\mathbf{y}$ 都是可行的，并且 $\mathbf{c} \cdot \mathbf{x} = \mathbf{b} \cdot \mathbf{y}$，证明 $\mathbf{x}$、$\mathbf{y}$ 分别是原始问题和对偶问题的解。

[提示：考虑 $\mathbf{y}^\mathrm{T}\mathbf{A}\mathbf{x}$]

考虑 $(m+n+1) \times (m+n+1)$ 的博弈矩阵，

$$\boldsymbol{M} \doteq \begin{pmatrix} \mathbf{0} & \mathbf{A}^\top & -\mathbf{c} \\ -\mathbf{A} & \mathbf{0} & \mathbf{b} \\ \mathbf{c}^\top & -\mathbf{b}^\top & \mathbf{0} \end{pmatrix}$$

这里，$\boldsymbol{M}$ 中的元素是一个矩阵或者向量，代表元素块，每个 $\mathbf{0}$ 代表所有元素都是 0 的矩阵，矩阵有合适的规模（注意，这里我们已经去掉了之前的约束：$\boldsymbol{M}$ 中的所有元素取值范围为 $[0,1]$）。

d. 游戏 $\boldsymbol{M}$ 的价值是多少？

e. 设 P^* 是游戏 $\boldsymbol{M}$ 的极小极大解，是 $\mathbb{R}^{m+n+1}$ 上的向量，可以写成如下的形式：

$$\begin{pmatrix} \boldsymbol{x} \\ \boldsymbol{y} \\ \boldsymbol{z} \end{pmatrix}$$

其中，$\boldsymbol{x} \in \mathbb{R}^n$，$\boldsymbol{y} \in \mathbb{R}^m$，$z \in \mathbb{R}$。证明：如果 $z \neq \mathbf{0}$，那么 $\boldsymbol{x}/\boldsymbol{z}$、$\mathbf{y}/z$ 分别是原始问题和对偶问题的解。

第7章

损失最小化与 Boosting 算法的泛化

近年，即使不是绝大多数，也有很多的统计和机器学习算法是基于对目标（objective）函数或损失（loss）函数的优化。例如，最简单的线性回归问题，给定样本 $(\mathbf{x}_1, y_1), \cdots, (\mathbf{x}_m, y_m)$，其中 $\mathbf{x}_i \in \mathbb{R}^n$，$y_i \in \mathbb{R}$，目标是找到权重向量 $\boldsymbol{w}$，使得 $\boldsymbol{w} \cdot \mathbf{x}_i$ 是对 y_i 的良好近似。更具体地说，目标就是找到 $\boldsymbol{w} \in \mathbb{R}^n$，使其最小化误差平方的平均值（或和），如下

$$L(\boldsymbol{w}) = \frac{1}{m} \sum_{i=1}^{m} (\boldsymbol{w} \cdot \mathbf{x}_i - y_i)^2$$

这里，每个样本的误差的平方 $(\boldsymbol{w} \cdot \mathbf{x}_i - y_i)^2$ 就是损失函数（在这种情况下是平方或二次方损失），目标是最小化所有 m 个样本上的平均损失。还有很多其他技术，包括神经网络、支持向量机、最大似然估计、逻辑斯蒂回归等，都可以看作对某目标函数的优化，目标函数由一系列的实值参数定义。

这种先定义然后优化某种具体优化函数的方法有很多优点。首先，这种方法可以使得学习方法的目标清晰明确。目标清晰明确对于理解学习方法正在做什么、证明方法所拥有的性质等具有巨大的帮助，例如，一个迭代过程的最终收敛性就是十分重要的。其次，实现了学习目标（最小化某函数）与具体的实现目标的数值方法之间的解耦。这意味着，例如，某快速的、通用目的的数值方法可以应用到多种学习目标上。最后，目标函数可以通过简单修改以适应新的学习挑战。在本章会给出一系列的样例。

上述内容导致这样的问题：AdaBoost 是否也像很多其他现代学习方法一样是最优化相关目标函数的过程。当然，AdaBoost 算法提出的时候不是照着这个思路设计的。然而，正如将在本章看到的，AdaBoost 实际上是贪心式最小化一个叫作指数损失（exponential loss）的损失函数。这种认识有很多好处。首先，AdaBoost 是最小化这个具体的损失函数的事实帮助我们理解算法，对于算法的扩展也是十分有益的，例如，作为估计条件概率的工具。其次，AdaBoost 自身可以认为是最小化这个损失函数的特定方法。这种理解意味着 AdaBoost 算法可以泛化以处理除了指数损失的其他类型的损失函数，因此可以派生出类似提升法的处理过程用于其他目的，例如回归问题（对实值标签的预测）。

作为上述的重要示例，这些认识揭示了 AdaBoost 和逻辑斯蒂回归（logistic regression）的密切关系，逻辑斯蒂回归是一个古老的、得到最多应用的对离散标注数据

进行分类的统计方法。正如我们将要看到的，与 AdaBoost 相关的指数损失函数与逻辑斯蒂回归的损失函数也相关。而且，对 AdaBooost 做些琐碎的修改就可以用来最小化逻辑斯蒂回归的损失函数。这个视角帮助我们了解 AdaBoost 所做的预测如何用于估计某具体样本标注为+1 或−1 的概率，而不是我们在本书绝大多数情况下关注的问题：预测最有可能属于哪类标签的分类问题。最后，这个视角提供了一个统一的框架：在凸优化（convex optimization）、信息几何学（information geometry）背景下，AdaBoost 和逻辑斯蒂回归可以被看作“兄弟”算法，这个主题将在第 8 章做深入的研究。

尽管把 AdaBoost 看作一种优化特定的目标函数的方法十分有价值，但还是有要注意的地方。AdaBoost 最小化指数损失函数是没有争议的。然而，这并不意味着 AdaBoost 算法的有效性直接来自这个性质。事实上，我们将会看到最小化同样损失函数的其他方法的性能可能非常差。这意味着 AdaBoost 的有效性必然以某种方式来自算法的动态特性——不仅是它在优化什么，更重要的是它是如何做的。

本章还会研究“正则化”（regularization），一种常见的“平滑”技术以避免过拟合，主要是约束基分类器上的权重的规模。正则化和提升法本质上是有关联的。特别地，我们将会看到，当 α-Boost（6.4.3 节中介绍的 AdaBoost 的一个变形）运行有限轮数时，其行为可以被看作一种特殊形式的正则化的合理近似。换句话说，运行几轮后就停止提升法在某种意义上可以被看作一种正则化的方法，适用于数据有限或有噪声的情况，否则的话就会导致过拟合。而且，当应用它的最弱的形式，我们将会看到正则化可以产生具有最大化间隔属性的分类器，这与我们在第 5 章看到的对 AdaBoost 的核心理解相一致。

在本章最后，作为本章介绍的通用方法如何应用的实例，我们将展示在两个获取数据有限的场景下，如何通过仔细设计合适的损失函数来解决数据有限的问题。

7.1 AdaBoost 的损失函数

那么与 AdaBoost 关联的损失函数是什么？在本书绝大多数地方都是强调最小化做出错误预测的概率。即分类器 H 对标注样本 (x, y) 的损失就是分类损失或者 0-1 损失，如

$$\mathbf{1}\{H(x) \neq y\}$$

如果分类器 H 对样本 (x, y) 分类错误，则此值为 1，否则为 0。事实上，第 3 章关注于得到 AdaBoost 训练误差的界

$$\frac{1}{m}\sum_{i=1}^{m}\mathbf{1}\{H(x_i) \neq y_i\} \tag{7.1}$$

这里，$(x_1, y_1), \cdots, (x_m, y_m)$ 是给定的训练集。如前所述，H 是组合分类器，形式如下

$$H(x) = \text{sign}(F(x))$$

其中

$$F(x) \doteq \sum_{t=1}^{T}\alpha_t h_t(x) \tag{7.2}$$

是弱分类器的线性组合。

那么 AdaBoost 就是最小化式（7.1）所示的目标函数的方法吗？答案是否定的。可以证明 AdaBoost 不需要找一个如上形式的组合分类器最小化式（7.1）。事实上，这个问题是一个 NP-完全问题，这意味着我们不相信存在多项式时间的算法。而且，通过对定理 3.1 证明过程的仔细研究，可以看到至少关于 α_t 的选择，算法的优化目标不是最小化式（7.1）中的训练误差，而是训练误差的上界。

定理 3.1 证明过程中的式（3.3）说明得更清楚些（对于当前讨论，我们确定 D_1 都是均匀分布）。这里，训练误差上界是

$$\frac{1}{m}\sum_{i=1}^{m}\mathbf{1}\{\mathrm{sign}(F(x_i))\neq y_i\}=\frac{1}{m}\sum_{i=1}^{m}\mathbf{1}\{y_iF(x_i)\leqslant 0\}$$

指数损失为

$$\frac{1}{m}\sum_{i=1}^{m}\mathrm{e}^{-y_iF(x_i)} \tag{7.3}$$

利用到了约束 $\mathbf{1}\{x\leqslant 0\}\leqslant \mathrm{e}^{-x}$ 。这是证明过程中唯一一次用到的不等式。在其他步骤中，包括例如 α_t 的贪心选择，都是严格的等式。因此，简单地说，AdaBoost 首先通过式（7.3）的指数损失给出训练误差的上界，然后通过算法对其进行贪心最小化。

我们认为 AdaBoost 事实上是一个最小化式（7.3）的贪心过程。更准确地说，考虑算法 7.1，它迭代地构建了一个线性组合 $F=F_T$ ，其形式由式（7.2）给出，在每一轮选择 α_t 和 h_t 使得式（7.3）的指数损失有最大的下降。我们认为这种贪心过程与 AdaBoost 等价：如果给定同样的数据和基假设空间，AdaBoost 对 α_t 和 h_t 会做出同样的选择（假设在整个过程中，我们使用一个穷尽搜索的弱学习器：对于所有的 $h_t\in\mathcal{H}$ ，一直选择使加权训练误差 ϵ_t 最小化的 h_t ）。上述结论的证明体现在定理 3.1 的证明过程中。首先注意到，利用定理 3.1 中的概念，证明过程中的式（3.2）表明，在每 t 轮中，对于所有的样本 i ，有

$$\frac{1}{m}\mathrm{e}^{-y_iF_{t-1}(x_i)}=D_t(i)(\prod_{t'=1}^{t-1}Z_{t'}) \tag{7.4}$$

这意味着

$$\begin{aligned}\frac{1}{m}\sum_{i=1}^{m}\mathrm{e}^{-y_iF_t(x_i)}&=\frac{1}{m}\sum_{i=1}^{m}\exp(-y_i(F_{t-1}(x_i)+\alpha_t h_t(x_i)))\\&=\sum_{i=1}^{m}D_t(i)(\prod_{t'=1}^{t-1}Z_{t'})\,\mathrm{e}^{-y_i\alpha_th_t(x_i)}\\&\propto\sum_{i=1}^{m}D_t(i)\,\mathrm{e}^{-y_i\alpha_th_t(x_i)}\doteq Z_t\end{aligned}$$

这里 $f\propto g$ 的意思是 f 等于 g 乘以一个正常数，这个正常数不依赖于 α_t 或 h_t 。因此，如算法 7.1 所示，在 t 轮中最小化指数损失等价于最小化归一化因子 Z_t 。而且，在式（3.7）中我们证明了给定一个具有加权误差 ϵ_t 的 h_t ，即

$$Z_t=\mathrm{e}^{-\alpha_t}(1-\epsilon_t)+\mathrm{e}^{\alpha_t}\,\epsilon_t$$

算法 7.1

最小化指数损失的贪心算法

给定：$(x_1, y_1), \cdots, (x_m, y_m)$，$x_i \in \mathcal{X}$，$y_i \in \{-1, +1\}$

初始化：

$$F_0 \equiv 0$$

对于 $t = 1, \cdots, T$，

- 选择 $h_t \in \mathcal{H}$，$\alpha_t \in \mathbb{R}$，最小化下式

$$\frac{1}{m}\sum_{i=1}^{m}\exp(-y_i(F_{t-1}(x_i)+\alpha_t h_t(x_i)))$$

（在 h_t 、α_t 的所有可能基础上）

- 更新：

$$F_t = F_{t-1} + \alpha_t h_t$$

输出：F_T

正是 AdaBoost 对 α_t 的选择最小化此表达式。因此，给定 h_t ，α_t 贪心最小化 t 轮的指数损失。此外，代入实现最小化指数损失的 α_t ，得到

$$Z_t = 2\sqrt{\epsilon_t(1-\epsilon_t)} \tag{7.5}$$

当 $0 \leqslant \epsilon_t \leqslant \frac{1}{2}$ ，本式单调递增；当 $\frac{1}{2} \leqslant \epsilon_t \leqslant 1$，本式单调递减（参见图 7.1）。因此，可以通过下面的方法来找到 t 轮指数损失最小化的 α_t 和 h_t 的组合：首先选择加权误差 ϵ_t 尽可能远离 1/2 的 h_t ，然后按上面的方式来选择 α_t ；或者，假设无论何时可以选择 h ，那么也可以选择 $-h$ ，这就等同于选择 ϵ_t 使其尽可能接近 0。当然，这就是 AdaBoost 在选择弱学习器的时候所做的。

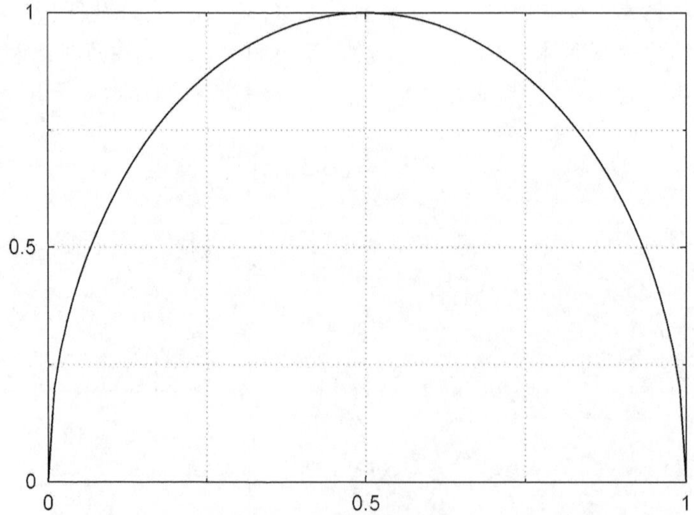

图 7.1

函数 $Z(\epsilon) = 2\sqrt{\epsilon(1-\epsilon)}$ ，如式（7.5）所示

7.2 坐标下降法

使用稍微不同的术语，在本节我们将会看到这个可以马上应用到其他目标函数上的基础算法实际上是一种叫作坐标下降法（coordinate descent）的数值方法。

7.2.1 AdaBoost 的泛化

为了简化算法，设有限空间 $\mathcal{H}$ 有 N 个基假设。因为空间是有限的，我们可以把所有可能的 N 个成员都列出来

$$\mathcal{H}=\{\hbar_1,\cdots,\hbar_N\}$$

为了明确符号的含义，$\hbar_j$ 代表第 j 个弱假设，该弱假设遵照一个任意的但是固定的对 $\mathcal{H}$ 中所有弱假设建立的索引。而 h_t，就像在 AdaBoost 中的用法(算法 1.1，或者等价的算法 7.1)，代表在每 t 轮从 $\mathcal{H}$ 中选择的弱假设。注意，N 尽管假设是有限的，但是通常都非常大。

我们知道 AdaBost 是寻找如式（7.2）所示的 $\mathcal{H}$ 的一个线性组合。因为每个 h_t 等于某个 $\hbar_j\in\mathcal{H}$，因此这个线性组合可以用新的符号重新表述如下，对于某些权重集合 $\boldsymbol{\lambda}$，有

$$F_{\boldsymbol{\lambda}}(x)\doteq\sum_{j=1}^{N}\lambda_j\hbar_j(x) \tag{7.6}$$

此外，需要最小化的指数损失函数可以表示如下

$$\begin{aligned}L(\lambda_1,\cdots,\lambda_N)&\doteq\frac{1}{m}\sum_{i=1}^{m}\exp(-y_iF_{\boldsymbol{\lambda}}(x_i))\\&=\frac{1}{m}\sum_{i=1}^{m}\exp\left(-y_i\sum_{j=1}^{N}\lambda_j\hbar_j(x)\right)\end{aligned} \tag{7.7}$$

我们已经看到，AdaBoost 的目标就是最小化这个损失函数，这里损失函数表示为一个实值函数 L，有 N 个实值参数，或者权重 $\lambda_1,\cdots,\lambda_N$。所使用的方法是在每 t 轮中选择一个弱分类器 $h_t\in\mathcal{H}$ 和一个实值 α_t，然后正如算法 7.1 中的更新步骤所述，增加一个新项 $\alpha_t h_t$ 到 F_{t-1}。因为 h_t 在空间 $\mathcal{H}$ 中，它一定就是某个 $\hbar_j$，因此选择 h_t 就等同于选择一个权重 λ_j。此外，增加 $\alpha_t h_t$ 到 F_{t-1} 就等同于增加 α_t 到 λ_j，也就是说进行下面的更新

$$\lambda_j\leftarrow\lambda_j+\alpha_t$$

因此，在每轮中，AdaBoost 只是调整其中的一个权重 λ_j。此外，7.1 节的证明说明选择权重 λ_j 和 α_t 会使损失函数 L 有最大的下降。

在这种情况下，AdaBoost 可以看作一个坐标下降法，这个方法通过每轮只沿着一个坐标轴方向进行下降的方式来最小化目标函数 L。坐标下降法的伪代码如算法 7.2 所示。相比之下，通用的梯度下降法我们将在 7.3 节进行讨论，其每轮都是同时调整所有的权重 $\lambda_1,\cdots,\lambda_N$。当弱分类器空间 $\mathcal{H}$ 的规模 N 十分庞大时（通常都是这种情况），像坐标下降法这种序列更新过程可能更有意义。因为这个过程引发了一个稀疏解，即绝大多数的 λ_j

都等于零。这明显有计算上的好处，因为很多计算可以不用考虑零权重的基假设。事实上，就是因为这个原因，AdaBoost 的运行时间完全不依赖于空间 $\mathcal{H}$ 的基假设的数目（尽管弱学习器的运行时间可能与之有关）。这可能还有统计方面的好处，如 4.1 节看到的，我们证明了泛化的界直接依赖于 T，即非零权重的数目，而只是对数依赖于 $N=|\mathcal{H}|$，即权重的数目。

算法 7.2

通用贪心坐标下降算法

目标：最小化 $L(\lambda_1,\cdots,\lambda_N)$

初始化：$\lambda_j \leftarrow 0$，对于 $j=1,\cdots,N$

对于 $t=1,\cdots,T$，

  $j \in \{1,\cdots,N\}$，$\alpha \in \mathbb{R}$，

  • 令 j，α 最小化 $L(\lambda_1,\cdots,\lambda_{j-1},\lambda_j+\alpha,\lambda_{j+1},\cdots,\lambda_N)$

  • $\lambda_j \leftarrow \lambda_j+\alpha$

输出：$\lambda_1,\cdots,\lambda_N$

在每轮中，还需要寻找最佳的单个权重进行更新，但是在很多情况下，可以有效地实现这种寻找，至少是得到近似最佳的结果。例如，在 AdaBoost 中，这相当于对具有最小加权误差的基分类器的搜索，可以用标准的学习算法完成。

7.2.2 收敛性

式（7.7）中的指数损失函数 L 可以被证明基于参数 $\lambda_1,\cdots,\lambda_N$ 是凸的（参考附录 A.7）。这是一个非常好的属性，这意味着像坐标下降法之类的搜索过程不会陷入局部最优，因为不存在局部最优。如果算法达到一个点 $\boldsymbol{\lambda}$，没有沿着某一坐标下降导致更低的 L 值的可能，则必定是 L 对 λ_j 的偏导 $\partial L/\partial\lambda_j$ 沿任意坐标 λ_j 都是零。这意味着梯度

$$\nabla L \doteq \left\langle \frac{\partial L}{\partial \lambda_1},\cdots,\frac{\partial L}{\partial \lambda_N} \right\rangle$$

也是零，因为 L 是凸的。因此可以得到结论在点 λ 达到了全局最优。

然而，上述事实并不足以得到结论：达到全局最优。事实上，尽管 L 是凸的、非负的，但完全有可能基于有限的 $\boldsymbol{\lambda}$ 并不能得到全局的最小值。相反，只有当部分或者全部的 λ_j 沿着某一特定的方向增加到无穷大的时候，才可能达到全局最小值。例如，通过选择合适的数据，L 可以是

$$L(\lambda_1,\lambda_2)=\frac{1}{3}(\mathrm{e}^{\lambda_1-\lambda_2}+\mathrm{e}^{\lambda_2-\lambda_1}+\mathrm{e}^{-\lambda_1-\lambda_2})$$

当 $\lambda_1=\lambda_2$，前两项取最小值；当 $\lambda_1+\lambda_2\to+\infty$，第三项取最小值。因此，在这种情况下，$L$ 的最小化是通过：固定 $\lambda_1=\lambda_2$，然后让这两个权重在同一空间一起增加到无穷大实现的。

尽管有这些困难，但在第 8 章将会证明：坐标下降法，即 AdaBoost，确实渐进收敛

到指数损失的全局最小值。

7.2.3 其他损失函数

很明显，坐标下降法也可以应用到其他目标函数上。为了易于实现、高效，目标函数 L 对于要调整的最佳坐标必须有高效的搜索方法，调整的幅度也需要易于计算。而且，为了避免局部最小值，函数 L 凸且光滑也是很有用的属性。

例如，上述思想可以应用到二次损失函数上，以代替指数损失函数。因此，给定数据 $(x_1, y_1), \cdots, (x_m, y_m)$，$y_i \in \mathbb{R}$，给定实值函数构成的空间 $\mathcal{H} = \{\hbar_1, \cdots, \hbar_N\}$，目标就是找到一个线性组合

$$F_{\boldsymbol{\lambda}} = \sum_{j=1}^{N} \lambda_j \hbar_j$$

有低的损失平方

$$L(\lambda_1, \cdots, \lambda_N) \doteq \frac{1}{m} \sum_{i=1}^{m} (F_{\boldsymbol{\lambda}}(x_i) - y_i)^2$$

这是一个标准的线性回归问题，但是我们设 $\mathcal{H}$ 的势（cardinality）N 是庞大的。例如，$\mathcal{H}$ 可能是由所有决策树构成的空间，是真正由大量的函数构成的空间。在这种情况下，采用坐标下降法会有类似算法 7.1 的步骤，只是原来算法中出现的指数损失用下式来代替

$$\frac{1}{m} \sum_{i=1}^{m} (F_{t-1}(x_i) + \alpha_t h_t(x_i) - y_i)^2$$

对于给定的 h_t，可以证明，直接进行微积分计算，α_t 的最小值是

$$\alpha_t = \sum_{i=1}^{m} r_i \frac{h_t(x_i)}{\|h_t\|_2^2} \tag{7.8}$$

这里，r_i 是残差（residual）

$$r_i \doteq y_i - F_{t-1}(x_i) \tag{7.9}$$

并且

$$\|h_t\|_2 = \sqrt{\sum_{i=1}^{m} h_t(x_i)^2}$$

对于选择的 α_t，则 L 的变化是

$$-\frac{1}{m} \left(\sum_{i=1}^{m} r_i \frac{h_t(x_i)}{\|h_t\|_2} \right)^2 \tag{7.10}$$

因此，选择 h_t 使得式（7.10）（绝对值）最大化。考虑到 h_t 可能的符号的变化，这等价于选择 h_t 使得下式最小

$$\frac{1}{m} \sum_{i=1}^{m} \left(\frac{h_t(x_i)}{\|h_t\|_2} - r_i \right)^2$$

即它与残差的 $\mathcal{L}_2$ 距离（归一化之后）。

7.3 损失最小化不能解释泛化能力

综上所述，我们可能很容易得出这样的结论：AdaBoost 作为一种学习算法的有效性取决于损失函数的选择，其目标是使其最小化。换句话说，AdaBoost 之所以有效仅仅是因为它最小化了指数损失。如果这是真的，那么接下来就可以使用比 AdaBoost 相对温和的、更强大、更复杂的优化方法设计出更好的算法。

然而，重要的是要记住：对指数损失的最小化本身并不足以保证低的泛化误差。相反，很可能实现了指数损失（用不同于 AdaBoost 的其他方法）最小化，然而泛化误差却相当大（相对于 AdaBoost）。我们将用理论证明和实验验证这一点。

如前所述，按照之前设定的条件，我们的目标是最小化式（7.7）。设数据是线性可分的，因此存在 $\lambda_1,\cdots,\lambda_N$ ，对所有的 i ，有 $y_i F_{\boldsymbol{\lambda}}(x_i) > 0$。在这种条件下，给定这样一组参数 $\boldsymbol{\lambda}$ ，我们可以平凡最小化等式（7.7），只需要用一个大的正常数 c 乘以 $\boldsymbol{\lambda}$ ，这就相当于 $F_{\boldsymbol{\lambda}}$ 乘以 c ，因此

$$\frac{1}{m}\sum_{i=1}^{m}\exp(-y_i F_{c\boldsymbol{\lambda}}(x_i)) = \frac{1}{m}\sum_{i=1}^{m}\exp(-y_i c F_{\boldsymbol{\lambda}}(x_i))$$

一定会收敛到零，当 $c \to \infty$ 。当然，乘以 c（$c > 0$）对预测 $H(x) = \text{sign}(F_{\boldsymbol{\lambda}}(x))$ 没有影响。这意味着，对于线性可分的数据，可以通过任意参数组 $\boldsymbol{\lambda}$ 乘以一个很大的、但是没什么意义的常数来实现对指数损失的最小化。换句话说，在这种情况下，知道 $\boldsymbol{\lambda}$ 可以最小化指数损失并不能告诉我们关于 $\boldsymbol{\lambda}$ 的任何情况，除了组合分类器 $H(x)$ 的训练误差为零。$\boldsymbol{\lambda}$ 是完全没有约束的。此类分类器的复杂度或 VC 维大致上是基分类器的个数 N（参考引理 4.1）。因为 VC 维提供了学习所需数据量的上界和下界，这意味着在典型情况下（N 非常大），分类器性能可能很差。

相反，给定弱学习假设，AdaBoost 的泛化性能会好很多，是 $\log N$ 级别的，如第 5 章所述。这是因为 AdaBoost 不是构建任意的训练误差为零的分类器，而是具有较大（归一化）间隔的分类器，这种属性并不是遵循其作为最小化指数损失的方法而来的。

说得更具体些，我们考虑最小化指数损失的 3 种算法，然后在一个具体的数据集上进行比较。在这个实验中，数据由人工生成，每个样本 $\mathbf{x}$ 是 10 000 维，每维取值是 $\{-1, +1\}$ 的向量，也就是在 $\{-1, +1\}^{10\,000}$ 上的一个点。1 000 个训练样本、10 000 个测试样本都是在这个空间随机均匀生成的。与某个样本 $\mathbf{x}$ 关联的标签 y 是 $\mathbf{x}$ 的 3 个指定坐标的多数投票，即

$$y = \text{sign}(x_a + x_b + x_c)$$

a、b、c 取值固定且不同。所用的弱假设与坐标相关联。因此，对于 10 000 个坐标的每个坐标 j ，对于所有的 $\mathbf{x}$ ，弱假设空间 $\mathcal{H}$ 都包括形如 $h(\mathbf{x}) = x_j$ 的弱假设 h（取值为负的当然也包括）。

在这个数据集上测试了 3 个算法。第一个是普通的 AdaBoost 算法，用的是穷尽的弱学习器，在每轮找到最小加权误差的弱假设。在下面的结果讨论中，我们称之为穷尽 AdaBoost 算法（exhaustive AdaBoost）。

第二个算法是梯度下降法，损失函数如式（7.7）所示。在这个方法中，我们反复通过一系列的步骤来调整 $\boldsymbol{\lambda}$，得到使损失函数 L 下降最快的方向，这个方向实际上是梯度的反方向。因此，我们以 $\boldsymbol{\lambda}=0$ 开始，每轮用下式对 $\boldsymbol{\lambda}$ 进行更新

$$\boldsymbol{\lambda} \leftarrow \boldsymbol{\lambda} - \alpha \nabla L(\boldsymbol{\lambda})$$

这里 α 是步长。在这些实验中，$\alpha>0$，在每轮通过线性搜索方式找到使损失函数在给定方向上下降最快的 α 的值。

我们将会看到，在驱使指数损失函数下降方面，梯度下降法要比 AdaBoost 快得多(为了讨论方便，这里速度用轮数来表示，而不是实际的计算时间)。第 3 个算法要慢得多。第 3 个算法实际上与 AdaBoost 基本一样，除了在选择弱假设的时候不是积极地找到一个最佳的弱假设，甚至也不找还不错的弱假设。而是在每轮中，只是均匀随机地从 $\mathcal{H}$ 选择一个弱假设 h，然后返回 h 或者 $-h$，即返回加权误差更低的那个（以此确保加权误差不会超过 1/2）。我们把这个算法叫作随机 AdaBoost（random AdaBoost）。

这 3 种算法都保证最小化指数损失（即使随机 AdaBoost 算法几乎也是可以保证的）。但是这并不意味着他们在实际数据上分类准确率的性能都一样。式（7.7）的指数损失函数 L 是凸的，因此它没有局部最优。但是这并不意味着最小值是唯一的。例如，函数

$$\frac{1}{2}(\mathrm{e}^{\lambda_1-\lambda_2}+\mathrm{e}^{\lambda_2-\lambda_1})$$

在 $\lambda_1=\lambda_2$ 的情况下，λ_1、λ_2 取任意值都可以得到最小值。事实上，一般情况下 N 是非常大的，我们可以预测实现 L 最小化的 $\boldsymbol{\lambda}$ 是一个很庞大的集合。两个算法都实现对 L 的最小化只能保证两者的解都在这个集合里，但是对于它们的相对准确率则没有提供任何信息。

实验结果如表 7.1 所示。如前所述，此表说明关于速度，梯度下降法在最小化指数损失方面是非常快的，而随机 AdaBoost 算法虽然最终是有效的，但速度慢得令人难以忍受。穷尽 AdaBoost 算法介于两者之间。

表 7.1　7.3 节描述的实验的结果

	%测试误差[#轮数]					
指数损失	穷尽 AdaBoost		梯度下降		随机 AdaBoost	
10^{-10}	0.0	[94]	40.7	[5]	44.0	[24 464]
10^{-20}	0.0	[190]	40.8	[9]	41.6	[47 534]
10^{-40}	0.0	[382]	40.8	[21]	40.9	[94 479]
10^{-100}	0.0	[956]	40.8	[70]	40.3	[234 654]

方括号内的数字是每个算法达到特定的指数损失值所需的轮数。方框号外的数字显示的是当指数损失首次低于特定的值的时候，每个算法达到的测试误差。所有结果都是重复 10 次实验然后取平均值得到的

在准确率方面，此表说明梯度下降法和随机 AdaBoost 算法在这个数据集上性能很差，测试误差从来没有显著地低于 40%。相比之下，穷尽 AdaBoost 算法在第三轮之后很快就

实现并保持了完美的测试准确率。

当然，这种人工的例子并不意味着穷尽 AdaBoost 算法一直都会优于另外两个算法。重点在于，AdaBoost 作为分类算法的优良表现并不归功于（至少不是排他的）对指数损失的最小化。否则，任何获得同样低指数损失的算法应该有同样低的泛化误差。但是这与我们在实验中看到的相差甚远，穷尽 AdaBoost 算法达到的指数损失与其他两个算法相当，但是它们的测试误差却相差巨大。显然，这说明除了指数损失，一定还有其他因素在起作用，这样才能解释为什么穷尽 AdaBoost 算法有如此强劲的表现。

事实上，这些结论与第 5 章的间隔理论完全一致，这与泛化误差有直接的联系。该理论指出泛化误差受以下几项约束：训练样本的规模、基分类器的复杂度、训练样本集上归一化间隔的分布。这 3 种算法在前两项上都一致。然而，在间隔分布上有巨大的差异，如图 7.2 所示。我们可以看到，穷尽 AdaBoost 算法在所有训练样本上都取得了非常大的间隔，至少是 0.33，这与它优秀的准确率密切相关。表现不佳的两个算法在几乎所有训练样本上的间隔都低于 0.07（随机 AdaBoost 算法甚至更低）。

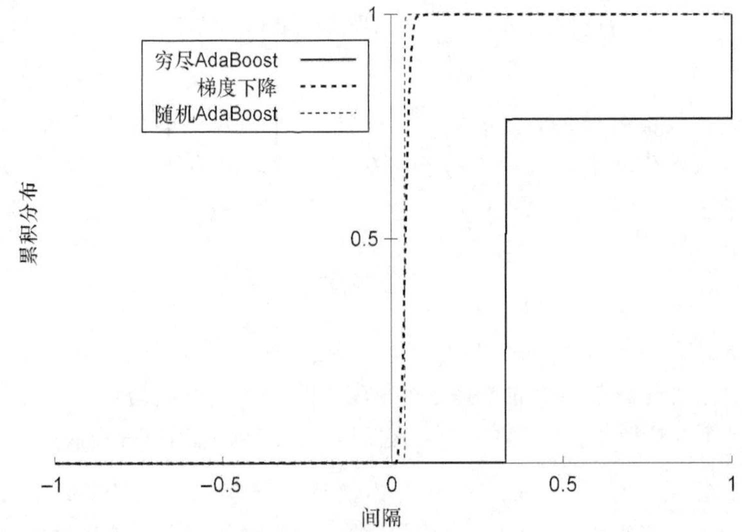

图 7.2

当指数损失首次低于 10^{-40} 时，3 种算法在人工生成数据上达到的间隔的分布

最小化指数损失是 AdaBoost 的基本属性，它也为该算法的一系列的实用扩展打开了大门。然而，本节的例子说明了任何对 AdaBoost 算法的泛化能力的理解必须以某种方式考虑算法的独特的动态特性，即不仅要考虑目标函数，还要考虑实际上使用了什么步骤来最小化这个目标函数。

7.4 泛函梯度下降

如 7.2 节所示，AdaBoost 可以看作针对某个特定优化函数的坐标下降最小化方法。这个视角是有意义的，而且是通用的，但是当沿着最佳坐标选择最佳调整不是那么直截了当的时候，这个视角对于其他损失函数就显得有些笨拙了。在本节，我们将提供把 AdaBoost 看作某个目标函数优化算法的另外一个视角，我们将会看到这个新的视角也可以泛化到其他损失函数，还可以以某种方式来克服坐标下降法的计算困难。事实上，在很多情况下，在给定的轮次中选择最佳的基函数就是找到具有最小误差率的分类器，就像在提升法中那样。因此，这项技术可以将许多损失函数的最小化转化为一系列的普通分类问题。

7.4.1 另外一种泛化

在坐标下降视角下，如式（7.7），我们把目标函数看作参数组 $\lambda_1,\cdots,\lambda_N$ 的函数，这些参数代表 $\mathcal{H}$ 上所有基函数的权重。所有的优化实际上就是控制这些参数。

新视角提供了相当不同的方法，其聚焦于全体函数，而不是参数组。特别地，我们的目标函数 $\mathcal{L}$ 现在的输入是另外一个函数 F。在 AdaBoost 的指数损失情况下，则是

$$\mathcal{L}(F) \doteq \frac{1}{m}\sum_{i=1}^{m} \mathrm{e}^{-y_i F(x_i)} \tag{7.11}$$

因此，$\mathcal{L}$ 是泛函，也就是说这个函数的输入就是一个函数，那么我们的目标是找到 F 最小化 $\mathcal{L}$（对 F 可能有些约束）。

事实上，为了优化式（7.11），我们只关心 F 在 $x_1,\cdots,x_m$ 上的值。因此，我们可以认为 $\mathcal{L}$ 就是 $F(x_1)$，…，$F(x_m)$ 这些值的函数，我们可以认为它们是 m 个普通的实数值变量。换句话说，如果我们把 $F(x_i)$ 写作 f_i，那么我们的目标可以看作最小化

$$\mathcal{L}(f_1,\cdots,f_m) \doteq \frac{1}{m}\sum_{i=1}^{m} \mathrm{e}^{-y_i f_i}$$

通过这种方式，$\mathcal{L}$ 可以看作 $\mathbb{R}^m$ 上的实值函数。

我们如何优化这种函数？如 7.3 节所述，梯度下降是一种标准方法，思路就是沿着最陡峭的下降方向进行小步的迭代，这个方向是梯度的反方向。应用这个思路意味着反复用如下规则对 F 进行更新

$$F \leftarrow F - \alpha \nabla\mathcal{L}(F) \tag{7.12}$$

这里 $\nabla\mathcal{L}(F)$ 代表 $\mathcal{L}$ 在 F 上的梯度，α 是某个小的正数，有时叫作学习速率（learning rate）。如果我们只把 F 看作 $x_1,\cdots,x_m$ 的函数，那么它的梯度是在 $\mathbb{R}^m$ 上的向量

$$\nabla\mathcal{L}(F) \doteq \left\langle \frac{\partial\mathcal{L}(F)}{\partial F(x_1)},\cdots,\frac{\partial\mathcal{L}(F)}{\partial F(x_m)} \right\rangle$$

式（7.12）所述的梯度更新等同于

$$F(x_i) \leftarrow F(x_i) - \alpha\frac{\partial\mathcal{L}(F)}{\partial F(x_i)}$$

这里，$i=1,\cdots,m$ 。

这个方法相当简单。问题是它对 F 完全没有约束，因此可以确定必然会过拟合。事实上，如前所述，这个方法对于没有在训练集合上出现的测试样本不能做出任何有意义的预

测。因此，为了约束 F ，我们设置了一个限制：每次对 F 进行更新的时候，必须来自基函数空间 $\mathcal{H}$ 的某类。也就是说，对 F 的更新必须是下面的形式

$$F \leftarrow F + \alpha h \tag{7.13}$$

$\alpha > 0, h \in \mathcal{H}$ 。因此，如果每个 $h \in \mathcal{H}$ 是在全局上定义的（不仅是训练集），那么 F 也是基于全局定义的。因此如果 $\mathcal{H}$ 中的函数足够简单，我们希望对测试数据会给出有意义的、准确的预测。

那么我们该如何从 $\mathcal{H}$ 中选择添加到 F 中的函数 h ？如式（7.13）所示，我们已经看到，沿着梯度的反方向 $-\nabla\mathcal{L}(F)$ 移动可能是正确的，但是可能是不可行的，因为更新必须是沿着某个 h 的方向。那么我们能做的就是从 $\mathcal{H}$ 中选择离负梯度的方向最近的基函数 h 。忽略归一化的问题，可以选择 h ，最大化其与负梯度的内积（因为内积衡量两个向量接近的程度），即最大化

$$-\nabla\mathcal{L}(F)\cdot h = -\sum_{i=1}^{m}\frac{\partial\mathcal{L}(F)}{\partial F(x_i)}h(x_i) \tag{7.14}$$

一旦选定 h ，选择合适的 $\alpha > 0$，F 可以按照式（7.13）进行更新。一种方法是简单地设 α 是一个小的正的常数。另外一种方式是，通过一维线性搜索选择 α 使 $\mathcal{L}$（或 $\mathcal{L}$ 的近似）实现最小化。

我们这里描述的通用方法叫作泛函梯度下降（functional gradient descent)。因此其通用形式的步骤叫作 AnyBoost 算法，如算法 7.3 所示。

算法 7.3

一个通用泛函梯度下降算法 AnyBoost

目标：最小化 $\mathcal{L}(F)$
初始化：$F_0 \equiv 0$
对于 $t = 1, \cdots, T$，
- 选择 $h_t \in \mathcal{H}$，最大化 $-\nabla\mathcal{L}(F_{t-1})\cdot h_t$
- 选择 $\alpha_t > 0$，
- 更新：$F_t = F_{t-1} + \alpha_t h_t$

输出：F_T

在 AdaBoost 情况下，损失函数如式（7.11）所示。其偏导为

$$\frac{\partial\mathcal{L}(F)}{\partial F(x_i)} = \frac{-y_i e^{-y_i F(x_i)}}{m}$$

因此，在第 t 轮，目标是找到 h_t 最大化

$$\frac{1}{m}\sum_{i=1}^{m} y_i h_t(x_i) e^{-y_i F_{t-1}(x_i)} \tag{7.15}$$

上式按照标准 AdaBoost 的符号，根据式（7.4），与下式成比例

$$\sum_{i=1}^{m} D_t(i) y_i h_t(x_i) \tag{7.16}$$

假设 h_t 的取值范围为 $\{-1,+1\}$，可以证明式（7.16）等于 $1-2\epsilon_t$ 。这里照例，

$$\epsilon_t \doteq \mathbf{Pr}_{i\sim D_t}[h_t(x_i)\neq y_i]$$

因此，最大化式（7.15）等价于在 AdaBoost 中的最小化加权误差 ϵ_t 。至于 α_t 的选择，我们已经看到 AdaBoost 选择 α_t 以最小化指数损失（见 7.1 节）。因此，AdaBoost 是如算法 7.3 给出的通用泛函梯度下降算法的一个特例（假设是穷尽弱假设选择）。选择一个小的常数学习速率 $\alpha>0$，就产生了如 6.4 节讨论的 α -Boost 算法。

将这个框架用到损失平方，如 7.2.3 节，可以获得相似的算法。在这种情况下，有

$$\mathcal{L}(F)\doteq\frac{1}{m}\sum_{i=1}^{m}(F(x_i)-y_i)^2$$

因此

$$\frac{\partial\,\mathcal{L}(F)}{\partial\,F(x_i)}=\frac{2}{m}(F(x_i)-y_i)$$

则选择 h_t 最大化

$$\frac{2}{m}\sum_{i=1}^{m}h_t(x_i)\,r_i$$

这里，r_i 是式（7.9）中的残差。这与式（7.10）中选择 h_t 的优化标准几乎相同，只是没有显式地归一化。这样的 h_t 应该是可以找到的，例如，用如 7.4.3 节所述的分类学习算法。一旦选定了 h_t ，可以如式（7.8）选择最小化 α_t 。

7.4.2 与坐标下降法的关系

优化问题是泛函梯度下降法的核心(即式(7.14)的最大化)，因为优化问题易于解决，所以其在实际应用上优于坐标下降法。在坐标下降法中我们尝试找到一个参数 λ_j ，调整后会导致目标函数上最大的下降。事实上，两者是密切相关的，泛函梯度下降可以很自然地看作坐标下降法的近似。特别地，我们不是选择最佳的坐标，而是可能尝试坐标下降和梯度下降两者之间的一种折中，即我们选择和更新在其方向上梯度的负数最大的坐标。这种坐标下降的变形有时叫作 Gauss-Southwell 过程。因此，如果优化函数是 $L(\lambda_1,\cdots,\lambda_N)$，那么在坐标下降的每一轮，我们选择的 λ_j 使得 $-\frac{\partial L}{\partial\lambda_j}$ 最大。如果目标函数 L 可以写成如下的形式

$$L(\lambda_1,\cdots,\lambda_N)=\mathcal{L}(F_{\boldsymbol{\lambda}})$$

$F_{\boldsymbol{\lambda}}$ 如式（7.6）所示，根据微积分的链式法则（参见附录 A.6），这等价于调整 λ_j 使得下式最大化

$$-\frac{\partial L}{\partial\lambda_j}=-\sum_{i=1}^{m}\frac{\partial\mathcal{L}(F_{\boldsymbol{\lambda}})}{\partial F_{\boldsymbol{\lambda}}(x_i)}\hbar_j(x_i)$$

这当然就是泛函梯度下降所实现的。

7.4.3　对通用损失函数进行分类和回归

推广如上对 AdaBoost 所进行的操作，我们可以证明在 AnyBoost（算法 7.3）中的每轮的核心问题——最大化 $-\nabla\mathcal{L}(F_{t-1})\cdot h_t$ 可以看作普通的分类问题，如果每个 h_t 可以限制范围为 $\{-1,+1\}$。为了说明这点，令

$$\ell_i=-\frac{\partial\,\mathcal{L}(F_{t-1})}{\partial\,F(x_i)}$$

并且，令

$$\tilde{y}_i=\mathrm{sign}(\ell_i)$$
$$d(i)=\frac{|\ell_i|}{\sum_{i=1}^{m}|\ell_i|}$$

问题就是最大化

$$\begin{aligned}\sum_{i=1}^{m}\ell_i h_t(x_i)&\propto\sum_{i=1}^{m}d(i)\,\tilde{y}_i h_t(x_i)\\&=1-2\sum_{i:\tilde{y}_i\neq h_t(x_i)}d(i)\\&=1-2\,\mathbf{Pr}_{i\sim d}[\tilde{y}_i\neq h_t(x_i)]\end{aligned}$$

这里 $f\propto g$ 意味着 f 等于 g 乘以一个不依赖于 h_t 的常数。因此，为了最大化 $\nabla\mathcal{L}(F_{t-1})\cdot h_t$，我们可以创建如上的“伪标签”$\tilde{y}_i\in\{-1,+1\}$，然后对每个样本分配一个概率权重 $d(i)$。最大化问题就变成了找到一个分类器 h_t，该分类器 h_t 在（伪）训练样本集 $(x_1,\tilde{y}_1),\cdots,(x_m,\tilde{y}_m)$ 上由权重 $d(i)$ 定义的概率分布上具有最小的加权误差。注意这些伪标签 $\tilde{y}_i$ 会随着轮数不同而变化，可能与提供的作为一部分“真实”数据集的标签一致，也有可能不一致（尽管在 AdaBoost 的情况下，通常都是一致的）。因此，在这种情况下，任何优化问题原则上都可以转换为一系列的分类问题。

或者，不选择与负梯度 $-\nabla\mathcal{L}(F_{t-1})$ 相似的函数 h_t，这主要是通过最大化它们的内积来实现的。相反，可以最小化两者之间的欧式距离（在这里我们仍然把这些函数看作 $\mathbb{R}^m$ 空间中的向量）。即，思路是修改算法 7.3 不是最大化 $-\nabla\mathcal{L}(F_{t-1})\cdot h_t$，而是尝试最小化

$$\|-\nabla\mathcal{L}(F_{t-1})-h_t\|_2^2=\sum_{i=1}^{m}\left(-\frac{\partial\,\mathcal{L}(F_{t-1})}{\partial\,F(x_i)}-h_t(x_i)\right)^2\tag{7.17}$$

找到这样的 h_t 本身就是一个最小二乘回归（least-squares regression）问题，实值伪标签是

$$\tilde{y}_i=-\frac{\partial\,\mathcal{L}(F_{t-1})}{\partial\,F(x_i)}$$

因此，式（7.17）变成

$$\sum_{i=1}^{m}(\tilde{y}_i - h_t(x_i))^2$$

在上述公式中，允许 h_t 是实数值，而且假设可以根据任意常数进行缩放（换句话说，如果 h 是 $\mathcal{H}$ 中允许的函数，那么 ch 也是允许的函数，对于任意标量 $c \in \mathbb{R}$)。选择好 h_t 后，就可以用之前讨论过的方法来选择权重 α_t ，例如可以用线性搜索的方法找到损失下降最大的值。因此，用这种方法，任意损失最小化的问题可以归纳为一系列的回归问题。

例如，回到之前讨论的损失平方的例子，伪标签与残差成比例：$\tilde{y}_i=(2/m)r_i$ 。因此，每轮问题都是根据平方差找到与残差最接近的 h_t（乘以一个无关的常数）。为了达到这个目的，我们可以用一个决策树算法，如 CART，解决这种回归问题。一旦找到了一个决策树，导致损失平方最大下降的 α_t 的值可以根据式（7.8）得到（另一方面，实际上通常需要限制权重的规模以避免过拟合，例如，用正则化的方法或者选择 α_t 只是式（7.8）中给定的值的一部分）。在任意情况下，最终的组合假设 F_T 将是回归树的加权平均。

7.5 逻辑斯蒂回归和条件概率

接下来，我们将研究 AdaBoost 和逻辑斯蒂回归之间的密切联系，首先是对后者的简要描述。这将得到一个逻辑斯蒂回归的类提升算法和用 AdaBoost 来估计条件概率的方法。

7.5.1 逻辑斯蒂回归

通常，我们假设给定数据 $(x_1,y_1),\cdots,(x_m,y_m)$ ，$y_i \in \{-1,-1\}$ 。假设我们给定一系列实值的基函数，或者有时叫作特征，$\mathcal{H}=\{\hbar_1,\cdots,\hbar_N\}$ 。它们起到的作用与在提升法中的弱假设类似，它们在形式上是等价的。直到现在，我们一般认为这些基函数/假设是二元（$\{-1,+1\}$)分类器，但是绝大多数讨论对于实值的情况也是成立的。使用实值基假设的提升算法将在第 9 章进行详细讨论。

在逻辑斯蒂回归中，目标是给出一个特定样本 x ，估计标签 y 的条件概率，而不仅是预测 y 是正的还是负的。进一步地，我们假设这个条件概率有一个特定的参数形式，具体地说，是特征的线性组合的 sigmoid 函数。也就是说，我们假设样本-标签对 (x,y) 是随机产生的，因此一个正标签的真实条件概率等于

$$\mathbf{Pr}[y=+1 \mid x;\boldsymbol{\lambda}]=\sigma\left(\sum_{j=1}^{N}\lambda_j \hbar_j(x)\right) \tag{7.18}$$

对于 $\boldsymbol{\lambda}=\langle\lambda_1,\cdots,\lambda_N\rangle$ ，且这里

$$\sigma(z)=\frac{1}{1+\mathrm{e}^{-z}} \tag{7.19}$$

是范围 [0,1] 内的 sigmoid 函数（参见图 7.3)。如前所示，令 F_λ 如式（7.6)。注意，当 z 分别是正数、零或者负数的时候，$\sigma(z)$ 分别是大于、等于或者小于 1/2 的。因此，换句话说，此模型是假设在特征空间上有一个线性超平面（即 $F_\lambda(x)=0$）将点分成更可能是正的和更可能是负的两部分。此外，点离这个超平面越近，则其所属类别的不确定性越大。

注意，一个负标签的条件概率是

$$\begin{aligned}\mathbf{Pr}[y=-1 \mid x;\ \boldsymbol{\lambda}] &= 1-\sigma(F_{\boldsymbol{\lambda}}(x)) \\ &= \sigma(-F_{\boldsymbol{\lambda}}(x))\end{aligned}$$

因此，对于 $y \in \{-1, +1\}$，我们可以写成

$$\mathbf{Pr}[y \mid x;\ \boldsymbol{\lambda}] = \sigma(y F_{\boldsymbol{\lambda}}(x))$$

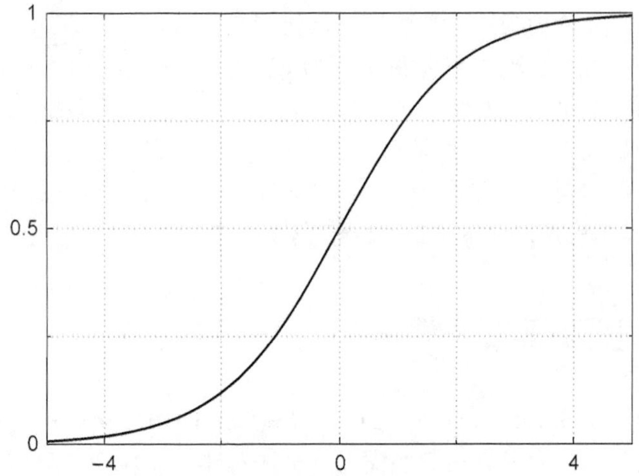

图 7.3
式（7.19）中的 sigmoid 函数 $\sigma(z)$

我们如何找到参数 $\boldsymbol{\lambda}$ 去估计这些条件概率？一个标准的统计的方法就是找到使数据的条件似然最大的参数，即在样本 x_i 的条件下，观察到给定的标签 y_i 的概率。在这种情况下，样本（x_i，y_i）的条件似然，对于参数 $\boldsymbol{\lambda}$，是如下形式

$$\mathbf{Pr}[y_i \mid x_i;\ \boldsymbol{\lambda}] = \sigma(y_i F_{\boldsymbol{\lambda}}(x_i))$$

因此，假设样本间相互独立，全体数据集的条件似然是

$$\prod_{i=1}^{m} \sigma(y_i F_{\boldsymbol{\lambda}}(x_i))$$

最大化此似然就是最小化它的负对数，就等于（乘以 $1/m$ 之后）

$$-\frac{1}{m}\prod_{i=1}^{m} \ln \sigma(y_i F_{\boldsymbol{\lambda}}(x_i)) = \frac{1}{m}\prod_{i=1}^{m} \ln(1+\mathrm{e}^{-y_i F_{\boldsymbol{\lambda}}(x_i)}) \tag{7.20}$$

这就是逻辑斯蒂回归最小化的损失函数，我们今后称之为逻辑斯蒂损失（logistic loss）。一旦找到了使此损失最小的参数 $\boldsymbol{\lambda}$，那么对于测试样本 x 的标签的条件概率可以如式（7.18）进行估计。或者，通过计算 $\mathrm{sign}(F_{\boldsymbol{\lambda}}(x))$，我们可以获得一个“硬”分类的阈值。

如 7.2 节讨论的，AdaBoost 最小化式（7.7）中给定指数损失。因为当 $x>-1$ 时，$\ln(1+x) \leqslant x$，显而易见指数损失是逻辑斯蒂损失的上界。此外，如果式（7.20）的自然对数用底为 2 的对数代替（这就相当于乘以一个常数 $\log_2 \mathrm{e}$），那么逻辑斯蒂损失就像指

数损失，是分类损失的上界，即训练误差为

$$\frac{1}{m}\sum_{i=1}^{m}\mathbf{1}\{y_i F_\lambda(x_i) \leqslant 0\} = \frac{1}{m}\sum_{i=1}^{m}\mathbf{1}\{y_i \neq \operatorname{sign}(F_\lambda(x_i))\}$$

这些损失函数之间的关系如图 7.4 所示。然而，正如我们将看到的，指数损失和逻辑斯蒂损失之间的关系更深些。

指数损失和逻辑斯蒂损失都给出了分类误差的上界。而且，当(没有归一化)间隔 $z = yF_\lambda(x)$ 为正时，这两个损失函数十分接近。然而，当 z 为负时，两者则相差甚远。因为指数损失是指数级增长，而逻辑斯蒂损失只是线性增长(因为当 z 为负并且很大时，$\ln(1+e^{-z}) \approx -z$)。这说明在某些情况下，逻辑斯蒂损失表现更好。

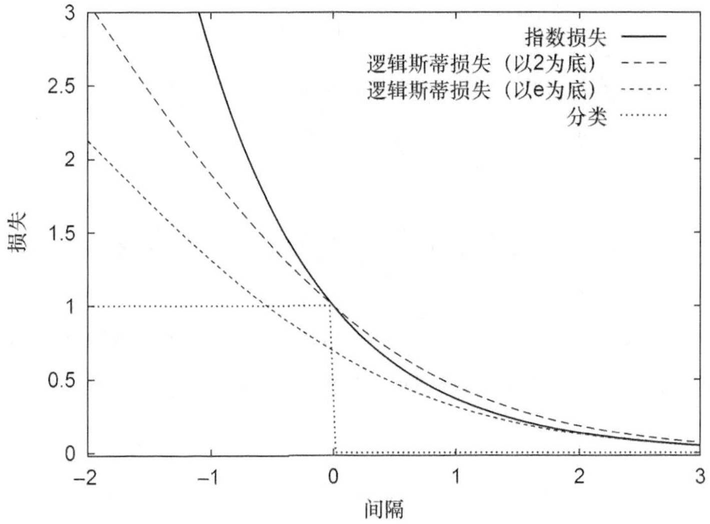

图 7.4

指数损失、逻辑斯蒂损失（以 2 为底）、逻辑斯蒂损失（以 e 为底）和分类损失。每个损失都是未归一化间隔 $yF(x)$ 的函数

7.5.2 修改 AdaBoost 用于逻辑斯蒂损失

那么如何最小化逻辑斯蒂损失函数呢？标准的方法，例如梯度下降法或者牛顿法，如果基函数的数目十分庞大，这些方法将是十分低效的。在这种情况下，一个类似提升法的方法可能是更合适的。

在 7.2 节和 7.4 节中，我们讨论了将 AdaBoost 用于最小化目标函数的方法，因此尝试将这些方法应用于逻辑斯蒂损失是很自然的。第一种方法就是坐标下降，此方法反复查找和调整参数 λ_j，使其在目标函数上有最大的下降。但是遗憾的是，对于逻辑斯蒂损失，这分析起来很困难。

另一种方法是泛函梯度下降法，在每次迭代中，我们选择最接近目标函数的负泛函梯度的基函数。在这种情况下，我们感兴趣的泛函是

$$\mathcal{L}(F)=\sum_{i=1}^{m}\ln(1+\mathrm{e}^{-y_iF(x_i)}) \tag{7.21}$$

它的偏导为

$$\frac{\partial\,\mathcal{L}(F)}{\partial\,F(x_i)}=\frac{-y_i}{1+\mathrm{e}^{y_iF(x_i)}}$$

这个方法就是反复把某个基函数 $h\in\mathcal{H}$ 加到 F 上，使下式最大化

$$\sum_{i=1}^{m}\frac{y_ih(x_i)}{1+\mathrm{e}^{y_iF(x_i)}} \tag{7.22}$$

换句话说，这个方法的思想就是用下式加权样本 i

$$\frac{1}{1+\mathrm{e}^{y_iF(x_i)}} \tag{7.23}$$

然后找到 h ，h 在这一系列权重下，与标签 y_i 最相关。当用下面的权重来代替的时候，这些权重几乎与 AdaBoost 的一样

$$\mathrm{e}^{-y_iF(x_i)} \tag{7.24}$$

然而，式（7.24）的权重也是无约束的，相反式（7.23）的权重更有约束些，通常在 $[0,1]$。

因此，泛函梯度下降法说明在每轮如何选择基函数。然而，该方法没有指明 h 乘以多大的系数然后加到 F 上，即在如下的迭代更新规则中如何选择 α

$$F\leftarrow F+\alpha h \tag{7.25}$$

可以用线性搜索的方式找到使 $\mathcal{L}(F)$ 有最大的下降的 α ，或者只是简单地使 α 适当地减小。但是这两种方法看起来都不是很容易进行分析。

然而，有另一种方法，本质上是在每轮将问题归纳为指数损失所遇到的同类易于处理的最小化问题。思路是对损失的变化推导出上界，并对其最小化，这作为损失实际变化的代理。特别地，考虑式（7.25）中的更新，这里 $\alpha\in\mathbb{R}$，$h\in\mathcal{H}$ 。我们可以计算并获得逻辑斯蒂损失的变化 $\Delta\mathcal{L}$ 的上界，当 F 用 $F+\alpha h$ 来代替时，得到如下式子

$$\begin{aligned}\Delta\mathcal{L}&\doteq\mathcal{L}(F+\alpha h)-\mathcal{L}F\\&=\sum_{i=1}^{m}\ln(1+\mathrm{e}^{-y_i(F(x_i)+\alpha h(x_i))})-\sum_{i=1}^{m}\ln(1+\mathrm{e}^{-y_iF(x_i)}) \qquad (7.26)\\&=\sum_{i=1}^{m}\ln\left(\frac{1+\mathrm{e}^{-y_i(F(x_i)+\alpha h(x_i))}}{1+\mathrm{e}^{-y_iF(x_i)}}\right)\\&=\sum_{i=1}^{m}\ln(1+\frac{\mathrm{e}^{-y_i(F(x_i)+\alpha h(x_i))}-\mathrm{e}^{-y_iF(x_i)}}{1+\mathrm{e}^{-y_iF(x_i)}})\\&\leqslant\sum_{i=1}^{m}\frac{\mathrm{e}^{-y_i(F(x_i)+\alpha h(x_i))}-\mathrm{e}^{-y_iF(x_i)}}{1+\mathrm{e}^{-y_iF(x_i)}}\\&=\sum_{i=1}^{m}\frac{\mathrm{e}^{-y_i\alpha h(x_i)}-1}{1+\mathrm{e}^{y_iF(x_i)}} \qquad (7.27)\end{aligned}$$

这里，不等式用到了：当 $z>-1$ 时，$\ln(1+z)\leqslant z$ 。每个等式都是简单的代数操作。现在就是选择 α 和 h 最小化式（7.27）中的上界。方便的是，这个上界与 AdaBoost 每轮最小化的目标的形式完全一致。换句话说，最小化式（7.27）等价于下式的最小化

$$\sum_{i=1}^{m} D(i)\,\mathrm{e}^{-y_i\alpha h(x_i)}$$

这里权重 $D(i)$ 等于（或成比例）

$$\frac{1}{1+\mathrm{e}^{y_i F(x_i)}}$$

如 7.1 节所讨论的，这就是 AdaBoost 最小化的形式，在每轮 $D(i)$ 为 $\mathrm{e}^{-y_i F(x_i)}$ 。因此，就如同 AdaBoost 的情况，如果每个 h 是二分类的，那么最佳的 h 就是在 D 上有最小加权误差 ϵ 的，最佳 α 是

$$\alpha=\frac{1}{2}\ln(\frac{1-\epsilon}{\epsilon})$$

上述思路汇聚到一起就形成了算法 7.4，叫作 AdaBoost. L 。[①] 如前所述，这个过程与 AdaBoost 一致，除了在 AdaBoost 中 $D(i)$ 是与 $\mathrm{e}^{-y_i F_{t-1}(x_i)}$ 成比例的。特别地，这意味着我们可以使用同样的弱学习器，而不用做任何的修改。

算法 7.4

AdaBoost. L：AdaBoost 的变形实现逻辑斯蒂损失最小化

给定：$(x_1,y_1),\cdots,(x_m,y_m)$ ，$x_i\in\mathcal{X}$，$y_i\in\{-1,+1\}$

初始化：$F_0\equiv 0$

对于 $t=1,\cdots,T$ ，

- $D_t(i)=\frac{1}{\mathcal{Z}_t}\cdot\frac{1}{1+\mathrm{e}^{y_i F_{t-1}(x_i)}}$ ，$i=1,\cdots,m$

  $\mathcal{Z}_t$ 是归一化因子

- 选择 $\alpha_t\in\mathbb{R}$，$h_t\in\mathcal{H}$ 最小化（或者近似最小化，如果用启发式搜索方法）下式，

$$\sum_{i=1}^{m} D_t(i)\,\mathrm{e}^{-y_i\alpha_t h_t(x_i)}$$

- 按下式进行更新：$F_t\leftarrow F_{t-1}+\alpha_t h_t$

输出：F_t

通过对 D_t 的选择做上述轻微的修改，可以证明，用第 8 章所述的方法，这个过程是渐进最小化逻辑斯蒂损失，而不是指数损失的（参见练习 8.6）。但是，在这点上，我们仍然可以得到启发：为什么这个算法是有效的。忽略这样的情况：在每轮我们最小化的是上界。对于 α ，考虑式（7.27）的上界的导数与式（7.26）中实际损失变化的导数的对比。当 $\alpha=0$ 的时候，两个导数是相等的，具体地，他们都等于式（7.22）的负数。这意味着，如果式（7.27）的界对于任意的 α 都是非负的，那么我们一定在此函数的最小值处，即当

① 这个算法有时也叫作 LogAdaBoost 和 LogitBoost，尽管后者的名字是错误的，因为初始的 LogitBoost 算法也用类似牛顿法的搜索方法，AdaBoost. L 并没有引入这种方法。

$\alpha=0$ 时它的导数为零，而且对于式（7.26）损失变化的导数也是这种情况。因此，如果对于所有 $h_t \in \mathcal{H}$ 都有这种情况，这说明在上界没有任何的改善，那么说明我们一定达到了逻辑斯蒂损失的最小值（若函数是凸的，则一定是全局最优）。

注意，这个方法本质上与泛函梯度下降是一样的，但是对 α_t 的选择有特定的规范。具体地说，样本上的权重 $D_t(i)$ 与泛函梯度下降中的一致，如果用二分类的弱假设，那么 h_t 的选择也是一致的。

如前所述，算法 7.4 中所用的权重 $D_t(i)$ 没有 AdaBoost 的变化那么剧烈，具体地就是从来没有超过 $[0,1]$ 的范围。这可能导致对异常的敏感不如 AdaBoost。

7.5.3 估计条件概率

逻辑斯蒂回归的一个优势是在给定样本 x 的情况下，可以估计 y 的条件概率。在很多情况下，这种能力十分有用，因为这比无任何约束的最大可能标签的预测可以提供更多的信息。在本节，我们将会看到，目前为止还是一直被严格地描述为一个分类方法的 AdaBoost，也可以用来估计条件概率。

早期，我们推导逻辑斯蒂回归是通过设定这些条件概率的一个特殊形式，然后基于这个形式推导出损失函数。事实证明反过来也是可以的。也就是说，从一个损失函数开始，我们推导出条件标签概率的估计，这个方法也可以应用于指数损失。

设 $\ell(z)$ 表示 F 在样本 (x,y) 上的损失函数，未归一化间隔 $z=yF(x)$ 。因此，对于逻辑斯蒂回归

$$\ell(z)=\ln(1+\mathrm{e}^{-z}) \tag{7.28}$$

目标是找到 F 最小化

$$\frac{1}{m}\sum_{i=1}^{m}\ell(y_iF(x_i)) \tag{7.29}$$

这个目标函数可以看作期望损失的经验代理或估计

$$\mathbf{E}_{(x,y)\sim\mathcal{D}}[\ell(yF(x))] \tag{7.30}$$

期望是指真实分布 $\mathcal{D}$ 上随机选择样本 (x,y) 的期望。换句话说，我们假设理想的目标是最小化这个真实的风险（risk），或者期望损失，实践中必定是用训练集进行经验近似。

设

$$\pi(x)=\mathbf{Pr}_y[y=+1\mid x]$$

是 x 是正样本条件下的真实条件概率。设 $\pi(x)$ 是已知的，并进一步假设函数 F 是完全任意的，没有限制的（而不是特征的线性组合）。那么我们如何选择 F ？式（7.30）的期望在 x 的条件下，重写如下

$$\mathbf{E}_x[\mathbf{E}_y[\ell(yF(x))\mid x]]=\mathbf{E}_x[\pi(x)\ell(F(x))+(1-\pi(x))\ell(-F(x))]$$

因此，$F(x)$ 的最小化可以独立于每个 x ，特别地，应该最小化

$$\pi(x)\ell(F(x))+(1-\pi(x))\ell(-F(x))$$

基于 $F(x)$ 求这个表达式的微分，我们看到最优的 $F(x)$ 应该满足

$$\pi(x)\ \ell'(F(x))-(1-\pi(x))\ \ell'(-F(x))=0 \tag{7.31}$$

这里 ℓ' 是 ℓ 的导数。根据式（7.28）选择 ℓ ，则

$$F(x)=\ln\left(\frac{\pi(x)}{1-\pi(x)}\right)$$

对于我们来说更重要的是，一旦一个算法得到一个函数 F ，其近似最小化逻辑斯蒂损失。我们可以用上式的相反形式，将 $F(x)$ 转换成对 $\pi(x)$ 的估计，即

$$\pi(x)=\frac{1}{1+\mathrm{e}^{-F(x)}} \tag{7.32}$$

这与 7.5.1 节中给出的逻辑斯蒂回归的原始导数完全一致。

同样的方法也可以应用到其他损失函数。解式（7.31）通常可以得到

$$\pi(x)=\frac{1}{1+\dfrac{\ell'(F(x))}{\ell'(-F(x))}}$$

对于 AdaBoost 所用的指数损失，我们有 $\ell(z)=\mathrm{e}^{-z}$ 。代入上式，得

$$\pi(x)=\frac{1}{1+\mathrm{e}^{-2F(x)}} \tag{7.33}$$

因此，变换后得到 AdaBoost 的输出

$$F(x)=\sum_{t=1}^{T}\alpha_t h_t(x)$$

为一个条件概率，我们可以简单地将 $F(x)$ 代入式（7.33）所给出的 sigmoid 函数，这个转换几乎与式（7.32）中逻辑斯蒂回归所用的一致。

值得注意的是，这种方法是建立在两个可能存疑的假设之上的。首先，对于所有相关的函数 F ，我们假设式（7.29）中的经验损失（或风险）是式（7.30）中的真实风险（或期望损失）的合理估计。这可能成立也可能不成立。事实上对于无界损失函数，如逻辑斯蒂损失和指数损失，这一点尤其值得怀疑。其次，我们假设逻辑斯蒂或 AdaBoost 计算的函数 F 是没有限制的所有函数 F 上的最小值，然而我们知道，这两种算法计算的 F 是基函数或者弱分类器的线性组合。

图 7.5 显示了这个方法应用于实际数据的结果。在本例中，人口普查数据集如 5.7.1 节所述，使用与之前相同的设置。训练后，AdaBoost 用式（7.33）中的组合假设 F 产生对每个测试样本 x 是正样本的概率估计 $\pi(x)$（收入高于 50 000 美元）。为了产生如图所示

的校准曲线（calibration curve）[①]，20 000 个测试样本根据它们的 $\pi(x)$ 值进行了排序，然后分成连续的组，每组 100 个样本。图中每个点对应这样一个组，x 轴的值是组内样本的概率估计 $\pi(x)$ 的均值，y 轴的值是组内真实正样本所占的百分比。因此，如果概率估计是准确的，那么所有的点都应该接近一条直线 $y = x$。特别地，在这个图中，用了较大的训练样本规模，10 000 个样本，我们看到在测试数据集上概率估计相当准确。然而，对于规模较小的训练样本集，性能可能由于上述的原因而显著下降。

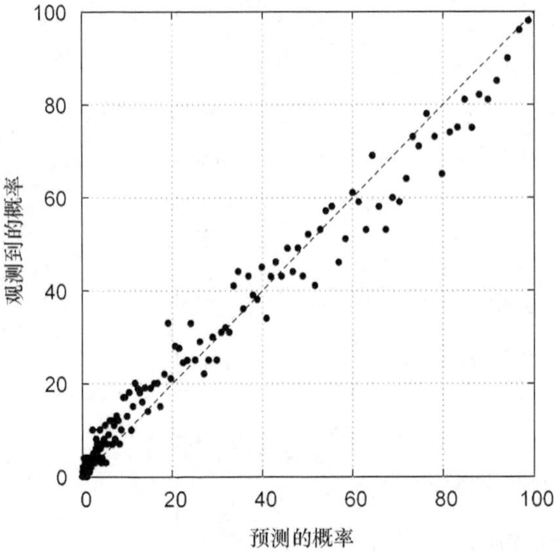

图 7.5

人口普查数据集的校准曲线。图中每个点代表含有 100 个测试样本的一组，根据样本为正样本的估计概率进行分组。横坐标是根据学习模型组内样本为正样本的预测概率的均值；纵坐标是组内实际标签为正的样本的百分比。因此，理想的预测应该是接近直线 $y = x$

7.6 正则化

7.6.1 避免过拟合

在本书中，我们已经讨论了在学习中避免过拟合的核心重要性。当然，这在分类中是十分重要的，但是在估计条件概率时，这点将更重要。这是因为后者是对单个概率的实际数值进行估计，然而在分类的时候，只需要根据一个样本为正的概率大于或者小于其为负的概率进行预测就可以了。因此，分类问题对学习算法要求较少，并且基于一个更加宽容的标准。

7.5.3 节的例子说明 AdaBoost 可以有效地估计概率。然而，当训练数据集规模较小或者数据有很多噪声时，性能也可能会很糟。一个极端的例子如图 7.6 所示。这里人工生成的样本 x 是均匀分布在 $[-2,+2]$ 区间的实数，对于任意的 x，标签 y 以概率 2^{-x^2} 为

① 校准曲线（calibration curve）：就是实际发生率和预测发生率的散点图。

1，否则为−1。这个条件概率作为 x 的函数，画在图的左侧。右侧是运行 AdaBoost 得到的条件概率估计值，AdaBoost 运行 10 000 轮，有 500 个训练样本，基分类器为决策树桩（应用式(7.33)）。显然，这些概率估计性能很差，相应的分类器也是如此。当然，问题是数据中的噪声或数据的随机性严重过拟合。

为了避免过拟合，正如我们在第 2 章所看到的，需要平衡学习模型对数据的拟合程度和模型的复杂度。在这个例子中，我们没有尝试限制学习模型的复杂度。尽管我们可以考虑以此为目的限制基分类器空间 $\mathcal{H}$ ，我们在这里假设此空间已经给定并且固定下来，主要是为了强调替换方法（此外，在这种特殊情况下，空间 $\mathcal{H}$ 的 VC 维已经很低了）。相反，我们专注于 AdaBoost 如 7.2 节中给定的公式计算的权重向量 $\boldsymbol{\lambda}$ 。因为随着 $\mathcal{H}$ 固定下来，$\boldsymbol{\lambda}$ 就完全定义了学习模型。

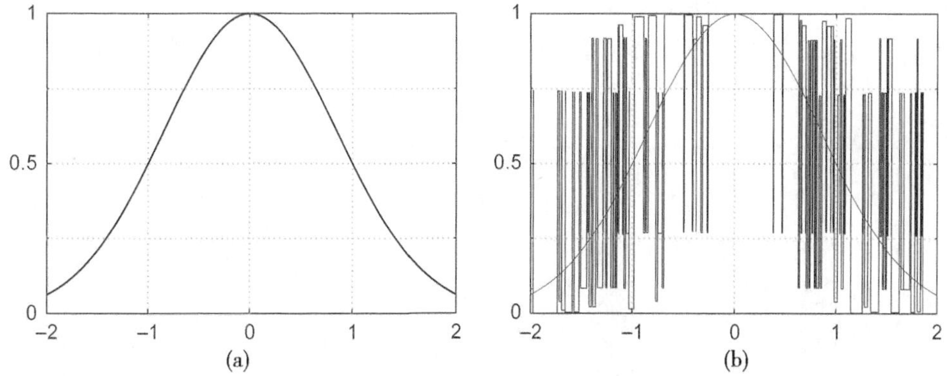

图 7.6

图 (a)：给定 x，$y=+1$ 的条件概率，如 7.6.1 节所述的人工生成样本。图 (b)：使用决策树桩的 AdaBoost 算法运行在 500 个样本上的结果，样本生成方式同上。颜色更深的锯齿状的是用公式 (7.33) 估计的条件概率，叠加上的是真实的条件概率

因为 $\boldsymbol{\lambda}$ 是 $\mathbb{R}^N$ 上的向量，我们可以用 $\boldsymbol{\lambda}$ 的规模来度量它的复杂度，例如，它的欧式距离 $\|\boldsymbol{\lambda}\|_2$ ，或者用其他范式。因为它与以下内容的特殊相关性，我们主要集中采用 ℓ_1 范式作为复杂度的指标

$$\|\boldsymbol{\lambda}\|_1 \doteq \sum_{j=1}^{N} |\lambda_j|$$

有了这个评价指标，我们可以像以前一样通过最小化损失限制复杂度，但是现在受到 ℓ_1 范式的严格约束，这就导致了下面的有约束的最优化问题

最小化：$L(\boldsymbol{\lambda})$

满足：$\|\boldsymbol{\lambda}\|_1 \leqslant B$ (7.34)

某固定参数 $B \geqslant 0$，贯穿本节，$L(\boldsymbol{\lambda})$ 是如式 (7.7) 定义的指数损失。或者，我们可以定义一个无约束的优化问题，尝试最小化损失函数和 ℓ_1 范式的加权组合

$$L(\boldsymbol{\lambda})+\beta\|\boldsymbol{\lambda}\|_1 \tag{7.35}$$

某固定参数 $\beta\geqslant 0$。这些都叫作正则化（regularization）。合理设置参数 B 和 β，从得到同样的解的角度来看，这里给出的这两个形式可以证明是等价的。注意，式（7.35）的最小化可以用数值方法求解，例如 7.2 节中的坐标下降法。

当然，可以用其他的损失函数来代替指数损失函数，采用其他正则化方法来代替 $\|\boldsymbol{\lambda}\|_1$，例如用 $\|\boldsymbol{\lambda}\|_2^2$。$\ell_1$ 范式的一个令人欣赏的特征就是，它更倾向于稀疏解，就是说向量 $\boldsymbol{\lambda}$ 只有相对少量的非零元素。

对于分类问题，限制 $\boldsymbol{\lambda}$ 的范式看起来好像没有什么效果，因为通过乘以一个正常数对 $\boldsymbol{\lambda}$ 进行缩放对 $\mathrm{sign}(F_{\boldsymbol{\lambda}}(x))$ 形式的分类器没有什么影响。然而，当与前面的损失函数最小化相结合，对分类和条件概率的估计影响可能是显著的。例如，继续前面所述的例子，图 7.7 展示了估计条件概率函数，是参数 β 取不同值时，最小化式（7.35）得到的结果。这个“玩具”问题的结果阐明了正则化可以有效地平滑数据中的噪声，做出更合理的预测。但是通常，这也是各方面的权衡，过于正则化会导致预测结果过于平滑。事实上，在极端情况下，$\boldsymbol{\lambda}$ 为 $\mathbf{0}$，会对所有样本产生毫无意义的概率估计——1/2。

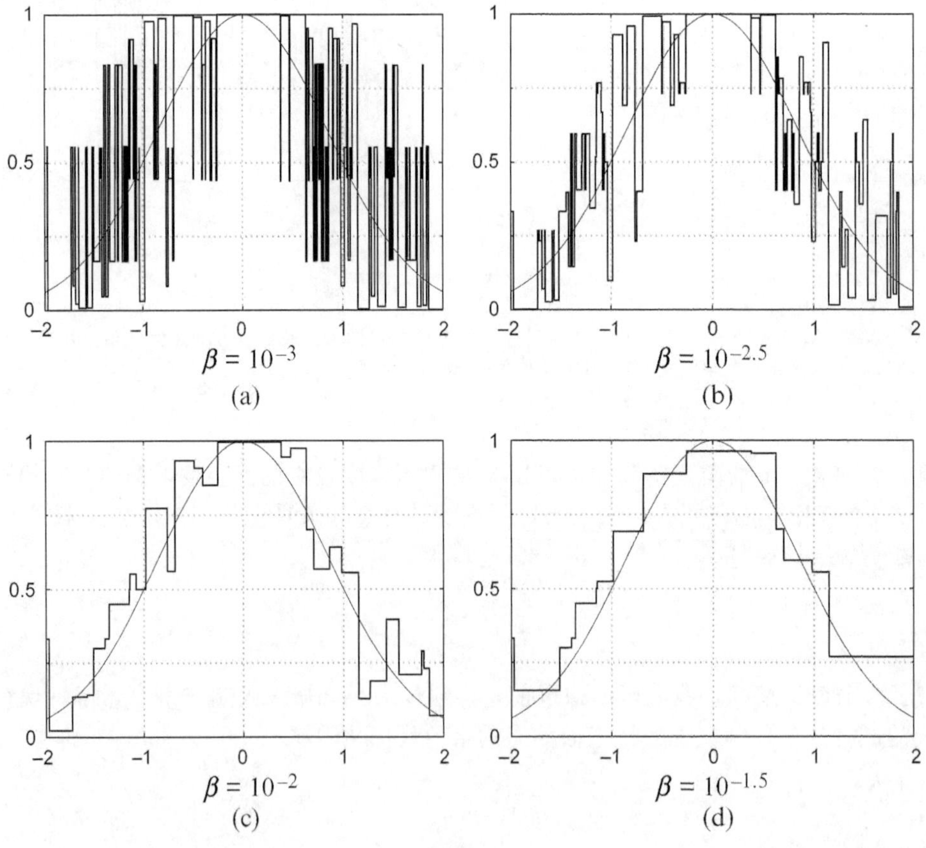

图 7.7

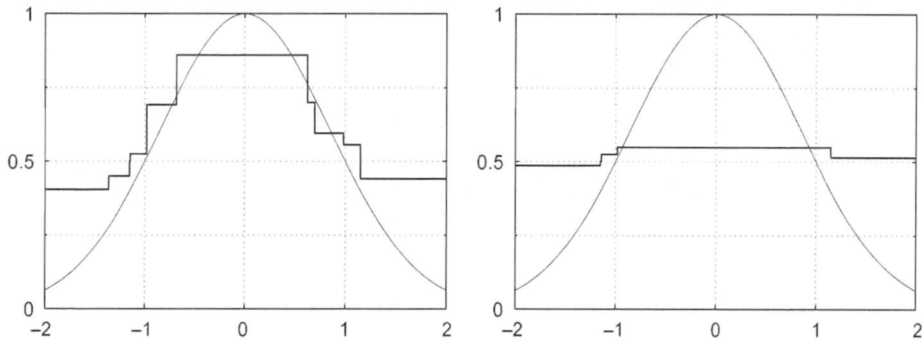

$\beta = 10^{-1}$

(e)

$\beta = 10^{-0.5}$

(f)

图 7.7（续）

最小化如式（7.35）给出的正则化指数损失，对于不同的 β 值，学习问题同图 7.6。每个图上颜色更深的展示的是式（7.33）估计的条件概率，叠加在上面的是真实的条件概率

7.6.2 提升法与早停之间的关系

ℓ_1 范式的正则化实际上与提升法关系很密切。特别地，我们将会看到一个简单的 AdaBoost 变形，在运行一定轮次后停止，可以看作对式（7.34）中给出的 ℓ_1 范式正则化约束的优化问题的近似解，在选择了相应的参数 B 后。

为了更准确，对于任意 $B \geqslant 0$，用 $\boldsymbol{\lambda}_B^*$ 表示式（7.34）的任意解。那么，随着 B 的变化，$\boldsymbol{\lambda}_B^*$ 在 $\mathbb{R}^N$ 中产生了一条路径（path）或一条轨迹（trajectory）。当 N 很小时，我们可以可视化这条轨迹，如图 7.8 顶部的子图所示。在这个例子中，数据来自于 1.2.3 节描述的心脏疾病数据集。然而，为了便于说明，基分类器没有采用所有可能的决策树桩，我们只用了表 1.2 所示的 6 个决策树桩，因此在这个例子中 $N=6$。[①] 图 7.8 展示了 $\boldsymbol{\lambda}_B^*$ 的全部 6 个组成部分。具体来说，每个曲线标识为 j，$j=1,\cdots,6$，对应于 $\boldsymbol{\lambda}_B^*$ 的第 j 个部分 $\boldsymbol{\lambda}_{B,j}^*$，是 B 的函数。因此，此图描述了整个轨迹。注意，随着 B 的增加，每次只有 1 到 2 个非零的组成部分增加到 $\boldsymbol{\lambda}_B^*$ 中去，因此这个解向量倾向于尽可能地保持稀疏。

① 我们还修改了这 6 个决策树桩的预测：当条件满足时，预测结果为 +1（健康），否则为 −1（不健康）。因为基分类器的权重可以是正或负，所以这个改变没有影响。

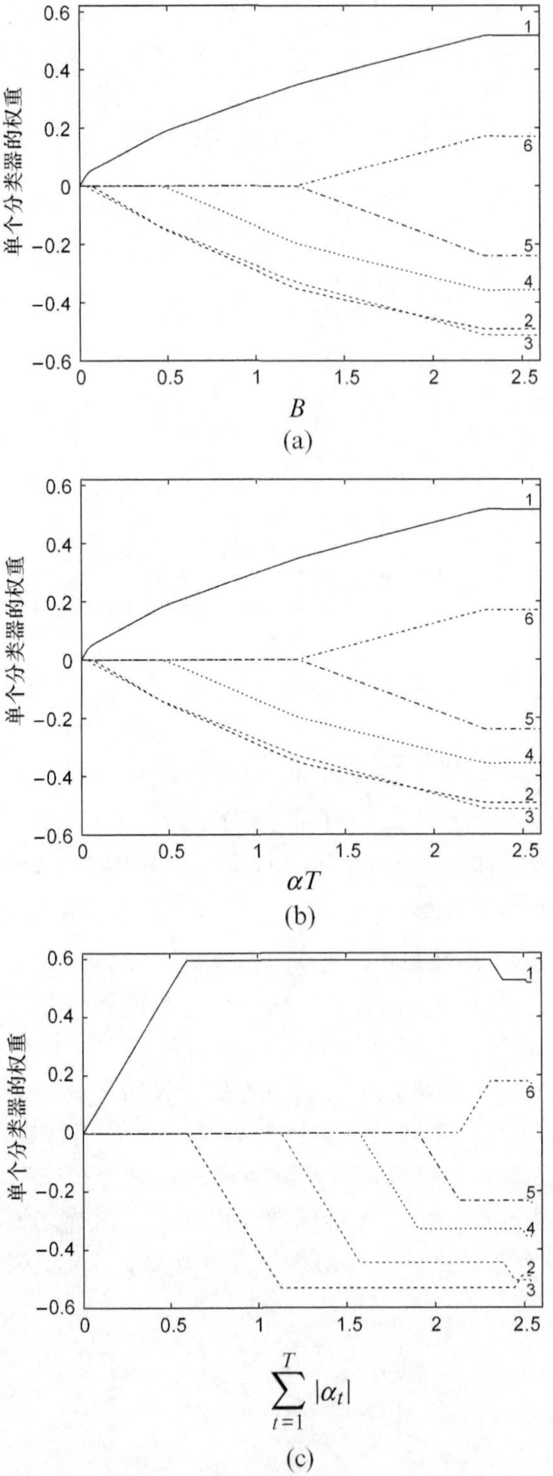

图 7.8

使用 1.2.3 节的心脏疾病数据集，得到权重向量 λ 的轨迹，只用了表 1.2（P11）中的 6 个基分类器。图（a）是 ℓ_1 范式正则化的指数损失的轨迹，如式（7.34）。图（b）是 α-Boost，$\alpha = 10^{-6}$。图（c）是 AdaBoost 算法。每个图都包括表 1.2 的 6 个基分类器的曲线，展示了其相关的权重，作为增加的全部权重的函数作为对比，接下来我们考虑在 6.4.3 节所述的 AdaBoost 的变形：α -Boost。回忆下，此算法与 AdaBoost 基本相同，除了在每轮，设 α_t 为某固定的常数 α 。这与坐标下降(7.2 节)或 AnyBoost(7.4 节)应用到指数损失的情况类似，在每轮使用固定的学习速率 α 。这里，我们把 α 当成微小的正常数。在本次讨论中，我们假设用的是穷举弱学习器。此外，弱学习器允许选择一个基分类器 $\hbar_j \in \mathcal{H}$ 或者是 $-\hbar_j$ ，以便对 λ_j 做 α 或 $-\alpha$ 的更新。

如上所述，我们画出 $\boldsymbol{\lambda}_T$ 的轨迹，即经过 T 轮后 α -Boost 计算得到的权重向量，此向量定义了组合分类器。同样的数据集，这个轨迹图显示在图 7.8 的中部。每个曲线 j 对应 $\lambda_{T,j}$ ，是 T 的函数。乘以一个常数 α ，因此结果标量 αT 就是经过 T 轮后权重更新的累积和。(这里，我们用 $\alpha = 10^{-6}$)

值得注意的是，图 7.8 顶部的两个曲线，一个是 ℓ_1 范式正则化的轨迹，另外一个是 α-Boost ，两者几乎没有什么区别。这说明，至少在这种情况下，α-Boost 在运行 T 轮后得到的解向量，与用 ℓ_1 范式正则化、设 B 是 αT 时得到的是一样的。这也意味着，两个方法的预测结果也是接近一致的（分类或概率估计）。因此，早停（early stopping）——经过有限轮次后就停止提升方法——在这个意义上等同于正则化。

事实上，这种一致性在合适的方法条件下普遍成立。当条件不满足时，可以用 α-Boost 的一个变形来代替，该变形对应于 ℓ_1 范式的正则化。尽管内容超出了本书的范围，但我们仍将提供一些为什么 α-Boost 的轨迹与 ℓ_1 范式正则化如此相似的解释。

设对 $B \geqslant 0$，对于式（7.34），我们已经计算得到 ℓ_1 范式正则化的解 $\boldsymbol{\lambda} = \boldsymbol{\lambda}_B^*$ ，我们现在希望计算 $\boldsymbol{\lambda}' = \boldsymbol{\lambda}_{B+\alpha}^*$ ，当 B 增加 α ，α 是一个小的正数，$\alpha > 0$。如果我们重复此步骤，那么原则上我们可以跟踪完整的轨迹，或者至少是一个很好的近似。为了方便讨论，让我们假设 $\|\boldsymbol{\lambda}\|_1 = B$ ，因为如果 $\|\boldsymbol{\lambda}\|_1 < B$ ，就可以证明 $\boldsymbol{\lambda}$ 也是任意更大值的 B 的解（参见练习 7.10)。类似地，假设 $\|\boldsymbol{\lambda}\|'_1 = B + \alpha$ 。让我们定义差向量 $\boldsymbol{\delta} \doteq \boldsymbol{\lambda}' - \boldsymbol{\lambda}$ 。显然，如果我们可以找到 $\boldsymbol{\delta}$ ，那么我们也可以找到 $\boldsymbol{\lambda}' = \boldsymbol{\lambda} + \boldsymbol{\delta}$ 。

根据三角不等式

$$B + \alpha = \|\boldsymbol{\lambda}'\|_1 = \|\boldsymbol{\lambda} + \boldsymbol{\delta}\|_1 \leqslant \|\boldsymbol{\lambda}\|_1 + \|\boldsymbol{\delta}\|_1 = B + \|\boldsymbol{\delta}\|_1 \tag{7.36}$$

通常，上式的等号是不需要的。然而，如果 $\boldsymbol{\lambda}$ 和 $\boldsymbol{\delta}$ 的成员的符号沿着正确的方向，那么对于所有的 j，$\lambda_j \delta_j \geqslant 0$，式(7.36)确实在等号下也成立。这意味着在这种情况下，$\|\boldsymbol{\delta}\|_1 = \alpha$ 。这说明通过启发式方法找到 $\boldsymbol{\delta}$ ，使得 $\|\boldsymbol{\delta}\|_1 = \alpha$ ，可以最小化 $L(\boldsymbol{\lambda}') = L(\boldsymbol{\lambda} + \boldsymbol{\delta})$。当 α 比较小，我们可以通过泰勒展开式

$$L(\boldsymbol{\lambda} + \boldsymbol{\delta}) \approx L(\boldsymbol{\lambda}) + \nabla L(\boldsymbol{\lambda}) \cdot \boldsymbol{\delta} = L(\boldsymbol{\lambda}) + \sum_{j=1}^{N} \frac{\partial L(\boldsymbol{\lambda})}{\partial \lambda_j} \cdot \delta_j$$

对于所有满足 $\|\boldsymbol{\delta}\|_1 = \alpha$ 的 $\boldsymbol{\delta}$ ，当 $\boldsymbol{\delta}$ 是全是零的向量，右边被最小化时，除了其中一个元素 j ，其 $\left|\frac{\partial L(\boldsymbol{\lambda})}{\partial \lambda_j}\right|$ 是最大的，为 $-\alpha \cdot \mathrm{sign}\left(\frac{\partial L(\boldsymbol{\lambda})}{\partial \lambda_j}\right)$ 。

事实上，我们刚刚描述的更新 $\boldsymbol{\lambda}' = \boldsymbol{\lambda} + \boldsymbol{\delta}$ ，就是 α-Boost 算法每次迭代所做的，如 7.4 节所述。因此，我们把 α-Boost 算法转换为增量式跟踪 ℓ_1 正则化轨迹的近似方法。然而，

如上所示，启发式方法依赖于 $\boldsymbol{\delta}$ 的更新，其分量的符号应该与 $\boldsymbol{\lambda}$ 的相同。非正式的说法是，这意味着更新与任意基分类器 $\hbar_j$ 相关的权重 λ_j 应该有相同的符号。当条件满足的时候，就如图 7.8 所示，轨迹应该是相同的。当条件不满足的时候，α-Boost 可能偶尔采用“后退”的步骤，则前述的一致性也就不再成立。

另外，我们可以将这些轨迹与 AdaBoost 的做比较。图 7.8 底部图展示这样的曲线：由 AdaBoost 计算得到的向量 $\boldsymbol{\lambda}$ 按之前类似的方式进行展示，但是现在是作为权重更新的累积和 $\sum_{t=1}^{T}|\alpha_t|$ 的函数。与其他曲线相比较，我们可以看到某些行为的一致性，但是这种相似性是粗糙的、程式化的。因此，这个小例子说明了 AdaBoost 与 ℓ_1 范式的关系，如果有的话，也要比 α-Boost 的更粗糙。

7.6.3　与间隔最大化的关联

ℓ_1 正则化和提升法还有另外一种联系，具体来说就是间隔最大化，其作为 AdaBoost 的核心属性在第 5 章已经研究过了。特别地，如果正则化放松限制，式（7.34）中给出的优化问题中 $B\to\infty$（或者，等价地，在式（7.35）给出的最小化问题中 $\beta\to 0$），那么解向量 $\boldsymbol{\lambda}_B^*$ 实际上是渐进最大化训练样本的间隔。这说明正则化在分类问题上可能泛化能力很好是因为它具有与 AdaBoost 相似的间隔最大化属性。然而，只有当正则化弱化到明显消失的情况下，上述结论才成立。在这种情况下，良好的性能不能归因于之前我们讨论过的与正则化相关的平滑功能。

也要注意 $B\to\infty$（或者，等价的 $\beta\to 0$）与 $B=\infty$（$\beta=0$）之间微妙的差别。前者，正则化产生了最大间隔解；后者，我们是最小化未正则化的指数损失，解不需要有这种属性（取决于用于实现最小化的算法）。可以参看 7.3 节的例子。

为了更准确地描述这个间隔最大化属性，让我们首先定义 $f_{\boldsymbol{\lambda}}$ 。对任意 $\boldsymbol{\lambda}\neq\mathbf{0}$，$f_{\boldsymbol{\lambda}}$ 是 $F_{\boldsymbol{\lambda}}$ 的权重已经归一化的版本，即

$$f_{\boldsymbol{\lambda}}(x)\doteq\frac{F_{\boldsymbol{\lambda}}(x)}{\|\boldsymbol{\lambda}\|_1}=\frac{\sum_{j=1}^{N}\lambda_j\hbar_j(x)}{\|\boldsymbol{\lambda}\|_1}$$

我们假设数据是线性可分的，为正间隔 $\theta>0$，如 3.2 节的定义。也就是说，我们假设存在一个向量 $\tilde{\boldsymbol{\lambda}}$，其每个训练样本的间隔至少都是 θ ，因此

$$y_i f_{\tilde{\boldsymbol{\lambda}}}(x_i)\geqslant\theta \tag{7.37}$$

$i=1,\cdots,m$ 。不失一般性，我们假设 $\|\tilde{\boldsymbol{\lambda}}\|_1=1$。为了简化符号，我们将 $F_{\boldsymbol{\lambda}_B^*}$ 、$f_{\boldsymbol{\lambda}_B^*}$ 分别写作 F_B^* 、f_B^* 。

我们声明，因为可以令 B 很大，所以间隔 $y_i f_B^*(x_i)$ 接近或超过 θ 。特别地，我们声明

$$y_i f_B^*(x_i)\geqslant\theta-\frac{\ln m}{B}$$

对于 m 个训练样本的每个样本 i ，有 $B>\frac{\ln m}{\theta}$ 。为了能证明这点，我们从下面的定义入

手：对于最大为 B 的所有 ℓ_1 范式的向量，$\boldsymbol{\lambda}_B^*$ 最小化指数损失 L 。因此

$$L(\boldsymbol{\lambda}_B^*) \leqslant L(B\tilde{\boldsymbol{\lambda}}) \tag{7.38}$$

因为 $\|B\tilde{\boldsymbol{\lambda}}\|_1 = B$ ，所以我们可以用式（7.37）来约束上述公式的右侧。

$$\begin{aligned} mL(B\tilde{\boldsymbol{\lambda}}) &= \sum_{i=1}^{m} \exp(-y_i F_{B\tilde{\lambda}}(x_i)) \\ &= \sum_{i=1}^{m} \exp(-y_i B f_{\tilde{\lambda}}(x_i)) \\ &\leqslant m\,\mathrm{e}^{-B\theta} \end{aligned}$$

进一步地，当 $B > \dfrac{\ln m}{\theta}$ 时，式子严格小于1。与式（7.38）相结合，这说明对于任意 i ，有

$$\exp(-y_i F_B^*(x_i)) \leqslant mL(\boldsymbol{\lambda}_B^*) \leqslant m\,\mathrm{e}^{-B\theta} < 1$$

或者，等价于

$$y_i \|\boldsymbol{\lambda}_B^*\|_1 f_B^*(x_i) = y_i F_B^*(x_i) \geqslant B\theta - \ln m > 0$$

因此，如上声明所述

$$y_i f_B^*(x_i) \geqslant \frac{B\theta - \ln m}{\|\boldsymbol{\lambda}_B^*\|_1} \geqslant \theta - \frac{\ln m}{B}$$

因为 $\|\boldsymbol{\lambda}_B^*\|_1 \leqslant B$ 。

因此非常弱的 ℓ_1 正则化可以用来找到最大间隔的分类器，如5.4.2节讨论所用的那些方法，也如6.4.3节讨论的 α 很小的 α -Boost 算法。事实上，ℓ_1 正则化和 α -Boost 都可以达到这个目的，这也完全与我们之前讨论的两个算法之间的行为关联相一致。

7.7 应用到数据有限的学习

本章讨论的工具都是通用的，通过仔细设计损失函数，可以用于一系列的学习问题。在最后一节，我们将给出如何使用这些方法的两个例子，它们都是因为获得数据有限而产生的问题。

7.7.1 引入先验知识

在本书中，我们关注于高度数据驱动的学习算法，这些学习算法仅通过检查训练数据集自身而得出一个假设。当数据充足的情况下，这种方法是有意义的。然而，在某些应用中，数据很可能是严重有限的。然而，可能人类的先验知识在原则上可以弥补数据的不足。

例如，在10.3节和5.7节所述的语音对话系统，训练分类器对口语进行分类就需要相当规模的数据。然而这是一个问题，因为通常这样的系统不能等到收集到足够的数据后才上线部署。事实上，这种系统只有在部署了之后，与真正顾客进行真实对话的数据才容

易收集到。因此接下来的想法就是使用人类的先验知识来弥补最初数据的不足，直到系统部署后收集到足够的数据。

提升算法的标准形式不允许直接引入此类先验知识（除了在选择弱学习算法的时候，隐式“编码”的知识）。在这里我们描述了一个提升算法的修改版，算法结合并平衡了人类的专家知识和可获得的数据。目标是通过训练数据的统计特性对人类的粗略判断进行提炼、强化和调整，但是该方法不允许数据完全压倒人类的判断。

该算法的基本思想是修正所用的损失函数，这样算法可以平衡这两项：一个是用来度量对训练数据的拟合程度，另一个是用来度量对人类构建的模型的拟合程度。

照例，我们假设：给定 m 个训练样本 $(x_1,y_1),\cdots,(x_m,y_m)$，$y_i\in\{-1,+1\}$。然而，现在假设样本规模 m 是相当有限的。我们的起点是 AdaBoost. L（算法 7.4），如 7.5 节所示，针对逻辑斯蒂回归的提升类型的算法。我们之前看到这个算法是基于式（7.21）给出的损失函数，是数据的条件似然的对数的负数，当样本 x 是正样本的条件概率由 $\sigma(F(x))$ 进行估计，这里 σ 如式（7.19）的定义。

在这种数据驱动的方法中，我们希望导入先验知识。当然先验知识有多种形式和表现方式。这里，我们假设一个人类“专家”已经以某种方式构建了一个函数 $\tilde{p}(x)$ 来进行估计，可能相对粗糙，任意样本 x 为正样本的条件概率是 $\mathbf{Pr}_{\mathcal{D}}[y=+1\mid x]$。

给定先验模型和训练数据，我们在构建一个假设的过程中有两个可能相互冲突的目标：(1) 拟合数据；(2) 拟合先验模型。如前所述，我们可以用式（7.21）中的对数条件似然来拟合数据。但是，我们如何评估对先验模型的拟合？正如我们刚刚讨论的，学习算法是找到形如 $\sigma(F(x))$ 的模型来估计任意样本 x 的标签的条件概率。这也是先验模型 $\tilde{p}$ 估计的条件分布。因此，为了测量两个模型之间的差异，我们可以用两个条件分布的差异。因为涉及了分布，所以可以很自然地用相对熵来测量两者之间的差异。

因此，为了度量对先验模型的拟合程度，对于每个样本 x_i，我们使用由 $\tilde{p}(x_i)$ 给定的先验模型分布和构建的逻辑斯蒂模型对应的标签分布 $\sigma(F(x_i))$ 之间的相对熵。对所有的训练样本取和，这样构建的假设与先验模型整体的拟合程度由下式计算

$$\sum_{i=1}^{m}\mathrm{RE}_b(\tilde{p}(x_i)\parallel\sigma(F(x_i))) \tag{7.39}$$

这里 $\mathrm{RE}_b(\cdot\parallel\cdot)$ 是如式（5.36）定义的二分类相对熵。

因此，我们的目标就是最小化式（7.21）和式（7.39）。两者可以结合，引入参数 $\eta>0$，来衡量两者相对的重要性，这样得到修改后的损失函数

$$\sum_{i=1}^{m}\left[\ln(1+\exp(-y_iF(x_i)))+\eta\,\mathrm{RE}_b(\tilde{p}(x_i)\parallel\sigma(F(x_i)))\right]$$

这个表达式可以被重写为

$$C+\sum_{i=1}^{m}\left[\ln(1+\mathrm{e}^{-y_iF(x_i)})+\eta\tilde{p}(x_i)\ln(1+\mathrm{e}^{-F(x_i)})+\eta(1-\tilde{p}(x_i))\ln(1+\mathrm{e}^{F(x_i)})\right] \tag{7.40}$$

C 独立于 F，因此可以忽略。

注意到这个目标函数与式（7.21）在大规模数据集上形式是一样的，增加的是每项的非负权重。因此，为了最小化式（7.40），我们应用 AdaBoost. L 到更大的加权训练数据集。这个新的数据集包括所有的初始的训练样本 (x_i, y_i)，每个样本是单位权重。而且，对于每个训练样本 (x_i, y_i)，我们创建两个新的训练样本 $(x_i, +1)$ 和 $(x_i, -1)$，其权重分别是 $\eta\tilde{p}(x_i)$ 和 $\eta(1-\tilde{p}(x_i))$。因此，训练样本增加到原来的 3 倍（注意 (x_i, y_i) 出现了两次，为了避免这种情况，我们也可以只把训练样本增加到原来的 2 倍）。对 AdaBoost. L 做简单修改就可以把这些权重 w_0 导入算法 7.4 中 D_t 的计算，用下式

$$D_t(i) \propto \frac{w_0(i)}{1+\exp(y_i F_{t-1}(x_i))}$$

这里 i 包括“新”数据集中的所有样本。

最后一个修改之处是增加一个基于 $\tilde{p}$ 的第 0 个基函数 h_0，是为了从开始就引入 $\tilde{p}$。具体地，我们采用

$$h_0(x)=\sigma^{-1}(\tilde{p}(x))=\ln(\frac{\tilde{p}(x)}{1-\tilde{p}(x)})$$

计算最终的分类器 F 的时候包含 h_0。

作为一个实际的例子，这种方法可以对新闻报道的标题根据主题进行分类。这里用的数据集有 29 841 个样本（其中一个子集用来训练），覆盖超过 20 个主题或类别。用的方法是上述方法的多类别分类扩展，基于第 10 章的内容。

我们的框架允许任意种类的先验知识，只要它提供了对任意样本属于何种类别的概率的估计，即使比较粗糙。下面是创建这种估计模型的可能的方法。首先，找到对新闻事件只有普通了解的人，只看类别列表（主题列表），而不是数据本身，对每个类别（主题）提出一些关键词。关键词列表如表 7.2 所示。这些关键词列表由完全主观的过程产生，只与类别的通用知识相关（也是在数据收集这个时间阶段内的），而与数据无关或没有其他信息。

表 7.2 新闻标题数据集中每个类别所用的关键词

类别	关键词
japan	japan, tokyo, yen
bush	bush, george, president, election
israel	israel, jerusalem, peres, sharon, palestinian, israeli, arafat
britx	britain, british, england, english, london, thatcher
gulf	gulf, iraq, saudi, arab, iraqi, saddam, hussein, kuwait
german	german, germany, bonn, berlin, mark
weather	weather, rain, snow, cold, ice, sun, sunny, cloudy
dollargold	dollar, gold, price
hostages	hostages, ransom, holding, hostage
budget	budget, deficit, taxes
arts	art, painting, artist, music, entertainment, museum, theater
dukakis	dukakis, boston, taxes, governor

续表

类别	关键词
yugoslavia	yugoslavia
quayle	quayle，dan
ireland	ireland，ira，dublin
burma	burma
bonds	bond，bonds，yield，interest
nielsens	nielsens，rating，t v，tv
boxoffice	box office，movie
tickertalk	stock，bond，bonds，stocks，price，earnings

可以用这种关键词列表来构建一个简单的、朴素的、粗糙的先验模型。为了做到这点，我们假设，如果出现了一个关键词 w，那么有 90% 的概率正确的类别就是那些将 w 列为关键词的类别，有 10% 的概率是在其他类别中。例如，如果在标题中出现了关键词 “price”，那么这个朴素的先验模型估计有 90% 的概率正确的类别是 “dollargold” 或者 “tickertalk”（也就是说各占 45% 的概率），有 10% 的概率是属于其他的 18 个类别（也就是说每个类别各占 $10\%/18 \approx 0.6\%$）。如果关键词没有出现，我们假设所有的类别的概率都是一样的。这些条件概率可以用非常朴素的独立假设加上简单的概率推理得到。

图 7.9 展示了上述方法在不同规模的训练样本集下的性能。在每种情况下，提升法用决策树桩为基学习器，运行 1 000 轮。图 7.9 展示了提升法有或者没有先验知识情况下的测试误差率，还有完全没有训练样本只用先验模型获得的测试误差率。我们可以看到，对于相对较小的数据集，增加先验知识和只使用提升法相比可以获得巨大的性能提升。一开始，误差率几乎是减半，达到的性能相当于使用 2 倍到 4 倍的数据集的情况下直接使用提升法的性能。正如所期望的，随着数据的增加，先验模型的影响逐步减弱。

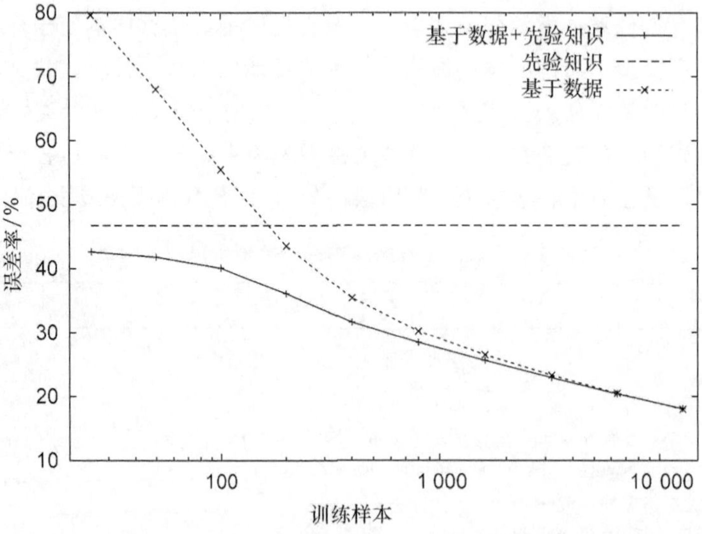

图 7.9

对新闻标题数据集用先验知识、基于数据、基于数据和先验知识相结合 3 种方式的测试误差率的对比，结果是训练样本数目的函数。运行 10 次，取平均值，每次数据集随机分割为训练样本数据集和测试样本数据集

7.7.2 半监督学习

在 5.7.2 节，我们讨论了一个普遍的问题：有有限的已标注数据和充足的未标注数据，在这种情况下的学习问题。在这里，我们考虑如何通过精心挑选需要标注的样本来尽可能地充分利用人工标注。不管我们是否有获得额外标签的方法，都有可能直接利用未标注的数据来改善分类器的准确率，否则显然是浪费数据。直观地说，未标注数据可以提供有助于分类的分布信息（稍后会给出一个非正式的示例）。这个问题通常被称为半监督学习（semi-supervised learning）。这里我们会提出一个基于损失最小化的提升法。

在半监督学习框架中，数据分成两个部分：一部分是已标注样本集合 $(x_1,y_1),\cdots,(x_m,y_m)$，另一部分是规模更大的未标注样本集合 $\tilde{x}_1,\cdots,\tilde{x}_M$。我们处理这种混合数据的方法就是构建一个适当的损失函数，然后用本章提到的方法对其进行优化。对于已标注样本，我们可以以标准的 AdaBoost 开始，如 7.1 节所讨论的，它是基于如式（7.3）所示的已标注样本的指数损失。这个损失函数鼓励构建一个假设 F，F 对已标注样本 x_i 预测的符号与观测到的 y_i 一致。

然而，对于未标注的样本，我们显然没有与之对应的真实标签。在第 5 章，我们深入研究了产生对较大间隔具有较高置信度的预测的重要性。此外，观测到标签不是计算这种置信度的前提条件。这促使我们产生了应该鼓励 F 具有较大间隔的想法，同时相应的置信度也会增加，对于未标注数据 $\tilde{x}_i$ 也是这样。为此，我们可以使用指数损失的一种变形，即

$$\frac{1}{M}\sum_{i=1}^{M}\mathrm{e}^{-|F(\tilde{x}_i)|} \tag{7.41}$$

此目标函数最小化可以增大未归一化间隔的绝对值 $|F(\tilde{x}_i)|$。当然，第 5 章的理论强调了归一化间隔的重要性（基假设的权重已经归一化），而不是这里所用的未归一化的间隔，但是我们也看到了 AdaBoost 最小化指数损失，也倾向于（近似）去最大化归一化的间隔。

对于假设 F，如果我们定义了伪标签 $\tilde{y}_i=\mathrm{sign}(F(\tilde{x}_i))$，那么式（7.41）可以重写成

$$\frac{1}{M}\sum_{i=1}^{M}\mathrm{e}^{-\tilde{y}_iF(\tilde{x}_i)} \tag{7.42}$$

换句话说，其形式与式（7.3）标注样本 $(\tilde{x}_i,\tilde{y}_i)$ 一样。式（7.42）的最小化就在于标签的选择，这意味着对于那些在某些标签上拟合未标注数据的假设 F，其式（7.41）的损失也是较小的，即使这些不是真实的、隐藏的标签。

例如，为了简单起见，我们可以把未标注的样本视为特征空间中的点，类似于 5.6 节的设置。图 7.10 展示了这些点。组合分类器在这个空间定义了一个超平面，这个超平面由 $F(x)=0$ 定义。在这个例子中，线（超平面）F_1，允许对数据进行较大间隔的分类。根据式（7.41）的目标，F_1 明显优于 F_2，F_2 离太多的样本太近使其不可能实现间隔最大化。这也与我们的推测一致，F_1 比 F_2 可以更自然地分割数据，即使是未标注的数据。

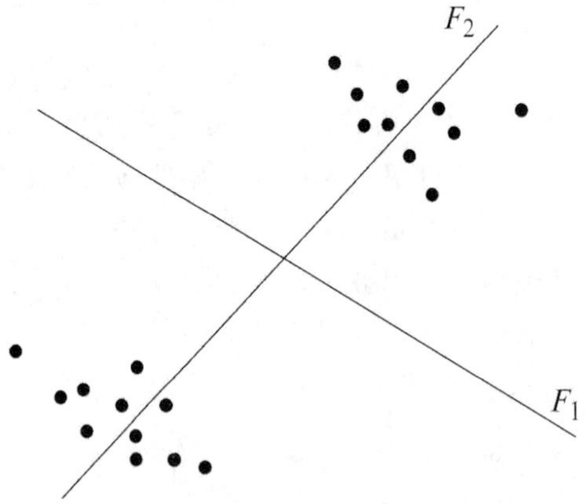

图 7.10

特征空间上未标注样本的假设集。对于某些数据的标签，标识为 F_1 的线性分类器可以获得比 F_2 更高的间隔，因此式（7.41）定义的损失函数更倾向于选择 F_1

组合式（7.3）和式（7.41）中的损失函数，得到

$$\frac{1}{m}\sum_{i=1}^{m} \mathrm{e}^{-y_i F(x_i)} + \frac{\eta}{M}\sum_{i=1}^{M} \mathrm{e}^{-|F(\tilde{x}_i)|} \tag{7.43}$$

这里我们引入了参数 $\eta > 0$，控制未标注样本的相对重要性。

为了最小化公式（7.43），我们可以用 7.4 节的泛函梯度下降方法。具体地，就是 AnyBoost（算法 7.3）。如式（7.42）那样用伪标签 $\tilde{y}_i$ 差分式（7.43）的损失函数，这个方法描述了如何选择 h_t 以最大化下式

$$\frac{1}{m}\sum_{i=1}^{m} y_i h_t(x_i)\mathrm{e}^{-y_i F_{t-1}(x_i)} + \frac{\eta}{M}\sum_{i=1}^{M} \tilde{y}_i h_t(x_i)\mathrm{e}^{-\tilde{y}_i F_{t-1}(\tilde{x}_i)}$$

当然，该式与式（7.15）的形式一样，这意味着任何为了最小化标注数据集的加权分类误差而设计的普通基学习器都可以用于此目的。

一旦选定了 h_t，我们就需要选择 $\alpha_t > 0$。为了简化符号，让我们临时去掉涉及 t 的下标。一个线性搜索将选择 α 以最小化下面的损失

$$\frac{1}{m}\sum_{i=1}^{m}\exp(-y_i(F(x_i)+\alpha h(x_i))) + \frac{\eta}{M}\sum_{i=1}^{M}\exp(-|F(\tilde{x}_i)+\alpha h(\tilde{x}_i)|) \tag{7.44}$$

因为上式有绝对值，所以计算会比较复杂。相反，一个更简单的方法是继续用伪标签，因此选择 α 最小化

$$\frac{1}{m}\sum_{i=1}^{m}\exp(-y_i(F(x_i)+\alpha h(x_i))) + \frac{\eta}{M}\sum_{i=1}^{M}\exp(-\tilde{y}_i(F(\tilde{x}_i)+\alpha h(\tilde{x}_i))) \tag{7.45}$$

换句话说，我们可以采用通常 AdaBoost 对 α 的选择：在全部数据集上设置加权误差，作为对伪标签的增强。式（7.44）小于等于式（7.45），是基于下面的事实

$$\tilde{y}_i(F(\tilde{x}_i)+\alpha h(\tilde{x}_i)) \leqslant |\tilde{y}_i(F(\tilde{x}_i)+\alpha h(\tilde{x}_i))| = |F(\tilde{x}_i)+\alpha h(\tilde{x}_i)|$$

因此，虽然也许不是最好的，但以这种方式来选择 α，最小化式（7.45）可以保证达

到的效果至少如式 (7.44) 的下降程度。

一旦选定 α_t 和 h_t，如算法 7.3 所示对 F_t 进行计算，然后根据 F_t 重新计算伪标签，算法继续。

这个算法叫作 ASSEMBLE. AdaBoost，该算法 2001 年参加半监督学习算法竞赛，在 34 个参赛算法中排名第一。当时，以决策树作为基分类器，每个未标注样本 $\tilde{x}_i$ 的伪标签初始化为已标注数据集中离它最近的样本的标签。

表 7.3 展示了这次比赛中使用的数据集上的结果，对比了 ASSEMBLE. AdaBoost 算法的性能，以及 AdaBoost 只在已标注数据上进行训练的性能。在绝大多数情况下，准确率上的提高是非常可观的（通常是两位数）。

表 7.3

			# Examples				
数据集	特征数	类别数	标注样本数	未标注样本数	测试样本数	误差率(百分比)	提升率(百分比)
P1	13	2	36	92	100	35.0	8.3
P4	192	9	108	108	216	21.3	21.4
P5	1 000	2	50	3 952	100	24.0	16.9
P6	12	2	530	2 120	2 710	24.3	0.1
P8	296	4	537	608	211	42.2	16.2
CP2	21	3	300	820	300	49.3	26.7
CP3	10	5	1 000	1 269	500	58.8	6.7

ASSEMBLE. AdaBoost 算法在 7 个数据集上的测试结果，这些数据集就是 2001 年半监督学习算法竞赛用的数据集。最后两列显示的是 ASSEMBLE. AdaBoost 的测试误差率和相比只使用标注数据的 AdaBoost 的性能改善百分比

7.8 小结

- 总地来说，我们看到 AdaBoost 算法与指数损失函数密切相关。尽管这种关联不能解释 AdaBoost 是如何获得高测试准确率的，但是它确实导致了一些广泛的可应用方法对其进行扩展和泛化。具体地说，我们探讨了如何用两种不同的方式将 AdaBoost 视为优化一个目标函数的通用过程的特例。在本章中，我们还研究了 AdaBoost 和逻辑斯蒂回归之间的密切关系。我们看到如何对 AdaBoost 做简单修改以实现逻辑斯蒂回归，如何用 AdaBoost 来估计标签的条件概率。我们也研究了正则化方法如何用来作为一种平滑方法来避免过拟合，以及提升法和 ℓ_1 范式正则化方法之间的密切关系。最后是这些通用技术的应用实例。

7.9 参考资料

Breiman [36] 首次把 AdaBoost 解释成一种最小化指数损失的方法，如 7.1 节所示，后续许多其他研究者扩展了这种联系 [87，98，168，178，186，205]。把提升法看作某种形式的梯度下降，如 7.4 节所述，也归于 Breiman 的工作 [36]。通用的 AnyBoost 过程（算法 7.3），来自 Mason 等人的工作 [168]。Friedman 进行了类似的推广 [100]，得到了如 7.4.3 节所述的解决多元回归问题的通用方法。当应用于损失平方的时候，算法过程本质上与 Mallat 和 Zhang 的匹配追踪算法（matching pursuit）基本相同 [163]。

Friedman、Hastie 和 Tibshirani [98] 展示了如何在被称为加性模型（additive model）的一系列统计学背景下理解提升算法。他们还提供了使用指数损失的理由，特别是它与 7.5.1 节讨论的逻辑斯蒂损失之间的密切关系。他们也证明了通过指数损失最小化获得的函数可以用来估计条件概率，如 7.5.3 节所示。尽管他们提出了逻辑斯蒂回归的 AdaBoost 版本（LogitBoost），但 7.5.2 节中的 AdaBoost. L 算法是后来 Collins、Schapire 和 Singer 的工作 [54]。

7.3 节的讨论和实验从思想上与 Mease 和 Wyner [169] 的工作类似，也是尝试暴露从统计视角来看待提升算法时遇到的困难，包括将其看作优化损失函数的一种方法的解释。Wyner [232] 还给出了 AdaBoost 的一个变形，在保持指数损失大致是常数的情况下具有良好的性能。但是，这进一步增加了对上述解释的怀疑。

在权重上使用 ℓ_1 范式正则化，如 7.6.1 节所述，通常称为套索（lasso），是由 Tibshirani 在最小二乘回归的背景下提出来的 [218]。早停与 α-Boost 之间的关系，如 7.6.2 节的讨论，是由 Hastie、Tibshirani 和 Friedman [120] 注意到的，并由 Rosset、Zhu、Hastie [192] 进行了进一步的研究，还证明了弱 ℓ_1 范式正则化产生最大间隔解，如 7.6.3 节所示。Zhao 和 Yu 给出了可以跟踪完整的 ℓ_1 范式正则化轨迹的更高级、更通用的类提升算法 [237]。

除了本章给出的算法，还有 Freund 和 Schapire [95]，Ridgeway、Madigan 和 Richardson [190]，Duffy 和 Helmbold [79] 等人提出了其他的类提升算法的回归算法和方法。其他工作还包括，Duffy 和 Helmbold [78] 讨论了用泛函梯度下降法最小化损失函数会导致一个 2.3 节的 PAC 意义上的提升算法的条件。

关于本章讨论的许多统计主题的进一步背景知识，包括回归、逻辑斯蒂回归、正则化，可以在 Hastie、Tibshirani 和 Friedman 的文献中找到 [120]。关于通用优化方法的更多背景知识，包括坐标下降法、高斯-索斯韦尔法（Gauss-Southwell），请参阅 Luenberger 和 Ye 的工作 [160]。

7.1 节顺便提到的找到一个分类损失最小的线性门限函数是一个 NP 完全问题，其证明见 Höffgen 和 Simon 的工作 [124]。

7.7.1 节中的方法和实验，包括表 7.2 和图 7.9，均来自 Schapire 等人的工作 [203，204]，用的是由 Lewis 和 Catlett [151]，Lewis 和 Gale [152] 准备的新闻标题数据集。7.7.2 节描述的 ASSEMBLE. AdaBoost 算法，包括表 7.3 修改后的结果，都来自 Bennett、Demiriz 和 Maclin 的工作 [18]。

本章部分练习来自于 [98，233]。

7.10　练习

7.1　考虑下面目标函数

$$L(x,y) \doteq \max\{x-2y, y-2x\}$$

a. 绘制 L 的等高线图（contour map）。也就是说，在 $\langle x,y\rangle$-平面，绘制水平集（level set）$\{\langle x,y\rangle: L(x,y)=c\}$，$c$ 为不同的值。

b. L 是否连续？是否是凸的？对于所有的 x 和 y 是否 L 的梯度都存在？

c. L 的最小值（或下确界）？最小值出现在哪？

d. 解释如果将坐标下降应用于 L，以任意初始点 $\langle x,y\rangle$ 开始，会发生什么？在这种情况下，坐标下降是否会成功（即，最小化目标函数）？

7.2　接着练习 7.1，设我们用下式来近似 L

$$\widetilde{L}(x,y) \doteq \frac{1}{\eta}\ln(e^{\eta(x-2y)}+e^{\eta(y-2x)})$$

$\eta>0$，η 为大的常数。

a. 证明

$$|L(x,y)-\widetilde{L}(x,y)|\leqslant\frac{\ln 2}{\eta}$$

对于所有的 $\langle x, y\rangle$。

b. 对比 $\widetilde{L}$ 的等高线和 L 的等高线。

c. 解释，如果我们将坐标下降法应用于 $\widetilde{L}$，以 $\langle 0,0\rangle$ 开始，会发生什么？给出计算所得的明确的 $\langle x_t,y_t\rangle$ 序列，以及相应的损失 $\widetilde{L}(x_t,y_t)$。坐标下降法在这种情况下会成功吗？

7.3 如 7.3 节所述，假设样本 $\mathbf{x}$ 是 $\mathcal{X}=\{-1,+1\}^N$ 上的点，以坐标轴的正方向和反方向作为基分类器，与每个样本 $\mathbf{x}$ 相关的标签 y 就是 k 个坐标的多数投票

$$y=\operatorname{sign}(x_{j_1}+\cdots+x_{j_k})$$

坐标 $j_1,\cdots,j_k\in\{1,\cdots,N\}$ 是未知的，而且不要求是唯一的，这里 k 是奇数。设 $(\mathbf{x}_1,y_1),\cdots,(\mathbf{x}_m,y_m)$ 是随机训练数据集，$\mathbf{x}_i$ 是根据 $\mathcal{X}$ 上的任意目标分布 $\mathcal{D}$ 生成的，标签 y_i 就是按照前面的描述进行分配的。

证明，如果 AdaBoost 用穷举弱学习器运行足够多轮，那么至少以 $1-\delta$ 的概率，组合分类器 H 的泛化误差最大是

$$O\left(\sqrt{\frac{k^2\ln N}{m}\cdot\ln\left(\frac{m}{k^2\ln N}\right)+\frac{\ln(1/\delta)}{m}}\right)$$

因此，为了使泛化误差趋于零，只需要 m 增长速度快于 $k^2\ln N$（还存在更好的约束）。

7.4 接着练习 7.3，式（7.7）的指数损失按照上述的设置，有如下的形式

$$L(\boldsymbol{\lambda})=\frac{1}{m}\sum_{i=1}^{m}\exp(-y_i\boldsymbol{\lambda}\cdot\mathbf{x}_i)$$

a. 计算 $\nabla L(\boldsymbol{\lambda})$，即 L 在 $\boldsymbol{\lambda}$ 的梯度。

b. 当使用梯度下降法，不考虑学习速率，证明计算所得的权重向量 $\boldsymbol{\lambda}$ 通常在训练样本张成（span）的空间（即训练样本的线性组合）中，意味着

$$\boldsymbol{\lambda}=\sum_{i=1}^{m}b_i\mathbf{x}_i$$

$b_1,\cdots,b_m\in\mathbb{R}$（在本问题中，假设梯度下降从 $\mathbf{0}$ 开始）。

c. 一个 $N\times N$ 阿达马矩阵（hadamard matrix），其所有元素取值都为 $\{-1,+1\}$，所有的列都相互正交。阿达马矩阵 $\boldsymbol{H}_N$，其中 N 是 2 的幂，$\boldsymbol{H}_N$ 可以根据 $\boldsymbol{H}_1=(1)$ 递归生成

$$\boldsymbol{H}_{2N}=\begin{pmatrix}\boldsymbol{H}_N & \boldsymbol{H}_N\\ \boldsymbol{H}_N & -\boldsymbol{H}_N\end{pmatrix}$$

证明以这种方式构建的矩阵是阿达马矩阵。

d. 因为 N 是 2 的幂，设样本上的目标分布 $\mathcal{D}$ 是在阿达马矩阵 $\boldsymbol{H}_N$ 的列上的均匀分布。证明不管样本是如何标注的，分类器 $H(x)=\operatorname{sign}(\boldsymbol{\lambda}\cdot\mathbf{x})$ 的泛化误差用梯度下降法计算至少是 $1/2-m/(2N)$（在本次练习中，设预测为 0 则错了一半）。因此，当训练样本的数目 m 相对于矩阵的维数 N 较小的时候，泛化误差肯定会比较大。

7.5 给定实数值 $b_1,\cdots,b_m$，$c_1,\cdots,c_m$，和非负权重 $w_1,\cdots,w_m$，令

$$f(\alpha)=\sum_{i=1}^{m}w_i(\alpha b_i-c_i)^2$$

明确找到最小化 f 的 α 的值，并且计算此时的 f 的值。

7.6 设 $\mathcal{H}$ 是实值基函数构成的类，并且在缩放下是封闭的（即如果 $h \in \mathcal{H}$，那么对于所有 $c \in \mathbb{R}$, ch 也属于 $\mathcal{H}$）。证明：选择 $h \in \mathcal{H}$ 以最小化式（7.17）的误差平方就等于用从 $\mathcal{H}$ 中选择合适的归一化基函数的 AdaBoost（算法 7.3）。特别地，证明式（7.17）在 $\mathcal{H}$ 上可以通过下面的方式最小化：选择函数 $ch \in \mathcal{H}$，$c \in \mathbb{R}$，h 对 $\mathcal{H}$ 上的所有函数最大化 $-\nabla\mathcal{L}(\mathrm{F}_{t-1})\cdot h$，并且 $\|h\|_2 = 1$（设最大值存在）。

7.7 GentleAdaBoost 算法用牛顿法最小化指数损失函数。该算法实际上与算法 7.1 所描述的 AdaBoost 是一样的，除了 h_t，α_t 是通过最小化下式的加权最小二乘问题找到的

$$\sum_{i=1}^{m} \mathrm{e}^{-y_i F_{t-1}(x_i)} (\alpha_t h_t(x_i) - y_i)^2 \tag{7.46}$$

假设 $\mathcal{H}$ 上的所有基函数都是值为 $\{-1,+1\}$ 的分类器。

a. 在同等条件下，（也就是说，同样的数据集、同样的 F_{t-1} 值等），证明：GentleAdaBoost 所选的基分类器 h_t 与 AdaBoost 的一样（换句话说，h_t、α_t 最小化式（7.46）当且仅当它最小化算法 7.1 给出的相应的标准）。

b. 在同等条件下（包括 h_t 的选择），设 α_t^{GB}、α_t^{AB} 分别表示 GentleAdaBoost 和 AdaBoost 选择的 α_t，证明：

i. α_t^{GB}、α_t^{AB} 一定有相同的符号；

ii. $\alpha_t^{\mathrm{GB}} \in [-1,+1]$；

iii. $|\alpha_t^{\mathrm{GB}}| \leqslant |\alpha_t^{\mathrm{AB}}|$。

7.8 LogitBoost（算法 7.5）也是用的牛顿法，但是也应用到逻辑斯蒂损失。如练习 7.7，假设 $\mathcal{H}$ 上的所有基函数都是分类器。

a. 在同等的条件下，证明 LogitBoost 选择的基分类器与 AdaBoost. L 的一样（假设算法用穷举搜索选择 h_t、α_t）。

b. 在同等的条件下（包括 h_t 的选择），设 α_t^{LB}、α_t^{ABL} 分别表示 LogitBoost 和 AdaBoost. L 选择的 α_t。根据数据 h_t、D_t 和 Z_t 给出 α_t^{LB} 和 α_t^{ABL} 的明确表达式，其中 D_t 和 Z_t 如算法 7.4 定义。

c. 证明 α_t^{LB} 和 α_t^{ABL} 一定有相同的符号。

d. 通过例子来证明 $|\alpha_t^{\mathrm{LB}}|$ 严格小于或者严格大于 $|\alpha_t^{\mathrm{ABL}}|$。

7.9 设 $\mathcal{H}$ 由一个函数 $\hbar$ 组成，该函数一直等于常数 $+1$。训练样本由两个标注样本组成（$m=2$）：（x_1, $+1$），（x_2, -1）。

a. λ 取何值，式（7.20）中的逻辑斯蒂损失最小（这里，对于所有的 x，有 $F_\lambda(x) \doteq \lambda \hbar(x) \equiv \boldsymbol{\lambda}$）。

b. 设 LogitBoost 运行在这个数据上，F_0 初始化为常数函数 $F_0 = \lambda_0 \hbar \equiv \boldsymbol{\lambda}$，$\lambda_0 \in \mathbb{R}$且不需要是零。因为在每轮 $h_t = \hbar$，我们可以把 F_t 写成$\lambda_t \hbar \equiv \lambda_t$，$\lambda_t \in \mathbb{R}$。写出根据 λ_t 更新 λ_{t+1} 的公式。也就是说，找到 $U(\lambda)$ 函数的封闭形式，此函数定义了 λ_{t+1} 的更新形式：$\lambda_{t+1} = U(\lambda_t)$。

c. 证明存在常数 $C>0$，如果 $|\lambda_0| \leqslant C$，那么当 $t \to \infty$ 时，$\lambda_t \to 0$。

d. 证明如果 $|\lambda_0| \geqslant 3$，那么当 $t \to \infty$，$|\lambda_t| \to \infty$。

e. 在这种情况下，AdaBoost. L 如何处置（F_0 初始化也相同）?

算法 7.5

LogitBoost：用牛顿法最小化逻辑斯蒂损失

给定：$(x_1, y_1), \cdots, (x_m, y_m)$，$x_i \in \mathcal{X}$，$y_i \in \{-1, +1\}$

初始化：$F_0 \equiv 0$

对于 $t = 1, \cdots, T$，

- 对于 $i = 1, \cdots, m$：

$$p_t(i) = \frac{1}{1 + e^{-F_{t-1}(x_i)}}$$

$$z_t(i) = \begin{cases} \dfrac{1}{p_t(i)}, & y_i = +1 \\ -\dfrac{1}{1 - p_t(i)}, & y_i = -1 \end{cases}$$

$$w_t(i) = p_t(i)(1 - p_t(i))$$

- 选择 $\alpha_t \in \mathbb{R}, h_t \in \mathcal{H}$，最小化（或者近似最小化，如果用一个启发式搜索）

$$\sum_{i=1}^{m} w_t(i)\,(\alpha_t h_t(x_i) - z_t(i))^2$$

- 更新：$F_t = F_{t-1} + \alpha_t h_t$

输出：F_T

7.10 令 $L: \mathbb{R}^N \to \mathbb{R}$是任意凸函数。设$\boldsymbol{\lambda}$是式（7.34）给出的有约束优化问题的解，$B>0$。证明：如果 $\|\boldsymbol{\lambda}\|_1 < B$，那么 λ 也是公式（7.34）的解，当 B 用任意B'来代替，$B' > B$。

7.11 假设 $\mathcal{H}$ 只由分类器组成（即基函数，取值 $\{-1,+1\}$），并且数据以间隔 $\theta>0$ 线性可分，如式（7.37））。对于任意 $B>0$，设 $\boldsymbol{\lambda}$ 是式（7.34）的解，其损失函数 $L(\boldsymbol{\lambda})$ 如式（7.7）的定义。不失一般性，假设 $\mathcal{H}$ 空间取反是封闭的，因此对于所有的 j，有 $\lambda_j \geqslant 0$。

定义分布 D：$D(i) = \exp(-y_i F_{\boldsymbol{\lambda}}(x_i))/\mathcal{Z}$，这里 $\mathcal{Z}$ 是归一化因子，F_{λ} 如式（7.6）定义。对于每个 $\hbar_j \in \mathcal{H}$，我们定义

$$\mathrm{e}_j \doteq \sum_{i=1}^{m} D(i)\, y_i \hbar_j(x_i)$$

在 D 分布上，这个是（两倍）$\hbar_j$ 的边界。

a. 证明：如何用 e_j 以及其他独立于 j 的项来明确表示 $\partial L/\partial \boldsymbol{\lambda}_j$。

b. 证明：对于某个 j，$\partial L/\partial \boldsymbol{\lambda}_j$ 是严格负的。用这个结论来证明 $\|\boldsymbol{\lambda}\|_1 = \mathrm{B}$。

[提示：如果不是这种情况，证明如何修改 λ 以得到严格的更小的损失]

c. 我们说 $\hbar_j$ 是活跃的，如果 $\lambda_j > 0$。证明如果 $\hbar_j$ 是活跃的，那么它有最大的边界，也就是说，对于所有的 j'，有 $\mathrm{e}_j \geqslant \mathrm{e}_{j'}$。

d. 证明：所有活跃基分类器的边界都是一样的，也就是说，如果 $\lambda_j > 0$，且 $\lambda_{j'} > 0$，那么 $\mathrm{e}_j = \mathrm{e}_{j'}$。此外，证明：如果 $\hbar_j$ 是活跃的，那么 $\mathrm{e}_j \geqslant \theta$。

第 8 章

提升法、凸优化和信息几何学

在第 7 章中，我们看到如何把 AdaBoost 看作优化目标函数的通用方法的一种特殊情况，即坐标下降和泛函梯度下降。上述两种方法的重点在于最终分类器的构建，我们可以通过控制定义这个分类器的权重来构建，或者等价地、迭代地向它增加多个基函数来构建。在本章中，我们将对 AdaBoost 的行为和动态性提出不同的视角。新视角的重点在于分布 D_t ，即样本的权重，其存在于定义最终假设的那些弱分类器的权重的对偶世界里。

我们将会看到 AdaBoost 仍然是一个更通用、更古老的算法的特例，这个算法结合了几何学和信息论。分布 D_t 被认为是 $\mathbb{R}^m$ 上的点，被不断地投影（project）到由弱假设定义的超平面上。这个新的视角将给 AdaBoost 的工作机制引入几何学方面的元素，揭示算法背后优美的数学结构。以优化的角度来看，AdaBoost 实际上同时解决了两个问题，一个就是如 7.1 节讨论的指数损失的最小化，另外一个就是对偶优化问题：使服从约束的样本的分布熵最大化。这种理解可以帮助我们回答关于 AdaBoost 动态特性的基本问题，特别是关于样本分布的收敛性。因此，我们提供了方法可以证明算法渐进最小化指数损失。

我们提出的框架包括逻辑斯蒂回归，只做了很少的改动，从而提供了进一步和更深层次的统一。

最后，我们以对动植物物种栖息地的建模问题来结束本章。

本章广泛运用了数学分析中的概念，在附录 A.4 和 A.5 中我们对这些概念作了简要的回顾。

8.1 迭代投影算法

在本节中，我们将解释如何把 AdaBoost 作为一种几何迭代投影算法（geometric iterative projection algorithm），尽管我们最终使用的是基于信息论的几何学概念，但首先我们仍需考虑普通欧几里得几何学的类似环境。

8.1.1 类欧几里得

为了获得这种算法的直观感受，考虑下面的简单几何问题。设给定在 $\mathbb{R}^m$ 上的点 $\mathbf{x}$ 的

一系列的线性约束，如下

$$\begin{aligned} \mathbf{a}_1 \cdot \mathbf{x} &= b_1 \\ \mathbf{a}_2 \cdot \mathbf{x} &= b_2 \\ &\vdots \\ \mathbf{a}_N \cdot \mathbf{x} &= b_N \end{aligned} \tag{8.1}$$

上述 N 个约束定义了一个 $\mathbb{R}^m$ 上的线性子空间

$$\mathcal{P} \doteq \{\mathbf{x} \in \mathbb{R}^m: \mathbf{a}_j \cdot \mathbf{x} = b_j, \ j = 1, \cdots, N\} \tag{8.2}$$

我们设上式不为空，把它称为可行集（feasible set）。我们也给出一个参考点(reference point) $\mathbf{x}_0 \in \mathbb{R}^m$ 。问题就是：找到点 $\mathbf{x}$ 满足 N 个约束条件，并且离 $\mathbf{x}_0$ 最近。因此，找到满足下面有约束优化问题的 $\mathbf{x}$ 。

$$\begin{aligned} \text{最小化：} & \|\mathbf{x} - \mathbf{x}_0\|_2^2 \\ \text{满足：} & \mathbf{a}_j \cdot \mathbf{x} = b_j, \ j = 1, \cdots, N \end{aligned} \tag{8.3}$$

这是本章将要介绍的几个凸规划中的第一个，每个凸规划的目标都是最小化一个受线性约束的凸函数。尽管有很多方法解决这个问题，但有一个相当通用和简单的方法。以 $\mathbf{x} = \mathbf{x}_0$ 开始。如果所有的约束都满足，那么任务完成；否则，选择一个没有被满足的约束，假设是 $\mathbf{a}_j \cdot \mathbf{x} = b_j$ ，把 $\mathbf{x}$ 投影到由这个等式定义的超平面上。也就是说，把 $\mathbf{x}$ 用满足 $\mathbf{a}_j \cdot \mathbf{x} = b_j$ 的离它最近的点来代替。现在重复这个过程直到收敛。该方法的伪代码如算法 8.1 所示。

就像许多数值方法，上述过程可能在有限步内永远也不会得到规划（8.3）的解。我们的意图是：这个过程作为一个序列应该收敛于一个解，这样我们就可以在有限步内尽可能地接近理想的解。

算法 8.1

迭代投影算法：找到满足线性约束的最近点

给定：$\mathbf{a}_j \in \mathbb{R}^m$ ，$b_j \in \mathbb{R}$，$j = 1, \cdots, N$

$\mathbf{x}_0 \in \mathbb{R}^m$

目标：找到序列 $\mathbf{x}_1, \mathbf{x}_2, \cdots$ 收敛到规划（8.3）的解

初始化：$\mathbf{x}_1 = \mathbf{x}_0$

对于 $t = 1, 2, \cdots$

- 选择一个约束 j
- 令 $\mathbf{x}_{t+1} = \arg \min\limits_{\mathbf{x}:\ \mathbf{a}_j \cdot \mathbf{x} = b_j} \|\mathbf{x} - \mathbf{x}_t\|_2^2$

一个简单的三维空间的例子如图 8.1 所示。这里只有由两个平面描述的两个约束。可行集 $\mathcal{P}$ 在两个平面的交集上。以$\mathbf{x}_0$开始，算法重复投影到一个平面，然后是另一个平面，迅速收敛到 $\mathcal{P}$ 上的一个点，这个点就是离$\mathbf{x}_0$最近的点。

我们没有明确算法 8.1 中每次选择哪个约束 j。一个简单的方法就是对约束按顺利依次遍历，这叫作循环选择（cyclic selection)。另外一种方法是贪心选择，每次选择的超平

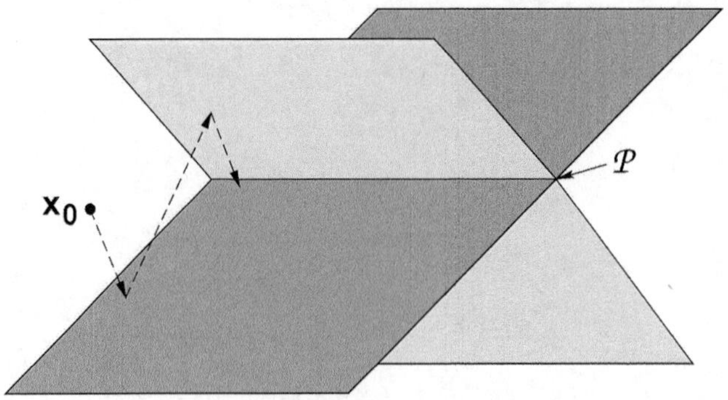

图 8.1

迭代投影算法在 $\mathbb{R}^3$ 上的例子。问题是在两个平面的交集上找到离参考点 $\mathbf{x}_0$ 最近的点。虚线箭头显示的是算法的前 3 步。

面 $\mathbf{a}_j \cdot \mathbf{x}=b_j$ 是离 $\mathbf{x}_t$ 最远的，这样的选择是期望下一个 $\mathbf{x}_{t+1}$ 能引入最偏离的约束，期望可以带来最大最快的进展。我们通常关注后一种选择，并将之称为贪心选择（greedy selection）。二维的例子如图 8.2 所示。

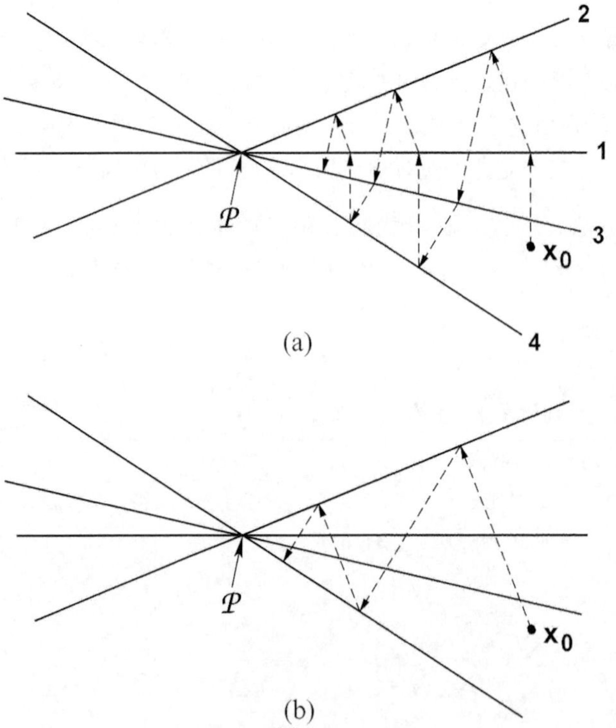

图 8.2

在这个例子中，点分布在平面上，约束条件由 4 条直线给出，因此可行集就是 4 条直线的交点。箭头显示了算法的前几个步骤，(a) 图显示的是用循环选择的方法（按照固定的顺序选择约束）；(b) 图显示的是用贪心选择的方法，每次选择最远的约束

可以证明：在可行集 $\mathcal{P}$ 非空的情况下，用上述两种方法或其他方法，此算法均保证可以收敛到（唯一）解。当 $\mathcal{P}$ 为空时，问题不再有意义，但是仍然可以执行迭代投影算法。这时算法不能收敛到一个单一点，因为总存在不满足的约束。除此之外，这个简单过程的

动态性在这种情况下也很难得到充分的理解，特别是使用贪心选择的时候。

8.1.2 信息论度量

在上面的描述中，我们度量空间中节点间的距离用的是通常的方法，即欧几里得距离。然而，也可以使用其他的距离度量方法。事实上，当我们将 AdaBoost 算法转换成迭代投影算法的时候，更自然的是用相对熵来代替欧几里得距离。相对熵定义了概率分布之间的距离或“散度”（divergence）。尽管相对熵在 6.2.3 节或其他地方遇到过，我们还是作短暂的停留，介绍下它的起源、与信息论的联系，然后回到我们的主题。

设我们想对某个字符表 $\{\ell_1,\cdots,\ell_m\}$ 的 m 个字符进行编码，希望对任何由此字符表组成的文本进行编码的时候，所需的比特位尽可能地少。显而易见的方法是对字符表中的每个字符都用固定的比特位数进行编码。因此，每个字符需要 $\log m$ 个比特位，这里我们对于所有算法都用底为 2 的对数，但是我们忽略了这样的事实：这些量可能是非整数的。实际上，我们可以比这种简单的编码方法做得更好，因为如果某个字符（比如英文里的 q）出现的频率要远低于其他的字符（例如英文里的 e），那么从整体编码长度而言，我们给更经常出现的字符提供更短的编码会更有效率。事实上，如果字符 ℓ_i 出现的概率为$P(i)$，那么对 ℓ_i 的最优编码就是用$-\log P(i)$ 个比特位。在此分布下，随机选择的一个字符的期望编码长度就是

$$H(P) \doteq -\sum_{i=1}^{m} P(i)\log P(i) \tag{8.4}$$

这个量化指标叫作分布熵（entropy of distribution）。明显它是非负的，当 P 是均匀分布的时候取最大值，是 $\log m$。熵可以作为一个对分布的“扩散性”，或随机性，或不可预期性的合理评价指标。

假设我们的字符表中的字符实际上是按照 P 分布的，但是我们（错误地）认为它们是服从 Q 分布的。那么根据前面的讨论，我们将对每个字符 ℓ_i 用$-\log Q(i)$ 个比特位进行编码，因此实际分布 P 下随机选择的一个字符的期望编码长度为

$$-\sum_{i=1}^{m} P(i)\log Q(i) \tag{8.5}$$

由此导致的额外编码负担是由于用 Q 代替了 P，是式（8.5）和式（8.4）之间的差，即

$$\begin{aligned}\mathrm{RE}(P \parallel Q) &\doteq \left(-\sum_{i=1}^{m} P(i)\log Q(i)\right) - H(P) \\ &= \sum_{i=1}^{m} P(i)\log\left(\frac{P(i)}{Q(i)}\right)\end{aligned} \tag{8.6}$$

这个指标叫作相对熵，也叫 Kullback-Leibler 散度（KL 散度，Kullback-Leibler Divergence）。如前所述，KL 散度为非负，当且仅当 $P = Q$ 的时候为零。它可以是无穷大的。有时我们不太规范地把它称为“距离”，但是它缺乏作为“度量”（metric）的属性。具体地说，它是非对称的，不满足三角不等式。尽管有这些困难，但是在很多情况下

都证明了这是度量两个概率分布之间的距离的“正确”方法。

二元相对熵，之前在 5.4.2 节遇到过，是对由 2 个字符组成的字符表定义的两个分布之间的相对熵的简写，其中一个字符出现的概率决定了另外一个字符出现的概率。因此，对于 p、$q \in [0,1]$，我们定义

$$\begin{aligned}\mathrm{RE}_b(p \parallel q) &\doteq \mathrm{RE}((p,1-p) \parallel (q,1-q)) \\ &= p\log\left(\frac{p}{q}\right) + (1-p)\log\left(\frac{1-p}{1-q}\right)\end{aligned} \tag{8.7}$$

尽管上面我们用的是以 2 为底的对数，但我们发现用自然对数在数学上更方便。因此，在本书中，我们所用的熵、相对熵的定义，如式（8.4）、式（8.6）、式（8.7）中的对数都为自然对数。

8.1.3 将 AdaBoost 看作迭代投影算法

依刚才的背景知识，我们可以开始准备解释如何将 AdaBoost 看作迭代投影算法，该算法在训练样本构成的概率分布空间上进行操作。我们需要阐明合适的线性约束条件，并且如上讨论的，我们还需要修改测量点与点之间距离的方法。

照例，给定数据集 $(x_1,y_1),\cdots,(x_m,y_m)$，如第 7 章所述，设弱分类器构成的空间 $\mathcal{H}$ 是有限的，因此可以写成

$$\mathcal{H} = \{\hbar_1,\cdots,\hbar_N\}$$

其共有 N 个元素。为了简化，我们假设都是二值 $\{-1,+1\}$，尽管这对后面的讨论并不重要。我们也假设 $\mathcal{H}$ 对取负操作是封闭的（即如果 $h \in \mathcal{H}$，那么 $-h \in \mathcal{H}$）。我们也遵从算法 1.1 的符号。

与本书的前几个部分不同，我们现在的关注点是在 m 个训练样本的索引 $\{1,\cdots,m\}$ 上的概率分布 D。换句话说，我们关注的是 AdaBoost 所用的是何种概率分布 D_t。AdaBoost 要满足这些概率分布上的哪种线性约束？我们看到，在 6.4 节，在博弈论的背景下，提升算法是对抗弱学习器的，算法的目标是找到对弱学习器来说尽可能困难的训练样本上的分布。因此，在第 t 轮弱学习器目标就是找到 h_t 最大化加权准确率 $\mathbf{Pr}_{i\sim D_t}[y_i = h_t(x_i)]$，或者加权相关度（weighted correlation）

$$\sum_{i=1}^{m} D_t(i)\, y_i\, h_t(x_i)$$

提升算法的目标就是构造分布 D_t，对于所有的弱分类器，这种相关度（或者准确率）都很小。

而且，在每 t 轮，构造新的分布 D_{t+1}，使与 h_t 对应的相关度为零。这是因为，我们始终要记住

$$D_{t+1}(i) = \frac{D_t(i)\,\mathrm{e}^{-\alpha_t y_i h_t(x_i)}}{Z_t}$$

因此

$$\sum_{i=1}^{m} D_{t+1}(i)\, y_i\, h_t(x_i) = \frac{1}{Z_t}\sum_{i=1}^{m} D_t(i)\, \mathrm{e}^{-\alpha_t y_i h_t(x_i)}\, y_i\, h_t(x_i)$$
$$= -\frac{1}{Z_t} \cdot \frac{\mathrm{d}\,Z_t}{\mathrm{d}\,\alpha_t} = 0 \tag{8.8}$$

这里，我们考虑了归一化因子

$$Z_t = \sum_{i=1}^{m} D_t(i)\, \mathrm{e}^{-\alpha_t y_i h_t(x_i)}$$

是 α_t 的函数。式（8.8）依据的是：选择 α_t 以最小化 Z_t（如 3.1 节所示）。因此 $\mathrm{d}Z_t/\mathrm{d}\alpha_t = 0$ 。

因此，看起来好像 AdaBoost 的目标就是找到分布 D

$$\sum_{i=1}^{m} D(i)\, y_i\, \hbar_j(x_i) = 0 \tag{8.9}$$

$\hbar_j \in \mathcal{H}$ ，也就是说，找到分布 D 是如此之难以至于没有弱分类器 $\hbar_j \in \mathcal{H}$ ，在分布 D 下与标签 y_i 完全相关。式（8.9）提供了 D 上 N 个线性约束，对应于公式（8.1）的约束。我们用这些约束来定义可行集 $\mathcal{P}$ ，即 $\mathcal{P}$ 定义为满足所有如式（8.9）所示的约束的所有分布 D 构成的集合，对于所有 $\hbar_j \in \mathcal{H}$ ，有

$$\mathcal{P} \doteq \left\{D：\sum_{i=1}^{m} D(i)\, y_i\, \hbar_j(x_i) = 0,\ j = 1,\cdots,N\right\} \tag{8.10}$$

选定了定义 $\mathcal{P}$ 的线性约束后，我们接下来需要一个类似 8.1.1 节中的 $\mathbf{x}_0$ 参考点。在缺乏其他信息的情况下，很自然的方式是把所有的训练样本一律平等对待，因此用 $\{1,\cdots, m\}$ 上的均匀分布 U 作为我们的参考点。

最后，我们必须选择一个距离度量来代替 8.1.1 节中用的欧几里得距离。因为我们是在概率分布空间上进行操作，因此用“信息几何学”来代替欧几里得几何学比较合适，也就是说用相对熵的距离度量方式。这个变化影响了点如何投影到超平面，以及在 $\mathcal{P}$ 上离参考点“最近”的点意味着什么。否则，算法 8.1 所示的基本算法就不需要改变了。

将上述想法组合到一起，我们得到的问题就是在 $\mathcal{P}$ 上找到依据相对熵距离均匀分布最近的分布。也就是说，要满足下面的优化目标。

$$\text{最小化：}\mathrm{RE}(D \,\|\, U)$$
$$\text{满足：}\sum_{i=1}^{m} D(i)\, y_i\, \hbar_j(x_i) = 0,\ j = 1,\cdots,N$$
$$D(i) \geqslant 0,\ i = 1,\cdots,m$$
$$\sum_{i=1}^{m} D(i) = 1 \tag{8.11}$$

这个优化目标的形式与式（8.3）的一样，就是欧几里得距离换成了相对熵，我们也增加了约束明确要求 D 必须是一个概率分布。

注意到，根据定义

$$\mathrm{RE}(D \parallel U) = \ln m - H(D) \tag{8.12}$$

这里 $H(D)$ 是 D 的熵，如式（8.4）。因此，最小化 RE（$D \parallel U$）等价于在满足约束的情况下，最大化熵或者分布的散度。这就把这种方法与一个古老而庞大的方法——最大熵（maximum entropy）方法——密切联系了起来。

为了解式（8.11），我们可以用 8.1.1 节中描述的迭代投影方法。然而，我们的投影方法必须进行修改，必须用相对熵而不是欧几里得距离。因此，我们以 $D_1 = U$ 开始。那么，在每轮我们选择约束 j，然后计算 D_{t+1}：它是 D_t 到由式（8.9）定义的超平面上的投影。也就是说，对于满足这个等式的所有分布，D_{t+1} 最小化 RE（$D_{t+1} \parallel D_t$）。完整算法如算法 8.2 所示。

此算法工作方式与算法 8.1 相似，除了对距离的计算不一样。我们由参考点开始，在本例中是 U，迭代投影到单独的一个线性约束上。就像算法 8.1，如果可行集 $\mathcal{P}$ 是非空的，则这种方法收敛到式（8.11）的（唯一）解，我们将在 8.2 节给出证明。从更广泛的角度来看，欧几里得距离（平方）和相对熵实际上都是一类更通用的叫作 Bregman 距离（Bregman distances）[①] 的距离函数的特例，已经证明这种迭代投影算法都是有效的（参见练习 8.5）。在一般情况下，这个算法称为 Bregman 算法（Bregman's algorithm）。

算法 8.2

与 AdaBoost 算法对应的迭代投影算法

给定：$(x_1, y_1), \cdots, (x_m, y_m)$，$x_i \in \mathcal{X}$，$y_i \in \{-1, +1\}$，$\mathcal{H}$ 是有限的、二分类假设空间
目标：找到序列 D_1, D_2，… 收敛到规划（8.11）的解
初始化：$D_1 = U$
对于 $t = 1, 2, \cdots$
- 选择 $h_t \in \mathcal{H}$，h_t 定义了其中的一个约束
- 令 $D_{t+1} = \arg \min\limits_{D:\sum_{i=1}^{m} D(i) y_i h_t(x_i) = 0} \mathrm{RE}(D \parallel D_t)$
- 贪心约束选择：选择 $h_t \in \mathcal{H}$，使得 RE（$D_{t+1} \parallel D_t$）最大化

与我们对迭代投影算法的一般描述一样，我们在算法 8.2 中没有明确如何选择 h_t。从这点开始，将假设在每轮对约束进行贪心选择的时候，选择的 h_t 最大化到不满足约束的超平面的距离，也就是说，因此

$$\min_{D:\sum_{i=1}^{m} D(i) y_i h_t(x_i) = 0} \mathrm{RE}(D \parallel D_t)$$

① Bregman 距离（Bregman distances）的定义：设 F：$\Omega \to \mathbb{R}$ 是定义在封闭凸集 Ω 上的连续可微、严格凸函数，点 p、$q \in \Omega$ 的与 F 关联的 Bregman 距离为

$$D_F(p, q) = F(p) - F(q) - \langle \nabla F(q),\ p - q \rangle$$

其中，$\nabla F(q)$ 表示 F 函数对 q 求导，$\langle\ \rangle$ 表示点乘。

把 $y = x^2$ 作为 F 函数，则：$D(x, y) = x^2 - y^2 - 2y(x - y) = (x - y)^2$。

对所有 $h_t \in \mathcal{H}$ 是最大的。计算得到 D_{t+1} 的过程，就等同于最大化 $\mathrm{RE}(D_{t+1} \parallel D_t)$。在此假设下，如前所述，可以证明算法 8.2 实际上就是一种“伪装”的 AdaBoost，贪心约束选择就等同于选择穷尽弱学习器。换句话说，这两种算法计算得到的 D_t 在这些假设条件下，每轮的结果都是一样的。

为了看到这一点，设在第 t 轮选择 $h_t \in \mathcal{H}$。那么根据最小化 $\mathrm{RE}(D \parallel D_t)$ 选择的 D_{t+1} 满足下面的约束

$$\sum_{i=1}^{m} D(i)\, y_i\, h_t(x_i) = 0$$

我们通过形成拉格朗日算子来计算这个最小化

$$\mathcal{L} = \sum_{i=1}^{m} D(i) \ln\left(\frac{D(i)}{D_t(i)}\right) + \alpha \sum_{i=1}^{m} D(i)\, y_i\, h_t(x_i) + \mu\left(\sum_{i=1}^{m} D(i) - 1\right) \tag{8.13}$$

相关背景知识参见附录 A.8，这里 α 和 μ 都是拉格朗日乘子，我们已经明确考虑了约束

$$\sum_{i=1}^{m} D(i) = 1 \tag{8.14}$$

然而，我们没有考虑约束 $D(i) \geqslant 0$，是因为从下面会看到，这点是“自动”满足的。计算其偏导为零，我们得到

$$0 = \frac{\partial \mathcal{L}}{\partial D(i)} = \ln\left(\frac{D(i)}{D_t(i)}\right) + 1 + \alpha\, y_i\, h_t(x_i) + \mu$$

因此，

$$D(i) = D_t(i)\, \mathrm{e}^{-\alpha y_i h_t(x_i) - 1 - \mu}$$

注意到 μ 是一个任意常数，根据式（8.14）来选择，得到

$$D(i) = \frac{D_t(i)\, \mathrm{e}^{-\alpha y_i h_t(x_i)}}{Z}$$

这里

$$Z = \sum_{i=1}^{m} D_t(i)\, \mathrm{e}^{-\alpha y_i h_t(x_i)}$$

是归一化因子。代入式（8.13），得到

$$\mathcal{L} = -\ln Z$$

因此，应该选择 α 最大化 $\mathcal{L}$ 或者等价于最小化 Z。这实际上就是如何通过 AdaBoost 算法去选择 α_t，如 3.1 节所述。因此，通过对 D_{t+1} 下的 D、α、Z、α_t、Z_t 的认识，我们可以看出两个算法对 h_t 的选择完全是一致的。

隐含着我们允许 AdaBoost 可以选择负值的 α_t，这实际上就等于我们假设 $\mathcal{H}$ 对于取负是封闭的。此外，我们忽略了退化的情况，即 AdaBoost 选择的 α_t 是无限的，也就是说所有 $y_i h(x_i)$ 的符号都是一样的，对于某 $h \in \mathcal{H}$，换句话说，h 本身对于数据集来说就是一

个完美的分类器。

在 AdaBoost 中 h_t 的选择也是一样的。继续上面的讨论，我们有

$$\begin{aligned}\mathrm{RE}(D_{t+1} \parallel D_t) &= \sum_{i=1}^{m} D_{t+1}(i)(-\alpha_t y_i h_t(x_i) - \ln Z_t) \\ &= -\ln Z_t - \alpha_t \sum_{i=1}^{m} D_{t+1}(i) y_i h_t(x_i) \\ &= -\ln Z_t \end{aligned} \tag{8.15}$$

这里我们用到了式（8.8）。因此，算法 8.2 选择 h_t 以最小化 Z_t，如 7.1 节所示，AdaBoost 算法就是这样做的。

8.1.4　非空可行集的条件

因此我们得出结论：两个算法是相同的。后续在 8.2 节，我们将介绍一些方法来证明：AdaBoost 的分布 D_t ——即算法 8.2，当它描述成迭代投影算法的时候——将收敛到一个分布，而只要可行集 $\mathcal{P}$ 在式（8.10）上是非空的，这个分布就是式（8.11）的唯一解。

那么在什么情况下这个非空条件会满足呢？事实上这个条件直接与经验弱可学习这个概念密切相关，而经验弱可学习又是提升法的基础。具体地说，有下面的定理。

定理 8.1　式（8.10）定义的可行集 $\mathcal{P}$ 是空的，当且仅当对于某 $\gamma > 0$，数据是经验 γ-弱可学习。

证明：

让我们首先假设经验 γ-弱学习。根据定义（在 2.3.3 节给出），这意味着，对于每个分布 D，存在 $\hbar_j \in \mathcal{H}$，有

$$\mathbf{Pr}_{i \sim D}[y_i = \hbar_j(x_i)] \geqslant \frac{1}{2} + \gamma \tag{8.16}$$

这等同于

$$\sum_{i=1}^{m} D(i) y_i \hbar_j(x_i) \geqslant 2\gamma > 0 \tag{8.17}$$

这就隐含着定义可行集 $\mathcal{P}$ 的等式不能同时满足，因此 $\mathcal{P}$ 是空的。

反过来，设 $\mathcal{P}$ 是空的。考虑函数

$$M(D) \doteq \max_{\hbar_j \in \mathcal{H}} \left| \sum_{i=1}^{m} D(i) y_i \hbar_j(x_i) \right|$$

这是一个由所有概率分布 D 构成的紧凑空间上的连续的、非负函数。因此，在某特定分布 $\widetilde{D}$ 上取得最小值。根据 M、$\mathcal{P}$ 的定义，如果 $M(\widetilde{D})=0$，那么 $\widetilde{D} \in \mathcal{P}$，我们假设这个可行集是空的。因此，$M(\widetilde{D}) > 0$。令 $\gamma \doteq \frac{1}{2}M(\widetilde{D})$。那么，因为 $\widetilde{D}$ 最小化 M，对于每个分

布 D，$M(D) \geqslant M(\widetilde{D}) = 2\gamma > 0$。

即存在 $\hbar_j \in \mathcal{H}$，有

$$\left| \sum_{i=1}^{m} D(i)\, y_i\, \hbar_j(x_i) \right| \geqslant 2\gamma$$

如果绝对值里的和为负，我们可以用 $-\hbar_j$ 来代替 $\hbar_j$，因为我们假设 $-\hbar_j$ 也在 $\mathcal{H}$ 空间上。因此，在这两种情况下，式（8.17）都成立，这就等价于式（8.16）。也就是说，我们已经证明，对于每个分布 D，存在 $\hbar_j \in \mathcal{H}$，使式（8.17）成立，这正是经验 γ-弱学习假设的定义。

证毕。

因此，经验弱可学习等价于可行集 $\mathcal{P}$ 为空。此外，根据 5.4.3 的结果，这两者的条件也都等价于数据是具有正间隔线性可分的。因此，如果数据不是弱可学习的，那么 AdaBoost 的分布将收敛到式（8.11）的唯一解，这个结论我们将在 8.2 节看到。但是如果数据是弱可学习的（以提升法的视角来看，在很多方面这是更有趣的情况），由 AdaBoost 计算所得的分布从来不会收敛到单一分布，在这种情况下，D_t 和 D_{t+1} 之间的距离必须有一个常数的下界。这是因为，用式（8.15），根据定理 3.1 的推导和概念，特别是式（3.9），我们有

$$\begin{aligned} \mathrm{RE}(D_{t+1} \parallel D_t) &= -\ln Z_t \\ &= -\frac{1}{2}\ln(1-4\gamma_t^2) \\ &\geqslant -\frac{1}{2}\ln(1-4\gamma^2) > 0 \end{aligned}$$

这里我们利用这样的结论：对于某 $\gamma > 0$，经验 γ- 弱可学习假设成立，因此对于所有的 t，有 $\gamma_t \geqslant \gamma$。因此，对于每个 t，$\mathrm{RE}(D_{t+1} \parallel D_t)$ 至少是某个正的常数，这意味着分布永远也不会收敛。

在弱可学习情况下，AdaBoost 的分布的行为尚未完全被理解。在所有经过仔细研究的案例中，发现 AdaBoost 的分布最终会收敛到一个循环（cycle）。然而，还不知道是否在所有情况下都是这样，或者是否 AdaBoost 的渐进行为有时是混沌的。这些分布的动态性可以是相当显著的。图 8.3 展示了 AdaBoost 的分布在 2 组训练样本上随时间的变化。在某些情况下，可以很快地收敛到一个紧的环；在其他情况下，算法在最终收敛到一个环之前，可能会出现一段时间的混沌（练习 8.2 给出了一个分析样例）。

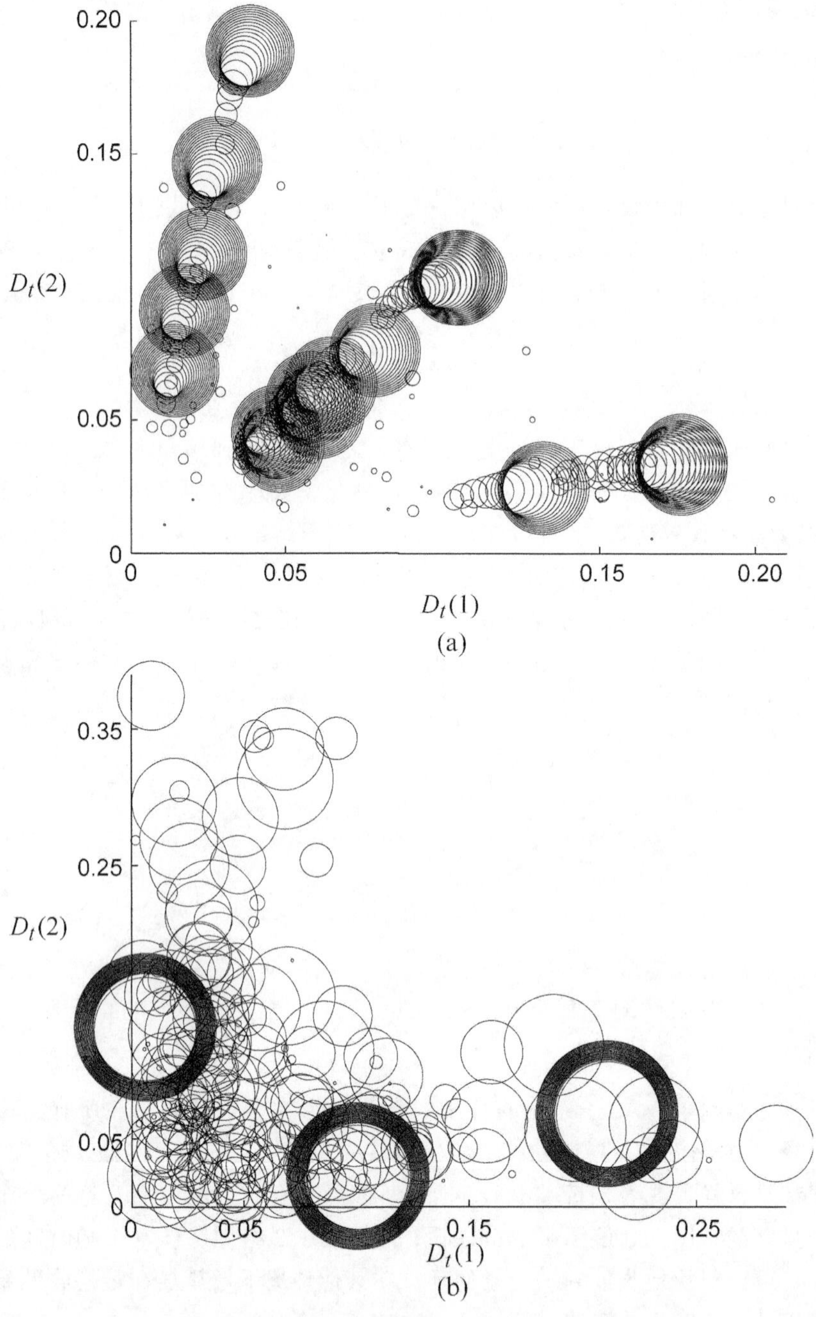

图 8.3

AdaBoost 在两个很小的人工学习问题上动态行为的示例。图展示了在分布 D_t 的前两个分量上的投影，即 $D_t(1)$ 在 x 轴，$D_t(2)$ 在 y 轴。而且，每个环对于某轮次 t 。环的中心位于点 $\langle D_t(1), D_t(2)\rangle$ 。也就是说，x 轴等于分布 D_t 在训练集的第一个样本上的值，y 轴是在第二个样本上的值。每个环的半径与轮数 t 成比例，因此环的半径越小，则是早期的轮数；环的半径越大，则是后期的轮数。用这种方式可以立刻观测到算法的完整动态时间轨迹。在上述两种情况下，算法都明显收敛于一个环

8.1.5 用非归一化分布的迭代投影

为了缓解弱可学习数据给算法 8.2 带来的困难，我们可以将我们的注意力从 AdaBoost 所用的归一化分布，转到归一化之前的形式，即样本上未归一化的权重。这将给我们揭示 AdaBoost 作为迭代投影算法的另一种属性：不管数据是否是弱可学习的，都可以对其进行统一处理。我们将用这个构想来证明 AdaBoost（未归一化）分布的收敛性，还有 AdaBoost 收敛到指数损失的最小值。

因此，我们现在要处理未归一化的权重向量。相对熵是我们之前用的距离度量，对这种非归一化分布就不合适了。然而，如前所述，存在距离的度量族可以用于迭代投影方法。未归一化的相对熵就是一个自然的选择。对于两个非负向量 $\boldsymbol{p}$、$\boldsymbol{q} \in \mathbb{R}_+^m$，做如下定义

$$\mathrm{RE}_u(\boldsymbol{p} \parallel \boldsymbol{q}) \doteq \sum_{i=1}^{m}\left[p_i \ln\left(\frac{p_i}{q_i}\right) + q_i - p_i\right] \tag{8.18}$$

就像标准（归一化）相对熵，非归一化版本通常是非负的，当且仅当 $\boldsymbol{p}=\boldsymbol{q}$ 的时候等于 0。当上下文十分清楚的时候，我们将 RE_u 简写为 RE。

我们可以将式(8.11)和算法 8.2 中的相对熵用非归一化的相对熵来代替。我们也可以用都是 1 的向量 $\boldsymbol{1}$ 来代替均匀分布 U。为了强调到非归一化权重向量的转换，我们用小写的 $\boldsymbol{d}$、$\boldsymbol{d}_t$ 等来代表非归一化权重向量。因此，现在的问题是找到 $\boldsymbol{d}$，是找到下面的解。

$$\begin{aligned}&\text{最小化：}\mathrm{RE}_u(\boldsymbol{d} \parallel \boldsymbol{1})\\&\text{满足：}\sum_{i=1}^{m} d_i y_i \hbar_j(x_i)=0,\ j=1,\cdots,N\\&d_i \geqslant 0,\quad i=1,\cdots,m\end{aligned} \tag{8.19}$$

我们不再需要 $\boldsymbol{d}$ 是归一化的。与这个规划相关的可行集是

$$\mathcal{P} \doteq \left\{\boldsymbol{d} \in \mathbb{R}_+^m : \sum_{i=1}^{m} d_i y_i \hbar_j(x_i)=0,\ j=1,\cdots,N\right\} \tag{8.20}$$

之前，我们遇到的问题是可能不存在满足所有约束的分布。现在这个困难已经完全被除掉了：可行集 $\mathcal{P}$ 不能是空的，因为当 $\boldsymbol{d}=\boldsymbol{0}$（所有都是 0 向量）时，平凡满足所有的约束。这是转换成未归一化向量的关键好处。

我们的迭代投影算法几乎没有什么变化，可以参考算法 8.3。当然，我们需要强调指出使用的相对熵是未归一化的相对熵，即 $\mathrm{RE}_u(\cdot \parallel \cdot)$。如前所述，我们假设 h_t 是用贪心选择方式来选择的。

算法 8.3

一个迭代投影算法：对应使用未归一化的相对熵的 AdaBoost 算法

给定：$(x_1, y_1), \cdots, (x_m, y_m)$，$x_i \in \mathcal{X}$，$y_i \in \{-1, +1\}$

　　$\mathcal{H}$ 是有限的、二分类假设空间

目标：找到序列 $\boldsymbol{d}_1$，$\boldsymbol{d}_2$，… 收敛到规划式（8.19）的解

初始化：$\boldsymbol{d}_1 = \boldsymbol{1}$

对于 $t = 1, 2, \cdots$

- 选择 $h_t \in H$ ，h_t 定义了一个约束
- 令 $\boldsymbol{d}_{t+1} = \arg\min_{d:\sum_{i=1}^{m} d_i y_i h_t(x_i)=0} \mathrm{RE}_u(\boldsymbol{d} \parallel \boldsymbol{d}_t)$
- 贪心约束选择：选择 $h_t \in \mathcal{H}$ ，使得 $\mathrm{RE}_u(\boldsymbol{d}_{t+1} \parallel \boldsymbol{d}_t)$ 最大化

我们可以断言，首先这个过程和 AdaBoost 是等价的，因为在每轮，选择的 h_t 是一样的，在归一化之后的分布也是完全对应的，即

$$D_t(i) = \frac{d_{t,i}}{\sum_{i=1}^{m} d_{t,i}}$$

这可以用之前的方法进行证明。对于给定 $h_t \in \mathcal{H}$ ，选择 $\boldsymbol{d}_{t+1}$ 以最小化 $\mathrm{RE}(\boldsymbol{d} \parallel \boldsymbol{d}_t)$ ，且 $\sum_{i=1}^{m} d_i y_i h_t(x_i) = 0$。拉格朗日算子现在变成

$$\mathcal{L} = \sum_{i=1}^{m} \left[d_i \ln(\frac{d_i}{d_{t,i}}) + d_{t,i} - d_i \right] + \alpha \sum_{i=1}^{m} d_i y_i h_t(x_i)$$

针对 d_i 取积分求最小化，得到

$$d_i = d_{t,i} \, \mathrm{e}^{-\alpha y_i h_t(x_i)}$$

代入 $\mathcal{L}$ ，得到

$$\begin{aligned}\mathcal{L} &= \sum_{i=1}^{m} d_{t,i} - \sum_{i=1}^{m} d_i \\ &= \left(\sum_{i=1}^{m} d_{t,i}\right)(1 - Z)\end{aligned}$$

这里

$$\begin{aligned}Z &= \frac{\sum_{i=1}^{m} d_{t,i} \, \mathrm{e}^{-\alpha y_i h_t(x_i)}}{\sum_{i=1}^{m} d_{t,i}} \\ &= \sum_{i=1}^{m} D_t(i) \, \mathrm{e}^{-\alpha y_i h_t(x_i)}\end{aligned}$$

因此，选择 α 以最小化 Z，$\boldsymbol{d}$、α 、Z 由 $\boldsymbol{d}_{t+1}$ 、α_t 、Z_t 标识，我们可以看出与 AdaBoost 的计算过程是完全一致的。我们也可以看到两个算法每轮选择的 h_t 也是一样的，因为

$$\begin{aligned}\mathrm{RE}(\boldsymbol{d}_{t+1} \parallel \boldsymbol{d}_t) &= -\alpha_t \sum_{i=1}^{m} d_{t+1,i} \, y_i \, h_t(x_i) + \sum_{i=1}^{m} (d_{t,i} - d_{t+1,i}) \\ &= \left(\sum_{i=1}^{m} d_{t,i}\right)(1 - Z_t)\end{aligned}$$

所以，对于 AdaBoost 算法和算法 8.2，选择 h_t 以最小化 Z_t 。我们可以认为这 3 种算法是等价的。

8.2 证明 AdaBoost 的收敛性

我们现在可以证明 AdaBoost 某些重要的收敛性。我们将证明与 AdaBoost 相关的未归一化分布收敛到规划（8.9）的唯一解。此外，作为副产品，我们将证明 AdaBoost 渐进收敛于指数损失最小值，这个问题在第 7 章有所讨论，但是没有证明。

8.2.1 设置

为了简化符号，我们定义一个 $m \times N$ 的矩阵$\boldsymbol{M}$，其元素为

$$\boldsymbol{M}_{ij} = y_i \hbar_j(x_i)$$

注意，算法计算得到的所有向量 $\boldsymbol{d}_t$ 都是$\boldsymbol{M}$ 的列的线性组合的指数，即所有的 $\boldsymbol{d}_t$ 都属于集合 $\mathcal{Q}$ ，我们定义 $\mathcal{Q}$ 是所有如下形式的向量$\boldsymbol{d}$ 的集合

$$d_i = \exp\left(-\sum_{j=1}^{N} \lambda_j \boldsymbol{M}_{ij}\right) \tag{8.21}$$

$\boldsymbol{\lambda} \in \mathbb{R}^N$ 。因为 $\boldsymbol{d}_t$ 都属于集合 $\mathcal{Q}$ ，它们的极限如果存在也一定在 $\mathcal{Q}$ 的闭包中，记为 $\overline{\mathcal{Q}}$ 。而且，我们寻找的向量必定属于式（8.20）定义的可行集 $\mathcal{P}$ 。因此，非正式地，如果算法有效，会收敛到两个集合的交集，即在 $\mathcal{P} \cap \overline{\mathcal{Q}}$ 中。我们将证明这个收敛性，我们也将证明对我们的目标来说这个也足够了。

为了可视化集合 $\mathcal{P}$ 和 $\mathcal{Q}$ ，让我们考虑一个简单的例子。设训练集只有两个样本($m = 2$)：(x_1, y_1) 和 (x_2, y_2) ，两者的标签都是正的，即 $y_1 = y_2 = +1$。进一步假设，基假设空间 $\mathcal{H}$ 只有一个假设$\hbar_1$ 。这里，$\hbar_1(x_1) = +1$，$\hbar_1(x_2) = -1$。那么，根据式（8.20）

$$\mathcal{P} = \{\boldsymbol{d} \in \mathbb{R}_+^2 : d_1 - d_2 = 0\}$$

即如图 8.4 所示的直线：$d_2 = d_1$ 。根据定义

$$\mathcal{Q} = \{\boldsymbol{d} \in \mathbb{R}_+^2 : d_1 = \mathrm{e}^{-\lambda_1},\ d_2 = \mathrm{e}^{\lambda_1},\ \lambda_1 \in \mathbb{R}\},$$

即如图 8.4 所示的双曲线 $d_2 = 1/d_1$ 。在这种情况下，$\overline{\mathcal{Q}} = \mathcal{Q}$ 。

作为第二个例子，如果 $\hbar_1$ 重新定义为：$\hbar_1(x_1) = \hbar_1(x_2) = +1$，那么

$$\mathcal{P} = \{\boldsymbol{d} \in \mathbb{R}_+^2 : d_1 + d_2 = 0\}$$

这只包括原点 $\langle 0, 0\rangle$ ，并且

$$\mathcal{Q} = \{\boldsymbol{d} \in \mathbb{R}_+^2 : d_1 = \mathrm{e}^{-\lambda_1},\ d_2 = \mathrm{e}^{-\lambda_1},\ \lambda_1 \in \mathbb{R}\}$$

这里是一条直线 $d_2 = d_1$ ，但是排除了原点（因为对于所有的 λ_1 ，$\mathrm{e}^{-\lambda_1} > 0$）。在这种情况下，$\mathcal{Q}$ 的闭包是同一条直线，且包括原点，这是因为 $\overline{\mathcal{Q}} = \mathcal{Q} \cup \{\langle 0, 0\rangle\}$ ，如图 8.5 所示。

我们马上还会回来讨论这些例子。

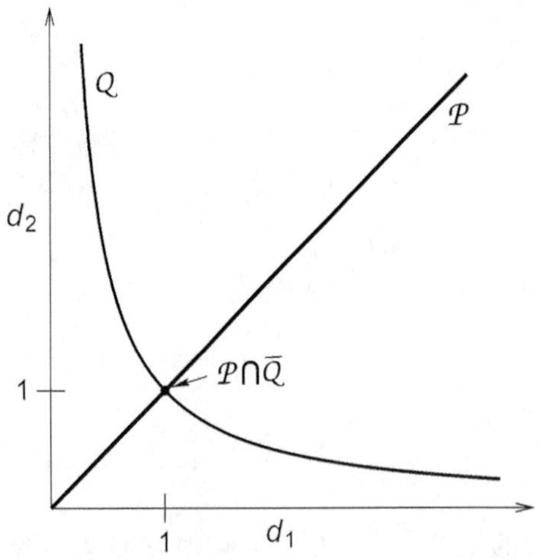

图 8.4
只有两个样本的数据集下的 P 和 Q，都是正的，一个基假设：$\hbar_1(x_1)=+1, \hbar_1(x_2)=-1$

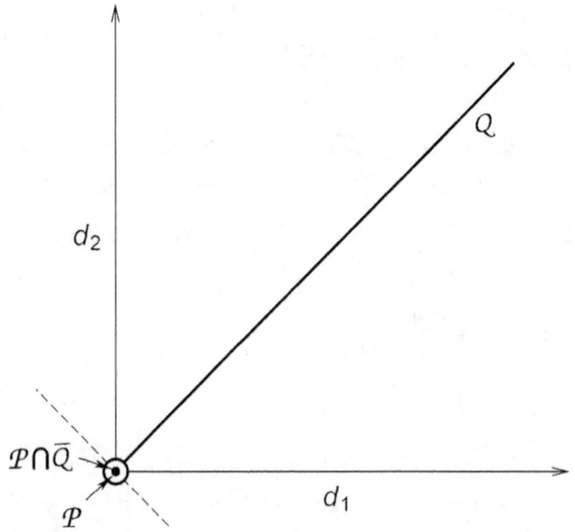

图 8.5
第二个迷你数据集下的 $\mathcal{P}$ 和 $\mathcal{Q}$，与图 8.4 几乎一致，除了 $\hbar_1(x_1)=\hbar_1(x_2)=+1$。$\mathcal{P}$ 只有原点，因为定义 $\mathcal{P}$ 的 $d_1+d_2=0$ 与非负象限只在原点相交。注意集合 $\mathcal{Q}$ 中没有原点，但是包含在 $\overline{\mathcal{Q}}$ 中

8.2.2　两个问题合成一个

最后我们将尝试证明两个收敛属性。首先，我们想证明向量 $\boldsymbol{d}_t$ 渐进解决规划问题 (8.19)。也就是说，用更简洁的写法，我们想要证明它们的极限等于

$$\arg\min_{\boldsymbol{p}\in\mathcal{P}} \mathrm{RE}(\boldsymbol{p}\parallel \boldsymbol{1}) \tag{8.22}$$

我们的第二目标是证明 AdaBoost 最小化指数损失，这个我们将重新表述为熵优化问题。拆开下式

$$d_{t+1,i}=d_{t,i}\,\mathrm{e}^{-\alpha_t y_i h_t(x_i)}$$

我们看到 T 轮后，这些权重之和等于

$$\sum_{i=1}^{m} d_{T+1,i}=\sum_{i=1}^{m}\exp\Big(-y_i\sum_{t=1}^{T}\alpha_t h_t(x_i)\Big)$$

这就是与组合分类器 $\sum_{t=1}^{T}\alpha_t h_t(x_i)$ 相关的指数损失，如 7.1 节所述。更一般地，任意弱分类器 $\sum_{j=1}^{N}\lambda_j \hbar_j(x)$ 的线性组合定义了一个向量 $\boldsymbol{q}\in\mathcal{Q}$

$$q_i=\exp\Big(-y_i\sum_{j=1}^{N}\lambda_j \hbar_j(x_i)\Big)$$

事实上，$\mathcal{Q}$ 的向量与弱分类器的线性组合是直接对应的。与这个线性组合相关的指数损失也是分量之和，

$$\sum_{i=1}^{m} q_i = \sum_{i=1}^{m} \exp\left(- y_i \sum_{j=1}^{N} \lambda_j \hbar_j(x_i)\right) \tag{8.23}$$

因此，证明收敛到最小指数损失等价于证明 $\sum_{i=1}^{m} d_{t,i}$ 收敛于

$$\inf_{\boldsymbol{q}\in\mathcal{Q}} \sum_{i=1}^{m} q_i = \min_{\boldsymbol{q}\in\bar{\mathcal{Q}}} \sum_{i=1}^{m} q_i$$

这个最小值一定存在，因为 $\bar{\mathcal{Q}}$ 是封闭的。为了求最小值，我们可以限制我们只关注在 $\bar{\mathcal{Q}}$ 的有约束的一个子集，例如只有那些 $\sum_{i=1}^{m} q_i \leqslant m$ 的 $\boldsymbol{q}$。这个约束集是紧凑的(compact)。

注意

$$\mathrm{RE}(\boldsymbol{0} \parallel \boldsymbol{q}) = \sum_{i=1}^{m} q_i$$

因此，我们可以总结：我们的第二个目标是证明向量 $\boldsymbol{d}_t$ 的极限等于

$$\arg\min_{\boldsymbol{q}\in\bar{\mathcal{Q}}} \mathrm{RE}(\boldsymbol{0} \parallel \boldsymbol{q}) \tag{8.24}$$

8.2.3 证明

现在我们证明 AdaBoost 收敛于式（8.22）和式（8.24）的解。

我们首先证明，如果 $\boldsymbol{d} \in \mathcal{P} \cap \bar{\mathcal{Q}}$，那么某等式成立，即勾股定理（Pythagorean theorem)，类似于在更标准的情况下相对熵用欧几里得距离的平方来代替。

引理 8.2 如果 $\boldsymbol{d} \in \mathcal{P} \cap \bar{\mathcal{Q}}$，那么对于所有的 $\boldsymbol{p} \in \mathcal{P}$，对于所有的 $\boldsymbol{q} \in \bar{\mathcal{Q}}$

$$\mathrm{RE}(\boldsymbol{p} \parallel \boldsymbol{q}) = \mathrm{RE}(\boldsymbol{p} \parallel \boldsymbol{d}) + \mathrm{RE}(\boldsymbol{d} \parallel \boldsymbol{q})$$

证明：

我们首先断言，如果 $\boldsymbol{p} \in \mathcal{P}$，$\boldsymbol{q} \in \mathcal{Q}$，那么

$$\sum_{i=1}^{m} p_i \ln q_i = 0$$

如果 $\boldsymbol{p} \in \mathcal{P}$，$\boldsymbol{q} \in \mathcal{Q}$，那么存在 $\lambda \in \mathbb{R}^N$

$$q_i = \exp\left(- \sum_{j=1}^{N} \lambda_j \boldsymbol{M}_{ij}\right)$$

$i = 1, \cdots, m$，因此

$$\begin{aligned}\sum_{i=1}^{m} p_i \ln q_i &= - \sum_{i=1}^{m} p_i \sum_{j=1}^{N} \lambda_j \boldsymbol{M}_{ij} \\ &= - \sum_{j=1}^{N} \lambda_j \sum_{i=1}^{m} p_i \boldsymbol{M}_{ij} = 0\end{aligned}$$

因为 $\boldsymbol{p} \in \mathcal{P}$。根据连续性①，对于 $\boldsymbol{q} \in \bar{\mathcal{Q}}$ 也同样成立。

接下来，对于 $\boldsymbol{p} \in \mathcal{P}$，且 $\boldsymbol{q} \in \bar{\mathcal{Q}}$

$$\begin{aligned}\mathrm{RE}(\boldsymbol{p} \parallel \boldsymbol{q}) &= \sum_{i=1}^{m}[p_i \ln p_i - p_i \ln q_i + q_i - p_i] \\ &= \sum_{i=1}^{m}[p_i \ln p_i + q_i - p_i]\end{aligned}$$

把这个应用到 $\boldsymbol{d} \in \mathcal{P} \cap \bar{\mathcal{Q}}$，$\boldsymbol{p} \in \mathcal{P}$，$\boldsymbol{q} \in \bar{\mathcal{Q}}$，则得

$$\begin{aligned}\mathrm{RE}(\boldsymbol{p} \parallel \boldsymbol{d}) + \mathrm{RE}(\boldsymbol{d} \parallel \boldsymbol{q}) &= \sum_{i=1}^{m}[p_i \ln p_i + d_i - p_i] + \sum_{i=1}^{m}[d_i \ln d_i + q_i - d_i] \\ &= \sum_{i=1}^{m}[p_i \ln p_i + q_i - p_i] \\ &= \mathrm{RE}(\boldsymbol{p} \parallel \boldsymbol{q})\end{aligned}$$

根据上面的结论（$\boldsymbol{d}$ 同时存在于 $\mathcal{P}$ 和 $\bar{\mathcal{Q}}$ 中）推出，$\sum_{i=1}^{m} d_i \ln d_i = 0$

证毕。

下面我们证明式（8.22）和式（8.24）的解的显著特性：如果 $\boldsymbol{d}$ 在 $\mathcal{P} \cap \bar{\mathcal{Q}}$ 中，那么 $\boldsymbol{d}$ 是解决这两个优化问题的唯一解。

定理 8.3　设 $\boldsymbol{d} \in \mathcal{P} \cap \bar{\mathcal{Q}}$，那么

$$\boldsymbol{d} = \arg\min_{\mathbf{p} \in \mathcal{P}} \mathrm{RE}(\boldsymbol{p} \parallel \mathbf{1})$$

并且

$$\boldsymbol{d} = \arg\min_{\mathbf{q} \in \bar{\mathcal{Q}}} \mathrm{RE}(\mathbf{0} \parallel \boldsymbol{q})$$

而且，$\boldsymbol{d}$ 是上述两个情况的唯一最小解。

证明：

根据引理 8.2，因为 $\mathbf{1} \in \mathcal{Q}$，对于任意 $\boldsymbol{p} \in \mathcal{P}$

$$\begin{aligned}\mathrm{RE}(\boldsymbol{p} \parallel \mathbf{1}) &= \mathrm{RE}(\boldsymbol{p} \parallel \boldsymbol{d}) + \mathrm{RE}(\boldsymbol{d} \parallel \mathbf{1}) \\ &\geqslant \mathrm{RE}(\boldsymbol{d} \parallel \mathbf{1})\end{aligned}$$

因此相对熵都是非负的。此外，如果 $\boldsymbol{p} \neq \boldsymbol{d}$，则不等式是严格不等的，$\boldsymbol{d}$ 为唯一最小值。另外一个的最小化问题证明过程类似。

证毕。

这个定理表示 $\mathcal{P}$ 和 $\bar{\mathcal{Q}}$ 的交集最多是一个点。当然，这个定理并没有证明 $\mathcal{P} \cap \bar{\mathcal{Q}}$ 不能

---

① 从方法上来说，当看作从 $\mathbb{R}_{+}^{m}$ 到 $[-\infty, +\infty)$ 的扩展映射时，我们用了函数 $\boldsymbol{q} \mapsto \sum_{i=1}^{m} p_i \ln q_i$ 的连续性

是空的。然而，这个结论可以由下面我们对迭代投影算法的分析得到。分析证明 $\boldsymbol{d}_t$ 一定收敛到 $\mathcal{P}\cap\overline{\mathcal{Q}}$ 的一个点。因此，一般对于我们的算法来说，$\mathcal{P}\cap\overline{\mathcal{Q}}$ 总是由一个点来组成的，这与 AdaBoost 算法等价，一定是收敛的。

上述内容如图 8.4 和图 8.5 中的例子所示，如 8.2.1 节所讨论的。在这两种情况下，我们可以看到 $\mathcal{P}$ 和 $\overline{\mathcal{Q}}$ 相交于一点（尽管在图 8.5 所示的例子中 $\mathcal{P}$ 和 $\mathcal{Q}$ 并没有相交）。此外，如定理 8.3 所述，在这两种情况下，可以证明这个点在 $\mathcal{P}$ 中是距离 $\langle 1,1\rangle$ 最近的点，也是在 $\overline{\mathcal{Q}}$ 中距离原点 $\langle 0,0\rangle$ 最近的点。

现在我们来证明主要的收敛结果。

定理 8.4 向量 $\boldsymbol{d}_t$，由算法 *8.3* 所示的迭代投影算法计算得到，或者等价地，由 AdaBoost 计算所得的未归一化的权重向量（用穷尽弱假设选择方法），收敛于唯一点 $\boldsymbol{d}^*\in\mathcal{P}\cap\overline{\mathcal{Q}}$，是 RE（$\boldsymbol{p}\parallel\mathbf{1}$）上的唯一最小值，$\boldsymbol{p}\in\mathcal{P}$，也是 RE（$\mathbf{0}\parallel\boldsymbol{q}$）上的唯一最小值，$\boldsymbol{q}\in\overline{\mathcal{Q}}$。因此，算法的指数损失为

$$\sum_{i=1}^{m}\boldsymbol{d}_{t,i}$$

收敛于最小的可能损失

$$\inf_{\boldsymbol{\lambda}\in\mathbb{R}^N}\sum_{i=1}^{m}\exp\left(-y_i\sum_{j=1}^{N}\lambda_i\hbar_j(x_i)\right)$$

证明：

基于上述的结论，特别是定理 8.3，可以证明在 $\mathcal{P}\cap\overline{\mathcal{Q}}$ 中，序列 $\boldsymbol{d}_1,\boldsymbol{d}_2\cdots$ 收敛于点 $\boldsymbol{d}^*$。

令

$$L_t\doteq\sum_{i=1}^{m}d_{t,i}$$

是在第 t 轮的指数损失。根据 h_t 和 α_t 的选择，如 8.1.3 节和 8.1.5 节的讨论，将导致损失出现最大程度的下降，我们有

$$L_{t+1}=\min_{j,\alpha}\sum_{i=1}^{m}d_{t,i}\,\mathrm{e}^{-\alpha M_{ij}} \tag{8.25}$$

特别地，考虑 $\alpha=0$ 的情况，此时 L_t 永远也不会增加。根据式（8.25），我们可以把 $L_{t+1}-L_t$ 看作向量 d_t 的函数 A

$$L_{t+1}-L_t=A(\boldsymbol{d}_t)$$

这里

$$A(\boldsymbol{d})\doteq\min_{j,\alpha}\sum_{i=1}^{m}d_i\,\mathrm{e}^{-\alpha M_{ij}}-\sum_{i=1}^{m}d_i \tag{8.26}$$

因为对于所有 t ，$L_t \geqslant 0$，并且 L_t 序列不增加，因此差值 $A(\boldsymbol{d}_t)$ 一定会收敛到零。此结论结合下一个引理，将会帮助我们证明 $\boldsymbol{d}_t$ 的极限在 $\mathcal{P}$ 中。

引理 8.5　如果 $A(\boldsymbol{d})=0$，那么 $\boldsymbol{d} \in \mathcal{P}$。而且，$A$ 是一个连续函数。

证明:

回顾一下我们的假设：对于所有的 i、j ，$M_{ij} \in \{-1,+1\}$ 。

令

$$W_j^+(\boldsymbol{d}) \doteq \sum_{i:M_{ij}=+1} d_i$$

并且

$$W_j^-(\boldsymbol{d}) \doteq \sum_{i:M_{ij}=-1} d_i$$

那么，用微积分

$$\begin{aligned}\min_\alpha \sum_{i=1}^m d_i \, \mathrm{e}^{-\alpha M_{ij}} &= \min_\alpha [W_j^+(\boldsymbol{d}) \cdot \mathrm{e}^{-\alpha} + W_j^-(\boldsymbol{d}) \cdot \mathrm{e}^{\alpha}] \\ &= 2\sqrt{W_j^+(\boldsymbol{d}) \cdot W_j^-(\boldsymbol{d})}\end{aligned}$$

进一步

$$\sum_{i=1}^m d_i = W_j^+(\boldsymbol{d}) + W_j^-(\boldsymbol{d})$$

因此

$$\begin{aligned}A(\boldsymbol{d}) &= \min_j [2\sqrt{W_j^+(\boldsymbol{d}) \cdot W_j^-(\boldsymbol{d})} - (W_j^+(\boldsymbol{d}) + W_j^-(\boldsymbol{d}))] \\ &= -\max_j \left(\sqrt{W_j^+(\boldsymbol{d})} - \sqrt{W_j^-(\boldsymbol{d})}\right)^2 \qquad (8.27)\end{aligned}$$

当写成这种形式时，很明显 A 是连续的，因为有限数量的连续函数的最小值或最大值也是连续的。

现在假设 $A(\boldsymbol{d})=0$。那么对于所有的 j ，根据式（8.27)，有

$$0 = -A(\boldsymbol{d}) \geqslant \left(\sqrt{W_j^+(\boldsymbol{d})} - \sqrt{W_j^-(\boldsymbol{d})}\right)^2 \geqslant 0$$

因此

$$W_j^+(\boldsymbol{d}) = W_j^-(\boldsymbol{d})$$

或者等价地

$$\begin{aligned}0 = W_j^+(\boldsymbol{d}) - W_j^-(\boldsymbol{d}) &= \sum_{i:M_{ij}=+1} d_i - \sum_{i:M_{ij}=-1} d_i \\ &= \sum_{i=1}^m d_i M_{ij}\end{aligned}$$

换句话说，$\boldsymbol{d} \in \mathcal{P}$。

证毕。

注意，$\boldsymbol{d}_t$ 向量都在一个紧凑空间。特别地，因为它们不能有负分量，它们必须在紧凑空间 $[0,m]^m$ 中，因为 $0 \leqslant d_{t,i} \leqslant \sum_{i=1}^{m} d_{t,i} \leqslant \sum_{i=1}^{m} d_{1,i} = m$ 。因此，必存在一个收敛的序列 $\boldsymbol{d}_{t_1}, \boldsymbol{d}_{t_2}, \cdots$ ，以及某一极限 $\tilde{\boldsymbol{d}}$ ，即

$$\lim_{k \to \infty} \boldsymbol{d}_{t_k} = \tilde{\boldsymbol{d}}$$

很明显，序列中每个 $\boldsymbol{d}_{t_k} \in \mathcal{Q}$ ，因此极限 $\tilde{\boldsymbol{d}}$ 一定在 $\bar{\mathcal{Q}}$ 中。更进一步，根据 A 的连续性和我们早期的观察：$A(\boldsymbol{d}_t)$ 一定收敛于零，有

$$A(\tilde{\boldsymbol{d}}) = \lim_{k \to \infty} A(\boldsymbol{d}_{t_k}) = 0$$

因此，根据引理 8.5，$\tilde{\boldsymbol{d}} \in \mathcal{P}$，$\tilde{\boldsymbol{d}} \in \mathcal{P} \cap \bar{\mathcal{Q}}$。实际上，$\tilde{\boldsymbol{d}}$ 一定是 $\mathcal{P} \cap \bar{\mathcal{Q}}$ 的唯一成员 $\boldsymbol{d}^*$ 。

最后，我们可以认定完整的序列 $\boldsymbol{d}_1, \boldsymbol{d}_2, \cdots$ 一定收敛于 $\boldsymbol{d}^*$ 。假设这个不成立，那么存在 $\varepsilon > 0$，在序列中有无限多个点有 $\| \boldsymbol{d}^* - \boldsymbol{d}_t \| \geqslant \varepsilon$ 。这个无限集在一个紧凑空间中，一定包括一个可收敛的子序列。根据上面的讨论，这个子序列一定收敛于 $\boldsymbol{d}^*$ ，根据定理 8.3 可知它是 $\mathcal{P} \cap \bar{\mathcal{Q}}$ 的唯一成员。但这是矛盾的，因为子序列的所有点至少以 ε 的距离远离 $\boldsymbol{d}^*$ 。

因此，完整序列 $\boldsymbol{d}_1, \boldsymbol{d}_2, \cdots$ 一定收敛于 $\boldsymbol{d}^*$ ，$\boldsymbol{d}^* \in \mathcal{P} \cap \bar{\mathcal{Q}}$。

证毕。

定理 8.4 完整刻画了未归一化权重向量的收敛特性。然而，它只告诉了我们当数据不是弱可学习数据的时候，归一化的分布 D_t 会发生什么。在这种情况下，未归一化向量 $\boldsymbol{d}_t$ 会收敛到唯一的 $\boldsymbol{d}^*$ ，$\boldsymbol{d}^* \in \mathcal{P} \cap \bar{\mathcal{Q}}$ 。根据定理 8.4，这也是式（8.23）中指数损失的最小值。数据不是弱可学习的，而是线性不可分的（参见 5.4.3 节），因此这个和式中至少有一项的指数一定是非负的，且和不能小于 1，$\boldsymbol{d}^*$ 一定不是 $\mathbf{0}$。这意味着归一化分布 D_t 将会收敛于一个唯一的分布 D^* ，即

$$D^*(i) = \frac{d_i^*}{\sum_{i=1}^{m} d_i^*}$$

另一方面，当数据是弱可学习的，可行集 $\mathcal{P}$ 可以只由单点 $\mathbf{0}$ 组成（如 8.1.4 节所用的推理过程）。因此 $\boldsymbol{d}^*$（$\mathcal{P} \cap \bar{\mathcal{Q}}$ 的唯一成员）一定等于 $\mathbf{0}$。在这种情况下，根据对应的未归一化分布所得到的收敛性并不能得到关于归一化分布 D_t 的收敛特性的任何结论。确实，我们已经讨论了这样一个问题：在这种情况下，它们不能收敛到一个点上。

定理 8.4 只是告诉我们 AdaBoost 算法在海量迭代次数的极限下渐进最小化指数损失。后续，在 12.2.4 节，我们将会用另外一种方法来证明损失最小化速率的边界。

8.2.4 凸对偶

在 8.2.3 节我们看到同样的优化算法可以用来解决两个明显看起来不同的问题。这就是说，同样的算法既可以解决规划问题（8.19），也可以解决最小化指数损失问题。从表面上看，这似乎是一个相当惊人的巧合。然而，在更深层次上，这两个问题并不是完全无关的。实际上，可以说一个问题是另一个问题的凸对偶问题，是同一个问题的不同的但是在某种意义上等价的另外一种形式。

由规划问题（8.19）开始，凸对偶可以首先通过下面的拉格朗日算子得到

$$\mathcal{L}=\sum_{i=1}^{m}(d_i \ln d_i+1-d_i)+\sum_{j=1}^{N}\lambda_j\sum_{i=1}^{m}d_i y_i \hbar_j(x_i)$$

这里 λ_j 是拉格朗日乘子（照例，我们忽略约束 $d_i\geqslant 0$，因为这些都自动满足）。计算偏导，并设为零，得到

$$0=\frac{\partial \mathcal{L}}{\partial d_i}=\ln d_i+\sum_{j=1}^{N}\lambda_j y_i \hbar_j(x_i)$$

因此

$$d_i=\exp\left(-y_i\sum_{j=1}^{N}\lambda_j \hbar_j(x_i)\right)$$

代入 $\mathcal{L}$，化简，可得

$$\mathcal{L}=m-\sum_{i=1}^{m}\exp\left(-y_i\sum_{j=1}^{N}\lambda_j \hbar_j(x_i)\right)$$

基于变量 λ_j 最大化 $\mathcal{L}$ 就是其对偶问题，这与最小化指数损失等价。通常，原始问题（primal problem）和对偶问题的解在“鞍点”（saddle point），此时拉格朗日算子 $\mathcal{L}$ 在“原始变量”（primal variables）d_i 上取最小值，在“对偶变量”（dual variables）λ_j 上取最大值。

因此，由凸对偶性质，规划（8.19）的算法也可以最小化指数损失。

通过相似的计算，可以证明规划（8.11）的对偶问题也是最小化指数损失，或者更准确地说是最大化下式

$$\ln m-\ln\left(\sum_{i=1}^{m}\exp\left(-y_i\sum_{j=1}^{N}\lambda_j \hbar_j(x_i)\right)\right)$$

这并不奇怪，算法 8.2 计算的就是算法 8.3 中向量的归一化等价向量，也等价于算法 AdaBoost，也就是最小化指数损失。

8.3 与逻辑斯蒂回归的统一

在 7.5 节，我们研究了逻辑斯蒂回归，在我们看来这是一个与 AdaBoost 所用的指数损失最小化密切相关的方法。在本节我们将用刚刚提出的方法，加深对这种密切关系的理解。我们将会看到 AdaBoost 解决的优化问题只是逻辑斯蒂回归移除了一个最小化约束解决的问题的一个微小变形。

首先我们注意，通过稍微修改凸规划（8.11）和式（8.19）中的距离函数，我们就会得到一个不同的凸规划问题，该问题通过凸对偶与逻辑斯蒂回归等价。特别地，不是归一化或未归一化的相对熵，我们可以用二元相对熵的形式来表示，即

$$\mathrm{RE}_b(\boldsymbol{p}\parallel\boldsymbol{q})=\sum_{i=1}^{m}\left[p_i\ln\left(\frac{p_i}{q_i}\right)+(1-p_i)\ln\left(\frac{1-p_i}{1-q_i}\right)\right]$$

这里 $\boldsymbol{p}$ 和 $\boldsymbol{q}$ 必须在 $[0,1]^m$ 范围内。我们也把参考向量从 $\mathbf{1}$ 改为 $\frac{1}{2}\mathbf{1}$。现在的问题就是找到 $\boldsymbol{d}\in[0,1]^m$，解决下面的问题

$$\begin{aligned}&\text{最小化：}\mathrm{RE}_b\left(\boldsymbol{d}\parallel\frac{1}{2}\mathbf{1}\right)\\&\text{满足：}\sum_{i=1}^{m}d_i y_i \hbar_j(x_i)=0,\quad j=1,\cdots,N\\&0\leqslant d_i\leqslant 1,\quad i=1,\cdots,m\end{aligned}\tag{8.28}$$

根据与 8.2.4 节同样的计算过程，我们发现其对偶问题就是最大化

$$m\ln 2-\sum_{i=1}^{m}\ln\left(1+\exp\left(-y_i\sum_{j=1}^{N}\lambda_j \hbar_j(x_i)\right)\right)\tag{8.29}$$

或者等价地，最小化 7.5 节研究过的式（7.20）的逻辑斯蒂损失。对于规划（8.28）可以很容易地推导出与算法 8.2、算法 8.3 类似的迭代投影算法，对于逻辑斯蒂回归也是这样。事实上，算法 AdaBoost. L（算法 7.4）是该算法的一个近似的、更易于分析处理的版本。我们可以用 8.2 节（参见练习 8.6）中的方法来证明此算法收敛到逻辑斯蒂损失的最小值。

因此，我们看到指数损失和逻辑斯蒂损失可以在统一的凸规划框架下进行处理。它们相应的规划问题式（8.19）和式（8.20）只是距离度量指标不同。事实上，我们可以对这些规划问题进行进一步处理，使其相似性更加地接近。这些规划也可以解决 7.5.3 节讨论的条件概率的估计问题。

为了标识方便，让我们把每个 $\hbar$ 都看作 x 和 y 的函数，这里我们定义 $\hbar_j(x,y)\doteq y\hbar_j(x)$。$\hbar_j$ 的经验平均值是

$$\frac{1}{m}\sum_{i=1}^{m}\hbar_j(x_i,y_i)\tag{8.30}$$

现在假设 $p(y\mid x)$ 是样本 x 接收标签 y 的条件概率。设想一个实验，x_i 是根据它的经验概率随机选择的（例如，从样本中均匀随机选择），但是 y 是根据真实的条件概率分布

$p(\cdot \mid x_i)$ 而随机选择的。在这种“半-实验”分布下（x_i, y）的 $\hbar_j$ 的期望值为

$$\frac{1}{m}\sum_{i=1}^{m}\sum_{y} p(y \mid x_i)\hbar_j(x_i, y) \tag{8.31}$$

给定足够的数据，我们希望式（8.30）和式（8.31）大致相等，因为两者的期望相等。因此，在计算 $p(y \mid x)$ 的估计的时候，很自然地要求等式

$$\frac{1}{m}\sum_{i=1}^{m}\hbar_j(x_i, y_i) = \frac{1}{m}\sum_{i=1}^{m}\sum_{y} p(y \mid x_i)\hbar_j(x_i, y) \tag{8.32}$$

自然地，作为条件概率分布，对于每个 x

$$\sum_{y} p(y \mid x) = 1 \tag{8.33}$$

然而，为了估计 p，我们可能做反常的操作，即允许去掉这个约束。在这种情况下，式（8.32）左边需要做出调整来平衡不同样本 x_i 的不同权重。这就要求

$$\frac{1}{m}\sum_{i=1}^{m}\hbar_j(x_i, y_i)\left(\sum_{y} p(y \mid x_i)\right) = \frac{1}{m}\sum_{i=1}^{m}\sum_{y} p(y \mid x_i)\hbar_j(x_i, y) \tag{8.34}$$

因此，我们的目标是找到一组数字 $p(y \mid x)$ 满足式（8.34）。换句话说，我们将把（$p(y \mid x)$）当作未知变量来求解，而不是作为真实的条件概率。类似于本章前面所采用的最大熵方法，在所有满足式（8.34）中约束的所有组数字中，我们选择的那组数字对标签给出的条件概率平均来说最接近均匀分布。因为，根据先验知识，所有标签都是平等的（没有任何一个标签会优于其他标签）。而且，因为 p 可能没有归一化，所以必须采用未归一化的相对熵的形式。

将上述想法综合到一起，则得到下面的规划目标。

最小化：

$$\sum_{i=1}^{m}\mathrm{RE}_u(p(\cdot \mid x_i) \,\|\, \mathbf{1})$$

满足：

$$\frac{1}{m}\sum_{i=1}^{m}\hbar_j(x_i, y_i)\left(\sum_{y} p(y \mid x_i)\right) = \frac{1}{m}\sum_{i=1}^{m}\sum_{y} p(y \mid x_i)\hbar_j(x_i, y)$$

这里，$j = 1, \cdots, N$

$$p(y \mid x_i) \geqslant 0，\text{对所有的 } y，i = 1, \cdots, m \tag{8.35}$$

这里

$$\mathrm{RE}_u(p(\cdot \mid x_i) \,\|\, \mathbf{1}) = \sum_{y}\left[p(y \mid x)\ln p(y \mid x) + 1 - p(y \mid x)\right]$$

为了简化，在本节，我们假设数据集中不会出现有不同标签的同一样本 x。据此我们可以证明本规划等价于规划（8.19）。对应是通过设置 $d_i = p(-y_i \mid x_i)$ 来实现的，那么变量 $p(y_i \mid x_i)$ 在本解中一直都是 **1**，因此是无关的。这样，规划（8.35）最小化指数损失。

假设我们对规划（8.35）增加归一化约束，如式（8.33）。那么，新的规划如下。

$$
\begin{gathered}
\text{最小化：} \\
\sum_{i=1}^{m} \mathrm{RE}_u(p(\cdot \mid x_i) \parallel \mathbf{1}) \\
\text{满足：} \\
\frac{1}{m}\sum_{i=1}^{m} \hbar_j(x_i, y_i)\Big(\sum_y p(y \mid x_i)\Big) = \frac{1}{m}\sum_{i=1}^{m}\sum_y p(y \mid x_i)\hbar_j(x_i, y) \\
\text{这里，} j = 1, \cdots, N \\
p(y \mid x_i) \geqslant 0\text{，对所有的 } y\text{，} i = 1, \cdots, m \\
\sum_y p(y \mid x_i) = 1\text{，这里 } i = 1, \cdots, m
\end{gathered} \tag{8.36}
$$

增加新的约束后，对逻辑斯蒂回归来说，这个规划等价于规划(8.28)。如前所述，对应是通过设置 $d_i = p(-y_i \mid x_i)$ 来实现的，这意味着在这种情况下，$p(y_i \mid x_i) = 1 - d_i$ 。

因此，从这个观点来看，AdaBoost 算法和逻辑斯蒂回归算法可以解决同样的优化问题，除了 AdaBoost 算法省略了一个归一化约束。

至于如 7.5.3 节所讨论的对条件概率的估计，可以证明，对于逻辑斯蒂回归，规划式 (8.36) 所对应的值 $p(y \mid x)$ 与本节之前讨论的那些值一致。而且，规划式（8.35）的估计值 $p(y \mid x)$ 省略了归一化约束，也与 7.5.3 节 AdaBoost 算法中得到的值一致。

8.4 物种分布建模的应用

作为应用上述思想的例子，我们考虑对给定动植物物种的地理分布建模的问题，这在保护生物学领域是一个关键的问题。为了拯救濒危物种，我们首先需要知道物种喜欢生活在哪里，以及生存需要哪些条件，即这个物种的“小生态”。我们很快就可以看到，这种模型有重要的应用，例如可以用该模型来设计自然保护区。

这个问题的数据集通常包括观察该物种出现的地理坐标列表。而且，数据集还含有一系列的环境变量，如平均温度、平均降水量、海拔等。这些数据是在感兴趣的地理区域内进行测量或估计的。目标是预测在这个地区哪个区域满足该物种的“小生态”的要求，也就是说，哪个区域的条件适合这个物种的生存。

通常情况下，只有“在场”的数据可以指示物种是否出现。博物馆和标本馆的收藏是相关物种是否出现的最丰富的数据源，但是这些数据源最大的问题是：没有关于相关物种在特定区域没有被观察到的信息，而且，很多区域根本就没有被调查过。这意味着，我们只有正例，没有负例可以从中学习。更重要的是，观测到的样本数（训练样本）相对于机器学习的标准是很少的，只有 100 或者更少。

在本书中，我们集中于可以区分正例和负例的问题。现在，因为我们只能得到正例，所以需要采用不同的方法来帮助研究。具体地说，为了对此问题建模，我们假设观测到的物种出现的记录是从代表该物种的全部种群的概率分布中随机选择得到的。因此，我们的目标是估计这个分布，根据这个分布的随机选择的样本来进行估计。换句话说，我们把这个问题看作密度估计的问题。

形式化地来说，设 $\mathcal{X}$ 是我们关注的规模较大但是有限的空间，也就是说，这是在我们感兴趣的离散化地图上的位置集合。设 π 是 $\mathcal{X}$ 上的概率分布，代表地图上物种的分布。我们假设，给定 $\mathcal{X}$ 上位置的样本集合 $x_1,\cdots,x_m$ ，也就是观测到物种出现的记录，我们假设每个样本都是从 π 中独立随机选择的。

最后，我们给定一系列基函数（base functions）（在此上下文中，有时也叫作特征）$\hbar_1,\cdots,\hbar_N$ ，起到的作用类似于提升算法中的弱假设。每个基函数 $\hbar_j$ 提供了地图上每个点的实值信息。也就是说，$\hbar_j:\mathcal{X}\rightarrow\mathbb{R}$。例如，一个基函数可能就简单地等于之前讨论的一个环境变量（例如，平均温度）。但是更一般地，一个基函数可能是由一个或多个变量推导而来。例如，一个基函数可能是一个环境变量的平方（例如，海拔的平方），或者是两个环境变量的乘积（例如，海拔乘以平均降水量）。或者，与决策树桩类似，我们可以取一个环境变量的阈值（例如，海拔超过 1 000 米取 1，否则取 0）。即使开始的时候环境变量相当少，但通过这种方式基函数的数目可以急剧增加。

不失一般性，在所有情况下为了简化，我们假设所有基函数的范围缩放到 $[0,1]$。

给定样本和基函数，目标是找到 $\mathcal{X}$ 上的分布 P ，此 P 是对 π 的良好估计。这个估计可以解释为近似地衡量地图上每个地点作为该物种栖息地的适宜性。

我们的方法是构建一个凸规划，这个凸规划与本章之前研究的类似，此规划的解可以作为一个估计。设 $\hat{\pi}$ 表示 $\mathcal{X}$ 上的经验分布，对于 m 个样本中的每个样本 x_i 分配的概率为 $1/m$ 。第一个想法就是用 $\hat{\pi}$ 作为 π 的一个估计。然而，这个不太可能有效，因为我们期望 m 要远远小于 $\mathcal{X}$，因此 $\mathcal{X}$ 上的几乎所有的节点分配的概率都是 0。然而，即使经验概率是对真实分布很差的估计，但任意基函数 $\hbar_j$ 的经验平均可能是其真实期望的良好估计。即我们期望

$$\mathbf{E}_{\hat{\pi}}[\hbar_j]\approx\mathbf{E}_{\pi}[\hbar_j]$$

这里 $\mathbf{E}_{\pi}[\cdot]$ 表示真实分布 π 的期望，相似地，$\mathbf{E}_{\hat{\pi}}[\cdot]$ 表示经验平均。事实上，用霍夫丁不等式（定理 2.1）和联合界，我们可以计算得到一个 β 值（大致等于 $O(\sqrt{(\ln N)/m})$），对于所有的基函数 $\bar{h}_j$ ，以高概率

$$|\mathbf{E}_{\pi}[\hbar_j]-\mathbf{E}_{\hat{\pi}}[\hbar_j]|\leqslant\beta \tag{8.37}$$

在构造 $\mathcal{P}$ 时，要确保式（8.37）是有意义的，也就是说，它属于可行集

$$\mathcal{P}\doteq\{P:|\mathbf{E}_{\mathcal{P}}[\hbar_j]-\mathbf{E}_{\hat{\pi}}[\hbar_j]|\leqslant\beta,\ j=1,\cdots,N\}$$

注意，上述约束对 P 值都是线性的，因为它们每个都可以重写成两个不等式，即

$$-\beta\leqslant\sum_{x\in\mathcal{X}}P(x)\,\hbar_j(x)-\mathbf{E}_{\hat{\pi}}[\hbar_j]\leqslant\beta$$

而且，$\mathcal{P}$ 不能为空，因为 $\hat{\pi}$ 始终是其成员之一。

对于 $\mathcal{P}$ 上的多个分布，我们应该挑选哪个作为对 π 的估计？在缺乏数据或其他信息的

情况下，似乎可以很自然地假设地图上的所有地点都同等可能是合适的物种栖息地。也就是说，作为先验知识，$\mathcal{X}$ 上均匀分布 U 是最合理的。这意味着针对在 $\mathcal{P}$ 上的多个分布，我们选择最接近 U 的那个分布。如果我们用相对熵作为距离度量指标，那么我们寻找最小化 RE（$P \parallel U$），根据式（8.12）这等价于最大化 $H(P)$，即分布 P 的熵或者散度。

把这些想法集中起来，我们提出选择 $\mathcal{P}$ 上具有最大熵的分布或者在相对熵上最接近均匀分布的分布来估计 π 。这导致下面的优化问题。

$$
\begin{aligned}
&\text{最小化：} \mathrm{RE}(P \parallel U) \\
&\text{满足：} \left| \mathbf{E}_P[\hbar_j] - \mathbf{E}_{\hat{\pi}}[\hbar_j] \right| \leqslant \beta,\ j=1,\cdots,N \\
&p(x) \geqslant 0,\ x \in \mathcal{X} \\
&\sum_{x \in \mathcal{X}} P(x) = 1
\end{aligned}
\tag{8.38}
$$

此规划与规划（8.11）的形式几乎相同，只是线性约束更复杂些，且包括不等式而不是等式。同样，我们讨论的绝大多数方法都适用于这种情况。

我们可以修改算法 8.2 的迭代投影方法来处理不等式约束。另外，我们可以用 8.2.4 节的方法，证明（8.38）的解必须是下面的形式

$$
Q_{\boldsymbol{\lambda}}(x) = \frac{1}{\mathcal{Z}_{\boldsymbol{\lambda}}} \cdot \exp\left(\sum_{j=1}^{N} \boldsymbol{\lambda}_j \hbar_j(x) \right)
$$

对于某参数集：$\boldsymbol{\lambda} = \langle \lambda_1, \cdots, \lambda_N \rangle$，这里 $\mathcal{Z}_{\boldsymbol{\lambda}}$ 是归一化因子。换句话说，解分布一定与基函数的线性组合的指数成比例。规划（8.38）的凸对偶问题就是找到 $\boldsymbol{\lambda}$ 最小化

$$
-\frac{1}{m}\sum_{i=1}^{m} \ln Q_{\boldsymbol{\lambda}}(x_i) + \beta \left\| \boldsymbol{\lambda} \right\|_1 \tag{8.39}
$$

即最小化数据的负对数似然（左项），加上一个惩罚项或者叫作正则化项（右项），惩罚项的作用是限制基函数的权重 λ_j 的规模。

为了解规划式（8.38），我们只需要找到最小化式（8.39）的 $\boldsymbol{\lambda}$。即使对一个非常大的基函数集合，用第 7 章描述的通用方法也通常是很有效的：每次调整一个参数，贪心最小化目标函数。也就是说，尽管我们没有提供细节，但完全可以推导出一个类似提升法的算法，即在每一轮，贪心选择一个基函数 $\hbar_j$，根据 α 值调整 $\hbar_j$ 的权重 λ_j，使其（接近）导致式（8.39）出现最大程度的下降。

这种物种分布建模方法——Maxent——在广泛的数据集上已获得应用和测试。在一项大规模研究中，对于来自世界各地 6 个区域的 226 种动植物，该方法与其他 15 种方法进行了比较。处于中位数的数据集有不超过 60 个发现物种的记录。Maxent 方法的平均性能优于所有其他方法，除了基于回归树的提升法（见 7.4.3）比 Maxent 方法稍好些。

Maxent 方法也是 2008 年马达加斯加岛保护区设计大型研究项目中的一部分。这个位于非洲东南海域的岛国是生物学研究的“热点”，作为为数不多的几个总面积仅占地球陆地面积 2.3%的地区之一，却拥有全部植物物种的近一半，以及所有脊椎动物的四分之三。

在 2003 年，马达加斯加政府宣布承诺将保护区扩大 3 倍，从 2.9%扩大到 10%。到

2006 年，保护区已扩大到 6.3%，但是仍有机会仔细选择剩下的 3.7%，同时也需要对之前的决策进行评估。

为此，从 6 个生物学分类收集了大约 2 315 个物种的数据。然后用 Maxent 方法对所有至少有 8 个出现记录的物种构建分布模型。最终，根据每个物种的模型，用了一种叫作"Zonation"的算法提出拟建的保护区，该算法的主要目的就是找到最适合绝大多数物种的区域。

研究发现，占全岛 6.3%的现有保护区实际上是有缺陷的，它们完全忽略了被研究的 28%的物种，这意味着这些保护区里没有包含保护这些物种的重要栖息地。进一步发现，另一种设计提供同样面积的保护区，但是可以保护所有的物种。

显然，现在也很难再修改已经划出来的保护区。然而幸运的是，研究发现仍然可能通过增加保护区实现对所有物种的保护，又不超过当初政府设置的 10%的作为保护区的限制。实际提出的保护区很多区域具有最高的优先级但是完全被已设的保护区忽略了，增加这些区域后可以保护所有的物种但又不超出政府的总体预算。

此项研究之所以能够成功地提供详细的建议，在很大程度上是因为对大量的物种进行了建模，而且 Maxent 方法建立的模型有很高的解析度。

8.5 小结

- 总之，我们提供了关于 AdaBoost 算法的另一个强有力的视角，AdaBoost 实际上是迭代投影算法族的一个特例。这个视角提供了几何学上的直觉以及证明算法基本收敛特性所需的工具。
- 关于收敛性，我们已经看到有两个基本的情况（假设采用穷尽弱假设选择）：如果数据满足弱可学习假设，那么由 AdaBoost 计算的分布 D_t 不收敛，但是指数损失收敛于零；如果数据不是弱可学习的，那么分布 D_t 将收敛到某个凸规划问题的唯一解，弱边界将收敛到零。在这两种情况下，指数损失都是渐进最小化。
- 而且，这种方法提供了与逻辑斯蒂回归的统一，证明与 AdaBoost 相关的凸优化和逻辑斯蒂回归的差别只在一个约束条件。
- 最后，我们看到如何将本章的思想应用到密度估计的通用问题，具体的就是如何对动植物物种的栖息地进行建模。

8.6 参考资料

如 8.1 节所讨论的，关于迭代投影算法的精彩介绍来自 Censor 和 Zenios 的工作［44］。如 8.1.1 节，正交（欧几里得）投影的早期参考文献见 von Neumann［176］、Halperin［116］、Gubin、Polyak、Raik 的工作［113］。Bregman［32］基于 Bregman 距离将这个工作扩展到更通用的投影，产生了 Bregman 算法，如 8.1.3 节所述的 AdaBoost 算法是其一个特例。想了解完整的发展历史可以参考 Censor 和 Zenios 的工作。

基于相对熵的投影的早期研究工作来自 Chentsov [43, 48] 和 Csiszár [59]。这些工作包括毕达哥拉斯 (Pythagorean) 定理，在文中是以引理 8.2 给出的，是 8.2 节证明收敛性的基础。也可以参考 Csiszár 和 Shields 写的教程 [60]。

信息论的经典介绍参见 Cover 和 Thomas [57] 的工作。信息论背景下的熵的概念来自香农 [212]。相对熵是由 Kullback 和 Leibler 定义的 [144]。密度估计的最大熵原则是由 Jaynes 提出的 [127]，后续由 Kullback 进一步推广 [145]。进一步的背景知识可以参考 kapur 和 Kesavan 的工作 [130]。

Kivinen 和 Warmuth [135] 首先指出 AdaBoost 计算每个后续的分布就是在超平面上的熵投射，如 8.1.3 节所述。同时，Lafferty [147] 也建立了提升法与信息几何学之间的联系，尽管他的框架没有准确地捕捉到 AdaBoost 的指数损失。8.1.5 节给出的统一处理框架以及 8.2 节的收敛性的证明，主要来自 Collins、Schapire、和 Singer 的工作 [54]。然而，他们的方法和本书采用的方法直接基于 Della Pietra 和 Lafferty [63, 64, 148] 的框架和方法。因为 AdaBoost 算法是 Bregman 算法的一个特例，其收敛性的证明在之前提及的迭代投影算法的工作中已经包含了。Zhang 和 Yu 给出了另外一个证明 [236]。

图 8.3 来自 Rudin、Daubechies 和 Schapire [194] 的工作。

关于凸分析和凸优化的通用介绍参见 Rockafellar [191]，或者 Boyd 和 Vandenberghe [31] 的工作。

在 8.3 节，规划式 (8.28) 中的逻辑斯蒂回归公式以及 AdaBoost 的统一形式来自 Collins、Schapire 和 Singer [54] 的工作。将 AdaBoost 看作逻辑斯蒂回归减去一个归一化约束，如规划式 (8.19) 和式 (8.28) 所示，其思想归功于 Lebanon 和 Lafferty [149]。

8.4 节给出的物种分布建模方法由 Dudík、Phillips 和 Schapire [75, 76, 182] 提出。图 8.6 来自 Dudík [74] 的工作。8.4 节提到的大规模对比研究来自 Elith 等人 [82] 的工作。马达加斯加保护区的设计工作来自 Kremen 和 Cameron 等人 [142]。

本章部分练习来自于 [44, 54, 63, 64, 148, 194]

8.7 练习

8.1 设 $L:\mathbb{R}^N \to \mathbb{R}$ 是凸的、非负的、连续的任意函数，其梯度 ∇L 也是连续的。而且，假设对于所有的 $\boldsymbol{\lambda}_0 \in \mathbb{R}$，其子水平集 (Sub-level Set)① $\{\boldsymbol{\lambda}: L(\boldsymbol{\lambda}) \leqslant L(\boldsymbol{\lambda}_0)\}$ 是紧凑的。设用坐标下降法（如算法 7.2）最小化 L，设 $\boldsymbol{\lambda}_t$ 表示第 t 轮开始时 $\boldsymbol{\lambda}$ 的取值，令 $L_t \doteq L(\boldsymbol{\lambda}_t)$。

a. 创建一个函数 $A(\boldsymbol{\lambda})$，$A(\boldsymbol{\lambda}_t) = L_{t+1} - L_t$。

b. 证明：如果 $A(\boldsymbol{\lambda}) = 0$，那么 $\nabla L(\boldsymbol{\lambda}) = 0$，因此 $\boldsymbol{\lambda}$ 是函数 L 的全局最小值。并且证明 A 是连续的。

---

① Sub-level Set：数学上，一个实值函数 f 的 n 个实值变量的 level-set 是指如下形式的集合，$L_c(f) = \{(x_1,\cdots,x_n) \mid f(x_1,\cdots,x_n) = c\}$，即函数都取给定常数 c 的集合。f 的 sub-level set 就是如下形式：$L_c^-(f) = \{(x_1,\cdots,x_n) \mid f(x_1,\cdots,x_n) \leqslant c\}$，对应的还有 f 的 super-level set：$L_c^+(f) = \{(x_1,\cdots,x_n) \mid f(x_1,\cdots,x_n) \geqslant c\}$。

c. 证明：当 $t \to \infty$，$L_t \to \min_{\boldsymbol{\lambda} \in \mathbb{R}^N} L(\boldsymbol{\lambda})$。

d. 为什么这个收敛结果不能用于如式（7.7）中所定义的指数损失？换句话说，当 L 是指数损失的时候，在这个练习中 L 的哪个属性将不再成立？

8.2　设训练集合由 3 个正标签的样本组成：$(x_1, +1)$，$(x_2, +1)$，$(x_3, +1)$，$\mathcal{H}$ 由 3 个基分类器 $\hbar_1$、$\hbar_2$、$\hbar_3$ 组成。

$$\hbar_j(x_i) = \begin{cases} -1, & i = j \\ +1 & \text{其他} \end{cases}$$

最后，设 AdaBoost 在任意给定的分布 $\mathcal{D}$ 下，用穷尽弱学习器选择具有最小加权误差的弱假设 $\hbar_j \in \mathcal{H}$，在得分相同的情况下，选择索引 j 最小的假设 $\hbar_j$（从所有具有最小的加权误差中）。

a. 给出在第 t 轮 AdaBoost 的分布 D_t 的明确表达式。依据斐波那契数列（Fibonacci sequence）[①] 来表示答案（你会发现根据 t 被 3 整除后的余数来给出答案更简单些）。

b. 证明分布 D_t 收敛于 3-周期的循环。即找到分布 $\widetilde{D}_1$、$\widetilde{D}_2$、$\widetilde{D}_3$，对于 $r = 1,2,3$，$D_{3k+r} \to \widetilde{D}_r$，随着 k（为整数）趋于无穷大（你可以用到下面的结论：当 $n \to \infty$，$f_n / f_{n-1} \to \phi$，这里 $\phi \doteq (1+\sqrt{5})/2$ 是“黄金分割率”）。

8.3　继续 8.2.1 节的例子，设训练集由 2 个正标签的样本组成：$(x_1, +1)$，$(x_2, +1)$，$\mathcal{H} = \{\hbar_1, \hbar_2\}$，这里 $\hbar_1(x_1) = +1$，$\hbar_1(x_2) = -1$，并且 $\hbar_2(x_1) = \hbar_2(x_2) = +1$。在这种情况下，描述和刻画 $\mathcal{P}$ 和 $\mathcal{Q}$。并且确定 $\bar{\mathcal{Q}}$、$\mathcal{P} \cap \mathcal{Q}$、$\mathcal{P} \cap \bar{\mathcal{Q}}$。

8.4　假设数据集不会出现有不同标签的同一样本。

a. 证明：如果 p 是规划（8.35）的解，那么对于所有的 i，有 $p(y_i \mid x_i) = 1$。

b. 验证规划（8.19）和式（8.35）在某种意义上是等价的，即只要找到变量的适当的对应关系，其中一个完全可以精确地重写成另外一个的形式。

c. 验证规划（8.28）和式（8.36）是等价的。

d. 验证规划（8.28）的对偶问题就是最大化式（8.29）。

8.5　设 $\mathcal{S}$ 是 $\mathbb{R}^m$ 的非空的、凸子集，令 $\bar{\mathcal{S}}$ 表示 $\mathcal{S}$ 的闭包。设 $G: \bar{\mathcal{S}} \to \mathbb{R}$ 是一个严格的凸函数，在 $\mathcal{S}$ 的所有点上都可微分。与 G 相关的 Bregman 距离定义如下

$$\mathrm{B}_G(\boldsymbol{p} \parallel \boldsymbol{q}) \doteq G(\boldsymbol{p}) - G(\boldsymbol{q}) - \nabla G(\boldsymbol{q}) \cdot (\boldsymbol{p} - \boldsymbol{q})$$

这是 G 在 $\boldsymbol{p}$ 点与在 $\boldsymbol{q}$ 点的支持超平面之间的距离（参见图 8.6）。这个距离都是非负的。这个定义适用于 $\boldsymbol{p} \in \bar{\mathcal{S}}$，$\boldsymbol{q} \in \mathcal{S}$。对于每个 $\boldsymbol{p} \in \bar{\mathcal{S}}$，我们假设：$\mathrm{B}_G(\boldsymbol{p} \parallel \cdot)$ 可以连续扩展到所有的 $\boldsymbol{q} \in \bar{\mathcal{S}}$（范围扩展到 $[0, +\infty)$）。我们也假设：当且仅当 $\boldsymbol{p} = \boldsymbol{q}$，$\mathrm{B}_G(\boldsymbol{p} \parallel \boldsymbol{q}) = 0$。上述这两个假设在所有我们感兴趣的情况下都是成立的。

---

① 依据斐波那契数列：$f_0 = 0$，$f_1 = 1$，$f_n = f_{n-1} + f_{n-2}$（当 $n \geqslant 2$ 时成立）。

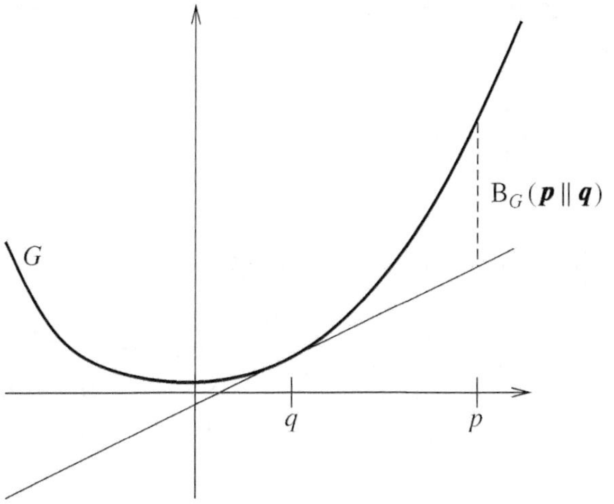

图 8.6

一维情况下对 Bregman 距离的解释说明。在这种情况下，$\mathrm{B}_G(p\|q)$ 是 G 在 p 点与 G 在 q 点正切的直线之间的垂直距离

a. 找到下列情况下的 Bregman 距离。

i. $\mathcal{S}=\mathbb{R}^m$，并且 $G(\boldsymbol{p})=\|\boldsymbol{p}\|_2^2$

ii. $\mathcal{S}=\mathbb{R}_{++}^m$，并且 $G(\boldsymbol{p})=\sum_{i=1}^m p_i\ln p_i$

iii. $\mathcal{S}=\left\{\boldsymbol{p}\in(0,1]^m:\sum_{i=1}^m p_i=1\right\}$，并且 $G(\boldsymbol{p})=\sum_{i=1}^m p_i\ln p_i$

设 $\boldsymbol{M}$ 是 $m\times N$ 的实数矩阵，令 $\boldsymbol{p}_0\in\bar{\mathcal{S}}$，$\boldsymbol{q}_0\in\mathcal{S}$，并且是固定的。令

$$\mathcal{P}\doteq\{\boldsymbol{p}\in\bar{\mathcal{S}}:\boldsymbol{p}^{\mathrm{T}}\boldsymbol{M}=\boldsymbol{p}_0^{\mathrm{T}}\boldsymbol{M}\}$$
$$\mathcal{Q}\doteq\{\boldsymbol{q}\in\mathcal{S}:\nabla G(\boldsymbol{q})=\nabla G(\boldsymbol{q}_0)-\boldsymbol{M}\boldsymbol{\lambda},\ \boldsymbol{\lambda}\in\mathbb{R}^N\}$$

b. 证明：如果 $\boldsymbol{p}_1$、$\boldsymbol{p}_2\in\bar{\mathcal{S}}$，并且 $\boldsymbol{q}_1$、$\boldsymbol{q}_2\in\mathcal{S}$，那么

$$\begin{aligned}&\mathrm{B}_G(\boldsymbol{p}_1\|\boldsymbol{q}_1)-\mathrm{B}_G(\boldsymbol{p}_1\|\boldsymbol{q}_2)-\mathrm{B}_G(\boldsymbol{p}_2\|\boldsymbol{q}_1)+\mathrm{B}_G(\boldsymbol{p}_2\|\boldsymbol{q}_2)\\&=(\nabla G(\boldsymbol{q}_1)-\nabla G(\boldsymbol{q}_2))\cdot(\boldsymbol{p}_2-\boldsymbol{p}_1)\end{aligned}$$

c. 证明：如果 $\boldsymbol{p}_1$、$\boldsymbol{p}_2\in P$，并且 $\boldsymbol{q}_1$、$\boldsymbol{q}_2\in\bar{\mathcal{Q}}$，那么

$$\mathrm{B}_G(\boldsymbol{p}_1\|\boldsymbol{q}_1)-\mathrm{B}_G(\boldsymbol{p}_1\|\boldsymbol{q}_2)-\mathrm{B}_G(\boldsymbol{p}_2\|\boldsymbol{q}_1)+\mathrm{B}_G(\boldsymbol{p}_2\|\boldsymbol{q}_2)=0$$

（你只需要证明当 $\boldsymbol{q}_1$、$\boldsymbol{q}_2\in\mathcal{Q}$ 的时候，上述结论成立。在 $\boldsymbol{q}_1$ 或 $\boldsymbol{q}_2$ 属于 $\bar{\mathcal{Q}}$ 的情况下，则可以根据连续性假设证明上述结论。）

d. 设 $\boldsymbol{d}\in\mathcal{P}\cap\bar{\mathcal{Q}}$。证明：对于所有 $\boldsymbol{p}\in\mathcal{P}$，所有的 $\boldsymbol{q}\in\bar{\mathcal{Q}}$，有

$$\mathrm{B}_G(\boldsymbol{p}\|\boldsymbol{q})=\mathrm{B}_G(\boldsymbol{p}\|\boldsymbol{d})+\mathrm{B}_G(\boldsymbol{d}\|\boldsymbol{q})$$

因此

$$\begin{aligned}\boldsymbol{d}&=\arg\min_{\boldsymbol{p}\in\mathcal{P}}\mathrm{B}_G(\boldsymbol{p}\|\boldsymbol{q}_0)\\&=\arg\min_{\boldsymbol{q}\in\bar{\mathcal{Q}}}\mathrm{B}_G(\boldsymbol{p}_0\|\boldsymbol{q})\end{aligned}$$

而且，**d** 是在每种情况下唯一的最小值，证明过程同定理 8.3。

8.6　继续 8.5 的练习，给出我们通常使用的训练集和假设空间，设我们定义 $\boldsymbol{p}_0=\mathbf{0}$，$\boldsymbol{q}_0=\frac{1}{2}\mathbf{1}$，$M_{i,j}=y_i\hbar_j(x_i)$，$\mathcal{S}=(0,1)^m$，并且

$$G(\boldsymbol{d})=\sum_{i=1}^{m}(d_i\ln d_i+(1-d_i)\ln(1-d_i))$$

a. 证明

$$\mathcal{Q}=\left\{\boldsymbol{q}\in(0,1)^m:\boldsymbol{q}_i=\frac{1}{1+\mathrm{e}^{y_iF_{\boldsymbol{\lambda}}(x_i)}},i=1,\cdots,m,\boldsymbol{\lambda}\in\mathbb{R}^N\right\}$$

这里，$F_{\boldsymbol{\lambda}}$ 就如式 (7.6)。并且证明：$\mathrm{B}_G(\boldsymbol{p}_0\parallel\boldsymbol{q})=-\sum_{i=1}^{m}\ln(1-q_i)$

b. 参考算法 7.4，令 $\boldsymbol{d}_t$ 表示由 AdaBoosT. L 在 t 轮得到的未归一化权重，即 $d_{t,i}=1/(1+\mathrm{e}^{y_iF_{t-1}(x_i)})$。假设每轮穷尽搜索 α_t 和 h_t。证明如何修改定理 8.4 以证明 $\boldsymbol{d}_t\to\boldsymbol{d}^*$，这里 $\boldsymbol{d}^*$ 是 $\mathcal{P}\cap\bar{\mathcal{Q}}$ 的唯一点。

[**提示：用式 (8.26) 中 $A(\boldsymbol{d})$ 的定义**]

c. 证明 AdaBoosT. L 最小化逻辑斯蒂损失，即

$$\mathcal{L}(F_t)\to\inf_{\boldsymbol{\lambda}\in\mathbb{R}^N}\mathcal{L}(F_{\boldsymbol{\lambda}})$$

$\mathcal{L}$ 的定义见公式 (7.21)。

8.7　这个练习是：当选择弱假设不用贪心方法时，而是用循环方法时，证明算法的收敛性。我们考虑算法 8.3（并采用此算法的符号)，但是除去贪心约束选择的假设。对于 (**a**) 和 (**b**)，h_t 的选择不做任何假设。

a. 用练习 8.5 (**d**) 证明：

$\mathrm{RE}(\mathbf{0}\parallel\boldsymbol{d}_t)=\mathrm{RE}(\mathbf{0}\parallel\boldsymbol{d}_{t+1})+\mathrm{RE}(\boldsymbol{d}_{t+1}\parallel\boldsymbol{d}_t)$

b. 设 $\boldsymbol{d}_{t_1},\boldsymbol{d}_{t_2},\cdots$ 是收敛于 $\tilde{\boldsymbol{d}}$ 的序列。证明子序列 $\boldsymbol{d}_{t_1+1},\boldsymbol{d}_{t_2+1},\cdots$ 也收敛于 $\tilde{\boldsymbol{d}}$。

c. 现在设弱假设是按周期循环选择的，即在 t 轮，$h_t=\hbar_j$，$t\equiv j(\mathrm{mod}N)$。证明 $\boldsymbol{d}_t\to\boldsymbol{d}^*$，这里 $\boldsymbol{d}^*$ 的定义见定理 8.4。

8.8　设 $\mathcal{P}$ 如式 (8.20) 的定义。

a. 对任意常数 $c>0$，证明：$\boldsymbol{p}\in\mathcal{P}$，最小化 $\mathrm{RE}(\boldsymbol{p}\parallel c\mathbf{1})$ 等价于最小化 $\mathrm{RE}(\boldsymbol{p}\parallel\mathbf{1})$，同样 $\boldsymbol{p}\in\mathcal{P}$。换句话说，证明如何将一个问题的解转换成另一个问题的解。

b. 假设 $\mathcal{P}$ 包括不等于 $\mathbf{0}$ 的至少一个点 $\boldsymbol{p}$。在这个假设下，证明对所有 $\boldsymbol{p}\in\mathcal{P}$，最小化 $\mathrm{RE}(\boldsymbol{p}\parallel\mathbf{1})$ 等价于在分布 $P\in\mathcal{P}$ 上最小化 $\mathrm{RE}(P\parallel U)$（这里 U 是均匀分布)。

8.9　设可行集 $\mathcal{P}$ 由下面的不等式约束定义

$$\mathcal{P}\doteq\left\{\boldsymbol{d}\in\mathbb{R}_+^m:\sum_{i=1}^{m}d_iM_{ij}\leqslant 0,j=1,\cdots,N\right\}$$

这里 $\boldsymbol{M}$ 是 $m\times\boldsymbol{N}$ 的矩阵，其元素取值为 $\{-1,+1\}$。我们的目标是：$\boldsymbol{d}\in\mathcal{P}$，最小化 $\mathrm{RE}(\boldsymbol{d}\parallel\mathbf{1})$。

对于任意索引集 $R\subseteq\mathcal{I}\doteq\{1,\cdots,N\}$，设

$$\mathcal{P}_R\doteq\left\{\boldsymbol{d}\in\mathcal{P}:\sum_{i=1}^{m}d_iM_{ij}=0,j\in R\right\}$$

我们定义 $\mathcal{Q}$ 是形如式 (8.21) 的所有向量 $\boldsymbol{d}$，但是现在要求 $\boldsymbol{\lambda}\in\mathbb{R}_+^m$。最后令 $\mathcal{Q}_R\subseteq\mathcal{Q}$ 是所有向量，附加下面的条件：对于 $j\notin R$，$\lambda_j=0$。

a. 证明：如果 $\boldsymbol{p}\in\mathcal{P}$，$\boldsymbol{q}\in\bar{\mathcal{Q}}$，那么 $\sum_{i=1}^{m}p_i\ln q_i\geqslant 0$。如果，对于某些 $R\subseteq\mathcal{I}$，$\boldsymbol{p}\in\mathcal{P}_R$，$\boldsymbol{q}\in\bar{\mathcal{Q}}_R$，证明 $\sum_{i=1}^{m}p_i\ln q_i=0$。

b. 令 R、$R'\subseteq\mathcal{I}$，设 $\boldsymbol{d}\in\mathcal{P}_R\cap\bar{\mathcal{Q}}_R$，$\boldsymbol{p}\in\mathcal{P}_{R'}$，$\boldsymbol{q}\in\mathcal{Q}_{R'}$。如果，$\boldsymbol{p}\in\mathcal{P}_R$或者$\boldsymbol{q}\in\mathcal{Q}_R$，证明

$$\mathrm{RE}(\boldsymbol{p}\parallel\boldsymbol{q})\geqslant\mathrm{RE}(\boldsymbol{p}\parallel\boldsymbol{d})+\mathrm{RE}(\boldsymbol{d}\parallel\boldsymbol{q})$$

c. 对某 $R\subseteq\mathcal{I}$，设 $\boldsymbol{d}\in\mathcal{P}_R\cap\bar{\mathcal{Q}}_R$。证明

$$\boldsymbol{d}=\arg\min_{\boldsymbol{p}\in\mathcal{P}}\mathrm{RE}(\boldsymbol{p}\parallel\mathbf{1})$$
$$=\arg\min_{\boldsymbol{q}\in\bar{\mathcal{Q}}}\mathrm{RE}(\mathbf{0}\parallel\boldsymbol{q})$$

$\boldsymbol{d}$ 是每个问题的唯一最小值。

8.10 继续练习 8.9，设我们用贪心坐标下降法解决指数损失的问题，满足条件 $\lambda_j\geqslant 0$，对于所有 j。参见算法 8.4。

a. 对于每个可能的选择 $j_t\in\mathcal{I}$，给出一个简单的 α_t 解析公式，$\alpha_t\geqslant-\lambda_{t,j_t}$，这个 α_t 值将最小化图中的表达式。

b. 令 $L_t\doteq\sum_{i=1}^{m}d_{t,i}$，设

$$A(\boldsymbol{d})\doteq\min_{j\in\mathcal{I}}\min_{\alpha\geqslant 0}\sum_{i=1}^{m}d_i\,\mathrm{e}^{-\alpha M_{ij}}-\sum_{i=1}^{m}d_i:$$

不需要证明，你可以直接利用 A 的连续性证明：对于所有 t，$L_{t+1}-L_t\leqslant A(\boldsymbol{d}_t)\leqslant 0$。同时证明：如果 $A(\boldsymbol{d})=0$，那么 $\boldsymbol{d}\in\mathcal{P}_{R(\boldsymbol{d})}$，这里 $R(\boldsymbol{d})\doteq\left\{j\in\mathcal{I}:\ \sum_{i=1}^{m}d_iM_{ij}=0\right\}$。

[提示：对于任意 j，考虑目标 $\sum_{i=1}^{m}d_i\,\mathrm{e}^{-\alpha M_{ij}}$ 对 α 的导数，在 $\alpha=0$ 时的值]

算法 8.4

贪心坐标下降算法：基于最小化指数损失，且坐标 λ_j 不为负

给定：矩阵 $\boldsymbol{M}\in\{-1,+1\}^{m\times N}$
初始化：$\lambda_1=\mathbf{0}$
$t=1,2,\cdots$

- $d_{t,i}=\exp\left(-\sum_{j=1}^{m}M_{ij}\lambda_{t,j}\right)$，$i=1,\cdots,m$
- 选择 $j_t\in\{1,\cdots,N\}$，$\alpha_t\in\mathbb{R}$，最小化

$$\sum_{i=1}^{m}d_{t,i}\,\mathrm{e}^{-\alpha_t M_{ij}}$$

满足：$\alpha_t\geqslant-\lambda_{t,j_t}$

- 更新：$\lambda_{t+1,j}=\begin{cases}\lambda_{t,j}+\alpha_t, & \text{if } j=j_t,\\ \lambda_{t,j} & \text{else}\end{cases}$

c. 设 $\boldsymbol{d}_{t_1},\boldsymbol{d}_{t_2},\cdots$是收敛于某点 $\tilde{\boldsymbol{d}}$ 的子序列。证明：当 $n\to\infty$，$\lambda_{t_n,j}\to 0$，对于所有 $j\notin R(\tilde{\boldsymbol{d}})$。[提示：如果 $\boldsymbol{\lambda}_{t_n,j}\not\to 0$，用泰勒定理证明 $L_{t+1}-L_t\not\to 0$，则产生矛盾]

d. 根据前面的条件，证明：$\tilde{\boldsymbol{d}}\in\bar{\mathcal{Q}}_{R(\tilde{\boldsymbol{d}})}$。

e. 推断：$\boldsymbol{d}_t\to\boldsymbol{d}^*$，$\boldsymbol{d}^*$ 是练习 8.9（c）给出的两个优化问题的唯一解。

第三部分

算 法 扩 展

第9章

基于置信度的弱预测

我们已经从多个角度对 AdaBoost 和提升法进行了理论研究，接下来我们将使用二分类基分类器的 AdaBoost 解决二分类之外的问题。现在我们的重点是算法的设计，从本章开始，我们将涉及实值基假设的方法。

迄今为止，我们想当然地认为 AdaBoost 算法所用基假设总是生成本身就是分类的预测，-1 或者 $+1$。在这种情况下的基学习器的目标就是找到一个具有较低加权分类误差的基分类器，也就是说在加权训练数据集上错误分类的数量较少。这个设置很简单，也很自然，这样就允许我们使用现成的分类学习算法作为基学习器。

然而在某些情况下，僵化地使用这种“硬”的预测可能会导致出现困难或者明显的低效率。例如，考虑如图 9.1 所示的数据，一个简单的基分类器，其预测的结果仅仅依赖于给定的点落在直线 L 的哪一侧。为了简单，假设这些训练样本的权重相同，就像提升法中第一轮的情形。在这里将直线 L 上方的所有点都预测为正的是很自然的事情，这一条件足以让我们构建一个比随机猜测好得多的预测规则。但是这个分类器应该如何预测处于直线 L 下方的那些点呢？基于我们之前描述的设置，只有两个选项：(1) 预测直线 L 下方的所有点都为正；(2) 预测直线 L 下方的所有点都为负。一方面，因为对 L 上方的点可以做出几乎完美的预测，所以上述任何一个选择都可以产生一个明显好于随机选择的分类器，这个分类器对于提升法来说已经“足够好”了。另一方面，这两种选择都会对直线 L 下方的点产生相当数量的错误分类。这是一个严重的问题，因为提升法的过程就是要在后续的运行中最终修正或者“清除”掉这些错误的预测，这会大大增加训练的时间。

这里的问题就是“硬”分类器不能表达不同程度的置信度。直观来说，一方面，数据表明我们对于预测直线 L 上方的点是正的是高置信度的。另一方面，对于直线 L 下方的点为正为负各占一半的预测，意味着对这些点的最佳预测就是根本不预测，这种对预测的弃权就表示了对正确分类的绝对不确定性。

上述情况在真实数据中也是很普遍的。例如，当判断电子邮件是垃圾邮件还是正常邮件的时候，可以很容易地找到一些很准确的模式，例如“如果在邮件中出现了 Viagra，那么它就是垃圾邮件”。然而，目前还不清楚对于没有出现“Viagra”的邮件是用什么规则来进行何种预测的。事实上，无论在这里做什么预测，其置信度都可能是很低的。

在本章中，我们描述了提升法的一个扩展框架，在此框架中每个弱假设不仅会产生预

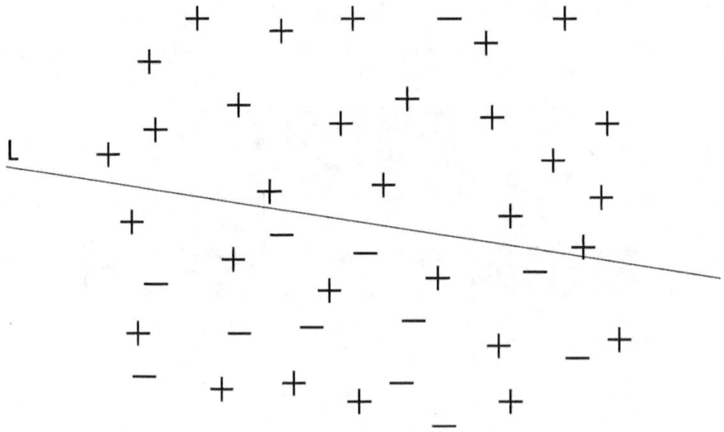

图 9.1　一个数据集例子

测的类别，而且会产生对其预测的可靠程度进行自我评价的置信度得分。当然，这是一个很自然的、简单的想法。但是在实现过程中，我们需要解决两个根本性问题。首先，我们解决修改 AdaBoost 算法的问题，其旨在处理简单的 $\{-1,+1\}$ 的预测，现在要以最有效的方法进行基于置信度的预测。其次，我们解决设计弱学习器的问题，按上述行为进行基于置信度的预测。在本章中，我们将会回答这两个问题。其结果就是产生一组强大的提升算法，可以处理更有表现力的弱假设，以及一种先进的设计方法适合基于提升算法的弱学习器。

作为具体的例子，我们研究了避免对大部分空间进行预测的弱假设方法，将样本空间划分成相对较少的等价预测区域（例如决策树、决策树桩）的弱假设方法。作为应用，我们将演示如何利用这个框架来有效学习出一组直观可理解的规则，例如上面给出的检测垃圾邮件的规则。我们还运用此方法推导出一种学习标准决策树的变形的算法，由此算法产生的分类器既准确又紧凑。

简而言之，本章是关于如何使提升法变得更好的内容。在某些情况下，我们提出的算法的改进带来了训练时间上的显著减少，而在其他情况下，我们可以看到准确性上的改善，以及对学习到的预测规则的理解上的改进。

9.1 框架

基于置信度的预测的框架在前面的章节中已经提及。实际上，我们在第 5 章已经看到了组合分类器预测的置信度可以用实值间隔来进行度量。同样地，我们可以把基分类器的预测和置信度进行绑定，用一个实值数来表示。换句话说，一个基假设可以形式化为一个实值函数 $h: \mathcal{X} \to \mathbb{R}$，因此其范围是所有的 $\mathbb{R}$，而不仅是 $\{-1,+1\}$。我们把实数 $h(x)$ 的符号理解为样本 x 的预测标签（-1 或者 $+1$），其绝对值 $|h(x)|$ 解释为此预测的置信度。因此，$h(x)$ 离零越远，预测的置信度越高。尽管 h 的范围通常包括所有的实数，但有时我们会限制这个范围。

这种变化会如何影响算法 1.1 所述的 AdaBoost 算法呢？实际上，所需的修改是很少的。我们不需要修改或更新 D_t 的规则

$$D_{t+1}(i)=\frac{D_t(i)\mathrm{e}^{-\alpha_t y_i h_t(x_i)}}{Z_t}$$

也不需要修改组合分类器的计算部分

$$H(x)=\operatorname{sign}\Big(\sum_{t=1}^{T}\alpha_t h_t(x)\Big) \tag{9.1}$$

它们都与我们对实值弱假设的解释是一致的：具有高置信度的预测，$h_t(x)$ 的绝对值较大，会导致分布 D_t 的剧烈变化，并将对最终分类器的结果产生重大的影响。相反，具有低置信度的预测，$h_t(x)$ 接近零，相应地其影响也小。

实际上，唯一需要修改的就是 α_t 的选择，其之前依赖于加权的训练误差

$$\epsilon_t \doteq \mathbf{Pr}_{i\sim D_t}[h_t(x_i)\neq y_i]$$

当 h_t 的范围超出了 $\{-1,+1\}$，这个量已经不再有意义。此时，我们先不指出 α_t 是如何选择的，但我们马上就会回到这个问题。最终的 AdaBoost 算法的通用版本如算法 9.1 所示。

算法 9.1

基于置信度预测的 AdaBoost 算法的通用版本

给定：$(x_1,y_1),\cdots,(x_m,y_m)$，$x_i\in\mathcal{X}, y_i\in\{-1,+1\}$

初始化：$D_1(i)=\frac{1}{m}, i=1,\cdots,m$

对于 $t=1,\cdots,T$，

- 根据分布 D_t 训练弱学习器
- 获得弱假设 $h_t:\mathcal{X}\to\mathbb{R}$
- 选择 $\alpha_t\in\mathbb{R}$
- 目标：选择 h_t、α_t 最小化归一化因子

$$Z_t \doteq \sum_{i=1}^{m} D_t(i)\exp(-\alpha_t y_i h_t(x_i))$$

- 对 $i=1,\cdots,m$，进行如下更新

$$D_{t+1}(i)=\frac{D_t(i)\exp(-\alpha_t y_i h_t(x_i))}{Z_t}$$

输出最终的假设：

$$H(x)=\operatorname{sign}\Big(\sum_{t=1}^{T}\alpha_t h_t(x)\Big)$$

尽管没有明确 α_t 是如何选择的，但我们可以给出此版本的 AdaBoost 算法训练误差的界。事实上，定理 3.1 的第一部分的证明仍然有效，即使没有明确 α_t 是如何选择的，以及 h_t 是实值的。只是证明的最后部分（依据 ϵ_t 来计算 Z_t 的部分）不再有效。因此，根据证明的第一部分，直到式（3.5），我们得出如下定理。

定理 9.1　给定算法 9.1 的符号，组合分类器 H 的训练误差至多是

$$\prod_{t=1}^{T} Z_t$$

定理 9.1 表明，为了最小化整体的训练误差，一种合理的方法可能是贪心最小化定理中给出的界，即在每轮提升过程中最小化 Z_t 。换句话说，这个定理意味着提升算法和弱学习算法应该协同工作，在每轮选择 α_t 和 h_t 以最小化归一化因子

$$Z_t \doteq \sum_{i=1}^{m} D_t(i)\exp(-\alpha_t y_i h_t(x_i)) \tag{9.2}$$

如伪代码所示。

从提升算法的角度来看，这提供了选择 α_t 的通用原则。从弱学习器的角度来看，我们得到了一个构建基于置信度的弱假设的通用标准，以取代之前的最小化加权训练误差的目标。我们马上就会看到这两点带来的效果的例子。

虽然我们专注于通过选择 α_t 和 h_t 来最小化 Z_t ，但应该注意到的是，这种方法完全等价于我们在 7.1 节和 7.2 节所讨论的，通过坐标下降法最小化指数损失（式（7.3））的贪心方法。这是因为 Z_t 测量的就是指数损失的新值和旧值的比值，因此 $\prod_t Z_t$ 就是其最终的值。因此，在每轮贪心最小化指数损失等价于最小化 Z_t 。

所以本章提出的方法是建立在最小化训练误差或最小化训练数据集的指数损失基础上的。尽管其中一些可以利用前面几章提出的方法，我们不考虑这些方法对泛化误差的影响(参见练习 9.2)。

9.2　算法设计的通用方法

接下来，我们将在上述框架的基础上提出一些通用方法，特别是如何选择 α_t 、如何设计弱学习算法，以及对效率问题都有特别的考虑。这些通用方法的具体应用将在 9.3 节和 9.4 节中进行描述。

9.2.1　一般情况下如何选择 α_t

正如刚刚讨论的，给定 h_t ，提升算法选择 α_t 以最小化 Z_t 。我们从这个问题开始。

为了简化符号，当上下文很清楚的时候，我们固定 t ，并且当 t 为下标时省略 t ，则 $Z=Z_t$ ，$D=D_t$ ，$h=h_t$ ，$\alpha=\alpha_t$ ，等等。同时，令 $z_i \doteq y_i h_t(x_i)$ 。在下面的讨论中，不失一般性，我们假设对于所有 i ，有 $D(i) \neq 0$。我们的目标就是找到 α 最小化 Z ，Z 是 α 的函数。

$$Z(\alpha)=Z=\sum_{i=1}^{m} D_t(i)\,\mathrm{e}^{-\alpha z_i}$$

一般来说，这个量可以进行数值最小化，根据 D_{t+1} 的定义，Z 的一阶导数是

$$Z'(\alpha)=\frac{\mathrm{d}Z}{\mathrm{d}\alpha}=-\sum_{i=1}^{m}D_t(i)\,z_i\mathrm{e}^{-\alpha z_i}$$
$$=-Z\sum_{i=1}^{m}D_{t+1}(i)\,z_i$$

因此，如果 D_{t+1} 是根据最小化 Z 的 α_t 值形成的（因此 $Z'(\alpha)=0$），则我们有

$$\sum_{i=1}^{m}D_{t+1}(i)\,z_i=\mathbf{E}_{i\sim D_{t+1}}[y_i h_t(x_i)]=0$$

也就是说，这意味着对于分布 D_{t+1}，弱假设 h_t 完全与标签 y_i 无关，而且

$$Z''(\alpha)=\frac{\mathrm{d}^2Z}{\mathrm{d}\alpha^2}=\sum_{i=1}^{m}D_t(i)\,z_i^2\mathrm{e}^{-\alpha z_i}$$

是严格为正的，对于所有 $\alpha\in\mathbb{R}$（忽略平凡的情况，对于所有的 i，$z_i=0$），意味着 $Z(\alpha)$ 对 α 是严格凸的。因此，$Z'(\alpha)$ 最多只有一个零。而且，如果存在 i，使得 $z_i<0$，则随着 $\alpha\to\infty$，$Z'(\alpha)\to\infty$。类似地，如果存在 i，使 $z_i>0$，则随着 $\alpha\to-\infty$，$Z'(\alpha)\to-\infty$。这意味着 $Z'(\alpha)$ 至少有一个根，除非在退化的情况下，所有的非零的 z_i 都有同样的符号。而且，因为 $Z'(\alpha)$ 是严格递增的，我们可以通过简单的二分查找或更复杂的数值方法找到 $Z(\alpha)$ 的唯一最小值。

总之，我们有如下结论。

定理 9.2 设集合 $\{y_i h_t(x_i): i=1,\cdots,m\}$ 包括正、负值。那么存在 α_t 的唯一选择可以最小化 Z_t。而且，对于这个 α_t，我们有

$$\mathbf{E}_{i\sim D_{t+1}}[y_i h_t(x_i)]=0 \tag{9.3}$$

注意，用第 8 章的叙述语言，式（9.3）的条件本质与式（8.9）的相同，等价于 D_{t+1} 属于与所选弱假设 h_t 相关的超平面。如 8.1.3 节所述，这也可以证明 D_{t+1} 实际上是超平面上的投影。

9.2.2 二分类预测

在特例——二分类预测的情况下，所有的预测 $h(x_i)$ 都属于 $\{-1,+1\}$。设 ϵ 是加权误差

$$\epsilon\doteq\sum_{i:y_i\neq h(x_i)}D(i)$$

那么，我们可以重写 Z 为，

$$Z=\epsilon\mathrm{e}^{\alpha}+(1-\epsilon)\,\mathrm{e}^{-\alpha}$$

当

$$\alpha=\frac{1}{2}\ln\left(\frac{1-\epsilon}{\epsilon}\right)$$

的时候，Z 取最小值，即

$$Z = 2\sqrt{\epsilon(1-\epsilon)} \tag{9.4}$$

因此，我们立刻恢复出了 AdaBoost 的原始版本：取值为 $\{-1,+1\}$ 的基分类器。通过定理 9.1 也可以得到 3.1 节给出的对训练误差的分析。此外，如 7.1 节所述，当 ϵ 尽可能远离 1/2 的时候，式（9.4）中的 Z 取最小值。如果选择 h ，那么就可以选择 $-h$ 。则不失一般性，我们可以假设：因为 $\epsilon < \frac{1}{2}$ ，所以最小化式（9.4）中的 Z 等价于最小化加权训练误差 ϵ 。因此，在这种情况下，我们也恢复出了选择二分类弱假设的常用标准。

9.2.3　有限范围的预测

当弱假设的预测落在某有限的范围内时，如 $[-1,+1]$，一般情况下我们给不出选择 α 的解析表达式以及 Z 的最终结果。然而，我们可以提供有用的近似分析。因为 $h(x_i)$ 的预测范围为 $[-1,+1]$，z_i 也是如此，如前所述，$z_i \doteq y_i h(x_i)$ 。因此，我们可以利用 e^x 对 Z 上界的凸性，有

$$Z = \sum_{i=1}^{m} D(i)\,e^{-\alpha z_i} \tag{9.5}$$

$$= \sum_{i=1}^{m} D(i)\exp\left[-\alpha\left(\frac{1+z_i}{2}\right)+\alpha\left(\frac{1-z_i}{2}\right)\right] \tag{9.6}$$

$$\leqslant \sum_{i=1}^{m} D(i)\left[\left(\frac{1+z_i}{2}\right)e^{-\alpha}+\left(\frac{1-z_i}{2}\right)e^{\alpha}\right]$$

$$= \frac{e^{\alpha}+e^{-\alpha}}{2} - \frac{e^{\alpha}-e^{-\alpha}}{2}r \tag{9.7}$$

这里

$$r = r_t \doteq \sum_{i=1}^{m} D_t(i)\,y_i\,h_t(x_i) = \mathbf{E}_{i\sim D_t}[y_i\,h_t(x_i)]$$

可以度量 y_i 和预测 $h_t(x_i)$ 在分布 D_t 上的相关性。式（9.7）给出的上界取最小值，当我们设

$$\alpha = \frac{1}{2}\ln\left(\frac{1+r}{1-r}\right) \tag{9.8}$$

代入式（9.7），得到

$$Z \leqslant \sqrt{1-r^2} \tag{9.9}$$

因此，在这种情况下，可以如式（9.8）所示选择 α_t 以最小化式（9.9），选择弱假设以最大化 r_t（或者 $|r_t|$ ）。定理 9.1 和式（9.9）可以立即给出组合分类器的训练误差的界

$$\prod_{t=1}^{T}\sqrt{1-r_t^2}$$

当然这个方法是近似的，通过更精确的计算可能会得到更好的结果。

9.2.4 可弃权的弱假设

接下来我们考虑一个特殊情况，每个弱假设 h_t 的范围仅限于 $\{-1,0,+1\}$。换句话说，一个弱假设只可以做出明确的预测，其标签是-1，或者是$+1$，也可以通过预测为"0"表示"弃权"，也就表示"我不知道"。不允许有其他选项的置信度。

对于固定的 t，令 U_0、U_{-1}、U_{+1} 由下式定义

$$U_b \doteq \sum_{i:z_i=b} D(i) = \mathbf{Pr}_{i\sim D}[z_i=b]$$

$b\in\{-1,0,+1\}$。为了提高符号的可读性，我们经常缩写下标，用$+$和$-$来分别代替$+1$和-1，因此 U_{+1} 写作 U_+，U_{-1} 写作 U_-。我们可以计算 Z

$$\begin{aligned} Z &= \sum_{i=1}^{m} D(i)\,\mathrm{e}^{-\alpha z_i} \\ &= \sum_{b\in\{-1,0,+1\}} \sum_{i:z_i=b} D(i)\,\mathrm{e}^{-\alpha b} \\ &= U_0 + U_-\,\mathrm{e}^{\alpha} + U_+\,\mathrm{e}^{-\alpha} \end{aligned}$$

那么 Z 最小化，当

$$\alpha = \frac{1}{2}\ln\left(\frac{U_+}{U_-}\right) \tag{9.10}$$

对于如此选择的 α，我们有

$$\begin{aligned} Z &= U_0 + 2\sqrt{U_- U_+} \\ &= 1 - \left(\sqrt{U_+} - \sqrt{U_-}\right)^2 \end{aligned} \tag{9.11}$$

这里我们用到了如下等式：$U_0+U_++U_-=1$。如果 $U_0=0$（因此 h 的取值为 $\{-1,+1\}$），那么 α 的选择和 Z 的最终取值与 9.2.2 节推导出的一致。

使用可弃权弱假设有时可以允许更快的实现，不论是对弱学习器还是提升法。使用稀疏的弱假设的时候尤其如此，因为它们只是在相当小的一部分训练样本上是非零的。这是因为上述的主要操作通常只涉及给定假设为非零的那些样本。例如，计算 U_+ 和 U_- 显然只涉及这样的样本，式（9.11）中的 Z 和式（9.10）中的 α 也都是如此。

此外，分布 D_t 的更新也可以通过使用一组与 D_t 成比例的未归一化的权重 d_t 来进行加速。特别地，我们初始化 $d_1(i)=1,\ i=1,\cdots,m$。然后，使用 AdaBoost 算法的未归一化版本的更新规则，即

$$d_{t+1}(i) = d_t(i)\,\mathrm{e}^{-\alpha_t y_i h_t(x_i)} \tag{9.12}$$

立刻可以看出 $d_t(i)$ 和 $D_t(i)$ 相差一个固定的常数倍数。这个常数不影响式（9.10）中 α 值的计算，因为常数可以简单地忽略掉。它也不影响具有最小 Z 值的弱假设的选择，或者等价地，根据式（9.11），取下式的最大值

$$\left|\sqrt{U_+} - \sqrt{U_-}\right|$$

因为这个量的计算用的是未归一化的权重 d_t ，对于每个弱假设都差相同的常数倍数，所以，每个弱假设仍然可以根据我们的标准进行评价，选择最佳的弱假设所需的时间与弱假设在其上的非零的样本数目成比例。这种方法的关键优点在于根据式（9.12）的更新规则，只有所选的弱假设 h_t 为非零的样本的权重才需要更新，而所有其他的 h_t 为零的样本的权重没有变化①。

在算法 9.2 中这些思想都明确地结合了在一起。为了简单起见，我们假设给定空间 $\mathcal{H}$ 中有 N 个弱假设：$\hbar_1,\cdots,\hbar_N$ ，其规模虽然足够大，但是还是完全有可能对其进行搜索操作。作为预处理的步骤，该算法首先对每个弱假设 $\hbar_j$ ，计算所有样本（ x_i,y_i ）的列表 A_+^j 和 A_-^j ，其 $y_i\hbar_j(x_i)$ 分别是+1 或者−1。算法还维护如上所述的未归一化权重 $d(i)$ ，这里我们去掉了下标 t ，是想强调每次迭代只是改变了某些值。在每 t 轮，对于每个 $\hbar_j$ ，根据如上所述的 U_- 和 U_+ 来计算 U_-^j 和 U_+^j ，它们之间会差常数倍数，因为这里用的是未归一化的权重 $d(i)$ 。接下来，我们计算衡量弱假设 $\hbar_j$ 优劣的 G_j ，选择最佳的 j_t 和 α_t 。最后，更新 $\hbar_{j_t}(x_i)$ 非零的权重 $d(i)$ 。请注意，所有操作只涉及弱假设非零的样本，这样的样本如果是稀疏的，那么可以大大提高时间上的效率。

这个想法可以进一步发展。我们不需要在每轮都对定义 U_b^j 的和进行重新计算，可能只有其中的某些项发生了改变，我们可以只有当其中的某些项发生改变的时候，才更新 U_b^j 。换句话说，无论什么时候更新 $d(i)$，我们也可以只更新那些包含该新的 $d(i)$ 项的 U_b^j 。实现这个很简单，只需要加上 $d(i)$ 的新值，然后减去 $d(i)$ 的旧值。为了更有效地实现这点，我们需要进行预计算，对于每个训练样本（ x_i,y_i ）、对于所有的弱假设 $\hbar_j$ ，我们需要计算额外的"反向索引"列表 B_+^i 和 B_-^j ，其 $y_i\hbar_j(x_i)$ 分别是+1 或者−1，这样很容易找到受更新的 $d(i)$ 影响的那些和。修正后的算法如算法 9.3 所示，所有需要记录的都做了明示。注意，变量 G 也可以在必要时才进行更新，例如，通过使用优先级队列，可以高效地找到最佳的 G 值。一个简单的推理可以证明，在每一轮开始时，U_b^j 和 G_j 的值如算法 9.2 中所示。该版本的算法可以执行得非常快，弱假设在额外的"反向"意义上是稀疏的，即对于给定的样本 x_i ，只有少数是非零的，这样集合 B_+^i 和 B_-^i 就会相对较小。

算法 9.2

具有可弃权弱假设的基于置信度的 AdaBoost 算法的高效版本

给定：$(x_1,y_1),\cdots,(x_m,y_m)$ ，$x_i\in\mathcal{X}$，$y_i\in\{-1,+1\}$

　弱假设 $\hbar_1,\cdots,\hbar_N$ ，其范围为 $\{-1,0,+1\}$

初始化：

- $A_b^j=\{1\leqslant i\leqslant m:\ y_i\hbar_j(x_i)=b\}$，$j=1,\cdots,N$，$b\in\{-1,+1\}$
- $d(i)\leftarrow 1$，$i=1,\cdots,m$

① 在实际的计算机系统中，未归一化的权重 d_t 可能会变得非常小或者非常大，从而造成数值计算上的困难，这可以通过偶尔重新归一化权重来避免。

对于 $t=1,\cdots,T$，

- $j=1,\cdots,N$，

  $U_b^j \leftarrow \sum_{i\in A_b^j} d(i), b\in\{-1,+1\}$

  $G_j \leftarrow \left|\sqrt{U_+^j}-\sqrt{U_-^j}\right|$

- $j_t=\arg\max_{1\leqslant j\leqslant N} G_j$

- $\alpha_t=\frac{1}{2}\ln\left(\frac{U_+^{j_t}}{U_-^{j_t}}\right)$

- 对于 $b\in\{-1,+1\}$，$i\in A_b^{j_t}$：$d(i)\leftarrow d(i)\mathrm{e}^{-\alpha_t b}$

输出最终的假设：

$$H(x)=\operatorname{sign}\Big(\sum_{t=1}^{T}\alpha_t \hbar_{j_t}(x)\Big)$$

算法 9.3

算法 9.2 更高效的版本

给定：$(x_1,y_1),\cdots,(x_m,y_m)$，$x_i\in\mathcal{X}$，$y_i\in\{-1,+1\}$

弱假设 $\hbar_1,\cdots,\hbar_N$，其范围为 $\{-1,0,+1\}$

对于 $j=1,\cdots,N$：

- $A_b^j=\{1\leqslant i\leqslant m: y_i\hbar_j(x_i)=b\}$，$b\in\{-1,+1\}$
- $U_b^j \leftarrow \sum_{i\in A_b^j} d(i)$，$b\in\{-1,+1\}$
- $G_j \leftarrow \left|\sqrt{U_+^j}-\sqrt{U_-^j}\right|$

对于 $i=1,\cdots,m$，

- $d(i)\leftarrow 1$
- $B_b^i=\{1\leqslant j\leqslant N: y_i\hbar_j(x_i)=b\}$，$b\in\{-1,+1\}$

对于 $t=1,\cdots,T$，

- $j_t=\arg\max_{1\leqslant j\leqslant N} G_j$
- $\alpha_t=\frac{1}{2}\ln\left(\frac{U_+^{j_t}}{U_-^{j_t}}\right)$
- 对于 $b\in\{-1,+1\}$，$i\in A_b^{j_t}$，

  $\Delta\leftarrow d(i)(\mathrm{e}^{-\alpha_t b}-1)$

  $d(i)\leftarrow d(i)\mathrm{e}^{-\alpha_t b}$

  $U_b^j\leftarrow U_b^j+\Delta$，$b\in\{-1,+1\}$，$j\in B_b^i$

- 重新计算 G_j，对所有的 j，U_+^j 和 U_-^j 发生改变

输出最终的假设：

$$H(x)=\operatorname{sign}\Big(\sum_{t=1}^{T}\alpha_t \hbar_{j_t}(x)\Big)$$

在 11.5.1 节，我们将给出一个应用实例，采用该方法可以带来计算效率超过 3 个数量级的提高。

9.2.5　将参数 α_t 隐入 h_t

如 9.1 节我们在框架中所讨论的，弱学习器尝试找到一个弱假设最小化式（9.2）。在继续下面的讨论之前，我们先做一个小小的观察，当使用基于置信度的弱假设的时候，通过把 α_t 隐入 h_t 可以简化这个表达式。换句话说，不失一般性，通过假设弱学习器可以根据任意常数 α（$\alpha \in \mathbb{R}$）来缩放任意的弱假设 h 。那么（去掉下标 t ）弱学习器的目标就是最小化

$$Z = \sum_{i=1}^{m} D(i)\exp(-y_i h(x_i)) \tag{9.13}$$

第 9.2.6 节中介绍的方法利用了这个简化的标准。而且，对于某些算法，可以进行适当的修改以直接处理这种损失函数。例如，基于梯度的算法，如那些用于训练神经网络的算法可以很容易地修改为最小化式（9.13），而不是更传统的均方误差。

9.2.6　域分割的弱假设

接下来我们关注基于域 $\mathcal{X}$ 的分割进行预测的弱假设。具体地说，每个这样的弱假设都与 $\mathcal{X}$ 的一个分割（partition）相关联，该分割将 $\mathcal{X}$ 分成不相交的块（block）$X_1, \cdots, X_J$ ，这些块完全覆盖 $\mathcal{X}$，对于所有的 x 、$x' \in X_j$ ，有 $h(x) = h(x')$ 。换句话说，h 的预测只取决于给定的样本落在哪块 X_j 上。这种假设的一个主要例子就是决策树（或决策树桩），它的叶子定义了域的一个分割。

假设我们已经找到了空间的一个分割：$X_1, \cdots, X_J$ 。那么对分割的每块做什么预测呢？换句话说，我们如何找到一个函数 h：$\mathcal{X} \to \mathbb{R}$，既遵从给定的分割，又在给定分布 $D = D_t$ 下最小化式（9.13）。

对于每块 X_J 中的所有 x ，$h(x)$ 等于某个固定的值 c_j ，因此我们的目标就是找到合适的 c_j 。对于每个 j 、$b \in \{-1, +1\}$ ，令

$$W_b^j \doteq \sum_{i: x_i \in X_j \wedge y_i = b} D(i) = \mathbf{Pr}_{i \sim D}[x_i \in X_j \wedge y_i = b]$$

是落在块 j 中，标签为 b 的样本的加权占比。那么式（9.13）可以重写成

$$\begin{aligned} Z &= \sum_{j=1}^{J} \sum_{i: x_i \in X_j} D(i)\exp(-y_i c_j) \\ &= \sum_{j=1}^{J} (W_+^j \mathrm{e}^{-c_j} + W_-^j \mathrm{e}^{c_j}) \end{aligned} \tag{9.14}$$

采用标准的微积分，我们知道，上式最小化，当

$$c_j = \frac{1}{2}\ln\left(\frac{W_+^j}{W_-^j}\right) \tag{9.15}$$

代入式（9.14），则得

$$Z = 2\sum_{j=1}^{J} \sqrt{W_+^j W_-^j} \tag{9.16}$$

式（9.15）根据我们的标准给出 c_j 的最佳选择。注意，c_j 的符号等于块 j 内（加权）多数的类别。而且，如果块 j 内正样本和负样本差不多相等，那么 c_j 接近零（低置信度的预测）。同样地，如果一个标签（类别）占主导地位，则 c_j 会远离零。

此外，式（9.16）为基于域分割的基分类器进行选择提供了标准：基学习算法应该从给定的族中找到使此量最小的基分类器。一旦找到，可以由式（9.15）给出每块的实值预测。

例如，如果使用决策树桩作为基分类器，我们可以基于给定的特征或属性，以几乎与3.4.2 节相同的方式搜索对数据所有可能的分割空间。事实上，唯一需要改变的就是最佳分割的标准，以及树桩中叶子节点的值。例如，当考虑如式（3.21）所示的 J -路（J -way）分割，而不是使用如式（3.21）所示的加权误差作为选择标准，则我们使用相应的 Z 值。在这种情况下，根据上述讨论，Z 值就与式（9.16）中给出的一致。同样，c_j 不是如式（3.20）那样设置，而是按照式（9.15）进行设置。

一般来说，每个候选分割方法创建了对域的一个分割，则可以计算得到 W_+^j、W_-^j 和 Z，如式（9.16）。一旦确定了最小 Z 的分割，则可以利用式（9.15）来计算分割的每个分支的实值预测。

在生成一个决策树作为弱假设的时候，式（9.16）中给出的标准也可以作为决策树划分的标准，而不是用更传统的基尼指数（Gini Index）或熵函数（entropic function）。换句话说，在构建决策树的时候，每个节点贪心选择导致式（9.16）中的函数值有最大下降的划分（参见练习 9.5 和练习 9.6）。这样，在提升过程中，每个决策树都可以用式（9.16）中给出的分割标准进行构建，提升后的决策树叶节点根据式（9.15）进行预测。在 9.4 节给出一种结合提升法和决策树的替代方法。

上述的方案要求我们在块 j 上进行预测，如式（9.15）。因此很可能出现 W_+^j 或 W_-^j 很小、甚至为零的情况，而在这种情况下，c_j 会非常大或无限大。在实践中，如此大的预测可能会导致数值计算上的问题。此外，可能存在理论上的原因怀疑过于自信的预测可能会增加过拟合的趋势。

为了限制预测的大小，我们可以使用“平滑”的值

$$c_j = \frac{1}{2}\ln\left(\frac{W_+^j + \varepsilon}{W_-^j - \varepsilon}\right) \tag{9.17}$$

用适当的小的正数 ε，用上式代替式（9.15）。因为 W_+^j 和 W_-^j 都限制在 0 和 1 之间，这个效果就是用下式来约束 $|c_j|$

$$\frac{1}{2}\ln\left(\frac{1+\varepsilon}{\varepsilon}\right) \approx \frac{1}{2}\ln\left(\frac{1}{\varepsilon}\right)$$

而且，这种“平滑”只会稍微削弱 Z 的值，因为代入式（9.14）得到

$$Z = \sum_{j=1}^{J}\left(W_+^j\sqrt{\frac{W_-^j + \varepsilon}{W_+^j + \varepsilon}} + W_-^j\sqrt{\frac{W_+^j + \varepsilon}{W_-^j + \varepsilon}}\right)$$

$$\leqslant \sum_{j=1}^{J}\left(\sqrt{(W_{-}^{j}+\varepsilon)\,W_{+}^{j}}+\sqrt{(W_{+}^{j}+\varepsilon)\,W_{-}^{j}}\right)$$

$$\leqslant \sum_{j=1}^{J}\left(2\sqrt{W_{-}^{j}\,W_{+}^{j}}+\sqrt{\varepsilon\,W_{+}^{j}}+\sqrt{\varepsilon\,W_{-}^{j}}\right) \tag{9.18}$$

$$\leqslant 2\sum_{j=1}^{J}\sqrt{W_{-}^{j}\,W_{+}^{j}}+\sqrt{2J\varepsilon} \tag{9.19}$$

在式（9.18）中我们用了不等式：$\sqrt{x+y}\leqslant\sqrt{x}+\sqrt{y}$ ，x、y 非负 。在式（9.19)，我们用到如下等式

$$\sum_{j=1}^{J}(W_{-}^{j}+W_{+}^{j})=1$$

这意味着

$$\sum_{j=1}^{J}(W_{-}^{j}+W_{+}^{j})\leqslant\sqrt{2J}$$

因此，对比式（9.19）和式（9.16)，我们可以看到，当值“平滑”时，选择的 $\varepsilon \ll 1/(2J)$，则 Z 不会有很大的退化（回想下，J 是分割的块数）。实践中，ε 通常选择是 $1/m$ 数量级的。

实际上，使用基于置信度的预测在性能上可以带来显著的提高。例如，图 9.2 显示了证明这种效果的一个实验结果。这里的问题是根据新闻文章所属主题对文章的标题进行分类，如 7.7.1 节所述。基分类器是决策树桩，根据某个单词或者短语是否存在来进行预测。当 AdaBoost 使用取值为｛$-1,+1$｝的基学习器时（也就是说，没有基于置信度的预测)，可以观测到在本章开头描述的缓慢收敛的现象，就是因为之前所述的原因。

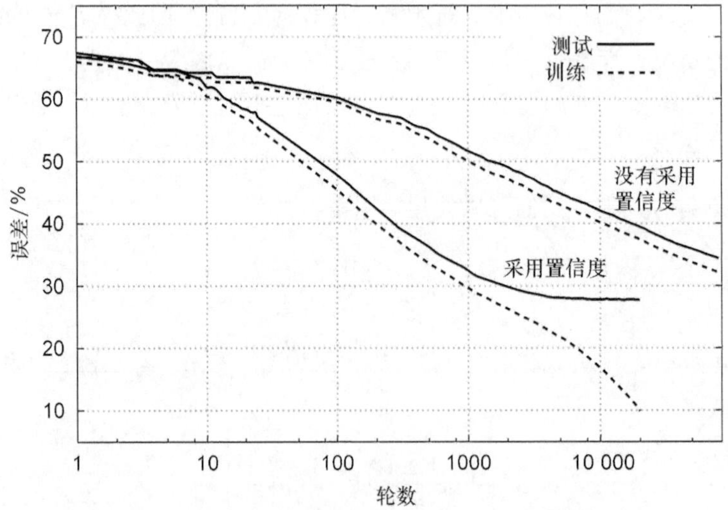

图 9.2

决策树桩的提升法的训练误差和测试误差：采用置信度的基假设（下面的曲线)，没有采用置信度的基假设（上面的曲线）

当采用置信度进行预测的时候（就是之前所述的构建基于域分割的基分类器），效率的提高是惊人的。表 9.1 显示了达到不同的测试误差所需的迭代次数。例如，在这种情况下，测试误差是要达到 35%，迭代次数已经减少到原来的$\frac{1}{100}$以下。

表 9.1

与图 9.2 相同的学习任务，采用置信度和没有采用置信度达到不同的测试准确率所需轮数的对比

误差/%	首次达到所需的轮数		加速比
	采用置信度	没有采用置信度	
40	268	16 938	63.2
35	598	65 292	109.2
30	1 888	>80 000	—

“加速比”栏显示了采用置信度进行预测比没有采用置信度的快多少倍

9.3 学习规则集

接下来，我们将研究基于上述通用框架和方法的两种学习算法。第一种算法是学习一套规则，即用简单的“如果……那么……”（if-then）语句来进行预测。例如，将电子邮件分成垃圾邮件或正常邮件的问题，人们可以很容易地想象出很多看似合理的规则。

- 如果邮件文本中出现“Viagra”，那么预测为“垃圾邮件”。
- 如果邮件是来自我妻子的，那么预测为“正常邮件”。
- 如果邮件文本中有有害的链接，那么预测为“垃圾邮件”。

诸如此类的规则通常被认为是符合实际的，易于理解的。事实上，一些早期的垃圾邮件过滤系统通过向用户询问来形成他们的识别垃圾邮件的规则集，这些规则集在过去也被使用过，例如，在医学诊断专家系统中。为了从数据中得到好的规则集，人们已经设计了各种各样的学习算法，例如，RIPPER。

规则实际上是一种特殊形式的弃权假设。例如，采用形式化的方式，上述的第一条规则可以重新表述为如下形式。

$$h(x)=\begin{cases}+1, & \text{如果消息 } x \text{ 中有“Viagra”出现}\\ 0, & \text{其他情况}\end{cases}$$

通常，当某条件成立时，规则输出 −1 或 +1（在这种情况下，邮件消息中出现了“Viagra”这个词），否则输出 0。满足条件的样本被称为规则所覆盖（cover）。

单独来看，找到一个好的规则集面临很多挑战。如何平衡自然存在的两个相互竞争的目标，即选择覆盖尽可能多的样本的规则，还是选择尽可能准确的规则（这些目标通常是存在竞争关系的，因为通常更具体的、更专门的规则预测得更准确）？如果集合中的两个规则相互矛盾我们怎么处理（一条规则预测为正，另一条规则预测为负）？就规则所覆盖的样本而言，规则之间应该有多少重叠？我们如何构建一套简洁的规则，使其在总体预测中尽可能准确？

事实上，我们可以为所有这些挑战提供一个基于提升法的答案：用规则作为（弃权）弱假设，直接应用基于置信度的提升方法。这样做会得到一个组合假设，有如下形式的加权规则。

如果 C_1，那么预测 s_1，其置信度为 α_1；

……

如果 C_T，那么预测 s_T，其置信度为 α_T。 (9.20)

这里，每个规则（弱假设）都有一个与之关联的条件 C_t，预测 $s_t \in \{-1, +1\}$，置信度为 α_t。为了计算这个规则集（组合假设）在新样本 x 上的预测，我们只是简单地把覆盖 x 的每条规则的预测 s_t 乘以权重 α_t，然后把它们都加起来，取求和之后的符号。即

$$H(x) = \operatorname{sign}\Big(\sum_{t:C_t\text{在}x\text{上成立}} \alpha_t s_t\Big) \tag{9.21}$$

这个描述不过是式（9.1）在当前情况下的等价重新表述。注意，对矛盾的规则的处理只是为每个规则分配一个权重或者置信度，并通过对所有覆盖样本的规则的预测进行加权求和来评估整个规则集的预测。

规则集本身可以使用通常的提升机制来进行构造，即重复地为样本分配权重，然后在某条件空间中搜索优化某标准的规则（弱假设）。这种机制自动将每个后续规则的构建重点放在准确性或覆盖率较差的域。我们可以直接应用 9.2.4 节的结果来设置 α_t 的值，并提供在每轮选择最佳规则的标准。注意，该标准，如式（9.11）所示，提供了一种具体而又有原则的方法来权衡两个相互竞争的目标：高覆盖率和高准确率。

除了直观可解释性，我们注意到，规则（通常像弃权弱假设），有时可以使效率显著地提高。因为，采用如 9.2.4 节所述的方法，原本可能需要与训练样本的总数成比例的时间，现在只需要与所选规则覆盖的实际样本数成比例，后者可能要小得多。

到目前为止，我们没有指定定义规则中所用条件的形式。像通常的情况，存在着无数的可能性，我们只讨论其中的几个。

具体地，假设样本是由特征或属性进行描述的，如 3.4.2 节所述。根据本节所讨论的决策树桩，我们可以考虑使用有这些特征定义的简单条件。例如，这样的规则可能是如下形式。

如果（眼睛的颜色＝蓝色），那么 预测 $+1$；

如果（性别＝女性），那么 预测 -1；

如果（身高 $\geqslant 60$），那么预测 -1；

如果（年龄 $\leqslant 30$），那么 预测 $+1$；

……

利用类似于 3.4.2 节所描述的寻找决策树桩的方法，只采用修改版的标准也可以有效地找到具有上述形式的条件的规则，并且对式（9.11）中的标准进行优化。这些规则实际上是单边的（one-sided）、置信度版本的决策树桩，因此是相当“弱”的。

在某些情况下，使用更有表现力的条件的规则可能是有益的，这将导致规则更加具体化，对于其所覆盖的样本会更准确。为了达到这个目的，我们可能会很自然地考虑那些将基条件合取的条件。例如，由此导致的规则可能是如下的形式。

如果（性别＝男性）$\wedge$（年龄 $\geqslant 40$）$\wedge$（血压 $\geqslant 135$）；
那么 预测 $+1$。

一般来说，这些条件有如下的形式：$B_1 \wedge \cdots \wedge B_\ell$，其中每个 B_j 是选自某易于搜索的集合的基条件，形式上如上面给出的条件。

寻找最佳的合取条件通常在计算上是不可行的。然而，可以使用一些贪心搜索方法。具体地，从一个空的合取条件开始，在每次迭代中添加一个合取条件，选择的合取条件可以对式（9.11）中给定的搜索标准带来最大的性能上的改善。

上述思想形成了一个叫作 SLIPPER 的学习规则集的算法的核心，尽管 SLIPPER 也引入下列的变化。首先，刚刚描述的贪心方法倾向于找到过于具体的规则，也就倾向于过拟合。为了克服这个问题，在每轮，训练数据分成生成集（growing set）和修剪集（pruning set）。利用生成集，根据之前所述的方法获得一个合取式，但是这个合取式根据在修剪集上的优化标准进行修剪（也就是对合取式进行截断）。其次，为了增强可解释性，SLIPPER 只使用了预测结果为＋1 的规则，即正例。换句话说，利用式（9.20）中的表示方法，对于所有的规则 s_t 为＋1。例外是那些常数值的规则（constant-value rules），它们对所有样本预测为＋1 或者对所有样本预测为－1（这些规则等价于条件 C_t 总是为真）。最后，SLIPPER 用交叉验证方法来选择集合中的规则数量（或者等价地，选择提升算法的轮数）。粗略地说，这意味着给定的数据集被反复分成训练集和验证集。完成在训练集上的训练后，根据在验证集上的性能来确定最佳的轮数，然后对全体数据集重复训练选定的轮数。

图 9.3 在 32 个基准数据集上将 SLIPPER 与其他成熟的规则集学习算法进行了比较，它们分别是 C4.5rules、C5.0rules，即两个 RIPPER 的变形（详细的背景知识可以参阅章后的参考文献）。通过这种比较，我们获益良多。而且，与其他方法相比，该方法发现的规则集往往比较紧凑，形式上更易于人类理解。

9.4 交替决策树

我们接下来讨论基于置信度的框架的第二个应用。

用决策树作为基假设，提升算法可以获得一些最佳的性能。然而，当采用这种方法的时候，得到的组合假设可能很大，可能是一个很大的森林的加权多数投票（或者是阈值和），这些构成森林的树其自身的规模就相当大。在很多情况下，这种组合假设的规模和复杂度证明了它的高准确性。但是有时重要的是找到的分类器不仅准确，而且更简洁易懂。在 9.3 节我们看到以此为目的学习规则集。这里，我们描述另一种方法，其中提升法用于习得单个（虽然不标准）决策树，该决策树通常可以相当紧凑、易于理解，同时仍然提供准确的预测。其基本思想是使用弱假设，这些弱假设大致对应于树中的路径，而不是整棵树，并且以一种使组合的假设可以方便地形成一棵树的形式来选择这些弱假设。

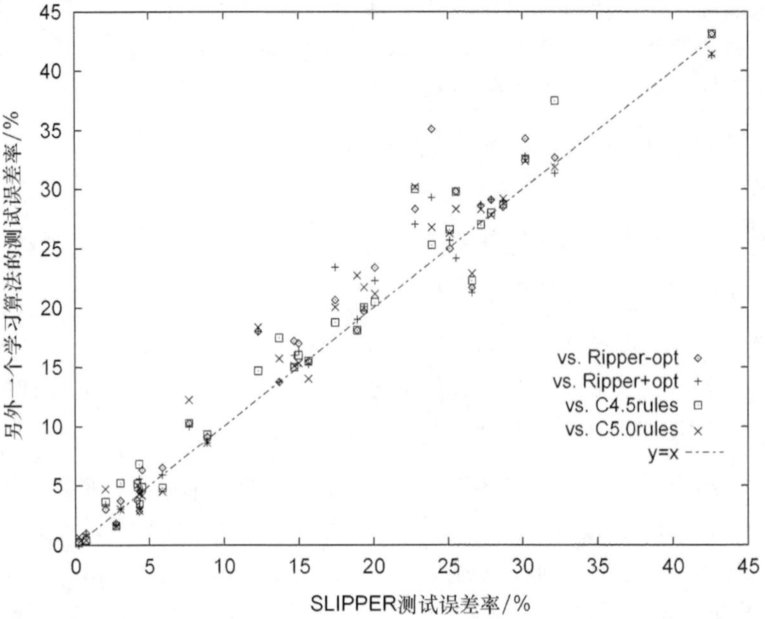

图 9.3

SLIPPER 与其他规则集学习算法比较的实验结果总结。图中每个点表示在一个基准数据集上 SLIPPER 的测试误差（百分比，x 轴）与其他算法的测试误差（百分比，y 轴）的对比（人工智能促进会经许可使用，参见［50］）

以这种方式找到某种特殊类型的树称为交替决策树（ADT）。图 9.4 显示了这种树的一个例子，它类似于普通的决策树，但也明显不同于普通的决策树。一个 ADT 由两种类型的节点交替组成：拆分节点（splitter nodes），图中绘制为矩形，像普通的决策树一样，用测试或条件来标记；预测节点（prediction nodes），图中绘制为椭圆，与实值（基于置信度）预测相关联。在普通的决策树中，任何实例都定义了从根到叶节点的单一路径。与之相反，在一个 ADT 中，一个实例定义了树中的多条路径。例如，在图 9.4 中，由 $a=1$ 和 $b=0.5$ 的实例所定义的所有路径的节点都由阴影表示。这些路径都是由根节点开始向下逐步确定的。当达到一个拆分点的时候，根据与该节点关联的测试结果来决定走哪一个子节点，如同在普通的决策树中。但是当到达一个预测节点的时候，我们需要遍历它的所有子节点。

某个具体实例在一个 ADT 上的实值预测是该实例定义的所有路径的预测节点上的值之和。例如，在上面的例子中，其预测值就是

$$0.5-0.5+0.3-0.2+0.1=+0.2$$

通常，取这个值的符号作为预测的分类，在这个例子中为$+1$。

形式上，ADT 概括了普通决策树和提升法的决策树桩，但是同时保留了两者的大部分的可解释性。

为了获得一个 ADT，我们可以用提升法，加上适当定义的弱假设。为了理解这一点，我们需要注意，任意 ADT 都可以分解成一系列更简单的假设，每个假设对应一个拆分节点（以及根节点），其形式是单一路径或树中的一个分支。例如，图 9.4 中的树可以分解

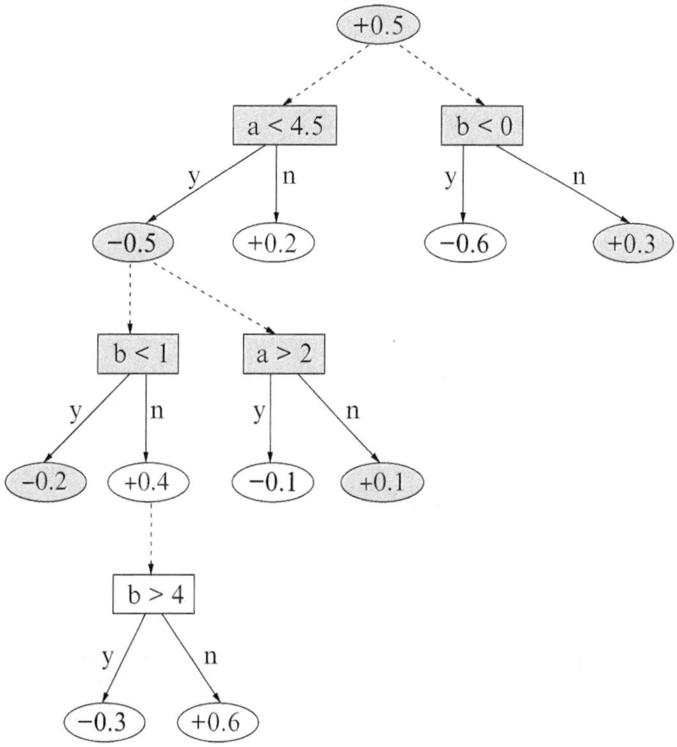

图 9.4
交替决策树（ADT）示例。由 $a=1$ 和 $b=0.5$ 的实例所定义的所有路径的节点都用阴影表示

成 6 个分支预测器（branch predictors），如图 9.5 所示。每一个都像普通的决策树那样进行计算。但是，如果计算值在分支以外，则结果为 0。因此，图 9.5 右下角的分支预测器对 $a=1, b=2$ 的实例计算所得为 $+0.6$，但是对任意 $a \geqslant 4.5$ 或者 $b<1$ 的实例计算所得为 0。图 9.5 左上角的分支预测器计算所得一直是 $+0.5$。从 ADT 的计算方式可以看出，图 9.4 中的 ADT 在预测方面与图 9.5 中的各分支预测器的和在功能上是等价的。此外，任何 ADT 都可以用这种方式进行分解。

注意，最终结果与这些分支预测器的顺序无关。关键在于，ADT 可以分解成无序的分支预测器的和。尽管下面描述的提升法是一个接一个地构建一系列的分支预测器，但它们添加的顺序仍然可以有很大的变化。

因此我们习得一个 ADT 的方法是用如上所述的分支预测器作为弱假设的提升方法，但是对分支预测器做了约束。这样，通过对最终的分支预测器集合的合理安排可以形成一个 ADT。

每个分支预测器由一个条件 B 来定义，这个条件是沿这个分支的最后一个分支节点的测试给出，同时还有一个前提条件 P（precondition），当且仅当沿这条路径到达最后这个分支节点的所有测试都满足的情况下，前提条件才成立。例如，图 9.5 中的右下角分支预测器有条件“$b>4$”和前提条件“$(a<4.5) \wedge (b \geqslant 1)$”。通常，分支预测器计算如下形式的函数。

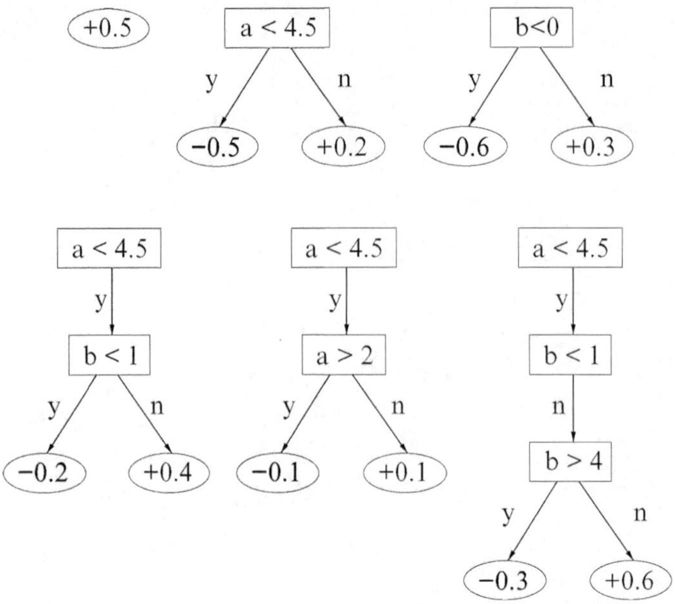

图 9.5
图 9.4 中的 ADT 可以分解成 6 个分支预测器

$$h(x)=\begin{cases}0,\text{如果 } P \text{ 在 } x \text{ 上不成立}\\ c_1,\text{如果 } P \text{ 成立}, B \text{ 在 } x \text{ 上成立}\\ c_2,\text{如果 } P \text{ 成立}, B \text{ 在 } x \text{ 上不成立}\end{cases} \tag{9.22}$$

这里 c_1 、c_2 是在它的叶节点上的实值预测值。

因此，分支预测器既可以弃权（abstaining）也可以域分割（domain-partitioning）。习得这种弱假设可以直接结合 9.2.4 节和 9.2.6 节的方法。通常，可弃权的域分割假设 h 与对域的一个分割有关，这个分割将域分成不相交的块 $X_0, X_1, \cdots, X_J$ ，如 9.2.6 节所示，但是增加了 h 在 X_0 上弃权的限制（因此，对于所有的 $x \in X_0$ ，有 $h(x)=0$）。那么如前所述，可以证明，当 $j=1,\cdots,J$ 时，最佳 c_j（X_J 上 h 的预测）如式（9.15）进行计算，但是在这种情况下，我们有

$$Z = W^0 + 2\sum_{j=1}^{J}\sqrt{W_+^j\, W_-^j} \tag{9.23}$$

这里

$$W^0 \doteq \sum_{i:x_i \in X_0} D(i) = \mathbf{Pr}_{i\sim D}[x_i \in X_0]$$

为了简化，我们忽略了如 9.2.6 节中预测平滑的问题，但这些问题也可以应用到这里。

上述思想立刻就提供了一种方法：在给定候选前提条件集 $\mathcal{P}$ 和候选条件集 $\mathcal{B}$ 的情况下，在每轮提升中选择分支预测器的方法。特别地，对于每个 $P \in \mathcal{P}, B \in \mathcal{B}$ ，我们考虑相应的分支预测器（式（9.22）），计算其 Z 值，如式（9.23）所示，选择该值最小的那一个。然后，由式（9.15）给出 c_1 和 c_2 的实值预测。

我们应该用什么作为前提条件集 $\mathcal{P}$ 和条件集 $\mathcal{B}$？条件集 $\mathcal{B}$ 可以是某些固定的基本条件集，例如用于决策树桩的那些条件集。对于前提条件集，为了使得最终的分支预测器集等价于 ADT，我们使用的前提条件集需要与已经添加到树上的拆分节点的路径保持一致。因此，这个集合会随着轮数的增加而增加。特别地，若最初树是空的，我们设 $\mathcal{P}=\{\mathbf{true}\}$，这里 **true** 就是一个始终成立的条件。当在第 t 轮，找到了由前提条件 P 和条件 B 定义的新的分支预测器，则 $P\wedge B$ 和 $P\wedge\neg B$ 对应着的两个分支，都会添加到 $\mathcal{P}$ 上。

最后，对于根节点，我们用一个预测为常数实值的弱假设来初始化 ADT，可以用 9.2 节的方法来设置该值。把这些想法放在一起，就得到了算法 9.4。这里，在第 t 轮，我们用 $W_t(C)$ 来表示条件 C 成立下所有样本的权重之和，其中我们用 $W_t^+(C)$ 和 $W_t^-(C)$ 分别表示正样本和负样本的权重之和。它们都隐式地依赖于当前的分布 D_t。因此

$$W_t^b(C) \doteq \mathbf{Pr}_{i\sim D_t}[\text{在 } x_i \wedge y_i = b \text{ 上 } C \text{ 成立}] \tag{9.24}$$

对于 $b\in\{-1,+1\}$

$$W_t(C) \doteq \mathbf{Pr}_{i\sim D_t}[\text{在} x_i \text{ 上，} C \text{ 成立}] \tag{9.25}$$

虽然这个伪代码输出的是分支预测器的（阈值化）和，但这个和可以立刻转换成 ADT 的形式，如之前所讨论的那样，此为一种数据结构，可以为方便和高效地为实现提供基础。我们还可以使用其他各种方法来提高效率，如 9.2.4 节中所讨论的使用未归一化的权重。

由于 ADT 所使用的基假设往往较弱，这会导致算法有过拟合的趋势。在实践中，这通常必须使用某种形式的交叉验证来进行控制。

为了说明如何解释 ADT 算法，图 9.6 显示了利用该算法在 1.2.3 节描述的心脏病数据集上运行 6 轮构建的树，这里“健康”类和“疾病”类分别用“+1”和“−1”进行标识。对于这个数据集，ADT 的测试误差约为 17%，与决策树桩的测试误差大致相同，优于决策树上的提升法。后者在使用可能大两个数量级的组合假设的时候，给出的误差约为 20%。正如我们讨论的，更小的规模已经使得 ADT 更具有解释性，它的结构也是如此。

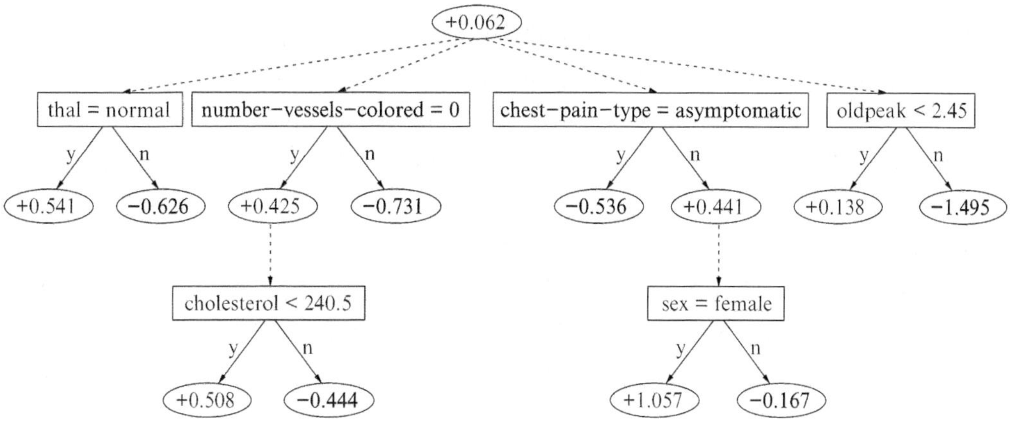

图 9.6 针对心脏病数据集构建的 ADT

算法 9.4

ADT 算法（交替决策树算法）

给定：$(x_1, y_1), \cdots, (x_m, y_m)$，$x_i \in \chi$，$y_i \in \{-1, +1\}$

设置基条件集 $\mathcal{B}$

初始化：

- $h_0(x) = \frac{1}{2}\ln((1+r_0)/(1-r_0))$，对于所有的 x，这里 $r_0 = \frac{1}{m}\sum_{i=1}^{m} y_i$
- $\mathcal{P} \leftarrow \{\textbf{true}\}$
- 对于 $i = 1, \cdots, m$，令 $D_1(i) = \begin{cases} 1/(1+r_0), \text{if } y_i = +1 \\ 1/(1-r_0), \text{if } y_i = -1 \end{cases}$

$t = 1, \cdots, T$,

- 找到 $P \in \mathcal{P}$，$B \in \mathcal{B}$，最小化

$$Z_t = W_t(\neg P) + 2\sqrt{W_t^+(P \wedge B)\, W_t^-(P \wedge B)} + 2\sqrt{W_t^+(P \wedge \neg B)\, W_t^-(P \wedge \neg B)}$$

  这里，W_t^+、W_t^-、W_t 的定义如式（9.24）和式（9.25）所示

- 令 h_t 是对应的分支预测器：

$$h_t(x) = \begin{cases} 0, & \text{如果 } P \text{ 在 } x \text{ 上不成立} \\ \frac{1}{2}\ln\left(\frac{W_t^+(P \wedge B)}{W_t^-(P \wedge B)}\right), & \text{如果 } P \text{ 成立，} B \text{ 在 } x \text{ 上成立} \\ \frac{1}{2}\ln\left(\frac{W_t^+(P \wedge \neg B)}{W_t^-(P \wedge \neg B)}\right), & \text{如果 } P \text{ 成立，} B \text{ 在 } x \text{ 上不成立} \end{cases}$$

- $\mathcal{P} \leftarrow \mathcal{P} \cup \{P \wedge B, P \wedge \neg B\}$
- 更新，$i = 1, \cdots, m$：

$$D_{t+1}(i) = \frac{D_t(i)\exp(-\alpha_t y_i h_t(x_i))}{Z_t}$$

输出最终的假设：

$$H(x) = \text{sign}\left(\sum_{t=0}^{T} h_t(x)\right)$$

首先，我们注意到拆分节点的含义在很大程度上可以单独理解。例如，从图中我们可以推断，胆固醇水平高于 240.5 和无症状胸痛都是心脏病的预测因子，因为它们都对预测结果之和产生负面的影响。我们也可以分析节点之间的相互作用。并列的拆分节点，例如第一层中的 4 个节点，表示很少或几乎没有相互作用。例如，不管“染色血管的数量”或“胸痛的类型”如何，“thal”测试正常增加了测试者是健康的可能性。相比之下，第二层中两个决策节点的重要性依赖于对其祖先决策节点的评估。具体地，考虑“性别＝女性”的节点，当有胸痛症状的时候，患者是男性这一条件会比一般人群更倾向于预测为心脏病。这意味着，只有出现胸痛症状的时候，才值得考虑患者的性别。这个树的根与固定（无条件）的贡献＋0.062 相关联，一个小的正数表明（根据此训练集）健康的人略多于生病的人。

9.5 小结

- 本章探讨了利用基于置信度的弱假设的提升法的通用框架。这个框架为弱假设的选择和构造，以及 AdaBoost 算法的修改提供了一般性的原则。通过这个框架，我们看到如何调整旧的算法，派生出新的算法，从而在速度、准确性、可解释性方面得到了实质性改进。

9.6 参考资料

本章所采用的总体方法来自 Schapire 和 Singer 的工作 [205]。这包括框架、9.1 节和 9.2 节几乎所有的结论，以及算法 9.1。然而，9.2.4 节给出的处理稀疏弱假设的高效技术，以及算法 9.2、算法 9.3 是对 Collins [52] 工作的改编（参见 Collins 和 Koo [53]）。9.2.6 节的实验，包括表 9.1、图 9.2 都是基于 Schapire 和 Singer 的工作 [206]。

Kearns 和 Mansour [132] 也提出了如式（9.16）所示的分割标准，用于生成包括决策树在内的域分割基假设，尽管他们的动机不同。如式（9.15）所示的，将置信度分配给这些基假设的单个预测，如式（9.17）所示对这些预测的平滑，这些都与 Quinlan 早期提出的技术密切相关 [183]。

在允许弱假设可以不同程度地弃权的情况下，这里给出的框架与 Blum 提出的在线学习的“专家”(specialist) 模式 [25] 很类似。

9.3 节描述的 SLIPPER 算法和实验，包括图 9.3，来自 Cohen 和 Singer 的工作 [50]。SLIPPER 构建规则的方法（即学习器）与之前学习规则集的方法类似，特别是 Cohen 的 RIPPER [49]，Fürnkranz 和 Widmer 的 IREP [104]。使用决策树技术归纳规则集的 C4.5 和 C5.0 是由 Quinlan 提出的 [184]。

9.4 节的交替决策树算法（ADT）由 Freund 和 Mason 提出 [91]，包括经过了修改的图 9.6。ADT 类似于 Buntine [41] 的选择树（option trees），其后由 Kohavi 和 Kunz 做了进一步的发展 [137]。

本章部分练习来自 [54，132，205]。

9.7 练习

9.1 给定 9.2.3 节的符号和假设，设 $\tilde{\alpha}$ 是式（9.8）中 α 的值，设 $\hat{\alpha}$ 是使式（9.5）最小化的 α 的值。证明 $\tilde{\alpha}$ 和 $\hat{\alpha}$ 的符号一致，并且 $|\tilde{\alpha}| \leqslant |\hat{\alpha}|$ 。

9.2 设 $\mathcal{H}$ 中的基函数 h 有基于置信度的范围 $[-1,+1]$，即 $h: \mathcal{X} \to [-1,+1]$。5.1 节和 5.2 节中的间隔、凸包等定义绝大多数都可以不做修改就应用到上述条件下。对于任意 $h \in \mathcal{H}$ ，任意值 $\nu \in [-1,+1]$ ，令

$$h'_{h,\nu}(x) = \begin{cases} +1, \text{if } h(x) \geqslant \nu \\ -1, \text{else} \end{cases}$$

并且，令

$$\mathcal{H}' \doteq \{h'_{h,\nu} : h \in \mathcal{H}, \nu \in [-1,+1]\}$$

是由上述所有这种函数构成的空间。

a. 对于固定的 h 和 x ，设 ν 是从 $[-1,+1]$ 均匀随机选择的。计算 $h'_{h,\nu}(x)$ 的期望值。

b. 令 $\mathcal{H}'$ 的 VC 维是 d' 。证明：对于所有的 $f \in \mathrm{co}(\mathcal{H})$ ，定理 5.5 中给出的约束至少以概率 $1-\delta$ 成立，只不过用 d' 来代替 d 。

9.3　令 $\mathcal{H}$ 和 $\mathcal{H}'$ 如练习 9.2 中的设置。

a. 证明：如果训练集以间隔 $\theta > 0$ 线性可分，使用来自 $\mathcal{H}$ 的函数（因此，对于 $g_1, \cdots, g_k \in \mathcal{H}$，式（3.10）成立），那么数据对于 $\mathcal{H}'$ 的分类器是经验 γ- 弱学习的，$\gamma > 0$。

b. 证明或反驳相反的观点。

9.4　令 $\mathcal{H} = \{\hbar_1, \cdots, \hbar_N\}$ 是弱分类器构成的空间，其每个范围为 $[-1, +1]$。设集合 $P \doteq \{1 \leqslant i \leqslant m : y_i = +1\}$，$C_j \doteq \{1 \leqslant i \leqslant m : \hbar_j(x_i) = +1\}$ 已经计算好了，它们相对 m 来说都很小（因此绝大多数样本都是负的，对于绝大多数样本弱分类器的预测都是 -1）。证明：如何在 $\mathcal{H}$ 上采用如下方式的穷举弱学习器实现 AdaBoosting。

a. 评估任意具体的弱分类器 $\hbar_j$ 的加权误差（分布 D_t）所需时间为 $O(|C_j| + |P|)$，因此实现一个穷举弱学习器所需时间为 $O(\sum_{j=1}^{N} |C_j| + |P|)$。

b. 给定当前选择的弱分类器 $h_t = \hbar_{j_t}$，提升算法所需的时间（不包括对弱学习器的调用）是 $O(|C_{j_t}| + |P|)$。

换句话说，运行时间应该只依赖于正样本的数目，即被弱分类器预测为正的样本的数目。

9.5　给定通常的数据集 $(x_1, y_1), \cdots, (x_m, y_m)$，用贪心、自顶向下的方法构建决策树。具体地，设 $\mathcal{H}$ 是二分类函数的集合，即 $h: \mathcal{X} \to [-1, +1]$，代表对树的内部节点的一类可能的拆分。初始，这个树只有根节点。然后，在迭代的每个步骤中，在当前树 $\mathcal{T}$ 中选中一个叶节点 ℓ，用关联某个拆分 h 的内部节点来代替这个叶节点，依据这个拆分的输出产生了两个新的叶节点。我们用 $\mathcal{T}_{\ell \mapsto h}$ 来表示新形成的树。图 9.7 展示了一个例子。

为了描述如何选择 ℓ 和 h，设 $I: [0,1] \to \mathbb{R}_+$ 是不纯度函数（impurity function），其中 $I(p) = I(1-p)$，且在 $\left[0, \frac{1}{2}\right]$ 范围内是递增的。对于 $b \in \{-1, +1\}$，ℓ 是树的叶节点，令 $n^b(\ell)$ 表示训练样本 (x_i, y_i) 的数目，并且 x_i 到达叶节点 ℓ，$y_i = b$。设 $n(\ell) = n^-(\ell) + n^+(\ell)$。重载符号，我们将叶子 ℓ 的不纯度定义为 $I(\ell) \doteq I(n^+(\ell)/n(l))$，整个树 $\mathcal{T}$ 的不纯度是

$$I(\mathcal{T}) \doteq \frac{1}{m} \sum_{\ell \in \mathcal{T}} n(\ell) \cdot I(\ell)$$

这里是对树 $\mathcal{T}$ 的所有叶子 ℓ 取和。

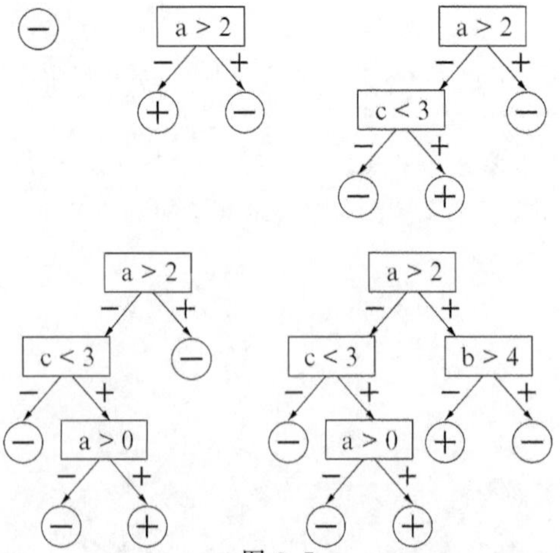

图 9.7

利用决策树桩作为拆分函数构建决策树的几个步骤（构建过程是从左到右，然后从上到下）。在每个步骤中，一个叶子被一个新的内部节点和两个新的叶子替换

如上述方式构建树，在每个步骤选择的叶子 ℓ 和拆分 h 导致不纯度出现最大程度的下降

$$\Delta I(\ell,h) \doteq \frac{n(\ell)}{m} \cdot \left[I(\ell) - \left(\frac{n(\ell_+^h)}{n(\ell)} \cdot I(\ell_+^h) + \frac{n(\ell_-^h)}{n(\ell)} \cdot I(\ell_-^h) \right) \right]$$

这里，如果 ℓ 被有拆分 h 的内部节点替换的话，ℓ_+^h 和 ℓ_-^h 就是要创建的两个叶子。

a. 证明：$\Delta I(\ell, h) = I(\mathcal{T}) - I(\mathcal{T}_{\ell \to h})$

一个决策树可以被看作定义了一个域划分的假设，因为到达每个叶子的样本集彼此都是不相交的。假设为每个叶子分配一个实数预测值，那么树就定义了一个实值函数 F，它的值对于任意样本 x，都由 x 到达的叶子给出。进一步假设，针对由给定的树确定具体形式的所有实值函数，选择这些值以最小化训练集的指数损失（如式（9.3））。设 $L(\mathcal{T})$ 是树 $\mathcal{T}$ 的损失。

b. 证明：如果

$$I(p) \doteq 2\sqrt{p(1-p)} \tag{9.26}$$

那么

$$L(\mathcal{T}) = I(\mathcal{T})$$

c. 选择同样的不纯度函数，对于任意树 $\mathcal{T}$，证明如何在每个叶子 ℓ 上分配二分类标签 $\{-1,+1\}$，使得最终得到的树分类器其训练误差最多是 $I(\mathcal{T})$。

d. 考虑使用下面所列的损失函数来代替指数损失函数。在每种情况下，确定不纯度函数 $I(p)$ 应如何重新定义，使得 $L(\mathcal{T}) = I(\mathcal{T})$（这里 $L(\mathcal{T})$ 如上所述，是由树 $\mathcal{T}$ 确定其形式的任意实值函数的最小损失）。同样，在每种情况下，解释如何为每个叶子分配一个二分类标签，如 **c** 所述，使得最终得到的树分类器其训练误差最多是 $I(\mathcal{T})$。

i. 逻辑斯蒂损失函数（以 2 为底的对数）：$\frac{1}{m}\sum_{i=1}^{m} \lg(1+\exp(-y_i F(x_i)))$

ii. 损失平方函数：$\frac{1}{m}\sum_{i=1}^{m} \lg(y_i - F(x_i))^2$

9.6 继续练习 9.5，假设我们使用指数损失函数，以及式（9.26）中的不纯度函数。同时，让我们假设数据是 $\mathcal{H}$ 上经验 γ- 弱学习的（如 2.3.3 节中的定义）。

a. 如果树 $\mathcal{T}$ 的每个叶子都由一个内部节点替换，这个内部节点在 h 上分裂，每个新节点又产生两个新节点（因此，h 在树上出现很多次），这样最终的树用 $\mathcal{T}_{*\to h}$ 来表示。对于任意的树 $\mathcal{T}$，证明存在一个拆分 $h \in \mathcal{H}$，使得 $L(\mathcal{T}_{*\to h}) \leqslant L(\mathcal{T})\sqrt{1-4\gamma^2}$。

b. 对于任意有 t 个叶子的树 $\mathcal{T}$，证明树 $\mathcal{T}$ 中存在一个叶子 ℓ，一个拆分 $h \in \mathcal{H}$，使得

$$\Delta I(\ell,h) \geqslant \frac{1-\sqrt{1-4\gamma^2}}{t} \cdot I(\mathcal{T}) \geqslant \frac{2\gamma^2}{t} \cdot I(\mathcal{T})$$

[提示：对于第二个不等式，首先证明对于 $x \in [0,1]$，$\sqrt{1-x} \leqslant 1 - \frac{1}{2}x$]

c. 证明经过 T 轮如练习 9.5 中所描述的贪心算法，最终生成的树 $\mathcal{T}$（按练习 9.5(**c**)的方式来选择二分类叶子的预测器）的训练误差至多是 $\exp(-2\gamma^2 H_T)$，这里

$H_T \doteq \sum_{t=1}^{T}(1/t)$ 是第 T 次谐波数（harmonic number）。因为对于 $T \geqslant 1$，$\ln(T+1) \leqslant H_T \leqslant 1 + \ln T$，这个约束至多是 $(T+1)^{-2\gamma^2}$。

9.7 设 $\mathcal{H} = \{h_1, \cdots, h_N\}$ 是实值基假设构成的空间，每个实值基假设的取值范围为$[-1,+1]$。

a. 设在每轮，选择如 9.2.3 节所述的最大化 $|r_t|$ 的基假设 $h_t \in \mathcal{H}$，如式（9.8）的方式

选择 α_t 。证明：如何修改 8.2 节的证明，以证明该算法渐进地最小化指数损失（与定理 8.4 中的意义相同）。

b. 当每轮选择 h_t 和 α_t 的时候，是通过直接最小化 Z_t（式（9.2））实现的，证明同样的结果。

第10章 多类别分类问题

到目前为止，我们只关注使用提升法来解决二分类问题，其目标是将每个样本标识为两个类别中的一个。然而，在实践中我们经常面临多类别（multiclass）的问题，这里的类别是多于 2 的。例如，在字母识别问题中我们需要把图像分成 26 个类，A 、B 、C 、…、Z 。

尽管 AdaBoost 是为了解决二分类问题而设计的，但人们仍然期望可以将其自然而直接地扩展到多类别的问题。事实上，有多种方法可以将提升法扩展到多类别的学习问题，这些将在本章讲述。

我们将从对 AdaBoost 最直接的扩展开始。这个版本叫作 AdaBoost. M1，有简单和易于实现的优点。但是要求基分类器比随机猜测要好很多，这个条件对于很多基学习器是无法满足的。对于较弱的基学习器，这可能是一个无法克服的困难，因此需要一种根本不同的方法。

除了 AdaBoost. M1，大多数 AdaBoost 的多类别版本在某种程度上是基于将多类别情况转换为更为简单的二分类情况的归约机制。换句话说，多类别问题被多个 yes/no 问题所替代。例如，如果我们需要根据图像所表示的字母对其进行分类，我们将“这是哪个字母”这种有 26 种可能的答案的问题换成 26 个回答 yes/no 的问题。

“它是不是字母 A ?”
“它是不是字母 B ?”
“它是不是字母 C ?”
……

显然，如果我们能准确地回答这 26 个问题，那么我们也可以回答原来的多类别问题。这种简单的“一对其他”（one-against-all）的方法是多类别 AdaBoost. MH 算法的基础。

问这么多问题可能看起来效率很低，更重要的是，人们可能会注意到，对于这些二分类问题，只要有一两个错误的回答就足以在最终分类中产生一个错误的答案。为了减少这种错误，我们可以考虑问一些更复杂的二元问题，如下。

“它是元音还是辅音?”
“它在字母表的前半部分吗?”

“它是单词‘MACHINE’里的一个字母吗?”

对于这种面对具体样本预测的答案的二分类问题，我们可以通过选择与这种二分类响应“最一致”的标签来形成最终的分类。尽管这些预测中有许多是错误的，但是我们仍然有合理的机会使得最终产生的预测是正确的，因为这些问题的答案提供的信息量很大，而且相互之间（信息）有重叠。所以，这种方案可能更有效、也更健壮。

当然，这种类型的二分类问题数量增加得非常快，这意味着将多分类问题转换成二分类问题的方法也很多。幸运的是，正如我们将看到的，我们可以在通用框架下研究这个问题，由此导出并分析的一个叫作 AdaBoost. MO 的算法可以应用到整个归约法家族。

这种将更复杂的学习问题简化为一个简单的二分类问题的一般方法也可以应用到其他情况。特别地，正如我们将在第 11 章看到的，我们对排序问题使用此方法，其目标是学习对一组对象进行排序。例如，我们可能希望根据文档与给定搜索查询的相关性对文档进行排序。一旦简化成二分类问题，应用 AdaBoost 算法就会产生一个名为 RankBoost 的排序算法。我们可以进一步把分类问题看作一个排序问题，从而引出另一个称为 AdaBoost. MR 的多分类算法，它的目标是将正确的标签排在不正确标签的前面。

此外，尽管我们这里只关注它们与提升法的结合，但是我们这里所提供的归约（reduction）方法是通用的，当然也可以应用于其他学习方法，例如支持向量机。

本章中的算法在提供的训练集之外的泛化能力是相当重要的。然而，本章的讨论仅限于对训练集的性能的研究。我们注意到，在之前章节给出的分析泛化误差的方法也可以应用于多分类问题（见练习 10.3 和练习 10.4）。

作为说明的例子，本章还将提出的方法应用于根据说话人的意图来区分说话人的说话方式，这是语音对话系统中的关键组成部分。

10.1　多类别问题的直接扩展

多类别学习问题的设置基本上与二分类问题相同，除了假定每个标签 y_i 现在属于一个集合 $\mathcal{Y}$，$\mathcal{Y}$ 包括所有可能的标签，其势大于 2。例如，在字母识别的例子中，$\mathcal{Y}$ 就是集合 $\{A, B, \cdots, Z\}$。在本章，我们将势 $|\mathcal{Y}|$ 标识为 K 。

AdaBoost 的第一个多类别版本称为 AdaBoost. M1，M 代表多类别，1 表示这个扩展算法是第一个也是最直接的扩展。很自然地，在这种情况下弱学习器产生一个假设 h ，其将 K 个可能的标签中的一个分配给每一个样本，因此 $h: \mathcal{X} \rightarrow \mathcal{Y}$。AdaBoost. M1 的伪代码如算法 10.1 所示，其与二分类的 AdaBoost 算法（算法 1.1）略有不同。弱学习器的目的就是在第 t 轮产生一个基分类器 h_t ，其就如二分类的 AdaBoost，有小的分类误差

$$\epsilon_t \doteq \mathbf{Pr}_{i \sim D_t}[h_t(x_i) \neq y_i]$$

分布 D_t 的更新也与 AdaBoost 的相同，如算法 1.1 的更新的第一种形式所示。最终假设 H 只是稍有不同：对于一个给定的样本 x ，H 现在输出的标签 y 使预测该标签的弱假设的

权重之和最大化。换句话说，H 不是像二分类问题那样计算加权多数投票，而是计算加权胜出的基假设的预测。

在分析 AdaBoost. M1 的训练误差时，我们需要有与二分类相同的弱学习假设，即每个弱假设 h_t 的加权误差 ϵ_t 小于 1/2。当满足此条件，定理 10.1（在下面）证明了与二分类 AdaBoost 相同的训练误差的界，证明最终的组合假设的误差呈指数下降，与二分类一样。对于能够满足这种条件的基学习器来说，这当然是个好消息。但遗憾的是，这对弱学习器性能上的要求比所需的要高得多。在二分类的情况下，当 $K=2$，一个随机猜测正确的概率是 1/2，因此弱学习假设只比随机猜测好一点。然而，当 $K>2$，一个正确的随机猜测的概率只有 $1/K$ ，小于 1/2。因此，我们要求弱假设的准确率大于 1/2，显然强于简单地要求弱假设比随机猜测好些。例如，当 $K=10$，随机猜测的准确率为 10%，小于 50%的要求。

而且，在二分类情况下，误差显著地大于 1/2 的弱假设 h_t 和误差显著地小于 1/2 的弱假设 h_t 具有同样的价值，因为 h_t 可以用 $-h_t$ 来代替（这个效果会在 AdaBoost 算法中“自动”发生，在这种情况下，选择 $\alpha_t<0$）。然而，当 $K>2$，对于提升算法来说，误差 ϵ_t 大于 1/2 的假设 h_t 是没有用的，一般情况下也不能转换成误差小于 1/2 的假设。这是一个很困难的问题。如果弱学习器返回这样的一个弱假设，AdaBoost. M1 算法，正如我们提出的，只是简单地停止，只使用计算过的弱假设（尽管还有其他处理这个问题的方法）。

如定理 3.1 所示，在证明训练误差的界的时候，我们给出了一个关于任意初始分布 D_1 的加权训练误差的更一般的证明。

算法 10.1

AdaBoost. M1：AdaBoost 算法的第一个多类别扩展

给定：$(x_1,y_1),\cdots,(x_m,y_m)$，$x_i\in\mathcal{X}$，$y_i\in\mathcal{Y}$

初始化：$D_1(i)=\frac{1}{m}, i=1,\cdots,m$

对于 $t=1,\cdots,T$，

- 根据分布 D_t 训练弱学习器
- 得到弱假设 $h_t:\mathcal{X}\to\mathcal{Y}$
- 目标：选择 h_t 最小化加权误差

$$\epsilon_t \doteq \mathbf{Pr}_{i\sim D_t}[h_t(x_i)\neq y_i]$$

- 如果 $\epsilon_t\geqslant\frac{1}{2}$，那么设 $T=t-1$，然后退出循环
- 选择 $\alpha_t=\frac{1}{2}\ln\left(\frac{1-\epsilon_t}{\epsilon_t}\right)$
- 对于 $i=1,\cdots,m$，进行如下更新

$$D_{t+1}(i)=\frac{D_t(i)}{Z_t}\times\begin{cases}e^{-\alpha_t}, \text{if } h_t(x_i)=y_i\\ e^{\alpha_t}, \text{if } h_t(x_i)\neq y_i\end{cases}$$

这里，Z_t 是归一化因子（这样 D_{t+1} 才是一个分布）

输出最终的假设：

$$H(x) = \arg\max_{y \in \mathcal{Y}} \sum_{t=1}^{T} \alpha_t \mathbf{1}\{h_t(x) = y\}$$

定理 10.1　给定算法 10.1 的符号，假设对于所有的 t ，有 $\epsilon_t < \frac{1}{2}$ ，令 $\gamma_t \doteq \frac{1}{2} - \epsilon_t$ 。令 D_1 是训练集上的任意初始分布。那么 AdaBoost. M1 的组合分类器 H 在分布 D_1 上加权训练误差有下式约束

$$\mathbf{Pr}_{i \sim D_1}[H(x_i) \neq y_i] \leqslant \prod_{t=1}^{T} \sqrt{1 - 4\gamma_t^2} \leqslant \exp\left(-2 \sum_{t=1}^{T} \gamma_t^2\right)$$

证明：

证明基本遵循定理 3.1 的证明过程，因此我们只关注与定理 3.1 的证明过程的不同之处。

首先，设

$$F(x, y) \doteq \sum_{t=1}^{T} \alpha_t (\mathbf{1}\{y = h_t(x)\} - \mathbf{1}\{y \neq h_t(x)\})$$

注意到

$$D_{t+1}(i) = \frac{D_t(i) \exp(-\alpha_t(\mathbf{1}\{y = h_t(x)\} - \mathbf{1}\{y \neq h_t(x)\}))}{Z_t}$$

展开这个递归式可以得到

$$D_{T+1}(i) = \frac{D_1(i)\, \mathrm{e}^{-F(x_i, y_i)}}{\prod_{t=1}^{T} Z_t}$$

如果 $H(x) \neq y$ ，那么存在一个标签 $\ell \neq y$ ，使

$$\sum_{t=1}^{T} \alpha_t \mathbf{1}\{y = h_t(x)\} \leqslant \sum_{t=1}^{T} \alpha_t \mathbf{1}\{\ell = h_t(x)\} \leqslant \sum_{t=1}^{T} \alpha_t \mathbf{1}\{y \neq h_t(x)\}$$

最后一个不等式用到了 $\alpha_t \geqslant 0$，因为 $\epsilon_t < \frac{1}{2}$ 。因此，$H(x) \neq y$ 表示了 $F(x, y) \leqslant 0$。因此，通常

$$\mathbf{1}\{H(x) \neq y\} \leqslant \mathrm{e}^{-F(x, y)}$$

由式（3.5）可知，（加权）训练误差是

$$\sum_{i=1}^{m} D_1(i) \mathbf{1}\{H(x_i) \neq y_i\} \leqslant \prod_{t=1}^{T} Z_t$$

最后，计算 Z_t 是从式（3.6）开始，导致式（3.9）没有变化。

证毕。

令人失望的是，在多类别的情况下，为了分析 AdaBoost. M1，我们需要要求如此之

高的准确率（超过 1/2）。事实上，当仅用误差率来衡量弱学习器的性能的时候，这个困难是不可避免的。在某种意义上，这意味着对于多类别的提升法，AdaBoost.M1 是我们所能期望的最好的方法。更准确地说，我们知道在二分类的情况下，一个在任何分布上都比随机猜测稍微好一点的基学习器总是可以与一个提升算法结合使用，以达到完美的训练准确率（给定足够的数据，也可以得到任意良好的泛化精度）。然而遗憾的是，$K>2$——这在一般情况下是不可能的。接下来，我们用一个弱学习器的例子来说明这一点。该学习器始终返回的弱分类器，其精度明显高于随机猜测的准确率 $1/K$ ，但是在这种情况下，没有任何提升算法可以使得这种弱分类器产生的组合分类器具有完美的（训练）精度。

在这个简单的三分类例子中，我们假设 $\mathcal{X}=\{a,b,c\}$ ，$\mathcal{Y}=\{1,2,3\}$ ，训练集由 3 个已标注的样本组成：$(a,1)$ ，$(b,2)$ ，$(c,3)$ 。此外，假设我们使用的基学习器选择的基分类器不区分 a 和 b 。具体地，基学习器始终选择下面两个基分类器中的一个。

$$\hbar_1(x)=\begin{cases}1,\text{if } x=a \text{ or } x=b\\3,\text{if } x=c\end{cases}$$

或者

$$\hbar_2(x)=\begin{cases}2,\text{if } x=a \text{ or } x=b\\3,\text{if } x=c\end{cases}$$

那么对于训练集上的任意分布，因为 a 、b 的权重不可能都超过 1/2，可以说 $\hbar_1$ 或者 $\hbar_2$ 的准确率至少是 1/2（尽管不需要超过 1/2，如定理 10.1 所要求的那样）。这大大地超过了 1/3 的准确率，对 $\mathcal{Y}$ 的 3 种标签随机进行猜测就可以得到 1/3 的准确率。然而，不管训练分布是如何选择的，也不管基分类器是如何组合的，最终的分类器 H 只是基于这些基假设来构建它的分类结果，对 a 和 b 的分类方式是一致的，因此至少其中的一个是分类错误的。因为 H 的训练准确率在这 3 个样本上不可能超过 2/3，所以任何一种提升算法都不可能实现完美的精度（在处理一般的提升算法的概念的时候，这个观点有些不正式；可以按照后续 13.2.2 节证明的下界来设计更严格的证明，参见练习 13.10）。

一方面，尽管有这样的限制，在实践中 AdaBoost.M1 算法在使用较强的基分类器时非常有效，这些基分类器包括决策树、神经网络等，通常能够找到准确率超过 1/2 的基分类器，即使是在提升过程中构建的非常困难的分布上也是如此。例如在 1.2.2 节，我们看到了，当使用 C4.5（决策树学习算法）作为基学习器的时候，AdaBoost 算法在一系列基准数据集上的性能。其中 11 个数据集是多类别分类问题，类别从 3 个到 26 个。图 10.1 展示图 1.3 中的 11 个多类别数据集的结果。从这些实验来看，我们看到 AdaBoost.M1 与 C4.5（C4.5 本身可以直接处理多类别问题）相结合的时候，其总体性能很好，而且明显没有受到 50%准确率要求的负面影响。

另一方面，当使用更弱的决策树桩作为基假设时（这也可以直接进行修正以解决多类别分类问题），AdaBoost.M1 甚至不能在有 4 个或更多类别的 9 个数据集上获得进展。在每个数据上，在提升的第一轮中发现的最佳决策树桩的误差已超过 50%（这也就是为什么在 1.2.2 节的实验中没有使用 AdaBoost.M1）。对于恰好有 3 个类别的 2 个数据集，AdaBoost 成功地改善了测试误差，在一种情况下从 35.2%下降到 4.7%，在另一种情况

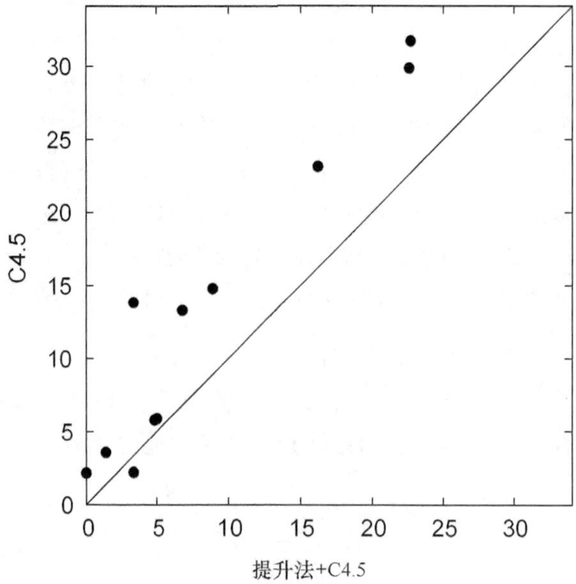

图 10.1
11 个多类别基准数据集下，C4.5 有无使用提升法的性能对比。参见图 1.3 获得更多的解释

下，从 37.0%下降到 9.2%。然而，在第二种情况下，另外一个多类别分类方法做得更好，达到了 4.4%的测试误差。

因此，当使用弱基分类器，AdaBoost.M1 对于多类别分类问题是远远不够的。在本章的剩余部分以及 11.4 节，我们将研究对弱学习算法要求不那么严格的多类别提升方法（包括 1.2.2 节的决策树桩实验中实际使用的方法）。

10.2　一对其他归约和多标签分类

为了让即使是非常弱的基学习器也可以使用提升算法，必须以某种方式增强提升算法和基学习器之间的联系。我们将用几个例子来说明如何做到这一点。如之前所讨论的，我们目前关注的多类别分类算法通常是通过二分类问题归约来的。这里的第一个算法叫作 AdaBoost.M1，就是基于“一对其他”的归约，其中多类别的分类问题转换成为多个二分类问题，每个二分类问题都询问一个给定的样本是否属于某一特定的类别。每个此类二分类问题都可以单独处理，为每个问题训练出单独的 AdaBoost 的副本。这里相反，我们追求一种更统一的处理方法，在提升算法的每一轮中，这些二分类问题都是同时处理的。

此外，在本节，我们将考虑更一般的多标签问题，每个样本可以被赋予多个类别。这种问题是很普遍的，例如，在文本分类问题中，同一个文档（如，一篇新闻文章）可能很容易与多个通用主题相关。例如，一篇关于总统候选人在大联盟棒球比赛中投出第一个球的文章，应该归于“政治”和“体育”两类。

10.2.1 多标签分类

如前所述，$\mathcal{Y}$ 是势为 K 的多个标签或类别构成的有限集合。在标准的单一标签的分类问题情况下，每个样本 $x \in \mathcal{X}$ 被赋予一个标签（类别）$y \in \mathcal{Y}$，因此已标注样本是 (x, y)。典型地，目标就是找到一个假设 $H: \mathcal{X} \to \mathcal{Y}$，在新观察到的样本 (x, y) 上 $y \neq H(x)$ 的概率最小。相比之下，在多标签分类问题上，每个样本 $x \in \mathcal{X}$ 可以属于 $\mathcal{Y}$ 的多个标签。因此，一个已标注样本是 (x, Y)，这里 Y 是赋予 x 的标签的集合。单标签的情况明显是其中的一个特例，对于所有的观察值，$|Y|=1$。

在这种情况下，精确地形式化学习算法的目标不是很清晰，通常"正确"的形式化可能取决于当前的问题。一种可能性是找到一种假设，尝试预测给一个样本赋予其中的一个标签。换句话说，目标是找到 $H: \mathcal{X} \to \mathcal{Y}$，对于一个新的观察 (x, Y) 最小化 $H(x) \notin Y$ 的概率。我们把这个指标叫作假设 H 的一个错误（one-error），因为它评价的是一个标签都没有标对的概率。我们用 $1-\mathrm{err}_D(H)$ 来表示假设 h 在分布 D 上对于观察值 (x, Y) 的一个错误。即

$$1-\mathrm{err}_D(H) \doteq \mathbf{Pr}_{(x,Y)\sim D}[H(x) \notin Y]$$

注意，对于单标签分类问题，一个错误与普通分类错误没有区别。在接下来的章节和第 11 章中，我们将引入可以用在多标签情况下的其他损失评价指标。我们将之称为汉明损失，将展示它的最小化是如何产生一个标准的单标签多类别分类算法的。

10.2.2 汉明损失

我们的目标不是正确预测一个标签，而是预测所有且仅是正确的标签。在这种情况下，学习算法生成了一个假设，这个假设预测了一个标签集，损失函数就取决于这个预测标签集与观察到的不同之处。因此，$H: \mathcal{X} \to 2^{\mathcal{Y}}$，对于分布 D，则损失是

$$\frac{1}{K} \cdot \mathbf{E}_{(x,Y)\sim D}[|H(x) \triangle Y|] \tag{10.1}$$

这里 $A \triangle B$ 表示两个集合 A 和 B 之间的对称差（symmetric difference），即恰好由两个集合中的一个集合中的元素构成的集合（式（10.1）中出现的 $1/K$ 只是单纯地为了保证其值在 $[0,1]$）。我们称这个量为 H 的汉明损失（hamming loss），用 $\mathrm{hloss}_D(H)$ 来表示。

当 D 为经验分布（即 m 个训练样本上的均匀分布）时，我们用 $\widehat{\mathrm{hloss}}(H)$ 表示经验汉明损失。同样，一个经验误差记为 $\widehat{1-\mathrm{err}}(H)$。

为了最小化汉明损失，很自然地，沿着我们之前介绍的"一对其他"的方法的思路，我们可以将问题分解成 K 个正交的二分类问题。也就是说，我们可以把 Y 看作指定的 K 个二分类标签，每个标签取决于某个标签 y 是否在 Y 集合中。相似地，$H(x)$ 可以看作 K 个二分类的预测。因此，汉明损失可以看作 H 对这 K 个二分类问题的平均错误率。

因为 $Y \subseteq \mathcal{Y}$，我们定义 $Y[\ell]$ 表示 ℓ 在 Y 中，$\ell \in \mathcal{Y}$，有

$$Y[\ell] \doteq \begin{cases} +1, \text{if } \ell \in Y \\ -1, \text{if } \ell \notin Y \end{cases} \tag{10.2}$$

因此，我们可以用形如 $\{-1,+1\}^K$ 的向量来标识任意子集 $\mathcal{Y}$，或者等价地，用一个函数实现 $\mathcal{Y}$ 到 $\{-1,+1\}$ 的映射。在本章中，我们将流畅地在两个等价的 $\mathcal{Y}$ 表示之间转换：要么作为一个子集、要么作为一个二元向量/函数。为了简化表示，我们还用相应的双参函数 $H:\mathcal{X}\times\mathcal{Y}\rightarrow\{-1,+1\}$ 来标识任意函数 $H:\mathcal{X}\rightarrow 2^{\mathcal{Y}}$，该双参函数定义如下。

$$H(x,\ell)\doteq H(x)[\ell]=\begin{cases}+1,\text{if } \ell\in H(x)\\-1,\text{if } \ell\notin H(x)\end{cases}$$

式（10.1）给出的汉明损失可以重写为

$$\frac{1}{K}\sum_{\ell\in\mathcal{Y}}\mathbf{Pr}_{(x,Y)\sim D}[H(x,\ell)\neq Y[\ell]]$$

从方法上讲，我们有时允许 H 输出 0 的预测，在这个定义中，0 总是看作一个错误。

考虑上面是如何归约到二分类问题的，可以很容易看出如何使用提升法来最小化汉明损失。归约的主要思想是将 K 个样本 $((x_i,\ell),\ Y_i[\ell])$（$\ell\in\mathcal{Y}$）来代替每个样本 (x_i,Y_i)。换句话说，每个样本是形如 (x_i,ℓ) 的一对，如果 $\ell\in Y_i$，则其二分类标签为 $+1$，否则是 -1。则形成的算法为 AdaBoost. MH，M 表示多类别，H 表示汉明。如算法 10.2 所示，该过程保持了样本 i 和标签 ℓ 上的分布 D_t。在每 t 轮，弱学习器接受分布 D_t（以及训练集），生成弱假设 $h_t:\mathcal{X}\times\mathcal{Y}\rightarrow\mathbb{R}$。通过这种方式，提升法和弱学习器之间的交流明显要比 AdaBoost. M1 丰富得多，这里 D_t 和 h_t 都是更简单的形式。我们可以把 $h_t(x,\ell)$ 解释为对于标签 ℓ 是否应该分配给样本 x 的基于置信度的预测，由预测的符号来表示（用大小来表示置信度）。我们的归约也产生了最终的假设，如算法所示。

算法 10.2

AdaBoost. MH：基于汉明损失的多类别、多标签版本的 AdaBoost 算法

给定：$(x_1,Y_1),\cdots,(x_m,Y_m)$，这里 $x_i\in\mathcal{X}$，$Y_i\in\mathcal{Y}$

初始化：$D_1(i,\ell)=\dfrac{1}{mK}, i=1,\cdots,m, \ell\in\mathcal{Y}\ (K=|\mathcal{Y}|)$

对于 $t=1,\cdots,T$，

- 根据分布 D_t 训练弱学习器
- 得到弱假设 $h_t:\mathcal{X}\times\mathcal{Y}\rightarrow\mathbb{R}$
- 选择 $\alpha_t\in\mathbb{R}$
- 目标：选择 h_t 和 α_t 最小化归一化因子，

$$Z_t\doteq\sum_{i=1}^{m}\sum_{\ell\in\mathcal{Y}}D_t(i,\ell)\exp(-\alpha_t Y_i[\ell]h_t(x_i,\ell))$$

- 对 $i=1,\cdots,m$，$\ell\in\mathcal{Y}$，进行如下更新：

$$D_{t+1}(i,\ell)=\frac{D_t(i,\ell)\exp(-\alpha_t Y_i[\ell]h_t(x_i,\ell))}{Z_t}$$

输出最终的假设：

$$H(x,\ell)=\text{sign}\left(\sum_{t=1}^{T}\alpha_t h_t(x,\ell)\right)$$

注意，我们采用了一种通用的方法，允许使用如第 9 章所述的基于置信度的预测。因此，我们没有明确 α_t 的选择。继续采用这种方法，我们可以看到定理 9.1 给出的二分类情况下的分析可以与得到该算法的归约方法相结合，产生下面的最终假设的汉明损失的界。

定理 10.2 采用算法 10.2 的符号，AdaBoost.MH 的最终假设 H 的经验汉明损失至多为

$$\widehat{\text{hloss}}(H) \leqslant \prod_{t=1}^{T} Z_t$$

我们可以立即将第 9 章中的思想应用到这个二分类问题。如前所述，定理 10.2 说明我们的目标就是，在每一轮选择 h_t 和 α_t 以最小化

$$Z_t \doteq \sum_{i=1}^{m} \sum_{\ell \in \mathcal{Y}} D_t(i,\ell)\exp(-\alpha_t Y_i[\ell] h_t(x_i,\ell)) \tag{10.3}$$

例如，如果我们要求每个 h_t 取值为 $\{-1,+1\}$，那么我们应该选择

$$\alpha_t = \frac{1}{2}\ln(\frac{1-\epsilon_t}{\epsilon_t}) \tag{10.4}$$

这里

$$\epsilon_t \doteq \mathbf{Pr}_{(i,\ell)\sim D_t}[h_t(x_i,\ell) \neq Y_i[\ell]]$$

可以认为是关于分布 D_t 的加权汉明损失。如前所述，由该选择得到

$$Z_t = 2\sqrt{\epsilon_t(1-\epsilon_t)}$$

因此，为了最小化 Z_t，弱学习算法应该选择尽可能远离 1/2 的 ϵ_t。换句话说，它应该寻找最小化分布 D_t 的加权汉明损失。注意，在二分类的情况下，如果基分类器是随机猜测的，那么 ϵ_t 应该等于 1/2。而且，任何限定远离 1/2 的 ϵ_t 都可以使 Z_t 严格小于 1，从而确保最终的完美的训练准确率。因此，尽管 AdaBoost.M1 要求弱学习算法必须比随机猜测好很多，但是我们看到 AdaBoost.MH 可以用在弱学习器只比随机猜测略好的情况下。

我们还可以将这些思想与 9.2.6 节的域分割弱假设结合起来。如在 9.2.6 节中，假设 h 与空间 $\mathcal{X}$ 的一个分割 $X_1,\cdots,X_J$ 相关联。然后很自然地创建一个由所有集合 $X_j\times\{\ell\}$ 构建的集 $\mathcal{X}\times\mathcal{Y}$ 的一个分割，这里 $j=1,\cdots,J$，$\ell\in\mathcal{Y}$。那么可以形成一个合适的假设 h，对于 $x\in X_j$，预测 $h(x,\ell)=c_{j\ell}$。应用当前的设置，式（9.15）表明我们应该选择

$$c_{j\ell} = \frac{1}{2}\ln(\frac{W_+^{j\ell}}{W_-^{j\ell}}) \tag{10.5}$$

这里

$$W_b^{j\ell} \doteq \sum_{i=1}^{m} D(i,\ell)\mathbf{1}\{x_i\in X_j \wedge Y_i[\ell]=b\}$$

（在这种情况下，如 9.2.6 节，α_t 固定为 1）根据式（9.16），根据上述 $c_{j\ell}$ 的选择，可以得到

$$Z_t = 2\sum_{j=1}^{J}\sum_{\ell\in\mathcal{Y}}\sqrt{W_+^{j\ell}W_-^{j\ell}} \tag{10.6}$$

因此，以与 9.2.6 节描述的二分类情况类似的方式，基于式（10.6）的准则，我们可以设计基学习器寻找域分割的基分类器，例如（多标签）的决策树桩，并给出如式（10.5）所示的实值预测。

10.2.3 与“1-错误”和单标签分类的关系

即使目标是最小化 1-错误，我们也可以使用 AdaBoost. MH。可能最自然的做法是定义一个分类器 H^1 ，其预测的标签是弱假设预测的加权和最大的 y ，即

$$H^1(x) = \arg\max_{y\in\mathcal{Y}}\sum_{t=1}^{T}\alpha_t h_t(x,y) \tag{10.7}$$

下面的简单定理与 H^1 的 1-错误，及 H 的汉明损失有关。

定理 10.3　对于分布 D 上的观察 (x,Y) 有 $\emptyset \neq Y \subseteq \mathcal{Y}$，

$$1\text{-err}_D(H^1) \leqslant K\ \text{hloss}_D(H)$$
$$(\text{这里 } K = |\mathcal{Y}|)$$

证明：

假设 $Y \neq \emptyset$ ，设 $H^1(x) \notin Y$ 。我们认为这说明对于某些 $\ell \in \mathcal{Y}$，$H(x,\ \ell) \neq Y[\ell]$ 。首先，设式（10.7）的最大值严格为正，令 $\ell = H^1(x)$ 达到最大值。然后得到 $H(x,\ \ell) = +1$（因为最大值是正的），但是因为 $\ell \notin Y$ ，所以 $Y[\ell] = -1$。如果式（10.7）的最大值是非正的，那么对于所有的 $\ell \in Y$ ，$H(x,\ \ell)$ 是 0 或者 -1，但是因为 Y 是非空的，对于某些 $\ell \in \mathcal{Y}$，$Y[\ell] = +1$。

因此，在上述两种情况下，如果 $H^1(x) \notin Y$ ，那么对于某 $\ell \in \mathcal{Y}$，$H(x,\ell) \neq Y[\ell]$ 。这意味着

$$\mathbf{1}\{H^1(x) \notin Y\} \leqslant \sum_{\ell\in\mathcal{Y}}\mathbf{1}\{H(x,\ell) \neq Y[\ell]\}$$

这里，对式子两边针对 $(x,Y) \sim D$ 取期望。

证毕。

特别地，这意味着 AdaBoost. MH 可以应用到单标签多类别分类问题。结合定理 10.2 和定理 10.3，可以得到最终假设 H^1 的训练误差的界至多是

$$K\prod_{t=1}^{T} Z_t \tag{10.8}$$

这里，Z_t 如式（10.3）中所描述。事实上，下面的定理 10.4 将揭示一个更好的界

$$\frac{K}{2}\prod_{t=1}^{T} Z_t \tag{10.9}$$

对于 1-错误的 AdaBoost. MH，可以应用到单标签问题。而且，前面的常数 $\frac{K}{2}$ 多少都会有些改善，如果不失一般性，假设在考察任意数据之前，选择的第 0 个假设对于所有标注样本都预测为−1，即 $h_0 \equiv -1$，对于这个弱假设，$\epsilon_0 = \frac{1}{K}$，通过令 $\alpha_0 = \frac{1}{2}\ln(K-1)$，可得 Z_0 的最小值，即 $Z_0 = \frac{2\sqrt{K-1}}{K}$。代入式（10.9），我们得到改善后的界

$$\frac{K}{2}\prod_{t=0}^{T} Z_t = \sqrt{K-1}\prod_{t=1}^{T} Z_t$$

这等价于对于算法 10.2 只修改 D_1 初始化的方式。具体地，D_1 通过如下方式进行选择

$$D_1(i,\ell) = \begin{cases} \frac{1}{2m}, & \text{if } \ell = y_i \\ \frac{1}{2m(K-1)}, & \text{else} \end{cases}$$

注意 H^1 不受影响。

对于式（10.7）所采用的方法，另一种替代方法是选择任意的标签 y 使得 $H(x, y) = +1$。这个方法的好处是对于学习算法所用的表示方式要求不那么具体，但另一方面，没有考虑每类预测器的强度。我们是希望能提供丰富的信息的。作为定理 10.4 的特例，对于单标签问题可以用这种替代方法进行分析。

10.3 应用到语义分类问题

作为如何应用这些想法的典型例子，让我们考虑某电信公司的客服电话用户呼叫的分类问题。表 10.2 显示了打进电话的客户所说的话及其正确的分类。在这个问题中，有 15 个预定义的类别，如表 10.1 所示，目的是获取呼叫用户的意图。其中大多数是请求提供信息或是特定的服务，或者是关于如何计费的说明。请注意，这实际上是一个多标签的问题——同一句话可能有多个标签。

为了应用提升法，我们可以使用 AdaBoost. MH 算法，因为它就是为这类多类别、多标签问题而设计的。接下来，我们需要选择或设计一个基学习算法。在这里，我们选择上面提到过的非常简单的决策树桩。具体地说，每个这样的分类器首先测试给定文档中是否存在特定的术语。“术语”可以是单个单词（例如 collect）、一对相邻的单词（例如 my home），也可以是相邻单词的稀疏三元模式（例如 person ? person，中间的问号表示任意的单词，例如短语“person to person”就匹配此模式）。术语的存在或不存在将所有可能的文档划分为两个不相交的集合，因此我们可以用 10.2.2 节的方法定义一个标准来选择每轮“最好”的基分类器，如式（10.6），并选择一组值作为基分类器的每个标签的输出，这取决于某词（术语）是否出现。

这导致了如图 10.2 和图 10.3 给出的形式的基分类器，它们显示了提升法在实际数据

集上发现的前几个基分类器。例如，第二个大致是这样的。

如果单词 card 出现在所说的内容中，那么以较高的置信度预测该文本属于 CallingCard 类，预测值为正；并且以不同程度的置信度预测该文本不属于其他类别，预测值为负；如果 card 没有出现，则对 CallingCard 类进行负面预测，对其他类弃权。

表 10.1　电话呼叫分类任务中的类别

AC	AreaCode	CM	Competitor	RA	Rate
AS	AttService	DM	DialForMe	3N	ThirdNumber
BC	BillingCredit	DI	Directory	TI	Time
CC	CallingCard	HO	HowToDial	TC	TimeCharge
CO	Collect	PP	PersonToPerson	OT	Other

表 10.2　电话呼叫分类任务中一些典型的例子及其所属类别

yes I'd like to place a collect call long distance please	Collect
operator I need to make a call but I need to bill it to my office	ThirdNumber
yes I'd like to place a call on my master card please	CallingCard
I'm trying to make a calling card call to ××××××× in chicago	CallingCard, DiaForMe
I just called a number in sioux city and I musta rang the wrong number because I got the wrong party and I would like to have that taken off of my bill	BillingCredit
yeah I need to make a collect call to bob	Collect, PersonToPerson

可以发现许多词似乎都很适合这个任务，比如 collect、card、my home 和 person ? person。这意味着提升法非常适合从非常大的候选空间中选择“特征”。然而，奇怪的是，在多轮选择中，选了一些看起来似乎不怎么重要的词，比如 I、how 和 and。在这种情况下，这些词可能比我们猜测的更有用，这可能是因为它们在这些类请求的典型短语中出现过或没有出现过。在第 13 轮的例子中，选择了“and”，可以看到实际上所有预测的置信度都很低，这说明虽然该项被选中了，但是并不重要。

从这个数据集中可以看出，提升法也可以用来识别异常值。这是因为，在提升法计算的分布下，这种错误标记的或高度模糊的样本往往获得最高的权重。例如，表 10.3 列出在由提升法计算的最终分布下权重最高的一些样本。这些样本的大多数实际上都是异常值，其中许多明显都被错误地标记了。实践中，一旦这些样本被识别出来，要么从数据集中完全删除，要么手动更正它们的标签。

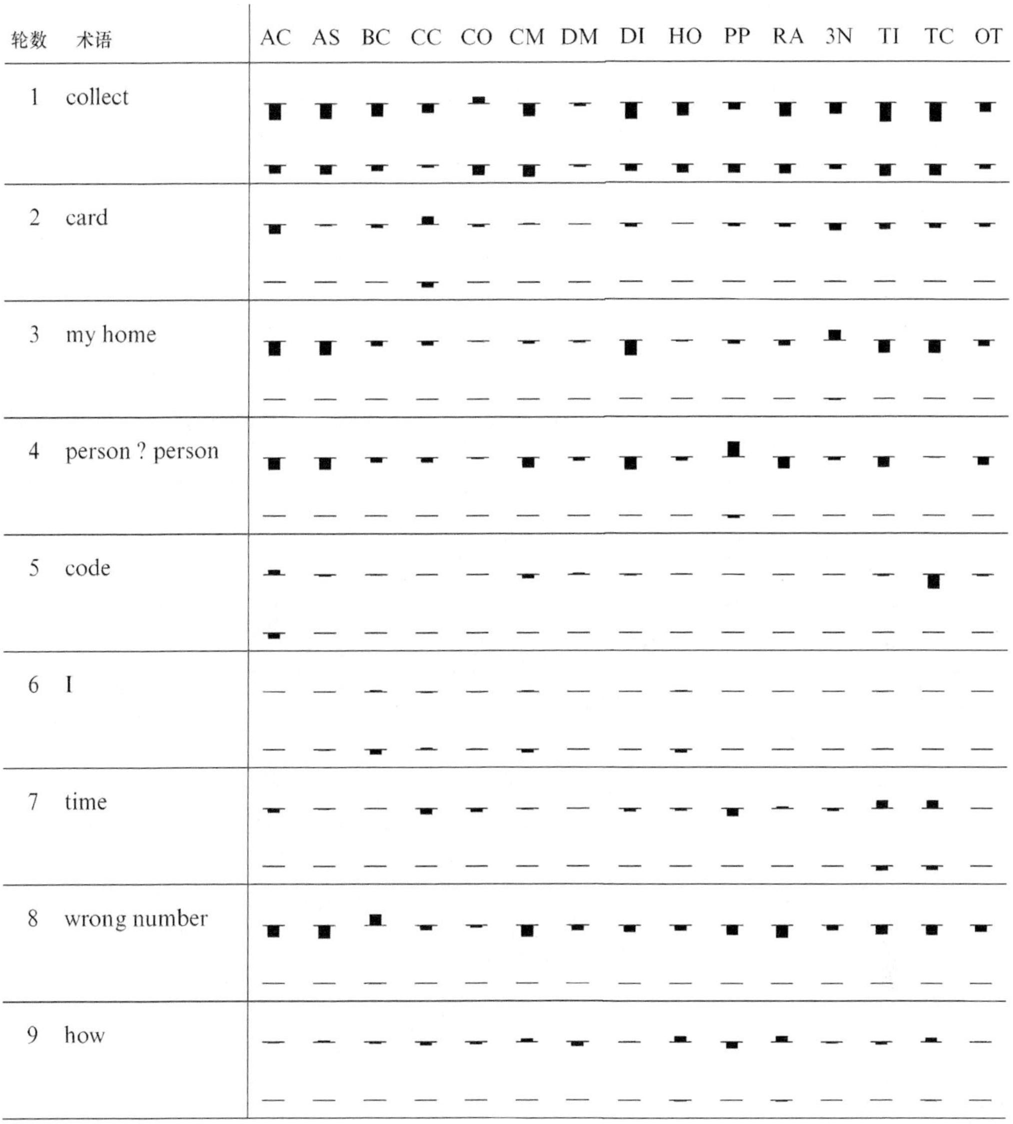

图 10.2

电话呼叫分类任务上运行基于置信度的 AdaBoost. MH 算法，用正文中所述的弱学习算法，所找到的前 9 个弱假设。每个弱假设都有如下的形式和解释：如果与弱假设相关的术语出现在给定的文档中，则输出第一行的值；否则，输出第二行的值。这里，每个值都以条形图表示，给出的弱假设对每个类别的输出可以是正的，也可以是负的

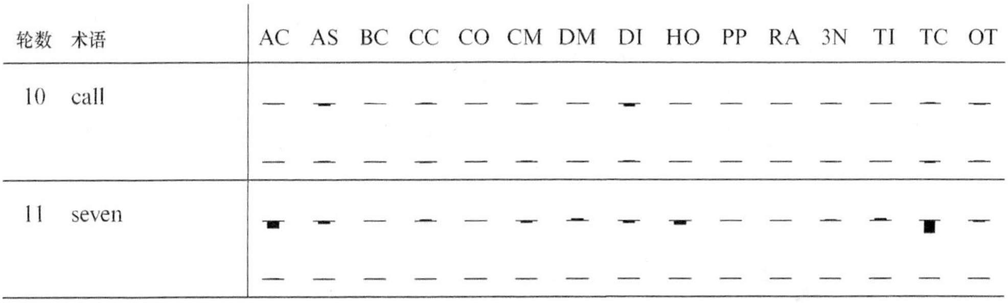

图 10.3

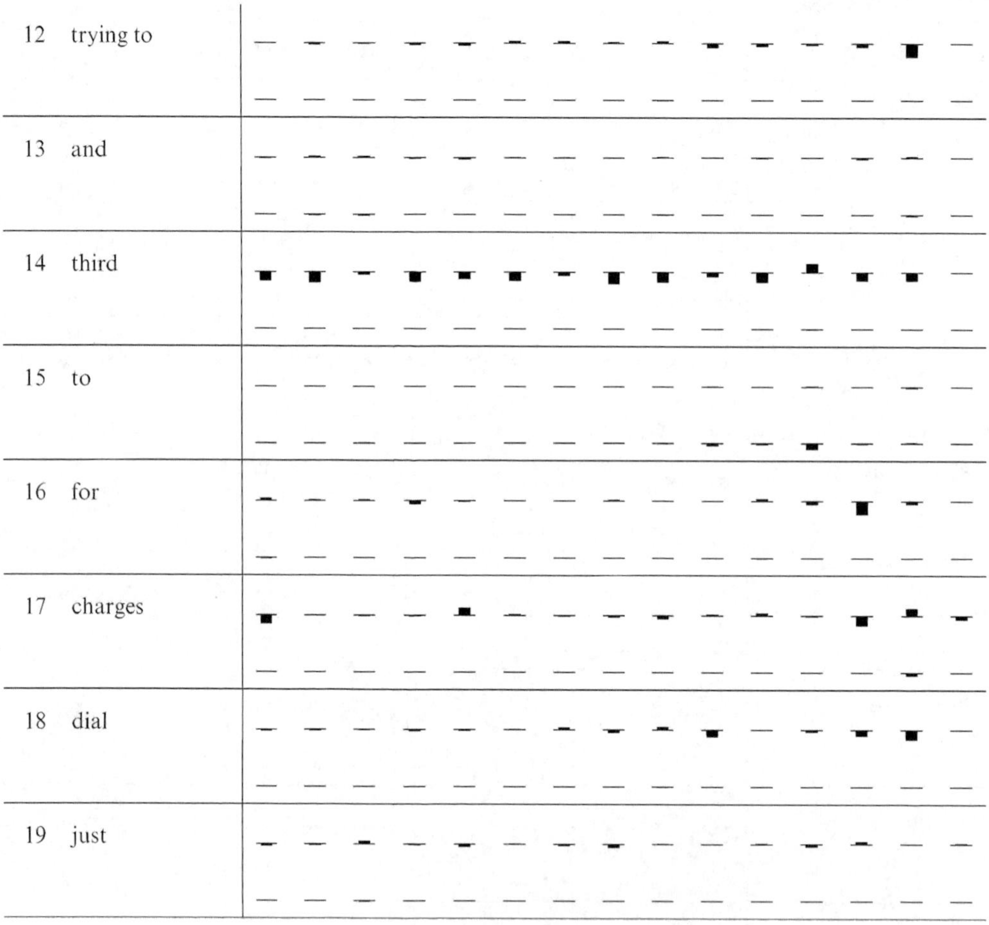

图 10.3（续）

接下来的 10 个弱假设（继续图 10.2）

表 10.3　电话呼叫分类任务中获得最高最终权重的样本

I'm trying to make a credit card call	Collect
hello	Rate
yes I'd like to make a long distance collect call please	CallingCard
calling card please	Collect
yeah I'd like to use my calling card number	Collect
can I get a collect call	CallingCard
yes I would like to make a long distant telephone call and have the charges billed to another number	CallingCard, DialForMe
yeah I can not stand it this morning I did oversea call is so bad	BillingCredit
yeah special offers going on for long distance	AttService, Rate
mister xxxxx please william xxxxx	PersonToPerson
yes ma'am I I'm trying to make a long distance call to a non dialable point in san miguel philippines	AttService, Other
yes I like to make a long distance call and charge it to my home phone that's where I'm calling at my home	DialForMe

由人工标注者提供的许多标签显然是不正确的

10.4 应用输出编码的通用约简

如 10.2 节所示，AdaBoost. MH 解决多类别单标签的分类问题是通过使用非常直接的“一对其他”的方法将其化简为一系列的二分类问题。在本节，我们将描述一种更为通用的方法，它包含了将多类别分类问题转化为二分类问题的一组方法。

10.4.1 多类别到多标签

事实上，我们可以将这些约简方法形式化地看作从给定的单标签问题到多标签形式的映射。在 10.2 节所使用的方法对从单标签问题到多标签问题所做的映射采用了最简单、最明显的方法，也就是将每个单标签的样本 (x,y) 映射到多标签样本 $(x,\{y\})$。换句话说，一个有标签 y 的样本映射到一个多标签样本，其标签集由 $\{y\}$ 组成，意味着 y 是与这个样本相关联的唯一标签。当与 AdaBoost. MH 算法结合的时候，就是基于这种“一对其他”约简的多类别提升法。

然而，采用与其他多类别-二分类的约简方法相比更加复杂的映射方法是可能的，而且是更可取的。通常，为了这个目的，我们可以使用任意的单射（一对一）Ω: $\mathcal{Y}\rightarrow 2^{\bar{\mathcal{Y}}}$。这个映射指定了如何对每个样本重新打标签或“编码”以创建一个新的多标签样本。特别地，每个样本 (x,y) 得到映射 $(x,\Omega(y))$。也就是说，每个标签 y 都被多标签集 $\Omega(y)$ 代替。注意，Ω 是映射到不确定的标签集 $\bar{\mathcal{Y}}$ 的子集，标签集 $\bar{\mathcal{Y}}$ 的势 $\bar{K}=|\bar{\mathcal{Y}}|$，通常与 $\mathcal{Y}$ 的不同。简单地说，$\bar{\mathcal{Y}}$ 的每个元素 $\bar{y}$ 是一个二分类问题或者对分问题（dichotomy）。对于 $\bar{y}\in\Omega(y)$，在初始问题中的样本 (x,y) 对于类 $\bar{y}$ 是正样本；当 $\bar{y}\notin\Omega(y)$，样本 (x,y) 对于 $\bar{y}$ 是负样本。等价地，我们可以用 $K\times\bar{K}$，取值为 $\{-1,+1\}$ 的编码矩阵（coding matrix）来识别 Ω，这里

$$\Omega(y,\bar{y})\doteq\Omega(y)[\bar{y}]=\begin{cases}+1, & \text{if } \bar{y}\in\Omega(y)\\ -1, & \text{else}\end{cases}$$

我们继续用取值为 $\{-1,+1\}^{\bar{K}}$ 的向量来标识 $\Omega(y)$。每个 $\bar{y}\in\bar{\mathcal{Y}}$，对应一个二分类问题，在这个问题中，每个样本 (x,y)（原始问题的样本）给定一个二分类的标签 $\Omega(y,\bar{y})$。

例如，10.2 节的约简是通过对所有的 y，设 $\bar{\mathcal{Y}}=\mathcal{Y}$，$\Omega(y)=\{y\}$。一个更有趣的样本如表 10.4 所示。第一行是一个编码矩阵的例子：将初始的标签集 $\mathcal{Y}=\{a,b,c,d\}$ 映射到标签集 $\bar{\mathcal{Y}}=\{1,2,3\}$。根据这种编码方式，如果样本的标签在集 $\{a,d\}$ 中，或者在 $\{b,c\}$ 的补集中，则为 $\bar{\mathcal{Y}}$ 中的标签“1”；如果样本的标签在集 $\{a,b\}$ 或者 $\{c,d\}$ 中，则为 $\bar{\mathcal{Y}}$ 中的标签“2”；如果样本的标签在集 $\{b,c,d\}$ 或者 $\{a\}$ 中，则为 $\bar{\mathcal{Y}}$ 中的标签“3”。因此矩阵的列可以看作标签之间的二分类问题或对分问题。矩阵的行可以看作一种二进制的“码字”（codewords），是对初始标签集的编码。例如：a 就是 $\{+1,+1,-1\}$，b 就是 $\{-1,+1,+1\}$，诸如此类。表的下部展示了一个小数据集如何用 Ω 重新做标签。我们可以把映射后的标签看作多标签集或者是由 Ω 的列定义的 3 种对分的二进制标签。例如，(x_3,a) 得到一

个到多标签样本 $(x_3, \{1,2\})$ 的映射，等价地，这个也可以看作对分 1 和对分 2 的正样本，对分 3 的负样本。

表 10.4　编码矩阵的示例（上）和它对样本集的影响（下）

Ω	1	2	3
a	$+1$	$+1$	-1
b	-1	$+1$	$+1$
c	-1	-1	$+1$
d	$+1$	-1	$+1$

original	Dichotomies			multi-label
	1	2	3	
$(x_1, a) \to$	$(x_1, +1)$	$(x_1, +1)$	$(x_1, -1)$	$= (x_1, \{1,2\})$
$(x_2, c) \to$	$(x_2, -1)$	$(x_2, -1)$	$(x_2, +1)$	$= (x_2, \{3\})$
$(x_3, a) \to$	$(x_3, +1)$	$(x_3, +1)$	$(x_3, -1)$	$= (x_3, \{1,2\})$
$(x_4, d) \to$	$(x_4, +1)$	$(x_4, -1)$	$(x_4, +1)$	$= (x_4, \{1,3\})$
$(x_5, b) \to$	$(x_5, -1)$	$(x_5, +1)$	$(x_5, +1)$	$= (x_5, \{2,3\})$

一个初始数据集中的多类别、单标签样本映射成 3 个二分类的样本，这 3 个样本每个对应一个与这种编码方式相关的对分方法（中间列），或者等价于一个多标签样本（右列）

一旦选择了这种多标签的映射方法：Ω，我们就可以直接应用 AdaBoost. MH 算法到这个转换后的多标签训练集。这是一种尝试同时解决所有与 Ω 相关的二分类问题的学习方法。因为这个映射是任意的，所以我们这里描述的技术和分析是通用的，可以应用于任何多类别到二类别的约简。

对转换后的数据应用 AdaBoost. MH 算法之后，我们如何对新的样本 x 进行分类？最直接的想法是将 AdaBoost. MH 的最终分类器 H 作用于 x，然后选择标签 $y \in \mathcal{Y}$，使其映射的码字 $\Omega(y)$ 在汉明距离上最接近 $H(x, \cdot)$（汉明距离就是两个向量的不一致的坐标的个数）。换句话说，我们预测的标签 y，最小化

$$\sum_{y \in \bar{\mathcal{Y}}} \mathbf{1}\{\Omega(y, \bar{y}) \neq H(x, \bar{y})\}$$

这就叫作汉明解码（hamming decoding）。

该方法的缺点是忽略了 H 预测的标签集中包含或不包含每个标签的置信度。另一种方法是预测 y 的标签的时候，如果在训练集中有此标签与 x 搭配，那么在由 Ω 引入约简后，(x, y) 在最终分布下会得到最小的总权重，因此最符合习得的组合假设。换句话说，此方法的思路是预测的标签 y 可以最小化

$$\sum_{y \in \bar{\mathcal{Y}}} \exp(-\Omega(y, \bar{y}) F(x, \bar{y}))$$

这里 $F(x,\bar{y}) \doteq \sum_{t=1}^{T} \alpha_t h_t(x,\bar{y})$ 是 AdaBoost. MH 输出的弱假设的加权和。这个表达式也表示了这种约简下样本 (x,y) 相关的指数损失（见 7.1 节）。因此，我们称这种方法为基于损失的解码（loss-based decoding），得到的算法称为 AdaBoost. MO，这里 M 表示多类别，O 表示输出编码。其伪码如算法 10.3 所示，包括基于汉明的和基于损失的解码方式。

我们应该如何选择编码方式 Ω？一种“一对其他”的约简方式对应于一个方阵，对角线上为+1，其他元素为−1，如表 10.5 上端的四类别问题所示。然而，直观地说，我们常常希望将不同的标签映射到彼此距离很远的集合或码字，例如，根据它们的对称性上的差异或汉明距离映射。这样的约简将是含有大量冗余的，因此对每个二分类问题提供的信息是健壮的。其思想是，如果所有的码字都相距很远，那么即使 $H(x,\cdot)$ 对许多已映射的标签的预测是不正确的，其与正确标签对应的码字仍然是最近的，因此总体预测仍然是正确的。

算法 10.3

AdaBoost. MO：AdaBoost 基于输出编码的多类别版本

给定：$(x_1,y_1),\cdots,(x_m,y_m)$，$x_i \in \mathcal{X}$，$y_1 \in \mathcal{Y}$

输出编码 $\Omega: \mathcal{Y} \to 2^{\bar{\mathcal{Y}}}$

- 在重新标签的数据上运行 AdaBoost. MH：$(x_1,\Omega(y_1)),\cdots,(x_m,\Omega(y_m))$
- 得到最终的假设 H，形如：$H(x,\bar{y}) = \operatorname{sign}(F(x,\bar{y}))$

  这里 $F(x,\bar{y}) \doteq \sum_{t=1}^{T} \alpha_t h_t(x,\bar{y})$
- 输出修正后的最终假设：

$$H^{ham}(x) = \arg\min_{y\in\mathcal{Y}} \sum_{\bar{y}\in\bar{\mathcal{Y}}} \mathbf{1}\{\Omega(y,\bar{y}) \neq H(x,\bar{y})\} \quad \text{（汉明解码）}$$

或者

$$H^{lb}(x) = \arg\min_{y\in\mathcal{Y}} \sum_{\bar{y}\in\bar{\mathcal{Y}}} \exp(-\Omega(y,\bar{y})F(x,\bar{y})) \text{（基于损失的解码）}$$

这是纠错输出编码（error-correcting output coding）方法的精髓，该方法使用的编码具有纠错（error-correcting）的特性。注意，当 $\bar{K}$ 不太小时，即使是完全随机的编码方式 Ω 也可能具有此特性。或者，当 $\bar{K}$ 不太大时，我们可以使用由所有可能的标签对分法（dichotomies）组成的完全编码，如表 10.5 底部所示。在所有这些编码中，任意两行之间的汉明距离大约为 $\bar{K}/2$（或者更好），而对于“一对其他”的编码方式，汉明距离仅为 2。

在某些领域，标签的二元编码可能已经根据问题的性质自然而然地定义了。例如，如果对音素进行分类，每个类（音素）可以很自然地由一组二元特征来描述：浊音或清音、元音或辅音、摩擦音或非摩擦音等。然后，相应的编码可以对应于每个音素的每个二元特征的输出值。

定理 10.4 将上述推测形式化，依据编码质量给出了训练误差的界，编码质量是由任意一对码字之间的最小距离（或对称差）来衡量的。我们没有给出定理的证明，因为它就是下面的定理 10.5 的一个特例。

表 10.5　对四类别分类问题的“一对其他”（上）和完全编码（下）的编码矩阵

Ω				
a	+1	−1	−1	−1
b	−1	+1	−1	−1
c	−1	−1	+1	−1
d	−1	−1	−1	+1

Ω							
a	+1	−1	−1	−1	+1	+1	−1
b	−1	+1	−1	−1	+1	−1	+1
c	−1	−1	+1	−1	−1	+1	+1
d	−1	−1	−1	+1	−1	−1	−1

列或对分的名称已被省略。完全编码省略了退化的对分法，即全部为+1 或全部为−1 的情况，以及任何已包含的对分法的取反

定理 10.4　用算法 10.3 和 10.2 的符号（可以看作一个子程序），令

$$\rho = \min_{\ell_1, \ell_2 \in \mathcal{Y}: \ell_1 \neq \ell_2} |\Omega(\ell_1) \triangle \Omega(\ell_2)| \tag{10.10}$$

当运行这个编码方法 Ω 时，AdaBoost. MO 的训练误差的上界对于汉明解码有

$$\frac{2\overline{K}}{\rho} \cdot \widehat{\text{hloss}}(H) \leqslant \frac{2\overline{K}}{\rho} \prod_{t=1}^{T} Z_t$$

对于基于损失的编码（这里 $\overline{K} = |\bar{\mathcal{Y}}|$ ），有

$$\frac{\overline{K}}{\rho} \prod_{t=1}^{T} Z_t$$

我们可以用定理 10.4 来改进 AdaBoost. MH 算法的式（10.8）的界，当应用于单标签多类别分类问题的时候，改进的是式（10.9）的界。我们应用定理 10.4 所使用的编码方式为 $\Omega(y) = \{y\}$ ，对于所有 $y \in \mathcal{Y}$ 。显然在这种情况下 $\rho = 2$。此外我们还认为，式（10.7）中定义的 H^1 所产生的预测与 AdaBoost. MO 使用基于损失的解码的时候，由 H^{lb} 所产生的预测相同。这是因为

$$\sum_{\bar{y} \in \mathcal{Y}} \exp(-\Omega(y, \bar{y}) F(x, \bar{y})) = \mathrm{e}^{-F(x,y)} - \mathrm{e}^{F(x,y)} + \sum_{\bar{y} \in \mathcal{Y}} \mathrm{e}^{F(x,\bar{y})}$$

因此 y 上取得的最小值是由 $F(x,y)$ 取最大值得到的。现在应用定理 10.4 可以得到式（10.9）的界。

尽管这已经有所改进，但是对于 AdaBoost. MH 来说这些边界仍然是相当差的。因为

它强烈地依赖于类别 K 的数量，所以在有大量类别的问题上仍然是很弱的。事实上，当使用具有强纠错属性的编码的时候，定理 10.4 表明不需要显式地依赖于类别的数量。例如，如果编码 Ω 是随机选择的（在所有可能的编码中统一均匀分布），那么对于大的 $\overline{K}$，我们预计 $\rho/\overline{K}$ 接近 1/2。在这种情况下，定理 10.4 中的界的主导系数对于汉明解码接近 4，对于基于损失的解码接近 2，独立于初始标签集 $\mathcal{Y}$ 中类别的数量。这表明该方法对于含有大量类别的问题是十分有效的。然而，这里有一个很重要的权衡：当使用随机编码 Ω 的时候，产生的二分类问题（由类别的随机划分而定义的）可能非常不自然，使得对这些底层二分类问题的学习会非常困难。

10.4.2 更通用的编码

到目前为止描述的输出编码方法要求要学习的类的每个对分方法都必须包含所有的类。这是一个潜在的限制，因为由于它们的非自然性，这样的二分类问题可能很难习得。例如，如果试图用光学方法识别手写数字，可能很难学会区分属于集合 $\{0,1,5,6,9\}$ 和属于集合 $\{2,3,4,7,8\}$ 的数字。问题是，这种非自然的、析取性的概念非常复杂，很难描述。

因此，有时使用只涉及类的一个子集的对分方法更好些。例如在上面的示例中，我们可能尝试学习如何区分集合 $\{1,7\}$ 中的数字和集合 $\{0,6\}$ 中的数字。为了这个任务而训练的分类器，只有在给出来自目标类中的样本的时候，才期望给出准确的预测，在本例中是 0、1、6 或 7。对于属于其他类的样本，则不对它的性能抱任何期望。

这种只涉及几个类的对分法可能要简单得多，因此也更容易学习。在极端情况下，我们可以只考虑将一个类与另一个类区分出来，例如，区分“3”和“7”，这个问题肯定比前面所述的涉及所有 10 个类的复杂对分法简单。当对共 $\binom{K}{2}$ 对类的二分类问题都解决了的时候，就会引出下面将要讨论的全对（all-pairs）方法。

上面概述的输出编码框架可以进行扩展，以适应只涉及类的子集的对分法。我们在前面已经看到，编码 Ω 可以看作一个 $\{-1,+1\}$ 值的矩阵，我们从此采用这种解释，抛弃了以前的观点：把 Ω 看作到多标签集的映射。此外，我们现在允许 Ω 的条目取值为 0，因此作为一个函数，Ω 把 $\mathcal{Y}\times\bar{\mathcal{Y}}$ 映射到 $\{-1,0,+1\}$。我们将条目 $\Omega(y,\bar{y})$ 的值 0 解释为表示类 y 与对分法 $\bar{y}$ 无关，因此分类器对带有此标签的样本的预测是无关紧要的。这样的样本在训练中完全被忽略了。

例如，Ω 可以是如表 10.6 所示的顶部的矩阵。这里，对分法 1 询问一个样本所属类别是否属于集 $\{a\}$，或者是否属于集 $\{b,d\}$，与属于类 c 的样本无关。对分法 2 询问样本所属类别是 $\{c\}$ 或者 $\{a\}$，与类别 b、d 无关。对分法 3 询问样本的所属类别是 $\{b\}$ 或者 $\{a,c,d\}$。图的下部展示了一个多类别数据集如何采用这种编码方式映射成 3 个二分类问题。注意，在第一个二分类问题中标签为 c 的样本被忽略了，类似地，在第二个二分类问题中标签为 b 或 d 的样本也被忽略了。例如，样本 (x_5,b) 在第一个二分类问题中变成了一个负样本，在第三个二分类问题中是一个正样本，在第二个二分类问题中被忽略了。

表 10.6　另外一个编码矩阵示例（上）和它对样本数据集的效果（下）

Ω	1	2	3
a	+1	−1	−1
b	−1	0	+1
c	0	+1	−1
d	−1	0	−1

初始样本及其所属类别	对分法		
	1	2	3
$(x_1,a)\to$	$(x_1,+1)$	$(x_1,-1)$	$(x_1,-1)$
$(x_2,c)\to$		$(x_2,+1)$	$(x_2,-1)$
$(x_3,a)\to$	$(x_3,+1)$	$(x_3,-1)$	$(x3,-1)$
$(x_4,d)\to$	$(x_4,-1)$		$(x_4,-1)$
$(x_5,b)\to$	$(x_5,-1)$		$(x_5,+1)$

与表 10.4 类似，原始数据集中的每个多类别、单标签的样本都映射到此编码方式下的 3 个对分法中的二分类样本。然而，现在在生成的二分类数据集中省略了其中的一些

表 10.7 显示了上述四类别分类问题的全对（all-pairs）编码矩阵 Ω 。该编码由每对类的一个对分法组成。直观地说，这种对分法应该是从一个多类别问题中提取出来的最简单、最自然的二分类问题。另一方面，当类的数量较大时，对分法的数量将以平方的形式增加，尽管每个对分法的训练集相对较小。此外，该编码的纠错属性不是很强。

表 10.7　四分类问题的全对（all-pairs）编码矩阵

Ω						
a	+1	+1	+1	0	0	0
b	−1	0	0	+1	+1	0
c	0	−1	0	−1	0	+1
d	0	0	−1	0	−1	−1

我们有时可以使用类之间已知的结构派生出编码。例如，这些类可能形成如图 10.4 所示的自然的层次结构。在这种情况下，可以创建与此树结构完全对应的编码，每个对分法对应一个内部节点，该节点将其左子树中的类与右子树中的类进行比较，忽略所有其他类，如图所示。

我们可以修改 AdaBoost. MO 算法，通过忽略一些对分法上的样本来处理这种取值为 $\{-1,0,+1\}$ 的编码。换句话说，我们之前看到 AdaBoost. MO 是约简到一个二分类问题的算法，其中对于原训练集中每个（x_i,y_i）的每个 $\overline{K}m$ 对（$x_i,\bar{y}$）都有一个训练样本，每个 $\bar{y}\in\bar{\mathcal{Y}}$，分配给该对的二分类标签就是 $\Omega(y_i,\bar{y})$。现在我们可以完全按照相同的方法进行简化，但是忽略所有 $\Omega(y_i,\bar{y})=0$ 的对（$x_i,\bar{y}$）。在提升法的上下文中，这就相当于将这些样本的初始分布设置为零。因此，在数学上，唯一需要修改的就是 D_1 的初始化。

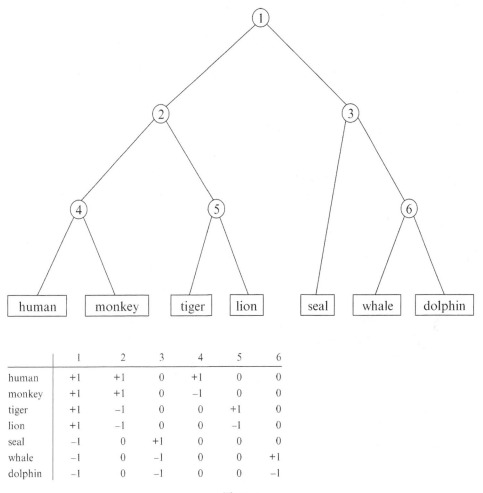

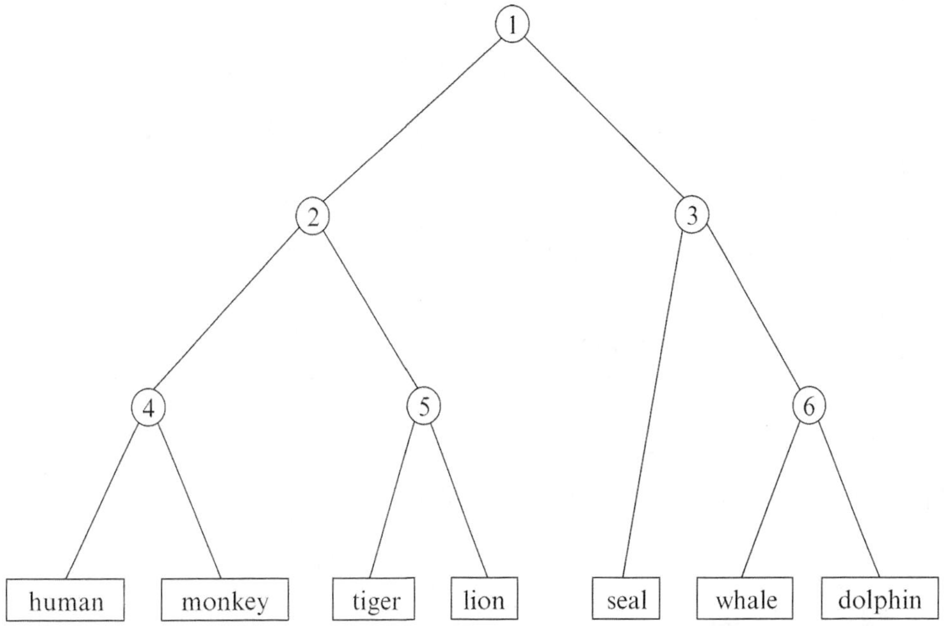

	1	2	3	4	5	6
human	+1	+1	0	+1	0	0
monkey	+1	+1	0	−1	0	0
tiger	+1	−1	0	0	+1	0
lion	+1	−1	0	0	−1	0
seal	−1	0	+1	0	0	0
whale	−1	0	−1	0	0	+1
dolphin	−1	0	−1	0	0	−1

图 10.4
按层次结构自然排列的 7 个类，以及基于此层次结构的相应的编码

特别是，令

$$D_1(i,\bar{y}) = \frac{|\Omega(y_i,\bar{y})|}{sm} = \begin{cases} 0, & \text{if } \Omega(y_i,\bar{y})=0 \\ 1/(sm), & \text{else} \end{cases}$$

这里，s 为稀疏性（sparsity），衡量作用于数据集上输出编码中非零的数目，即

$$s \doteq \frac{1}{m}\sum_{i=1}^{m}\sum_{\bar{y}\in\bar{\mathcal{Y}}}|\Omega(y_i,\bar{y})| = \frac{1}{m}\sum_{i=1}^{m}|S_{y_i}| \tag{10.11}$$

这里，$S_y \doteq \{\bar{y}\in\bar{\mathcal{Y}}:\Omega(y,\bar{y})\neq 0\}$ 。

按这种方式初始化 D_1 后，可以按之前的方式应用 AdaBoost.MH 算法。产生弱假设 $F(x,\bar{y})$ 的加权组合，其符号是由 $H(x,\bar{y})$ 给定的。之前描述的解码方法可以进行泛化以忽略输出编码中的零元素。特别地，对于汉明解码，我们可以重新定义 H^{ham} 为

$$H^{ham}(x) = \arg\min_{y\in\mathcal{Y}}\sum_{\bar{y}\in S_y}\mathbf{1}\{H(x,\bar{y})\neq\Omega(y,\bar{y})\}$$

同样，对于基于损失的解码，我们有

$$H^{lb}(x)=\arg\min_{y\in\mathcal{Y}}\sum_{\bar{y}\in S_y}\exp(-\Omega(y,\bar{y})F(x,\bar{y}))$$

算法 10.4 展示了 AdaBoost.MO 的一个泛化版本，其中的调用 AdaBoost.MH 的子程序已经被“编译出去了”。注意，因为我们只修改了分布 D_t，所以我们可以继续使用之前的选择 α_t 和寻找弱假设 h_t 的所有方法。另一方面，在许多情况下，利用非常稀疏或具有特殊结构的编码可以更高效地实现相同的算法。

算法 10.4

AdaBoost.MO 算法的一个泛化版本

给定：$(x_1,y_1),\cdots,(x_m,y_m)$，$x_i\in\mathcal{X}$，$y_i\in\mathcal{Y}$

输出编码 $\Omega:\mathcal{Y}\times\bar{\mathcal{Y}}\to\{-1,0,+1\}$

初始化：$D_1(i,\bar{y})=\dfrac{|\Omega(y_i,\bar{y})|}{sm}$，$i=1,\cdots,m$，$\bar{y}\in\bar{\mathcal{Y}}$

这里 s 如式（10.11）

对于 $t=1,\cdots,T$，

- 根据分布 D_t 训练弱学习器
- 得到弱假设 $h_t:\mathcal{X}\times\bar{\mathcal{Y}}\to\mathbb{R}$
- 选择 $\alpha_t\in\mathbb{R}$
- 目标：选择 h_t 和 α_t 最小化归一化因子

$$Z_t\doteq\sum_{i=1}^{m}\sum_{\bar{y}\in\bar{\mathcal{Y}}}D_t(i,\bar{y})\exp(-\alpha_t\Omega(y_i,\bar{y})h_t(x_i,\bar{y}))$$

- 对 $i=1,\cdots,m$，$\bar{y}\in\bar{\mathcal{Y}}$，进行如下更新

$$D_{t+1}(i,\bar{y})=\frac{D_t(i,\bar{y})\exp(-\alpha_t\Omega(y_i,\bar{y})h_t(x_i,\bar{y}))}{Z_t}$$

令

$$F(x,\bar{y})=\sum_{t=1}^{T}\alpha_t h_t(x,\bar{y})$$

$$H(x,\bar{y})=\mathrm{sign}(F(x,\bar{y}))$$

输出最终的假设：

汉明解码

$$H^{ham}(x)=\arg\min_{y\in\mathcal{Y}}\sum_{\bar{y}:\Omega(y,\bar{y})\neq 0}\mathbf{1}\{H(x,\bar{y})\neq\Omega(y,\bar{y})\}$$

或者，基于损失的解码

$$H^{lb}(x)=\arg\min_{y\in\mathcal{Y}}\sum_{\bar{y}:\Omega(y,\bar{y})\neq 0}\exp(-\Omega(y,\bar{y})F(x,\bar{y}))$$

我们对这种方法的训练误差的分析，就是定理 10.4 的直接推广，使用了广义的测量指标 ρ：编码 Ω 两行之间的最小汉明距离，任意一行或者两行的取值为 0 的条目会被忽略。也就是说，对于不同的行 ℓ_1 和行 ℓ_2，我们首先定义

$$T_{\ell_1,\ell_2}\doteq\{\bar{y}\in S_{\ell_1}\cap S_{\ell_2}:\Omega(\ell_1,\bar{y})\neq\Omega(\ell_2,\bar{y})\}$$

是行 ℓ_1 和行 ℓ_2 相互之间不一样的非零条目的集合。那么 ρ 就是任意这种集合的最小势。

此外，针对上述条件，忽略零条目，经验汉明误差变成

$$\widehat{\text{hloss}}(H) \doteq \frac{1}{sm}\sum_{i=1}^{m}\sum_{\bar{y}\in S_{y_i}}\mathbf{1}(H(x_i,\bar{y}) \neq \Omega(y_i,\bar{y}))$$

注意，使用与定理 10.2 相同的参数，应用于这种改进成二分类问题的约简，这个损失由指数损失给出上界

$$\frac{1}{sm}\sum_{i=1}^{m}\sum_{\bar{y}\in S_{y_i}}\exp(-\Omega(y,\bar{y})F(x,\bar{y})) = \prod_{t=1}^{T} Z_t$$

定理 10.5 使用算法 10.4 的符号，给定上述的定义，令

$$\rho \doteq \min_{\ell_1,\ell_2\in\mathcal{Y}:\ell_1\neq\ell_2} |T_{\ell_1,\ell_2}|$$

当运行编码 Ω 时，对于汉明解码，泛化的 AdaBoost.MO 算法的训练误差的上界为

$$\frac{2s}{\rho}\widehat{\text{hloss}}(H) \leqslant \frac{2s}{\rho}\prod_{t=1}^{T} Z_t$$

对于基于损失的解码，其上界为

$$\frac{s}{\rho}\prod_{t=1}^{T} Z_t$$

证明：

我们给出汉明解码和基于损失的解码的统一证明。在任何一种情况下，对于一个固定的样本，令 $L(x,y,\bar{y})$ 是样本 x 上的相关损失：对于样本 x，正确标签是 y，对分法（或映射的标签）是 $\bar{y}\in S_y$。因此，对于汉明解码，相关损失是汉明（或误分类）错误，

$$L(x,y,\bar{y}) = \mathbf{1}\{H(x,\bar{y}) \neq \Omega(y,\bar{y})\}$$

基于指数损失、基于损失的解码是

$$L(x,y,\bar{y}) = \exp\{-\Omega(y,\bar{y})F(x,\bar{y})\}$$

设对于 x，其实际正确标签为 y。那么在这两种编码框架下，最终的分类器 H^{ham} 或者 H^{lb}，对于某 $\ell\neq y$，只有当

$$\sum_{\bar{y}\in S_\ell} L(x,\ell,\bar{y}) \leqslant \sum_{\bar{y}\in S_y} L(x,y,\bar{y})$$

的时候才会产生错误。这意味着

$$\begin{aligned}\sum_{\bar{y}\in S_y} L(x,y,\bar{y}) &\geqslant \frac{1}{2}\sum_{\bar{y}\in S_y} L(x,y,\bar{y}) + \frac{1}{2}\sum_{\bar{y}\in S_\ell} L(x,\ell,\bar{y}) \\ &\geqslant \frac{1}{2}\sum_{\bar{y}\in S_y\cap S_\ell}(L(x,y,\bar{y}) + L(x,\ell,\bar{y})) \\ &\geqslant \frac{1}{2}\sum_{\bar{y}\in T_{y,\ell}}(L(x,y,\bar{y}) + L(x,\ell,\bar{y})) \qquad (10.12)\end{aligned}$$

这里，在第二个和第三个不等式中，我们只是简单地去掉非负的项。

如果 $\bar{y} \in T_{y,\ell}$，那么 $\Omega(\ell,\bar{y})=-\Omega(y,\bar{y})$。对于汉明解码，在这种情况下，至少有一个 $L(x,y,\bar{y})$ 或者 $L(x,\ell,\bar{y})$ 等于 1，这意味着式（10.12）至少是

$$\frac{|T_{y,\ell}|}{2} \geqslant \frac{\rho}{2}$$

因此，如果 M^{ham} 是 H^{ham} 产生的训练误差的数目，那么这证明了

$$\begin{aligned} M^{ham} \cdot \frac{\rho}{2} &\leqslant \sum_{i=1}^{m} \sum_{\bar{y} \in S_{y_i}} L(x_i, y_i, \bar{y}) \\ &= sm\ \widehat{\text{hloss}}(H) \\ &\leqslant sm \prod_{t=1}^{T} Z_t \end{aligned}$$

这等价于定理中所阐述的汉明解码的界。

对于基于损失的解码，因为对于 $\bar{y} \in T_{y,\ell}, \Omega(\ell,\bar{y})=-\Omega(y,\bar{y})$，并且我们用了指数损失，式（10.12）变成了

$$\frac{1}{2} \sum_{\bar{y} \in T_{y,\ell}} \left(L(x,y,\bar{y}) + \frac{1}{L(x,y,\bar{y})} \right)$$

至少 $|T_{y,\ell}| \geqslant \rho$，因为对于所有的 $z>0$，$z+1/z \geqslant 2$。因此，如果 M^{lb} 是 H^{lb} 产生的训练误差数目，那么

$$\begin{aligned} M^{lb}\rho &\leqslant \sum_{i=1}^{m} \sum_{\bar{y} \in S_{y_i}} L(x_i, y_i, \bar{y}) \\ &= sm \prod_{t=1}^{T} Z_t \end{aligned}$$

给出基于损失的解码的界。

证毕。

定理 10.4 可以通过将定理 10.5 应用于没有零项的输出编码而直接得到。定理再次给出了下述两者之间的权衡：具体编码方法下的码字之间的稀疏性，由 $\rho/2$ 度量；各种对分法的学习难度，由 Z_t 来度量。

对于全对（all-pairs）约简，$\rho=1$ 且 $s=K-1$，因此对于基于损失的解码，整个训练误差至多是

$$(K-1) \prod_{t=1}^{T} Z_t$$

对于如图 10.4 所示的基于层次结构的编码，$\rho=1$，s 至多是树的深度。

从实验上看，基于损失的解码几乎总是能达到汉明解码的性能，这与理论相符。然而，在具体的数据集上提供最佳性能的编码方式似乎在很大程度上取决于具体的问题。“一对其他”往往是令人满意的，但并不总是最佳的。例如，在本书其他地方使用的 26 类

“字母”基准数据集（如第 1.3 节）上，使用决策树桩作为弱假设获得如表 10.8 中所示的测试误差率。在这个数据集中，“全对”要远远优于“一对其他”，而随机编码（没有零条目）比这两种方法都差。另一方面，在包含 19 个类的“大豆”基准数据集上，使用随机编码得到最佳结果，但全对约简得到最差的结果。

表 10.8 在两个基准数据集上不同的编码和解码方案的测试误差率（百分比）

	Letter		Soybean-Large	
	汉明	基于损失	汉明	基于损失
一对其他	27.7	14.6	8.2	7.2
全对	7.8	7.1	9.0	8.8
随机	30.9	28.3	5.6	4.8

10.5 小结

- 总之，我们在本章中已经看到，在面对多类别学习任务时，有许多方法可以对 AdaBoost 进行扩展。当使用相对较强的基学习器的时候，可以使用最直接的扩展 AdaBoost. M1。对于相对较弱的基学习器，多类别问题必须归结为多个二分类问题。有许多方法来设计这种约简，我们已经讨论并分析了其中若干具体的方法和一般的策略。这其中就包括 AdaBoost. MH 算法，它不仅可以用于多类别问题，还可以用于多标签数据，以及 AdaBoost. MO 算法，它可以非常广泛地用于各种约简或编码方法。

10.6 参考资料

AdaBoost. M1 算法以及 10.1 节的分析来自 Freund 和 Schapire [95] 的工作，该节末尾的实验和图 10.1 也是如此 [93]。AdaBoost. MH 算法以及 10.2 节的分析来自 Schapire 和 Singer [205] 的工作。10.3 节的实验由 Schapire 和 Singer [206] 进行，数据由 Gorin 等人提供 [109，110，189]。

10.4.1 节的结果和方法来自 Schapire 和 Singer [205]，直接基于 Dietterich 和 Bakiri 的纠错输出编码技术 [70]。10.4.2 节的泛化方法本质上来自 Allwein、Schapire 和 Singer [6] 的工作，尽管这里我们已经包含了 AdaBoost. MO 的一些改进版本及其分析。Guruswami 和 Sahai [114] 早些时候也给出了一些类似的、但更具体的结果。Friedman [99] 和 Hastie 及 Tibshirani [119] 曾研究过全对方法。表 10.8 中的结果摘自 Allwein、Schapire 和 Singer [6] 进行的更广泛的实验，他们也给出了本章研究的一些方法的泛化误差。更加通用的解码方案和改进的分析，由 Klautau、Jevtić 和 Orlitsky [136]，以及 Escalera、Pujol 和 Radeva [83] 给出。

人们也提出了很多将提升法扩展到多类别情况的方法，例如 Schapire [200]、Abe、Zadrozny 和 Langford [2]、Eibl 和 Pfeiffer [81]、Zhu 等 [238] 和 Mukherjee 和 Schapire [173]。关于将多类别约简为二分类问题的更通用的工作请参阅 Beygelzimer、Langford 和 Ravikumar 的工作 [19]。

本章部分练习来自 [54，132，205]。

10.7　练习

10.1　考虑 AdaBoost. M1（算法 10.1）的修改版：当 $\epsilon_t \geqslant \frac{1}{2}$ 时，算法不强制停止，只是简单地允许继续运行。假设，弱学习器是穷尽式的，在每轮返回的弱分类器 $h \in \mathcal{H}$ 都具有最小的加权误差。设在第 t 轮，$\epsilon_t > \frac{1}{2}$。

a. 对于这个 AdaBoost. M1 的修改版本，解释在后续的 $t+1, t+2$，…轮会发生什么？

b. 在上述条件下，修改后的版本和最初的版本的最终的组合分类器有何差别？

10.2　AdaBoost. Mk（算法 10.5）是 AdaBoost. M1 算法的泛化版本，放松了要求，不要求弱分类器的加权误差小于 1/2，但是对性能提供了一致的较弱的保证。算法有一个整数参数 $k \geqslant 1$（$k=1$ 就对应 AdaBoost. M1）。下面会简短讨论 α_t 的设置。对于实值函数 f：$Y \to \mathbb{R}$，我们用符号 $\arg k\text{-}\max_{y \in \mathcal{Y}} f(y)$ 来表示根据 f 进行排序的 $\mathcal{Y}$ 中的前 k 个元素。也就是说，有集合 $A \subseteq \mathcal{Y}$，$|A| = k$，对于所有的 $y \in A$，$y' \notin A$，有 $f(y) \geqslant f(y')$（如果满足此条件的集合 A 多于一个，则随机选择一个）。因此，$H(x)$ 返回由弱分类器加权投票排序的前 k 个标签。

a. 证明

$$\frac{1}{m}\sum_{i=1}^{m} \mathbf{1}\{y_i \notin H(x_i)\} \leqslant \prod_{t=1}^{T} Z_t$$

b. 设对于所有的 t，有 $\epsilon_t < k/(k+1)$。证明：如何选择 α_t，使得 $y_i \notin H(x_i)$ 的训练样本所占比例至多是

$$\exp\left(-\sum_{t=1}^{T} \mathrm{RE}_b\left(\frac{k}{k+1} \parallel \epsilon_t\right)\right)$$

c. 证明：如果每个弱分类器的加权准确率至少是 $1/(k+1)+\gamma$，那么经过 T 轮后，训练样本集中占 $1-\mathrm{e}^{-2\gamma^2 T}$ 的训练样本 i 有正确的标签 y_i，该标签在前 k 个中，也就是说在集合 $H(x_i)$ 中。

算法 10.5

AdaBoost. Mk：AdaBoost. M1 的泛化版本

给定：$(x_1, y_1), \cdots, (x_m, y_m)$，这里 $x_i \in \mathcal{X}$，$y_i \in \mathcal{Y}$

参数 $k \geqslant 1$

初始化：$D_1(i) = 1/m$，$i = 1, \cdots, m$，

对于 $t = 1, \cdots, T$，

- 根据分布 D_t 训练弱学习器
- 得到弱假设 h_t：$\mathcal{X} \times \mathcal{Y}$
- 目标：选择 h_t 最小化加权误差，有

$$\epsilon_t \doteq \mathbf{Pr}_{i \sim D_t}[h_t(x_i) \neq y_i]$$

- 如果 $\epsilon_t \geqslant k/(k+1)$，那么设 $T = t-1$，退出循环
- 选择 $\alpha_t > 0$
- 对 $i = 1, \cdots, m$，进行如下更新

$$D_{t+1}(i) = \frac{D_t(i)}{Z_t} \times \begin{cases} \mathrm{e}^{-k\alpha_t}, & \text{if } h_t(x_i) = y_i \\ \mathrm{e}^{\alpha_t}, & \text{if } h_t(x_i) \neq y_i \end{cases}$$

这里，Z_t 是一个归一化因子（使 D_{t+1} 是一个分布）

输出最终的假设：

$$H(x) = \arg k\text{-}\max_{y \in \mathcal{Y}} \sum_{t=1}^{T} \alpha_t \mathbf{1}\{h_t(x) = y\}$$

10.3 在这个练习和10.4练习中，我们将会看到将第5章的间隔分析泛化为当前的多类别的情况。具体地，如算法10.4所示，基于损失的解码的AdaBoost.MO算法。简单起见，设弱假设 h_t 是从一个有限空间 $\mathcal{H}$ 选择的，所有的取值都是 $\{-1,+1\}$。我们也假设 Ω 含有非零条目，对于所有的 t（不失一般性），$\alpha_t \geqslant 0$。$\mathcal{H}$ 的凸包 $\mathrm{co}(\mathcal{H})$ 与式（5.4）中的一样，除了所涉及的函数定义在域：$\mathcal{X}\times\bar{\mathcal{Y}}$，而不是 $\mathcal{X}$。

对于 $f\in \mathrm{co}(\mathcal{H})$，$\eta>0$，$(x,y)\in\mathcal{X}\times\mathcal{Y}$，令

$$v_{f,\eta}(x,y) \doteq -\frac{1}{\eta}\ln\left(\frac{1}{\bar{K}}\sum_{y\in\bar{\mathcal{Y}}}\exp(-\eta\Omega(y,\bar{y})f(x,\bar{y}))\right)$$

我们定义已标注样本 (x,y) 的间隔对于 f、η 为

$$\mathcal{M}_{f,\eta}(x,y) \doteq \frac{1}{2}(v_{f,\eta}(x,y)-\max_{\ell\neq y}v_{f,\eta}(x,\ell))$$

a. 证明：$\mathcal{M}_{f,\eta}(x,\ y)\in[-1,+1]$。此外，通过选择合适的 f 和 η，证明 $\mathcal{M}_{f,\eta}(x,y)\leqslant 0$，当且仅当 H^{lb} 错分 (x,y)（这里同往常一样，我们将计算 H^{lb} 的“arg min”中的平局作为一个错误分类）。

令 $f\in co(\mathcal{H})$，$\theta>0$，且固定。n 是（固定的）正整数，令 A_n，$\tilde{f},\tilde{h}_1,\cdots,\tilde{h}_n$ 如定理5.1中的证明过程中的符号定义（但是修改域为 $\mathcal{X}\times\bar{\mathcal{Y}}$）。我们也用该证明过程中相同的符号定义：$\mathbf{Pr}_S[\cdot]$、$\mathbf{Pr}_{\mathcal{D}}[\cdot]$、$\mathbf{Pr}_{\tilde{f}}[\cdot]$，这里 S 是训练集，$\mathcal{D}$ 是 $\mathcal{X}\times\mathcal{Y}$ 上的真实分布。

b. 对于固定的 $x\in\mathcal{X}$，证明

$$\mathbf{Pr}_{\tilde{f}}[\exists\bar{y}\in\bar{\mathcal{Y}}:|f(x,y)-\tilde{f}(x,y)|\geqslant\frac{\theta}{4}]\leqslant\beta_n$$

这里 $\beta_n \doteq 2\bar{K}\,\mathrm{e}^{-n\theta^2/32}$。

在接下来的内容中，你可以使用（无需证明）以下的结论。

令

$$\varepsilon_\theta \doteq \left\{\frac{4\ln\bar{K}}{i\theta}:i=1,\cdots,\left\lceil\frac{8\ln\bar{K}}{\theta^2}\right\rceil\right\}$$

对于任意 $\eta>0$，设 $\hat{\eta}$ 是 ε_θ 中最接近 η 的值。那么对于所有 $f\in\mathrm{co}(\mathcal{H})$，所有的 $(x,y)\in\mathcal{X}\times\mathcal{Y}$，

$$|v_{f,\eta}(x,y)-v_{f,\hat{\eta}}(x,y)|\leqslant\frac{\theta}{4}$$

c. 设 $\eta>0$，$\hat{\eta}\in\varepsilon_\theta$ 如上述定义。设对于某 $x\in\mathcal{X}$，对于所有 $\bar{y}\in\bar{\mathcal{Y}}$，有 $|f(x,y)-\tilde{f}(x,y)|\leqslant\frac{\theta}{4}$。证明：对于所有 $y\in\mathcal{Y}$，有

i. $|v_{f,\eta}(x,y)-v_{\tilde{f},\eta}(x,y)|\leqslant\frac{\theta}{4}$

ii. $|v_{f,\eta}(x,y)-v_{\tilde{f},\hat{\eta}}(x,y)|\leqslant\frac{\theta}{2}$

[提示：证明并利用下面的内容，对于任意正数 $a_1,\cdots,a_n$，$b_1,\cdots,b_n$，有 $(\sum_i a_i)/(\sum_i b_i)\leqslant \max_i(a_i/b_i)$]

d. 对于任意分布 P，(x,y) 对上证明

$$\mathbf{Pr}_{P,\tilde{f}}\left[\,|\,\mathcal{M}_{f,\eta}(x,y)-M_{\tilde{f},\hat{\eta}}(x,y)\,|\geqslant\frac{\theta}{2}\right]\leqslant\beta_n$$

e. 令

$$\varepsilon_n \doteq \sqrt{\frac{\ln[\,|\varepsilon_\theta|\cdot|\mathcal{H}|^n/\delta]}{2m}}$$

证明：对于随机训练集，所有 $\tilde{f}\in\mathcal{A}_n$，所有 $\hat{\eta}\in\varepsilon_\theta$，至少以概率 $1-\delta$

$$\mathbf{Pr}_{\mathcal{D}}\left[\mathcal{M}_{\tilde{f},\hat{\eta}}(x,y)\leqslant\frac{\theta}{2}\right]\leqslant\mathbf{Pr}_S\left[\mathcal{M}_{\tilde{f},\hat{\eta}}(x,y)\leqslant\frac{\theta}{2}\right]+\varepsilon_n$$

（注意：θ 和 n 是固定的）

f. 证明：对于所有的 $f\in\mathrm{co}(\mathcal{H})$，$\eta>0$，至少以概率 $1-\delta$

$$\mathbf{Pr}_{\mathcal{D}}[\mathcal{M}_{f,\eta}(x,y)\leqslant 0]\leqslant\mathbf{Pr}_S[\mathcal{M}_{f,\eta}(x,y)\leqslant\theta]+2\beta_n+\varepsilon_n$$

选择合适的 n，我们可以获得与定理 5.1 类似的结果。(你不需要证明这个)

10.4　继续练习 10.3，令

$$\epsilon_t\doteq\mathbf{Pr}_{(i,\bar{y})\sim D_t}[h_t(x_i,\bar{y})\neq\Omega(y_i,\bar{y})]$$

是 h_t 的加权误差，不失一般性，这里我们假设至多是 1/2，令 α_t 是如式（10.4）的选择；令 f 和 η 如练习 10.3（**a**）的选择，$\theta>0$。

a. 设，对于某 $(x,y)\in\mathcal{X}\times\mathcal{Y}$，$\mathcal{M}_{f,\eta}(x,y)\leqslant\theta$。对于 $\bar{y}\in\bar{\mathcal{Y}}$，$\ell\in\mathcal{Y}$，令

$$z(\bar{y})\doteq\eta\Omega(y,\bar{y})f(x,\bar{y})-\eta\theta$$
$$z_\ell(\bar{y})\doteq\eta\Omega(\ell,\bar{y})f(x,\bar{y})+\eta\theta$$

证明：

i. 对于某 $\ell\neq y$，$\sum_{\bar{y}\in\bar{\mathcal{Y}}}\mathrm{e}^{-z(\bar{y})}\geqslant\sum_{\bar{y}\in\bar{\mathcal{Y}}}\mathrm{e}^{-z_\ell(\bar{y})}$；

ii. $\sum_{y\in\bar{\mathcal{Y}}}\mathrm{e}^{-z(\bar{y})}\geqslant\rho$，这里 ρ 的定义如式（10.10）。

b. 令 $\gamma_t\doteq\frac{1}{2}-\epsilon_t$。证明训练样本 i 中 $\mathcal{M}_{f,\eta}(x_i,y_i)\leqslant\theta$ 所占的比例至多是，

$$\frac{\overline{K}}{\rho}\cdot\prod_{t=1}^{T}\sqrt{(1+2\gamma_t)^{1+\theta}(1-2\gamma_t)^{1-\theta}}$$

10.5　当使用全对编码矩阵的 AdaBoost.MO 算法，每个对分 $\bar{y}$ 是由一个无序的、彼此不同的标签对来标识的，即

$$\bar{\mathcal{Y}}=\{\{\ell_1,\ell_2\}:\ell_1,\ell_2\in\mathcal{Y},\ell_1\neq\ell_2\}$$

设每个弱假设 h_t：$\mathcal{X}\times\mathcal{Y}\to\mathbb{R}$ 可以写成下面的形式

$$h_t(x,\{\ell_1,\ell_2\})=\frac{\Omega(\ell_1,\{\ell_1,\ell_2\})}{2}\cdot(\tilde{h}_t(x,\ell_1)-\tilde{h}_t(x,\ell_2))\tag{10.13}$$

对于某 $\tilde{h}_t$：$\mathcal{X}\times\mathcal{Y}\to\mathbb{R}$。

a. 在式（10.13）中，ℓ_1、ℓ_2 在左侧是对称处理的，但是很明显在右侧不是对称处理的。证明：如果将 ℓ_1，ℓ_2 互换，式（10.13）中的右边是一样的。

b. 证明：如果用基于损失的解码方式，那么

$$H^{lb}(x)=\arg\min_{y\in\mathcal{Y}}\sum_{t=1}^{T}\alpha_t\tilde{h}_t(x,y)$$

10.6 设标签集 $\mathcal{Y}=\{0,\cdots,K-1\}$，我们用 AdaBoost. MO，$\bar{\mathcal{Y}}=\{1,\cdots,K-1\}$，并且

$$\Omega(y,\bar{y}) \doteq \begin{cases} +1, \text{if } \bar{y} \leqslant y \\ -1, \text{else} \end{cases}$$

用算法 10.3 的符号，设计算函数 F 是单调的，即 $F(x,\bar{y}_1) \geqslant F(x,\bar{y}_2)$，如果 $\bar{y}_1 \geqslant \bar{y}_2$。

a. 证明：在这种情况下两种解码方式是等价的，即 $H^{ham} \equiv H^{lb}$（设各种 arg min 约束是按同样的方式进行分解的）。

b. 证明：

$$\frac{1}{m}\sum_{i=1}^{m}\frac{H^{lb}(x_i)-y_i}{K-1} \leqslant \prod_{t=1}^{T} Z_t$$

c. 设每个 h_t 有如下的形式

$$h_t(x,\bar{y}) = \begin{cases} +1, \bar{y} \leqslant \tilde{h}_t(x) \\ -1, \text{其他} \end{cases}$$

$\tilde{h}_t$：$\mathcal{X} \to \mathcal{Y}$，假设 $\alpha_t \geqslant 0$，对于所有 t。证明：$H^{lb}(x)$ 是 $\tilde{h}_t(x)$ 的加权中位数，其权重为 α_t（有非负权重 $\omega_1,\cdots,\omega_n$ 的实数 $v_1,\cdots,v_n$ 的加权中位数是满足下列条件的数 v，即 $\sum_{i:v_i<v}\omega_i \leqslant \frac{1}{2}\sum_{i=1}^{n}\omega_i$，且 $\sum_{i:v_i>v}\omega_i \leqslant \frac{1}{2}\sum_{i=1}^{n}\omega_i$）。

10.7 AdaBoost. MO 的设计目标是找到 F 以最小化 $\frac{1}{m}\sum_{i=1}^{m}L(F,(x_i,y_i))$，这里

$$L(F,(x,y)) \doteq \sum_{\bar{y}\in S_y}\exp(-\Omega(y,\bar{y})F(x,\bar{y}))$$

a. 设 Ω 是任意编码方式（可以有零条目），设 p 是 $\mathcal{X}\times\mathcal{Y}$ 上的任意分布。简单起见，设 $p(y \mid x) > 0$，对于所有的 x、y。在所有的 F：$\mathcal{X}\times\bar{\mathcal{Y}} \to \mathbb{R}$ 中找到可以最小化期望损失 $\mathbf{E}_{(x,y)\sim p}[L(F,(x,y))]$ 的值。

b. 令 $\mathcal{Y}$、$\bar{\mathcal{Y}}$、Ω、F 如练习 10.6。对于任意 x，找到一个条件概率分布 $p(y \mid x)$，这样 $F(x,\cdot)$ 最小化条件期望损失

$$\mathbf{E}_{y\sim p(\cdot\mid x)}[L(F,(x,y))]$$

你的答案应该是封闭形式，基于 F 表示。

第11章 排序

接下来，我们将考虑学习如何对一组对象进行排序，这是一个出现在各种领域中的问题。例如，Web 搜索引擎根据文档或 Web 页面与给定查询的相关性对它们进行排序。同样，推荐系统可能是根据特定观众喜欢电影的概率对电影进行排序。表面上看起来是分类的问题，实际上往往是排序问题。例如，在生物信息学中，人们可能希望学习算法识别出具有特定属性的所有蛋白质。这似乎是一个分类问题，但在实践中，人们通常是根据蛋白质具有这种特定属性的概率来对其进行排序，以便在物理实验室中验证排名靠前的蛋白质。如前所述，任何多类别、多标签的分类问题都可以看作一个排序问题，其目标是对给定样本最有可能属于的类别进行排序。

在本章中，我们提出一种基于提升法的方法来处理这类排序问题，我们将在一个通用框架中对此进行研究。主要的算法 RankBoost，是基于从排序到二分类的直接约简。具体地说，排序是针对每对样本提出一组二分类问题，样本对这些二分类问题的排名会高于另一个样本。另外，RankBoost 可以看作是最小化特定损失函数的算法，类似于第 7 章中讨论的 AdaBoost 算法是最小化指数损失函数。此外，尽管这两个损失函数不同，但它们产生的最小化问题却是紧密相关的，这表明普通的二分类 AdaBoost 算法本身具有可以作为一种排序方法的属性。

RankBoost 利用了早期的技术，特别是利用了第 9 章中的基于置信度的基假设。其中一些方法可以在效率方面提供重大的实际改进。从表面上看，RankBoost 似乎是一种天生低效的方法（例如，与 AdaBoost 相比），因为它设计成对样本成对地进行处理。然而可以看到，当排序问题具有特定形式的时候，算法可以以一种特别有效的方式实现。

当 RankBoost 应用于解决多类别、多标签分类问题的时候，得到的算法称为 AdaBoost.MR，是 10.2 节 AdaBoost.MH 算法的替代品，并且使用上述方法可以实现同等的效率。

在本章的最后，我们介绍 RankBoost 的两个应用，一个用于解析英语句子，另一个用于寻找可能与特定癌症相关的基因。

11.1 排序问题的形式化框架

我们从对某些对象集合进行排序的形式化描述开始。在这个背景下，我们感兴趣的对象被称为实例。例如，在电影排序任务中，每个电影都是一个实例。通常，所有实例构成的集合称为域或实例空间，并用 $\mathcal{X}$ 表示。学习的目标就是计算出 $\mathcal{X}$ 中所有实例的“好”的排名——例如，对于特定的电影观众，一个从最喜欢到最不喜欢的所有电影的排名。

每一个学习过程都必须从数据开始。在分类学习中，一般假设该训练数据集采用一组训练样本（实例）的形式，每一个实例都与它可能正确的标签或所属类别配对。同样地，排序中的学习算法也必须提供某种训练数据。那么关于它的形式我们可以做哪些假设?

当然，我们必须向学习器提供一组训练实例（training instances），即 $\mathcal{X}$ 域中相对较小且有限的一个子集，用 V 来表示。例如，在电影排名中，这些训练实例可能包含目标用户看到的所有电影及其排名。当然，除了这些实例的抽样，学习器（其目标是推断出一个好的排名）还必须获得其他一些信息：关于这些实例之间应该如何进行适当的排序。理想情况下，我们可能希望向学习者提供所有这些训练实例的总顺序，即每个训练实例相对于每个其他实例的完整排序。在电影排名中，这意味着用户需要指定他最喜欢的电影，其次是他第二喜欢的电影，第三喜欢的电影等。实际上这可能对用户要求太多了。

更典型的情况是，在实际的系统中，可能要求用户给每部电影打分，比如 1 星到 5 星。这样的评级确实提供了排名信息：通常 5 星电影比 4 星电影更受欢迎，4 星电影比 3 星电影更受欢迎等。然而这个排名并不是完全按照顺序排列的，因为在星数相同的两部电影中并没有表现出任何偏好。此外，很可能有理由对不同类型的电影之间的比较打上“折扣”，例如，用于评价儿童电影的尺度可能无法与用于评价动作惊悚片的尺度相比较。

这些考虑表明，学习器需要适应尽可能通用的排名信息。为此，我们只假设学习器获得了关于单个实例对的相对排序的信息。即对于各种实例对 (u,v)，学习器知道 u 的排名是高于还是低于 v。在电影中，这意味着将由用户提供的评级信息转化为电影对的列表。电影对中的一个电影优于另外一个，是因为一个收到的星数多于另外一个。然而，该列表将省略两部电影获得相同星数的情况，如果合适，还可以省略其他配对情况，比如不同类型的电影。

因此，我们可以提供给学习算法的训练反馈是一组训练实例对，这组训练实例对表明其中的一个排名要高于另一个。然后，学习算法的目标是利用这个排序信息来推断出整个域的有良好排名的实例，通常是找到与训练反馈最大程度一致的排名的实例。

那么，学习算法的输入包括：来自 $\mathcal{X}$ 的训练实例集合 V，不同训练实例构成的有序对 (u,v) 的集合 E。我们将这样的有序对理解为 v 的正确排名应该高于 u。集合 E 的成员被称为偏好对（preference pairs）。在不失一般性的情况下，我们假定 V 中的每个训练实例都至少出现在一个偏好对中。

注意，这个反馈等价于一个有向图，称为反馈图（feedback graph），其中顶点是 V 中的训练实例，而边恰好是 E 中的偏好对。图 11.1 显示了可以作为反馈图的典型例子，图(a)展示了所有训练实例之间的偏好。图(b)给出了一个二部反馈图（bipartite feedback）的例子。在这个例子中，其中一组实例都排在所有其他实例的前面，例如，如果所有电影都被简单地评为“好”或“坏”，情况就如图(b)所示。图(c)显示了分层反馈（layered feedback)，其中反馈是分层排列的（例如，使用三星评级系统）。注意，二部反馈图和表示全部排序的反馈都是分层反馈的特殊情况。图(d)强调反馈可以是完全任意的，并且在不同角度上可能是不一致的。特别是，下面的情况看起来逻辑上应该是成立的：如果 (u,v) 和 (v,w) 是偏好对，那么 (u,w) 也应该是偏好对；也就是说，如果 w 优于 v，v 优于 u，那么似乎就可以推出 w 优于 u。然而，在我们上述所采用的形式中，我们并不要求反馈满足任何这样的传递性条件。我们允许反馈图包含循环，但是我们假设 E 不包含自循环(self-loops)，即形如 (u,u) 的偏好对，因为这些是没有意义的，并且从中也不会学到什么东西。

考虑可能产生这种不一致的一个例子，实例可以是由运动队构成的偏好对 (u,v)，该偏好对表示在一场比赛中 v 队击败了 u 队。在这种情况下，就不能保证任何类型的可传递性：完全有可能为 w 队击败 v 队，v 队击败 u 队，但是后来 u 队又击败了 w 队。这种不一致的反馈类似于在分类问题中，相同的样本收到了相互矛盾的标签。

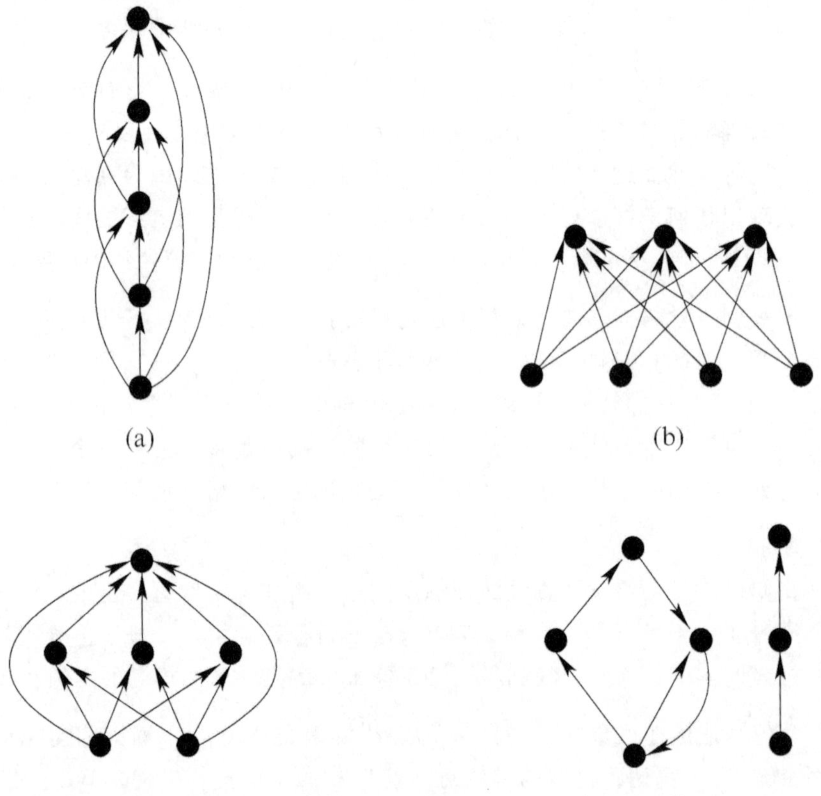

图 11.1
4 个反馈图例子，顶点是实例，边是偏好对，表示一个实例应该排在另一个实例之上

如前所述，学习算法的目的是在整个域 $\mathcal{X}$ 上找到一个好的排序。在形式上，我们用实值函数 $F: \mathcal{X} \to \mathbb{R}$ 表示这样的排序，如果 $F(v) > F(u)$，那么表示 F 将 v 排在 u 的前面。注意，F 的实际数值是不重要的，只有它们定义的相对顺序才是有意义的（尽管我们稍后描述的算法实际上将使用这些数值作为训练过程的一部分）。

给定反馈的情况下，为了量化排序算法 F 的好坏程度（goodness），我们计算偏好对被错误排序所占的比例，如下

$$\frac{1}{|E|}\sum_{(u,v)\in E}\mathbf{1}\{F(v)\leqslant F(u)\}$$

换句话说，利用我们对由 F 定义的 $\mathcal{X}$ 的排序的解释，我们简单地计算出 F 在多大程度上同意或不同意由给定的偏好对集合 E 提供的排序。这个量称为经验排序损失（empirical ranking loass），记为 $\widehat{\text{rloss}}(F)$ 。

更一般地说，我们可以计算这样一个损失度量，它是关于一个有限偏好对集合上的任意分布 D 的。因此，形式上，设 D 是 $\mathcal{X}\times\mathcal{X}$ 上的一个分布，具有有限的支持（除有限的偏好对集合外，其余都为零），则 F 相对于 D 的排序损失（ranking loss），记为 $\text{rloss}_D(F)$ ，为错误排序所占的加权比例

$$\text{rloss}_D(F) \doteq \sum_{u,v}D(u,v)\mathbf{1}(F(v)\leqslant F(u)) = \mathbf{Pr}_{(u,v)\sim D}[F(v)\leqslant F(u)]$$

在本章中，当求和没有明确特定的范围的时候，我们总是假定对那些 $\mathcal{X}$ 的元素求和的时候，被加数都不是零。

当然，学习的真正目的是生成一个即使对训练中没有观察到的样本也能产生表现良好的排序。例如，对于电影，我们想要找到一个对所有电影的排序，该排序能够准确地预测观影者会更喜欢或更不喜欢哪些电影。显然，这个排名只有在包含观众尚未看过的电影时才有价值。在其他学习问题中，学习系统对未知数据表现如何取决于许多因素，比如训练中覆盖的样本数和学习器产生的排序算法的表达能力复杂度。这些问题超出了本章的范围，尽管本书其他部分描述的许多分类方法在这里也适用。这里我们关注的算法只是简单地根据给定的反馈获得最小排名损失。

11.2 排序问题的提升法

在本节中，我们描述了一种基于提升法的排序算法。我们主要关注 RankBoost 算法的分析和解释。

11.2.1 RankBoost

RankBoost 的伪代码如算法 11.1 所示。该算法与基于置信度的 AdaBoost 算法十分相似，但是做了些关键性的修改。同 AdaBoost 一样，RankBoost 也是按轮数运行的。在每 t 轮，计算一个分布 D_t ，并调用一个弱学习器来找到 h_t 。然而与 AdaBoost 不同的是，在 RankBoost 中，D_t 是样本对的分布，在概念上是对所有 $V\times V$（甚至 $\mathcal{X}\times\mathcal{X}$）的分布，尽管实际上只集中于给定的偏好对集合 E 。初始分布 D_1 只是 E 上的均匀分布，对于每个后续分布，$D_t(u,v)$ 表示在第 t 轮 h_t 把 v 排在 u 之前的重要性。同样，h_t 被称为弱排序器（weak ranker），作为 $\mathcal{X}$ 上的实值函数，我们将 h_t 解释成为 $\mathcal{X}$ 中的所有样本提供了一个排序，其方法与（最终的）排序 F 非常相似。

算法 11.1

RankBoost 算法，利用基于样本对的弱学习器

给定：训练样本为有限集 $V \subseteq \mathcal{X}$

集合 $E \subseteq V \times V$ 为偏好对集合

初始化：对于所有的 u,v，令 $D_1(u,v) = \begin{cases} 1/|E|, & \text{if } (u,v) \in E \\ 0, & \text{else} \end{cases}$

对于 $t = 1,\cdots,T$，

- 根据分布 D_t 训练弱学习器
- 得到弱排序器 $h_t: \mathcal{X} \to \mathbb{R}$
- 选择 $\alpha_t \in \mathbb{R}$
- 目标：选择 h_t 和 α_t，最小化归一化因子

$$Z_t \doteq \sum_{u,v} D_t(u,v)\exp\left(\frac{1}{2}\alpha_t(h_t(u) - h_t(v))\right)$$

- 对所有 u,v，做如下更新：

$$D_{t+1}(u,v) = \frac{D_t(u,v)\exp\left(\frac{1}{2}\alpha_t(h_t(u) - h_t(v))\right)}{Z_t}$$

输出最终的排名：

$$F(x) = \frac{1}{2}\sum_{t=1}^{T}\alpha_t h_t(x)$$

如算法所示，RankBoost 使用弱排名来更新分布。假设 (u,v) 是一个偏好对，我们想让 v 排在 u 前面（在所有其他情况下，$D_t(u,v)$ 都是零）。假设当时参数 $\alpha_t > 0$（通常是这样）。如果 h_t 给出了正确的排名 $h_t(v) > h_t(u)$，那么该规则减少 $D_t(u,v)$ 的权重，反之则增加权重。因此，D_t 倾向集中于最难做出正确的相对排名的样本对。下面将讨论如何设置 α_t。最终的排名 F 仅仅是弱排名的加权和。

RankBoost 算法实际上可以直接从 AdaBoost 派生出来，适当地约简成二分类问题。特别是，我们可以将每个偏好对 (u,v) 看作一个二分类问题，其形式可以是“v 应该排在 u 之前还是之后?”此外，在约简后的二分类背景下，弱假设有其特殊的形式，即 $h(u,v) = \frac{1}{2}(h(v) - h(u))$。最终的假设是弱假设的线性组合，也就“自动”继承了相同的形式，生成一个可用于对样本排序的函数。当应用 Adaboost 的时候，最终得到的算法就是 RankBoost（上面和后续中出现的比例因子 1/2 没有什么实际的意义，只是为了数学处理的方便）。

虽然排名损失的界超出了约简的内容，但是我们选择直接证明这个界。这个定理也提供了选择 α_t 和设计弱学习器的标准，我们将在下面讨论。如同在定理 3.1 的证明，我们给出了任意初始分布 D_1 的一般结果。

定理 11.1　设利用算法 11.1 的符号，对于任意初始分布 D_1，F 的经验排序损失或者更通用的 F 的排序损失至多是：

$$\text{rloss}_{D_1}(F) \leqslant \prod_{t=1}^{T} Z_t$$

证明：

解开更新规则，我们有

$$D_{T+1}(u,v)=\frac{D_1(u,v)\exp(F(u)-F(v))}{\prod_{t=1}^{T} Z_t}$$

这里用到了这样的结论：对于所有 x ，有 $\mathbf{1}\{x \geqslant 0\} \leqslant e^x$ 。则对于初始分布 D_1 ，排序损失为

$$\sum_{u,v} D_1(u,v)\mathbf{1}\{F(u) \geqslant F(v)\} \leqslant \sum_{u,v} D_1(u,v)\exp(F(u)-F(v))$$

$$=\sum_{u,v} D_{T+1}(u,v)\prod_{t=1}^{T} Z_t=\prod_{t=1}^{T} Z_t$$

证毕。

11.2.2 选择 α_t 和弱学习器的标准

针对定理 11.1 建立的界，我们可以保证产生一个排序损失较低的组合排序，如果在每 t 轮，我们选择的 α_t 和弱学习器构造的 h_t（接近）最小化

$$Z_t \doteq \sum_{u,v} D_t(u,v)\exp\left(\frac{1}{2}\alpha_t(h_t(u)-h_t(v))\right) \tag{11.1}$$

这就是算法 11.1 所示的基本原理。因此，与第 9 章的方法类似，可以用最小化 Z_t 来指导 α_t 的选择和弱学习器的设计。第 9 章中基于置信度的弱假设的相关方法可以直接应用在这里，下面我们进行简单地陈述。为了简化符号表示，t 在这里取固定值，在上下文清楚的情况下，去掉了下标 t 。

如 9.2.1 节，首先也是最普遍的，对于任何给定的弱排序 h ，Z 可以被视为 α 的凸函数，通过数值方法可以找到其唯一的最小值，例如通过简单的二分查找（除了平凡的退化的情况）。

第二种最小化 Z 的方法可以应用于 h 的范围为 $\{-1,+1\}$ 的特殊情况。这样自然而然就出现了二分类的弱排序器，并且可以很容易地应用于许多领域。它们可用于将样本空间划分为两组，其中一组通常优于另一组。例如，在电影排名中，弱排序器给外国电影为 $+1$，其他电影为 -1，可以用来表达外国电影通常比非外国电影更受欢迎的观点。

对于这种弱排序器，式（11.1）上指数位置出现的尺度差异 $\frac{1}{2}(h(v)-h(u))$ 其范围为 $\{-1,0,+1\}$。因此，我们可以用类似 9.2.4 节的方法来最小化 Z 。具体地，对于 $b \in \{-1,0,+1\}$ ，令

$$U_b \doteq \sum_{u,v} D(u,v)\mathbf{1}\{h(v)-h(u)=2b\}=\mathbf{Pr}_{(u,v)\sim D}[h(v)-h(u)=2b]$$

U_{+1} 用 U_+ 表示，U_{-1} 用 U_- 表示。那么

$$Z = U_0 + U_- e^{\alpha} + U_+ e^{-\alpha}$$

如 9.2.4 节，可以证明，当

$$\alpha = \frac{1}{2}\ln\left(\frac{U_+}{U_-}\right) \tag{11.2}$$

Z 取最小值。

此时，

$$Z = U_0 + 2\sqrt{U_- U_+} \tag{11.3}$$

因此，如果我们使用的弱排序其范围局限于 $\{-1,+1\}$，那么我们应该试图找到 h 以最小化式（11.3），然后我们应该如式（11.2）设置 α 。例如，如果使用决策树桩，那么可以直接修改 3.4.2 节和 9.2.6 节中描述的搜索方法以达到此目的。

后续在 11.3.1 节，我们将进一步描述寻找弱排序和选择 α 的通用方法。虽然不精确，但是通过将查找弱排序问题约简为普通的二分类问题，我们将看到这些方法如何简化大量的计算量。

11.2.3 RankBoost 和 AdaBoost 的损失函数

在第 7 章，我们看到 AdaBoost 实现了最小化一个特定的损失函数，即指数损失。具体地，给定样本 $(x_1,y_1),\cdots,(x_m,y_m)$ ，标签 $y_i \in \{-1,+1\}$，AdaBoost 寻找函数 $F_{\boldsymbol{\lambda}}$ 最小化

$$\sum_{i=1}^{m}\exp(-y_i F_{\boldsymbol{\lambda}}(x_i)) \tag{11.4}$$

这里

$$F_{\boldsymbol{\lambda}}(x) \doteq \sum_{j=1}^{N}\lambda_j \hbar_j(x)$$

是给定的所有基分类器 $\hbar_1,\cdots,\hbar_N$ 族的线性组合（如之前的假设是有限的）。

同样，RankBoost 也可以理解为最小化特定损失函数的一种方法。与 7.1 节类似的讨论，可以证明，RankBoost 贪心最小化

$$\sum_{(u,v)\in E}\exp(F_{\boldsymbol{\lambda}}(u) - F_{\boldsymbol{\lambda}}(v)) \tag{11.5}$$

这里 $F_{\boldsymbol{\lambda}}$ 、$\hbar_j$ 如之前的定义。我们将式（11.5）中的损失称为排序指数损失（ranking exponential loss），为避免混淆，这里将式（11.4）中的普通指数损失称为分类指数损失（classification exponential loss）。

从第 7 章的讨论可以看出，在每 t 轮 RankBoost 对应于 h_t 更新单个参数 λ_j ，就是增加 $\frac{1}{2}\alpha_t$ 。那么定理 11.1 可从一个简单的观察中得出，排序损失的上界就是排序指数损失，其结果根据定理中的符号等于 $\prod_{t=1}^{T} Z_t$ 。

虽然 AdaBoost 和 RankBoost 的损失函数有些不同，但它们是密切相关的，我们现在暂停一下，详细说明下它们之间的关系。特别是，在良性基函数族的假设下，可以看出任何最小化 AdaBoost 分类指数损失的过程，对于相应的二部反馈，也会同时最小化 RankBoost 的排序指数损失。这表明，虽然 AdaBoost 的目的是作为一种分类算法来使用的，但它可能无意中也产生了良好的排序。

为了更准确，设如上所示的二分类已标注数据，并且为了简单起见，假设数据不包含重复的样本。给定数据和一组基函数，我们可以对数据运行 AdaBoost，如上所述。或者，我们同样可以把这些数据看作二部反馈，它将数据集中的所有正样本都排在负样本之前。形式上，这意味着偏好对集 E 等于 $V_- \times V_+$

$$V_- \doteq \{x_i : y_i = -1\}$$
$$V_+ \doteq \{x_i : y_i = +1\} \tag{11.6}$$

根据这些定义，我们现在使用 RankBoost。在这种情况下，由式（11.5）给出的排序指数损失等于

$$\sum_{u \in V_-} \sum_{v \in V_+} \exp(F_{\boldsymbol{\lambda}}(u) - F_{\boldsymbol{\lambda}}(v)) \tag{11.7}$$

通过分解，可以看出式（11.7）等于

$$\Big(\sum_{u \in V_-} \mathrm{e}^{F_{\boldsymbol{\lambda}}(u)}\Big)\Big(\sum_{v \in V_+} \mathrm{e}^{-F_{\boldsymbol{\lambda}}(v)}\Big) = L^-(\boldsymbol{\lambda}) \cdot L^+(\boldsymbol{\lambda}) \tag{11.8}$$

这里，我们定义

$$L^b(\boldsymbol{\lambda}) \doteq \sum_{i : y_i = b} \mathrm{e}^{-bF_{\boldsymbol{\lambda}}(x_i)}$$

这里 $b \in \{-1, +1\}$，且我们把 L^{-1} 和 L^{+1} 分别简写为 L^- 和 L^+。

作为对比，AdaBoost 最小化式（11.4），该式可以写成如下的形式

$$L^-(\boldsymbol{\lambda}) + L^+(\boldsymbol{\lambda}) \tag{11.9}$$

我们现在可以做一个很好的假设：基函数类中包含一个函数，它一直等于+1。也就是说，一个基函数，比如 $\hbar_1$，对于所有的 x，使得 $\hbar_1(x) = 1$。在这个假设条件下，可以看出，任何算法，比如 AdaBoost，可以最小化分类指数损失，如式（11.9）所示，那么同时也可以最小化排序指数损失，如式（11.8）所示。

我们在这里不作全面的证明，但会给出一些直觉观察，考虑某些特殊情况，某算法，例如 AdaBoost 收敛于某有限参数向量 $\boldsymbol{\lambda}^* \in \mathbb{R}^N$，其最小化分类指数损失如式（11.9）所示。那么对所有 j 其每个偏导都等于零，即

$$0 = \frac{\partial (L^- + L^+)(\boldsymbol{\lambda}^*)}{\partial \lambda_j} = \frac{\partial L^-(\boldsymbol{\lambda}^*)}{\partial \lambda_j} + \frac{\partial L^+(\boldsymbol{\lambda}^*)}{\partial \lambda_j} \tag{11.10}$$

特别地，当 $j = 1$ 时，$\hbar_1$ 一直都等于+1，我们有

$$\frac{\partial L^b(\boldsymbol{\lambda}^*)}{\partial \lambda_1} = \sum_{i : y_i = b} -b\,\mathrm{e}^{-bF_{\boldsymbol{\lambda}}(x_i)} = -b\,L^b(\boldsymbol{\lambda}^*)$$

$b \in \{-1, +1\}$，因此式（11.10）变成

$$L^{-}(\boldsymbol{\lambda}^{*}) + L^{+}(\boldsymbol{\lambda}^{*}) = 0 \tag{11.11}$$

另一方面，如式（11.8），排序指数损失在 $\boldsymbol{\lambda}^{*}$ 点的偏导为

$$\begin{aligned}\frac{\partial(L^{-} \cdot L^{+})(\boldsymbol{\lambda}^{*})}{\partial \lambda_j} &= L^{-}(\boldsymbol{\lambda}^{*}) \cdot \frac{\partial L^{+}(\boldsymbol{\lambda}^{*})}{\partial \lambda_j} + L^{+}(\boldsymbol{\lambda}^{*}) \cdot \frac{\partial L^{-}(\boldsymbol{\lambda}^{*})}{\partial \lambda_j} \\ &= L^{+}(\boldsymbol{\lambda}^{*})\left[\frac{\partial L^{+}(\boldsymbol{\lambda}^{*})}{\partial \lambda_j} + \frac{\partial L^{-}(\boldsymbol{\lambda}^{*})}{\partial \lambda_j}\right] \qquad (11.12) \\ &= 0 \qquad (11.13)\end{aligned}$$

这里，式（11.12）和式（11.13）各自来自式（11.11）和式（11.10）。因此 $\boldsymbol{\lambda}^{*}$ 也是排序指数损失的最小值。

一方面，这表明，AdaBoost 虽然不是为了排序目的而设计的，但作为一种生成排名的方法，它也是合理的。另一方面，将排序作为其明确设计目标的 RankBoost 可能会做得更好更快。此外，正如前面在 7.3 节中指出的，这些损失函数只部分地捕获了相关算法的本质，很少或根本没有提到它们的泛化能力。

11.3　提高效率的方法

RankBoost 在大型数据集上似乎是一种固有的慢算法，因为其主要操作的时间复杂度为 $O(|E|)$，这通常是训练样本数 $|V|$ 的平方级别。然而，在许多实际情况下，这个运行时间可以得到很大的改进，正如我们在本节中展示的那样。

11.3.1　约简为二分类问题

11.2.2 节中，我们研究寻找弱排名 h_t 的方法，根据式（11.1）通过最小化 Z_t 选择 α_t。尽管这些方法是精确的，但我们将看到，使用近似 Z_t 的方法，可以使 RankBoost 与更高效的弱学习器相结合，但后者是专为二分类问题而不是为排名问题设计的。换句话说，我们证明了排序问题原则上可以用一个弱学习算法来解决，但这个学习算法是为了解决普通的二分类问题而设计的。这种方法也将为下文所述的其他提高效率的方法铺平道路。

和前面一样，我们固定 t，并在上下文清楚的情况下从下标中移除它。我们对 Z 的逼近是基于 $e^{\alpha x}$ 作为 x 的函数的凸性，这意味着

$$\exp\left(\frac{1}{2}\alpha(h(u) - h(v))\right) \leqslant \frac{1}{2}(e^{\alpha h(u)} + e^{-\alpha h(v)})$$

对任意的 α，任意值的 $h(u)$、$h(v)$。对 Z 用式（11.1），得

$$Z \leqslant \frac{1}{2}\sum_{u,v} D(u,v)(e^{\alpha h(u)} + e^{-\alpha h(v)})$$

$$= \sum_u \left(\frac{1}{2}\sum_v D(u,v)\right) e^{\alpha h(u)} + \sum_v \left(\frac{1}{2}\sum_u D(u,v)\right) e^{-\alpha h(v)} \tag{11.14}$$

受出现在括号里的表达式的启发，我们定义 $\widetilde{D}(x,y)$ 如下，对于所有样本 $x \in \mathcal{X}$，$y \in \{-1,+1\}$，有

$$\begin{aligned}\widetilde{D}(x,-1) &\doteq \frac{1}{2}\sum_{x'} D(x,x') \\ \widetilde{D}(x,+1) &\doteq \frac{1}{2}\sum_{x'} D(x',x)\end{aligned} \tag{11.15}$$

注意，$\widetilde{D}$ 实际上是一个分布，因为

$$\begin{aligned}\sum_x \sum_{y\in\{-1,+1\}} \widetilde{D}(x,y) &= \sum_x (\widetilde{D}(x,-1)+\widetilde{D}(x,+1)) \\ &= \sum_x \left(\left(\frac{1}{2}\sum_{x'} D(x,x')\right)+\left(\frac{1}{2}\sum_{x'} D(x',x)\right)\right) \\ &= \frac{1}{2}\sum_{x,x'} D(x,x') + \frac{1}{2}\sum_{x,x'} D(x',x) = 1\end{aligned}$$

由于式（11.15）中的定义恰好是式（11.14）中出现的括号内的量，我们可以将 Z 上的界重写为

$$\begin{aligned}Z &\leqslant \sum_x \widetilde{D}(x,-1)\, e^{\alpha h(x)} + \sum_x \widetilde{D}(x,+1)\, e^{-\alpha h(x)} \\ &= \sum_x \sum_{y\in\{-1,+1\}} \widetilde{D}(x,y)\, e^{-\alpha y h(x)}\end{aligned} \tag{11.16}$$

该表达式的形式与第 9 章中遇到的加权指数损失形式完全相同，如式（9.2）。在普通二分类问题下，提升器（booster）和弱学习器利用基于置信度的预测，在每一轮都力求将其最小化。因此，不能直接针对 Z，因为在 E 中可能会有大量的偏好对，对式（11.16）的逼近建议采用另一种方法：在每 t 轮，我们构造一个二分类训练集，每个训练样本 x 被两个相反标注的样本 $(x,-1)$ 和 $(x,+1)$ 取代。然后，使用样本对上的分布 $D=D_t$，计算标注样本 (x,y) 上的分布 $\widetilde{D}=\widetilde{D}_t$，如式（11.15）。最后，使用第 9 章中概述的各种方法，针对上述的数据和分布，以最小化式（11.16）为目标，我们应用二分类弱学习算法找到一个（可能是基于置信度）弱假设 h 以及如何选择 α。

作为一个例子，针对有界的弱排序，例如，$[-1,+1]$。我们可以使用 9.2.3 节中给出的 Z 的近似来设置 α。具体地说，将式（9.7）应用于式（11.16）给出上界

$$Z \leqslant \frac{e^{\alpha}+e^{-\alpha}}{2} - \frac{e^{\alpha}-e^{-\alpha}}{2} r \tag{11.17}$$

这里

$$\begin{aligned}r &\doteq \sum_x \sum_{y\in\{-1,+1\}} \widetilde{D}(x,y)\, y h(x) \\ &= \sum_x h(x)(\widetilde{D}(x,+1)-\widetilde{D}(x,-1))\end{aligned} \tag{11.18}$$

如前所述，式（11.17）右边部分取最小值，当

$$\alpha = \frac{1}{2}\ln(\frac{1+r}{1-r}) \tag{11.19}$$

代回到式（11.17），得 $Z \leqslant \sqrt{1-r^2}$ 。为了用范围在 $[-1,+1]$ 的弱排序近似最小化 Z ，我们可以尝试如式（11.18）所定义的最大化 $|r|$ ，然后如式（11.19）设置 α 。如果排序的范围进一步限制为 $\{-1,+1\}$，那么可得

$$r = 1 - 2\,\mathbf{Pr}_{(x,y)\sim\tilde{D}}[h(x) \neq y]$$

因此，在这种情况下，最大化 r 等价于找到一个弱排序（实际上是一个分类器）h ，对于上面构造的加权二分类数据集，h 具有较小的分类误差。

与处理偏好对相比，这种简化为二分类问题的方法可能要有效得多，尽管并不精确。在算法 11.1 给出的一般形式中，RankBoost 使用了一个基于偏好对（pair-based）的弱学习器，该学习器的目标是在给定偏好对的分布情况下最小化 Z_t 。然而现在，我们看到 RankBoost 可以用于基于样本（instance-based）的弱学习器，在二分类已标注样本的分布下，该弱学习器试图最小化式（11.16）的近似解。即使在后一种情况下，我们依然要面临有效地维护和计算 D_t 和 $\widetilde{D}_t$ 的困难。接下来，我们将看到如何构建良好的反馈以实现这一点。

11.3.2　层级反馈

我们首先描述一个分层反馈的 RankBoost 的更有效的实现。这种反馈由 $\mathcal{X}$ 的不相交的子集 $V_1,\cdots,V_J$ 来定义，使得对于 $j<k$ ，V_k 中的所有样本都排在 V_j 中的所有样本之前。这意味着偏好对集就是如下形式

$$E = \bigcup_{1<j<k\leqslant J} V_j \times V_k \tag{11.20}$$

例如，在前面提到的电影分级任务中出现了分层反馈，其中每个电影的评分为 1 到 J 颗星。就此而言，反馈将在任何这样的应用中分层：其中每个样本按照有序的尺度分配一个等级或分数。

当恰好 $J=2$ 时，反馈称为二部图（bipartite），因为在这种情况下，边 $V_1 \times V_2$ 定义了一个完整的二部反馈图。这种特殊形式的反馈经常出现，例如，在信息检索领域常见的文档检索排序任务中。在这里，一系列文档可能被判断为与某个主题或查询相关或无关。虽然预测这样的判断可以看作一项分类任务，但通常更可取的做法是生成所有文档的排序列表，其中越相关的文档位置越靠前。换句话说，按照顺序，相关文档优先于不相关的文档。编码这种偏好的反馈显然是用二部图。事实上，正如我们已经讨论过的，任何二分类问题都可以用类似的方式作为二部排序问题来处理。

如果 RankBoost 采用像 11.2 节那样的最初的实现方式，那么每轮所需的空间和时间复杂度将是 $O(|E|)$ ，即同 $|E|$ 中偏好对的个数是一个数量级的，在本例中，有

$$|E| = \sum_{j<k} |V_j| \cdot |V_k|$$

通常，这是训练样本数的平方。在某种程度上，当利用一个基于偏好对的弱学习器，其输入是一个偏好对集 E 上的分布 D_t 时，这种复杂性是不可避免的。然而在 11.3.1 节，我们看到 RankBoost 也可以使用一个基于样本的弱学习器，其输入是一个（通常）小得多的数据集 $V\times\{-1,+1\}$ 上的分布 $\widetilde{D}_t$ 。这为后一种情况下提高 RankBoost 的效率提供了一个契机，而不是维持 D_t 和使用它来计算 $\widetilde{D}_t$ ，如式（11.15），这样的操作需要 $O(|E|)$ 的时间和空间复杂度。我们将看到现在可以直接计算 $\widetilde{D}_t$ 和更有效地利用分层反馈的特殊结构，而不用先找到 D_t 。

令 F_t 表示经 t 轮累加的组合假设

$$F_t(x) \doteq \frac{1}{2}\sum_{t'=1}^{t}\alpha_{t'}h_{t'}(x)$$

通过对 RankBoost 所使用的 D_t 的递归式进行展开，可以证明

$$D_t(u,v) = \frac{1}{Z_t}\cdot\exp(F_{t-1}(u) - F_{t-1}(v)) \tag{11.21}$$

$(u,v)\in E$（所有其他对为零），这里的 Z_t 是归一化因子。现在设 $x\in V_j$ 。然后将式（11.21）代入式（11.15），得到

$$\begin{aligned}\widetilde{D}_t(x,-1) &\doteq \frac{1}{2}\sum_{x'}D_t(x,x')\\ &= \frac{1}{2Z_t}\cdot\sum_{k=j+1}^{J}\sum_{x'\in V_k}\exp(F_{t-1}(x) - F_{t-1}(x')) \qquad (11.22)\\ &= \frac{1}{2Z_t}\exp(F_{t-1}(x))\sum_{k=j+1}^{J}\sum_{x'\in V_k}\exp(F_{t-1}(x')) \qquad (11.23)\end{aligned}$$

式（11.22）用到式（11.21）和下面的结论：$(x,x')\in E$ ，根据层次反馈的定义，当且仅当 $x'\in V_{j+1}\cup V_{j+2}\cup\cdots\cup V_J$ 。式（11.23）中的两个取和看起来对于每个 x 来说计算量都比较大。但是，因为这些取和都不依赖于 x ，而只依赖于层数 j ，所以对每层可以只计算一次，然后重复使用。更具体地说，为了表示这些和，我们定义，对于 $j=1,\cdots,J$ ，有

$$S_{t,j}(-1) \doteq \sum_{x\in V_j}\exp(-F_{t-1}(x))$$

和

$$C_{t,j}(-1) \doteq \sum_{k=j+1}^{J}S_{t,k}(-1)$$

注意，$S_{t,j}(-1)$ 可以通过对训练样本进行一次扫描同时计算出所有 j ，因此时间复杂度为 $O(|V|)$（这里，V 通常是所有训练样本的集合，在这种情况下，V 是所有 J 的不相交层的并集）。此外，一旦找到了这些，我们也可以对所有的 j 计算 $C_{t,j}(-1)$ ，只需一遍，使用简单的关系 $C_{t,j}(-1) = C_{t,j+1}(-1) + S_{t,j}(-1)$ ，因此所需的时间复杂度为 $O(J) = O(|V|)$ 。

根据上述定义，式（11.23）可以重写为

$$\widetilde{D}_t(x,-1)=\frac{1}{2Z_t}\cdot\exp(F_{t-1}(x))\cdot C_{t,j}(-1)$$

对于所有的 $x\in V_j$ 。类似地，$\widetilde{D}_t(x,+1)$ 可以用相似的变量 $S_{t,j}(+1)$ 和 $C_{t,j}(+1)$ 计算得到。归一化因子 Z_t 也可以在 $O(|V|)$ 时间内找到。

这种计算 $\widetilde{D}_t$ 的方法如算法 11.2 所示，这是 RankBoost 一个更有效率的版本，我们称之为 RankBoost. L。上述推导的计算表明，由 RankBoost. L 来计算 $\widetilde{D}_t$ ，等同于基于 RankBoost 的 D_t 计算，如式（11.15）发现 $\widetilde{D}_t$ 。此外，我们还认为，无论层数 J 是多少，这种实现方法每轮所需的时间复杂度和空间复杂度都是 $O(|V|)$ 。

算法 11.2

RankBoost. L：RankBoost 一个更有效率的版本，利用了基于样本的弱学习器和层级反馈

给定：来自 $\mathcal{X}$ 的非空、不相交集合 $V_1,\cdots,V_J$ 代表偏好对

$$E=\bigcup_{1\leqslant j<k\leqslant J}V_j\times V_k$$

初始化：$F_0\equiv 0$

对于 $t=1,\cdots,T$ ，

- 对于 $j=1,\cdots,T$ ，$y\in\{-1,+1\}$ ，令

$$S_{t,j}(y)=\sum_{x\in V_j}\exp(y\,F_{t-1}(x))$$

令

$$C_{t,j}(+1)=\sum_{k=1}^{j-1}S_{t,j}(+1)$$

$$C_{t,j}(-1)=\sum_{k=j+1}^{J}S_{t,j}(-1)$$

- 用分布 $\widetilde{D}_t$ 训练基于样本的弱学习器，$x\in V_j$ ，$j=1,\cdots,J$ ，$y\in\{-1,+1\}$ ，

$$\widetilde{D}_t(x,y)=\frac{1}{2Z_t}\cdot\exp(-y\,F_{t-1}(x))\cdot C_{t,j}(y)$$

这里 Z_t 是归一化因子（这样 $\widetilde{D}_t$ 才是一个分布）。

- 得到弱排序器 $h_t:\mathcal{X}\rightarrow\mathbb{R}$
- 选择 $\alpha_t\in\mathbb{R}$
- 目标：选择 h_t 和 α_t ，最小化

$$\sum_x\sum_{y\in\{-1,+1\}}\widetilde{D}_t(x,y)\,\mathrm{e}^{-\alpha_t y h_t(x)}$$

- 更新：$F_t=F_{t-1}+\frac{1}{2}\alpha_t h_t$
- 输出最终的排序：

$$F(x)=F_T(x)=\frac{1}{2}\sum_{t=1}^{T}\alpha_t h_t(x)$$

11.3.3 准层级反馈

因此，当反馈分层时，可以高效地实现 RankBoost。这种方法可以推广到更广泛的一

类问题，虽然反馈本身不是分层的，但模糊地说，可以分解为一种联合或求和，其中每个组件都分层。

为了使分解的概念更加精确，我们首先需要泛化 RankBoost 以及处理加权反馈的形式。到目前为止，我们假设所有的偏好对都具有同等的重要性。然而有时，我们可能希望给一些偏好对赋予比其他偏好对更大的权重。例如，在电影排名中，我们可能希望给代表五星电影的偏好对超过一星的偏好对的权重，大于代表三星电影偏好超过二星电影的偏好对的权重。

形式上，这相当于给学习算法提供一个非负的实值的反馈函数 φ，这里权重 $\varphi(u,v)\geqslant 0$ 代表 (u,v) 对的相对重要性，当且仅当 (u,v) 是一个偏好对的时候，$\varphi(u,v)$ 是严格为正的。从概念上说，φ 定义了 $\mathcal{X}\times\mathcal{X}$ 上的所有偏好对，但实际上除了有限偏好对集合 E 中的，其他的项都为零。不失一般性，我们也可以假设 φ 和为 1，因此

$$\sum_{u,v}\varphi(u,v)=1 \tag{11.24}$$

例如，到目前为止使用的未加权反馈函数定义如下

$$\varphi(u,v)=\begin{cases}1/|E|, \text{if} & (u,v)\in E\\ 0, & \text{else}\end{cases} \tag{11.25}$$

RankBoost 可以很容易地被修改为更一般的反馈函数 φ，只需使用 φ 作为初始分布 D_1。定理 11.1 提供了一个相对于 φ 的经验排名损失的界，也就是 $\text{rloss}_{\varphi}(F)$。

采用这种扩展形式，我们现在可以专注于准层次（quasi-layered）反馈，即反馈由一个函数 φ 给定，该函数可以分解为分层反馈函数的加权和。因此，这种反馈可以写成如下的形式

$$\varphi(u,v)=\sum_{i=1}^{m}w_i\,\varphi_i(u,v) \tag{11.26}$$

w_i 为正权重，其和为 1，φ_i 为系列层级反馈函数。权重 w_i 代表分配给每个函数 φ_i 的相对重要性。反过来，每一个函数都与训练样本的子集 V^i 上的层级反馈相关联。也就是说，V^i 被划分为不相交的层 $V_1^i,\cdots,V_{J_i}^i$，这些层定义了如式（11.20）所示的偏好对集 E^i。而反馈 φ_i 如式（11.25）的定义，但是用 E^i 来代替 E。在特殊情况下，对于所有的 i，$J_i=2$，因此每个反馈函数都是二部图，我们称组合的反馈函数 φ 为准二部图（quasi-bipartite）。

当然，任何反馈函数都可以通过选择集 V_1^i 和 V_2^i 写成单例（singletons）（每条边只有一个点），从而写成准二部图的形式（因此，也可以写成准分层的形式）。然而，这里我们只关注定义为有一定规模的层的情况。

例如，在排序检索任务的另一种形式中，我们的目标可能是根据文档与一系列可能查询的相关性对文档进行排序。换句话说，给定一个查询 q（例如，一个查询词），我们希望系统根据与 q 的相关性对数据库中的所有文档进行排序。为了训练这样一个系统，首先提供一系列的查询 $q_1,\cdots,q_m$，对于每个查询，我们还提供一组文档，其中每个文档都被判断为与某特定的查询相关或不相关。为了将这样的数据表示为一个排序问题，我们将域 $\mathcal{X}$

定义为查询 q 和文档 d 的所有对 (q,d) 的集合。很自然地，反馈就是准二部反馈。特别是，针对每个训练查询 q_i，我们定义一个二部反馈函数 φ_i，V_2^i（或 V_1^i）由所有（q_i,d）对组成，其中 d 是一个与查询 q_i 相关的训练文档（或是无关的）。因此，φ_i 反映如下内容：如果文档 d_2 与查询 q_i 有关，而文档 d_1 与查询 q_i 无关，则（q_i,d_2）应该排名高于（q_i，d_1）。假设这些查询具有同等的重要性，则可以令 $w_i=1/m$。

相反，如果按照相关性对文档进行分级（例如，非常相关、稍微相关、几乎不相关、完全不相关），那么类似的形式通常会导致准分层的反馈，即使不是准二部的。

RankBoost. L（算法 11.2）为了能够处理准分层反馈，只需将各分量单独处理，并将结果做线性组合。更具体地说，如 11.3.2 节所述，主要计算挑战是在每 t 轮计算 $\widetilde{D}_t$。如前所述，如算法 11.1，使用由 RankBoost 所用的 D_t 的递归定义，加上如式（11.26）的对 D_1 的分解，$D_1=\varphi$，我们可以把 $D_t(u,v)$ 写作

$$
\begin{aligned}
D_t(u,v) &= \frac{1}{Z_t}\cdot D_1(u,v)\exp(F_{t-1}(u)-F_{t-1}(v)) \\
&= \frac{1}{Z_t}\sum_{i=1}^{m} w_i\,\varphi_i(u,v)\exp(F_{t-1}(u)-F_{t-1}(v)) \\
&= \frac{1}{Z_t}\sum_{i=1}^{m} w_i\,d_t^i(u,v)
\end{aligned}
$$

这里，Z_t 是归一化因子，我们定义

$$
d_t^i(u,v) \doteq \varphi_i(u,v)\exp(F_{t-1}(u)-F_{t-1}(v))
$$

尽管 d_t^i 不是一个分布，但我们仍然可以应用式（11.15），由此定义

$$
\begin{aligned}
\widetilde{d}_t^i(x,-1) &\doteq \frac{1}{2}\sum_{x'} d_t^i(x,x') \\
\widetilde{d}_t^i(x,+1) &\doteq \frac{1}{2}\sum_{x'} d_t^i(x',x)
\end{aligned}
$$

根据这些定义，以及式（11.15），我们得到

$$
\begin{aligned}
\widetilde{D}_t(x,-1) &= \frac{1}{2}\sum_{x'} D_t(x,x') \\
&= \frac{1}{2Z_t}\sum_{x'}\sum_{i=1}^{m} w_i\,d_t^i(x,x') \\
&= \frac{1}{Z_t}\sum_{i=1}^{m} w_i\left(\frac{1}{2}\sum_{x'} d_t^i(x,x')\right) \\
&= \frac{1}{Z_t}\sum_{i=1}^{m} w_i\,\widetilde{d}_t^i(x,-1)
\end{aligned}
$$

对 $\widetilde{D}_t(x,+1)$ 可以做类似的计算，因此，通常

$$
\widetilde{D}_t(x,y) = \frac{1}{Z_t}\sum_{i=1}^{m} w_i\,\widetilde{d}_t^i(x,y)
$$

$y\in\{-1,+1\}$。进一步，我们可以对每个 i 分别计算 $\tilde{d}_t^i(x, y)$，如 11.3.2 节所示。

将上述思想组合在一起就是 RankBoost.qL 算法，如算法 11.3 所示。根据我们以前的讨论，对于每个 i，计算 $\tilde{d}_t^i$ 所需空间复杂度和时间复杂度是 $O(|V^i|)$。因此，总的空间复杂度和时间复杂度是

$$O(\sum_{i=1}^{m}|V^i|)$$

与直接实施 RankBoost 相比，该算法的性能有了显著的改进（在大多数情况下）。而 RankBoost 在最差的结果下复杂度可能是

$$O\Big(\sum_{i=1}^{m}|E^i|\Big)$$

算法 11.3

RankBoost.qL：RankBoost 更有效的版本，准层级反馈，基于样本的弱学习器

给定：

- $J=1,\cdots,m$，来自 $\mathcal{X}$ 的非空、不相交集合 $V_1^i,\cdots,V_{J_i}^i$ 代表偏好对 $E^i=\bigcup_{1\leqslant j<k\leqslant J_i}V_j^i\times V_k^i$
- ω_i 为正权重，其和为 1，$\sum_{i=1}^{m}w_i=1$

初始化：$F_0\equiv 0$

对于 $t=1,\cdots,T$，

- 对于 $i=1,\cdots,m$，$j=1,\cdots,J_i$，$y\in\{-1,+1\}$，令

$$S_{t,j}^i(y)=\sum_{x\in V_j^i}\exp(yF_{t-1}(x))$$

令

$$C_{t,j}^i(+1)=\sum_{k=1}^{j-1}S_{t,k}^i(+1)$$

$$C_{t,j}^i(-1)=\sum_{k=j+1}^{J_i}S_{t,k}^i(-1)$$

- 对于 $i=1,\cdots,m$，$x\in\mathcal{X}$，$y\in\{-1,+1\}$，令

$$\tilde{d}_t^i(x,y)=\frac{\exp(-yF_{t-1}(x))\,C_{t,j}^i(y)}{2|E^i|}$$

$x\in V_j^i$（对于所有 $x\notin V_1^i\cup,\cdots,\cup V_{J_i}^i$）

- 用分布 $\tilde{D}_t$ 训练基于样本的弱学习器，这里，$x\in\mathcal{X}$，$y\in\{-1,+1\}$，有

$$\tilde{D}_t(x,y)=\frac{1}{Z_t}\sum_{i=1}^{m}w_i\tilde{d}_t^i(x,y)$$

这里 Z_t 是归一化因子（这样 $\tilde{D}_t$ 才是一个分布）

- 得到弱排序器 $h_t:\mathcal{X}\to\mathbb{R}$
- 选择 $\alpha_t\in\mathbb{R}$

- 目标：选择 h_t 和 α_t ，最小化 $\sum_{x}\sum_{y\in\{-1,+1\}}\widetilde{D}_t(x,y)\,\mathrm{e}^{-\alpha_t y h_t(x)}$
- 更新：$F_t=F_{t-1}+\frac{1}{2}\alpha_t h_t$

输出最终的排序：

$$F(x)=F_T(x)=\frac{1}{2}\sum_{t=1}^{T}\alpha_t h_t(x)$$

11.4 多类别、多标签分类

这些学习排序的知识为第 10 章中研究的多类别、多标签分类提供了不同的方法。其思想是将任何此类问题视为一个排序任务，其目标是学习将标签按照从最可能到最不可能的顺序依次分配给特定的样本。如第 10 章所示，每个训练样本是一个 (x_i,Y_i) 对，其中 $x_i\in\mathcal{X}$，$Y_i\in\mathcal{Y}$，$\mathcal{Y}$ 是 K 个标签的集合。我们继续使用式（10.2）中定义的符号 $Y[\ell]$ 。我们认为每个样本 (x_i,Y_i) 都提供了反馈，该反馈表明，对于样本 x_i ，Y_i 中的每个标签的排名都应该高于剩下的 $\mathcal{Y}-Y_i$ 中的标签。很自然地，这种反馈是准二部的。因此，排序问题的域就是所有样本-标签对构成的集合 $\mathcal{X}\times\mathcal{Y}$，如 11.3.3 节中的描述，我们可以定义 φ 、$w_i=1/m$ 、$J_i=2$，每个 φ_i 由下面的集合定义

$$V_1^i=\{x_i\}\times(\mathcal{Y}-Y_i)=\{(x_i,\bar{y}):\bar{y}\notin Y_i\}$$
$$V_2^i=\{x_i\}\times Y_i=\{(x_i,y):y\in Y_i\}$$

在这里，我们隐式地假设 x_i 是唯一的，尽管我们给出的算法在不满足这种条件的情况下也是有效的。

当 RankBoost. qL 采用这种约简方法时，我们就得到了一个基于排序的多类别、多标签版本的 AdaBoost 算法。该算法如算法 11.4 所示，被称为 AdaBoost. MR，其中，M 代表多类别，R 代表排序。在这里，我们简化了伪代码，“折叠”了 RankBoost. qL 中的很多计算，将其确定为当前设置。我们也简化了一些符号，将 $C_{t,2}^i(+1)=S_{t,2}^i(+1)$ 写成 $C_t^i(+1)$ ，将 $C_{t,1}^i(-1)=S_{t,1}^i(-1)$ 写成 $C_t^i(-1)$ ，将 $\widetilde{D}_t((x_i,\ell),Y_i[\ell])$ 写成 $\widetilde{D}_t(i,\ell)$ (我们可以忽略 $C_{t,1}^i(+1)$ ，$C_{t,2}^i(-1)$ 、$\widetilde{D}_t((x_i,\ell),-Y_i[\ell])$ ，因为所有这些项在当前的约简方法下都是为零，见练习 11.3)。

算法的最终输出是一个 $\mathcal{X}\times\mathcal{Y}$ 上的实值函数 F ，对 $F(x,\ \cdot)$ 的解释是：该函数提供了一种将标签分配给给定的样本 x 的预测排名（这样，如果 $F(x,\ell_1)>F(x,\ell_0)$ ，那么标签 ℓ_1 排名高于 ℓ_0 ）。用在分类问题的时候，函数 F 只需要选择一个最佳标签就可以了，如式（10.7）所示，得到的分类器为

$$H^1(x)=\arg\max_{y\in\mathcal{Y}}F(x,y)$$

类似 10.2.3 节的分析，我们可以计算 H^1 的 1-错误（即 H^1 对所有正确的标签都判断错误的概率）在排序损失的上界。我们只对训练集定义的经验分布说明和证明，尽管对

(x, Y) 对上的任意分布的更一般的结论也成立。

算法 11.4

针对多类别、多标签分类问题的 AdaBoost. MR 算法

给定：$(x_1, Y_1), \cdots, (x_m, Y_m)$，$x_i \in \mathcal{X}$，$Y_i \in \mathcal{Y}$

初始化：$F_0 \equiv 0$

对于 $t = 1, \cdots, T$，

- 对于 $i = 1, \cdots, m$，令

$$C_t^i(+1) = \sum_{\ell \in \mathcal{Y} - Y_i} \exp(F_{t-1}(x_i, \ell))$$

$$C_t^i(-1) = \sum_{\ell \in Y_i} \exp(-F_{t-1}(x_i, \ell))$$

- 根据分布 $\widetilde{D}_t$ 训练弱学习器，这里

$$\widetilde{D}_t(i, \ell) = \frac{\exp(-Y_i[\ell] \cdot F_{t-1}(x_i, \ell)) \cdot C_t^i(Y_i[\ell])}{2Z_t |Y_i| \cdot |\mathcal{Y} - Y_i|}$$

对于 $i = 1, \cdots, m$，$\ell \in \mathcal{Y}$，这里 Z_t 是归一化因子（这样 $\widetilde{D}_t$ 才是一个在 $\{1, \cdots, m\} \times \mathcal{Y}$ 上的分布）

- 得到弱假设 $h_t: \mathcal{X} \times \mathcal{Y} \to \mathbb{R}$
- 选择 $\alpha_t \in \mathbb{R}$
- 目标：选择 h_t 和 α_t，最小化

$$\widetilde{Z}_t \doteq \sum_{i=1}^{m} \sum_{\ell \in Y} \widetilde{D}_t(i, \ell) \exp(-\alpha_t Y_i[\ell] h_t(x_i, \ell))$$

- 更新：$F_t = F_{t-1} + \frac{1}{2} \alpha_t h_t$

输出最终的假设：

$$F(x, \ell) = F_T(x, \ell) = \frac{1}{2} \sum_{t=1}^{T} \alpha_t h_t(x, \ell)$$

定理 11.2　用算法 11.4 的符号及上述对 φ 的定义，假设对所有的 i，有 $Y_i \neq \varphi$。那么

$$\widehat{\text{one-err}}(H^1) \leqslant (K-1)\, \text{rloss}_\varphi(F) \leqslant (K-1) \prod_{t=1}^{T} (\widetilde{Z}_t)$$

这里 $K = |\mathcal{Y}|$。

证明：

令 $\hat{y}_i = H^1(x_i)$。如果，对某 i，$\hat{y}_i \notin Y_i$，那么对于所有 $y \in Y_i$，$F(x_i, y) \leqslant F(x_i, \hat{y}_i)$，那么通常

$$\mathbf{1}\{\hat{y}_i \notin Y_i\} \leqslant \frac{1}{|Y_i|} \sum_{y \in Y_i} \sum_{\bar{y} \notin Y_i} \mathbf{1}\{F(x_i, y) \leqslant F(x_i, \bar{y})\}$$

因此

$$\frac{1}{K-1} \widehat{\text{one-err}}(H^1) = \frac{1}{m(K-1)} \sum_{i=1}^{m} \mathbf{1}\{H^1(x_i) \notin Y_i\}$$

$$\leqslant \frac{1}{m}\sum_{i=1}^{m}\left[\frac{1}{|\mathcal{Y}-Y_i|}\mathbf{1}\{\hat{y}_i \notin Y_i\}\right]$$

$$\leqslant \frac{1}{m}\sum_{i=1}^{m}\left[\frac{1}{|Y_i|\,|\mathcal{Y}-Y_i|}\sum_{y\in Y_i}\sum_{\bar{y}\notin Y_i}\mathbf{1}\{F(x_i,y)\leqslant F(x_i,\bar{y})\}\right]$$

$$=\text{rloss}_{\varphi}(F)$$

这证明了定理中的第一个不等式。第二个不等式来自定理 11.1 和式（11.16）。

证毕。

因此，在单标签、多类别的情况下，定理 11.2 立即会得到由 AdaBoost. MR 产生的分类器 H^1 的训练误差的界。

注意 AdaBoost. MR 每轮对空间和时间的需求都是 $O(mK)$，这与 AdaBoost. MH 的相同。此外，两种算法选择弱假设 h_t 的准则是一致的。因此，无论是在复杂性方面，还是在弱学习器的兼容性方面，AdaBoost. MR 完全可以和 AdaBoost. MH 相提并论。但是它们的不同之处是，AdaBoost. MR 的设计目标是为单个样本生成良好的标签排名，而 AdaBoost. MH 的设计目标是为了尽量减少汉明损失。在实际应用中，这两种算法在性能上相当接近。当使用决策树桩等弱基学习算法的时候，均取得了较好的效果。例如，1.2.2 节中的多分类结果就是用 AdaBoost. MR 获得的。

11.5 应用

我们将介绍 RankBoost 的两个示例应用来结束本章。

11.5.1 解析英文句子

我们首先描述如何使用 RankBoost 来改进当前最先进的句法解析器的性能。句法解析是自然语言处理中的一个基本问题，给定一个英语句子（或任何其他语言），问题是得到该句子相关联的解析树。例如，句子：

Fruit flies like a banana.

可能会得到如图 11.2 所示的解析树。这样的解析树提供了丰富的句子信息，包括每个单词的词性；句子的整体结构，包括它的层次，分解成语法相关的短语；这些单词和短语之间的语法关系。

由于自然语言的模糊性和不精确性，对于任何给定的句子，通常都会有不止一个合理的解析。例如，上面这句话（至少）有两个意思——要么是关于果蝇喜欢香蕉的观察，要么是水果的空气动力学的比较，尤其是香蕉。这两种含义对应于句子的两种不同的语法解析，一种见图 11.2，另一种见图 11.3（事实上，格劳乔・马克思的原话是，“Time flies like an arrow，fruit flies like a banana”——它的幽默正是源于这种句法上的歧义）。

当句子的意义被忽略，只考虑句法结构的时候，歧义就会变得无处不在，很多英语句

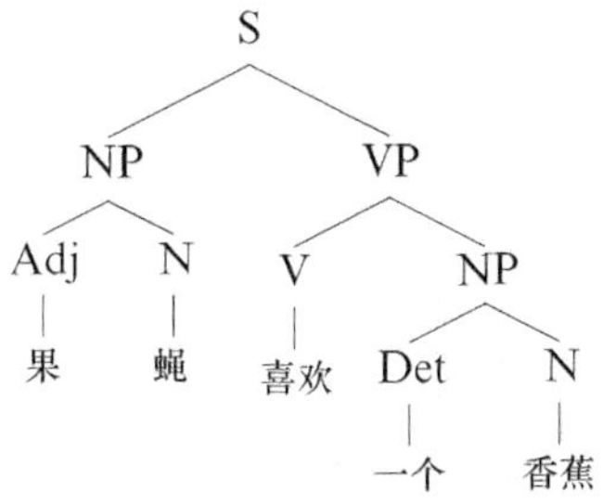

图 11.2

一个解析树例子。树的终端节点被标记为解析的句子中的单词。非终端节点用语法单元标记（S=句子、NP=名词短语、VP=动词短语等）。

子会产生多种似是而非的语法。由于这个原因，解析器常常被设计为输出看起来最有希望的解析的排序。例如，一个概率解析器可能尝试估计与给定句子相关的解析树的概率，然后根据这个概率输出最有可能的解析树的排序。

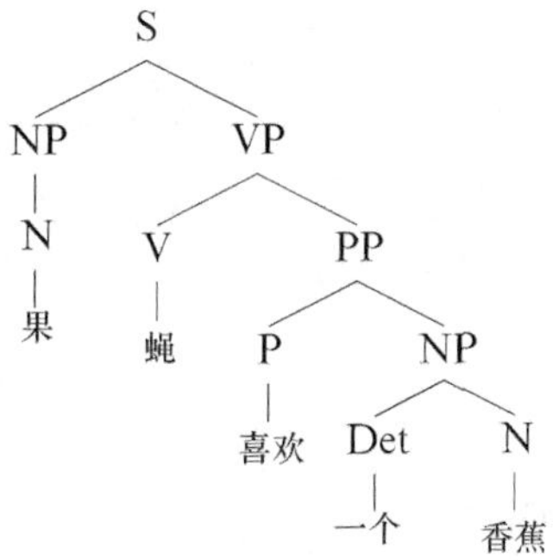

图 11.3

与图 11.12 的相同的句子的另一个解析树

这就是应用 RankBoost 的机会之所在，特别是作为一种后处理工具来改进现有解析器生成的排名。这里有一个具体方案。我们从一组句子树对（s_i,t_i）开始，其中对于句子 s_i，解析树 t_i 表示由人类专家选择的“黄金标准”（gold standard）。在训练期间，每个句子 s_i 输入一个给定的解析器，将生成 k 个候选解析树 $\hat{t}_{i1},\cdots,\hat{t}_{ik}$，$k$ 大概为 20。黄金标准树 t_i 可能包含也可能不包含在这个组中，但是在任何一种情况下，都可以确定与之最接近的候选项（对于“close”有某些合理的定义）。不失一般性地，令 $\hat{t}_{i1}$ 是最好的候选树，为了应用 RankBoost，我们提供的反馈编码基于如下内容：$\hat{t}_{i1}$ 比其他候选树都好。因此，样本都是（s_i,$\hat{t}_{ij}$）对，偏好对定义为：对于所有 $j>1$，（s_i,$\hat{t}_{i1}$）都优于（s_i,$\hat{t}_{ij}$）。这个反馈是准二部的，每个句子 s_i 都定义了自己的二部反馈函数。即便如此，RankBoost. qL 仍然没有提供任何优势，因为偏好对的数量几乎等于（实际上略小于）训练样本的数量。

对于弱排名，我们可以使用由大量语言“特征”定义的二分类排名。这种排序是句子树对上的一个取值为 $\{-1,+1\}$ 的函数，当且仅当存在相应的特征的时候，该值为+1。例如，如果给定的树包含一个存在规则：〈S→NP VP〉（意思是一个句子可以由一个名词短语后面跟着一个动词短语组成）的实例，那么这样的弱排序是+1，否则就是−1。所使用的语言特征类型的完整列表超出了本书的范围。

这样进行设置有很多好处。首先，由于我们使用的是二分类弱排序，我们可以使用式 (11.2) 和式 (11.3) 中给出的方法来设置 α_t 和计算 Z_t 。更重要的是，由于弱排序 h_t 的值为 $\{-1,+1\}$，因此它们的比例差为 $\frac{1}{2}(h_t(v)-h_t(u))$ ，若使用 RankBoost，则其值为 $\{-1,0,+1\}$，就像 9.2.4 节中的可弃权弱假设一样。此外，这些差值可能相当稀疏。这意味着，我们可以通过应用本节中描述的方法来极大地提高效率，充分利用稀疏性来极大地减少每轮更新的权重数量，使每轮能快速地搜索到最佳特性。

为了获得最佳性能，我们注意到我们开始使用的解析器可能已经根据它自己的算法得分（通常是上面提到的对数概率）进行了不错的排名。我们应充分利用这些信息，而不是完全从头开始。因此，在第 0 轮时，我们可以使用解析器给出的分数作为弱排序的候选项，然后按照上面描述的方法选择所有后续的排序。

通过这种方式训练 RankBoost 后，得到了一个排序函数 F 。为了在新的测试语句 s 中使用它，我们首先运行解析器来获得一组 k 个候选树，然后使用 F 对它们重新排序。这种方法可以显著提高解析器生成的排序的质量。例如，在报纸语料上，使用 RankBoost 进行重新排序，一个标准误差指标相对降低了 13％。在这些实验中，9.2.4 节中描述的提高效率的方法尤其有用，可以比原始版本快大约 2 600 倍，这使得 RankBoost 可以在一个有百万级解析树、500 000 个特征的大型数据集上运行 100 000 轮（弱排名）。

11.5.2　找到癌症基因

作为第二个应用示例，我们描述了 RankBoost 如何在生物信息学中用于识别可能与各种癌症相关的基因。通过训练已知与癌症相关或不相关的基因的样本，我们的想法是学习算法将所有与癌症相关的基因根据相关性进行排序，希望找到一些还不为人所知的癌症与基因的关联的信息。

这个问题完全符合 11.1 节中描述的排序框架。此处基因就是样本，已知与癌症相关的基因就是训练样本。反馈自然是二部的，所有与癌症相关的基因都“优先”于所有与其不相关的基因（因为我们希望它们排在更高的位置)。我们的目标是从这些训练样本中推断出所有样本与癌症相关性的排序，相关的样本的排名要高于与癌症无关的样本。

因此，我们可以用 RankBoost 算法。但是，首先我们需要选择一个弱学习算法来找到弱排序器。类似的研究是很常见的，通常用微阵列表达水平（microarray expression level）来描述基因，就是一个由 N 个实数组成向量，每个实数用来衡量基因在具体的组织样本中被表达或激活的程度，组织样本通常来自不同的患者或在不同条件的实验。很明显，对于这样的数据，我们在设计一个弱学习器时有很多选择。在本次研究中，我们使用了非常简单的弱排序器，每个弱排序器都由单独的样本来标识，即表达向量的特定坐标。换句话说，每个弱排序器都来自一个族 $\{\hbar_1,\cdots,\hbar_N\}$ ，每一个基因由 x 表示，$\mathbf{x}\in\mathbb{R}^N$ ，弱排序器 $\hbar_j$ 的输出简单地定义为第 j 个坐标 $\hbar_j(\mathbf{x})=x_j$ 。数据是二部的，在每 t 轮，弱排序器 $h_t=\hbar_{j_t}$ ，我们可以利用如算法 11.1 所示的 RankBoost 算法加上一个穷尽的、基于对的弱学习算法，并如算法定义和 α_t 一起最小化 Z_t 。这是对所有 j_t 和 α_t 的选择。

其中一个数据集用于白血病，由 7 129 个基因组成，其表达水平在 $N=72$ 个样本上进行了测量。在训练过程中，只有 10 个基因作为已知与癌症相关的样本，157 个作为已知不相关的样本。然后，RankBoost 对上述 167 个训练样本进行训练，最终对这 7 129 个基因进行了排序。

表 11.1 显示了以这种方式识别出的前 25 个基因。对这些基因中的每一个，我们都试图通过搜索科学文献和使用各种在线工具来确定其与白血病的相关性。从表中给出的总结可以看出，这些基因中有很多已经被认为可能是治疗白血病的靶点，或者被认为是可能作为在诊断中有用的标记物。表中许多其他高排序的基因目前还不知道是标记物还是靶点，但显示出具有这些特性的潜力。例如，排名最高的 KIAA0220 基因编码的一种蛋白质，其功能目前还不为人所知，但它与另一种已知参与多种形式癌症的蛋白质具有很强的相似性，因此，它可能是治疗白血病的有效靶点。当然，还需要进一步的实验测试来确定这些基因是否真的与白血病有关，但找到这些目前特性未知的潜在有用的基因正是本研究的目标。因此，这些结果似乎令人充满希望。

该表还显示了如何使用其他两种标准统计方法对这些基因进行排序。从表中可以看出，RankBoost 的排序结果与其他方法的排序结果有很大不同，这说明该方法在寻找相关基因方面结果可以互补。

表 11.1 在白血病数据集上，RankBoost 发现的与白血病相关的前 25 个基因

	基因	相关性总结	t-统计排序	泊松相关性排序
1	KIAA0220	□	6 628	2 461
2	G-gamma globin	◆	3 578	3 567
3	Delta-globin	◆	3 663	3 532
4	Brain-expressed HHCPA78 homolog	□	6 734	2 390
5	Myeloperoxidase	◆	139	6 573
6	Probable protein disulfide isomerase ER-60 precursor	□	6 650	575
7	NPM1 Nucleophosmin	◆	405	1 115
8	CD34	◆	6 732	643
9	Elongation factor-1-beta	×	4 460	3 413
10	CD24	◆	81	1
11	60S ribosomal protein L23	□	1 950	73
12	5-aminolevulinic acid synthase	□	4 750	3 351
13	HLA class Ⅱ histocompatibility antigen	◆	5 114	298
14	Epstein-Barr virus small RNA-associated protein	□	6 388	1 650
15	HNRPA1 Heterogeneous nuclear ribonucleoprotein A1	□	4 188	1 791
16	Azurocidin	◆	162	6 789
17	Red cell anion exchanger(EPB3,AE1,Band 3)	□	3 853	4 926
18	Topoisomerase Ⅱ beta	■	17	3
19	HLA class Ⅰ histocompatibility antigen	×	265	34

续表

	基因	相关性总结	t -统计排序	泊松相关性排序
20	Probable G protein-coupled receptor LCR1 homolog	□	30	62
21	HLA-SB alpha gene(class Ⅱ antigen)	×	6 374	317
22	Int-6	◇	3 878	912
23	Alpha-tubulin	□	5 506	1 367
24	Terminal transferase	◆	6	9
25	Glycophorin B precursor	□	3 045	5 668

对于每个基因，其相关性标记如下：■＝已知治疗靶点；□＝潜在治疗靶点；◆＝已知的标记物；◇＝潜在标记物；×＝未发现任何联系。表中还显示了根据另外两种标准统计方法的基因的排序

11.6　小结

- 在本章，我们介绍了一个研究排序问题的框架，以及一个用于排序的提升算法。该算法将样本对的相对排序约简为二分类问题。这使得它在可应用的反馈方面具有灵活性，但如果反馈比较密集，则可能导致平方级别的运行时间。然而，即使在这样的情况下，我们也看到了如何在层级或准层级的反馈的情况下非常高效地实现该算法。此外，我们还看到了 RankBoost 及其变形如何与用于普通二分类问题的弱学习算法结合使用，可能还与基于置信度的预测结合使用。将多标签、多类别分类问题作为一个排序问题来处理，就引出了 AdaBoost. MR 算法。最后，我们研究了 RankBoost 在解析英文句子和发现与癌症相关的基因方面的应用。

11.7　参考资料

11.1 节中采用的排名方法，以及 11.2.1 节中的 RankBoost 算法和 11.2.2 节中的方法都来自 Freund 等人的工作 [90]。排名损失最小化本质上等同于其他标准度量的优化，具体地说，就是接收者操作特性曲线下的面积（Area under the Receiver-Operating-Characteristic，AROC）和 Wilcoxon-Mann-Whitney 统计量，可参考 Cortes 和 Mohri 的工作 [55]。

11.2.3 节的结果归功于 Rudin 等人 [193]（也参见 Rudin 和 Schapire [195]），他们给出了更严格的处理。

11.3 节中描述的方法是对 Freund 等人 [90] 的工作的显著泛化，后者只是在二部图的情况下给出了这样的效率改进方法。这些泛化方法是 Olivier Chapelle 和 Taesup Moon 合作的一个未发表的项目中的一部分。层级反馈有时也被称为 k -部（k -partite）反馈，如 Rajaram 和 Agarwal [185] 所研究的那样。

11.4 节中的 AdaBoost. MR 算法是 Schapire 和 Singer [205] 提出的，是针对单标签版本的、叫作 AdaBoost. M2 的泛化。AdaBoost. M2 是早期由 Freund 和 Schapire 提出的 [95]。

11.5.1 节中给出的 RankBoost 在解析英文句子中的应用是由 Collins [52] 完成的（还可以参见 Collins 和 Koo [53]）。11.5.2 节的癌症与基因的研究，包括表 11.1（经允许转载），来自 Agarwal 和 Sengupta 的工作 [5]。

人们还提出了许多其他学习排序的方法，可参见 Liu [156] 的综述。Xu 和 Li 给出了另一种基于提升法的排序方法 [234]。对排序算法的泛化能力的分析可参见 [3，4，90，185，193，195]。

本章部分练习来自 [90]。

11.8 练习

11.1 令 $(x_1,y_1),\cdots,(x_m,y_m)$ 是多类别训练集，$x_i\in\mathcal{X}$，$y_i\in\mathcal{Y}$，这里 $|\mathcal{Y}|=K>2$。为了简化起见，设 x_i 都是唯一的。考虑解决此问题的两个方法，一个是基于 AdaBoost. MO（算法 10.4），用全对的编码矩阵 Ω（参见练习 10.5）；另一种方法是基于 RankBoost（算法 11.1）。在合适的条件下，通过这个练习我们可以看到这两个方法是等价的。

为了避免混淆，我们有时会增加算法 10.4 和算法 11.1 中出现的变量的下标，MO 表示前者，RB 表示后者。在全对方法中，我们假设每个弱假设 h_t^{MO} 可以对某 $\tilde{h}_t$（为了清晰，在这里我们写作 $\tilde{h}_t^{MO}$）进行如式（10.13）所示的分解。我们也假设用基于损失的解码（因此这里的 H^{MO} 指算法 10.4 里的 H^{lb}）。

在 RankBoost 方法中，域 $\mathcal{X}^{RB}$ 是 $\mathcal{X}\times\mathcal{Y}$，偏好对的集合 E 由所有 $((x_i,\ell),(x_i,y_i))$ 对组成，$\ell\in\mathcal{Y}-\{y_i\}$，$i=1,\cdots,m$。给定 $x\in\mathcal{X}$，我们利用下面的规则用最终的排序 F^{RB} 来预测标签

$$H^{RB}(x)=\arg\max_{y\in\mathcal{Y}}F^{RB}(x,y)$$

a. 设 $\tilde{h}_{t'}^{MO}\equiv h_{t'}^{RB}$，并且 $\alpha_{t'}^{MO}=\alpha_{t'}^{RB}$，对所有的 $t'<t$。证明：

i. $D_t^{MO}(i,\{y_i,\ell\})=D_t^{RB}((x_i,\ell),(x_i,y_i))$，对所有的 i，$\ell\neq y_i$。

ii. 选择 α_t 和 h_t 的标准和这两种方法相同，即，如果 $\tilde{h}_t^{MO}\equiv h_t^{RB}$，并且 $\alpha_t^{MO}=\alpha_t^{RB}$，那么 $Z_t^{MO}=Z_t^{RB}$。

b. 证明：如果 $\tilde{h}_t^{MO}\equiv h_t^{RB}$，$\alpha_t^{MO}=\alpha_t^{RB}$，其中 $t=1,\cdots,T$，那么 $H^{MO}(x)=H^{RB}(x)$，对于所有的 x（假设以同样的方式进行展开）。

11.2 令 $(x_1,y_1),\cdots,(x_m,y_m)\in\mathcal{X}\times\{-1,+1\}$ 是二分类已标注训练样本，x_i 都是唯一的。设我们用 RankBoost. L 算法，域为 $\mathcal{X}$，偏好对 $E=V_1\times V_2$，其中

$$V_1=\{x_i:y_i=-1\}$$
$$V_2=\{x_i:y_i=+1\}$$

a. 利用算法 11.2 中的符号，证明：对于所有 $(x,y)\in\mathcal{X}\times\{-1,+1\}$，$\widetilde{D}_t(x,y)=0$，除了训练对 (x_i,y_i)。

b. 证明：$\widetilde{D}_t(x_i,y_i)=\mathrm{e}^{-y_iF_{t-1}(x_i)}/(2Z_t(y_i))$，这里我们定义 $Z_t(b)\doteq\sum_{i:\ y_i=b}\mathrm{e}^{-bF_{t-1}(x_i)}$，$b\in\{-1,+1\}$。

11.3 给出详细证明：RankBoost. qL 用 11.4 节开始给出的约简方式就可以得到 AdaBoost. MR 算法。

11.4 令 $(x_1,y_1),\cdots,(x_m,y_m)\in\mathcal{X}\times\{-1,+1\}$ 是二分类已标注训练样本，x_i 都是唯一的。考虑算法 11.5，是基于置信度的 AdaBoost（算法 9.1）的一个变形。在每 t 轮，不是增加 α_th_t 到组合分类器，而是增加 $\frac{1}{2}(\alpha_th_t+\beta_t)$，这里 α_t 和 β_t 一起最小化 Z_t（因子 1/2 不重要，这里只是为了数学处理上的方便）。

我们将此算法与 RankBoost（算法 11.1）做一对比，域为 $\mathcal{X}$，$E=V_-\times V_+$，这里 V_- 和 V_+ 如式（11.6）所示。为了避免混淆，我们有时对算法 11.5 和 11.1 中的变量增加下标（AB 表示前者，RB 表示后者）。假设 α_t^{AB}、β_t^{AB} 和 α_t^{RB} 的选择都是最小化各自的标准 Z_t^{AB} 和 Z_t^{RB}。

证明：这两种算法在某种程度上是等价的，如果对所有的 $t'<t$，$h_{t'}^{AB}=h_{t'}^{RB}$，那么使 Z_t^{AB} 和 Z_t^{RB} 最小化的 α_t 和 h_t 的选择是一致的（在任意空间 $\mathcal{H}$）。因此，如果 $h_t^{AB}=h_t^{RB}$，$t=1,\cdots,T$，

那么对于某 $C \in \mathbb{R}$, $F^{\mathrm{AB}}(x) = F^{\mathrm{RB}}(x) + C$，$x \in \mathcal{X}$。

［**提示：对于任意给定的 h_t^{AB} 和 α_t^{AB}，考虑当最小化 $\beta_t^{\mathrm{AB}} \in \mathbb{R}$ 的时候，Z_t^{AB} 的值**］

算法 11.5

基于置信度的 AdaBoost 算法的一个变形

给定：$(x_1, y_1), \cdots, (x_m, y_m)$，$x_i \in \mathcal{X}$，$y_i \in \{-1, +1\}$

初始化：$D_1(i) = \dfrac{1}{m}$，$i = 1, \cdots, m$

对于 $t = 1, \cdots, T$，

- 根据分布 D_t 训练弱学习器
- 得到弱假设 $h_t: \mathcal{X} \to \mathbb{R}$
- 选择 α_t、$\beta_t \in \mathbb{R}$
- 目标：选择 α_t、β_t、h_t 最小化归一化因子

$$Z_t \doteq \sum_{i=1}^{m} D_t(i) \exp\left(-\frac{1}{2} y_i(\alpha_t h_t(x_i) + \beta_t)\right)$$

- 对 $i = 1, \cdots, m$，进行如下更新

$$D_{t+1}(i) = \frac{D_t(i) \exp\left(-\frac{1}{2} y_i(\alpha_t h_t(x_i) + \beta_t)\right)}{Z_t}$$

输出最终的假设：

$$H(x) = \mathrm{sign}(F(x))$$

这里

$$F(x) = \frac{1}{2} \sum_{t=1}^{T} \alpha_t h_t(x_i) + \beta_t$$

11.5　令 $V_1, \cdots, V_J$ 是 $\mathcal{X}$ 的非空子集的非相交集合，令 $V = V_1 \cup \cdots \cup V_J$，令 E 如式 (11.20) 中的定义。

a. 设给定实数 $g_1 < \cdots < g_J$，我们采用 RankBoost 算法，初始分布 $D_1 = \varphi$，这里

$$\varphi(u, v) = c(g_k - g_j) \tag{11.27}$$

对于所有 $(u, v) \in V_j \times V_k$，$j < k$，并且如果 $(u, v) \notin E$，则 $\varphi(u, v) = 0$，这里 $c > 0$，选择 c 以满足式 (11.24)。给定 F_{t-1}，证明：在时间复杂度 $O(|V|)$ 内计算整体分布 $\widetilde{D}_t$。

b. 更一般地，设我们给定任意正实数 g_{jk}，$1 \leqslant j \leqslant k \leqslant J$，式 (11.27) 中的 $g_k - g_j$ 用 g_{jk} 代替。给定 F_{t-1}，证明：在时间复杂度 $O(|V| + J^2)$ 内计算整体分布 $\widetilde{D}_t$。

11.6　在 RankBoost. L（算法 11.2）中，假设所有的 $C_{t,j}(y)$ 和 $S_{t,j}(y)$ 的值都已经计算出来。证明：在 $O(J)$ 时间内计算出 Z_t。

11.7　设给定二部反馈，即非空不相交集 V_1 和 V_2，$V = V_1 \cup V_2$，$E = V_1 \times V_2$。精确描述在满足下面的要求下如何实现 RankBoost（算法 11.1）：

- 在 t 轮，$h_t \in \mathcal{H}$，$\alpha_t \in \mathbb{R}$，选择 α_t、h_t 以最小化 Z_t，这里 $\mathcal{H}$ 是 N 个二分类分类器的给定有限集合（每个范围为 $\{-1, +1\}$）；

- 全部空间复杂度为 $O(|V|+T)$（不包括存储 $\mathcal{H}$，我们假设已经给定）；
- 在每轮，计算所有分类器所需的时间，除了 h_t 的选择，是 $O(|V|)$；
- 对任意候选假设 $h_t \in \mathcal{H}$，评估 h_t 的时间（选择了该 h_t 和 α_t 后，计算 Z_t 的时间）是 $O(|V|)$。因此，在每轮，找到最佳 h_t 的时间是 $O(N \cdot |V|)$。

11.8 在逻辑斯蒂回归的多类别版本（7.5.1 节）中，我们假设有某函数 $F: \mathcal{X} \times \mathcal{Y} \to \mathbb{R}$（也许是一种特殊的参数形式），给定 x、y 的概率与 $e^{F(x,y)}$ 成比例，即

$$\mathbf{Pr}[y \mid x; F] = \frac{e^{F(x,y)}}{\sum_{\ell \in Y} e^{F(x,\ell)}}$$

令 $(x_1, y_1), \cdots, (x_m, y_m)$ 是 $\mathcal{X} \times \mathcal{Y}$ 上的训练样本集合，令 $\mathcal{L}(F)$ 表示数据在 F 下的条件对数似然的负数，即

$$\mathcal{L}(F) \doteq -\sum_{i=1}^{m} \ln(\mathbf{Pr}[y_i \mid x_i; F])$$

最小化上述表达式的函数 F 可以通过如下方式进行构建：初始化 $F_0 \equiv 0$，然后递归设置 $F_t = F_{t-1} + \alpha_t h_t$，选择合适的 $\alpha_t \in \mathbb{R}, h_t: \mathcal{X} \times \mathcal{Y} \to \mathbb{R}$。接下来让我们固定 t，然后设置 $F = F_{t-1}$，$\alpha = \alpha_t$，$h = h_t$ 等。

a. 证明

$$\mathcal{L}(F + \frac{1}{2}\alpha h) - \mathcal{L}(F)$$
$$\leqslant C + \sum_{i=1}^{m} \sum_{\ell \neq y_i} A_i \exp\left(F(x_i, y) - F(x_i, y_i) + \frac{1}{2}\alpha(h(x_i, \ell) - h(x_i, y_i))\right) \tag{11.28}$$

这里

$$A_i = \frac{1}{1 + \sum_{\ell \neq y_i} \exp(F(x_i, \ell) - F(x_i, y_i))}$$

并且

$$C = -\sum_{i=1}^{m} A_i \sum_{\ell \neq y_i} \exp(F(x_i, \ell) - F(x_i, y_i))$$

解释为什么根据 α 和 h 最小化式（11.28）等同于最小化

$$\sum_{i=1}^{m} \sum_{\ell \neq y_i} D(i, \ell) \exp\left(\frac{1}{2}\alpha(h(x_i, \ell) - h(x_i, y_i))\right) \tag{11.29}$$

这里 D 是一个分布，其形式如下

$$D(i, \ell) = \frac{A_i \exp(F(x_i, \ell) - F(x_i, y_i))}{Z} \tag{11.30}$$

Z 是归一化因子。

因此，每次迭代，我们通过选择 α 和 h 最小化式（11.29）来尝试近似最小化 $\mathcal{L}$。

b. 证明：如练习 11.1 所述来使用 RankBoost，在每轮选择 α_t 和 h_t 以最小化与式（11.29）相同形式的表达式，用于与式（11.30）相同形式的分布，但 A_i 的选择不同。

c. 或者，我们可以尝试最小化

$$\frac{1}{2} \sum_{i=1}^{m} \sum_{\ell \neq y_i} D(i, \ell)(e^{\alpha h(x_i, \ell)} + e^{-\alpha h(x_i, y_i)}) \tag{11.31}$$

上式是式（11.29）的上界。证明：如果对于所有的 i ，有 $Y_i=\{y_i\}$ ，那么 AdaBoost.MR 选择 α_t 和 h_t 最小化如式（11.31）的表达式，用如式（11.30）的分布，但是 A_i 的选择不同。

因此，RankBoost 和 AdaBoost.MR 都可以被修改并用于逻辑斯蒂回归，修改的只是计算相关的分布。

第四部分

高 级 理 论

第12章

达到尽可能高的准确度

在本书的最后一部分，我们将学习一些高级理论主题的知识，继续关注提升法和AdaBoost的基本特性和局限性，以及设计改进算法的方法和原则。

在本章中，我们首先回到如何理解AdaBoost泛化能力的核心问题。在第4章和第5章，我们分析了AdaBoost的泛化误差，如同我们对提升法的研究方式，我们以弱学习假设为起点，也就是说，前提条件是由弱学习算法生成的分类器肯定要比随机猜测的好。直观来说，这个假设确实看起来很弱，但我们现在已经看到，实际上它的结果是相当强的。这意味着最终提升法将完全拟合任何训练数据集。第4章和第5章的结果也表明了：只要有足够规模的训练数据，泛化误差可以任意接近于零。这是一个优秀的特征，且正是这个特征定义了提升法。

另一方面，我们知道AdaBoost不可能总是能够达到完美的泛化精度。通常我们可以预期，即使有无限的训练样本和计算能力，真实的数据仍会被某种形式的噪声、随机错误或错误的标注所破坏，这使得不可能完美地预测所有的测试样本。相反，我们面临一个根本的约束，即由于数据本身的内在随机性，测试误差可以最小化到什么程度的问题。这个可能的最小错误率称为贝叶斯误差（Bayes error）。

因此，当贝叶斯误差严格为正时，表面上看来我们以前的分析是不适用的。然而，情况未必如此。即使弱学习假设不成立，使弱假设的加权误差收敛到1/2的这些分析仍然可以应用，因为它们依赖于所有弱假设的边界。此外在实践中，即使无法实现完美的泛化，弱学习假设仍然可能成立。这是因为弱假设空间通常不是固定的，而是随着训练集规模的增加，其复杂度也在增加。例如，当使用决策树作为基分类器时，这是“自动”发生的，因为如果使用更多的数据进行训练，生成的树通常会更大。

这在复杂度和对数据的拟合之间呈现了微妙的平衡，但是根据我们的分析，这为非常好的泛化留下了可能性，正如在实践中经常看到的那样。

然而，这些分析并没有明确地提供绝对的保证：AdaBoost相对于最优贝叶斯误差（当它为零时除外）的性能。换句话说，它们没有指定在什么条件下AdaBoost的泛化误差必然收敛到最佳可能错误率；相反，它们提供了泛化边界，并且只有在训练完成后才能通过统计的方式得到。

在本章中，我们给出了另一种分析。我们证明了：一个 AdaBoost 的轻微变形的组合分类器的精度可以非常接近最优值，只要基分类器的表达能力足够好且不过度，以及提供的训练集足够大，任何分类器都可以实现这个目标。从这个意义上说，该算法是普遍一致的（universally consistent）。注意，这里的一致性概念与 2.2.5 节中的完全无关，也完全不同。

这个分析汇集了本书前面研究的许多主题，特别是 AdaBoost 作为最小化指数损失的算法的观点。首先，该分析证明了 AdaBoost 快速地将真实期望指数损失最小化到可能的最小值，然后证明了与贝叶斯最优相比 AdaBoost 具有较好的分类精度。

虽然这些结果是强有力的，但它们受到其基本假设的限制，特别是关于基假设的表达能力的假设。为了强调这一点，我们还举了一个简单的例子，在这个例子中，即使影响数据的噪声以一种特别简单的形式存在，也可以证明最小化指数损失不能生成一个接近贝叶斯最优的分类器。

12.1　最优分类与风险最小化

我们首先讨论最优分类及其与指数损失最小化的关系。我们回到简单的二分类问题，$\mathcal{X}$ 表示样本空间，而一组可能的标签仅由 $\mathcal{Y}=\{-1,+1\}$ 组成。我们用 $\mathcal{D}$ 表示 $\mathcal{X}\times\mathcal{Y}$ 中已标注对的真实分布。除非另有说明，本章中 $\mathbf{Pr}[\cdot]$ 和 $\mathbf{E}[\cdot]$ 表示的概率和期望是关于 $\mathcal{D}$ 生成的随机对 (x,y) 的。

一般来说，对于这样一个随机对，标签 y 不一定由样本 x 决定。也就是说，x 被标注为正的条件概率，记为

$$\pi(x) \doteq \mathbf{Pr}[y=+1 \mid x] \tag{12.1}$$

它不需要等于 0 或 1。当 $\pi(x)\in(0,1)$ 时，即使获得 $\mathcal{D}$ 的全部知识，其从本质上也变得完全无法从 x 预测 y。尽管如此，我们仍然可以在将错误预测的概率最小化的情况下，尽可能地找出最佳的特征。特别是如果 y 预测为 $+1$，那么发生错误的概率是 $1-\pi(x)$；如果 y 预测为 -1，那么发生错误的概率就是 $\pi(x)$。因此，为了最小化出错的概率，我们应该使用下面的规则进行预测

$$h_{\text{opt}}(x)=\begin{cases}+1, \text{if } \pi(x)>\dfrac{1}{2}\\ -1, \text{if } \pi(x)<\dfrac{1}{2}\end{cases}$$

如果 $\pi(x)=\dfrac{1}{2}$，那么我们的预测将不会有任何区别。该规则称为贝叶斯最优分类器（Bayes optimal classifier）。它的误差称为贝叶斯（最优）误差（Bayes optimal error），即

$$\text{err}^{*} \doteq \text{err}(h_{\text{opt}})=\mathbf{E}[\min\{\pi(x),1-\pi(x)\}]$$

无论学习或计算时考虑什么因素，这是任意分类器所能达到的最小误差。（和之前一

样，这里 err(h) 表示分类器 h 的泛化误差，如式（2.3）所示）。

因此，我们在学习过程中最大的希望就是它的误差收敛到贝叶斯误差。本章的目的是给出 AdaBoost 拥有该属性的一般条件。

如 7.1 节所示，AdaBoost 可以解释为最小化指数损失的算法。也就是说，给定一个训练集 $S=\langle(x_1,y_1),\cdots,(x_m,y_m)\rangle$，AdaBoost 将最小化经验风险（或损失）(empirical risk or loss)

$$\widehat{\text{risk}}(F) \doteq \frac{1}{m}\sum_{i=1}^{m} \mathrm{e}^{-y_i F(x_i)}$$

在给定空间 h 中所有基分类器的线性组合 F 上（我们假设一个穷举弱学习器，每轮都返回最佳弱假设）。经验风险本身可以看作真实风险的估计或代理，即相对于真实分布 $\mathcal{D}$ 的预期损失，即

$$\text{risk}(F) \doteq \mathbf{E}\left[\mathrm{e}^{-yF(x)}\right] \tag{12.2}$$

如 7.5.3 节所示，可以使用边缘化来分解这种期望

$$\mathbf{E}\left[\mathbf{E}\left[\mathrm{e}^{-yF(x)} \mid x\right]\right]=\mathbf{E}\left[\pi(x)\,\mathrm{e}^{-F(x)}+(1-\pi(x))\,\mathrm{e}^{-F(x)}\right] \tag{12.3}$$

其中外部期望只针对 x，而左边的内部期望是关于以 x 为条件的 y 的。与分类错误一样，我们现在可以通过对每个样本 x 分别进行优化来计算该风险的最小可能值。这可以通过将表达式在期望值内的一阶导数（对 $F(x)$ 求导）设为零来实现。这样做可以得到最优预测，即

$$F_{\text{opt}}(x)=\frac{1}{2}\ln\left(\frac{\pi(x)}{1-\pi(x)}\right) \tag{12.4}$$

我们允许这个函数将 $\pm\infty$ 包括在其范围内，以防 $\pi(x)$ 是 0 或 1。对于指数损失，这是对所有实值函数 F 的最优预测，而不仅是那些基分类器的线性组合。将式（12.4）代回式（12.3），给出最优（指数）风险，即

$$\text{risk}^* \doteq \text{risk}(F_{\text{opt}})=2\mathbf{E}\left[\sqrt{\pi(x)(1-\pi(x))}\right]$$

注意

$$\text{sign}(F_{\text{opt}}(x))=\begin{cases}+1, \text{if } \pi(x)>\dfrac{1}{2}\\[2mm] -1, \text{if } \pi(x)<\dfrac{1}{2}\end{cases}$$

因此，指数风险的最小值 F_{opt} 的符号正好等于贝叶斯最优分类器 h_{opt}（忽略 $\pi(x)=\frac{1}{2}$ 的情况）。这意味着，如果我们能够最小化指数损失（不仅是在训练集上，而且是在整个分布上），那么我们可以容易地把它变成具有最优分类精度的分类器。

当然，精确地找到 F_{opt} 肯定是不可行的，因为我们只处理来自 $\mathcal{D}$ 的有限训练样本，而且我们的学习算法仅限于使用特定形式的函数 F。不过我们会看到，找到一个风险接近最优的函数 F 是可行的。也就是说，如果 F 的真实风险接近于 risk^*，那么 sign(F) 的泛化

误差也将接近于贝叶斯误差。这就是我们分析的第一部分。

第二部分，我们将给出由 AdaBoost 生成的预测器 F 的风险相对于最优风险的界，从而得到其组合分类器 $H=\mathrm{sign}(F)$ 相对于贝叶斯误差的泛化误差的界（这里，我们使用 $f(g)$ 作为将 f 与 g 组合得到的函数的简写）。

从分析的第一部分开始，下面的定理表明：一般情况下，接近最优风险也意味着接近贝叶斯误差。

定理 12.1　利用之前的符号，设函数 F：$\mathcal{X}\rightarrow\mathbb{R}$，则有

$$\mathrm{risk}(F)\leqslant\mathrm{risk}^{*}+\varepsilon \tag{12.5}$$

令，如果 $F(x)\neq 0$，那么 $h(x)=\mathrm{sign}(F(x))$；否则，$h(x)$ 从 $\{-1,+1\}$ 任意选择。那么

$$\mathrm{err}(h)\leqslant\mathrm{err}^{*}+\sqrt{2\varepsilon-\varepsilon^{2}}\leqslant\mathrm{err}^{*}+\sqrt{2\varepsilon}$$

证明：

让我们首先关注单个样本 $x\in\mathcal{X}$。让 $v(x)$ 表示 h 错分 x 的条件概率相对于 h_{opt} 同样错分 x 的条件概率。也就是说

$$\nu(x)\doteq\mathbf{Pr}[h(x)\neq y\mid x]-\mathbf{Pr}[h_{\mathrm{opt}}(x)\neq y\mid x]$$

我们最终的目标是约束

$$\mathbf{E}(\nu(x))=\mathrm{err}(h)-\mathrm{err}(h_{\mathrm{opt}})=\mathrm{err}(h)-\mathrm{err}^{*}$$

很明显，如果 $h(x)=h_{\mathrm{opt}}(x)$，那么 $\nu(x)=0$。否则，设 $h_{\mathrm{opt}}(x)=-1$（因此 $\pi(x)\leqslant\frac{1}{2}$），但是 $h(x)=+1$。我们可以直接计算

$$\nu(x)=(1-\pi(x))-\pi(x)=1-2\pi(x)$$

类似地，$\nu(x)=2\pi(x)-1$，如果 $h_{\mathrm{opt}}(x)=+1$，并且 $h(x)=-1$。因此，通常

$$\nu(x)=\begin{cases}0, & \text{if } h(x)=h_{\mathrm{opt}}(x)\\ |1-2\pi(x)|, & \text{else}\end{cases} \tag{12.6}$$

同样，令 $\rho(x)$ 是相应的风险量，则

$$\rho(x)\doteq\mathbf{E}[\mathrm{e}^{-yF(x)}\mid x]-\mathbf{E}[\mathrm{e}^{-yF_{\mathrm{opt}}(x)}\mid x]$$

这个量通常是非负的，因为通过 F_{opt} 可以对每个 x 最小化风险。

根据假设，有

$$\mathbf{E}[\rho(x)]=\mathrm{risk}(F)-\mathrm{risk}(F_{\mathrm{opt}})=\mathrm{risk}(F)-\mathrm{risk}^{*}\leqslant\varepsilon$$

如果 $h(x)=+1$，$h_{\mathrm{opt}}(x)=-1$，那么 $F(x)\geqslant 0$，$\pi(x)\leqslant\frac{1}{2}$。在这种情况下，条件风险

$$\mathbf{E}[\mathrm{e}^{-yF(x)}\mid x]=\pi(x)\mathrm{e}^{-F(x)}+(1-\pi(x))\mathrm{e}^{F(x)} \tag{12.7}$$

式（12.7）作为 $F(x)$ 的函数，它是凸的，有单一最小值点 $F_{\mathrm{opt}}(x)\leqslant 0$。这意味着在 $F(x)\geqslant 0$ 的限制范围内，$F(x)$ 的最小值是在最接近 $F_{\mathrm{opt}}(x)$ 的点上实现的，即 $F(x)=0$，因此，式（12.7）在这种情况下至少是 1。对应的讨论可以证明：当 $h(x)=-1$，但 $h_{\mathrm{opt}}(x)=+1$ 时，这个结论同样成立。因此，根据式（12.4），有

$$\rho(x)=\begin{cases}0, & \text{if } h(x)=h_{\mathrm{opt}}(x)\\ 1-2\sqrt{\pi(x)(1-\pi(x))}, & \text{else}\end{cases} \tag{12.8}$$

令 ϕ ：$[0,1]\to[0,1]$，由下式定义

$$\phi(z)\doteq 1-\sqrt{1-z^2}$$

那么式（12.6）和式（12.8）意味着，对于所有的 x ，有

$$\rho(x)\geqslant\phi(\nu(x)) \tag{12.9}$$

这是因为，如果 $h(x)=h_{\mathrm{opt}}(x)$ ，那么 $\phi(\nu(x))=\phi(0)=0\leqslant\rho(x)$ 。并且如果 $h(x)\neq h_{\mathrm{opt}}(x)$ ，那么

$$\phi(\nu(x))=1-\sqrt{1-|1-2\pi(x)|^2}=1-2\sqrt{\pi(x)(1-\pi(x))}\leqslant\rho(x)$$

可以证明（通过求导），ϕ 是凸的。因此，根据式（12.9）和 Jensen 不等式（参见公式（A.4）），有

$$\mathbf{E}[\rho(x)]\geqslant\mathbf{E}[\phi(\nu(x))]\geqslant\phi(\mathbf{E}[\nu(x)])$$

因为 ϕ 是严格递增的，它有一个定义良好的反函数，也是递增的，即

$$\phi^{-1}(z)=\sqrt{2z-z^2} \tag{12.10}$$

根据上述内容，可以得到

$$\begin{aligned}\mathrm{err}(h)-\mathrm{err}(h_{\mathrm{opt}})&=\mathbf{E}(\nu(x))\\&\leqslant\phi^{-1}(\mathbf{E}[\rho(x)])\\&=\phi^{-1}(\mathrm{risk}(F)-\mathrm{risk}(F_{\mathrm{opt}}))\\&\leqslant\phi^{-1}(\varepsilon)=\sqrt{2\varepsilon-\varepsilon^2}\end{aligned}$$

证毕。

12.2 接近最优风险

定理 12.1 表明，如果我们能够近似地最小化相对于所有实值函数中的最佳可能的期望指数损失，那么我们可以找到一个准确度接近贝叶斯最优的分类器。我们知道 AdaBoost 可以最小化指数损失，具体来说，在 8.2 节中，我们证明了 AdaBoost 渐近地（即在大量轮数的极限下）最小化训练集相对于基分类器的最佳线性组合的指数损失。遗憾的是，这对于我们目前的目的是不够的，因为要将定理 12.1 应用到 AdaBoost，我们需要沿着几个维度扩展这个分析：首先，我们需要给出显式收敛率的非渐近结果（与 8.2 节的分析不同）；其次，我

们现在需要分析真实风险，而不是经验风险；最后，我们现在要求收敛到所有函数中的最优，而不仅是那些基分类器的线性组合。

12.2.1 基假设的表达

我们最终需要解决所有这些问题，但是我们从最后一点开始，它涉及空间 $\mathcal{H}$ 中弱假设的表达。让我们用下式表示 $\mathcal{H}$ 张成的空间（span of $\mathcal{H}$），即 $\mathcal{H}$ 中所有弱假设的线性组合的集合，如下

$$\operatorname{span}(\mathcal{H}) \doteq \left\{F : x \mapsto \sum_{t=1}^{T} \alpha_t h_t(x) \,\middle|\, \alpha_1, \cdots, \alpha_T \in \mathbb{R}; h_1, \cdots, h_T \in \mathcal{H}; T \geqslant 1\right\}$$

简单起见，我们假设 $\mathcal{H}$ 只包含范围为 $\{-1, +1\}$ 的二分类器，并且我们还假设 $\mathcal{H}$ 在取负的空间下是封闭的，因此，每当 $h \in \mathcal{H}$ 时，$-h \in \mathcal{H}$ 。

要应用定理 12.1 到 AdaBoost，相关算法必须至少有潜在的可能性选择一个函数 F ，其真实风险接近于最佳可能。由于算法的输出函数只在 $\mathcal{H}$ 张成的空间中，这意味着我们必须假设在 $\mathcal{H}$ 张成的空间中存在风险接近最小的函数。换句话说，对于任何 $\epsilon > 0$，我们需要假设 $\operatorname{span}(\mathcal{H})$ 存在某函数满足式（12.5）。这等价于假设

$$\inf_{F \in \operatorname{span}(\mathcal{H})} \operatorname{risk}(F) = \operatorname{risk}^* \tag{12.11}$$

这是我们最强的和最重要的假设。在 12.3 节中，我们将探讨当它不成立时会发生什么。

如果 F_{opt} 在 $\operatorname{span}(\mathcal{H})$ 中，则式（12.11）显然成立。然而这里我们做了一个稍微更弱的假设，即 F_{opt} 的风险只能通过 $\operatorname{span}(\mathcal{H})$ 中的函数来接近，却不一定能达到。通过假设 $\operatorname{span}(\mathcal{H})$ 中函数的最小风险是接近而不是等于最优（因此式（12.11）只是近似成立），可以进一步放宽这个假设。我们的分析可以应用在这种情况下，产生渐进误差的界将相应地接近，但不同于贝叶斯误差。

为了简化分析，我们把 $\mathcal{H}$ 看作一个固定的空间。然而如前所述，较大的训练集有时保证了更丰富的假设空间。我们的分析也将适用于这种情况，并将量化假设能够以多快的速度增加复杂度，其复杂度是训练样本数量的函数。该假设仍然允许收敛到贝叶斯最优。

12.2.2 证明概览

我们的目标是证明 $\operatorname{risk}(F_T)$ ，即 AdaBoost 在 T 轮之后生成的函数的真实风险收敛到最优风险—— $\operatorname{risk}^* = \operatorname{risk}(F_{\text{opt}})$ 。因为 F_{opt} 本身可能不属于 $\mathcal{H}$ 张成的空间，我们转而关注比较 F_T 的风险与一个固定的参考函数 $\check{F}$ 的风险（$\check{F}$ 在 $\mathcal{H}$ 张成的空间中）。这对于我们的目的来说足够了，因为根据式（12.11）可以选择 $\check{F}$ ，使其任意接近 risk^* 。

我们的分析将要求考虑在 $\mathcal{H}$ 张成的空间中定义函数的权重的范数或总体大小，特别是参考函数。如果 F 在 $\operatorname{span}(\mathcal{H})$ 中，那么它可以写成如下形式

$$F(x) = \sum_{t=1}^{T} \alpha_t h_t(x)$$

我们定义它的范数，写作 $|F|$ ，即

$$\sum_{t=1}^{T}|\alpha_t| \tag{12.12}$$

如果函数 F 可以写成不止一种基假设的线性组合，那么我们将范数定义为式（12.12）在所有等价表示中的最小值（或下确界）。

那么式（12.11）意味着，对于每一个 $B>0$，在 span（ $\mathcal{H}$ ）中存在参考函数 $\check{F}$ ，$|\check{F}|<B$ ，这样当 $B\to\infty$ 时，有

$$\text{risk}(\check{F}_B)\to\text{risk}^* \tag{12.13}$$

因此，只要选择适当大的 B ，如果我们可以证明由 AdaBoost 生成的函数 F_T 的风险接近 $\check{F}_B$ 的，那么这也将意味着风险接近最优。

处理指数损失的一个困难是它的无界性，即 $\mathrm{e}^{-yF(x)}$ 可以是无限大的。当试图将训练集上的指数损失与其真实期望联系起来的时候，这更是一个问题，因为一个取值范围非常大的随机变量也可能有很高的方差，使得我们从一个小样本中估计其期望是不可行的。例如，霍夫丁不等式（定理 2.1）就反映了这种困难，它要求随机变量是有界的（为了说明这个问题举一个极端例子，有一张彩票，它以 10^{-6} 的概率中奖 100 万美元，其他情况会损失 1 美元。则它的期望值非常接近于零，但是在任何合理的样本规模下，几乎可以肯定其平均经验损失值只是 1 美元，而这个随机变量的方差约为 10^6 ）。

为了避免这个问题，我们通过将 AdaBoost 生成的函数“夹紧”在一个固定的范围内来限制函数的范围，从而限制指数损失的大小。具体来说，$C>0$，让我们定义函数

$$\text{clamp}_C(z)\doteq\begin{cases}C, & \text{if } z\geqslant C\\ z, & \text{if } -C\leqslant z\leqslant C\\ -C, & \text{if } z\leqslant -C\end{cases}$$

它只是把它的自变量固定在区间 $[-C,C]$ 内。接下来，我们将 $\overline{F}_T$ 定义为 F_T 的“夹紧”版本，即

$$\overline{F}_T(x)\doteq\text{clamp}_C(F_T(x))$$

注意，$\overline{F}_T$ 引入的分类与 F_T 的相同，因为通常

$$\text{sign}(\overline{F}_T(x))=\text{sign}(F_T(x))$$

因此，如果 $\text{sign}(\overline{F}_T)$ 收敛于贝叶斯最优，那么 $\text{sign}(F_T)$ 也收敛于贝叶斯最优。根据定理 12.1，这意味着它足以证明 $\overline{F}_T$ 的风险收敛到最优风险。反过来又可以用这样一个结论来证明：一方面，$\overline{F}_T$ 是有界的，所以它的经验风险接近于它的真实风险；另一方面，通过学习算法使其最小化 $\overline{F}_T$ 的经验风险并不比 F_T 差多少。

现在我们可以用四个部分来总结我们的整个论点。我们将证明下面的每一个部分，在这里我们使用符号$\lesssim$来表示非正式的、近似的不等式。

1. 由 AdaBoost 生成的函数 F_T 的经验指数损失，一个算法可以最小化减少这种损失，并且快速收敛于一个值，而且这个值与参考函数 $\check{F}_B$ 相比并不差太多，也就是说

$$\widehat{\text{risk}}(F_T) \lesssim \widehat{\text{risk}}(\check{F}_B)$$

2. 夹紧不会显著增加风险，所以

$$\widehat{\text{risk}}(\bar{F}_T) \lesssim \widehat{\text{risk}}(F_T)$$

3. AdaBoost 生成的所有函数的夹紧版本的经验风险将接近它们的真实风险，因此

$$\text{risk}(\bar{F}_T) \lesssim \widehat{\text{risk}}(\bar{F}_T)$$

这本质上是在第 2 章和第 4 章中看到的那种一致收敛的结果。

4. 同样，固定的参考函数 $\check{F}_B$ 的经验风险将接近其真实风险，所以

$$\widehat{\text{risk}}(\check{F}_B) \lesssim \text{risk}(\check{F}_B)$$

将这四部分与式（12.13）结合起来，我们就可以得出结论

$$\text{risk}(\bar{F}_T) \lesssim \widehat{\text{risk}}(\bar{F}_T) \lesssim \widehat{\text{risk}}(F_T) \lesssim \widehat{\text{risk}}(\check{F}_B) \lesssim \text{risk}(\check{F}_B) \lesssim \text{risk}^*$$

因此，根据定理 12.1，相应的分类器 $\text{sign}(\bar{F}_T)=\text{sign}(F_T)$ 的误差也接近贝叶斯最优。

12.2.3　正式的证明

我们用更精确的术语证明了下面的定理：根据参考函数的风险、轮数 T、训练样本数，用 VC 维 d（见 2.2.3 节）来度量基假设空间 $\mathcal{H}$ 的复杂度，确定了 AdaBoost 算法的风险的界。注意，参考函数 $\check{F}_B$ 和夹紧参数 C 仅用于数学论证，算法不需要知道这些。

定理 12.2　设 AdaBoost 算法运行在来自分布 $\mathcal{D}$ 的 m 个随机样本，运行 T 轮，产生输出 F_T，使用穷尽的弱学习器和负封闭（negation-closed）的基假设空间 $\mathcal{H}$，基假设空间的 VC 维为 d。令 $\check{F}_B$ 是如上所述的参考函数，然后选择一个合适的 C 定义 $\bar{F}_T = \text{clamp}_C(F_T)$，至少以 $1-\delta$ 的概率，

$$\begin{aligned}\text{risk}(\bar{F}_T) \leqslant\ & \text{risk}(\check{F}_B) + \frac{2B^{6/5}}{T^{1/5}} \\ & + 2\left(\frac{32}{m}\left((T+1)\ln\left(\frac{m\mathrm{e}}{T+1}\right) + dT\ln\left(\frac{m\mathrm{e}}{d}\right) + \ln\left(\frac{16}{\delta}\right)\right)\right)^{1/4} \\ & + \mathrm{e}^B\sqrt{\frac{\ln(4/\delta)}{m}}\end{aligned} \tag{12.14}$$

如下一个推论所示，对于合适的轮数 T，当样本容量 m 变大时，这意味着将立即收敛到贝叶斯最优。这里，我们暂时添加下标或上标，如 F_T^m、B_m、T_m 等，以明确强调对 m 的依赖。同样，正如在推论中所使用的，一个由随机变量 $X_1, X_2, \cdots$ 构成的无限序列几乎肯定（或概率为 1）收敛于某一个随机变量 X，即 $X_m \xrightarrow{a.s.} X$。如果

$$\mathbf{Pr}\left[\lim_{m\to\infty} X_m = X\right] = 1 \tag{12.15}$$

推论 12.3 如果在定理 12.2 的条件下，我们运行 AdaBoost 的轮数为 $T = T_m = \theta(m^a)$ 轮，这里 a 是 (0,1) 中的任意常数，那么，当 $m \to \infty$，有

$$\text{risk}(\bar{F}^m_{T_m}) \xrightarrow{a.s.} \text{risk}^* \tag{12.16}$$

因此

$$\text{err}(H_m) \xrightarrow{a.s.} \text{err}^* \tag{12.17}$$

这里 $H_m(x) = \text{sign}(F^m_{T_m}(x)) = \text{sign}(\bar{F}^m_{T_m}(x))$ 。

证明：

在证明这个推论之前，我们对随机变量的收敛性做了一些一般性的讨论。几近收敛如式 (12.15) 的定义，相当于对于所有 $\varepsilon > 0$，当 m 足够大时，以 1 的概率，所有的 X_m 与 X 的差小于 ε ，也就是说

$$\mathbf{Pr}[\exists n \geqslant 1, \forall m \geqslant n: |X_m - X| < \varepsilon] = 1 \tag{12.18}$$

证明这种收敛性的一个常用工具是 Borel-Cantelli 引理，它指出：如果 $e_1, e_2, \cdots$ 是一系列的事件

$$\sum_{m=1}^{\infty} \mathbf{Pr}[e_m \text{ 不成立}] < \infty$$

那么

$$\mathbf{Pr}[\exists n \geqslant 1,\ \forall m \geqslant n:\ e_m \text{ 成立}] = 1$$

换句话说，当 m 足够大时，以概率 1，所有事件 e_m 都成立，条件是不成立事件的概率之和收敛于任何有限值。因此，设置 e_m 是 $|X_m - X| < \varepsilon$ 的事件，我们看到，要证明式 (12.18)，只要证明下式就足够了

$$\sum_{m=1}^{\infty} \mathbf{Pr}[|X_m - X| \geqslant \varepsilon] < \infty \tag{12.19}$$

并且，为了证明 $X_m \xrightarrow{a.s.} X$ ，能够证明式 (12.19) 对所有 $\varepsilon > 0$ 都成立就足够了。我们马上就会用到这个方法。

为了证明这个推论，我们设 $B = B_m = (\ln m)/4$，并且 $\delta = \delta_m = 1/m^2$ 。根据这些选择，对于任意 $\varepsilon > 0$，我们可以选择 m 足够大以至于有以下情况。

1. 式 (12.14) 中额外的风险，也就是 $\text{risk}(\bar{F}^m_{T_m})$ 超出 $\text{risk}(\check{F}_{B_m})$ 的部分，小于 $\varepsilon/2$。

2. $\text{risk}(\check{F}_{B_m})$ 与 risk^* 的差在 $\varepsilon/2$ 以内。

上述加起来就意味着，如果 m 足够大，那么至少以 $1 - \delta$ 的概率

$$\text{risk}(\bar{F}^m_{T_m}) < \text{risk}^* + \varepsilon$$

因为一直存在 $\text{risk}^* \leqslant \text{risk}(\bar{F}^m_{T_m})$ ，且 $\sum_{m=1}^{\infty} \delta_m < \infty$ ，那么根据 Borel-Cantelli 引理以及

上述的讨论，$\text{risk}(\bar{F}^{m}_{T_m})$ 几乎肯定收敛于 risk^*，证明了式（12.16）。从这里出发，式（12.17）就是定理 12.1 的直接应用。

证毕。

这些结果可以推广到基假设的复杂性依赖于训练样本的数量 m 情况，只需将 VC 维 d 看作 m 的一个函数（增长不是太快），并适当调整 T 。

12.2.4 AdaBoost 最小化经验风险的速度的界

我们现在根据上面给出的四部分提纲来证明定理 12.2。我们从第一部分开始，其中我们给出了 AdaBoost 最小化指数损失的速度的界。

引理 12.4　经过 T 轮，由 AdaBoost 生成的函数 F_T 的指数损失满足

$$\widehat{\text{risk}}(F_T) \leqslant \widehat{\text{risk}}(\check{F}_B) + \frac{2B^{6/5}}{T^{1/5}}$$

证明：

我们用算法 1.1 和算法 7.1 的符号。我们的方法将集中在 3 个关键量上，关注它们之间是如何相互关联的以及它们是如何随时间演变的。第一个是

$$R_t \doteq \ln(\widehat{\text{risk}}(F_t)) - \ln(\widehat{\text{risk}}(\check{F}_B)) \tag{12.20}$$

即 AdaBoost 算法在 T 轮后的指数损失的对数与参考函数 $\check{F}_B$ 的对数的差。我们的目标是证明 R_t 会很快变小。注意，R_t 从不增加。第二个我们感兴趣的量是

$$S_t \doteq B + \sum_{t'=1}^{t} \alpha_{t'} \tag{12.21}$$

这提供了范数 $|\check{F}_B| + |F_t|$ 的上界。在这里以及整个过程中，不失一般性，我们假设 α_t 都是非负的（或等价的，对所有 t ，有 $\epsilon_t \leqslant \frac{1}{2}$ ），因此 S_t 从不减少。

证毕。

我们关注的第三个量是边界 $\gamma_t \doteq \frac{1}{2} - \epsilon_t$ 。

粗略地说，我们的第一个声明显示，如果 AdaBoost 算法的指数损失相对于其相关的范数来说很大，那么边界 γ_t 也必须很大。

断言 12.5　$t \geqslant 1, R_{t-1} \leqslant 2\gamma_t S_{t-1}$

证明：

如前所述，D_t 是 AdaBoost 在第 t 轮时的分布。因此，利用当前的符号

$$D_t(i) = \frac{\exp\left(-y_i F_{t-1}(x_i)\right)}{m \cdot \widehat{\text{risk}}(F_{t-1})} \tag{12.22}$$

让我们定义类似的针对 $\check{F}_B$ 的分布，即

$$\check{D}(i) \doteq \frac{\exp(-y_i \check{F}_B(x_i))}{m \cdot \widehat{\text{risk}}(\check{F}_B)}$$

由于相对熵如式（6.11）和式（8.6）所定义，并在 8.1.2 节中被讨论过，它从不为负，所以我们有

$$\begin{aligned}0 &\leqslant \text{RE}(D_t \| \check{D}) \\ &= \sum_{i=1}^{m} D_t(i) \ln\left(\frac{D_t(i)}{\check{D}(i)}\right) \\ &= \ln(\widehat{\text{risk}}(\check{F}_B)) - \ln(\widehat{\text{risk}}(F_{t-1})) - \sum_{i=1}^{m} D_t(i)\, y_i\, F_{t-1}(x_i) + \sum_{i=1}^{m} D_t(i)\, y_i\, \check{F}_B(x_i)\end{aligned}$$

即

$$R_{t-1} \leqslant -\sum_{i=1}^{m} D_t(i)\, y_i\, F_{t-1}(x_i) + \sum_{i=1}^{m} D_t(i)\, y_i\, \check{F}_B(x_i) \tag{12.23}$$

为了证明断言，我们给出右式两项的界。

我们有

$$\begin{aligned}2\gamma_t &= (1-\epsilon_t) - \epsilon_t \\ &= \sum_{i=1}^{m} D_t(i)\, y_i\, h_t(x_i) \\ &= \max_{h \in \mathcal{H}} \sum_{i=1}^{m} D_t(i)\, y_i h(x_i)\end{aligned}$$

最后一个等式使用我们的假设：弱学习器是穷举的，$\mathcal{H}$ 在取负操作下是封闭的。因此有

$$\begin{aligned}\left|\sum_{i=1}^{m} D_t(i)\, y_i\, F_{t-1}(x_i)\right| &= \left|\sum_{i=1}^{m} D_t(i)\, y_i \sum_{t'=1}^{t-1} \alpha_{t'}\, h_{t'}(x_i)\right| \\ &= \left|\sum_{t'=1}^{t-1} \alpha_{t'} \sum_{i=1}^{m} D_t(i)\, y_i\, h_{t'}(x_i)\right| \\ &\leqslant \left(\sum_{t'=1}^{t-1} \alpha_{t'}\right) \max_{h \in \mathcal{H}} \left|\sum_{i=1}^{m} D_t(i)\, y_i h(x_i)\right| \\ &= 2\gamma_t \cdot \sum_{t'=1}^{t-1} \alpha_{t'}\end{aligned} \tag{12.24}$$

进一步，我们可以将 $\check{F}_B$ 写成如下的形式，即

$$\check{F}_B(x) = \sum_{j=1}^{m} b_j\, \hat{h}_j(x)$$

这里

$$\sum_{j=1}^{m} |b_j| \leqslant B \tag{12.25}$$

并且 $\hat{h}_1, \cdots, \hat{h}_n$ 在 $\mathcal{H}$ 上。那么根据相似的讨论，有

$$\left|\sum_{i=1}^{m} D_t(i)\, y_i\, \check{F}_B(x_i)\right| \leqslant 2\gamma_t \cdot B \tag{12.26}$$

将式（12.23）、式（12.24）、式（12.26）及式（12.21）中 S_{t-1} 的定义组合到一起，可以得到

$$R_{t-1} \leqslant \left|\sum_{i=1}^{m} D_t(i)\, y_i\, F_{t-1}(x_i)\right| + \left|\sum_{i=1}^{m} D_t(i)\, y_i\, \check{F}_B(x_i)\right| \leqslant 2\gamma_t S_{t-1}$$

如断言所声明的。

证毕。

接下来，让我们定义

$$\Delta R_t \doteq R_{t-1} - R_t \tag{12.27}$$

$$\Delta S_t \doteq S_t - S_{t-1}$$

是在第 t 轮，R_t 减少的量和 S_t 增加的量。注意它们都是非负的。下面的断言证明了这两个量是如何相关的，具体地说，它们的比受边界 γ_t 控制。

断言 12.6　当 $t \geqslant 1$，有

$$\frac{\Delta R_t}{\Delta S_t} \geqslant \gamma_t$$

证明：

我们可以用如下的方式计算 ΔR_t，即

$$\begin{aligned}
\Delta R_t &= \ln(\widehat{\text{risk}}(F_{t-1})) - \ln(\widehat{\text{risk}}(F_t)) \\
&= -\ln\left(\frac{\frac{1}{m}\sum_{i=1}^{m}\exp\left(-y_i F_t(x_i)\right)}{\widehat{\text{risk}}(F_{t-1})}\right) \\
&= -\ln\left(\frac{\frac{1}{m}\sum_{i=1}^{m}\exp\left(-y_i (F_t(x_i) + \alpha_t h_t(x_i))\right)}{\widehat{\text{risk}}(F_{t-1})}\right) \\
&= -\ln\left(\sum_{i=1}^{m} D_t(i)\exp\left(-\alpha_t y_i h_t(x_i)\right)\right) \\
&= -\frac{1}{2}\ln(1 - 4\gamma_t^{\,2})
\end{aligned} \tag{12.28}$$

这里最后一个等式用了式（3.9），来自定理 3.1 对 AdaBoost 训练误差的分析。

同样根据算法 1.1 中给出的 α_t 的定义，我们可以得到 ΔS_t 的准确表达式，即

$$\Delta S_t = \alpha_t = \frac{1}{2}\ln\left(\frac{1 + 2\gamma_t}{1 - 2\gamma_t}\right)$$

两者结合起来就得到

$$\frac{\Delta R_t}{\Delta S_t}=\frac{-\ln(1-4\gamma_t{}^2)}{\ln\left(\dfrac{1+2\gamma_t}{1-2\gamma_t}\right)}\doteq \Upsilon(\gamma_t)$$

Υ 就是 5.4.1 节遇到的函数，如式（5.32）的定义。断言主要是依据下面的结论：对于所有 $0\leqslant\gamma\leqslant\dfrac{1}{2}$，$\Upsilon(\gamma)\geqslant\gamma$（见图 5.4）。

证毕。

因此，上述断言意味着量 $R_t^2 S_t$ 从不增加，就像我们接下来要证明的，这将使我们能够依次直接建立 R_t 和 S_t 的关系。

断言 12.7 $t\geqslant 1$，如果 $R_t\geqslant 0$，那么

$$R_t^2 S_t\leqslant R_{t-1}^2 S_{t-1}$$

证明：

结合断言 12.5 和断言 12.6，得到

$$\frac{2\Delta R_t}{R_{t-1}}\geqslant\frac{\Delta S_t}{S_{t-1}} \tag{12.29}$$

因此

$$\begin{aligned}R_t^2 S_t&=(R_{t-1}-\Delta R_t)^2(S_{t-1}+\Delta S_t)\\&=R_{t-1}^2 S_{t-1}\left(1-\frac{\Delta R_t}{R_{t-1}}\right)^2\left(1+\frac{\Delta S_t}{S_{t-1}}\right)\\&\leqslant R_{t-1}^2 S_{t-1}\cdot\exp\left(-\frac{2\Delta R_t}{R_{t-1}}+\frac{\Delta S_t}{S_{t-1}}\right) \qquad (12.30)\\&\leqslant R_{t-1}^2 S_{t-1} \qquad (12.31)\end{aligned}$$

这里，式（12.30）用到了：对于所有 $x\in\mathbb{R}$，$1+x\leqslant e^x$。式（12.31）来自式（12.29）。

证毕。

重复应用断言 12.7 得到（当 $R_{t-1}\geqslant 0$），即

$$R_{t-1}^2 S_{t-1}\leqslant R_0^2 S_0\leqslant B^3 \tag{12.32}$$

因为 $S_0=B$，并且

$$R_0=-\ln(\widehat{\mathrm{risk}}(\check{F}_B))\leqslant|\check{F}_B|\leqslant B$$

结合式（12.28）和式（12.32），以及断言 12.5，意味着

$$\Delta R_t=-\frac{1}{2}\ln(1-4\gamma_t{}^2)\geqslant 2\gamma_t{}^2\geqslant\frac{1}{2}\left(\frac{R_{t-1}}{S_{t-1}}\right)^2\geqslant\frac{1}{2}\left(\frac{R_{t-1}}{B^3/R_{t-1}^2}\right)^2=\frac{R_{t-1}^6}{2B^6} \tag{12.33}$$

这说明如果相对损失较大，那么在减少损失方面所取得的进展也会很大。下一个，也就是最后一个断言，说明了如何揭示 R_t 上的归纳界。

断言 12.8　令 $c=\dfrac{1}{2B^6}$。如果 $R_t>0$，那么

$$\frac{1}{R_t^5}\geqslant\frac{1}{R_{t-1}^5}+5c \tag{12.34}$$

证明：

两边都乘以 R_{t-1}^5，然后重新安排各项，式（12.34）可以重写成

$$\left(\frac{R_{t-1}}{R_t}\right)^5\geqslant 1+5c\,R_{t-1}^5 \tag{12.35}$$

我们有

$$\left(\frac{R_t}{R_{t-1}}\right)^5(1+5c\,R_{t-1}^5)=\left(1-\frac{\Delta R_t}{R_{t-1}}\right)^5(1+5cR_{t-1}^5)$$

$$\leqslant\exp\left(-\frac{5\Delta R_t}{R_{t-1}}+5cR_{t-1}^5\right) \tag{12.36}$$

$$\leqslant 1 \tag{12.37}$$

这里，式（12.36）用到了：对于所有 x，$1+x\leqslant e^x$。式（12.37）由式（12.33）得来。这就意味着式（12.35）和断言成立。

证毕。

我们现在可以证明引理 12.4。如果 $R_T\leqslant 0$，或者 $T\leqslant B^6$，那么引理平凡成立（因为 $\widehat{\text{risk}}(F_T)\leqslant 1$）。因此我们假设在下面的情况下，$R_T>0$，并且 $T>B^6$。重复应用断言 12.8 产生

$$\frac{1}{R_T^5}\geqslant\frac{1}{R_0^5}+5cT\geqslant 5cT$$

因此

$$R_T\leqslant\left(\frac{2B^6}{5T}\right)^{1/5}\leqslant\frac{B^{6/5}}{T^{1/5}}$$

即

$$\widehat{\text{risk}}(F_T)\leqslant\widehat{\text{risk}}(\check{F}_B)\cdot\exp(\frac{B^{6/5}}{T^{1/5}})$$

$$\leqslant\widehat{\text{risk}}(\check{F}_B)\cdot(1+\frac{2B^{6/5}}{T^{1/5}})$$

$$\leqslant\widehat{\text{risk}}(\check{F}_B)+\frac{2B^{6/5}}{T^{1/5}}$$

因为，对于 $x\in[0,1]$，$e^x\leqslant 1+2x$，$\widehat{\text{risk}}(\check{F}_B)\leqslant 1$。

证毕。

12.2.5 夹紧效果的界

接下来是证明的第二部分——我们将证明由夹紧引起的指数损失的下降是有限的。

引理 12.9 对于任意 $F:\mathcal{X}\rightarrow\mathbb{R}$，并且 $C>0$，令 $\bar{F}(x)\doteq \mathrm{clamp}_C(F(x))$，那么

$$\widehat{\mathrm{risk}}(\bar{F})\leqslant\widehat{\mathrm{risk}}(F)+\mathrm{e}^{-C}$$

证明：

令 (x,y) 是任意已标注样本。如果 $yF(x)\leqslant C$，那么

$$y\bar{F}(x)=\mathrm{clamp}_C(yF(x))\geqslant yF(x)$$

因此，$\mathrm{e}^{-y\bar{F}(x)}\leqslant \mathrm{e}^{-yF(x)}$；否则，如果 $yF(x)>C$，那么 $y\bar{F}(x)=C$，$\mathrm{e}^{-y\bar{F}(x)}=\mathrm{e}^{-C}$。在这两种情况下，我们可得

$$\mathrm{e}^{-y\bar{F}(x)}\leqslant \mathrm{e}^{-yF(x)}+\mathrm{e}^{-C}$$

因此

$$\frac{1}{m}\sum_{i=1}^{m}\mathrm{e}^{-y_i\bar{F}(x_i)}\leqslant\frac{1}{m}\sum_{i=1}^{m}\mathrm{e}^{-y_iF(x_i)}+\mathrm{e}^{-C}$$

证毕。

12.2.6 经验风险和真实风险之间的关系

对于证明的第三部分，我们根据 AdaBoost 产生的所有夹紧函数，建立经验风险与真实风险之间的关系。设 $\mathrm{span}_T(\mathcal{H})$ 是 $\mathrm{span}(\mathcal{H})$ 的一个子集，由恰好 T 个基假设的所有线性组合构成，即

$$\mathrm{span}_T(\mathcal{H})\doteq\left\{F:x\mapsto\sum_{t=1}^{T}\alpha_t h_t(x)\,\middle|\,\alpha_1,\cdots,\alpha_T\in\mathbb{R};h_1,\cdots,h_T\in\mathcal{H}\right\}$$

我们希望证明

$$\mathrm{risk}(\mathrm{clamp}_C(F))\lesssim\widehat{\mathrm{risk}}(\mathrm{clamp}_C(F))\tag{12.38}$$

对于 $\mathrm{span}_T(\mathcal{H})$ 上的所有 F 都是一致的，对于由 AdaBoost 产生的 F_T 也是一样的。我们用两步来证明。首先，我们用第 2 章和第 4 章中的方法来证明：对于 $\mathrm{span}_T(\mathcal{H})$ 上的所有 F，所有实数 θ，选择一个样本 (x,y)，其 $yF(x)\leqslant\theta$ 的经验概率将非常接近它的真实概率。我们将用这个结论来证明式（12.38）。

下面用 $\mathbf{Pr}_{\mathcal{D}}[\cdot]$ 和 $\mathbf{E}_{\mathcal{D}}[\cdot]$ 分别标识真实概率及其期望，用 $\mathbf{Pr}_S[\cdot]$ 和 $\mathbf{E}_S[\cdot]$ 来标识经验概率及其期望。

引理 12.10 假设 $m\geqslant\max\{d,T+1\}$。那么至少以 $1-\delta$ 的概率，对于所有 $F\in\mathrm{span}_T(\mathcal{H})$，所有 $\theta\in\mathbb{R}$，有

$$\mathbf{Pr}_{\mathcal{D}}[yF(x)\leqslant\theta]\leqslant\mathbf{Pr}_S[yF(x)\leqslant\theta]+\varepsilon\tag{12.39}$$

这里

$$\varepsilon = \sqrt{\frac{32}{m}\left((T+1)\ln\left(\frac{me}{T+1}\right) + dT\ln\left(\frac{me}{d}\right) + \ln\left(\frac{8}{\delta}\right)\right)} \tag{12.40}$$

证明：

我们用 2.2 节中的通用目的的一致收敛结论来进行证明。对于每个 $F \in \mathrm{span}_T(\mathcal{H})$，每个 $\theta \in \mathbb{R}$，定义 $Z \doteq \mathcal{X} \times \{-1, +1\}$ 的子集 $A_{F,\theta}$，有

$$A_{F,\theta} \doteq \{(x, y) \in Z : yF(x) \leqslant \theta\}$$

令 $\mathcal{A}$ 是所有这种子集构成的集合，即

$$\mathcal{A} \doteq \{A_{F,\theta} : F \in \mathrm{span}_T(\mathcal{H}), \theta \in \mathbb{R}\}$$

则证明引理等价于证明对于所有 $A \in \mathcal{A}$，以很高的概率，有

$$\mathbf{Pr}_{\mathcal{D}}[(x, y) \in A] \leqslant \mathbf{Pr}_S[(x, y) \in A] + \varepsilon$$

定理 2.6 提供了证明这个的直接方法。为了用到这个定理，我们需要设 $A \in \mathcal{A}$，计算由集合 A 引起的“进-出行为”（in-out behaviors）的数目。也就是说，我们需要约束下式的规模

$$\prod\nolimits_{\mathcal{A}}(S) \doteq \{\{(x_1, y_1), \cdots, (x_m, y_m)\} \cap A : A \in \mathcal{A}\}$$

S 为任意有限样本 $S = \langle (x_1,\ y_1),\ \cdots,\ (x_m,\ y_m) \rangle$。

设 $\theta \in \mathbb{R}$, F 是如下形式的函数

$$F(x) = \sum_{t=1}^{T} \alpha_t h_t(x) \tag{12.41}$$

则明显地，样本 (x, y) 属于 $A_{F,\theta}$，当且仅当 $yF(x) \leqslant \theta$，即当且仅当 $G_{F,\theta}(x, y) = -1$，这里

$$G_{F,\theta}(x, y) \doteq \mathrm{sign}(yF(x) - \theta) = \mathrm{sign}\left(\sum_{t=1}^{T} \alpha_t y h_t(x) - \theta\right) \tag{12.42}$$

对于这个证明，我们暂时重新定义 $\mathrm{sign}(0) \doteq -1$。这意味着对每个引出的子集

$$\{(x_1, y_1), \cdots, (x_m, y_m)\} \cap A_{F,\theta}$$

与形如式（12.42）的所有函数 $G_{F,\theta}$ 构成的空间 $\mathcal{G}$ 的对分一一对应（回忆一下，对分指对一个样本的标注行为，是由作用于样本上的函数引出的）。因此，$\prod_{\mathcal{A}}(S)$ 中子集的数目必须与由 $\mathcal{G}$ 空间中的函数引入的对 S 的对分数目相同。因此，我们把重点放在对后者的计算上。

与引理 4.2 的证明相似，让我们固定 $h_1, \cdots, h_T$，定义 $(T+1)$ 维的向量

$$\mathbf{x}'_i = \langle y_i h_1(x_i), \cdots, y_i h_T(x_i); -1 \rangle$$

对于如式（12.41）所示的任意函数 F 和任意 θ，一定存在 $\mathbb{R}^{T+1}$ 上的线性阈值函数

σ ，对所有 i 有 $G_{F,\theta}(\boldsymbol{x}_i, y_i)=\sigma(\boldsymbol{x}_i')$（特别地，定义 σ 的系数是 $\langle \alpha_1,\cdots,\alpha_T;\ \theta\rangle$ ，与 $\boldsymbol{x}_i'$ 的内积就是 $y_i F(\boldsymbol{x}_i)-\theta$ ）。引理 4.1 证明所有这些线性阈值函数构成的类 $\sum_{T+1}$ 的 VC 维是 $T+1$。这意味着，根据 Sauer 引理（引理 2.4）和式（2.12），由 $\sum_{T+1}$ 引入的在 m 个点 $\boldsymbol{x}_i',\cdots,\boldsymbol{x}_m'$ 上的对分数（当 $h_1,\cdots,h_T$ 固定的时候，$\mathcal{G}$ 作用在 S 上）至多是

$$\left(\frac{m\mathrm{e}}{T+1}\right)^{T+1}$$

因为 $\mathcal{H}$ 的 VC 维为 d ，在 S 上的基函数 h 的行为数（对分数）至多是 $(m\mathrm{e}/d)^d$ ，$h \in \mathcal{H}$ 。因此，利用证明引理 4.5 的同样的讨论过程，由 $\mathcal{G}$ 引入的对分数，即 $\left|\prod_{\mathcal{A}}(S)\right|$ ，至多是

$$\left(\frac{m\mathrm{e}}{T+1}\right)^{T+1}\left(\frac{m\mathrm{e}}{d}\right)^{dT}$$

因此，这也是 $\prod_{\mathcal{A}}(m)$ 的界，是 $\left|\prod_{\mathcal{A}}(S)\right|$ 在任意规模为 m 的样本 S 上的最大值。

代入定理 2.6，上述结论得证。

证毕。

我们现在来证明式（12.38）。

引理 12.11 令 $C>0$，设 $m \geqslant \max\{d, T+1\}$ ，对于所有 $F \in \mathrm{span}_T(\mathcal{H})$ ，则至少以 $1-\delta$ 的概率，有

$$\mathrm{risk}(\mathrm{clamp}_C(F)) \leqslant \widehat{\mathrm{risk}}(\mathrm{clamp}_C(F)) + \mathrm{e}^C \cdot \varepsilon$$

这里，ε 如式（12.40）所示。

证明：

我们假设对所有 $F \in \mathrm{span}_T(\mathcal{H})$ ，所有 $\theta \in \mathbb{R}$，式（12.39）成立。根据引理 12.10，其至少以 $1-\delta$ 的概率成立。设 $\bar{F}(x) \doteq \mathrm{clamp}_C(F(x))$ 。

将式（12.39）映射到感兴趣的损失函数，我们首先声明，对所有 θ ，有

$$\mathbf{Pr}_{\mathcal{D}}[\mathrm{e}^{-y\bar{F}(x)} \geqslant \theta] \leqslant \mathbf{Pr}_S[\mathrm{e}^{-y\bar{F}(x)} \geqslant \theta] + \varepsilon \tag{12.43}$$

当且仅当 $yF(x) \leqslant \ln\theta$ ，如果 $\mathrm{e}^{-C} \leqslant \theta \leqslant \mathrm{e}^C$ ，那么 $\mathrm{e}^{-y\bar{F}(x)} \geqslant \theta$ 因此由式（12.39）可得式（12.43）。如果 $\theta > \mathrm{e}^C$ ，那么式（12.43）中出现的真实和经验概率都是零。同样，如果 $\theta < \mathrm{e}^{-C}$ ，那么它们都等于 1。在任意一种情况下，式（12.43）都平凡成立。

已知任意取值范围为 $[0,M]$ 的随机变量 X 的期望值可以通过对其累积分布函数的补积分来计算。也就是说，有

$$\mathbf{E}[X] = \int_0^M \mathbf{Pr}[X \geqslant \theta]\mathrm{d}\theta$$

因此，用式（12.43）以及结论—— $\mathrm{e}^{-y\bar{F}(x)}$ 不可能超过 e^C ，可得

$$\mathrm{risk}(\bar{F}) = \mathbf{E}_{\mathcal{D}}[\mathrm{e}^{-y\bar{F}(x)}]$$

$$=\int_0^{e^C} \mathbf{Pr}_{\mathcal{D}}[e^{-y\bar{F}(x)} \geqslant \theta]d\theta$$

$$\leqslant \int_0^{e^C} (\mathbf{Pr}_S[e^{-y\bar{F}(x)} \geqslant \theta]+\varepsilon)d\theta$$

$$=\mathbf{E}_S[e^{-y\bar{F}(x)}]+e^C \cdot \varepsilon$$

$$=\widehat{\text{risk}}(\bar{F})+e^C \cdot \varepsilon$$

证毕。

第四部分的证明相对简单，因为我们只需要证明：单一函数 $\check{F}_B$ 其经验风险很可能接近其真实风险。

引理 12.12　以至少 $1-\delta$ 的概率，有

$$\widehat{\text{risk}}(\check{F}_B) \leqslant \text{risk}(\check{F}_B)+e^B\sqrt{\frac{\ln(2/\delta)}{m}}$$

证明：

考虑随机变量 $\exp(-y_i\check{F}_B(x_i)-B)$，其均值为 $e^{-B}\ \widehat{\text{risk}}(\check{F}_B)$，期望是 $e^{-B}\text{risk}(\check{F}_B)$。因为 $|\check{F}_B|\leqslant B$，$\mathcal{H}$ 上的假设是二分类的，$|y_i\check{F}_B(x_i)|\leqslant B$，所以这些随机变量取值范围为 [0,1]。用霍夫丁不等式（定理 2.1）可得

$$e^{-B}\ \widehat{\text{risk}}(\check{F}_B) \leqslant e^{-B}\text{risk}(\check{F}_B)+\sqrt{\frac{\ln(2/\delta)}{m}}$$

以至少 $1-\delta$ 的概率成立。

证毕。

12.2.7　完成证明

我们现在完成定理 12.2 的证明，主要利用引理 12.4、定理 12.9（应用到 F_T），引理 12.11 和引理 12.12。结合联合界，以至少 $1-2\delta$ 的概率，有

$$\text{risk}(\bar{F}_T) \leqslant \text{risk}(\check{F}_B)+B\sqrt{\frac{\ln T}{T}}+e^{-C}+e^C \cdot \varepsilon+e^B\sqrt{\frac{\ln(2/\delta)}{m}} \tag{12.44}$$

这里，ε 如式（12.40）的定义，用 $\delta/2$ 代替 δ，选择最小化式（12.44）的 C，就可以完成定理 12.2 的证明。

12.2.8　与基于间隔的界的对比

随着训练数据量的增加，上述结果表明，只要基假设具有适当的表达度，AdaBoost 的分类精度会收敛到最优。这一保证是绝对的，与 5.2 节中给出的泛化误差界相反，后者是根据训练后在数据集上测量的间隔确定的。此外，目前的分析并不依赖于弱学习假设，

因此即使弱假设的边界迅速趋近于零也适用。

另一方面，与第 4 章一样，本章给出分析要求控制轮数 T ，并使其显著小于训练集 m（但也要足够大，使算法接近最小指数损失）。换句话说，如果算法运行时间过长，则预测会有过拟合。这样，分析就不能解释 AdaBoost 设法避免过拟合的情况，这与界完全独立于 T 的基于间隔的分析不同。

简而言之，当弱学习假设成立时，间隔理论似乎能更好地捕捉 AdaBoost 的行为，例如，当使用一个相当强的基学习器时，比如决策树算法，它确实生成了一致且明显优于随机的基假设。在这种情况下，根据 5.4.1 节的结果，我们可以预测会有较大的间隔并对过拟合产生抵抗能力。由于数据中的噪声或随机性，弱学习假设不再成立，即没有基假设复杂度的无节制的膨胀，弱学习假设就不能成立。目前的分析表明，尽管要求有更大的控制，提升法仍然可以使用，并产生与最佳可能相当的结果。

本章给出的泛化误差分析是以指数损失最小化为基础的。在 7.3 节中，我们看到仅凭这个属性不足以保证良好的泛化能力，而且任何分析都必须考虑算法是如何将损失最小化的，就像 AdaBoost 在基于间隔的分析中所做的那样。这些结果并不矛盾。相反，目前的分析很大程度上是基于 AdaBoost 利用数目相对较少的基假设，能够生成接近最小化指数损失的预测器。

12.3 风险最小化如何导致较差的准确性

推论 12.3 非常依赖于一个关键假设，即最小指数损失可以通过基假设的线性组合来实现或接近，如式（12.11）所述。当这个假设不成立时，AdaBoost 可能会产生一个组合分类器，其性能相对于贝叶斯最优非常差。即使基假设足够丰富，可以将贝叶斯最优分类器表示为一个线性阈值函数，即使训练数据是无限的，即使影响数据的噪声是非常简单的形式，结果也是如此。此外，任何最小化指数损失的算法都存在这个问题，包括 AdaBoost。

为了证明这个结论，我们构造了一个简单的例子：已标注对上的一个分布 $\mathcal{D}$ 和一个基假设空间 $\mathcal{H}$ ，尽管贝叶斯最优分类器可以用这样一个线性组合来表示，最小化指数损失的基假设的线性组合产生的分类器的精度和随机猜测的一样糟糕。

12.3.1 构建基于置信度的假设

在这个构造中，样本空间 $\mathcal{X}$ 只包含 3 个样本：“大间隔”样本 x_{lm} ，“收割机” x_{pu} ，还有“惩罚器” x_{pe}（这些名字的意义将稍后揭晓）。为了根据分布 $\mathcal{D}$ 生成一个已标注的样本 (x,y) ，我们首先随机选择 x ，其等于 x_{lm} 的概率为 1/4，等于 x_{pu} 的概率为 1/4，等于 x_{pe} 的概率是 1/2。标签 y 是独立于 x 选择的，以概率 $1-\eta$ 为 $+1$，以概率 η 为 -1，$0<\eta<\frac{1}{2}$ ，η 是固定的噪声率。因此，就好像每个样本的“真正”标签（在这种情况下总是 $+1$），以学习器观察之前的先验概率 η 翻转为其相反的值 -1。这种均匀噪声模型（uniform noise model）可能是最简单的噪声模型，它以等概率影响所有样本的真实标签。

假设空间 $\mathcal{H}$ 由 $\hbar_1$ 和 $\hbar_2$ 两个假设组成。正如在第 9 章所讨论的，我们允许这些假设是实值的或基于置信度的。稍后，我们将展示如何修改并将其用于二分类。假设 $\hbar_1$ 和 $\hbar_2$ 的定义如下：

x	$\hbar_1(x)$	$\hbar_2(x)$
x_{lm}	1	0
x_{pe}	c	$-\frac{1}{5}$
x_{pu}	c	1

其中 $c>0$ 是一个待选的小的常数。事实上，我们的论证适用于 c 的所有足够小（但为正）的值。$\mathcal{H}$ 中的假设可以用几何图形表示，如图 12.1 所示。

注意，分布 $\mathcal{D}$ 上的贝叶斯最优分类器预测所有样本都是正的，导致的贝叶斯错误率就是 η 。这个分类器可以表示成基假设的（平凡）线性组合的符号，即 $\operatorname{sign}(\hbar_1(x))$ 。

我们的目标是找到 $\hbar_1$ 和 $\hbar_2$ 的一个线性组合以最小化指数损失，即

$$F_{\lambda}(x) \doteq \lambda_1 \hbar_1(x) + \lambda_2 \hbar_2(x)$$

最小化风险 $\operatorname{risk}(F_{\lambda})$，如式（12.2）中的定义。我们考虑一个理想的情况，在这种情况下，直接最小化分布 $\mathcal{D}$ 上的真实风险，就像 AdaBoost 算法在一个非常大的训练集的极限情况下（如果运行足够多的轮数）。现在我们的目的是要证明，最终的分类器 $\operatorname{sign}(F_{\lambda})$ 会有非常差的准确性。

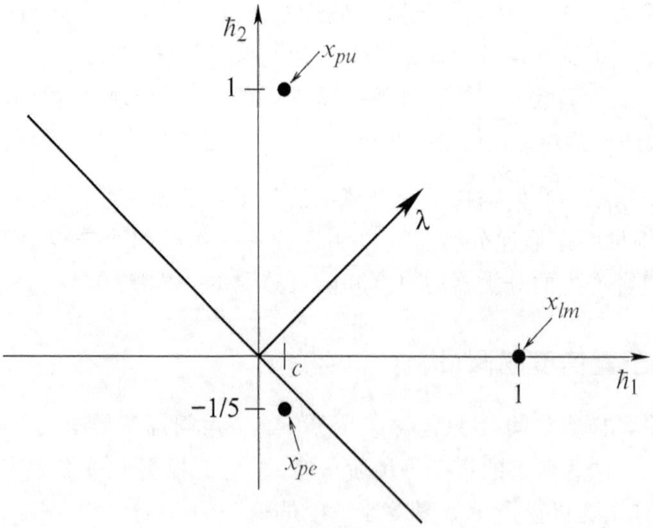

图 12.1

假设 $\hbar_1$ 和 $\hbar_2$ 在样本 x_{lm} 、x_{pe} 、x_{pu} 上。每个样本 x 用点 $\langle \hbar_1(x), \hbar_2(x) \rangle$ 来表示。向量 $\boldsymbol{\lambda}$ 表示通过最小化指数损失在 $\hbar_1$ 和 $\hbar_2$ 上获得的系数。垂直于 $\boldsymbol{\lambda}$ 的线表示最终的决定边界，在这种情况下，预测 x_{pe} 是负的，其他两个样本是正的

让我们定义

$$K(z) \doteq (1-\eta)e^{-z} + \eta e^{z} \tag{12.45}$$

那么通过构建 $\mathcal{D}$ 和 $\mathcal{H}$，我们可以显式地将 F_λ 的风险写成

$$L(\boldsymbol{\lambda},c) \doteq \text{risk}(F_{\boldsymbol{\lambda}}) = \frac{1}{4}K(\lambda_1) + \frac{1}{2}K(c\lambda_1 - \frac{1}{5}\lambda_2) + \frac{1}{4}K(c\lambda_1 + \lambda_2) \tag{12.46}$$

其中，右边的 3 项分别对应于与 x_{lm}、x_{pe}、x_{pu} 相关的预期损失。c 固定，选择向量 $\boldsymbol{\lambda}$ 最小化这个表达式。根据推测，当 c 很小时，λ_1 几乎完全由 x_{lm} 控制，λ_2 由另外两个样本控制。特别地，收割机（puller）倾向于把 λ_2 拉向更强的正方向，因为在分布 $\mathcal{D}$ 上，$\hbar_2$ 对收割机更高的置信度的预测的权重将超过分配给惩罚器的较高的权重。因此，惩罚器将被预测为负，如图 12.1 所示。如果发生这种情况，那么由于惩罚器在分布 $\mathcal{D}$ 下的权重较大，最终分类器的总体误差将至少为 1/2.

我们将证明下面的定理。

定理 12.13 如上述的构建过程，令 $\boldsymbol{\lambda}^*(c)$ 是任意最小化指数损失 $L(\boldsymbol{\lambda},c)$ 的 $\boldsymbol{\lambda}$ 的值。那么，对于任意足够小的 $c>0$，$\text{sign}(F_{\boldsymbol{\lambda}^*(c)})$ 的分类误差至少是 1/2。另一方面，对于某些 $\boldsymbol{\lambda}$ 的选择，$\text{sign}(F_{\boldsymbol{\lambda}})$ 的分类误差等于贝叶斯错误率 η。

证明：

因为 $K(z)$ 是凸的，所以当 z 趋于 $\pm\infty$ 的时候，$K(z)$ 是无界的，又因为 $L(\boldsymbol{\lambda}^*(c),c) \leqslant L(\mathbf{0},c)=1$，所以向量 $\boldsymbol{\lambda}^*(c)$ 对于所有 $c\in[0,1]$，必须都落在 $\mathbb{R}^2$ 的有界子集内。不失一般性，这个子集也是封闭的，因此是收紧的。

当 $c=0$，有

$$L(\boldsymbol{\lambda},c) = \frac{1}{4}K(\lambda_1) + \frac{1}{2}K(-\frac{1}{5}\lambda_2) + \frac{1}{4}K(\lambda_2)$$

根据 9.2.1 节的结果，这个表达式的最小值 $\boldsymbol{\lambda}^*(0)$ 是唯一的。而且，当 $\lambda_2=0$ 时，它对 λ_2 的偏导 $\dfrac{\partial L(\boldsymbol{\lambda},c)}{\partial \lambda_2}$ 严格为负。因为 L（只作为 λ_2 的函数）是凸的，最小值 $\lambda_2^*(0)$ 一定严格为正。

我们断言，当 c 收敛于 0 时，$\boldsymbol{\lambda}^*(c)$ 收敛于 $\boldsymbol{\lambda}^*(0)$（从右侧）。如果不是这样，那么存在 $\varepsilon>0$，一个序列 $c_1,c_2,\cdots,0<c_n<1/n$，并且

$$\|\boldsymbol{\lambda}^*(c_n) - \boldsymbol{\lambda}^*(0)\| > \varepsilon \tag{12.47}$$

对于所有 n 成立。

因为 $\boldsymbol{\lambda}^*(c_n)$ 在一个紧凑空间，序列一定有一个收敛的子序列。不失一般性，令这个子序列是整个序列，以便对于某些 $\tilde{\boldsymbol{\lambda}}$，$\boldsymbol{\lambda}^*(c_n) \to \tilde{\boldsymbol{\lambda}}$。根据定义，$\boldsymbol{\lambda}^*(c_n)$ 作为最小值，有

$$L(\boldsymbol{\lambda}^*(c_n),c_n) \leqslant L(\boldsymbol{\lambda}^*(0),c_n)$$

对所有 n 成立。

取极限，这意味着根据 L 的连续性，即

$$L(\tilde{\boldsymbol{\lambda}},0)=\lim_{n\to\infty}L(\boldsymbol{\lambda}^*(c_n),c_n)\leqslant\lim_{n\to\infty}L(\boldsymbol{\lambda}^*(0),c_n)=L(\boldsymbol{\lambda}^*(0),0)$$

但是因为 $\boldsymbol{\lambda}^*(0)$ 是 $L(\boldsymbol{\lambda},0)$ 的唯一最小值，这意味着 $\tilde{\boldsymbol{\lambda}}=\boldsymbol{\lambda}^*(0)$，这与式（12.47）相矛盾。因此，$\boldsymbol{\lambda}^*(c)\to\boldsymbol{\lambda}^*(0)$，如断言所述。

对于任意 c，对惩罚器 x_{pe} 的最终预测如下式的符号

$$F_{\boldsymbol{\lambda}^*(c)}(x_{pe})=c\,\lambda_1^*(c)-\frac{1}{5}\lambda_2^*(c)$$

当 $c\to 0$，根据上述讨论该式等于 $-\frac{1}{5}\lambda_2^*(0)<0$。因此，当 c 足够小时，x_{pe} 预测是负的，分布 $\mathcal{D}$ 上整体误差至少是 1/2。这样和随机猜测一样差，且比贝叶斯误差 η 还要差。如前所观察到的，贝叶斯误差是由两个基假设平凡组合实现的。

证毕。

12.3.2　用二分类器进行构建

可以修改上述结构，以便使所有弱假设实际上都是范围为 $\{-1,+1\}$ 的二元分类器。换句话说，对于样本上的某分布 $\mathcal{D}$，二元基分类器的某空间，尽管存在同样的这些基分类器的另一个线性组合其性能与贝叶斯最优分类器的性能相匹配，利用来自这个假设空间的分类器的线性组合最小化指数损失，会导致其准确度和随机猜测一样差。

为了证明这点，我们用二进制向量 $\boldsymbol{x}$ 来表示样本，$\boldsymbol{x}$ 在 $\mathcal{X}\doteq\{-1,+1\}^N$，这里 $N\doteq 2n+11$，$n>0$，马上会介绍如何选择 n。$\mathcal{H}$ 中的基分类器分别用 $\boldsymbol{x}$ 的一个分量表示。也就是说，对于每个样本 $\boldsymbol{x}$，每个分量 j，有一个基分类器 $\hbar_j$，$\hbar_j(\boldsymbol{x})=x_j$。

我们发现可以很方便地将每个实例 x 分解为它的前 $2n+1$ 个分量（表示为 $\boldsymbol{x}^{[1]}$）和其余 10 个分量（表示为 $\boldsymbol{x}^{[2]}$）。因此 $\boldsymbol{x}=\langle\boldsymbol{x}^{[1]};\boldsymbol{x}^{[2]}\rangle$，这里 $\boldsymbol{x}^{[1]}\in\{-1,+1\}^{2n+1}$，$\boldsymbol{x}^{[2]}\in\{-1,+1\}^{10}$。粗略地说，这个分解对应于在 12.3.1 节构建过程中用到的两个基假设 $\hbar_1$ 和 $\hbar_2$。

令 $\mathcal{S}_k^p$ 表示分量加起来正好等于 k 的 p 维二元向量构成的集合，即

$$\mathcal{S}_k^p\doteq\left\{\boldsymbol{u}\in\{-1,+1\}^p:\sum_{j=1}^{p}u_j=k\right\}$$

例如，$\mathcal{S}_p^p$ 由所有 +1 的向量组成，然而 S_0^p 由所有 p 维的 +1 和 −1 数目相同的向量组成。

现在分布 $\mathcal{D}$ 可以根据这些集合进行描述。具体地，在分布 $\mathcal{D}$ 上的随机样本 $\boldsymbol{x}=\langle\boldsymbol{x}^{[1]};\boldsymbol{x}^{[2]}\rangle$ 按下面的方式产生。

- 以 1/4 概率选择“大间隔”样本：从 $\mathcal{S}_{2n+1}^{2n+1}$ 中均匀随机选择得到 $\boldsymbol{x}^{[1]}$，从 $\mathcal{S}_0^{10}$ 中均匀随机选择得到 $\boldsymbol{x}^{[2]}$。
- 以 1/2 概率选择“惩罚器”样本：从 $\mathcal{S}_1^{2n+1}$ 中均匀随机选择得到 $\boldsymbol{x}^{[1]}$，从 $\mathcal{S}_{-2}^{10}$ 中均匀随机选择得到 $\boldsymbol{x}^{[2]}$。

- 以 1/4 概率选择“收割机”样本：从 $\mathcal{S}_1^{2n+1}$ 中均匀随机选择得到 $\boldsymbol{x}^{[1]}$，从 $\mathcal{S}_{10}^{10}$ 中均匀随机选择得到 $\boldsymbol{x}^{[2]}$。

标签 y 的选择就像之前一样，以 $1-\eta$ 的概率为$+1$，以 η 的概率为-1。因此像以前一样，贝叶斯误差为 η，现在贝叶斯最优分类器可以表示为 $\boldsymbol{x}^{[1]}$ 的分量的多数投票。

就如同我们对样本所做的处理，我们也可以将每个权重向量 $\boldsymbol{\lambda} \in \mathbb{R}^N$ 分解成 $\langle \boldsymbol{\lambda}^{[1]}; \boldsymbol{\lambda}^{[2]} \rangle$，这里 $\boldsymbol{\lambda}^{[1]} \in \mathbb{R}^{2n+1}$，$\boldsymbol{\lambda}^{[2]} \in \mathbb{R}^{10}$。弱分类器的线性组合有如下形式

$$F_{\boldsymbol{\lambda}}(\boldsymbol{x}) \doteq \sum_{j=1}^{N} \lambda_j x_j = \sum_{j=1}^{2n+1} \lambda_j^{[1]} x_j^{[1]} + \sum_{j=1}^{10} \lambda_j^{[2]} x_j^{[2]} \tag{12.48}$$

而分布 $\mathcal{D}$ 上的风险有

$$\begin{aligned} \mathrm{risk}(F_{\boldsymbol{\lambda}}) &\doteq \mathbf{E}_{\mathcal{D}}\left[\exp(-yF_{\boldsymbol{\lambda}}(\boldsymbol{x}))\right] \\ &= \sum_{\boldsymbol{x},y} \mathcal{D}(\boldsymbol{x},y)\exp\Big(-y\Big(\sum_{j=1}^{2n+1} \lambda_j^{[1]} x_j^{[1]} + \sum_{j=1}^{10} \lambda_j^{[2]} x_j^{[2]}\Big)\Big) \end{aligned} \tag{12.49}$$

最外的求和针对的是所有在 $\mathcal{X} \times \{-1,+1\}$ 上的已标注样本 $(\boldsymbol{x},y)$。

我们断言当这个风险最小化的时候，所有 $\lambda_j^{[1]}$ 都必须彼此相等，$\lambda_j^{[2]}$ 也是这样。假设不是这种情况，那么 $\boldsymbol{\lambda} = \langle \boldsymbol{\lambda}^{[1]}; \boldsymbol{\lambda}^{[2]} \rangle$ 最小化式 (12.49)，且 $\lambda_1^{[1]} \neq \lambda_2^{[1]}$。保持所有其他参数 $\lambda_3^{[1]}, \lambda_4^{[1]}, \cdots, \lambda_{2n+1}^{[1]}$，和 $\boldsymbol{\lambda}^{[2]}$ 都固定，把它们都看作常数，那么我们可以看到出现式 (12.49) 中求和的每一项都有如下的形式

$$a\exp(b_1\lambda_1^{[1]} + b_2\lambda_2^{[1]})$$

$b_1, b_2 \in \{-1,+1\}$，$a \geqslant 0$。将指数相同的项结合起来，则风险作为 $\lambda_1^{[1]}$ 和 $\lambda_2^{[1]}$ 的函数，必定是下面的形式

$$A\mathrm{e}^{\lambda_1^{[1]}-\lambda_2^{[1]}} + A'\mathrm{e}^{\lambda_2^{[1]}-\lambda_1^{[1]}} + B\mathrm{e}^{\lambda_1^{[1]}+\lambda_2^{[1]}} + C\mathrm{e}^{-\lambda_1^{[1]}-\lambda_2^{[1]}} \tag{12.50}$$

这里 A、A'、B 和 C 都是非负的，不依赖于 $\lambda_1^{[1]}$ 或 $\lambda_2^{[1]}$。事实上，根据构建的分布 $\mathcal{D}$ 上的行为，上述 4 项必定是严格为正的。此外，因为分布的天然对称性，一个已标注样本 $(\boldsymbol{x},y)$ 属于分布 $\mathcal{D}$ 的概率，在交换 $x_1^{[1]}$ 和 $x_2^{[1]}$ 的情况下是不变的。这意味着 $A=A'$。但是当式 (12.50) 中的 $\lambda_1^{[1]}$ 和 $\lambda_2^{[1]}$ 用其平均值 $(\lambda_1^{[1]}+\lambda_2^{[1]})/2$ 来代替的时候，会产生一个严格更小的风险，因为 $\lambda_1^{[1]} \neq \lambda_2^{[1]}$（并且因为当 $z=0$ 的时候，$\mathrm{e}^z+\mathrm{e}^{-z}$ 唯一最小化）。这与之前的假设矛盾。

根据类似的讨论，当风险最小的时候，对每个分量 j，$\lambda_1^{[1]}=\lambda_j^{[1]}$，$\lambda_1^{[2]}=\lambda_j^{[2]}$，即

$$\lambda_1^{[1]}=\lambda_2^{[1]}=\cdots=\lambda_{2n+1}^{[1]}=\boldsymbol{\lambda}^{[1]}$$

并且

$$\lambda_1^{[2]}=\lambda_2^{[2]}=\cdots=\lambda_{10}^{[2]}=\boldsymbol{\lambda}^{[2]}$$

$\boldsymbol{\lambda}^{[1]}$、$\boldsymbol{\lambda}^{[2]}$ 为一些常见的值。因此，从今以后我们只需要考虑这种形式的 $\boldsymbol{\lambda}^{[1]}$、$\boldsymbol{\lambda}^{[2]}$。

注意，如果 $\boldsymbol{x}^{[1]} \in \mathcal{S}_{k_1}^{2n+1}$，$\boldsymbol{x}^{[2]} \in \mathcal{S}_{k_2}^{10}$，那么根据式 (12.48)，有

$$F_{\lambda}(\boldsymbol{x}) = \boldsymbol{\lambda}^{[1]} k_1 + \boldsymbol{\lambda}^{[2]} k_2$$

因此，根据分布 $\mathcal{D}$ 式（12.49）可以简化为

$$\frac{1}{4}K((2n+1)\boldsymbol{\lambda}^{[1]}) + \frac{1}{2}K(\boldsymbol{\lambda}^{[1]} - 2\boldsymbol{\lambda}^{[2]}) + \frac{1}{4}K(\boldsymbol{\lambda}^{[1]} + 10\boldsymbol{\lambda}^{[2]}) \tag{12.51}$$

这里 3 项分别对应着“大间隔”“惩罚器”“收割机”3 个样本，K 如式（12.45）的定义。

如果我们现在定义

$$\tilde{\lambda}_1 \doteq (2n+1)\boldsymbol{\lambda}^{[1]}$$

$$\tilde{\lambda}_2 \doteq 10\boldsymbol{\lambda}^{[2]}$$

$$\tilde{c} \doteq \frac{1}{2n+1}$$

那么式（12.51）可以写为

$$\frac{1}{4}K(\tilde{\lambda}_1) + \frac{1}{2}K(\tilde{c}\,\tilde{\lambda}_1 - \frac{1}{5}\tilde{\lambda}_2) + \frac{1}{4}K(\tilde{c}\,\tilde{\lambda}_1 + \tilde{\lambda}_2)$$

其形式与式（12.46）相同，即 12.3.1 节的构建风险。换句话说，我们已经将涉及二元分类器的最小化问题约简为先前涉及实值基假设的更精确简单的构造问题。因此，我们现在完全可以按照之前所述证明，只要 n 足够大（$\tilde{c}$ 足够小），所有的“惩罚器”样本就将被分类器根据最小化风险分类为−1，其泛化误差至少为 1/2。

因此，我们的结论是如果弱假设空间不能充分表达（表达能力欠佳），AdaBoost 的分类错误可能比最优分类错误要严重得多。此外在 7.5.3 节中，我们描述了一种估计样本为正或负的条件概率的方法。正如该节所指出的，这种方法本质上依赖于如式（12.11）中所给出的表达能力的相同假设。上面给出的例子表明，这个假设是不可缺少的，如果没有它，该方法可能会导致严重的失败。通过适当的修改，同样的论证也可以应用于逻辑斯蒂回归（参见练习 12.9）。

基于上述构建的实验报告见 14.4 节。

12.3.3　均匀噪声的困难

在前面的例子中，我们使用了一个简单的均匀噪声模型，其中所有的样本的标签都有相同的被污染的概率，且 $\eta > 0$。结果表明，即使 η 是很小的正值也将导致泛化误差和随机猜测一样地糟糕，尽管有这样的结论：已证明没有噪声（$\eta = 0$）时，像 AdaBoost 之类的算法将生成一个具有完美泛化准确度的分类器（只要给予足够多的训练数据）。所以从 $\eta = 0$ 到 $\eta > 0$，泛化误差从 0 突然跳到了 50%。

尽管是人为设计的，但这表明，AdaBoost 可能对这种均匀噪声相当敏感。事实上，实验已经证明了这一点。例如，在一项实验研究中，使用决策树算法作为基学习器，将提升法与 bagging（另一种生成和组合基分类器的方法，见 5.5 节）进行比较，在 9 个真实

的基准数据集中，提升法在 5 个数据集上的表现明显优于 bagging，而 bagging 甚至没有在一个数据集上超过提升法（在另外 4 个数据集上没有统计学意义上的显著差异）。然而，当以 10%的速度添加人工均匀噪声的时候，结果正好相反：在 6 个数据集上，bagging 方法比提升法的效果更好，而提升法仅对一个数据集效果更好（另外两个数据集在统计上有关联）。

虽然我们预计任何算法在有噪声的数据上会表现得更差，但是这些结果表明，与其他算法相比提升法的性能下降得更快。从直觉上看，这种糟糕的性能似乎是 AdaBoost 有意专注于“难的”样本的结果，这种倾向导致算法将更多的权重放在已被噪声污染的样本上，而徒劳地去匹配噪声的标签。图 12.2 显示了一个示例。在 10.3 节上也可以看到这点，其中利用了这一趋势作为确定异常点的一种手段。

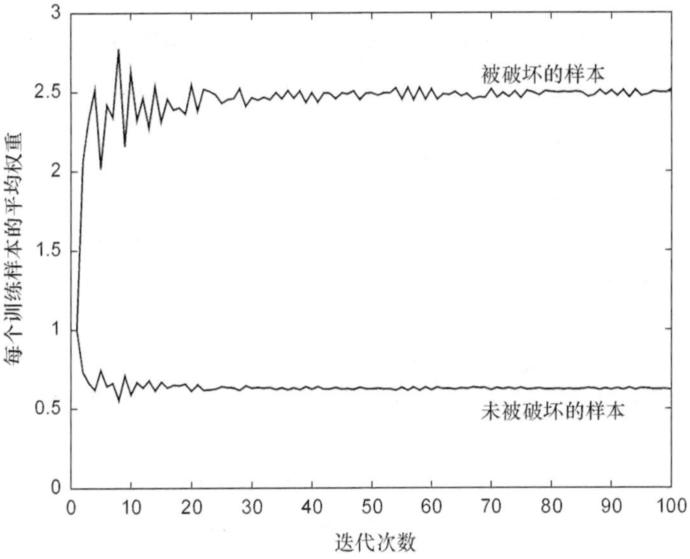

图 12.2

在本实验中，在训练前随机选取该基准数据集的 2 800 个样本中的 20%，人为破坏其标签，然后使用决策树算法作为基学习器运行 AdaBoost 算法。该图显示了每轮被破坏的样本与未被破坏的样本的平均权重的比较（Kluwer 学术出版社（现为施普林格）版权所有，转载自图 9 [68]，经 Springer Science and Business Media，LLC. 许可）

上面构造的例子表明，影响有噪声数据性能的第二个因素可能是无法使用有限复杂度的基分类器的线性组合来表示最小化指数损失的函数。

尽管 AdaBoost 在这种半人造数据实验中添加了均匀噪声而令人失望地降低了性能，但我们也观察到 AdaBoost 在大量真实数据集上表现得相当好。这样的数据几乎从来都不是“干净的”，因为测量或记录错误、标注错误、误删等以这样或那样的方式损坏了这些数据。这一悖论表明，对于导致数据被破坏的现实世界的影响，均匀噪声可能是一个糟糕的模型。也许在真实的数据集中，噪声对所有样本的影响并不相同，相反，噪声对靠近正负分界的样本的影响比远离正负分界的样本更大。事实上，正如 7.5.1 节所讨论的，逻辑斯蒂回归作为 AdaBoost 的“近亲”，正是假设了这样一个噪声模型，进一步揭示了这种方法与均匀噪声不匹配。

另一方面，这也可能提供了大大提高 AdaBoost 处理噪声的能力的机会。事实上，已经有人提出了一些这样的算法。在这些被证明可以抵抗均匀噪声的分类器中，大多数是构造的一种非常不同的组合分类器。这些方法不是通过计算基分类器的（加权）多数投票来构造最终的分类器，而是构造一个分支规划（branching program），这个分支规划很像一个决策树（见 1.3 节），但是在这个过程中，两条或多条出边可以指向同一个节点。因此，分支规划的图结构不是形成树，而是形成一个有向无环图。对这些方法的完整描述超出了本书的范围。

在第 13 章给出的最优提升法的理论研究中，提出了一种使提升法具有抗噪声和异常值的替代方法。

12.4　小结

- 在本章，我们确定了可证明 AdaBoost 收敛到最佳精度的条件。利用该算法将指数损失最小化的能力证明了这一点，并证明了几乎最小的指数损失意味着几乎最优的分类精度。但在本章中我们也看到，当弱假设表达能力不够时，即使使用有效的无限规模的训练数据，AdaBoost 的性能也会很差。在这个例子中假设的均匀噪声虽然可能不完全现实，但从理论上和经验上来看似乎都是提升法的一个问题。

12.5　参考资料

不同条件下 AdaBoost 及其变形的一致性结果已经被多位学者研究过，包括 Breiman [38]，Mannor、Meir 和 Zhang [164]，Jiang [128]，Lugosi 和 Vayatis [161]，Zhang [235]，Zhang 和 Yu [236]，Bickel、Ritov 和 Zakai [20]。12.1 节和 12.2 节中给出的讨论直接来自 Bartlett 和 Traskin [14] 的证明，只是做了些修改，最重要的是引理 12.4 中给出的改进的收敛速度，这是 Mukherjee、Rudin 和 Schapire [172] 的工作。定理 12.1 实质上是由 Zhang [235] 证明的，在这里给出了更精细的形式，由 Bartlett、Jordan 和 McAuliffe [12] 证明。

12.3.1 节给出的示例和证明是来自 Long 和 Servedio [159]，并进行了一些修改和简化。图 12.1 也改编自他们的论文。他们的研究结果进一步表明，即使使用某种形式的归一化方法，或者在有限的几轮后提前停止，在最小化指数损失时也会失败。12.3.2 节的例子是受到他们在论文中使用的一个例子的启发，但只是实验性的，没有证明。

到目前为止，文献中提到的大多数工作都适用于广义的损失函数，而不仅是指数损失。

Dietterich [68] 报告了 12.3.3 节中提到的实验，该实验将 AdaBoost 和 bagging 在噪声数据上进行了比较。图 12.2 是在获得许可的情况下从该工作中重新复制的。参见 Maclin 和 Opitz 的工作 [162]。

Kalai 和 Servedio [129] 以及 Long 和 Servedio [157，158] 给出了在噪声情况下的提升法。这些利用某种方法来进行提升的算法基于分支规划表示，最初来自 Mansour 和 McAllester 的工作 [165]。其他关于在各种噪声下的提升法的实践和理论研究包括 [9，17，106，141，143，186，210]。

本章部分练习来自 [54，132，205]。

12.6 练习

12.1 关于定理 12.1 的证明，证明：

a. ϕ 是凸的。

b. ϕ 是严格递增的。

c. $\phi^{-1}(z)$ 如式（12.10）所定义，是递增的。

12.2 这个练习是对定理 12.1 的泛化。令 ℓ：$\mathbb{R}\to\mathbb{R}_+$ 是基于间隔的损失函数，具有如下属性：(1) ℓ 是凸的；(2) ℓ 的导数 ℓ' 在 0 处存在，并且是负的，即 $\ell'(0)<0$。注意到这些属性意味着 ℓ 在 $[-\infty,0]$ 上是递减的。

我们用 12.1 节的符号，但是依据 ℓ 重新定义了某些关键量。具体地，h_{opt} 和 err^* 如前所述，但是对于 F：$\mathcal{X}\to\mathbb{R}$，我们重新定义

$$\text{risk}(F)\doteq\mathbf{E}[\ell(yF(x))]$$

并且

$$\text{risk}^*\doteq\inf_F\text{risk}(F)$$

其中下确界是对所有可能的函数 F 。进一步，$p\in[0,1]$，$z\in\mathbb{R}$，令

$$C(p,z)\doteq p\ell(z)+(1-p)\ell(-z)$$

令 $C_{\min}(p)\doteq\inf_{z\in\mathbb{R}}C(p,z)$

如定理 12.1，我们现在令 F：$\mathcal{X}\to\mathbb{R}$是给定的、固定的函数，令 h 是相应的阈值分类器。最后，我们重新定义 $\rho(x)\doteq C(\pi(x),F(x))-C_{\min}(\pi(x))$

a. 证明

$$\rho(x)\geqslant\begin{cases}0, & \text{if}\quad h(x)=h_{\text{opt}}(x)\\ \ell(0)-C_{\min}(\pi(x)), & \text{else}\end{cases}$$

b. $r\in[-1,+1]$，我们重新定义

$$\phi(r)\doteq\ell(0)-C_{\min}\left(\frac{1+r}{2}\right)$$

证明 ϕ 有下面的属性：

i. $\phi(r)=\varphi(-r)$，$r\in[-1,+1]$。

ii. ϕ 是凸的；

[提示：首先证明并应用这样一个结论，如果 $\mathcal{F}$ 是一个凸实值函数族，那么由 $g(x)=\sup_{f\in\mathcal{F}}f(x)$ 定义的函数 g 也是凸的]

iii. $\phi(0)=0$，$\phi(r)>0$，$r\neq0$。

[提示：对于固定的 $r\neq0$，考虑在 $z=0$ 附近的 $C((1+r)/2,z)$ 的值]

iv. ϕ 在 $[0,1]$ 是严格递增的。

c. 证明

$$\phi(\text{err}(h)-\text{err}^*)\leqslant\text{risk}(F)-\text{risk}^*$$

d. 令 $F_1,F_2,\cdots$ 是一系列的函数，h_1，h_2，$\cdots$ 是对应的一系列的阈值分类器（即，$h_n(x)=\text{sign}(F_n(x))$，$F_n(x)\neq0$）。证明：当 $n\to\infty$ 时，如果 $\text{risk}(F_n)\to\text{risk}^*$ ，那么 $\text{err}(h_n)\to\text{err}^*$ 。

12.3 我们继续 12.2 的练习。

a. 设损失 $\ell(z)=\ln(1+e^{-z})$，证明

$$\phi(r)=\text{RE}_b\left(\frac{1+r}{2}\,\middle\|\,\frac{1}{2}\right)$$

证明：如果 $\mathrm{risk}(F) \leqslant \mathrm{risk}^* + \varepsilon$ ，那么

$$\mathrm{err}(\mathrm{sign}(F)) \leqslant \mathrm{err}^* + \sqrt{2\varepsilon}$$

b. 针对下面的损失函数计算 $\phi(r)$（用尽可能简单的形式表示）。

i. $\ell(z) = (1-z)^2$ 。

ii. $\ell(z) = (\max\{1-z, 0\})^2$ 。

iii. $\ell(z) = \max\{1-z, 0\}$ 。

练习 12.4 和练习 12.5 概述了获得两种 AdaBoost 的变形的指数损失收敛到最小值的速度的替代方法。除了下面描述的更改之外，我们还采用了 12.2 节的设置和符号。特别地，$\check{F}_B$ 是一个参考函数，$|\check{F}_B| < B$ 。

12.4 AdaBoost. S 算法和 AdaBoost 基本一样，除了在每一轮结束时，当前弱假设的组合会按比例缩减（scaled back）。也就是说，乘以范围为 $[0,1]$ 的一个标量，如果这样做将进一步减少指数损失。伪代码如算法 12.1 所示，使用 AdaBoost 的公式作为贪心算法来最小化指数损失，如 7.1 节所示。代码在很大程度上与算法 7.1 中的一样，维护弱假设的组合 F_t ，贪心算法选择 α_t 和 h_t ，每一轮会产生经验指数损失最大程度的下降。然而，在每轮结束的时候，在创建新的组合 $\widetilde{F}_t = F_{t-1} + \alpha_t h_t$ 之后，结果乘以 s_t（s_t 取值范围为 $[0,1]$ ），这会导致指数损失最大程度的下降。

下面，D_t、R_t、ΔR_t 如式（12.22）、式（12.20）和式（12.27）的定义，但是 F_t 是如下重新定义的。

算法 12.1

AdaBoost. S：AdaBoost 的修改版本

给定：$(x_1, y_1), \cdots, (x_m, y_m)$ ，$x_i \in \mathcal{X}$ ，$y_i \in \{-1, +1\}$

初始化：$F_0 \equiv 0$

对于 $t = 1, \cdots, T$ ，

- 选择 $h_t \in \mathcal{H}$ ，$\alpha_t \in \mathbb{R}$ 最小化

$$\frac{1}{m}\sum_{i=1}^{m} \exp(-y_i(F_{t-1}(x_i) + \alpha_t h_t(x_i)))$$

（对所有 h_t 和 α_t 的可能选择）

- 更新：

$$\widetilde{F}_t = F_{t-1} + \alpha_t h_t$$

按比例缩减：

$$F_t = s_t \widetilde{F}_t$$

这里 $s_t \in [0,1]$ ，最小化

$$\frac{1}{m}\sum_{i=1}^{m} \exp(-y_i s_t \widetilde{F}_t)$$

输出 F_T

a. 证明

$$\sum_{i=1}^{m} D_t(i) y_i F_{t-1}(x_i) \geqslant 0$$

[提示：考虑 $\widehat{\text{risk}}(s\widetilde{F}_{t-1})$ 被看作 s 的函数的时候，对 s 的偏导]

b. 证明：如果 $R_{t-1} \geqslant 0$，那么

$$\Delta R_t \geqslant \frac{R_{t-1}^2}{2B^2}$$

[提示：证明 R_{t-1} 的上界，ΔR_t 的下界，两个都基于 γ_t，根据 AdaBoost. S 进行重新定义]

c. 证明：如果 $R_t > 0$，那么

$$\frac{1}{R_t} \geqslant \frac{1}{R_{t-1}} + \frac{1}{2B^2}$$

d. 最后证明

$$\widehat{\text{risk}}(F_T) \leqslant \widehat{\text{risk}}(\check{F}_B) + \frac{4B^2}{T}$$

（一个比引理 12.4 中给出的更好的 AdaBoost 的界）

12.5 考虑 AdaBoost 的一个变形，α_t 限制在 $[-c_t, c_t]$，其他的与算法 7.1 都一样，即，在每轮，$F_t = F_{t-1} + \alpha_t h_t$，$\alpha_t$ 和 h_t 一起选择以贪心最小化指数损失，所有可能的 $h_t \in \mathcal{H}$，α_t 在 $[-c_t, c_t]$（而不是 $\alpha_t \in \mathbb{R}$，如算法 7.1）。这里 $c_1, c_2, \cdots$ 是事先指定的、非增的正数序列，我们假设 $\sum_{t=1}^{\infty} c_t = \infty$，$\sum_{t=1}^{\infty} c_t^2 < \infty$（例如，$c_t = t^{-a}$，这里 $\frac{1}{2} < a \leqslant 1$，就满足上述条件），$B > c_1$。

在接下来，R_t 和式 D_t 的定义如式（12.20）和式（12.22）（F_t 如前面的重新定义）。然而，我们这里重新定义 $S_t \doteq B + \sum_{t'=1}^{t} c_{t'}$。

a. 对于任意 $\alpha \in \mathbb{R}, h \in \mathcal{H}$，用泰勒定理（定理 A.1）证明

$$\ln(\widehat{\text{risk}}(F_{t-1} + \alpha h)) \leqslant \ln(\widehat{\text{risk}}(F_{t-1})) - \alpha \sum_{i=1}^{m} D_t(i)\, y_i h(x_i) + \frac{\alpha^2}{2}$$

b. 令 $\hat{h}_1, \cdots, \hat{h}_n \in \mathcal{H}$，$w_1, \cdots, w_n \in \mathbb{R}$，并且 $\sum_{j=1}^{n} |w_j| = 1$。证明

$$\ln(\widehat{\text{risk}}(F_t)) \leqslant \ln(\widehat{\text{risk}}(F_{t-1})) - c_t \sum_{i=1}^{m} \sum_{j=1}^{n} w_j D_t(i)\, y_i \hat{h}_j(x_i) + \frac{c_t^2}{2}$$

[提示：证明 $\sum_{j=1}^{n} |w_j| \ln(\widehat{\text{risk}}(F_{t-1}) + c_t \text{sign}(w_j)\hat{h}_j)$ 的上下界]

c. 证明：在某 t 轮，存在一个假设的有限集合 $\hat{h}_1, \cdots, \hat{h}_n \in \mathcal{H}$，实数 $a_1, \cdots, a_n$，$b_1, \cdots, b_n$，F_{t-1} 和 $\check{F}_B$ 可以写成下面的形式

$$F_{t-1}(x) = \sum_{j=1}^{n} a_j \hat{h}_j(x)$$

$$\check{F}_B(x) = \sum_{j=1}^{n} b_j \hat{h}_j(x)$$

这里

$$\sum_{j=1}^{n} (|a_j| + |b_j|) \leqslant S_{t-1}$$

（注意 $\mathcal{H}$ 不需要是有限的）

d. 设 $w_j = (b_j - a_j)/W$（见 **(b)**），$W \doteq \sum_{j=1}^{n} |b_j - a_j|$，证明

$$R_t \leqslant R_{t-1}\left(1-\frac{c_t}{S_{t-1}}\right)+\frac{c_t^2}{2}$$

[提示：用式（12.23）]

e. 证明

$$1-\frac{c_t}{S_{t-1}} \leqslant \frac{S_{t-1}}{S_t}$$

f. 证明

$$R_t \leqslant \frac{B^2}{S_T}+\frac{1}{2}\sum_{t=1}^{T}\frac{S_t}{S_T}\cdot c_t^2$$

g. 令 $\sigma(1),\sigma(2),\cdots$ 是一个正整数的序列，且 $1\leqslant\sigma(t)\leqslant t$，对所有 t，当 $t\to\infty$，$\sigma(t)\to\infty$，但是 $S_{\sigma(t)}/S_t\to 0$ 时，证明这样的序列一定存在。

h. 证明

$$R_t \leqslant \frac{B^2}{S_T}+\frac{1}{2}\left[\frac{S_{\sigma(T)}}{S_t}\sum_{t=1}^{\sigma(T)} c_t^2+\sum_{t=\sigma(T)+1}^{T} c_t^2\right] \tag{12.52}$$

当 $T\to\infty$ 时，这个不等式的右边将趋于 0。这说明 $\lim\limits_{T\to\infty}\widehat{\mathrm{risk}}(F_t)\leqslant\widehat{\mathrm{risk}}(\check{F}_B)$，用式（12.52）可以获得基于 B 和 c_t 的收敛速度。

12.6 现在不是让 AdaBoost 运行有限的轮数，而是考虑对指数损失进行正则化。具体地说，给定定理 12.2 的设置和假设，$B>0$，令 $\hat{F}_B$ 是最小化 $\widehat{\mathrm{risk}}(F)$ 的任意函数，$F\in\mathrm{span}(\mathcal{H})$，$|F|\leqslant B$（为了简单起见，假设这样的最小化函数存在）。照例，$\check{F}_B$ 是同一空间下的参考函数。

a. 证明：至少以 $1-\delta$ 的概率，有

$$\mathrm{risk}(\hat{F}_B)\leqslant\mathrm{risk}(\check{F}_B)+O\left(\mathrm{e}^B\cdot B\cdot\sqrt{\frac{d\ln(m/d)}{m}}+\mathrm{e}^B\sqrt{\frac{\ln(1/\delta)}{m}}\right)$$

[提示：用 5.3 节的方法]

b. 证明：当 $m\to\infty$ 时，作为 m 的函数选择合适的 B，$\mathrm{risk}(\hat{F}_B)$ 几乎可以肯定收敛到 risk^*。

12.7 令域 $\mathcal{X}=[0,1]^n$，设式（12.1）中给出条件概率函数 π 是利普希茨函数。也就是说，某常数 $k>0$，对于所有 $\mathbf{x},\mathbf{x}'\in\mathcal{X}$，有

$$|\pi(\mathbf{x})-\pi(\mathbf{x}')|\leqslant k\,\|\mathbf{x}-\mathbf{x}'\|_2$$

设 $\mathcal{H}$ 是由所有最多有 cn 个内部节点的决策树构成的空间，每个节点的测试形式是 $x_i\leqslant v$，$j\in[1,\cdots,n]$，$v\in\mathbb{R}$。这里，$c>0$，c 是选择的绝对常数（不依赖于 n、k，或者 π）。

a. 证明式（12.11）在这种情况下成立。

b. 证明 $\mathcal{H}$ 的 VC 维的上界是 n 的一个多项式。

12.8 证明定理 12.13 的证明中省略的以下细节。

a. 向量 $\boldsymbol{\lambda}^*(c)$，对所有 $c\in[0,1]$，落在 $\mathbb{R}^2$ 的紧子集内。

b. 最小值 $\boldsymbol{\lambda}^*(0)$ 是唯一的。

c. 在 $\lambda_2=0$ 处的偏导 $\dfrac{\partial L(\boldsymbol{\lambda},0)}{\partial\lambda_2}$，严格为负。

d. $\lambda_2^*(0)>0$。

12.9 令 ℓ：$\mathbb{R}\to\mathbb{R}_+$ 是基于间隔的损失函数，满足练习 12.2 开始描述的属性。注意到这些属性意味着 ℓ 是连续的。设 12.3.1 节构建的指数损失用 ℓ 来代替，具体地，这意味着重新定义

$$K(z) \doteq (1-\eta)\ell(z) + \eta\ell(-z)$$

在这个练习中，当最小化任意的具有上述属性的损失函数 ℓ，而不是最小化指数损失时，我们将会看到如何修改定理 12.13 以证明一个更泛化的结果成立。

a. 证明：$\lim\limits_{s \to -\infty} \ell(s) = \infty$ 。

[提示：用式 (A.3)]

b. 证明：存在紧集 $C \subseteq \mathbb{R}^2$，如果对于任意 $c \in [0,1]$，$\boldsymbol{\lambda}$ 最小化 $L(\boldsymbol{\lambda},c)$，那么 $\boldsymbol{\lambda} \in C$。

c. 证明：如果 ℓ 是严格凸的，那么 $L(\boldsymbol{\lambda},0)$ 有唯一最小值。此外，给出一个例子来证明：如果没有这个额外的假设，$L(\boldsymbol{\lambda},0)$ 的最小值不需要是唯一的（在这个练习的剩下部分你不应该假设 ℓ 是严格凸的）。

d. 令 $M \subseteq \mathbb{R}^2$ 是所有 $L(\boldsymbol{\lambda},0)$ 的最小值的集合。证明：如果 $\boldsymbol{\lambda} \in M$，那么 $\lambda_2 > 0$。

e. 令 $\boldsymbol{\lambda}^*(c)$ 如定理 12.13 的定义（但是损失函数是 ℓ），令 $c_1, c_2, \cdots$ 是收敛到 0 的任意序列。证明：如果序列 $\boldsymbol{\lambda}^*(c_1)$，$\boldsymbol{\lambda}^*(c_2)$，$\cdots$ 收敛，那么它的极限在 M 中。

f. 证明：如果存在 $c_0 > 0$，对于所有 $c \in [0, c_0]$，$F_{\boldsymbol{\lambda}^*(c)}(x_{pe}) < 0$。

12.10 基于这个练习，假设样本 $\boldsymbol{x}$ 是在 $\{-1,+1\}^N$ 上的二元向量。我们考虑包含一个常数项的这种向量的分量的加权组合。换句话说，权重向量是如下形式：$\boldsymbol{\lambda} = \langle \lambda_0, \lambda_1, \cdots, \lambda_N \rangle \in \mathbb{R}^{N+1}$，（重新）定义组合如下

$$F_{\lambda}(\boldsymbol{x}) \doteq \lambda_0 + \sum_{j=1}^{N} \lambda_j x_j$$

a. 设弱学习器产生的基于置信度的决策树桩为如下形式

$$h(\boldsymbol{x}) = \begin{cases} c_+, \text{if} \quad x_j = +1 \\ c_-, \text{if} \quad x_j = -1 \end{cases}$$

c_+、$c_- \in \mathbb{R}$，索引 $j \in [1, \cdots, N]$。证明：如果 $h_1, \cdots, h_T$ 都是这种形式，$\alpha_1, \cdots, \alpha_T \in \mathbb{R}$，那么存在 $\boldsymbol{\lambda} \in \mathbb{R}^{N+1}$，$\sum_{t=1}^{T} \alpha_t h_t(\boldsymbol{x}) = F_{\lambda}(\boldsymbol{x})$，$\boldsymbol{x} \in \{-1,+1\}^N$。

b. 设 $\mathcal{D}$ 是 12.3.2 节上的分布，$\boldsymbol{\lambda} \in \mathbb{R}^{N+1}$ 最小化风险 $\mathbf{E}_{\mathcal{D}}[\mathrm{e}^{-yF_{\lambda}(x)}]$。在分布 $\mathcal{D}$ 上产生的分类器 $\mathrm{sign}(F_{\lambda})$ 的分类误差是多少？这与贝叶斯最优相比较性能如何？

c. 对于任意噪声率 $\eta \in (0, \frac{1}{2})$，证明：如何构建一个修改版的分布 $\mathcal{D}$，如果 $\boldsymbol{\lambda}$ 最小化风险（在这个新的分布上），即使通过同样形式的某种组合可以获得贝叶斯误差，那么产生的分类器 $\mathrm{sign}(F_{\lambda})$ 其分类误差至少是 1/2。

第13章

效率最优的提升法

这本书的大部分内容都是关于提升法的效率的，尤其是 AdaBoost。在 3.1 节中，我们证明了关于 AdaBoost 根据弱分类器的边界快速降低训练误差的界。在第 4 章和第 5 章中，我们用分析训练误差的方法证明了泛化误差的各种界。这些界说明 AdaBoost 的性能在很多方面都表现得很好，例如，当弱学习假设成立时，AdaBoost 的训练误差会以指数级下降。然而，我们也想知道，用一种不同的算法是否有可能做得更好。换句话说，这些结果提出了关于“最优”提升法本质的基本问题：AdaBoost 是最佳的可能算法吗？如果不是，那么这个算法是什么，AdaBoost 有多接近它？这些问题涉及使提升法成为“最优”的可能而必须的基本需求。

为了找到答案，我们首先学习，当允许弱学习算法调用 T 轮，且经验-γ 弱学习假设成立时，优化训练误差的最小化的知识。在这里，就像在第 6 章中，提升器和弱学习器之间的互动被视为一个博弈。然而在第 6 章中，我们将每一轮提升视为一个完整的游戏，然后重复 T 轮，现在我们将 T 轮提升视为完整的一个序列，作为只玩一次的单个博弈。

采用这种形式，我们推导出一个被称为 BBM 的算法，对于这种博弈形式，这个算法是非常接近最优解的。就 γ 和 T 而言，其训练误差就是某二项分布（binomial distribution）的尾部(Tail)，而定理 3.1 给出的 AdaBoost 的界正是同样的尾部的上界，这是通过霍夫丁不等式（定理 2.1）得到的。因此，根据训练误差，AdaBoost 和最优解之间的差距与霍夫丁不等式和它被用来近似的真实概率之间的差距是一样的——在某种意义上，差距是渐进消失的。

接下来我们考虑泛化误差，提升法的目的就是最小化泛化误差。毫不奇怪，第 4 章的结果可以立即应用于推导出 BBM 泛化误差的上界。更有趣的是，这样得到的边界就是任何提升法的最佳的可能结果。换句话说，就 T 和 γ 而言，存在学习问题，任意提升法的泛化误差至少与给出的 BBM 的上界一样大（随着训练样本的增加，这种差异会消失）。同样地，这个下界提供了为达到预期的精度所需要的提升法的最小轮数的下界。因此，从这些方面来看，BBM 本质上是最优的，AdaBoost 紧随其后。

除了上述意义上的最优，BBM 和 AdaBoost 相比，还有另一个潜在的优势，即处理异常值。从 10.3 节和 12.3.3 节可以看出，当一些数据被错误标注或模棱两可时，AdaBoost 会越来越重视这些“困难”的样本，有时会严重降低性能。BBM 也关注较难的样本，但与 AdaBoost 相反，它实际上很少关注特别“困难”的样本，这样有效地“放弃”了异常值。这可能是面对有噪声数据集 BBM 的一个重要优点。

遗憾的是，BBM 也有一个严重的缺点。与 AdaBoost 相比，它是非自适应的，这意味着在开始提升之前必须提供最小边界 γ 。这一特性严重阻碍了它在实际中的应用。在第 14 章中，我们描述了一种使 BBM 自适应的方法。

13.1 BBM 算法

我们首先考虑如何最优地最小化训练误差，这将引出 BBM 算法。

13.1.1 投票博弈

如前所述，我们假设有 m 个训练样本 $(x_1,y_1),\cdots,(x_m,y_m)$ 。我们还假设弱学习算法满足经验-γ 弱学习假设，也就是说，对于样本上的任意分布 D ，弱学习器保证返回一个弱假设 h ，它的加权误差对分布 D 来说至多是 $\frac{1}{2}-\gamma$ 。最后，我们假设提升器允许访问弱学习器 T 次。在这些条件下，我们的目标是确定任何提升法都能保证的最小训练误差。请注意，这本质上等同于要求达到某预期精度所需的最小运行轮数。

目前，我们进一步将注意力限制在这样的提升法上：其组合分类器是对弱假设进行简单的（未加权的）多数投票。这个限制可能会稍微约束提升器的性能。即便如此，13.2 节的结果将表明，如果没有这个限制，没有任何提升法可以做得更好。

我们可以把提升的过程看作两个相互作用的参与者之间的博弈：提升器和弱学习器。游戏是这样进行的。

在序列 $t=1,\cdots,T$ 的每一轮。

（1）提升器在训练集上选择一个分布 D_t 。

（2）弱学习器选择一个假设 h_t ，有

$$\mathbf{Pr}_{i\sim D_t}[h_t(x_i)\neq y_i]\leqslant\frac{1}{2}-\gamma \tag{13.1}$$

T 轮结束后，最终的假设是弱假设的简单多数投票，即

$$H(x)=\operatorname{sign}\Big(\sum_{t=1}^{T}h_t(x)\Big) \tag{13.2}$$

在这个博弈中，提升器的损失就是训练误差，即

$$\frac{1}{m}\sum_{i=1}^{m}\mathbf{1}\{H(x_i)\neq y_i\}=\frac{1}{m}\sum_{i=1}^{m}\mathbf{1}\Big\{y_i\sum_{t=1}^{T}h_t(x_i)\leqslant 0\Big\} \tag{13.3}$$

提升器的目标是最小化这个损失，然而弱学习器的目标是最大化这个损失。

与我们在 6.4 节中给出的关于提升法的博弈论公式相比，上面描述的博弈元素可能看起来很奇怪，甚至是不正确的。实际上，这两个公式之间确实存在非常显著的差异，每个公式都捕捉了提升法的不同方面，从而产生了不同的结论。

具体来说，在 6.4 节的模型中，博弈是每轮重复进行一次，每轮结束时均有损失。该博弈由训练样本上的矩阵和弱假设形成的固定空间来定义。在当前的设置中，我们将整个 T 轮序列视为一次博弈。虽然在原则上可以用矩阵来描述这个博弈，但更自然的是用序列博弈来定义它，即在两个玩家之间交替进行游戏，而损失只发生在序列的末尾。进一步，我们没有对弱假设做任何限制，不要求它们满足 γ -弱学习假设。

最后，这两个游戏更微妙的区别在于这两名玩家的目标，尤其是弱学习器：在 6.4 节的设置中，弱学习器希望最小化它的弱假设的加权误差，而提升器试图增加实现这一目标的困难，手段是选择困难的分布。现在，弱学习器的目标正好完全相反，它要选择具有最大可能的加权误差的弱假设（尽管不会超过 $\frac{1}{2}-\gamma$ ），因为这些都是符合预期的：让提升器产生的组合假设的误差更小的这个目标实现起来更困难。因此，弱学习器的目标在两种提升法博弈论模型中是完全相反的。然而，尽管有这种看似矛盾的地方，这两种模型都带来了明智的见解和算法。

为了对这个博弈游戏有一些直观的了解，让我们考虑一些简单的情况。第一个例子，考虑一个“懒惰”的提升器，它在每一轮的训练集中选择均匀分布。弱学习器对这一策略的反应可能是非常简单的：选择在 $\frac{1}{2}+\gamma$ 个训练样本上正确的弱假设 h ，然后在每轮输出这个弱假设。因此最终的多数投票分类器将等于 h ，这样它的训练误差就和 h 一样大。显然，毫无疑问，提升器必须改变分布，以防止弱学习器总是输出相同的弱假设。

第二个例子将在下面发挥关键作用：考虑一个完全忽略分布 D_t 的“健忘”的弱学习器(oblivious weak learner)。在每一轮，这个弱学习器随机选择一个弱假设，其对每个训练样本 x_i 的预测独立地以 $\frac{1}{2}+\gamma$ 的概率选择正确的标签 y_i ，否则等于 $-y_i$（概率为 $\frac{1}{2}-\gamma$ ）。换句话说，弱假设对样本的预测都是相互独立的，并且每个预测正确的概率都是 $\frac{1}{2}+\gamma$ 。不管提升器提供的分布，这种弱假设的期望加权误差就是 $\frac{1}{2}-\gamma$ 。严格地说，这使得有可能随机选择的弱假设的实际加权误差超过 $\frac{1}{2}-\gamma$ 。然而就目前而言，为了这个非正式的讨论，我们忽略了这个复杂性，并允许这样的弱学习器存在，即使它在技术上不能满足博弈游戏的要求。

如果弱学习器使用这种“健忘”策略，那么提升器的最终训练误差可能非常小。这是因为每个弱假设对每个样本正确分类是相互独立的，其概率为 $\frac{1}{2}+\gamma$ ，并且被最终的分类器正确分类，当且仅当超过半数的弱假设被正确分类。因此，被错误分类的概率就是：抛掷 T 枚硬币，其中最多有 $T/2$ 个人头出现的概率，在每次抛掷中出现人头的概率为 $\frac{1}{2}+\gamma$ 。这个概率恰好是

$$\sum_{j=0}^{\lfloor T/2\rfloor}\binom{T}{j}\left(\frac{1}{2}+\gamma\right)^{j}\left(\frac{1}{2}-\gamma\right)^{T-j} \tag{13.4}$$

因为这对每个训练样本都成立，期望训练误差也将完全等于这个量，由霍夫丁不等式（定理 2.1）可知，这个量最多是 $e^{-2\gamma^2 T}$ 。正如在这里作为非正式的建议，当进行严格的形式化的时候，可以证明对于任何提升器，当训练样本数量很大时，“健忘”的弱学习器（做某些技术上的修正）可以迫使训练误差非常接近式（13.4）中的量。

玩这个博弈游戏的一个选择就是应用 AdaBoost，或者用 6.4.3 节给出的 α -Boost 版本。在这个版本中，在每轮算法 1.1 中的假设的权重 α_t 是固定的常数，即

$$\alpha = \frac{1}{2}\ln(\frac{1+2\gamma}{1-2\gamma}) \tag{13.5}$$

所以最终的假设就是简单多数投票，就像这个博弈游戏中要求的那样。我们将这么设置 α 的算法称为 NonAdaBoost，因为它不是一个自适应的提升法。对定理 3.1 的直接修改可以证明该提升法的损失最多为

$$(1-4\gamma^2)^{T/2} \leqslant e^{-2\gamma^2 T}$$

这与霍夫丁不等式给出的式（13.4）的上界完全吻合。因此，尽管可能不是最好的，我们已经看到 AdaBoost 和这个游戏的最优解之间的差距并不大。

事实上，我们将会看到，BBM 算法在训练误差上达到的上界，对于任何一个弱学习器来说，恰好等于式（13.4）。这将表明 BBM 和“健忘”弱学习器作为在博弈游戏中各自的角色，本质上是最优的。

13.1.2 一个筹码游戏

为了简化表示，让我们定义样本 i ，轮数 t ，如果 h_t 正确分类了 (x_i, y_i) ，变量

$$z_{t,i} \doteq y_i h_t(x_i)$$

为＋1，否则为－1。我们也定义了变量

$$s_{t,i} \doteq y_i \sum_{t'=1}^{t} h_{t'}(x_i) = \sum_{t'=1}^{t} z_{t',i}$$

这是通过 t 轮构造的分类器的未归一化的间隔。我们将 $\boldsymbol{s}_t$ 和 $\boldsymbol{z}_t$ 表示为对应的向量，其分量如上所示。

就这些变量而言，我们正在研究的投票游戏可以被更直观地描述为一个“筹码游戏”(chip game)。这里，每个训练样本由一个筹码标识，m 个筹码每个都有一个整数位置。具体来说，t 轮结束时筹码 i 的位置为 $\boldsymbol{s}_{t,i}$ 。一开始，所有的筹码都在 0 的位置，所以 $\boldsymbol{s}_t = 0$。在每 t 轮中，提升器基于这些筹码选择一个分布 D_t 。一般来说，在 D_t 下相同位置的筹码不需要分配相同的权重。给定 D_t ，弱学习器接下来选择增加（向上移动 1）一些筹码的位置，然后减少（向下移动 1）其余所有筹码的位置。换句话说，弱学习器选择一个向量 $\boldsymbol{z}_t \in \{-1, +1\}^m$ ，然后更新筹码位置，即

$$\boldsymbol{s}_t = \boldsymbol{s}_{t-1} + \boldsymbol{z}_t \tag{13.6}$$

请参见图 13.1，这是一个单轮游戏的例子。

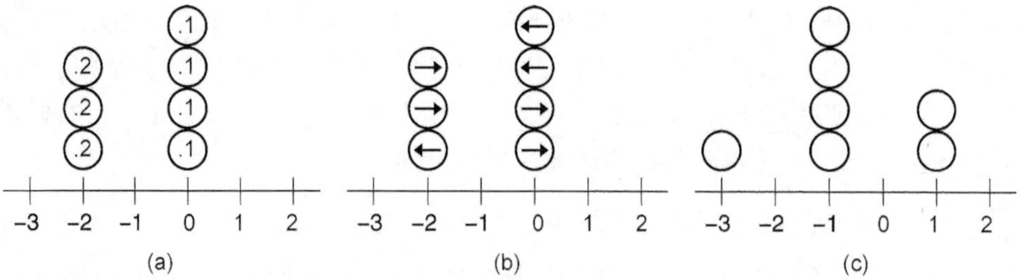

图 13.1

筹码游戏，在每轮：(a) 提升器根据筹码选择一个分布，由每个筹码上出现的数字来表示；(b) 如箭头所示，弱学习器选择一些筹码增加（右移一个位置），其余筹码减少（左移一个位置）；(c) 按照弱学习器所指定的，筹码被移动到新的位置

重要的是，由 D_t 加权，弱学习器要求增加至少 $\frac{1}{2}+\gamma$ 个筹码的位置。也就是说，弱学习器必须选择 $\mathbf{z}_t$ 。

$$\mathbf{Pr}_{i\sim D_t}[z_{t,i}=+1]\geqslant\frac{1}{2}+\gamma \tag{13.7}$$

或等价于

$$\mathbf{E}_{i\sim D_t}[z_{t,i}]\geqslant 2\gamma \tag{13.8}$$

$\mathbf{z}_t$ 的选择当然对应于 h_t 的选择，式（13.7）的条件就是简单的 γ- 弱学习假设。

经过 T 轮后，提升器所承受的损失为处于非正位置的筹码所占的比例，即

$$L(\mathbf{s}_T)\doteq\frac{1}{m}\sum_{i=1}^{m}\mathbf{1}\{s_{T,i}\leqslant 0\} \tag{13.9}$$

这就是式（13.3）的直接翻译。

13.1.3 推导最优博弈

那么这个游戏如何才能实现最优博弈呢？在 6.1.2 节中，我们看到了对序列游戏从游戏结束反向推导到游戏开始的分析方法的好处。在这里我们可以应用同样的思想。

假设在最后一轮 T 的开始，筹码的位置由向量 $\mathbf{s}_{T-1}$ 给出，提升器选择筹码上的分布 D_T 。一个最优的弱学习器应如何响应？弱学习器的目标是选择 $\mathbf{z}_T\in\{-1,+1\}^m$ ，使最终的筹码位置的损失最大，即

$$L(\mathbf{s}_T)=L(\mathbf{s}_{T-1}+\mathbf{z}_T)$$

然而 $\mathbf{z}_T$ 必须满足式（13.8）中的约束，即它必须属于集合 $\mathcal{Z}(D_T)$ ，这里

$$\mathcal{Z}(D_T)\doteq\{\mathbf{z}\in\{-1,+1\}^m:\mathbf{E}_{i\sim D_t}[z_i]\geqslant 2\gamma\}$$

因此，如果提升器选择 D_T ，那么最终的损失是

$$\max_{\mathbf{z}_T\in\mathcal{Z}(D_T)}L(\mathbf{s}_{T-1}+\mathbf{z}_T) \tag{13.10}$$

如果在 T 轮，筹码的位置是 $\mathbf{s}_{T-1}$ ，那么一个最优提升器将选择 D_T 以最小化式

(13.10)，则损失为

$$\min_{D_T} \max_{\mathbf{z}_T \in \mathcal{Z}(D_T)} L(\mathbf{s}_{T-1} + \mathbf{z}_T)$$

这样的最小值总是被理解为针对在 $\{1, \cdots, m\}$ 上的所有分布。这个表达式是筹码位置 $\mathbf{s}_{T-1}$ 的函数。给定这些位置，它计算出如果两个玩家在剩下的游戏中都选择最优策略将会导致的损失。并具体规定了最优提升器为实现最小值所采用的分布 D_T 。

为了继续讨论，让我们定义每 t 轮的一个函数 $\Lambda_t(\mathbf{s}_t)$ ，它等于在 t 轮结束后，如果两个玩家在剩下的游戏中都选择最优策略，筹码处在由向量 $\mathbf{s}_t$ 给定的位置上所导致的损失。注意，在 T 轮之后，游戏结束，所遭受的损失已经确定。因此

$$\Lambda_T(\mathbf{s}_T) = L(\mathbf{s}_T) \tag{13.11}$$

对于之前的轮数 $t \leqslant T$ ，我们可以使用与上面相同的推理。筹码在位置 $\mathbf{s}_{t-1}$ 开始此轮。如果提升器选择 D_t ，最优弱学习器将以 $\mathbf{z}_t \in \mathcal{Z}(D_T)$ 应对，以最大化剩余游戏的损失 $\Lambda_t(\mathbf{s}_{t-1} + \mathbf{z}_t)$ 。因此，提升器应该选择 D_t 来最小化

$$\max_{\mathbf{z}_t \in \mathcal{Z}(D_t)} \Lambda_t(\mathbf{s}_{t-1} + \mathbf{z}_t)$$

因此，$t-1$ 轮后开始的最优策略所导致的损失是

$$\Lambda_t(\mathbf{s}_{t-1}) = \min_{D_t} \max_{\mathbf{z}_t \in \mathcal{Z}(D_t)} \Lambda_t(\mathbf{s}_{t-1} + \mathbf{z}_t) \tag{13.12}$$

这个递归式原则上允许我们计算最优对策下的最优损失，而且进一步为双方提供了最优策略——提升器应该选择分布 D_t 实现最小化。给定 D_t ，弱学习器应该选择向量 z_t 实现最大化。另一方面，这些策略本身并不容易分析或实现。

在游戏的一开始，在最优策略下，所有的筹码在 0 时刻都在 0 位置上，提升器所承受的损失是 $\Lambda_0(\mathbf{0})$ 。因此，展开式（13.12）中的递归式，就可以得到游戏损失值的显式表达式，即最优博弈下整个游戏的损失

$$\Lambda_0(\mathbf{0}) = \min_{D_1} \max_{\mathbf{z}_1 \in \mathcal{Z}(D_1)} \cdots \min_{D_T} \max_{\mathbf{z}_T \in \mathcal{Z}(D_T)} L\left(\sum_{t=1}^{T} \mathbf{z}_t\right)$$

不用说，这是一个相当笨拙的公式。

13.1.4 一个容易处理的近似

函数 Λ_t 准确地刻画了最优策略，但是难于计算和进行数学上的处理，其隐式定义的最优化策略也有同样的问题。幸运的是，就像我们接下来展示的，Λ_t 可以以某种方式近似，并且可以提供封闭形式的分析以及对 BBM 算法的推导，以此获得提升器接近最优的策略和直观的实现。这种近似最终将以“势函数”（potential function）的形式表述，势函数是 BBM 及其分析的核心概念。尽管对这个算法的说明和分析也许没有给出 Λ_t 的近似的完整推导，但是我们提供的方法展示了势函数和算法自身的来源，同时也说明了一个更一般的方法。

式（13.12）中的基本递归式特别令人难以接受，原因有二：首先，由于最大值被限

制在集合 $\mathcal{Z}(D_T)$ 内，使得处理起来比没有约束 $\mathbf{z}_t$ 时更复杂；其次，因为优化要求同时考虑所有 m 个筹码。接下来的重要引理消除了这两个困难。通过做一个轻微的近似，引理将允许我们以一种方式重写式（13.12），使得最大值是不受约束的，而且，优化将被分解，使得每个筹码可以独立于所有其他筹码被单独考虑。实际上，这些简化将使精确地求解（近似的）递归成为可能。

引理 13.1　令 G：$\{-1,+1\}^m \to \mathbb{R}$，假设

$$G(\mathbf{z}) \leqslant \sum_{i=1}^{m} g_i(z_i) \tag{13.13}$$

对于所有 $\mathbf{z} \in \{-1,+1\}^m$，如果某序列函数 g_i：$\{-1,+1\} \to \mathbb{R}$，那么

$$\min_{D} \max_{\mathbf{z} \in \mathcal{Z}(D)} G(\mathbf{z}) \leqslant \sum_{i=1}^{m} \inf_{w_i \geqslant 0} \max_{z_i \in \{-1,+1\}} \left[g_i(z_i) + w_i \cdot (z_i - 2\gamma)\right] \tag{13.14}$$

注意，对于任意固定的 $\boldsymbol{s}_{t-1}$，式（13.12）的右边与式（13.14）的左边的形式完全相同，因为我们可以取

$$G(\mathbf{z}) = \Lambda_t(\boldsymbol{s}_{t-1} + \mathbf{z})$$

引理表明，如果这样一个函数 G 可以（近似地）逐个筹码进行分解，那么整个 min-max 表达式也可以这样。此外，最终的优化问题只涉及单个筹码。

证明的核心是将取最小值或最大值的顺序颠倒，如 6.1.3 节所示。

证明：

我们首先消除对选择$\mathbf{z}$的限制，这是通过引入一个新的变量 λ 修改最大化的量完成的。具体地说，对于任意的 D，有

$$\max_{\mathbf{z} \in \mathcal{Z}(D)} G(\mathbf{z}) = \max_{\mathbf{z} \in \{-1,+1\}^m} \inf_{\lambda \geqslant 0} \left[G(\mathbf{z}) + \lambda \left(\sum_{i=1}^{m} D(i)\, z_i - 2\gamma \right) \right] \tag{13.15}$$

这是因为，如果 $\mathbf{z} \in \mathcal{Z}(D)$，则

$$\sum_{i=1}^{m} D(i)\, z_i \geqslant 2\gamma \tag{13.16}$$

那么式（13.15）中出现的下确界。对所有 $\lambda \geqslant 0$，当 $\lambda = 0$ 的时候实现下确界，所以就等于 $G(\mathbf{z})$。另一方面，如果 $\mathbf{z} \notin \mathcal{Z}(D)$，那么式（13.16）不成立，下确界就是 $-\infty$，当 λ 是任意大的时候也是如此。

我们现在引入一个近似，基于在 6.1.3 节中指出的一个结论：任何函数在任何集合上的“最大-最小值”（max-min）总是其“最小-最大值”（min-max）的上界（当使用下确界或上确界时也是如此）。换句话说，对于任意函数 f：$U \times V \to \mathbb{R}$，在集合 U 和 V 上定义，有

$$\sup_{u \in U} \inf_{v \in V} f(u,v) \leqslant \inf_{v \in V} \sup_{u \in U} f(u,v)$$

应用到这里，这证明式（13.15）右侧至多为

$$\inf_{\lambda\geqslant 0}\max_{\mathbf{z}\in\{-1,+1\}^m}\left[G(\mathbf{z})+\lambda\left(\sum_{i=1}^{m}D(i)z_i-2\gamma\right)\right]$$

因此

$$\begin{aligned}\min_D\max_{\mathbf{z}\in\mathcal{Z}(D)}G(\mathbf{z})&\leqslant\min_D\inf_{\lambda\geqslant 0}\max_{\mathbf{z}\in\{-1,+1\}^m}\left[G(\mathbf{z})+\lambda\left(\sum_{i=1}^{m}D(i)z_i-2\gamma\right)\right]\\&=\min_D\inf_{\lambda\geqslant 0}\max_{\mathbf{z}\in\{-1,+1\}^m}\left[G(\mathbf{z})+\sum_{i=1}^{m}\lambda D(i)(z_i-2\gamma)\right]\end{aligned}\tag{13.17}$$

因为 D 是一个分布。注意，通过设

$$w_i=\lambda D(i)\tag{13.18}$$

为分布 D 上的最小值，λ 上的下确界可以塌缩到一个单一的向量 $\mathbf{w}$ 上的下确界，向量 $\mathbf{w}$ 的所有分量都非负（其和不需要为 1）。这样，式（13.17）可以写成

$$\inf_{\mathbf{w}\in\mathbb{R}_+^m}\max_{\mathbf{z}\in\{-1,+1\}^m}\left[G(\mathbf{z})+\sum_{i=1}^{m}w_i(z_i-2\gamma)\right]\tag{13.19}$$

作为最后的简化，式（13.13）意味着式（13.19）至多为

$$\begin{aligned}&\inf_{\mathbf{w}\in\mathbb{R}_+^m}\max_{\mathbf{z}\in\{-1,+1\}^m}\sum_{i=1}^{m}[g_i(z_i)+w_i\cdot(z_i-2\gamma)]\\&=\inf_{\mathbf{w}\in\mathbb{R}_+^m}\sum_{i=1}^{m}\max_{z_i\in\{-1,+1\}}[g_i(z_i)+w_i\cdot(z_i-2\gamma)]\\&=\sum_{i=1}^{m}\inf_{w_i\geqslant 0}\max_{z_i\in\{-1,+1\}}[g_i(z_i)+w_i\cdot(z_i-2\gamma)]\end{aligned}\tag{13.20}$$

因为每个最大值和每个下确界都可以为每个分量独立计算。

证毕。

事实上，式（13.14）右侧出现的简化优化问题，对于每个筹码都可以很容易地用以下方法分别求解。

引理 13.2 如果 $g(+1)\leqslant g(-1)$，那么

$$\inf_{w\geqslant 0}\max_{z\in\{-1,+1\}}[g(z)+w\cdot(z-2\gamma)]=\left(\frac{1}{2}+\gamma\right)g(+1)+\left(\frac{1}{2}-\gamma\right)g(-1)\tag{13.21}$$

此外，当

$$w=\frac{g(-1)-g(+1)}{2}\tag{13.22}$$

则得左侧的下确界。

证明：

写出最大值，得

$$\max_{z\in\{-1,+1\}}[g(z)+w\cdot(z-2\gamma)]=\max\{g(-1)+w\cdot(-1-2\gamma),g(+1)+w\cdot(1-2\gamma)\}\tag{13.23}$$

作为 w 的函数，这是两条直线的最大值，一条直线的斜率为负，另一条的斜率为正，此外，后一条直线的 y 轴截距小于前一条直线的 y 轴截距。函数如图 13.2 所示。显然，最小值出现在两条直线相交的地方，即在式（13.22）中给出的值处。将这个值代入 w，得到式（13.21）。

证毕。

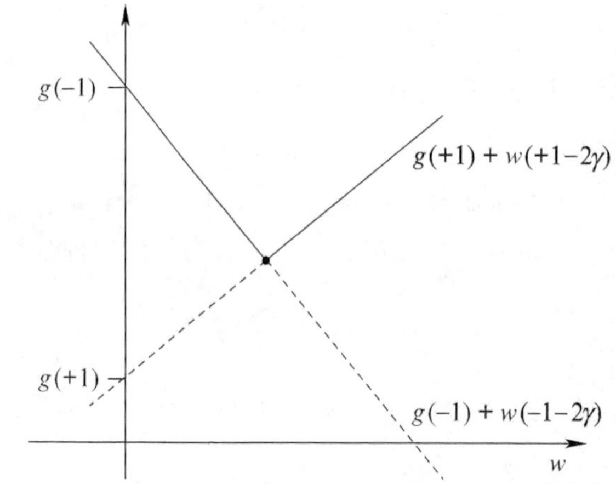

图 13.2
式（13.23）作为 w 的函数的曲线

拥有这些引理，我们就可以递归地推导出一个良好的、可分解的 Λ_t 上的上界。具体来说，我们将找到下式的一个界

$$\Lambda_t(\boldsymbol{s}) \leqslant \frac{1}{m}\sum_{i=1}^{m} \Phi_t(s_i) \tag{13.24}$$

对于所有轮数 t，所有位置向量 $\boldsymbol{s}$。我们首先令

$$\Phi_T(s) \doteq \mathbf{1}\{s \leqslant 0\} \tag{13.25}$$

因此，根据式（13.9）和式（13.11），当 $t=T$，式（13.24）以等式成立。

下一步，对于 $t=1,\cdots,T$，我们定义

$$\Phi_{t-1}(s) \doteq \inf_{w\geqslant 0} \max_{z\in\{-1,+1\}} \left[\Phi_t(s+z)+w\cdot(z-2\gamma)\right] \tag{13.26}$$

那么式（13.24）将由逆向归纳成立，因为由式（13.12）给出的 Λ_t 的递归表达式，（两边都乘以 m），我们有

$$\begin{aligned} m\,\Lambda_{t-1}(\boldsymbol{s}) &= \min_{D} \max_{\mathbf{z}\in \mathcal{Z}(D)} m\,\Lambda_t(\boldsymbol{s}+\mathbf{z}) \\ &\leqslant \sum_{i=1}^{m} \inf_{w\geqslant 0} \max_{z\in\{-1,\,+1\}} \left[\Phi_t(s_i+z)+w\cdot(z-2\gamma)\right] \\ &= \sum_{i=1}^{m} \Phi_{t-1}(s_i) \end{aligned}$$

在这里，我们归纳使用式（13.24），并应用引理 13.1

$$G(\mathbf{z}) = m\,\Lambda_t(\boldsymbol{s}+\mathbf{z}) \tag{13.27}$$

并且

$$g_i(z)=\Phi_t(s_i+z) \tag{13.28}$$

此外，引理 13.2 可得

$$\Phi_{t-1}(s)=\left(\frac{1}{2}+\gamma\right)\Phi_t(s+1)+\left(\frac{1}{2}-\gamma\right)\Phi_t(s-1) \tag{13.29}$$

该式与式（13.25），可以以封闭的形式解决，可得

$$\Phi_t(s)=\mathrm{Binom}\left(T-t,\frac{T-t-s}{2},\frac{1}{2}+\gamma\right) \tag{13.30}$$

这里 $\mathrm{Binom}(n,k,p)$ 表示抛掷 n 个硬币，最多出现 k 个人头（k 不需要是整数）的概率，其中抛掷一个硬币出现人头的概率为 p ，即

$$\mathrm{Binom}(n,k,p)\doteq\sum_{j=0}^{\lfloor k\rfloor}\binom{n}{j}p^j(1-p)^{n-j}$$

式（13.30）可用式（13.29）通过反归纳法验证，同时验证引理 13.2 的条件也满足（见习题 13.3）。

函数 $\Phi_t(s)$ 被称为势函数。正如我们已经看到的，它可以直观地解释为单个筹码在 t 轮结束时，位于 s 位置的潜在损失。这将在 13.1.7 节中进一步讨论。注意，$\Phi_t(s)$ 隐式依赖于轮数 T 和边界 γ 。

13.1.5 算法

基于当前的进展，我们现在可以声明一个最优提升法的损失的界，我们之前看到的是 $\Lambda_0(\mathbf{0})$ 。特别地，设 $t=0$，并注意到所有筹码都从位置 0 开始，我们已经证明这个最优损失的界为

$$\Lambda_0(\mathbf{0})\leqslant\frac{1}{m}\sum_{i=1}^{m}\Phi_0(0)=\Phi_0(0)=\mathrm{Binom}\left(T,\frac{T}{2},\frac{1}{2}+\gamma\right) \tag{13.31}$$

根据式（13.24）和式（13.30），这就等于式（13.4），即我们早期“健忘”弱学习器的下界。

该优化算法，根据上述讨论，在第 t 轮选取分布 D_t 实现式（13.12）中的最小值。目前还不清楚如何以可跟踪的方式计算这种分布。然而，我们可以用近似给出的分布来代替。特别是引理 13.1 的证明，具体到式（13.18）表明该分布应与 w_i 值成比例，通过追踪证明的过程，我们可以看到 w_i 实现了式（13.14）右边的下确界。

在我们的例子中，在第 t 轮，筹码的位置为 s ，引理 13.1 应用于 G 和 g_i ，如式（13.27）和式（13.28）所示。前面的讨论规定了，我们首先为每个筹码 i 选择一个权重 w_i ，方法如上所述。具体地说，根据 g_i 的选择我们应该选择 $w_i=w_t(s_i)$ ，其中 w_t 是加权函数，即

$$w_t(s)\doteq\arg\min_{w\geqslant 0}\max_{z\in\{-1,+1\}}\left[\Phi_t(s+z)+w\cdot(z-2\gamma)\right] \tag{13.32}$$

和势函数一样，加权函数也是我们提出的方法的核心，就像 $\Phi_t(s)$ ，符号 $w_t(s)$ 表示依赖于 T 和 γ 。

利用引理 13.2 和式（13.30）、式（13.32）中的表达式可以写成如下的封闭形式

$$w_t(s)=\frac{\Phi_t(s-1)-\Phi_t(s+1)}{2} \tag{13.33}$$

$$=\frac{1}{2}\binom{T-t}{\left\lfloor\frac{T-t-s+1}{2}\right\rfloor}\left(\frac{1}{2}+\gamma\right)^{\lfloor(T-t-s+1)/2\rfloor}\left(\frac{1}{2}-\gamma\right)^{\lceil(T-t+s-1)/2\rceil} \tag{13.34}$$

见练习 13.3。最后，在计算了权重 w_i 后，我们可以选择第 t 轮的分布与这些权重成比例

$$D_t(i)\propto w_t(s_i)$$

把所有这些想法放在一起，我们最终看到的就是 BBM 算法，如算法 13.1 所示，我们已经回到了描述原始提升法的问题，而不是抽象的筹码游戏。该算法像 AdaBoost，每一轮都构造一个分布，并训练一个给定的弱学习算法。在这里，当然我们要求每一个弱假设的加权误差最多是 $\frac{1}{2}-\gamma$ 。与 AdaBoost 的主要区别在于分布的选择。BBM 选择如上所述的 $D_t(i)$ ，其与式（13.34）中给出的加权函数 w_t 在样本 i 的当前未归一化的间隔（筹码的位置）$s_{t-1,i}$ 处的求值成比例。最终的假设是所有弱假设的未加权多数投票。

NonAdaBoost 与 13.1.1 节中描述的非自适应版本的 AdaBoost 算法是相同的，除了用的是 $w_t(s)=\mathrm{e}^{-\alpha s}$ ，其中 α 如式（13.5）所设。

算法 13.1

BBM 算法

给定：$(x_1,y_1),\cdots,(x_m,y_m)$ ，$x_i\in\mathcal{X}$，$y_i\in\{-1,+1\}$

边界 $\gamma>0$，轮数 T

初始化：$s_{0,i}=0$，$i=1,\cdots,m$

对于 $t=1,\cdots T$ ，

- $D_t(i)=\frac{w_t(s_{t-1,i})}{\mathcal{Z}_t},i=1,\cdots,m$

  这里，$\mathcal{Z}_t$ 是归一化因子，并且

  $$w_t(s)=\frac{1}{2}\binom{T-t}{\left\lfloor\frac{T-t-s+1}{2}\right\rfloor}\left(\frac{1}{2}+\gamma\right)^{\lfloor(T-t-s+1)/2\rfloor}\left(\frac{1}{2}-\gamma\right)^{\lceil(T-t+s-1)/2\rceil}$$

- 利用分布 D_t 训练弱学习器
- 得到弱假设 h_t：$\mathcal{X}\to\{-1,+1\}$ 有足够小的误差：

  $$\mathbf{Pr}_{i\sim D_t}[h_t(x_i)\neq y_i]\leqslant\frac{1}{2}-\gamma$$

- 更新，$i=1,\cdots,m$：

  $$s_{t,i}=s_{t-1,i}+y_i h_t(x_i)$$

输出最终的假设：

$$H(x)=\mathrm{sign}\left(\sum_{t=1}^{T}h_t(x)\right)$$

13.1.6 分析

我们已经准备好来分析这个算法。分析的关键是证明所有筹码（训练样本）的总势能从这一轮到下一轮的时候永远不会增加。这将立即得到 BBM 的训练误差的界，这恰好等于游戏结束时的平均势能。

定理 13.3 利用之前所述以及算法 13.1 中的符号，BBM 在所有训练样本上的总势能从不增加。也就是说，$t=1,\cdots,T$ ，有

$$\sum_{i=1}^{m} \Phi_{t-1}(s_{t-1,i}) \geqslant \sum_{i=1}^{m} \Phi_t(s_{t,i})$$

证明：

从式（13.32）和式（13.26），我们有，对于任意 s ，有

$$\Phi_{t-1}(s)=\max_{z\in\{-1,+1\}}[\Phi_t(s+z)+w_t(s)\cdot(z-2\gamma)]$$

因此，令 $z_{t,i} \doteq y_i h_t(x_i)$ ，代入 $s=s_{t-1,i}$ ，我们看到

$$\Phi_{t-1}(s_{t-1,i}) \geqslant \Phi_t(s_{t-1,i}+z_{t,i})+w_t(s_{t-1,i})\cdot(z_{t,i}-2\gamma) \tag{13.35}$$

$$=\Phi_t(s_{t,i})+w_t(s_{t-1,i})\cdot(z_{t,i}-2\gamma) \tag{13.36}$$

实际上，可以看出式（13.35）必须始终保持以等式成立，但证明不需要这么强的条件，因为我们假设经验-γ 弱学习，h_t 必须有如在式（13.1）中的边界 γ ，或者等价于式（13.8）。这些条件可以重写为

$$\frac{\sum_{i=1}^{m} w_t(s_{t-1,i})\, z_{t,i}}{\sum_{i=1}^{m} w_t(s_{t-1,i})} \geqslant 2\gamma$$

根据 D_t 的定义。即

$$\sum_{i=1}^{m} w_t(s_{t-1,i})\cdot(z_{t,i}-2\gamma) \geqslant 0$$

结合式（13.36）可得

$$\begin{aligned}\sum_{i=1}^{m} \Phi_{t-1}(s_{t-1,i}) &\geqslant \sum_{i=1}^{m}[\Phi_t(s_{t,i})+w_t(s_{t-1,i})\cdot(z_{t,i}-2\gamma)] \\ &= \sum_{i=1}^{m} \Phi_t(s_{t,i}) + \sum_{i=1}^{m} w_t(s_{t-1,i})\cdot(z_{t,i}-2\gamma) \\ &\geqslant \sum_{i=1}^{m} \Phi_t(s_{t,i})\end{aligned}$$

证毕。

我们马上就可以得到训练误差的界。下面将讨论 BBM 的这个界的最优解。

推论 13.4 利用算法 13.1 的符号，BBM 最终分类器 H 的训练误差至多是

$$\mathrm{Binom}\left(T,\frac{T}{2},\frac{1}{2}+\gamma\right) \doteq \sum_{j=0}^{\lfloor T/2\rfloor}\binom{T}{j}\left(\frac{1}{2}+\gamma\right)^{j}\left(\frac{1}{2}-\gamma\right)^{T-j} \tag{13.37}$$

证明：

重复应用定理 13.3，可得

$$\Phi_0(0)=\frac{1}{m}\sum_{i=1}^{m}\Phi_0(s_{0,i})\geqslant\frac{1}{m}\sum_{i=1}^{m}\Phi_T(s_{T,i})$$

根据定义，右边的表达式就是最终假设 H 的训练误差。并且根据式（13.30）中 $\Phi_t(s)$ 的一般形式，左边的表达式 $\Phi_0(0)$ 就等于式（13.37）。

证毕。

13.1.7 博弈论优化

在 13.1.1 节中，我们看到，当筹码数量较大时，“健忘”弱学习器将迫使任何的提升器的训练误差逼近式（13.37）。因此，推论 13.4 表明 BBM 和“健忘”弱学习器作为在游戏中各自的角色本质上是最优的。

回想一下，“健忘”弱学习器对待每个筹码都独立于其他筹码，也独立于游戏的历史。在提升法的设置中，这对应于弱假设它们的预测彼此独立。这样的情况似乎对学习特别有利。然而我们现在看到，这种情况实际上（接近）是我们当前对抗环境中可能出现的最糟糕的情况。此外，我们还发现，当弱假设不是独立的时候，BBM 能够有效地迫使它们表现得它们是独立的，从而获得与完全独立时完全相同的训练误差。

这种“健忘”弱学习器的接近最优也有助于解释势函数 $\Phi_t(s)$ 及其与 BBM 的关系。事实上，从式（13.30）中 $\Phi_t(s)$ 的表达式来看，或者从式（13.39）和式（13.25）的递归形式来看，$\Phi_t(s)$ 就是当剩下的 $T-t$ 轮，由“健忘”弱学习器来玩游戏时，处于位置 s 的筹码在游戏结束时处在非正位置的概率即

$$\Phi_t(s)=\mathbf{Pr}[s+z_{t+1}+\cdots+z_T\leqslant 0] \tag{13.38}$$

这里，$z_{t+1}+\cdots+z_T$ 是独立随机变量，每个随机变量以概率 $\frac{1}{2}+\gamma$ 等于 1，否则等于 -1。因此，所有训练样本的平均势能，即 13.1.6 节分析中使用的关键量正是相同假设下的期望训练误差。换句话说，定理 13.3 可以理解为一个证明：即期望训练误差从不随着这一轮到下一轮而增加，这里，期望是被一个“健忘”弱学习器认为在未来所有回合中进行随机游戏而得到的。接下来推论 13.4 是在游戏结束时，也就是当没有更多回合的时候，观察得到的训练误差，因此它们最多就是游戏开始前的预期训练误差。

考虑权重 $w_t(s)$，注意，一个筹码在 t 轮开始的时候处于位置 s，那么 t 轮结束的时候，以势能 $\Phi_t(s+1)$ 处于位置 $s+1$，以势能 $\Phi_t(s-1)$ 处于位置 $s-1$。因此，是筹码位置降低，而不是位置增加的相对影响与 $\Phi_t(s+1)-\Phi_t(s-1)$ 成比例。这直接帮助解释了 BBM 分配在筹码上的权重 $w_t(s)$，如式（13.33）。

正如我们所表述的筹码博弈，BBM 和“健忘”弱学习器的最优解并不完全令人满意，因为后者在技术上不是本博弈的有效弱学习器，而前者只是 13.1.3 节中的最优玩家的近似。

但是我们可以修改游戏使两个玩家都是有效的和最优的。下面我们简要地概述这两个修改。

第一个修改，我们允许弱学习器在预测单个样本时做出随机选择，从而在筹码的运动中做出随机选择。换句话说，弱学习器现在必须在每一轮随机选择一个弱假设 h_t，它的预期误差不能超过 $\frac{1}{2}-\gamma$。在筹码游戏中，这等价于弱学习器在向量 $\mathbf{z}_t \in \{-1,+1\}^m$ 上选择一个分布，要求式（13.7）和式（13.8）在根据所选分布随机选择 $\mathbf{z}_t$ 时，对随机选择的 $\mathbf{z}_t$ 保持在期望上成立。然后根据弱学习器的所有随机选择计算出博弈的损失的期望。请注意，正如 13.1.1 节所描述的那样，在这个放松的博弈重构下，“健忘”弱学习器现在是一个有效的弱学习器。此外，我们对 BBM 的分析可以证明在放松的博弈下也是成立的，从而得到了匹配的（期望的）损失的上界和下界，这意味着 BBM 和“健忘”弱学习器都是各自角色的最优选择（参见练习 13.9）。

在另一种修改中，我们不允许弱学习器随机做出选择，而是赋予弱学习器额外的权力来分割筹码。换句话说，相对于将每个筹码作为一个单独的、不可分割的单元来递增位置或递减位置，弱学习器可能会选择将筹码分成两部分——不一定是同等大小的——一部分是递增位置的，另一部分是递减位置的。因此，筹码更像是一团“果子冻”，可以随意切成更小的一团果子冻。这些被切开的果子冻可以在以后的回合中再次被切开。和之前一样，弱学习器每一轮必须至少增加 $\frac{1}{2}+\gamma$ 部分果子冻的位置，权重由提升器所选择的分布决定。最后的损失是最后的位置处于零或者更低的那些果子冻的初始值。

对于这个修改后的游戏，弱学习器的对手可以采用这样的策略：把果子冻分成不等的两部分，其中 $\frac{1}{2}+\gamma$ 的部分增加位置，剩下的部分降低位置。对于这种策略，经过 T 轮后，所有处于非正位置的果子冻就是式（13.4）所给出的结果。通过类似的讨论，我们就可以得到这个结果。

此外，我们也可以证明 BBM 是这款放松游戏的最佳选择。该算法可以像以前一样推导出来，现在可以证明引理 13.1 中证明的中心近似在等号情况下成立。因此在这种情况下，最优的博弈论算法就是 BBM（适当地针对果子冻而不是筹码进行修改）可以精确地通过推导得出。也可以修改推论 13.4 的证明过程，以证明对这个修改后的游戏也是成立的。因为如前所述，上界和下界是完全匹配的，我们看到针对这个博弈游戏，BBM 和“健忘”弱学习器是最佳选择。

所有这些都表明了一种不同的（尽管密切相关）方法，可以推导出易于处理的、近乎最优的参与者。为了接近原始游戏的最优玩家，我们首先放松游戏本身的条件，增加对手（弱学习器）的力量，然后计算修改后的游戏的最优玩家，在这种情况下生成 BBM。

13.2 最优泛化误差

在分析了 BBM 的训练误差及其在投票博弈中的近似最优后，我们接下来研究了泛化误差，泛化误差的最小化就是学习的目标。在本节中，我们继续关注如下的条件：提升法允许运行 T 轮，弱学习算法满足经验 -γ 弱学习条件。根据这一假设，我们将看到当训练样本的数量足够大（T 和 γ 固定）时，BBM 的泛化误差就是任何提升法的最佳可能。

13.2.1 BBM 的上界

第 4 章的结果可以直接应用于推导 BBM 泛化误差的界（事实上，在大多数情况下，我们甚至可以使用更简单的分析，因为 BBM 总是输出一个组合分类器，该分类器是对基本假设的未经加权的多数投票）。具体来说，定理 4.3 和定理 4.6 应用于 BBM，表明组合假设 H 的泛化误差 $\mathrm{err}(H)$ 可以用训练误差 $\widehat{\mathrm{err}}(H)$ 来作约束，即

$$\mathrm{err}(H) \leqslant \widehat{\mathrm{err}}(H) + \tilde{O}\left(\sqrt{\frac{TC}{m}}\right) \tag{13.39}$$

这里，m 是训练样本的数目，T 是轮数，C 是基假设空间 $\mathcal{H}$ 的复杂度的度量或者 $\ln|\mathcal{H}|$，甚至就是 VC 维 d。

同样，与 4.2 节的讨论相似，当提升法使用重采样的时候，我们可以用 Tm_0 个训练样本来表示 H，其中 m_0 是弱学习器所需要的样本数。换句话说，BBM 可以看作一个大小为 Tm_0 的压缩方案。应用定理 2.8，令 $\kappa = Tm_0$，则可得形如式（13.39）的界，这里的复杂度 C 被弱学习样本数 m_0 所取代。

因此，要么假设弱学习所需的样本数的界，要么假设基假设空间 $\mathcal{H}$ 的复杂度的界，我们可以看到 BBM 的泛化误差可以有如式（13.39）所示的上界。此外，应用推论 13.4 可以立即给出如下的界，即

$$\mathrm{err}(H) \leqslant \mathrm{Binom}\left(T, \frac{T}{2}, \frac{1}{2} + \gamma\right) + \tilde{O}\left(\sqrt{\frac{TC}{m}}\right)$$

这意味着，当固定 γ，T 随着 m 而变大时，最右边的项变得微不足道，我们可以获得一个泛化误差的上界，其接近推论 13.4 中给出的界。正如我们接下来要证明的，后者就是任何提升法所能达到的最佳界，这意味着 BBM 在这个意义上是最优的。

13.2.2 通用下界

为了证明泛化误差的下界，我们首先需要定义一个提升法。在这里，我们将回到 2.3 节中给出的形式化定义。回想一下，在 PAC 模型中，一个弱学习算法 A，目标类 $\mathcal{C}$，对于 $\gamma > 0$，所有 $c \in \mathcal{C}$，域 $\mathcal{X}$ 上的所有分布 $\mathcal{D}$，如果 $\delta > 0$，$m_0 = m_0(\delta)$ 个样本 $(x_1, c(x_1)), \cdots, (x_{m_0}, c(x_{m_0}))$，这里每个 x_i 是根据 $\mathcal{D}$ 独立分布的，针对分布 $\mathcal{D}$，算法将以至少 $1-\delta$ 的概率输出一个假设 h，其误差最多是 $\frac{1}{2} - \gamma$。在这种情况下，我们将 γ 称为 A 的边界。

一种提升法 B：面对目标类 $\mathcal{C}$ 提供弱 PAC 学习算法 A，并有 $\epsilon > 0$，$\delta > 0$，$m = m(\epsilon, \delta)$ 个样本，根据任意 $c \in \mathcal{C}$ 进行标注，基于任意分布 $\mathcal{D}$，则该提升法以至少 $1-\delta$ 的概率，输出假设 H，其误差至多是 ϵ。注意，重要的是提升法应该泛化到不需要对目标类 $\mathcal{C}$ 有任何了

解（尽管我们允许它有其他关于弱学习器的信息，如所需的样本数量 m_0 、相关边界 γ 等）。我们还要求 B 的样本规模 m 是适当参数的多项式形式。除了这个要求，B 是完全不受限制的，例如，允许有一个超多项式运行时间或者输出任何形式的组合假设。

我们将证明一个泛化误差的下界，运行固定轮数 T ，固定的边界 $\gamma > 0$ 的提升法就可以达到。或者，这个界可以转换成所需的轮数的下界，当任意的提升法需要达到给定的泛化误差 ϵ（当然 γ 还是固定的时候）。因此，这些界描述了任意提升法的最优效率，依据运行轮数是如何确定所需的精度的。

证明下界的想法同 13.1.1 节中的一样，也就是说，用“健忘”弱学习器的一种变形，产生一个随机假设：在每个样本上假设以概率 $\frac{1}{2}+\gamma$ 正确。这样的假设对于任意分布，在期望上其误差为 $\frac{1}{2}-\gamma$ 。此外，无论如何将这些弱假设结合起来对新数据进行预测，预测结果总会存在一定的出错概率。这个概率恰好符合推论 13.4 中给出的 BBM 的上界，并且，它将提供我们寻求的下界。

形式上，我们将证明下面的定理。

定理 13.5 令 B 是任意如上定义的提升法，$0 < \gamma < \frac{1}{2}$ ，T 是正的奇数。那么对任意 $\nu > 0$，存在目标类 $\mathcal{C}$ ，分布 $\mathcal{D}$ ，目标函数 $c \in \mathcal{C}$ ，对于 $\mathcal{C}$ 有弱学习算法 A ，其有边界 γ 。如果 B 运行 A 共 T 次，那么其组合分类器的泛化误差至少是

$$\mathrm{Binom}\left(T,\frac{T}{2},\frac{1}{2}+\gamma\right)-\nu \tag{13.40}$$

至少以概率 $1-\nu$ 成立（这里取的概率是针对：提供给 B 的随机样本，以及 A 和 B 所采取的任意随机化操作）。

该定理表明，几乎可以肯定 B 的泛化误差至少为式（13.40）。换句话说，如果选择 B ，则其置信度参数 δ 小于 $1-\nu$ ，那么若不增加轮数 T ，它的误差参数 ϵ 不可能小于式（13.40）。

证明将占据本节的其余部分。尽管上面描述的概念很简单，但仍有许多细微的技术细节需要解决，以确保满足学习模型中的所有形式化要求，特别是弱学习算法的定义。这个证明对于理解本章的其他内容并不重要。

13.2.3 构建

我们从目标类 $\mathcal{C}$ 和弱学习算法 A 的构造开始证明，然后证明当 A 作为 B 的弱学习器时，其泛化误差将如定理所示。

令域 $\mathcal{X}=\{0,1\}^n$ ，即所有 n 比特字符串的集合，令目标分布 $\mathcal{D}$ 在 $\mathcal{X}$ 上是均匀分布的。正整数 n 作为一种“复杂度的参数”——样本的长度都是 n ，A 构建的假设可以用长度为 n 的多项式的字符串表示，A 的时间和样本复杂度都是 n 的多项式。我们也允许 B 利用 m 个样本，由 n 的多项式来约束。因为 ϵ、γ、δ 和 T 都是有效的、固定的，在这种情况下，任意提

升法的样本复杂度要么是样本复杂度的多项式，要么是弱学习器的假设的复杂度的多项式。

我们将利用概率方法来构造 A 所使用的 $\mathcal{C}$ 和基假设空间 $\mathcal{H}$ 。这意味着我们将认为，根据某适当构造的概率分布，$\mathcal{C}$ 和 $\mathcal{H}$ 是随机选择的。然后我们将证明，在对 $\mathcal{C}$ 和 $\mathcal{H}$ 的选择的期望中，定理的结论是满足的，显然这意味着这些类是存在的。

为了构建目标类 $\mathcal{C}$，我们首先选择一个随机函数 $c: \mathcal{X} \to \{-1, +1\}$ ，每个 $x \in \mathcal{X}$，以等概率独立选择 $c(x)$ 是-1 或$+1$。那么选择的类 $\mathcal{C}$ 就是由这个简单函数 $\mathcal{C} = \{c\}$ 组成的。这个类显然非常简单和平凡。事实上，根据 $\mathcal{C}$ 的知识，没有数据也可以习得目标 c ，因为 c 是类中的唯一函数。然而，如之前所指出的那样，尽管弱学习器知道，但提升法不知道 $\mathcal{C}$ 。

我们下一步构建弱学习算法 A 。当然，因为 A 知道 c ，它可以简单地输出假设 $h = c$ ，但是这将让学习过程对提升器来说相当的平凡。而且在这个构建过程中，我们的目的与之相反，即在满足 γ -弱学习的条件下，使 A 对 c 的了解尽可能的少。

如上述非正式的建议，我们想要使用一个“健忘”弱学习器的概念，它随机选择一个假设 h ，对于每一个 x，$h(x)$ 以概率$\frac{1}{2}+\gamma$ 被随机选择为 $c(x)$，否则为 $-c(x)$ 。然而，有一些技术问题需要解决。首先，尽管这种假设的期望误差就是$\frac{1}{2}-\gamma$，但弱学习要求误差的概率最多是$\frac{1}{2}-\gamma$ 。这一困难首先可以通过选择 $h(x)$ 的比 $\frac{1}{2}+\gamma$ 稍微高一些的概率来解决，比如说$\frac{1}{2}+\gamma'$ ，$\gamma' > \gamma$ 。事实证明，这将足以确保$\frac{1}{2}-\gamma$ 的误差（具有较高的概率），前提为弱学习器产生样本的目标分布 D 是“平滑”的，即没有样本在这个分布下具有“大”的权重（这个分布不应该与给提升器产生样本的分布 $\mathcal{D}$ 相混淆。从弱学习器的角度来看，目标分布 D 是由提升器构建的）。

然而，当大量的概率质量集中在一个或多个样本上的时候，我们就会面临进一步的困难。在极端情况下，当 D 完全集中在一个单独的样本 x_0 上的时候，如果按前面所述的方法随机选择 h ，那么对于分布 D ，当 $h(x_0) = c(x_0)$ 时，其误差以概率$\frac{1}{2}+\gamma'$ 小于$\frac{1}{2}-\gamma$ 。因此，在这种情况下，没有办法保证弱学习条件以高概率成立，也就是说概率接近 1。

我们可以通过设计一个弱学习器来解决这个问题，它识别出目标分布 D 下“大质量”的样本，然后使用有一个异常列表（exception list）的随机“健忘”假设，异常列表包括了所有这些大质量的样本的正确分类。换句话说，这样的假设预测 $h(x) = c(x)$ ，除非 x 有大质量，否则像以前一样随机选择 $h(x)$ 。由于任何分布的大质量样本的数量都是少的，异常列表也总是很短。

最后，我们注意到我们所讨论的假设都有很长的描述：每个函数将 $\mathcal{X}$ 映射到 $\{-1, +1\}$，有一个非零的生成概率，这意味着每个假设需要 2^n 比特位来指定，而整个假设空间的大小是 2^{2^n} ，这个空间太大以至于不能进行学习。为了缓解这一困难，在开始学习之前，我们将构建一个小得多的假设空间，它由相对较少的“地面”（ground）假设组成，每个假设都由前面所述的随机的、“健忘”的过程产生，以及通过添加异常列表来获得所有可能的假设。弱学习器可以从这个预先选择的假设空间中选择。

我们已经概述了构建过程的主要思想，现在我们转向细节。弱学习器使用的假设空间 $\mathcal{H}$ 以如下所述的方式进行构建。首先，我们选择了一组“地面”假设，即

$$\mathcal{G} \doteq \{\bar{g}_r : r \in \{0,1\}^n\}$$

2^n 个“地面”假设由 n 个比特的字符串 r 来进行索引，这些假设叫作“种子”(seed)。分类器 $\bar{g}_r$ 随机构建，令

$$\bar{g}_r(x) = \begin{cases} c(x), & \text{以概率}\frac{1}{2}+\gamma' \\ -c(x), & \text{以概率}\frac{1}{2}-\gamma' \end{cases} \tag{13.41}$$

每个 x 相互独立，这里我们定义

$$\gamma' \doteq \gamma + 2\Delta$$

并且

$$\Delta \doteq \frac{1}{\sqrt{n}}$$

$\mathcal{H}$ 中的弱假设包括所有的“地面”假设，以及长度最多为 n^2 的所有可能的异常列表。$\mathcal{H}$ 中的每一个假设都有 $\hbar_{r,E}$ 的形式，这里 r 是一个“种子”，E 是异常列表，最多为 n^2 个样本的集合。

$$\mathcal{H} \doteq \{\hbar_{r,E} : r \in \{0,1\}^n, E \subseteq \mathcal{X}, |E| \leqslant n^2\}$$

这样的假设正确地分类了 E 中的所有样本，并使用“地面”假设 $\bar{g}_r$ 来分类所有其他样本，即

$$\hbar_{r,E}(x) = \begin{cases} c(x), & \text{if} \quad x \in E \\ \bar{g}_r(x), & \text{else} \end{cases}$$

最后，我们已经准备好描述弱学习算法了。简单地说，我们首先描述的是一种弱学习器 A'，它通过重新加权来进行提升。如 3.4.1 节所讨论的，这样的弱学习器接收一系列样本上的实际分布 D 作为输入（虽然在这里，D 形式化地被视为整个域 $\mathcal{X}$ 上的分布），而且在给定的分布 D 上，必须产生一个误差至多为 $\frac{1}{2}-\gamma$ 的弱假设。这种弱学习算法并不能满足 13.2.2 节中所述的形式化定义，尽管提升法通常是与这种弱学习器进行组合，就像在 3.4.1 节中所讨论的那样。稍后，我们将描述一个形式化所需要的提升-重取样的版本。因此，该证明实际上适用于提升法的任一形式。

算法 A' 如算法 13.2 所示。把前述的主要思想结合在一起，识别出大质量概率的样本（概率至少为 $1/n^2$），并把它放置在异常列表中，并用随机选择的地面假设对所有其他样本进行分类。注意，由于 D 是一个分布，$|E| \leqslant n^2$。如果由此产生的假设 $\hbar_{r,E}$ 仍然有不可接受的高误差，就说明发生了中止。在这种情况下，目标 c 用作输出假设（它的误差总

是零)。这保证了生成的弱假设的误差总是小于$\frac{1}{2}-\gamma$(实际上，结果比这个稍微好一点)。此外，接下来的引理将证明中止很少发生。

算法 13.2

弱学习算法 A'，重新加权以用于提升算法

给定：$\mathcal{X}$ 上的分布 D(内建 $\mathcal{C}$、$\mathcal{H}$、γ 和 Δ 的知识)

- 随机均匀选择 n 比特的“种子”r
- 令 E 是概率质量至少是 $1/n^2$ 的所有样本的集合

$$E = \{x \in \mathcal{X}: D(x) \geqslant 1/n^2\}$$

- 如果对于分布 D，$\hbar_{r,E}$ 的误差至多是$\frac{1}{2}-\gamma-\Delta$
  那么输出 $\hbar_{r,E}$；否则，输出 c，中止

引理 13.6　令 c 固定，设 A' 运行在分布 D 上。令 r 是第一步选取的“种子”，假设 $\bar{g}_r$ 作为随机变量独立于 D。那么针对分布 D 中止的概率，即 $\hbar_{r,E}$ 的误差超过 $\frac{1}{2}-\gamma-\Delta$ 的概率至多是 e^{-2n}。

证明：

$\hbar_{r,E}$ 的误差可以写为

$$\operatorname{err}(\hbar_{r,E}) = \sum_{x\in\mathcal{X}-E} D(x)\mathbf{1}\{\bar{g}_r(x) \neq c(x)\} = \sum_{x\in\mathcal{X}-E} D(x) I_x$$

这里，每个 I_x 是一个独立随机变量，以 $\frac{1}{2}-\gamma'$ 的概率为 1，否则为 0。为了约束这个加权和，我们用霍夫丁不等式（定理 2.1）的一个泛化形式，其陈述如下。

定理 13.7　设 $X_1,\cdots,X_m$ 是独立随机变量，$X_i \in [0,1]$，令 $w_1,\cdots,w_m$ 是非负权重的集合，随机变量的加权和用 $S_m = \sum_{i=1}^m w_i X_i$ 来表示。那么对于任意$\varepsilon > 0$，我们有

$$\mathbf{Pr}[S_m \geqslant \mathbf{E}[S_m]+\varepsilon] \leqslant \exp\left(-\frac{2\varepsilon^2}{\sum_{i=1}^m w_i^2}\right)$$

并且

$$\mathbf{Pr}[S_m \leqslant \mathbf{E}[S_m]-\varepsilon] \leqslant \exp\left(-\frac{2\varepsilon^2}{\sum_{i=1}^m w_i^2}\right)$$

$\hbar_{r,E}$ 的期望误差是

$$\mathbf{E}[\operatorname{err}(\hbar_{r,E})] = \left(\frac{1}{2}-\gamma'\right)\sum_{x\in\mathcal{X}-E} D(x) \leqslant \frac{1}{2}-\gamma'$$

因此，应用定理 13.7，得到

$$\begin{aligned}\mathbf{Pr}\left[\operatorname{err}(\hbar_{r,E}) > \frac{1}{2}-\gamma'+\Delta\right] &\leqslant \mathbf{Pr}\left[\operatorname{err}(\hbar_{r,E}) > \mathbf{E}[\operatorname{err}(\hbar_{r,E})]+\Delta\right] \\ &\leqslant \exp\left(-\frac{2\Delta^2}{\sum_{x\in\mathcal{X}-E} D(x)^2}\right) \qquad (13.42)\end{aligned}$$

因为，对于不在 E 中的任意 x，$D(x)<\frac{1}{n^2}$，

$$\sum_{x\in\mathcal{X}-E}D(x)^2\leqslant\frac{1}{n^2}\sum_{x\in\mathcal{X}-E}D(x)\leqslant\frac{1}{n^2}$$

因此，根据我们对 Δ 的选择，式（13.42）左项的值至多是 e^{-2n}。

证毕。

现在我们可以构建一个重采样-提升（boost-by-resampling）弱学习器 A，它将 A' 作为其子过程。该弱学习器，当提供从未知分布 D 中独立选择的 $m_0(\delta)$ 个已标注样本时，一定至少以概率 $1-\delta$ 输出一个假设，其误差针对 D 至多是 $\frac{1}{2}-\gamma$。我们的算法 A 如算法 13.3 所示，形成一个经验分布 $\hat{D}$：给定的 m_0 个样本，每个样本分配 $1/m_0$ 的概率，然后在这个分布上运行 A'，输出获得的假设。

算法 13.3

弱学习算法 A'，重取样以用于提升法

给定：$(x_1,c(x_1)),\cdots(x_{m_0},c(x_{m_0}))$，

令，$\hat{D}$ 为样本的经验分布：

$$\hat{D}(x)\doteq\frac{1}{m_0}\sum_{i=1}^{m_0}\mathbf{1}\{x_i=x\}$$

在分布 $\hat{D}$ 上运行 A'，输出返回的假设。

根据我们对 A' 的构建，返回的 h 的训练误差至多是 $\frac{1}{2}-\gamma-\Delta$（这个等于针对分布 $\hat{D}$ 的误差）。因此，为了使这个假设在针对生成训练集的分布 D 上的误差至多是 $\frac{1}{2}-\gamma$，只需要证明，这个真实误差 $\mathrm{err}(h)$ 将以很高的概率超过它的训练错误至多是 Δ。如果在 $h=c$ 的情况下，这是平凡真实的，因为这两个误差都是零。在所有其他情况下，我们可以应用 2.2.2 节的结果。具体地，每个假设 $\hbar_{r,E}$ 可以用 n 比特位来表示种子 r，n 比特位来表示异常列表上的最多 n^2 个样本。因此有

$$\lg|\mathcal{H}|=O(n^3)$$

代入定理 2.2，我们计算得到样本的规模

$$m_0=\left\lceil\frac{\ln|\mathcal{H}|+\ln(1/\delta)}{2\Delta^2}\right\rceil=O(n^4+n\ln(1/\delta))\tag{13.43}$$

这足以保证

$$\mathrm{err}(\hbar_{r,E})\leqslant\widehat{\mathrm{err}}(\hbar_{r,E})+\Delta$$

对于所有 $\hbar_{r,E}\in\mathcal{H}$，至少以概率 $1-\delta$ 成立。因此，特别地，对于由 A 输出的 h 我们有

$$\text{err}(h) \leqslant \widehat{\text{err}}(h) + \Delta \leqslant \left(\frac{1}{2} - \gamma - \Delta\right) + \Delta = \frac{1}{2} - \gamma$$

我们得出结论：A 满足边界为 γ 的 $\mathcal{C}$ 的弱学习算法的定义，它的样本复杂度由式（13.43）给出。

13.2.4 分析概述

完成了弱学习器的构建，当提升法 B 使用这种弱学习器，我们就可以分析提升法的泛化误差了。注意，在每轮都调用 A'，无论是直接由 B 调用（如果通过重新加权来使用提升）还是作为 A 的子程序来调用。

无论是学习过程中还是在我们对弱学习器的构建过程中，有很多随机性的来源，包括：

- 随机构建的目标函数 c；
- 随机构建的弱假设空间 $\mathcal{H}$；
- 由 m 个随机训练样本组成的训练集 S（但是不包括它们的标签，这些是由 c 决定的）；
- 随机“种子”$\mathbf{r} = \langle r_1, \cdots, r_T \rangle$，在 T 轮调用 A' 的时候进行选择；
- 提升法自己内部的随机性用随机变量 $\mathcal{R}$ 来表示（这种随机性可以用于各种目的，例如当调用弱学习器的时候，训练集的随机重取样。具体地，$\mathcal{R}$ 可以采用随机比特位的无限序列的形式，尽管我们并不关心这些细节）。

为了证明定理 13.5，我们将证明针对所有这些随机源，B 的误差可能至少是 $\beta^* - \nu$，当 n 足够大时，这里

$$\beta^* \doteq \text{Binom}\left(T, \frac{T}{2}, \frac{1}{2} + \gamma\right) \tag{13.44}$$

也就是说，我们将证明

$$\mathbf{Pr}_{c,\mathcal{H},S,\mathbf{r},\mathcal{R}}[\text{err}(H,c) \geqslant \beta^* - \nu] \geqslant 1 - \nu \tag{13.45}$$

这里 $\text{err}(H,c)$ 表示相对目标 c，由 B 输出的最终假设 H 的真实误差。这里以及在证明的过程中，我们经常将下标添加到概率符号中，是为了强调概率的随机特性。式（13.45）对于证明是足够的，因为根据间隔化，它等价于

$$\mathbf{E}_{c,\mathcal{H}}[\mathbf{Pr}_{S,\mathbf{r},\mathcal{R}}[\text{err}(H,c) \geqslant \beta^* - \nu \mid c, \mathcal{H}]] \geqslant 1 - \nu$$

这接下来意味着存在一个特定的目标 c 和假设空间 $\mathcal{H}$，即

$$\mathbf{Pr}_{S,\mathbf{r},\mathcal{R}}[\text{err}(H,c) \geqslant \beta^* - \nu \mid c, \mathcal{H}] \geqslant 1 - \nu$$

这就是定理中的声明。

这里有一个粗略的提纲，说明我们将如何证明式（13.45）。虽然这里使用的符号有点

不正式，但很快就会变得更精确。

首先，由于它们对 H 的计算没有影响，我们可以认为标签 c 在样本上的选择不在 S 中，就像即使 H 已经被计算出来，它们仍然是随机的。我们可以根据 c 的实际选择，比较 H 的误差及其期望。根据霍夫丁不等式，它们将会很接近，我们可以证明

$$\mathbf{E}_c[\mathrm{err}(H,c)] \lesssim \mathrm{err}(H,c) \tag{13.46}$$

以高概率成立（就像在这本书的其他地方一样，我们用 $\lesssim$ 表示非正式的不等式近似成立）。

接下来，我们将论证，在充分了解了生成 c 和 $\mathcal{H}$ 的随机过程的情况下，给定弱假设的预测，有一个最优规则 opt 来预测测试样本的标签。因为它是最优的，我们有

$$\mathbf{E}_c[\mathrm{err}(opt,c)] \leqslant \mathbf{E}_c[\mathrm{err}(H,c)] \tag{13.47}$$

式（13.47）左边的量取决于对这个表达式的弱假设的特定的预测。第二次应用霍夫丁不等式，这个表达式在 $\mathcal{H}$ 的随机选择情况下，接近它的期望，则

$$\mathbf{E}_{c,\mathcal{H}}[\mathrm{err}(opt,c)] \lesssim \mathbf{E}_c[\mathrm{err}(opt,c)] \tag{13.48}$$

以高概率成立。

最后，根据我们的构建过程随机选择 c 和 $\mathcal{H}$，如式（13.44）所示，当 n 变大时，左边的量完全收敛到 β^*。将式（13.46）、式（13.47）、式（13.48）结合到一起，我们将得到

$$\beta^* \approx \mathbf{E}_{c,\mathcal{H}}[\mathrm{err}(opt,c)] \lesssim \mathbf{E}_c[\mathrm{err}(opt,c)] \leqslant \mathbf{E}_c[\mathrm{err}(H,c)] \lesssim \mathrm{err}(H,c)$$

以高概率成立，近似等价于式（13.45），它的证明过程就是我们的目标。

13.2.5 将提升器看作固定的函数

更详细地说，我们首先从数学的视角将提升法形式化为固定的函数，这是一个对证明至关重要的观点。提升算法 B 在训练样本和它从弱学习器收到的弱假设的基础上，计算出其最终的假设 H。虽然 B 可能是随机的，但我们可以把它的随机化 $\mathcal{R}$ 作为算法的一个输入。这样，B 的最终假设的计算可以看作一个固定的、确定性的函数：

- 训练样本 S；
- S 中的训练样本的标签（c 的值），用 $c_{|S}$ 表示；
- T 轮调用 A' 返回的弱假设 $h_1,\cdots,h_T$，包括它们在 $\mathcal{X}$ 中的所有样本的值；
- B 内部随机化 $\mathcal{R}$。

作为一个函数，B 将这些输入映射到最终的假设 H。为了简单起见，我们假设在形式化它的预测的时候不使用随机化（尽管我们的论证可以被推广并用来处理这种情况）。

我们可以把对 B 计算的理解更进一步，这样我们就能直接关注“地面”假设 $\tilde{g}_r$，而不是由 A' 返回实际的弱假设 h_t。这将简化分析，因为弱假设可能被异常列表或中止所混

淆。令 r_t 和 E_t 表示 A' 在第 t 轮选择的随机“种子”和异常列表。令 $g_t \doteq \bar{g}_{r_t}$ 是相应的“地面”假设，让我们进一步定义函数，即

$$g'_t \doteq \begin{cases} c, \text{如果中止发生在对 } A' \text{ 的第七次调用} \\ g_t, \text{其他} \end{cases}$$

这个定义允许我们以统一的形式写 h_t ，即

$$h_t(x) = \begin{cases} c(x), \text{如果} \quad x \in E_t \\ g'_t(x), \text{其他} \end{cases} \tag{13.49}$$

上式不管中止是否发生都成立。

我们断言提升算法现在可以被看作一个固定的、确定性的函数：

- 修改后的地面假设 $g'_1, \cdots, g'_T$（而不是 $h_1, \cdots, h_T$）；
- 训练样本 S ，训练标签 $c_{|S}$ ，B 的随机化 $\mathcal{R}$ ，这些都如前所述。

换句话说，除了后面的项，我们断言可以把 B 的计算看作 $\mathbf{g}'$ 而不是 $\boldsymbol{h}$ 的函数（这里我们使用向量符号 $\boldsymbol{h}$ 来代表所有弱假设 $\langle h_1, \cdots, h_T \rangle$ ，对 $\mathbf{g}$ 和 $\mathbf{g}'$ 也做类似的定义）。这是因为式（13.49）表明，每个 h_t 本身都是 g'_t 、E_T 和 E_T 中样本的标签 $c(x)$ 的函数。但因为每个异常列表都是样本 S 的子集，因此在这些列表中出现的样本的标签实际上包含在 $c_{|S}$ 中。此外，异常列表 E_T 是由 A' 接收的分布，或者是由 A 接收的样本决定的，即从开始直到弱学习器被调用的那个时刻。因此，E_t 本身就是决定 B 计算的其他元素的固定函数。因此，最终假设 H 的 B 的计算可以看作由 S 、$c_{|S}$ 、$\mathcal{R}$ 、$\mathbf{g}'$ 确定的函数。

现在，让我们把随机源固定下来，即 B 和 A' 用到的样本 S 、它的标签 $c_{|S}$ 、随机化 $\mathcal{R}$ 和 $\mathbf{r}$ 。随后，我们将对这些随机源取其期望，以获得式（13.45）。现在，这些都可以是任意的，除了我们假设所有的种子 $r_1, \cdots, r_T$ 是不同的。

所有这些变量都需要固定下来保持不变，因此被看作常数。通过上述论证，提升法可以被看作只是由 $\mathbf{g}'$ 确定的函数，因此它的最终假设 H 用下式计算

$$H = \mathcal{B}(\mathbf{g}')$$

$\mathcal{B}$ 为某固定的、确定的函数。我们可以写作

$$\mathcal{B}(\mathbf{g}', x) \doteq \mathcal{B}(\mathbf{g}')(x)$$

来表示它（固定的、确定的）对测试样本 x 的预测。

不失一般性，我们假设 $\mathcal{B}$ 是一个总函数，是针对正确语法形式的所有输入而定义的（也就是说，函数 g'_t 将 $\mathcal{X}$ 映射到 $\{-1, +1\}$，测试样本 $x \in \mathcal{X}$）。虽然 $\mathcal{B}$ 应该被正确地只应用于 $\mathbf{g}'$ ，但这个假设允许我们考虑把它应用于 $\mathbf{g}$ ，就如 $\mathcal{B}(\mathbf{g})$ 或 $\mathcal{B}(\mathbf{g}, x)$ 。本质上，这意味着在每轮总是使用“地面”假设 g_t ，而忽略了中止条件的可能性。从数学上讲，这个替换将非常方便，因为尽管中止是罕见的（由引理 13.6 可知），但它们仍然是一个麻烦。但随后，我们当然也要考虑中止。

13.2.6 误差的分析

给定固定函数 $\mathcal{B}$，现在我们的目标就是分析最终假设 $\mathcal{B}(\mathbf{g})$ 相对于目标 c 的误差，这里 c 和 g_t 是根据 13.2.3 节中描述的随机过程生成的（但是 S 和 $c_{|S}$ 是固定的）。特别地，由于所有的“种子”r_t 都是不同的，所以 g_t 是相互独立产生的（在 c 的条件下），如式(13.41)。

如前所述，对于任意给定的 H 和 c，我们用下式表示误差

$$\operatorname{err}(H,c) \doteq \mathbf{Pr}_{x\sim D}[H(x) \neq c(x)] = 2^{-n} \cdot \sum_{x\in\mathcal{X}} \mathbf{1}\{H(x) \neq c(x)\}$$

另外，由于我们感兴趣的主要是在训练集之外发生的事情，因此让我们定义 $\bar{\mathcal{X}}$ 是 $\mathcal{X}$ 中没有包含在样本 S 中所有样本的集合，令 $\bar{c}$ 是 c 相对 $\mathcal{X}$ 的约束（也就是说，所有在 $\bar{\mathcal{X}}$ 中的点的标签），使

$$\overline{\operatorname{err}}(H,\bar{c}) \doteq \mathbf{Pr}_{x\sim D}[H(x) \neq c(x) \mid x \in \bar{\mathcal{X}}] = \frac{1}{|\bar{\mathcal{X}}|} \cdot \sum_{x\in\bar{\mathcal{X}}} \mathbf{1}\{H(x) \neq c(x)\}$$

表示 $\bar{\mathcal{X}}$ 上的误差。

根据上面的概述我们首先证明，对于任何 $\mathbf{g}$，$\mathcal{B}(\mathbf{g})$ 的误差很可能在 $\bar{c}$ 的随机选择下接近它的期望。

引理 13.8 令 $\mathbf{g}$ 固定，设 $\bar{c}$ 依 $\mathbf{g}$ 的条件随机选择。那么以至少 $1-\mathrm{e}^{-2n}$ 的概率，有

$$\overline{\operatorname{err}}(\mathcal{B}(\mathbf{g}),\ \bar{c}) \geqslant E_{\bar{c}}[\overline{\operatorname{err}}(\mathcal{B}(\mathbf{g}),\ \bar{c}) \mid \mathbf{g}] - \sqrt{\frac{n}{|\bar{\mathcal{X}}|}}$$

证明：

给定 $\mathbf{g}$，$c(x)$ 保持相互之间独立。因此，随机变量

$$M_x \doteq \mathbf{1}\{\mathcal{B}(\mathbf{g},\ x) \neq c(x)\}$$

是相互独立的，其中 $x \in \bar{\mathcal{X}}$。将霍夫丁不等式（定理 2.1）应用于它们的平均值

$$\overline{\operatorname{err}}(\mathcal{B}(\mathbf{g}),\ \bar{c}) = \frac{1}{|\bar{\mathcal{X}}|} \cdot \sum_{x\in\bar{\mathcal{X}}} M_x$$

则得到结论。

证毕。

让我们考虑 $\bar{\mathcal{X}}$ 中的单个样本 x。给定 $\mathbf{g}$，错误分类 x 的概率只依赖于 $c(x)$，可用下式计算

$$\mathbf{Pr}_{c(x)}[c(x) \neq \mathcal{B}(\mathbf{g},x) \mid \mathbf{g}]$$

很明显，这个概率至少是

$$\min_{y\in\{-1,+1\}} \mathbf{Pr}_{c(x)}[c(x) \neq y \mid \mathbf{g}]$$

并且，因为给定 $\mathbf{g}(x)$，$c(x)$ 是条件独立于不是 x 的其他样本的 $\mathbf{g}$ 的值。这就等于

$$\min_{y\in\{-1,+1\}} \mathbf{Pr}_{c(x)}[c(x)\neq y \mid \mathbf{g}(x)] \tag{13.50}$$

设 $opt(\mathbf{g},x)$ 表示使上式最小化的 y 的值，$opt(\mathbf{g})$ 表示预测函数 $opt(\mathbf{g},\cdot)$。这就是在 12.1 节遇到的贝叶斯最优分类器。

通过考虑 $c(x)$ 和 $\mathbf{g}(x)$ 的生成方式，我们可以显式地确定 $opt(\mathbf{g},x)$。对于 $y\in\{-1,+1\}$，我们有

$$\mathbf{Pr}[c(x)=y \mid \mathbf{g}(x)]=\frac{\mathbf{Pr}[\mathbf{g}(x)\mid c(x)=y]\cdot\mathbf{Pr}[c(x)=y]}{\mathbf{Pr}[\mathbf{g}(x)]} \tag{13.51}$$

$$\propto \mathbf{Pr}[\mathbf{g}(x)\mid c(x)=y] \tag{13.52}$$

$$=\prod_{t=1}^{T}\left[\left(\frac{1}{2}+\gamma'\right)^{\mathbf{1}\{g_t(x)=y\}}\left(\frac{1}{2}-\gamma'\right)^{\mathbf{1}\{g_t(x)\neq y\}}\right] \tag{13.53}$$

$$=\prod_{t=1}^{T}\left[\left(\frac{1}{2}+\gamma'\right)^{(1+yg_t(x))/2}\left(\frac{1}{2}-\gamma'\right)^{(1-yg_t(x))/2}\right]$$

$$\propto \prod_{t=1}^{T}\left(\frac{1+2\gamma'}{1-2\gamma'}\right)^{yg_t(x)/2}$$

在这种情况下，我们用 $f\propto g$ 表示 f 等于 g 乘以一个不依赖于 y 的正值。这里，式 (13.51) 就是贝叶斯规则。式 (13.52) 用到这样的结论：$c(x)$ 属于每类的概率相等。式 (13.53) 来自如式 (13.41) 所示的产生“地面”假设的随机过程。最后两行的运算都是十分直观的。

因此，对最后的表达式取对数比，当 $y=-1$，或者 $y=+1$ 时，得到

$$\ln\left(\frac{\mathbf{Pr}[c(x)=+1\mid \mathbf{g}(x)]}{\mathbf{Pr}[c(x)=-1\mid \mathbf{g}(x)]}\right)=\ln\left(\frac{1+2\gamma'}{1-2\gamma'}\right)\cdot\sum_{t=1}^{T} g_t(x)$$

左边量的符号告诉我们 $c(x)$ 的哪个值可能性更大，因此，应该根据 $opt(\mathbf{g},x)$ 来进行选择以实现式 (13.50) 的最小化。于是有

$$opt(\mathbf{g},x)=\operatorname{sign}\Big(\sum_{t=1}^{T} g_t(x)\Big) \tag{13.54}$$

回忆一下，我们假设 T 是奇数，所以符号函数收到 0 的参数将永远不会发生。换句话说，在这个情况下，取 T 个地面假设的多数投票是最好的预测。

因为，这对每个 $\mathbf{g}$ 和 x 都是最优的，所以 $opt(\mathbf{g})$ 的期望误差就是 $\mathcal{B}(\mathbf{g})$ 的下界。

$$\begin{aligned}\mathbf{E}_{\bar c}[\overline{\mathrm{err}}(\mathcal{B}(\mathbf{g}),\bar c)]&=\frac{1}{|\bar{\mathcal{X}}|}\cdot\sum_{x\in\bar{\mathcal{X}}}\mathbf{Pr}_{c(x)}[\mathcal{B}(\mathbf{g},x)\neq c(x)\mid \mathbf{g}]\\&\geqslant\frac{1}{|\bar{\mathcal{X}}|}\cdot\sum_{x\in\bar{\mathcal{X}}}\mathbf{Pr}_{c(x)}[opt(\mathbf{g},x)\neq c(x)\mid \mathbf{g}]\\&=\mathbf{E}_{\bar c}[\overline{\mathrm{err}}(opt(\mathbf{g}),\bar c)]\end{aligned} \tag{13.55}$$

注意，对于随机的 $\mathbf{g}$，这个表达式的期望最优误差可以直接计算出来。这是因为对于任意 $x \in \bar{\mathcal{X}}$，有

$$\begin{aligned}
\mathbf{E}_{\mathbf{g}(x)}[\mathbf{Pr}_{c(x)}[opt(\mathbf{g},x) \neq c(x) \mid \mathbf{g}]] &= \mathbf{Pr}_{c(x),\mathbf{g}(x)}[opt(\mathbf{g},x) \neq c(x)] \\
&= \mathbf{Pr}_{c(x),\mathbf{g}(x)}\left[c(x) \neq \operatorname{sign}\left(\sum_{t=1}^{T} g_t(x)\right)\right] \\
&= \operatorname{Binom}\left(T, \frac{T}{2}, \frac{1}{2}+\gamma'\right) \doteq \mathrm{err}^* \qquad (13.56)
\end{aligned}$$

这就是随机选择 $\mathbf{g}$，它有低于一半的机会正确分类 x 的概率。这个概率用 err^* 表示。

再次应用霍夫丁不等式，我们可以进一步证明式（13.55）很可能接近它的期望误差 err^*。

引理 13.9 随机选择 $\mathbf{g}$，以至少 $1-\mathrm{e}^{-2n}$ 的概率

$$\mathbf{E}_{\bar{c}}[\overline{\mathrm{err}}(opt(\mathbf{g}),\bar{c})] \geqslant \mathrm{err}^* - \sqrt{\frac{n}{|\bar{\mathcal{X}}|}}$$

证明：

让我们定义随机变量

$$O_x \doteq \mathbf{Pr}_{c(x)}[opt(\mathbf{g},x) \neq c(x) \mid \mathbf{g}(x)]$$

$x \in \bar{\mathcal{X}}$。

注意，根据式（13.56），$\mathbf{E}_{\mathbf{g}}[O_x] = \mathrm{err}^*$。因此，对它们的均值应用霍夫丁不等式（定理 2.1），有

$$\mathbf{E}_{\bar{c}}[\overline{\mathrm{err}}(opt(\mathbf{g}),\bar{c})] = \frac{1}{|\bar{\mathcal{X}}|} \cdot \sum_{x\in\bar{\mathcal{X}}} O_x$$

得到结论。

证毕。

将引理 13.8、式（13.55）和引理 13.9 以及联合界结合起来，我们可以证明，至少以 $1-2\,\mathrm{e}^{-2n}$ 的概率，即

$$\begin{aligned}
\overline{\mathrm{err}}(\mathcal{B}(\mathbf{g}),\bar{c}) &\geqslant \mathbf{E}_{\bar{c}}[\overline{\mathrm{err}}(\mathcal{B}(\mathbf{g}),\bar{c}) \mid \mathbf{g}] - \sqrt{\frac{n}{|\bar{\mathcal{X}}|}} \\
&\geqslant \mathbf{E}_{\bar{c}}[\overline{\mathrm{err}}(opt(\mathbf{g}),\bar{c}) \mid \mathbf{g}] - \sqrt{\frac{n}{|\bar{\mathcal{X}}|}} \\
&\geqslant \mathrm{err}^* - 2\sqrt{\frac{n}{|\bar{\mathcal{X}}|}}
\end{aligned}$$

这意味着

$$\mathrm{err}(\mathcal{B}(\mathbf{g}),c) \geqslant 2^{-n} \sum_{x\in\bar{\mathcal{X}}} \mathbf{1}\{\mathcal{B}(\mathbf{g},x) \neq c(x)\}$$

$$
\begin{aligned}
&= \frac{|\bar{\mathcal{X}}|}{2^n} \cdot \overline{\mathrm{err}}(\mathcal{B}(\boldsymbol{g}), \bar{c}) \\
&\geqslant \frac{|\bar{\mathcal{X}}|}{2^n} \cdot \left[\mathrm{err}^* - 2\sqrt{\frac{n}{|\bar{\mathcal{X}}|}} \right] \\
&\geqslant \left(1 - \frac{m}{2^n}\right) \mathrm{err}^* - 2\sqrt{\frac{n}{2^n}} \doteq \beta_n
\end{aligned} \tag{13.57}
$$

以至少 $1-2\,\mathrm{e}^{-2n}$ 的概率成立。在最后一行，我们用到了 $2^n - m \leqslant |\bar{\mathcal{X}}| \leqslant 2^n$，因为 S 是 m 个样本（不需要是不同的）的取样。我们用 β_n 来表示式（13.57）中的量。

13.2.7　将所有东西结合到一起

我们现在可以用引理 13.6 来考虑当 $\mathcal{B}$ 应用到 $\boldsymbol{g}'$，而不是 $\boldsymbol{g}$ 的时候，中止的可能性。特别地，我们有

$$
\begin{aligned}
\mathbf{Pr}_{\bar{c},\mathcal{H}}[\mathrm{err}(\mathcal{B}(\boldsymbol{g}'), c) < \beta_n] &\leqslant \mathbf{Pr}_{\bar{c},\mathcal{H}}[\mathrm{err}(\mathcal{B}(\boldsymbol{g}), c) < \beta_n \vee \boldsymbol{g} \neq \boldsymbol{g}'] \\
&\leqslant \mathbf{Pr}_{\bar{c},\mathcal{H}}[\mathrm{err}(\mathcal{B}(\boldsymbol{g}), c) < \beta_n] + \mathbf{Pr}_{\bar{c},\mathcal{H}}[\exists t : g_t \neq g'_t] \\
&\leqslant 2\,\mathrm{e}^{-2n} + T\,\mathrm{e}^{-2n}
\end{aligned} \tag{13.58}
$$

这里最后两行用到了联合界（重复使用）以及式（13.57）和引理 13.6（这意味着 $g_t \neq g'_t$ 的概率至多是 e^{-2n}）。

现在我们可以考虑针对 S、$c|_S$、$\mathbf{r}$ 和 $\mathcal{R}$ 的期望（之前这些都是固定的）。令 H 表示最终的假设。为了处理包括两个一样的“种子”的 $\mathbf{r}$ 的概率，我们用到了关于两个事件 a 和 b 的如下结论，即

$$
\begin{aligned}
\mathbf{Pr}[a] &= \mathbf{Pr}[a, b] + \mathbf{Pr}[a, \neg b] \\
&\leqslant \mathbf{Pr}[a \mid b] + \mathbf{Pr}[\neg b]
\end{aligned}
$$

因此

$$
\begin{aligned}
\mathbf{Pr}_{S,c,\mathcal{H},\mathbf{r},\mathcal{R}}[\mathrm{err}(H, c) < \beta_n] \leqslant\ & \mathbf{Pr}_{S,c,\mathcal{H},\mathbf{r},\mathcal{R}}[\mathrm{err}(H, c) < \beta_n \mid r_1, \cdots, r_T \text{ 各自不同}] \\
&+ \mathbf{Pr}_{S,c,\mathcal{H},\mathbf{r},\mathcal{R}}[r_1, \cdots, r_T \text{ 不是完全不同}]
\end{aligned} \tag{13.59}
$$

右边的第一项至多是 $(T+2)\mathrm{e}^{-2n}$，因为它是式（13.58）左边的概率的（条件）期望。式（13.59）右边的第二项，两个随机“种子”完全相同的概率是 2^{-n}。因此，根据联合界，T 个“种子”不是完全相同的概率至多是 $\binom{T}{2} \cdot 2^{-n}$。于是

$$
\mathbf{Pr}_{S,c,\mathcal{H},\mathbf{r},\mathcal{R}}[\mathrm{err}(H, c) < \beta_n] \leqslant (T+2)\mathrm{e}^{-2n} + \binom{T}{2} \cdot 2^{-n} \tag{13.60}
$$

明显地，当 n 足够大时，式（13.60）的右边可以小于 ν，$\nu > 0$。此外，我们需要记住 m、γ'、err^* 都依赖于 n。我们看到，当 n 足够大时，$\beta_n \to \beta^*$（这里 β^* 如式（13.44）所示）。因为 $\gamma' \to \gamma$，并且我们假设 m（样本数目）由 n 的多项式约束，所以，当 n 足够大时，$\beta_n \geqslant \beta^* - \nu$。至此，我们已经证明了式（13.45），完成了定理 13.5 的证明。

证毕。

13.3 与 AdaBoost 的关系

我们接下来考虑的是 BBM 和更熟悉的 AdaBoost 算法之间的关系。它们之间不仅误差界相关，而且我们还会进一步发现，一个非自适应性版本的 AdaBoost 可以作为一个 BBM 的特例而导出。另外，算法之间也存在着一些根本的差异。

13.3.1 误差界的比较

我们已经看到 BBM 的误差。作为 T 和 γ 的函数，它采用的是二项分布的尾部的形式，如式（13.37）所示。这个界适用于训练误差，正如在推论 13.4 中所证明的，也适用于泛化误差。如 13.2.1 节所示，当训练样本的数量很大时。此外，在 13.2.2 节中，我们证明了这个界是任何提升法最好的可能的界。因此，当 T 和 γ 已知且固定的时候，从本质上看，BBM 是最优的。

正如已经注意到的，在使用 AdaBoost 或 NonAdaBoost 时，定理 3.1 揭示了训练误差至多是 $e^{-2\gamma^2 T}$，这个界在大规模训练集的条件下对泛化误差也是成立的。正如前面所指出的，这正是霍夫丁不等式（定理 2.1）给出的二项分布尾部的界，如式（13.37）所示。

事实上，定理 3.1 指出了对 AdaBoost 的训练误差的更好的界

$$(\sqrt{1-4\gamma^2})^T \tag{13.61}$$

在这种情况下，这也是切诺夫界。特别地，可以证明（参见练习 5.4）：掷一枚硬币人头向上的概率为 p 则硬币掷 n 次，至多 qn 个人头的概率，这里 $q<p$，是由下式约束

$$\text{Binom}(n,qn,p)\leqslant \exp(-n\cdot \text{RE}_b(q\,\|\,p)) \tag{13.62}$$

这里，$\text{RE}_b(\cdot\,\|\,\cdot)$ 是如式（5.36）给出的二元相对熵。因此，在 BBM 的界的情况下，我们得到

$$\text{Binom}\left(T,\frac{T}{2},\frac{1}{2}+\gamma\right)\leqslant \exp\left(-T\cdot \text{RE}_b\left(\frac{1}{2}\,\middle\|\,\frac{1}{2}+\gamma\right)\right) \tag{13.63}$$

这就等于式（13.61）。此外可以证明

$$\text{Binom}\left(T,\frac{T}{2},\frac{1}{2}+\gamma\right)\geqslant \exp\left(-T\cdot \left[\text{RE}_b\left(\frac{1}{2}\,\middle\|\,\frac{1}{2}+\gamma\right)+O\left(\frac{\ln T}{T}\right)\right]\right) \tag{13.64}$$

因为随着 T 变大，$(\ln T)/T$ 可以忽略，这意味着，当轮数较大的时候，式（13.63）的近似是收紧的。因此，AdaBoost 的误差界非常接近 BBM 的最优界。

图 13.3 展示的是作为 T 的函数，BBM 和 AdaBoost 的界。一方面，当 T 增加时，我们知道界一定表现出相同的指数行为，就像在图中看到的那样。另一方面，当 T 较小时，它们之间显然有很大的数值上的差异。

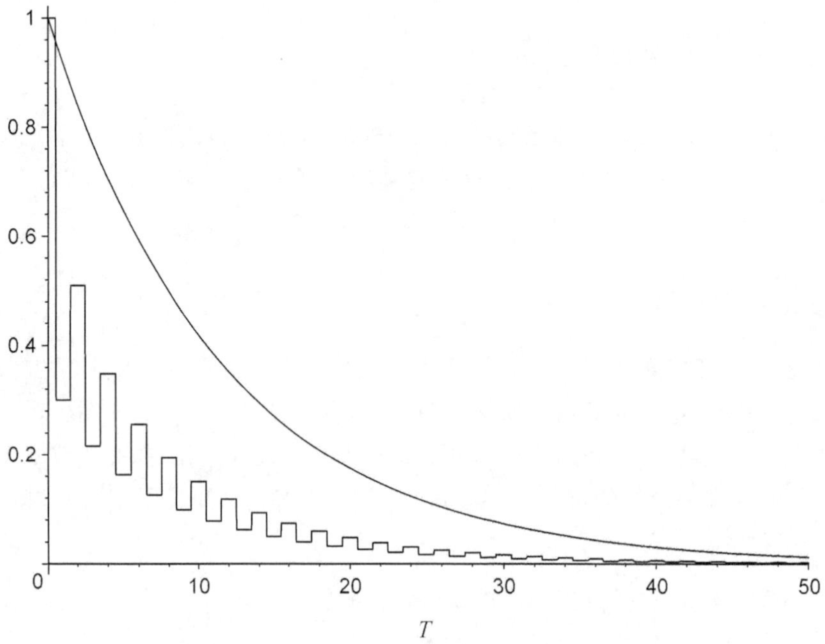

图 13.3

非自适应 AdaBoost（顶部曲线，来自式（13.61））与 BBM（底部曲线，来自式（13.37））的误差界的比较，作为 T 的函数，$\gamma = 0.2$。BBM 的界仅定义在 T 的整数值，出现锯齿是因为当 T 是偶数时，界通常更糟（参见练习 13.8）

13.3.2 由 BBM 派生出 AdaBoost

作为算法，除了它们的误差界之间的密切关系外，AdaBoost 和 BBM 也密切相关。NonAdaBoost（在 13.1.1 节讨论的 AdaBoost 的非自适应版本）就是 BBM 的一种特例。

特别是，当轮数 T 非常大的时候，对于任何固定的 T_0，前 T_0 轮的 BBM 表现得几乎就像 NonAdaBoost。从这个意义上说，非自适应的 AdaBoost 可以被认为是对 BBM 施加约束后获得的版本：令 $T \to \infty$，γ 固定（在第 14 章中，我们将看到一个不同的限制，它将产生一个不同的算法）。

要看到这一点，我们将证明，当 t 小于任何固定的 T_0 时，T 可以没有限制地增加，BBM 在第 t 轮所使用的权重，叠加一个无关的常数因子将收敛于 NonAdaBoost 的权重。为此，我们还需要假设在之前的轮数中，NonAdaBoost 使用了同样的弱假设。由于所有之前轮数的 BBM 的权重都收敛于与 NonAdaBoost 相同的权重，因此，当 $T \to \infty$ 时，很可能也是这样的结果。然而，由于某些弱学习算法在数值上是不稳定的，不能证明这总是正确的。这意味着在给定的轮数上，选择的分布即使是微小的变化也会导致假设发生显著的变化。

在本节，我们用 $w_t^T(s)$ 而不是 $w_t(s)$，就是为了显式地表明加权函数依赖于轮数 T。参考算法 13.1，在 t 轮，每个训练样本 i 有未归一化的间隔 $s_{t-1,i}$，分配权重 $w_t^T(s_{t-1,i})$。因此，为了证明上述的结论，只要证明，当 $T \to \infty$ 时，$w_t^T(s)$ 进行适当的缩放就能收敛于 NonAdaBoost 所用的权重（α 如式（13.5）的定义），即

$$e^{-\alpha s}=\left(\frac{1-2\gamma}{1+2\gamma}\right)^{s/2} \tag{13.65}$$

$|s|\leqslant t\leqslant T_0$（常数项可以被忽略，因为权重在形成分布 D_t 时要做归一化）。

对于简化表示，我们只考虑 T 是奇数，s 是偶数的情况。其他情况也可以进行类似的处理。注意，因为所有的训练样本都是从位置 0 开始的，且都是在每轮中增加或减少，所以它们的奇偶性将总是保持一致，而且，它将总是与 t 的奇偶性相反。令 $\bar{T}\doteq T-t$，通过前面的讨论和假设可知，它必须是偶数。

根据式（13.34），BBM 所用的权重 $w_t^T(s)$ 可以重写为

$$\frac{1}{2}\left(\frac{1-2\gamma}{1+2\gamma}\right)^{s/2}\cdot\binom{\bar{T}}{\frac{\bar{T}}{2}-\frac{s}{2}}\left(\frac{1}{2}+\gamma\right)^{\bar{T}/2}\left(\frac{1}{2}-\gamma\right)^{\bar{T}/2} \tag{13.66}$$

为了处理二项式的系数，我们注意，对于任意的整数 $n\geqslant k\geqslant 1$，有

$$\frac{\binom{2n}{n}}{\binom{2n}{n+k}}=\frac{\binom{2n}{n}}{\binom{2n}{n-k}}=\frac{(n+k)(n+k-1)\cdots(n+1)}{n(n-1)\cdots(n-k+1)}$$

$$=\prod_{j=0}^{k-1}(1+\frac{k}{n-j})$$

在 k 固定，$n\rightarrow\infty$ 的约束下，乘积中的每个 k 项都收敛于 1。因此，整个乘积也收敛于 1。因此，式（13.66）中取 $n=\bar{T}/2$，$k=|s|/2$，定义常数

$$C_{\bar{T}}=\frac{1}{2}\binom{\bar{T}}{\frac{\bar{T}}{2}}\left(\frac{1}{2}+\gamma\right)^{\bar{T}/2}\left(\frac{1}{2}-\gamma\right)^{\bar{T}/2}$$

我们看到，对于固定的 s 和 t，$w_t^T(s)/C_{T-t}$ 收敛于式（13.65），当 T（奇数）增加到无限大时，也证明了结论（在这种情况下）。

通过归纳论证，当 T 取大数时，对于任何固定的 T_0（注意上述关于弱学习算法数值上的警告），在前 T_0 轮中，BBM 的行为与 NonAdaBoost 的行为几乎是不可区分的。

13.3.3　权重的比较

当 T 比较大的时候，虽然它们的行为在前几轮是非常相似的，但在算法的后期，AdaBoost 和 BBM 之间存在着重要区别，特别是加权函数导致两个算法之间的差异。

我们已经看到，NonAdaBoost 用与式（13.65）成比例的未归一化的间隔 s 对样本加权。这种加权函数显示在图 13.4 的（a）图中。注意，这个加权函数是固定的，不会随着轮数的增加而改变。

与之形成鲜明对比的是，在图 13.4 的（b）图中显示了 BBM 对不同的 t 值所使用的加权函数 $w_t(s)$。首先要注意的是，这个函数随着时间的推移而发生了显著的变化：随着

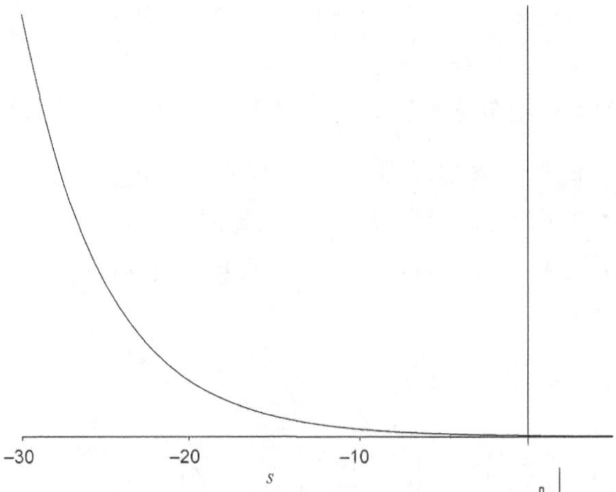

(a)

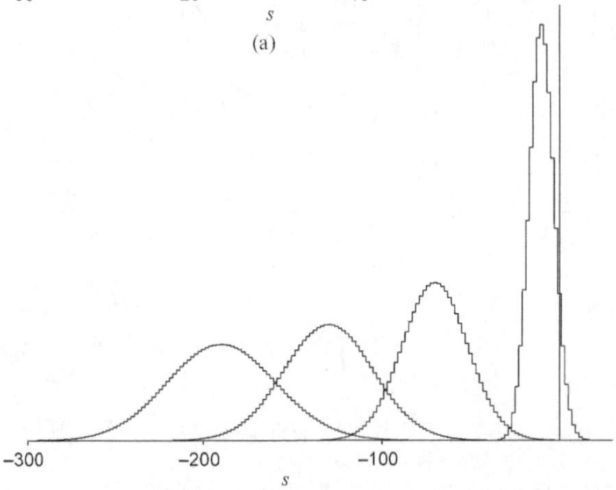

(b)

图 13.4

在 $T = 1\,000$ 和 $\gamma = 0.1$ 时，非自适应 AdaBoost（a）和 BBM（b）使用的加权函数的比较。BBM 曲线由左向右绘制，分别是轮数 $t = 50$、350、650 和 950（这些曲线出现锯齿状是因为它们只被定义为整数值）

轮数 t 的增加，其峰值向右平稳移动。此外，随着提升结束的临近，权重变得更加集中。的确，在最后一轮所有的权重将完全集中在正确或错误预测之间的边界上的样本上，因为此时，所有其他样本的命运已经决定了。

也许与 AdaBoost 最显著的区别就是 BBM 加权函数的非单调性。这意味着，AdaBoost 对弱假设持续分错类别的样本会分配更多的权重，尽管 BBM 也会这么做，但是 BBM 会适可而止。最终，那些被错误分类次数太多的样本的权重会随着进一步的错分而降低。换句话说，BBM 实际上放弃了这些非常困难的样本。

这可能是一个重要的优势。AdaBoost 有时会在异常值上“打转转”（浪费时间，指无效劳动）——这是由于样本的标记错误或其固有的模糊性。这样的样本很难处理（参见 10.3 节和 12.3.3 节）。BBM 加权函数的形状表明，该算法可能会为了整体学习过程的更大好处而放弃此类样本。

另外，BBM 不是一个实用的算法，因为它不像 AdaBoost 那样具有自适应性。为了使用它，我们需要在开始提升之前选择轮数 T 和预测所有即将到来的弱假设的边界的下界

γ。在实践中，猜测出这些参数的正确值可能是非常困难的。为了解决这个问题，在第 14 章中，我们描述了一种使 BBM 具有自适应性的方法。

13.4 小结

- 在本章，我们仔细研究了提升法的优化性质，这产生了 BBM 算法。我们基于一个筹码游戏推导出了一个抽象框架。依据训练误差和泛化误差最小化，BBM 几乎是最优的，正如我们已经看到的，在这两种情况下，BBM 基于“健忘”弱学习器使其性能与下界相匹配。
- 我们还研究了 AdaBoost 和 BBM 之间的密切关系，并注意到 AdaBoost 之前被证明的边界表明，在性能上它并不落后于最优的 BBM 太远。另外，这两种算法的行为可能使异常值有很大的不同。在任何情况下，AdaBoost 因为它的自适应性会比 BBM 更实用。为了克服这一限制，在第 14 章中我们考虑了一种使 BBM 自适应的方法。

13.5 参考资料

13.1 节的 BBM 算法及其分析，包括投票博弈游戏，都来自 Freund [88]。13.1.4 节给出的推导基于 Schapire [201] 关于“漂流游戏”(drifting games) 的想法，这是一个泛化 BBM 及其分析的框架。引理 13.1 的证明包含了一些关键的（未发表的）见解，主要是 Indraneel Mukherjee 的工作。

13.2.2 节给出的下界是对 Freund [88] 最初给出的下界的实质性阐述。

定理 13.7 和式 (13.62) 是由 Hoeffding [123] 提出的。式 (13.64) 基于二项分布尾部的已知下界，可以参见包含 Cover 和 Thomas [57] 的工作的 12.1 节及其参考文献。

本章的部分练习是基于 [46, 201] 的材料。

13.6 练习

13.1 我们在本书中考虑的所有提升法都是在一个强的顺序模式下计算分布 D_t，每个 D_t 取决于前面的弱假设 $h_1,\cdots,h_{t-1}$。这种自适应真的是必要的吗？是否存在“普遍意义”的分布不需要根据实际接收到的弱假设进行调整，并且对任何弱学习器进行提升都是有效的？

为了形式化这个问题，考虑 13.1.1 节的投票游戏的一个变形，过程如下。

1. 给定固定的 m 个训练样本，提升器选择 T 个分布 $D_1,\cdots,D_T$。
2. 弱学习器选择 T 个假设 $h_1,\cdots,h_T$，因此式 (13.1) 对 $t=1,\cdots,T$ 成立。

最终的假设就是一个简单的多数投票，如式 (13.2)。我们定义，如果 H 的训练误差为零，则提升器获胜；否则，弱学习器获胜。

证明：对提升器存在一种策略，只要选择合适的轮数 T，对任何弱学习器都可以获胜；或者证明没有这样的必胜策略。

13.2 给出一个例子，说明式 (13.31) 中给出的不等式可以是严格的，也就是说，表明有可能 $\Lambda_0(\mathbf{0})<\Phi_0(0)$。

13.3 验证式 (13.30) 满足这两个方程式：式 (13.25) 和式 (13.29)。验证式 (13.34)。

13.4 设如 13.1 节的构建方式，放弃弱假设的范围是 $\{-1,0,+1\}$。现在，在式 (13.1) 中，我们要求 $\mathbf{E}_{i\sim D_t}[y_i h_t(x_i)]\geqslant 2\gamma$。在筹码游戏中，这意味着筹码 i 的位置在第 t 轮增加 $z_{t,i}$，$z_{t,i}\in\{-1,0,+1\}$，要求式 (13.8) 成立。在这种情况下，式 (13.24)、式 (13.25)、

式（13.26）（除了引理 13.2）只要用 $\{-1,0,-1\}$ 代替 $\{-1,+1\}$ 就可以了。因此，势能 $\Phi_T(s)$ 如式（13.25），但是对于 $t=1,\cdots,T$，现在重新定义如下

$$\Phi_{t-1}(s) \doteq \inf_{w\geqslant 0}\max_{z\in\{-1,0,+1\}}[\Phi_t(s+z)+w\cdot(z-2\gamma)] \tag{13.67}$$

同样，在这种情况下，只需插入一个不同定义的 $w_t(s)$ 就可以修改 BBM。本练习的其余部分将会用到这些修改过的定义。

a. 证明：对于所有 t，$\Phi_t(s)$ 是非递增的，即如果 $s<s'$，$\Phi_t(s)\geqslant\Phi_t(s')$。

b. 对于 $t=1,\cdots,T$，证明

$$\Phi_{t-1}(s)=\max\left\{(\frac{1}{2}+\gamma)\,\Phi_t(s+1)+(\frac{1}{2}-\gamma)\,\Phi_t(s-1),(1-2\gamma)\,\Phi_t(s)+2\gamma\,\Phi_t(s+1)\right\}$$

同样，根据 $\Phi_t(s-1)$、$\Phi_t(s)$、$\Phi_t(s+1)$，找到 $w_t(s)$，$w\geqslant 0$，w 的值实现了式（13.67）的下确界（你的答案应该显式地给出 $w_t(s)$，不要使用“arg min”）。

13.5　令 $\theta>0$ 是所需的最小归一化间隔，事先已知。如 BBM，假设 γ-弱学习条件成立，这里 $\gamma>0$ 也已知。

a. 证明：如何修改 BBM，使得其归一化间隔至多是 θ 的样本的比例保证不会超过

$$\mathrm{Binom}(T,(\frac{1+\theta}{2})T,\frac{1}{2}+\gamma)$$

b. 当 $T\rightarrow\infty$ 时，θ 和 γ 取何值，这个界会接近零。

13.6　设在式（13.25）中，我们重新定义 $\Phi_T(s)\doteq \mathrm{e}^{-\alpha s}$，$\alpha>0$。因此，经式（13.26），$t<T$，我们重新定义了 $\Phi_t(s)$，经式（13.32）重新定义了 $w_t(s)$。

a. 解释为什么在重新定义的 Φ_t 下，式（13.24）仍然成立。

b. 计算新版本封闭形式的 $\Phi_t(s)$ 和 $w_t(s)$。

c. 证明如何选择 α 以优化 $\Phi_0(0)$，这给出了训练误差的界。

d. 验证训练误差的最终界与定理 3.1 中 NonAdaBoost 的结果相同。同时验证，如果将 $w_t(s)$ 的新版本代入 BBM（α 为最优选择），那么最终的算法就等价于 NonAdaBoost。

13.7　考虑下面的在线预测问题，类似于 6.3 节研究的问题。有 m 个专家。每 t 轮，专家 i 预测 $x_{t,i}\in\{-1,+1\}$，然后学习器做出自己的预测 $\hat{y}_t$ 是专家预测的加权多数投票。再显示真实的标签 y_t。因此，形式上，在每轮，$t=1,\cdots,T$：

- 学习器选择一个加权向量 $\boldsymbol{v}_t\in\mathbb{R}_+^m$；
- 显示专家预测 $\mathbf{x}_t\in\{-1,\ +1\}^m$；
- 学习器预测 $\hat{y}_t=\mathrm{sign}(\boldsymbol{v}_t\cdot\mathbf{x}_t)$；
- 显示 $y_t\in\{-1,\ +1\}$。

如果 $\hat{y}_t\neq y_t$，则学习器产生一个错误；如果 $x_{t,i}\neq y_t$，则专家 i 产生了一个错误。

在这个问题中，我们假设一个专家最多会犯 k 个错误，其中 k 是提前知道的。我们还假定学习器是保守的，这意味着 $\hat{y}_t\neq y_t$ 的那些轮完全被忽略了，从这个意义上来说，算法的状态不发生改变。对于这样的算法，我们可以在不失一般性的前提下，假定每轮都发生错误（因为其他轮被忽略了）。因此，t 实际上是在计算学习器的错误次数，而不是轮数。

这可以被表述为一个筹码游戏，在这个游戏中，筹码现在由专家标识。特别地，我们对 13.1.2 节中出现的变量和数量重新定义如下：

- $z_{t,i} \doteq -y_t x_{t,i}$；
- $D_t(i) = v_{t,i} / Z_t$，这里 Z_t 是归一化因子；
- $\gamma = 0$；
- $L(\mathbf{s}_T) \doteq \frac{1}{m}\sum_{i=1}^{m}\mathbf{1}\{s_{T,i} \leqslant 2k - T\}$。

下面的内容都是针对新的定义的，当然也会影响到 $\mathbf{s}_t$、Φ_t 等。

a. 证明式（13.8）对所有 t 都成立。

b. 如果游戏玩满 T 轮，证明 $L(\mathbf{s}_T) \geqslant \frac{1}{m}$。

c. 计算封闭形式的 $\Phi_t(s)$ 和 $w_t(s)$。

d. 设学习器通过以下方式选择权重向量 $\mathbf{v}_t$：设 $v_{t,i} = w_t(s_{t-1,i})$。此外，设 $T = 1 + T_0$，这里 T_0 是满足下式的最大正整数，即

$$2^{T_0} \leqslant m \cdot \sum_{j=0}^{k}\binom{T_0}{j}$$

证明这样的学习器所犯的错误数不会超过 T_0（可以证明：$T_0 \leqslant 2k + 2\sqrt{k\ln m} + \lg m$）。

13.8 如图 13.3 所示，BBM 的训练误差的界在偶数轮上要比在奇数轮上差很多。这在很大程度上是由于我们的惯例，即把弱假设中的平局视为完全错误。这个练习考虑另一种选择：在这种情况下，平局只算半个错误，如果平局导致随机猜测，则是很自然的。

更具体地，设 $T > 0$ 并且是偶数。则式（13.3）中提升器的损失或训练误差，以及式（13.9）中所对应的筹码的损失 $L(\mathbf{s}_T)$ 都由下式代替

$$\frac{1}{m}\sum_{i=1}^{m}\ell\left\{y_i\sum_{t=1}^{T}h_t(x_i)\right\} = \frac{1}{m}\sum_{i=1}^{m}\ell(s_{T,i})$$

这里

$$\ell(s) \doteq \begin{cases} 1, \text{ if } & s < 0 \\ \frac{1}{2}, \text{if } & s = 0 \\ 0, \text{ if } & s > 0 \end{cases}$$

注意，我们对奇数轮的处理是不变的，因为在这种情况下，$s_{T,i}$ 永远不会为 0。

在这个问题中，我们用有上标的 $\Phi_t^T(s)$ 和 $w_t^T(s)$ 来表示对 T 轮的势能函数和加权函数的依赖。这些函数仍然由式（13.26）和式（13.32）定义，尽管式（13.25）需要适当的修改。根据同样的分析，如果这个修改后的加权函数用于 BBM，那么训练误差将至多是（修改后的）初始势能 $\Phi_0^T(0)$。

a. 证明，根据修正后的定义，

$$\Phi_t^T(s) = \frac{1}{2}(\Phi_{t+1}^{T+1}(s-1) + \Phi_{t+1}^{T+1}(s+1))$$

注意，记住我们的假设是 T 是偶数。

b. 找到类似 $w_t^T(s)$ 的表达式。

c. 证明：

$$\Phi_0^{T+1}(0) \leqslant \Phi_0^T(0) = \Phi_0^{T-1}(0)$$

这表明（修改后的）训练误差的界作为 T 的函数是不增加的，而且如果 T 是偶数，使用 T

轮和使用 $T-1$ 轮相比没有任何好处。

d. 简述如何修改定理 13.5 的证明，使其适用于 T 为偶数的情况，在这种情况下，式 (13.40) 被 $\Phi_0^T(0)-\nu$ 代替，即

$$\frac{1}{2}\left[\text{Binom}\left(T,\frac{T-1}{2},\frac{1}{2}+\gamma\right)+\text{Binom}\left(T,\frac{T+1}{2},\frac{1}{2}+\gamma\right)\right]-\nu$$

13.9　13.1.7 节简要讨论了一个轻松的游戏。在这个游戏中，以随机方式选择弱假设（或等效为筹码的移动 $\mathbf{z}_t$）。更正式地说，游戏如下：在每 t 轮中，提升器选择一个筹码上的分布 D_t，而弱学习器则用一个 $\{-1,+1\}^m$ 上的分布 Q_t，即一组筹码可能的移动来响应。然后根据 Q_t 随机选择向量 $\mathbf{z}_t$，再像往常一样移动筹码，如式 (13.6) 所示。现在不是用式 (13.7) 和式 (13.8)，而是要求它们的期望成立，即，

$$\mathbf{E}_{\mathbf{z}_t\sim Q_t,\,i\sim D_t}[z_{t,i}]\geqslant 2\gamma$$

目标是最小化期望损失

$$\mathbf{E}_{\mathbf{z}_1\sim Q_1,\cdots,\mathbf{z}_T\sim Q_T}\left[L\left(\sum_{t=1}^{T}\mathbf{z}_t\right)\right]$$

从方法上讲，我们假设提升器和弱学习器以确定性的方式将之前的事件历史映射到一个决策（D_t 或 Q_t），因此随机性的唯一来源是 $\mathbf{z}_t$ 的选择。

如前所述，令 $\Lambda_t(\mathbf{s}_t)$ 是当筹码在第 t 轮处在位置 $\mathbf{s}_t$ 的时候的损失期望，如果两个玩家都采用最佳策略。

a. 类似式 (13.11) 和式 (13.12)，对于这个放松版本的游戏，给出 Λ_T 的表达式，依据 Λ_t 给出 Λ_{t-1} 的递归表达，证明你的答案。

b. 证明：对于所有的 $\mathbf{s}$ 和 t，有

$$\Lambda_t(\mathbf{s})=\frac{1}{m}\sum_{i=1}^{m}\Phi_t(s_i)$$

这里 Φ_t 的定义不变。特别地，游戏的值就是式 (13.37) 给出的。

c. 设弱学习器（确定地）在每轮选择一个分布 Q_t，h_t 就是从 Q_t 随机选出的。不用式 (13.1)，我们现在假设

$$\mathbf{E}_{h_t\sim Q_t}[\mathbf{Pr}_{i\sim D_t}[h_t(x_i)\neq y_i]]\leqslant\frac{1}{2}-\gamma$$

基于这个修改后的假设，证明由 BBM 生成的最终假设 H 的期望训练误差至多是式 (13.37) 给出的。

13.10　考虑在多类别情况下，当类数 $K>2$ 时的提升法。我们修改弱学习算法的定义，回顾 13.2.2 节的内容，将原来要求 h 的误差至多是 $\frac{1}{2}-\gamma$ 替换为更弱的条件：h 的误差至多是 $1-1/K-\gamma$。

形式化证明任何提升算法 B，对任何 $\nu>0$，存在一个目标类 $\mathcal{C}$、一个分布 $\mathcal{D}$，目标函数 $c\in\mathcal{C}$ 以及 $\mathcal{C}$ 所对应的弱学习算法，则无论 B 调用 A 的次数是多少，组合分类器的泛化误差以至少 $1-\nu$ 的概率，至少是

$$1-\frac{1}{K-1}-\nu$$

其中概率是在与定理 13.5 中相同数量要求下求得的。换句话说，如形式化定义的，表明当 $\epsilon<1-1/(K-1)$ 时提升法是不可能的。

第14章

连续时间下的提升法

AdaBoost 作为一种提升法，其实用性很大程度上归功于它的自适应性，它能够自动适应不同精度的弱假设，从而减轻对最低边界 γ 的先验知识的需求，甚至是需要运行的总的轮数 T 。在第 13 章中研究的 BBM 算法不是自适应的。不过与 AdaBoost 相比，它可能还有其他优势：理论上它更有效率（就达到一定精度所需的轮数而言），或许更重要的是它可能更擅长处理异常值。在本章，我们研究了一种方法，使 BBM 具有自适应性，同时希望保留其其他积极的性质。

BBM 实际上在两种意义上不是自适应的。首先，它需要知道 γ 的值，使 γ -弱学习的假设成立，所有这些弱假设的边界至少是 γ 。其次，它不是自适应的表现在当弱假设的边界明显好于 γ 的时候，它无法充分利用。我们将看到，通过调整弱假设的权重，并允许算法的“时钟”（clock）在每轮向前移动不止一个“滴答”（tick）的时候，可以克服后一种形式的不适应性。然而，最终产生的算法仍然需要知道最小边界 γ 。为了解决这个问题，我们想象允许 γ 变得非常小，同时增加总的轮数 T 。在极限情况下即 $\gamma\to 0$ 时，轮数变得无限大。如果整个提升过程的总时间被压缩到一个有限的区间内，那么在极限情况下，提升在概念上是在连续时间上进行的。其结果是一个名为 BrownBoost 的算法——BBM 的连续时间版本，就像 AdaBoost。BrownBoost 可以适应弱假设之间的不同边界。

在 13.3.2 节，我们看到 NonAdaBoost（AdaBoost 的非自适应版本）可以从 BBM 派生出来。相应地，我们将在本章看到 Adaboost 因其通用的、自适应的形式，本身就是 BrownBoost 的一个特例。换句话说，BrownBoost 是 AdaBoost 的泛化形式。正如我们将看到的，这种泛化显式地包含了一种预期的无能，即无法将训练错误驱动到零，这与有噪声的数据或包含异常值的数据所预期的情况相同。

在本章最后，我们用实验比较了 BrownBoost 和 AdaBoost 在噪声数据上的性能。

14.1 连续时间极限下的适应性

我们的目标是使 BBM 具有适应性。如上所述，其非适应性主要表现在两个方面：需要最小边界 γ 的先验知识，以及无法充分利用边界优于 γ 的弱假设。我们先概述下克服这些问题的主要思想。

14.1.1 主要思想

设想在某 t 轮，来自弱学习器的弱假设 h 的加权误差远远小于 $\frac{1}{2}-\gamma$，换句话说，其边界远远大于对 γ 的最低要求。即使出现这种情况，BBM 也会像对待其他弱假设一样对待 h，本质上忽略了它相对其他弱假设更强的性能。因此，h 只会被使用一次，在下一轮将会寻找一个全新的弱假设。

然而，有一个很自然的替代方法。在上述条件下，很可能在新的分布 D_{t+1} 下，h 的误差仍然小于 $\frac{1}{2}-\gamma$。在这种情况下，h 可以在 $t+1$ 轮被第二次使用，就像刚从弱学习器得到的一样。这种情况很可能会在下一轮再次发生，这样 h 就可以被第三次使用了。那么持续采用这种方式，相同的弱假设 h 可以使用多次，直到最后它的误差超过 $\frac{1}{2}-\gamma$。此时，必须从弱学习器得到一个新的弱假设，这个过程重新开始。最后，边界显著超过 γ 的弱假设将在 BBM 形成的多数投票分类器中多次出现，因此最终的假设实际上是弱假设上的加权多数投票，并且最大的权重分配给了加权误差最低的弱假设，就像 AdaBoost 算法。这已经可以被看作一种适应性了。

通过考虑 BBM 的核心概念势能函数 $\Phi_t(s)$ 可以加深我们对上述思想的理解，实现对它的泛化，势能函数在 13.1 节进行了详细的研究。回忆一下，对 BBM 训练误差的分析本质上就是定理 13.3，它证明了总的（或平均）m 个筹码的势能不会随着轮数的增加而增加。因为最终的平均势能就是训练误差，这意味着根据初始势能 $\Phi_0(0)$ 实现对训练误差的直接约束，如推论 13.4 所示。因此，给定训练误差 $\epsilon>0$，只要选择的轮数 T 足够大使得 $\Phi_0(0)\leqslant\epsilon$，那么就可以实现给定的训练误差。

事实上，这种证明方法允许我们在使用给定弱假设上有更大的自由，但前提条件是不允许总势能增加。给定一个弱假设 h，BBM 只是简单地增加“时钟”t，即

$$t \leftarrow t+1$$

然后根据 $z_i \doteq y_i h(x_i)$，来移动每个筹码 i 的位置 s_i

$$s_i \leftarrow s_i+z_i$$

但是，如何更新这些数据还有其他的可能性。如上所述，我们可以多次使用相同的弱假设 h，比如连续 k 轮。这相当于将时钟 t 向前移动 k 步，即

$$t \leftarrow t+k$$

筹码的移动距离通常是增幅 z_i 的 k 倍，即

$$s_i \leftarrow s_i+kz_i$$

假设：h 的加权误差每步至多是 $\frac{1}{2}-\gamma$，共 k 步，那么定理 13.3 意味着执行 k 步后的总的势能不会比开始的时候大。然而，重点是这是我们关心的唯一属性。

上述讨论为直接进行泛化打开了大门。作为开始，我们可以解耦时钟和筹码的步长，因此，时钟是按某个正整数 ξ 增加的，即

$$t \leftarrow t+\xi$$

筹码是按某个整数 α 增加的

$$s_i \leftarrow s_i + \alpha z_i$$

这里，我们不要求 $\xi=\alpha$ 。事实上，只要总势能不增加，我们可以任意选择 ξ 和 α 。我们不指定特定的选择，但是实际上，我们可能会希望选择大的 ξ 以加速整个过程，当时钟 t 达到 T 则必须结束。

假设在这个过程中的第 r 轮收到弱假设 h_r ，时钟和筹码按 ξ_r 和 α_r 如上述的方式增加。那么最后的假设就是加权多数投票

$$H(x) \doteq \operatorname{sign}\Big(\sum_{r=1}^{R} \alpha_r h_r(x)\Big)$$

这里，当时钟达到了 T（这里，我们仔细区分了“轮数”r 和“时间步”t）R 就是总轮数。在这个定义下，当且仅当相应的筹码被上面描述的过程移动到一个不为正的最终位置 z_i 时，一个样本（x_i,y_i）被 H 错误分类。因此，如推论 13.4 中的证明，只要满足总势能从不增加的要求，即可以证明 H 的训练误差至多是最初的势能 $\Phi_0(0)$ 。

通过这种方式，只要它们都至少是 γ，修改版的 BBM 就可以利用具有不同边界的弱假设。当然，后一个条件仍然是一个严重的障碍。一个很自然的绕过它的想法就是选择很小的 γ，这几乎肯定会低于所有的弱假设的边界。在极限情况下 $\gamma\to 0$，这肯定是成立的。当然，根据我们对 BBM 的分析，当 γ 值较小时，最终的分类器要达到相同的精度则需要相应的更多的时间步 T 。因此，如果 $\gamma\to 0$，则 T 趋于无限。如果我们重新缩放时间的概念，把它固定在一个有限的区间内，这就意味着在极限情况下时间是连续前进的，而不是在离散的步骤中。

总结一下，移除 γ-弱可学习性的假设，我们考虑 BBM 在连续时间下的情况，结合上面给出的处理不同边界的弱假设的方法，令 $\gamma\to 0$。为了实现这些想法，我们首先需要得到连续时间极限下的势能函数 $\Phi_t(s)$ 和加权函数 $w_t(s)$ 。此外，我们还需要一种方法来计算时钟和筹码的前进步长，以便最大限度地提高从每个弱假设所能取得的进展，并满足平均势能永不增加的条件。

现在我们来详细讨论一下。

14.1.2 连续时间下的极限

我们最初的目标是了解 BBM 的各组成部分在极限情况下的行为，即 $\gamma\to 0$，同时时钟 T 增加到无限的情况。在一般的 BBM 设置情况下，“时间”是用整数 $t=0, 1,\cdots,T$ 索引的，同样地，“空间”——筹码的位置——是由整数 $s\in\mathbb{Z}$索引的。因此，时间和空间都是离散的，势能函数 $\Phi_t(s)$ 和加权函数 $w_t(s)$ 是由这些离散量定义的。

现在，当我们让 T 变大时，很自然地，我们不会关注 BBM 已经经过的实际的时间步数，而是关注已经经过的时间步数占 T 的比例，即

$$\tau = \frac{t}{T} \tag{14.1}$$

换句话说，它使得我们重新调整的时间观念变得有意义，即提升开始于时间 $\tau=0$，结束于时间 $\tau=1$。那么，BBM 执行的每个离散时间步经过重新标度后，变成了时间 $1/T$ 。随着 T 的增加，这个微小的增量趋近于零，在这时，提升运行在连续时间上。

不久我们将会看到，空间也将成为连续的概念，以便在每个（连续）时刻 $\tau\in[0,1]$，每个筹码将占据一个连续值的位置 $\psi\in\mathbb{R}$ 。势能函数 $\Phi_t(s)$ 测量每个时刻、每个筹码位置的势能，因此必须相应地替换为函数 $\Phi(\psi,\tau)$，它是由这些连续变量定义的，则其本身在适度缩放后也是 $\Phi_t(s)$ 极限时的情况。加权函数也是类似的（为了便于说明，表 14.1 总结了 BBM 用到的关键量以及它们的连续时间下的相似量）。

表 14.1　BBM（离散时间下）用到的关键量以及它们的连续时间下的相似量

	BBM	连续时间
时间	t	τ
间隔/筹码位置	s	ψ
势能函数	$\Phi_t(s)$	$\Phi(\psi,\tau)$
加权函数	$w_t(s)$	$w(\psi,\tau)$

我们已经指出，我们需要的极限情况：$\gamma\to 0$ 及 $T\to\infty$ 。事实上，为了使这个极限是有意义的，需要将 T 和 γ 的值进行适当的耦合。具体地说，我们已经看到 BBM 的训练误差至多是二项分布的尾部，如式（13.37）所给出的，根据霍夫丁不等式，大约是 $e^{-2\gamma^2 T}$ 。因此，为了让这个界是一个有意义的有限的极限值，我们需要将乘积 $\gamma^2 T$ 固定下来。为了达到这个目的，设 $T\to\infty$ ，令

$$\gamma=\frac{1}{2}\sqrt{\frac{\beta}{T}} \tag{14.2}$$

这里 β 是常数，它的值我们后续讨论（$\frac{1}{2}$ 没有实际的影响，因为 β 是一个任意的常数）。很明显，在这种情况下，γ 收敛于 0，而 $\gamma^2 T$ 为固定的常数 $\beta/4$。

下一步是确定作为 BBM 基础的加权函数和势能函数的极限。图 13.4 所示的加权函数与正态分布非常相似。这是因为它们是二项分布，一般都收敛于正态分布。为了精确地计算其极限，回忆一下式（13.38），势能函数 $\Phi_t(s)$ 就等于在整数集 $\mathbb{Z}$上一个随机游走的概率：该概率随机游走开始于 s ，结束于一个非正的值。具体地，式（13.38）可改写为

$$\Phi_t(s)=\mathbf{Pr}[s+Y_{\overline{T}}\leqslant 0]=\mathbf{Pr}[Y_{\overline{T}}\leqslant -s] \tag{14.3}$$

这里

$$\overline{T}\doteq T-t=T(1-\tau) \tag{14.4}$$

并且

$$Y_{\overline{T}}=\sum_{j=1}^{\overline{T}}X_j$$

是独立随机变量 X_j 之和，每个 X_j 以 $\frac{1}{2}+\gamma$ 的概率为+1，否则为-1。中心极限定理告诉我们，如果进行适当缩放和平移，当 $T \rightarrow \infty$ 时，这样的独立随机变量的和在分布上将收敛到正态分布（进一步的背景资料参见附录 A.9）。在这种情况下，和 $Y_{\bar{T}}$ 的均值就是 $2\gamma \bar{T}$，其方差是 $(1-4\gamma^2)\bar{T}$。因此，减去平均值并除以标准差就得到标准化的和有

$$\frac{Y_{\bar{T}}-2\gamma \bar{T}}{\sqrt{(1-4\gamma^2)\bar{T}}} \tag{14.5}$$

根据中心极限定理，当 $T \rightarrow \infty$ 时，该式将收敛于标准正态分布（standard normal），均值为 0，有单位标准差。

当 γ 变得非常小时，它在式（14.5）中的分母的作用变得微不足道。因此，对于 T 较大的情况，式（14.5）可近似为

$$\tilde{Y}_{\bar{T},\gamma} \doteq \frac{Y_{\bar{T}}-2\gamma \bar{T}}{\sqrt{\bar{T}}}=\frac{Y_{\bar{T}}}{\sqrt{T(1-\tau)}}-\sqrt{\beta(1-\tau)}$$

由式（14.2）和式（14.4）可知。由于该随机变量与式（14.5）渐近相同（每个变量之间的差值收敛于 1），所以其分布也收敛于标准正态分布。

在式（14.3）中事件 $Y_{\bar{T}} \leqslant -s$ 成立当且仅当

$$\tilde{Y}_{T\gamma} \leqslant -\frac{s}{\sqrt{T(1-\tau)}}-\sqrt{\beta(1-\tau)} \tag{14.6}$$

我们希望右边的量不是显式地依赖于 T，这样它的极限才有意义。可以通过下面的方式来实现：筹码的离散位置 s 用连续位置 ψ 来代替。这个操作我们之前提到过，但是没有明确指出。现在我们可以精确地定义从离散到连续的位置的线性映射，我们将使用

$$\psi=s\sqrt{\frac{\beta}{T}} \tag{14.7}$$

这里选择了一个与 $1/\sqrt{T}$ 成比例的比例因子，目的是“吸收”在式（14.6）右边出现的相同的因子。具体地说，这个定义会使出现在表达式中的 $s/\sqrt{T}$ 用 $\psi/\sqrt{\beta}$ 来代替（式（14.7）中的常数 $\sqrt{\beta}$ 可以是任意值，这只是为了后续数学处理上的方便）。因此，根据如上 ψ 的定义，式（14.6）的右边可以写为

$$-\frac{\psi}{\sqrt{\beta(1-\tau)}}-\sqrt{\beta(1-\tau)}=-\frac{\psi+\beta(1-\tau)}{\sqrt{\beta(1-\tau)}} \tag{14.8}$$

令 Y^* 是一个标准正态随机变量(零均值,单位方差)。根据如上的讨论，$\Phi_t(s)$ 就是 $\tilde{Y}_{\bar{T},\gamma}$ 至多是式(14.8)的概率,它将收敛于

$$\Phi(\psi,\tau) \doteq \mathbf{Pr}\left[Y^* \leqslant -\frac{\psi+\beta(1-\tau)}{\sqrt{\beta(1-\tau)}}\right]$$

总结一下，我们已经表明，对于任意的 ψ 和 τ，如果选择的 s 和 t 满足式（14.1）和

式（14.7）给定的缩放要求（或者接近满足这些方程式，且要求它们必须是整数），γ 如式（14.2）的要求选择，那么当 $T \to \infty$ 时，势能函数 $\Phi_t(s)$ 隐式依赖于 T 和 γ，将收敛于 $\Phi(\psi,\tau)$。换句话说，$\Phi(\psi,\tau)$，对其相关变量进行适度缩放，就是 BBM 的势能函数的极限。

根据正态分布的定义，$\Phi(\psi,\tau)$ 的定义可以等价地采用不依赖随机变量 Y^* 的形式，即

$$\Phi(\psi,\tau) \doteq \frac{1}{2}\operatorname{erfc}\left(\frac{\psi+\beta(1-\tau)}{\sqrt{2\beta(1-\tau)}}\right) \tag{14.9}$$

其中 erfc(u) 是互补误差函数(complementary error function)，有

$$\operatorname{erfc}(u) \doteq \frac{2}{\sqrt{\pi}}\int_u^{\infty} \mathrm{e}^{-x^2}\,\mathrm{d}x \tag{14.10}$$

如图 14.1 所示。因此，我们得到了势能函数的极限的一个封闭形式。

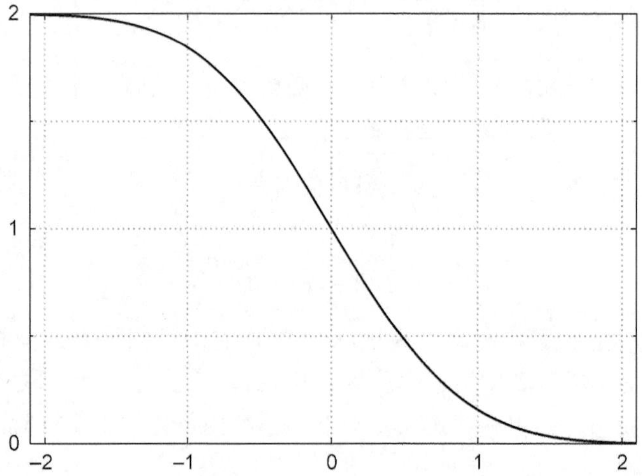

图 14.1

函数 erfc(u)，如式（14.10）

14.1.3 另一个推导过程

尽管上述推导是完整的，但我们仍将展示一个完全不同的方法来导出势能函数 $\Phi(\psi,\tau)$，基于其建立并求解一个偏微分方程。我们将从式（13.29）开始，通过直接代换得到势能函数的递归形式

$$\begin{aligned}\Phi_t(s)-\Phi_{t-1}(s) &= \Phi_t(s)-\left[\left(\frac{1}{2}+\gamma\right)\Phi_t(s+1)+\left(\frac{1}{2}-\gamma\right)\Phi_t(s-1)\right] \\ &= -\frac{1}{2}(\Phi_t(s+1)-2\,\Phi_t(s)+\Phi_t(s-1)) \\ &\quad -\gamma(\Phi_t(s+1)-\Phi_t(s-1))\end{aligned} \tag{14.11}$$

下面，我们基于 $\Phi(\psi,\tau)$ 将上式改写为连续域上的。如前所述，我们用 $\Phi(\psi,\tau)$ 代替

$\Phi_t(s)$，$\tau = \dfrac{t}{T}$，$\psi = s\sqrt{\dfrac{\beta}{T}}$。因此，$\Phi(\psi,\tau)$ 显式依赖于 T，当 $T \to \infty$ 时，这个依赖会消失。如前所述，在 BBM 的每步，τ 的增加量是 $\Delta\tau \doteq \dfrac{1}{T}$。

此外，当 s 加 1 或者减 1，ψ 根据其基于 s 的定义，其增加量或减少量根据式（14.2）为

$$\Delta\psi \doteq \sqrt{\frac{\beta}{T}} = \sqrt{\beta\Delta\tau} = 2\gamma$$

将这些变化后的符号代入，式（14.11）变为

$$\begin{aligned}\Phi(\psi,\tau) - \Phi(\psi,\tau-\Delta\tau) = & -\frac{1}{2}\left[\Phi(\psi+\Delta\psi,\tau) - 2\Phi(\psi,\tau) + \Phi(\psi-\Delta\psi,\tau)\right] \\ & -\gamma(\Phi(\psi+\Delta\psi,\tau) - \Phi(\psi-\Delta\psi,\tau))\end{aligned}$$

两边都除以

$$-\beta\Delta\tau = -(\Delta\psi)^2 = -2\gamma\Delta\psi$$

我们就得到下面的差分方程：

$$-\frac{1}{\beta}\cdot\frac{\Phi(\psi,\tau) - \Phi(\psi,\tau-\Delta\tau)}{\Delta\tau} = \frac{1}{2}\cdot\frac{\Phi(\psi+\Delta\psi,\tau) - 2\Phi(\psi,\tau) + \Phi(\psi-\Delta\psi,\tau)}{(\Delta\psi)^2} + \frac{\Phi(\psi+\Delta\psi,\tau) - \Phi(\psi-\Delta\psi,\tau)}{2\Delta\psi} \tag{14.12}$$

取 $T \to \infty$，因此 $\Delta\tau \to 0$，$\Delta\psi \to 0$，得到下面的偏微分方程

$$-\frac{1}{\beta}\cdot\frac{\partial\Phi(\psi,\tau)}{\partial\tau} = \frac{1}{2}\cdot\frac{\partial^2\Phi(\psi,\tau)}{\partial\psi^2} + \frac{\partial\Phi(\psi,\tau)}{\partial\psi} \tag{14.13}$$

为了推导上述方程，用到如下结论：对于任何可微函数 f：$\mathbb{R}\to\mathbb{R}$，有

$$\frac{f(x+\Delta x) - f(x)}{\Delta x}$$

当 $\Delta x \to 0$ 有，根据定义函数 f 收敛于 $f'(x)$（$f(x)$ 在 x 点的导数），我们也用到了如下的结论

$$\frac{f(x+\Delta x) - 2f(x) + f(x-\Delta x)}{(\Delta x)^2} = \frac{\dfrac{f(x+\Delta x) - f(x)}{\Delta x} - \dfrac{f(x) - f(x-\Delta x)}{\Delta x}}{\Delta x}$$

当 $\Delta x \to 0$ 时，函数 f' 收敛于 $f''(x)$（$f(x)$ 的二次导数）。

因此，在极限下，$\Phi(\psi,\tau)$ 必须满足式（14.13）。这个方程是众所周知的：它描述了一个所谓的布朗过程（Brownian process）的时间演化，这是一个随机游走在连续时间下的极限。

回忆一下 BBM 运行的最后时刻 T，势能函数 $\Phi_T(s)$ 定义为指示函数：计算训练时所犯错误数，如式（13.25）。因此，在连续时间极限下，提升过程最后的势能函数，当 $\tau=1$

时，应该满足

$$\Phi(\psi,1)=\mathbf{1}\{\psi\leqslant 0\} \tag{14.14}$$

这个方程作为一种“边界条件”（boundary condition）。根据式（14.14）求解式（14.13）中的偏微分方程，得到的正是式（14.9），将解代入式中即可验证（见习题 14.1）。因此，我们得到了与之前相同的极限下的势能函数。

作为一个技术点，我们注意到 $\Phi(\psi,\tau)$ 在整个范围内都是连续的，除了点 $\psi=0$，$\tau=1$，在这一点上的不连续是不可避免的。虽然式（14.14）定义了 $\Phi(0,1)$ 为 1，但定义为 1/2 可能更合理些。我们将在下面进一步讨论这个麻烦的不连续，包括如何远离它。

加权函数 $w_t(s)$ 也会根据新的连续变量用函数 $w(\psi,\tau)$ 来代替。由于归一化，权重乘以一个正常数不会产生什么影响，我们对式（13.33）给出的 $w_t(s)$ 除以 $\Delta\psi=\sqrt{\beta/T}$，因此 $\sqrt{T/\beta}\cdot w_t(s)$ 变为

$$\sqrt{\frac{T}{\beta}}\cdot\frac{\Phi_t(s-1)-\Phi_t(s+1)}{2}=\frac{\Phi(\psi-\Delta\psi,\tau)-\Phi(\psi+\Delta\psi,\tau)}{2\Delta\psi}$$

在极限情况下，$\Delta\psi\to 0$，得到加权函数

$$w(\psi,\tau)=-\frac{\partial\Phi(\psi,\tau)}{\partial\tau}\propto\exp\left(-\frac{(\psi+\beta(1-\tau))^2}{2\beta(1-\tau)}\right) \tag{14.15}$$

这里，$f\propto g$ 意味着 f 等于 g 乘以一个正常数，这并不取决于 ψ。

根据 τ 的不同值绘制的势能函数 $\Phi(\psi,\tau)$ 和加权函数 $w(\psi,\tau)$ 如图 14.2 所示。由于这些是 BBM 对应函数的极限，所以图中加权函数与图 13.4 中 $T=1\,000$ 时的加权函数几乎相同也就不足为奇了（只是要平滑得多）。

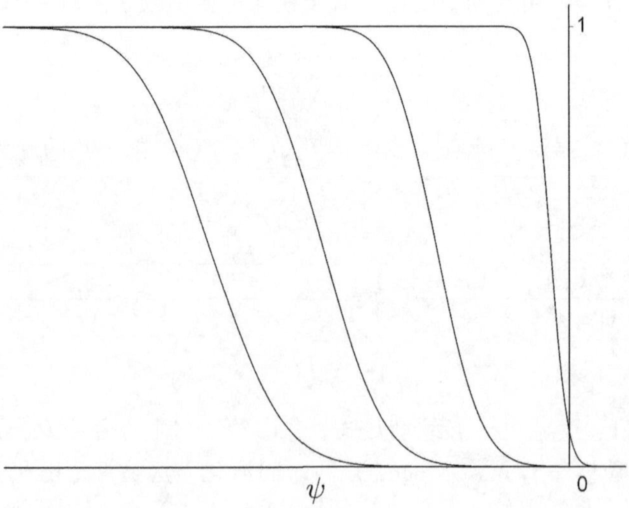

(a)

图 14.2

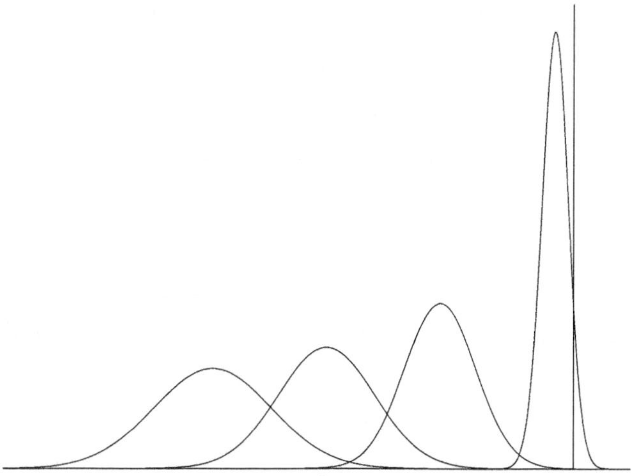

图 14.2（续）

势能函数（a）和加权函数（b），如式（14.9）和式（14.15），$\beta=40$。在每个图中，曲线是从左到右绘制的，τ 分别等于 0.05、0.35、0.65 和 0.95（这 4 个势能函数虽然不同，但当它们接近各自范围的极限时，很快就会在视觉上变得难以区分）。基于前文的推导，这里 β 和 τ 的值对应着在图 13.4 中 BBM 加权函数的不同设置条件，该加权函数与这里展示的平滑的加权函数非常相似

14.2 BrownBoost

在计算了势能函数和加权函数的极限之后，我们可以回到早期的想法：设计一个自适应的 BBM 算法。

14.2.1 算法

给定 m 个训练样本的数据集，连续时间下的算法的状态可以被描述为：当前的时间 $\tau\in[0,1]$ 和每个筹码/训练样本 i 的位置 ψ_i。通过上面的推导，我们可以计算每一个样本的权重 $w(\psi_i,\tau)$，规范化后定义一个分布 D。可以通过弱学习算法得到一个弱假设 h，其误差在分布 D 上小于 1/2，如之前所述。那么 h 呢？

根据 14.1.1 节提出的主要思想，时钟和筹码的位置应该根据不同的条件按某量递增。具体地，当将这些较早时期的想法应用到新派生出的连续时间域，时钟应该按 ξ 进行增加，从 τ 到$\tau'=\tau+\xi$，$\xi>0$，每个筹码应该按 $y_ih(x_i)$ 方向移动到新的位置，幅度用 α 控制，即

$$\psi'_i=\psi_i+\alpha\, y_ih(x_i)$$

如 14.1.1 节，我们把 ξ 和 α 看作不同的变量。为了找到这些变量的值，我们定义了两个条件或方程式，它们必须满足这些条件和方程，同时这些方程式可解。

首先，回想一下，在我们对算法的直观描述中，h 在 BBM 的许多后续时间步骤中被重复使用，直到其边界被“用完”。因此，在新的时刻 τ'，在新的筹码位置 ψ'_i，应该是这样的情况：h 的加权误差就是 1/2，它的边界已经减少到了零。这个条件意味着

$$\frac{\sum_{i=1}^{m} w(\psi'_i, \tau') \mathbf{1}\{h(x_i) \neq y_i\}}{\sum_{i=1}^{m} w(\psi'_i, \tau')} = \frac{1}{2}$$

这等价于

$$\sum_{i=1}^{m} w(\psi'_i, \tau')\, y_i h(x_i) = 0$$

或者

$$\sum_{i=1}^{m} w(\psi_i + \alpha\, y_i h(x_i), \tau + \xi)\, y_i h(x_i) = 0 \tag{14.16}$$

这是 ξ 和 α 都应该满足的第一个式子。

对于第二个条件，正如 14.1.1 节所讨论的，我们必须继续尊重用于分析 BBM 的关键属性：所有样本的总势能永远不会增加。事实上在连续域，如果筹码和时钟向前推进到一个点，在该点总势能严格下降，根据势能函数 $\Phi(\psi, \tau)$ 的连续性，它总是可能将时钟稍微前进一点儿，同时确保总势能相对于其初始值不增加（参见练习 14.4）。这意味着我们可以在这里提出一个更强的要求，并坚持认为总势能实际上保持不变——既不增加也不减少——因此

$$\sum_{i=1}^{m} \Phi(\psi_i, \tau) = \sum_{i=1}^{m} \Phi(\psi'_i, \tau')$$

或者

$$\sum_{i=1}^{m} \Phi(\psi_i, \tau) = \sum_{i=1}^{m} \Phi(\psi_i + \alpha\, y_i h(x_i), \tau + \xi) \tag{14.17}$$

这就是需要满足的第二个式子。

因此要选择 ξ 和 α 满足式（14.16）和式（14.17），然后用来更新时钟和筹码的位置。

重复执行寻找弱假设及解决 τ 和筹码位置 ψ_i 更新的过程，最后当时钟 τ 达到 1 时终止。或者，避免由势能函数在 $\tau = 1$ 时的不连续性造成的困难，我们可能希望当 τ 达到某早期 $1-c$（c 很小，$c > 0$）时，过程就终止。终止后，形成最终的组合分类器就是弱假设的加权多数投票，每个弱假设分配其相关的权重 α。完整的算法称为 BrownBoost，因为它与布朗运动有关，如算法 14.1 所示。这个过程迭代执行，为了避免与 BBM 算法的时间步长混淆，我们按照 r 而不是像本书其余部分那样以 t 作为索引，BBM 算法在概念上是它的基础。下面我们来讨论如何选择 β。

算法 14.1

BrownBoost 算法：势能函数 $\Phi(\psi,\tau)$ 和加权函数 $w(\psi,\tau)$ 由式（14.9）和式（14.15）分别给出

给定：$(x_1,y_1),\cdots,(x_m, y_m)$，这里 $x_i \in \mathcal{X}$，$y_i \in \{-1,+1\}$

目标误差 $\epsilon \in \left(0,\frac{1}{2}\right)$

时钟截断 $c \in [0,1)$

初始化：

- 设 β 使得 $\Phi(0,0)=\epsilon$
- 令 $\tau_1=0$，$\psi_{1,i}=0, i=1,\cdots,m$

对于 $r=1,2,\cdots$，直到 $\tau_r \geqslant 1-c$，

- $D_r(i)=\dfrac{w(\psi_{r,i},\tau_r)}{\mathcal{Z}_r}$，$i=1,\cdots,m$

  这里 $\mathcal{Z}_r$ 是归一化因子
- 利用分布 D_r 训练弱学习器
- 得到弱假设 h_r：$\mathcal{X}\to\{-1,+1\}$
- 目标。选择 h_r 以最小化加权误差，即

$$\mathbf{Pr}_{i\sim D_r}[h_r(x_i)\neq y_i]$$

- 找到 $\xi_r \geqslant 0$，$\alpha_r \in \mathbb{R}$，使得 $\tau_r+\xi_r \leqslant 1$，有

$$\sum_{i=1}^{m}\Phi(\psi_{r,i},\tau_r)=\sum_{i=1}^{m}\Phi(\psi_{r,i}+\alpha_r y_i h_r(x_i),\tau_r+\xi_r)$$

且，$\tau_r+\xi_r \geqslant 1-c$，或者

$$\sum_{i=1}^{m}w(\psi_{r,i}+\alpha_r y_i h_r(x_i),\tau_r+\xi_r)\, y_i h_r(x_i)=0$$

- 更新如下

$$\tau_{r+1}=\tau_r+\xi_r$$

$$\psi_{r+1,i}=\psi_{r,i}+\alpha_r y_i h_r(x_i), i=1,\cdots,m$$

输出最终的假设：

$$H(x)=\mathrm{sign}\left(\sum_{r=1}^{R}\alpha_r h_r(x)\right)$$

这里 R 是迭代执行的总次数

14.2.2 分析

因为势能函数在 $\tau=1$ 时不连续，有可能不存在同时解决 BrownBoost 的两个方程式的解（参见练习 14.6）。然而，如果算法允许终止，当时钟 τ 达到或超过 $1-c$ 时，$c>0$，c 是某很小的数，那么，下面的定理将证明解必始终存在（我们不讨论实际求解的计算方法，但在实践中，可以使用标准的数值方法）。

定理 14.1 令 Φ 和 w 如式（14.9）和式（14.15）的定义。对于任意 $\psi_1,\cdots,\psi_m \in \mathbb{R}$，$z_1,\cdots,z_m \in \{-1,+1\}$，$c>0$，$\tau \in [0,1-c)$，存在 $\alpha \in \mathbb{R}$，$\tau' \in [\tau,1]$，有

$$\sum_{i=1}^{m}\Phi(\psi_i,\tau)=\sum_{i=1}^{m}\Phi(\psi_i+\alpha z_i,\tau') \tag{14.18}$$

并且，要么 $\tau' \geqslant 1-c$ ，要么

$$\sum_{i=1}^{m} w(\psi_i + \alpha z_i, \tau') z_i = 0 \tag{14.19}$$

证明：

我们用 $\langle\alpha, \tau'\rangle$ 表示具有定理中所述的属性的 BrownBoost 的解。我们的目标就是证明这个解存在。

令

$$\prod(\alpha, \tau') \doteq \sum_{i=1}^{m} \Phi(\psi_i + \alpha z_i, \tau') \tag{14.20}$$

表示所有筹码根据 α 调整了位置，时钟进展到 τ' 之后的总势能。在这种表示法中，式 (14.18) 成立，当且仅当

$$\prod(0, \tau) = \prod(\alpha, \tau')$$

令

$$\mathcal{L} \doteq \left\{\langle\alpha, \tau'\rangle : \prod(\alpha, \tau') = \prod(0, \tau), \alpha \in \mathbb{R}, \tau' \in [\tau, 1-c]\right\} \tag{14.21}$$

是所有满足式 (14.18) 的 $\langle\alpha, \tau'\rangle$ 的水平集 (level set)，$\tau \leqslant \tau' \leqslant 1-c$ 。为了证明这个定理，只要找到这样的 $\langle\alpha, \tau'\rangle$ 就足够了（但不是必须的）：$\tau' = 1-c$ 或者式 (14.19) 成立，因为这些条件就意味着 $\langle\alpha, \tau'\rangle$ 是 BrownBoost 的解。图 14.3 展示了一个例子。

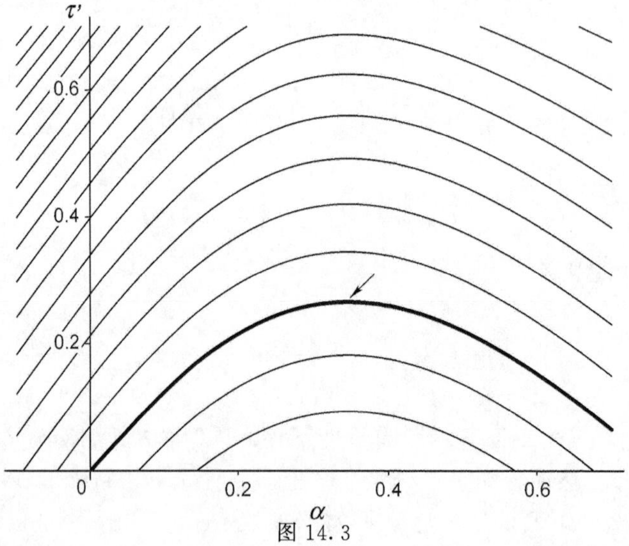

图 14.3

式 (14.20) 的 $\prod$ 函数的典型等高线图，绘制的是第一回合，对所有的 i ，$\tau = 0$ 和 $\psi_i = 0$。在本例中，有 $m = 3$ 个训练样本，其中一个分类错误（因此 $z_1 = z_2 = +1, z_3 = -1$）。选择参数 β 使得 $\Phi(0,0) = 1/4$。图中的等值线表示的是一组点，$\prod$ 的值保持不变。感兴趣的水平集 (level set) L (式 (14.21)) 是通过 $\langle\alpha, \tau\rangle$ 的颜色更重的曲线表示。条件 $\frac{\partial \prod}{\partial \alpha} = 0$，这和式 (14.19) 一样，相当于水平曲线变得完全水平。因此在本例中，如箭头所示，BrownBoost 的解在颜色更黑的曲线的最顶端

注意，令 $\psi'_i = \psi_i + \alpha z_i$ ，根据计算微分的链式法则，由式（14.15）有

$$\frac{\partial \prod(\alpha,\tau')}{\partial\alpha} = \sum_{i=1}^{m} \frac{\partial\Phi(\psi'_i,\tau')}{\partial\psi'_i} \cdot \frac{\mathrm{d}\psi'_i}{\mathrm{d}\alpha}$$

$$= -\sum_{i=1}^{m} w(\psi'_i,\tau') z_i \tag{14.22}$$

因为式（14.19）的左边与式（14.22）的右边一样，一直都等于 $-\partial \prod / \partial\alpha$ 。所以式（14.19）等价于当 $\partial \prod / \partial \alpha = 0$ 时的条件。

依据图 14.3 所示的等高线图，该条件等价于感兴趣的水平曲线（level curve）变得完全水平，如图所示。如果这种情况从未发生，那么这个曲线最终应该达到 $\tau' = 1 - c$ 。在任何一种情况下，我们都能获得所需的解。遗憾的是，有许多潜在的“并发症”。例如，原则上，如果不满足上述任何一个条件，水平集可能是不连通的，或者可能是渐近的。

为了严格证明这个定理，我们首先证明，如果 $\mathcal{L}$ 中的 α 的值不是有界的（因此可以达到 $\pm\infty$），那么当 $\tau' = 1$ 时，式（14.18）必存在一个解满足这个定理。否则，当 α 的值是有界的，我们认为 $\mathcal{L}$ 是收紧的，因此 $\mathcal{L}$ 包括一对有最大的 τ' 的值。最后，我们证明这对值是 BrownBoost 的解。

根据这个大概思路，设 $\mathcal{L}$ 中 α 值的集合即

$$\mathcal{L}_1 \doteq \{\alpha : \langle\alpha,\tau'\rangle \in \mathcal{L} \text{ 对于某个} \tau'\}$$

是无界的。如果

$$\sup \mathcal{L}_1 = \infty$$

那么，存在 $\langle\alpha_1,\tau'_1\rangle,\langle\alpha_2,\tau'_2\rangle,\cdots$ 使得 $\langle\alpha_n,\tau'_n\rangle \in \mathcal{L}$ ，$\alpha_n \to \infty$ 。这意味着，

当 $\alpha_n \to \infty$ 时，有

$$\Phi(\psi_i + \alpha_n z_i,\tau'_n) = \frac{1}{2}\mathrm{erfc}\left(\frac{\psi_i + \alpha_n z_i + \beta(1-\tau'_n)}{\sqrt{2\beta(1-\tau'_n)}}\right)$$

如果 $z_i = +1$，则上式接近 0；如果 $z_i = -1$，则上式接近 1。因为依赖于 z_i ，erfc 的参数趋于 $+\infty$ 或者 $-\infty$ 。当 $\tilde{\alpha}$ 足够大时，这个 0 或者 1 等于 $\Phi(\psi_i + \tilde{\alpha} z_i, 1)$ 。因此

$$\prod(0,\tau) = \prod(\alpha_n,\tau'_n) \to \prod(\tilde{\alpha},1)$$

接下来，对 $<\tilde{\alpha}$ ，$\tilde{\tau}' = 1$ 是 BrownBoost 的解，$\prod(0,\tau) = \prod(\tilde{\alpha},\tilde{\tau}')$ ，并且 $\tilde{\tau}' \geqslant 1 - c$ 。（在 $\inf\mathcal{L}_1 = -\infty$ 的情况下，可以做对应的处理）。

因此，我们假设 $\mathcal{L}_1$ 是有界的，则 $\mathcal{L}$ 也是有界的。此外，$\mathcal{L}$ 是封闭的。如果 $\langle\alpha_1,\tau'_1\rangle,\langle\alpha_2,\tau'_2\rangle,\cdots$ 是 $\mathcal{L}$ 上的一系列对，收敛于 $<\hat{\alpha}$ ，$\hat{\tau}'>$，那么 $\prod$ 在感兴趣的领域是连续的，则

$$\prod(\alpha_n,\tau'_n) \to \prod(\hat{\alpha},\hat{\tau}')$$

因为左边等于固定的值 $\prod(0,\tau)$，对于所有的 n，$\prod(\hat{\alpha},\hat{\tau}')$ 也是这样。此外，由于每个 τ'_n 都在封闭集 $[\tau,1-c]$ 中，$\hat{\tau}'$ 也应该如此。因此，$\langle\hat{\alpha},\hat{\tau}'\rangle\in\mathcal{L}$。

因为它包含 $\langle 0,\tau\rangle$，所以 $\mathcal{L}$ 是收紧的，封闭且有界，也是非空的。这些属性意味着存在对 $\langle\tilde{\alpha},\tilde{\tau}'\rangle\in\mathcal{L}$，其有 τ' 的最大值，因此对于所有 $\langle\alpha,\tau'\rangle\in\mathcal{L}$，$\tilde{\tau}'\geqslant\tau'$。我们断言，$\langle\tilde{\alpha},\tilde{\tau}'\rangle$ 就是所要的解。首先提出一个可能存在矛盾的情况，但是实际上不是。因为它在 $\mathcal{L}$ 上，这意味 $\tilde{\tau}'<1-c$，在 $\langle\tilde{\alpha},\tilde{\tau}'\rangle$ 上的 $\partial\prod/\partial\alpha$ 不等于零，根据式 (14.22)，假设 $\partial\prod/\partial\alpha$ 在这个点上是正的（当是负的时候，讨论是对称的），然后略微增加 $\tilde{\alpha}$，会导致 $\prod$ 也增加。即存在 $\varepsilon_+>0$，有

$$\prod(\tilde{\alpha}+\varepsilon_+,\tilde{\tau}')>\prod(\tilde{\alpha},\tilde{\tau}')=\prod(0,\tau) \tag{14.23}$$

同样，存在 $\varepsilon_->0$，有

$$\prod(\tilde{\alpha}-\varepsilon_-,\tilde{\tau}')<\prod(0,\tau) \tag{14.24}$$

我们现在可以构建在 $\langle\alpha,\tau'\rangle$ 平面上从 $\langle\tilde{\alpha}-\varepsilon_-,\tilde{\tau}'\rangle$ 到 $\langle\tilde{\alpha}+\varepsilon_+,\tilde{\tau}'\rangle$ 的一个连续路径。路径上所有点（除了端点），其 τ' 值都小于 $1-c$，并严格大于 $\tilde{\tau}'$（参见图 14.4）。因为 $\prod$ 是连续的，式 (14.23) 和式 (14.24) 意味着在路径上必定存在一个中间点 $\langle\hat{\alpha},\hat{\tau}'\rangle$，其 $\prod(\hat{\alpha},\hat{\tau}')=\prod(0,\tau)$，即水平集 $\mathcal{L}$。然而，在选择 $\hat{\tau}'$ 时，一定严格大于 $\tilde{\tau}'$。这是矛盾的，因为 $\tilde{\tau}'$ 本身就是在 $\mathcal{L}$ 上选择的最大值。

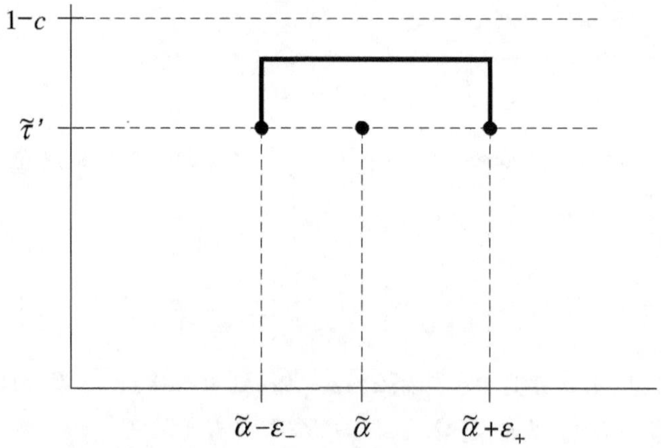

图 14.4

构建从 $\langle\tilde{\alpha}-\varepsilon_-,\tilde{\tau}'\rangle$ 到 $\langle\tilde{\alpha}+\varepsilon_+,\tilde{\tau}'\rangle$ 的一个路径，用于定理 14.1 的证明

因此，如上所述，$\langle\tilde{\alpha},\tilde{\tau}'\rangle$ 就是我们寻找的 BrownBoost 的解。

证毕。

没有保证 BrownBoost 的终止条件 $\tau=1$（或者甚至更早的截止）会达到。但假设它会终止，让我们临时取消下标，则 τ 和 ψ_i 分别代表终止前时钟最后的时刻和筹码 i 最终的位置。如果算法在 $\tau=1$ 时停止，那么最终假设 H 的训练误差的分析就简单了，只要用推论 13.4 中相同的方法就可以。在时刻 $\tau=1$，根据式 (14.14) 和 H 的定义，平均的势能

$$\frac{1}{m}\sum_{i=1}^{m}\Phi(\psi_i,1)$$

就等于训练误差。因为在算法的执行过程中这个平均势能从不发生改变，它一定等于初始的平均势能，即

$$\Phi(0,0)=\frac{1}{2}\mathrm{erfc}\left(\sqrt{\frac{\beta}{2}}\right) \tag{14.25}$$

因此，算法把参数 $\epsilon>0$ 作为输入，这个 ϵ 就是目标误差，并且选择 β 使得式（14.25）等于 ϵ。注意，这个确保在 $\tau=1$ 时最终的误差就是 ϵ。

如果如 14.1.3 节讨论的，$\Phi(0,1)$ 定义为 1/2，我们仍然可以获得在 $\tau=1$ 时的训练误差的精确结果，但是稍微重新定义下：预测为 0 只看作错了一半。这种定义方式是合理的，因为这种预测可以被看作随机猜测，其正确的概率就是 1/2。

即便算法允许在 $\tau<1$ 时终止，我们也可以获得训练误差的界。如果最终的假设 H 在某训练样本 i 上预测错误，$\psi_i\leqslant 0$，那么因为 $\Phi(\psi,\tau)$ 在 ψ 上是递减的（erfc 函数是递减的），我们一定有 $\Phi(\psi_i,\tau)\geqslant\Phi(0,\tau)$。$\Phi$ 从不为负，因此，我们通常有

$$\Phi(0,\tau)\cdot\mathbf{1}\{\psi_i\leqslant 0\}\leqslant\Phi(\psi_i,\tau)$$

两边对所有的样本取平均，得

$$\Phi(0,\tau)\cdot\frac{1}{m}\sum_{i=1}^{m}\mathbf{1}\{\psi_i\leqslant 0\}\leqslant\frac{1}{m}\sum_{i=1}^{m}\Phi(\psi_i,\tau)$$

左边就是 $\Phi(0,\tau)$ 乘以训练误差，右边就是在 τ 时刻的平均势能，这个如前所述，等于初始势能 $\Phi(0,0)=\epsilon$。因此，用 Φ 在式（14.9）的定义，如果 $\tau\geqslant 1-c$，那么训练误差至多是

$$\frac{2\epsilon}{\mathrm{erfc}(\sqrt{\beta c/2})} \tag{14.26}$$

因为当 $c\to 0$ 时，分母趋于 1，只要 c 选择得足够小，这个界可以任意地接近 2ϵ（另一种接近 ϵ 的方法参见练习 14.7）。

14.3 AdaBoost 作为 BrownBoost 的一个特例

在 13.3.2 节中，我们看到当 T 变大时，BBM 在初始几轮上的行为收敛到 NonAdaBoost（AdaBoost 的一个非自适应版本）的行为。相应地，在本节我们将看到，AdaBoost 其通常的自适应形式可以由 BrownBoost（BBM 的一个自适应版本）导出，只要施加合适的约束，例如误差参数 ϵ 取 0。因此，AdaBoost 可以看作 BrownBoost 的一个特殊情况，在这种情况下，最终的训练误差预期为零。或者把这句话反过来说，BrownBoost 可以被看作 AdaBoost 的一个泛化形式，在这种情况下，预期会出现一个正的最终训练误差。

为了证明这一点，我们需要证明在这个约束条件下，每轮由 BrownBoost 计算的样本

上的分布收敛到 AdaBoost 上的分布，并且对于这两种算法加权多数的组合分类器是相同的。我们在这里假设，对于任何一种提升法，由弱学习算法返回的弱分类器的序列是相同的，这是一个合理的假设，因为它们所训练的样本分布上几乎是相同的。然而，正如 13.3.2 节所指出的，由于数值不稳定的原因，这个假设一般是无法证明的。因此，根据这一假设，只要证明在这个约束条件下，由两个算法计算的系数 α_r 是相同的就可以证明组合假设是相同的。

尽管我们感兴趣的是当 $\epsilon \to 0$ 时会发生什么，但我们发现在 $\beta \to \infty$ 的极限情况下进行讨论更方便些。因为 BrownBoost 是将 β 作为 ϵ 的函数进行选择的（因此式（14.25）等于 ϵ），所以上述两种情况是完全等价的。

为了使符号更明确，我们在 BrownBoost（算法 14.1）用到了 $\psi_{r,i}^{\beta}$、D_r^{β}、α_r^{β} 等，算法执行用到了参数 β（对 ϵ 做出了相应的选择），令 D_r^*、α_r^* 等表示 AdaBoost（算法 1.1）用到的变量，这里我们用 r 而不是 t 来对两个算法运行的轮数进行索引。对于 BrownBoost，我们假设时钟的截断固定在一个任意的正常数 $c \in (0,1)$。此外，我们假定 BrownBoost 运行得很缓慢，这意味着除非被迫停止，否则它不会停止。在每 r 轮，它在 $\tau_{r+1} < 1-c$ 下选择解，除非这种解不存在。

用精确的术语，我们将证明在 $\beta \to \infty$ 的极限情况下（注意到这个等价于 $\epsilon \to 0$）BrownBoost 的行为。

定理 14.2　设 BrownBoost（固定的截断 $c \in (0,1)$）和 AdaBoost 运行在同样的数据集上，提供同样的一轮一轮的弱假设序列 $h_1, h_2, \cdots$，这些弱假设没有一个是完全准确或完全不准确的。如上述的符号，BrownBoost 运行得十分缓慢。设 r 是任意的正整数，那么对于所有足够大的 β，BrownBoost 在运行达到 r 轮之前不会停止。此外，当 $\beta \to \infty$ 时，BrownBoost 的分布和假设的权重收敛于 AdaBoost 的，即

$$D_r^{\beta} \to D_r^* \tag{14.27}$$

且

$$\alpha_r^{\beta} \to \alpha_r^* \tag{14.28}$$

注意，因为我们假设两个算法收到的弱分类器序列 $h_1, h_2, \cdots$ 都是一样的，那么式（14.28）意味着对于任意的 R 和 x，有

$$\sum_{r=1}^{R} \alpha_r^{\beta} h_r(x) \to \sum_{r=1}^{R} \alpha_r^* h_r(x)$$

因此，在极限情况下，AdaBoost 和 BrownBoost 的加权多数组合分类器都是一样的（除了可能在退化的情况下，右边的和恰好为 0）。

证明：

利用归纳法，假设式（14.28）在第 $1, \cdots, r-1$ 轮都成立。我们希望证明式（14.27）和式（14.28）在当前 r 轮也成立。我们也希望证明时刻 τ 在 r 轮内不能达到 $1-c$ 的截断。因此，当 β 足够大时，我们归纳式假设

$$\tau_r^\beta < 1 - c \tag{14.29}$$

然后证明假设对于 τ_{r+1}^β 同样成立，确保算法不会终止。

让我们固定 r，当上下文比较清楚的时候，从符号中移除它，因此 $\tau^\beta = \tau_r^\beta$，$\psi_i^\beta = \psi_{r,i}^\beta$，以此类推。我们也定义了 $\psi_i^* = \psi_{r,i}^*$ 是根据 AdaBoost 计算的未归一化间隔，即

$$\psi_i^* \doteq y_i \sum_{r'=1}^{r-1} \alpha_{r'}^* h_{r'}(x_i)$$

注意，根据式（14.28）的归纳假设，当 $\beta \to \infty$ 时，有

$$\psi_i^\beta \to \psi_i^* \tag{14.30}$$

因此

$$\psi_i^\beta = y_i \sum_{r'=1}^{r-1} \alpha_{r'}^\beta h_{r'}(x_i)$$

最后，我们有时把 BrownBoost 的加权函数和势能函数写作 w^β 和 Φ^β 来表明其显式依赖于参数 β。

证毕。

综上所述，根据我们的归纳假设，我们需要证明式（14.27）和式（14.28），并且证明 BrownBoost 不会停止。下面我们依次证明这 3 点。

引理 14.3 根据如上的假设和所用的符号，

$$D_r^\beta \to D_r^*$$

证明：

我们对式（14.15）的加权函数进行重写，即

$$w^\beta(\psi,\tau) \propto \exp\left(-\frac{\psi^2 + 2\psi\beta(1-\tau) + \beta^2(1-\tau)^2}{2\beta(1-\tau)}\right)$$

$$= \exp\left(-\frac{\psi^2}{2\beta(1-\tau)} - \psi - \frac{\beta(1-\tau)}{2}\right)$$

$$\propto \exp\left(-\frac{\psi^2}{2\beta(1-\tau)} - \psi\right)$$

$$= \exp\left(-\psi\left(1 + \frac{\psi}{2\beta(1-\tau)}\right)\right) \tag{14.31}$$

这里 $f \propto g$ 意味着 f 等于 g 乘以一个正因子，且该因子不依赖于 ψ。

因此

$$w^\beta(\psi_i^\beta, \tau^\beta) \propto \exp\left(-\psi_i^\beta\left(1 + \frac{\psi_i^\beta}{2\beta(1-\tau^\beta)}\right)\right) \tag{14.32}$$

根据式（14.29）和式（14.30），可以得到右边的表达式收敛到 $\exp(-\psi_i^*)$，这恰好

与 $D_r^*(i)$ 成比例，这就是 AdaBoost 分配给训练样本 i 的归一化权重（参见式（3.2））。因为 $D_r^\beta(i)$ 与式（14.32）成比例，所以马上就可以得到式（14.27）。

证毕。

令 $z_i \doteq y_i h(x_i)$ 。如定理 14.1 的证明，令

$$\prod^\beta(\alpha, \tau') \doteq \sum_{i=1}^m \Phi^\beta(\psi_i^\beta + \alpha z_i, \tau')$$

在将所有训练样本的位置调整到 α 和调整时刻到 τ' 的情况下的所有训练样本的总势能。在 BrownBoost 的解 $\langle \alpha^\beta, \tau'^\beta \rangle$ 上，$\tau'^\beta \doteq \tau_{r+1}^\beta$ ，我们有

$$\prod^\beta(\alpha^\beta, \tau'^\beta) = \prod^\beta(0, \tau^\beta) \tag{14.33}$$

此外，该解或者有 $\tau'^\beta \geqslant 1 - c$ ，或者满足

$$\sum_{i=1}^m w^\beta(\psi_i^\beta + \alpha^\beta z_i, \tau'^\beta) z_i = 0 \tag{14.34}$$

为了证明在当前轮 BrownBoost 不会停止，我们应用定理 14.1。在定理中我们证明了这样一个解一定存在。接下来我们证明，若 β 足够大，根据该定理保证的解，不能达到截止 $1 - c$ 。

引理 14.4 根据如上所述的假设和符号定义，有

$$\tau'^\beta < 1 - c$$

证明：

定理 14.1 的证明过程说明 BrownBoost 的解存在，$\tau'^\beta = 1$ 或者 $\tau'^\beta \leqslant 1-c$ 。为了证明引理 14.4，我们证明当 β 足够大，$\tau'^\beta = 1$ 和 $\tau'^\beta = 1-c$ 这两种情况都是不可能的，因此 $\tau'^\beta < 1-c$ 的解一定存在，且被 BrownBoost 选择，我们假设 BrownBoost 运行十分缓慢。

首先注意，$\Phi^\beta(\psi, 1)$ 一直在 $\{0,1\}$ 中。因此，如果 $\tau'^\beta = 1$，那么 $\prod^\beta(\alpha^\beta, \tau'^\beta)$ 一定是一个整数。但是因为在 BrownBoost 执行过程中势能保持为常数，所以有

$$\prod^\beta(\alpha^\beta, \tau'^\beta) = m \cdot \Phi^\beta(0,0) = m\epsilon \tag{14.35}$$

它不是一个整数，当 β 足够大时，ϵ 是很小的正数，因此 $\tau'^\beta \neq 1$（这个讨论假设 $\Phi(0,1) \doteq 1$，也可以直接修改为 $\Phi(0,1) \doteq \frac{1}{2}$）。

下面设 $\tau'^\beta = 1-c$ 。我们将证明这会导致矛盾。当 β 足够大时，令 b 是任意常数，$c < b < 1$，设

$$d \doteq \sqrt{bc} - c > 0 \tag{14.36}$$

因为当前的弱假设 h 既不是完全的准确也不是完全的不准确，所以一定存在 i 和 i'，使 $z_i = -z_{i'}$ 。此外，当 β 足够大时，有

$$\psi_i^\beta + \psi_{i'}^\beta \leqslant 2\beta d$$

因为，根据式（14.30），左边收敛到一个固定的值，而右边是增长到无限大，且 $z_i + z_{i'} = 0$，所以

$$(\psi_i^\beta + \alpha^\beta z_i) + (\psi_{i'}^\beta + \alpha^\beta z_{i'}) \leqslant 2\beta d,$$

这说明左边至少一个括号内的表达式，比如说第一个，至多是 βd，也就是说

$$\psi_i^\beta + \alpha^\beta z_i \leqslant \beta d$$

重写式（14.36），可以得到

$$\frac{\psi_i^\beta + \alpha^\beta z_i + \beta c}{\sqrt{2\beta c}} \leqslant \sqrt{\frac{\beta b}{2}}$$

因此

$$\begin{aligned} \prod\nolimits^\beta (\alpha^\beta, \tau'^\beta) &\geqslant \Phi^\beta(\psi_i^\beta + \alpha^\beta z_i, 1 - c) \\ &= \frac{1}{2}\mathrm{erfc}\left(\frac{\psi_i^\beta + \alpha^\beta z_i + \beta c}{\sqrt{2\beta c}}\right) \\ &\geqslant \frac{1}{2}\mathrm{erfc}\left(\sqrt{\frac{\beta b}{2}}\right) \end{aligned} \tag{14.37}$$

根据 Φ 如式（14.9）的定义，erfc 函数是递减函数。用 erfc 函数的标准近似，有

$$\frac{2}{\sqrt{\pi}} \cdot \frac{\mathrm{e}^{-u^2}}{u + \sqrt{u^2 + 2}} \leqslant \mathrm{erfc}(u) \leqslant \frac{2}{\sqrt{\pi}} \cdot \frac{\mathrm{e}^{-u^2}}{u + \sqrt{u^2 + 4/\pi}} \tag{14.38}$$

对所有 $u > 0$ 都成立，从式（14.37）可得

$$\prod\nolimits^\beta (\alpha^\beta, \tau'^\beta) \geqslant \exp\left(-\beta\left(\frac{b}{2} + o(1)\right)\right) \tag{14.39}$$

这里 $o(1)$ 代表当 $\beta \to \infty$ 时趋近 0 的量。另外，如前所述

$$\prod\nolimits^\beta (\alpha^\beta, \tau'^\beta) = m \cdot \Phi^\beta(0,0) = \frac{m}{2}\mathrm{erfc}\left(\sqrt{\frac{\beta}{2}}\right) \leqslant \exp\left(-\beta\left(\frac{1}{2} - o(1)\right)\right) \tag{14.40}$$

这里我们又用到了式（14.38）。因为 $b < 1$，当 β 足够大时，式（14.39）和式（14.40）相矛盾。

证毕。

剩下的就是证明 $\alpha^\beta \to \alpha^*$ 的情况。我们可以按照下面的方式证明：根据引理 14.4，$\tau'^\beta < 1 - c$，因此式（14.34）在解 $\langle \alpha^\beta, \tau'^\beta \rangle$ 上一定成立。根据引理 14.3 的证明过程，用 $\exp(-\psi)$ 来近似 $w^\beta(\psi, \tau)$，该式变成

$$\sum_{i=1}^{m} \exp(-(\psi_i^\beta + \alpha^\beta z_i))\, z_i = 0 \tag{14.41}$$

回忆一下 7.1 节，AdaBoost 选择 α^* 以最小化，有

$$\sum_{i=1}^{m} \exp(-(\psi_i^* + \alpha^* z_i))$$

换句话说，在 α^* 点求导为零，即

$$\sum_{i=1}^{m} \exp(-(\psi_i^* + \alpha^* z_i)) z_i = 0 \tag{14.42}$$

因为 $\psi_i^\beta \to \psi_i^*$，所以式（14.41）和式（14.42）相匹配意味着 $\alpha^\beta \to \alpha^*$。根据上述思想，下面的引理给出了式（14.28）更严格的证明。

引理 14.5　令 $\delta > 0$。根据如上所述的假设和定义的符号，当 β 足够大时，有

$$|\alpha^\beta - \alpha^*| < \delta$$

证明：

对于所有 i，当 β 足够大时，我们一定有

$$\psi_i^\beta + \alpha^\beta z_i + \beta(1 - \tau'^\beta) > 0 \tag{14.43}$$

否则，如果对某 i 不成立，则

$$\begin{aligned}\prod{}^\beta(\alpha^\beta, \tau'^\beta) &\geqslant \Phi^\beta(\psi_i^\beta + \alpha^\beta z_i, \tau'^\beta) \\ &= \frac{1}{2}\operatorname{erfc}\left(\frac{\psi_i^\beta + \alpha^\beta z_i + \beta(1 - \tau'^\beta)}{\sqrt{2\beta(1 - \tau'^\beta)}}\right) \\ &\geqslant \frac{1}{2}\operatorname{erfc}(0) = \frac{1}{2}\end{aligned}$$

根据式（14.9）中 Φ 的定义。当 β 足够大时这与式（14.35）相矛盾，（ϵ 足够小）。因此，式（14.43）对所有 i 都成立，就等价于

$$\alpha^\beta \in (M_-^\beta, M_+^\beta)$$

这里

$$\begin{aligned} M_-^\beta &\doteq \max_{i:z_i=+1} [-\psi_i^\beta - \beta(1 - \tau'^\beta)] \\ M_+^\beta &\doteq \min_{i:z_i=-1} [\psi_i^\beta + \beta(1 - \tau'^\beta)] \end{aligned} \tag{14.44}$$

令

$$W^\beta(\alpha, \tau') \doteq \sum_{i=1}^{m} \exp\left(-(\psi_i^\beta + \alpha z_i)\left(1 + \frac{\psi_i^\beta + \alpha z_i}{2\beta(1 - \tau')}\right)\right) z_i$$

根据式（14.31）和式（14.22），有

$$W^\beta(\alpha, \tau') \propto \sum_{i=1}^{m} w^\beta(\psi_i^\beta + \alpha z_i, \tau') z_i = -\frac{\partial \prod{}^\beta(\alpha, \tau')}{\partial \alpha} \tag{14.45}$$

因此，式（14.34）的解必须满足 $\langle \alpha^\beta, \tau'^\beta \rangle$，就与下面的条件等价，即

$$W^\beta(\alpha^\beta, \tau'^\beta) = 0 \tag{14.46}$$

此外，当 β 足够大时，我们断言 $W^{\beta}(\alpha,\tau')$ 对 α 是递减的，$\alpha \in (M_{-}^{\beta},M_{+}^{\beta})$ 。为了看到这点，首先注意 $\mathrm{erfc}(u)$ 在 $u>0$ 时是凸的，如图 14.1 所示。$\Phi^{\beta}(\psi_i^{\beta}+\alpha z_i,\tau')$ ——根据如式（14.9）的定义，等价于在线性函数 α 上的 erfc——在 α 上是凸的，因为 α 满足式（14.43）。反过来，这意味着 $\Pi^{\beta}(\alpha,\tau')$ 作为几个凸函数之和，在 α 上也是凸的，因为 $\alpha \in (M_{-}^{\beta},M_{+}^{\beta})$ 。$\partial\Pi^{\beta}(\alpha,\tau')/\partial\alpha$ 在 α 上是递减的，这意味着根据式（14.45），$W^{\beta}(\alpha,\tau')$ 在 α 上是递减的，因为 α 在这个区间。

对于任意的 α ，$\tau<1$，很明显，用式（14.30），有

$$W^{\beta}(\alpha,\tau)\to W^{*}(\alpha)$$

当 $\beta\to\infty$ 时，这里

$$W^{*}(\alpha)\doteq\sum_{i=1}^{m}\exp(-(\psi_i^{*}+\alpha z_i))z_i$$

作为 AdaBoost 的相应的函数。而且，这个收敛性对于 $\tau\in[0,1-c]$ 是统一的，这意味着收敛对于 τ 的所有值都同时发生，即

$$\sup_{0\leqslant\tau\leqslant1-c}\left|W^{\beta}(\alpha,\tau)-W^{*}(\alpha)\right|\to 0$$

从式（14.4）它们的定义中可以看到，当 $\beta\to\infty$ 时，$M_{-}^{\beta}\to-\infty$ ，$M_{+}^{\beta}\to+\infty$ ，根据式（14.30），因为 $0\leqslant\tau'^{\beta}<1-c$ ，所以，当 β 足够大时，$\alpha^{*}\in(M_{-}^{\beta},M_{+}^{\beta})$ 。

根据式（14.42）在 α^{*} 处为零，还可以检验出 W^{*} 是严格递减的。这意味着 $W^{*}(\alpha^{*}+\delta)<0$，因此，当 β 足够大时，有

$$W^{\beta}(\alpha^{*}+\delta,\tau')<0$$

对所有 $\tau'\in[0,1-c]$ 成立。因为 $W^{\beta}(\alpha,\tau'^{\beta})$ 在 α 上是递减的，$\alpha\in(M_{-}^{\beta},M_{+}^{\beta})$ ，并且 $\alpha^{*}>M_{-}^{\beta}$ ，$W^{\beta}(\alpha,\tau'^{\beta})<0,\alpha^{*}+\delta\leqslant\alpha<M_{+}^{\beta}$ ，所以排除了在此区间内的式（14.46）的解。我们也论证了解不可能发生在 $\alpha\geqslant M_{+}^{\beta}$ ，因此我们消除了 α^{β} 至少是 $\alpha^{*}+\delta$ 的所有可能的解。

所以，$\alpha^{\beta}<\alpha^{*}+\delta$ 。类似地我们可以论证 $\alpha^{\beta}>\alpha^{*}-\delta$ ，然后完成我们的证明。

证毕。

至此，我们完成了定理 14.2 的证明。已经证明：当 $\beta\to\infty$ 时，这等同于 $\epsilon\to0$，在有限轮数内，BrownBoost 的行为收敛于 AdaBoost 的行为。

证毕。

14.4 含噪声的数据的实验

定理 14.2 表明，AdaBoost 可能与训练误差可以为零的情况最匹配。这与 3.1 节的训练误差的分析是一致的，在 3.1 节中我们看到了弱学习假设如何能够在非常小的几轮中保证完美的训练精度。但这一观点也与 AdaBoost 易受噪声影响的特性（在 12.3.3 节中讨论过）相一致，而且 AdaBoost 通常倾向于过分关注最困难的样本，这些样本很可能已经被

破坏或错误标记了。

另外，BrownBoost 能更好地处理这种有噪声的情况。首先，算法明确地预测了一个非零的训练误差 $\epsilon > 0$，见 14.2.2 节。此外，如 13.3.3 节中所讨论的，与 BBM 的情况一样，BrownBoost 的加权函数导致它有意“放弃”那些困难的样本，转而关注那些最终仍有合理机会被正确分类的样本。

为了说明性能改进是可能的，我们在实验中用 12.3.2 节中所描述的有噪声的合成的学习问题比较了 BrownBoost 和 AdaBoost，我们在该节中展示了这最终将导致 AdaBoost 在适当的限制下性能非常差。如前所述，该实验环境下样本是长度为 $N = 2n + 11$ 的二进制向量，其弱假设由单个坐标标识。在这里，我们分别对 $n = 5$ 和 $n = 20$ 两种情况进行了测试。与每个样本关联的“干净的”标签就是对其坐标子集的简单多数投票。然而，实际观察到的标签是“干净的”标签的噪声版本，干净的标签已被噪声损坏（即否定），噪声率为 η。实验中分别考虑了 0%（无噪声）、5%和 20%的噪声率。

BrownBoost 尝试用不同的 ϵ 值选择训练误差最低的那个用来进行测试。用来对比的是基于逻辑斯蒂损失的 AdaBoost.L 算法，该算法在 7.5.2 节介绍过。因为它的相对适度的加权函数表明它可能比 AdaBoost 能更好地处理噪声和异常值（但是请注意，根据类似于 12.3.2 节的讨论，AdaBoost.L 最终也一定在这个数据集上表现得很差。参见练习 12.9）。

使用样本数 m 分别是 1 000 和 10 000 的两个训练集。每个算法最多运行 1 000 轮，但如算法 14.1 所示，BrownBoost 可以早停，如果时钟 τ 达到了 $1 - c$，这里的截断 $c = 0.01$。

表 14.2 展示的是每个算法在一个包含 5 000 个未损坏（即带有干净的标签）样本的独立测试集上的误差。与 12.3.2 节所证明的一致，AdaBoost 在这个问题上表现出的性能相当差。AdaBoost.L 在最简单的情况下表现更好，即在 $n = 5$ 和 $\eta = 5\%$ 的情况下，否则与 AdaBoost 一样糟糕（顺便观察一下，当 $n = 20$，给定更多数据时，这两种算法的性能实际上都变得更差了）。另外，BrownBoost 表现得非常好，在 $n = 5$ 的大多数情况下都可以达到近乎完美的测试准确率，并且在 $n = 20$ 的情况下，它比 AdaBoost 或 AdaBoost.L 的准确率都高得多。

同样的算法也在真实的基准数据集上进行了测试，这些数据集以 0%、10%和 20%的比例被人为地添加了额外的标签噪声。这里，每一种提升法都与 9.4 节中的决策树算法相结合。此外，还使用了 BrownBoost 的一个变形，将式（14.14）的“边界条件”替换为

$$\Phi(\psi, 1) = \mathbf{1}\{\psi \leqslant \vartheta\} \tag{14.47}$$

参数 $\vartheta \geqslant 0$。参见练习 14.2。取 75%的训练数据进行训练，尝试使用 ϵ 和 ϑ 各自不同的值，然后选择表现最好的参数搭配，在剩下的数据上进行测试。

表 14.3 显示了带有干净标签的测试样本的误差百分比。同样，在存在噪声的情况下，BrownBoost 的性能比其他算法要好得多。

表 14.2 AdaBoost、AdaBoost. L、BrownBoost 运行在有噪声的、合成学习问题上的结果，问题如 12.3.2 节所述，参数 n、m、η 取不同的值

n	η	m =1 000			m =10 000		
		AdaBoost	AdaBoost. L	BrownBoost	AdaBoost	AdaBoost. L	BrownBoost
5	0%	0.0	0.0	0.0	0.0	0.0	0.0
	5%	19.4	2.7	0.4	8.5	0.0	0.0
	20%	23.1	22.0	2.2	21.0	17.4	0.0
20	0%	0.0	3.7	0.8	0.0	0.0	0.1
	5%	31.1	29.9	10.7	41.3	36.8	5.4
	20%	30.4	30.2	21.1	36.9	36.1	12.0

每个条目都显示了干净的、未损坏的测试样本的误差百分比。所有结果都随机重复 10 次实验然后取平均

表 14.3 AdaBoost、AdaBoost. L、BrownBoost 运行在"Letter"和"Satimage"基准数据集上的结果

数据集	η	AdaBoost	AdaBoost. L	BrownBoost
letter	0%	3.7	3.7	4.2
	10%	10.8	9.4	7.0
	20%	15.7	13.9	10.5
satimage	0%	4.9	5.0	5.2
	10%	12.1	11.9	6.2
	20%	21.3	20.9	7.4

通过将类别分成任意的两组将其转化为二分类问题，每个数据集都随机地分成训练集和测试集，训练集以噪声率 η 添加人造噪声。表中显示的带有干净标签的测试样本的误差百分比。所有结果都是随机重复 50 次实验取平均值。

14.5 小结

- 在本章，我们描述了一种使 BBM 自适应的方法，将其转换为连续时间设置。我们看到了最终的算法——BrownBoost，是 AdaBoost 算法的泛化形式，但它在处理噪声数据和异常值时可能具有有利的属性。

14.6 参考资料

14.1 节、14.2 节和 14.3 节的结果是对 Freund 的工作 [89] ——BrownBoost 的最初版本——的精细化和扩展，以及 Freund 和 Opper 的后续工作 [92]，他们将连续的时间框架与漂移游戏 [201] 连接在一起，并引入了一种基于差分方程的方法，类似于 14.1.3 节给出的方法。

14.4 节总结的实验是由 Evan Ettinger 和 Sunsern Cheamanunkul 联合进行的。

可以在任何关于概率的教科书中找到中心极限定理的进一步背景介绍，以及分布的收敛性，例如 [21，33，84，215]。更多关于布朗运动（Brownian motion）和混沌差分方程的内容可以参见 [61，131，177，216]。式（14.38）出现在 Gautschi [105]。

本章的部分练习来自 [92]。

14.7　练习

14.1　令 $\Phi(\psi,\tau)$ 如式（14.9）所定义的，$\beta>0$。

a. 证明：满足式（14.13）所给出的偏微分方程，对于所有的 $\psi\in\mathbb{R}$，$\tau\in[0,1)$。

b. 证明：式（14.14）给出的边界条件满足远离 $\psi=0$。更具体地说，令 $\langle\psi_n,\tau_n\rangle$ 是 $\mathbb{R}\times[0,1)$ 的任意对序列。证明：如果 $\langle\psi_n,\tau_n\rangle\to\langle\psi,1\rangle$，当 $n\to\infty$ 时，这里 $\psi\neq0$，那么 $\Phi(\psi_n,\tau_n)\to\mathbf{1}\{\psi\leqslant0\}$。

c. 证明：对于所有的 $v\in[0,1]$，存在一个序列 $\langle\psi_n,\tau_n\rangle$ 在 $\mathbb{R}\times[0,1)$ 空间中，当 $n\to\infty$ 时，$\langle\psi_n,\tau_n\rangle\to\langle0,1\rangle$，$\Phi(\psi_n,\tau_n)\to v$。

14.2　令 $\vartheta\geqslant0$ 是代表所要求的间隔的一个固定的值。设式（14.14）由式（14.47）所给出的修改后的边界条件所代替。

a. 找到 $\Phi(\psi,\tau)$ 的表达式满足式（14.13）和式（14.47），如练习 14.1 的描述。

b. 找到与这个修改后的势能函数相对应的加权函数 $w(\psi,\tau)$ 的表达式。

注意，如果 BrownBoost 用到这些修改后的 Φ 和 w（给定值 $\vartheta>0$，$\epsilon>0$），算法在时钟 $\tau=1$ 时停止，那么间隔 $\psi_i\leqslant\vartheta$ 的训练样本 i 所占比例就是 ϵ。

c. 展示这个势能函数如何从练习 13.5 中给出的 BBM 相关的势能函数在 $T\to\infty$ 的情况下推导出来（依据 T、β 和 ϑ 选择合适的 θ）。

14.3　设重新定义 $\Phi_t(s)$ 和 $w_t(s)$，如练习 13.6 所述，α 取练习 13.6(**c**) 推导出的值。我们之前看到，对于 BBM 来说这些选择会导致 NonAdaBoost。这里，我们探究在连续时间极限下会发生什么。

a. 固定 $\beta>0$，$\psi\in\mathbb{R}$，$\tau\in[0,1]$，选择 s、t 和 γ 作为 T 的函数，满足式（14.1）、式（14.2）和式（14.7）（或者在满足 s 和 t 是整数的情况下，尽可能地满足）。计算 $\Phi(\psi,\tau)$，当 $T\to\infty$ 时，$\Phi_t(s)$ 的极限。用式（14.15）计算 $w(\psi,\tau)$。最终的答案应该是只用到 β、ψ 和 τ。

[**提示：利用下面的结论，对于任意** $a\in\mathbb{R}$，$\lim\limits_{x\to\infty}(1+a/x)^x=e^a$]

b. 先解释为什么我们期望 (**a**) 的 $\Phi(\psi,\tau)$ 的答案应该满足式（14.13），然后给予证明。

在这个练习的剩余部分，我们考虑 BrownBoost（算法 14.1）的一个变形，这里的势能函数和加权函数用 (**a**) 中的代替。我们使用截断 $c=0$，并假设 $\beta>0$。

c. 对于这个修改版的 BrownBoost，证明对于这个算法的两个主要方程式总存在解。也就是说，对于任意 $\psi_1,\cdots,\psi_m\in\mathbb{R}$，$z_1,\cdots,z_m\in\{-1,+1\}$，并且 $\tau\in[0,1]$，证明存在 $\alpha\in\mathbb{R}$，$\tau'\in[\tau,1]$，式（14.18）成立，$\tau'=1$ 或者式（14.19）成立（当然，使用 Φ 的修改版本的定义）。你可以假设 z_i 的符号并不完全相同。同时证明这个解是唯一的，除了 $\tau'=1$ 的情况下有可能非唯一。

d. 设对某整数 $R>0$，$\tau_{R+1}<1$（因此时钟不会超过 R 轮）。证明：修改版本的 BrownBoost 在前 R 轮的行为与 AdaBoost（算法 1.1）的一致。也就是说，给两个算法提供相同的弱假设序列 $h_1,\cdots,h_R$，证明：对于 $r=1,\cdots,R$，$D_r^{\mathrm{AB}}=D_r^{\mathrm{BB}}$，$\alpha_r^{\mathrm{AB}}=\alpha_r^{\mathrm{BB}}$，这里我们用上标 AB 和 BB 来分别标识 AdaBoost 和（修改版的）BrownBoost（这里我们用 r 代替 t 来标识轮数）。

e. 令 R 是固定的整数，$R>0$。证明：当 β 足够大时，$\tau_{R+1}<1$（可以假设弱假设序列是固定的，并且独立于 β）。

f. 给定 $\epsilon\in\left(0,\dfrac{1}{2}\right)$，解释如何在 AdaBoost 上增加一个停止标准，等价于在修改版的 BrownBoost 使用的停止标准 $\tau_r=1$。如果经验 γ-弱学习假设成立，对于某 $\gamma>0$，修改版的 BrownBoost 是否一定停止在有限的轮数？为什么？或者为什么不？

练习 14.4、练习 14.5 和练习 14.6 将更详细地探讨 BrownBoost 的解的本质属性。对于所有这些练习，我们采用定理 14.1 的条件和符号，包括式（14.20）给出的 $\prod(\alpha,\tau')$ 的定义。我们令 $\epsilon \doteq \prod(0,\tau)/m$ ，假设 $\epsilon \in \left(0,\frac{1}{2}\right)$ ，β 给定并固定，$\beta > 0$。

14.4 设存在 $\alpha \in \mathbb{R}$，且 $\tau' \in [\tau,1-c]$ ，τ' 满足式（14.19），$\prod(\alpha,\tau') < \prod(0,\tau)$ 。证明 BrownBoost 存在解 $< \tilde{\alpha}\ ,\tilde{\tau}' >$，$\tilde{\tau}' > \tau'$ 。

14.5 令 $\delta \doteq \frac{1}{2} - \frac{1}{2m}\sum_{i=1}^{m} z_i$ ，假设 $\delta \in (0,\frac{1}{2})$ 。

a. 证明：如果 ϵ 不是一个整数乘以 $1/m$ ，那么不存在 BrownBoost 的解 $\langle\alpha,\tau'\rangle$ ，$\tau' = 1$。同样，证明：如果 $\epsilon \neq \delta$ ，那么一定存在 BrownBoost 的解，$\tau' \leqslant 1-c$ 。

b. 考虑函数

$$G(u) \doteq A\ \mathrm{erfc}(u+a) - B\ \mathrm{erfc}(u+b)$$

实常数 A 、B 、a 和 b ，$A > B > 0$。令 G' 表示 G 的导数，证明：

i. 如果 $a \leqslant b$ ，那么 $G(u) > 0$，对于所有 $u \in \mathbb{R}$。

ii. 如果 $a > b$ ，那么存在唯一值 u_0 和 u_1 ，使得 $G(u_0) = 0$，$G'(u_1) = 0$，并且 $u_0 \neq u_1$ 。

[提示：刻画 G ，$u \to \pm\infty$ 时，考虑 G 的极限，以及对于所有 u 值 $G'(u)$ 的符号]

c. 考虑一种特殊情况，对于所有的 i ，存在 s_- 和 s_+ 。

$$\psi_i = \begin{cases} s_-,\ \text{if} & z_i = -1 \\ s_+,\ \text{if} & z_i = +1 \end{cases}$$

找到一个数 τ_0 ，作为 s_- 、s_+ 和 β 的函数，则对于所有 $\tau' < 1$，下面成立。

i. 如果 $\tau' \geqslant \tau_0$ ，那么对于所有的 α ，$\prod(\alpha,\tau') \neq \delta m$ 。

ii. 如果 $\tau' < \tau_0$ ，那么存在唯一的 α ，$\prod(\alpha,\tau') = \delta m$ 。然而，$\langle\alpha,\tau'\rangle$ 对不满足式（14.19）。

d. 令 $z_1,\cdots,z_m$ 和 δ 如上所述。找到 $\psi_1,\cdots,\psi_m$ 的值，$c > 0$，$\tau \in [0,1-c)$ ，使得 BrownBoost 的唯一解是 $\tau' = 1$。

14.6 证明：当 $c = 0$ 时，在下面的情况下定理 14.1 是错的。令 $z_1,\cdots,z_m$ ，$\delta \in (0,\frac{1}{2})$，如练习 14.5，令 $c = 0$。找到 $\psi_1,\cdots,\psi_m$ 的值，$\tau \in [0,1)$ ，使得 BrownBoost 的解不存在。

14.7 在 14.2.2 节，我们看到如果 BrownBoost 在某时刻 $\tau \geqslant 1-c$ 终止，那么 H 的训练误差是有界的，由式（14.26）给出。在这个练习中，我们将证明当使用随机版本的 H 时有更好的界。

设 BrownBoost 会停止，除了算法 14.1 所用的符号，用 τ 和 ψ_i 表示在停止时变量对应的取值。给定 x ，我们重新定义 H 为随机预测，以下面的概率预测为 $+1$，有

$$\frac{\Phi(-F(x),\tau)}{\Phi(F(x),\tau) + \Phi(-F(x),\tau)}$$

否则预测为 -1，这里 $F(x) \doteq \sum_{r=1}^{R} \alpha_r h_r(x)$ 。

a. 将 H 的期望训练误差精确地表示为筹码的势能函数的表达式，其中期望是针对 H 的随机预测。

b. 对于所有 $\psi \in \mathbb{R}$，证明：$\Phi(\psi,\tau) + \Phi(-\psi,\tau) \geqslant 2\Phi(0,\ \tau)$ 。

c. 证明：H 的期望训练误差至多是

$$\frac{\epsilon}{\mathrm{erfc}(\sqrt{\beta c/2})}$$

当 $c \to 0$ 时，该式接近 ϵ。

14.8　使用定理 14.2 的符号和假设，以及它的证明，这个练习探索了如果 BrownBoost 运行不那么缓慢会发生什么。我们假设这个首次发生在第 r 轮，这意味着前面的 $r-1$ 轮运行得很缓慢。特别地，这意味着式（14.29）和式（14.30）仍然有效。我们进一步假设对于所有的 i，$\psi^* > 0$。

a. $a \in (0,c)$，$\beta > 0$，令

$$\mathcal{L}_a^\beta \doteq \{\langle \alpha, \tau' \rangle : \Pi^\beta(\alpha, \tau') = \Pi^\beta(0, \tau^\beta), 1-c \leqslant \tau' \leqslant 1-a\}$$

证明：对于所有足够大的 β，存在 $a \in (0,c)$，使得 $\mathcal{L}_a^\beta$ 是非空的、收紧的。

［提示：为了证明非空，首先证明 $\Pi^\beta(0,1) < m\epsilon$，但是 $\Pi^\beta(0,1-c) > m\epsilon$］

b. 利用（**a**），证明：β 足够大，存在 $\langle \alpha^\beta, \tau'^\beta \rangle$ 对满足式（14.33）和式（14.34），这里 $1-c < \tau'^\beta < 1$。

c. 因此，我们假设选择 $\langle \alpha^\beta, \tau'^\beta \rangle$ 对如（**b**）所述。令 q 是（0,1）中的任意常数，当 β 足够大，证明：$\tau'^\beta > 1 - \beta^{q-2}$。

［提示：修改引理 14.4 的证明］

d. 令

$$\mu_+ \doteq \min_{i:z_i=+1} \psi_i^*, \mu_- \doteq \min_{i:z_i=-1} \psi_i^*$$

并且令 $\tilde{\alpha} \doteq (u_- - u_+)/2$。证明：当 $\beta \to \infty$ 时，$\alpha^\beta \to \tilde{\alpha}$。这个极限 $\tilde{\alpha}$ 必须等于 α^* 吗？证明你的答案。

［提示：对于所有的 $\delta > 0$，β 足够大，证明如果 $|\alpha^\beta - \tilde{\alpha}| \geqslant \delta$，那么式（14.34）不可能满足］

附录 A

符号、定义及其数学背景

在本附录中，我们将描述书中使用的一些符号和定义，并简要概述相关数学背景。如需更深入的了解请参考相关的教材等。例如，实分析 [197]、凸分析与优化 [31，191]、概率 [21，33，84，215]。

A.1 通用符号

如果 a 是一个事件，则其概率用 $\mathbf{Pr}[a]$ 来表示。一个实值随机变量 X 的期望值写作 $\mathbf{E}[X]$。通常用下标来明确概率或期望是哪个随机源的。

所有实数的集合写作 $\mathbb{R}$，$\mathbb{R}_+$ 表示所有非负实数的集合，$\mathbb{R}_{++}$ 是严格的正实数的集合。所有整数的集合写作 $\mathbb{Z}$。

集合 $A_1,\cdots,A_n$ 的并集（union）用 $A_1\cup\cdots\cup A_n$ 表示，或者偶尔用 $\bigcup_{i=1}^n A_i$。它们的交集写作 $A_1\cap\cdots\cap A_n$。它们的笛卡儿积（Cartesian product）(即所有形如 $\langle a_1,\cdots,a_n\rangle$ 的元组的集合，这里 $a_i\in A_i$，$i=1,\cdots,n$）写作 $A_1\times\cdots\times A_n$。当所有 n 个集合都等于同一个集合 A 的时候，可以缩写为 A^*。两个集合 A 和 B 的差（difference）（即在 A 中出现的元素，但是不在 B 中）写作 $A-B$。我们用 $A\subseteq B$ 来表示 A 是 B 的子集（不需要是真子集)。集合 A 的幂集（它所有子集构成的集合）用 2^A 表示。空集写作 ϕ。

符号 $\doteq$ 表示“根据定义相等”。对于 $x\in\mathbb{R}$，我们定义

$$\operatorname{sign}(x)\doteq\begin{cases}+1, & \text{if } x>0\\ 0, & \text{if } x=0\\ -1, & \text{if } x<0\end{cases}$$

然而在本书的某些小节，我们临时重新定义了 sign (0)，这就应该看文中具体的解释。

我们定义了指示函数（indicator function）$\mathbf{1}\{\cdot\}$，若其参数为真，则为 1，否则为 0。

自然对数写作 $\ln x$，它的底是 $e\approx 2.71828$。对数底是 10，写作 $\lg x$。当底不重要或从上下文中能够清楚理解时，我们有时会用没有底的形式，写作 $\log x$。按照惯例，$0\log 0$ 被定义为 0。本书中为了可读性，我们经常将 e^x 写作 $\exp(x)$。

一个有序的对（或二元组）写作 (x,y)，或者 $\langle x,y\rangle$。向量通常是用黑斜字体显示的，例如，$\boldsymbol{x}$。向量 $\boldsymbol{x}\in\mathbb{R}^n$，其分量写作 $x_1,\cdots,x_n$。两个向量 $\boldsymbol{x}$、$\boldsymbol{y}\in\mathbb{R}^n$ 的内积写作 $\boldsymbol{x}\cdot\boldsymbol{y}$。因此

$$\boldsymbol{x}\cdot\boldsymbol{y}\doteq\sum_{i=1}^{n}x_i y_i$$

在线性代数的背景下，一个向量 $\boldsymbol{x}\in\mathbb{R}^n$ 被看作列向量。然而，更通常的情况下，$\boldsymbol{x}$ 用元组来标识 $\langle x_1,\cdots,x_n\rangle$。

矩阵经常用黑斜体，例如 $\boldsymbol{M}$，其中的元素为 $\boldsymbol{M}_{ij}$。矩阵 $\boldsymbol{M}$ 的转置标识为 $\boldsymbol{M}^{\top}$。

我们以一种不是非常正式的方式使用“大 O”符号来隐藏复杂公式中的常数项和低阶项。如果 f 和 g 是在 n 个实值上的实值函数，我们说 $f(\boldsymbol{x})$ 是 $O(g(\boldsymbol{x}))$，如果 $f(\boldsymbol{x})$ 在“适当”的极限下则至多是以一个正常数倍大于 $g(\boldsymbol{x})$。通常，这是所有变量都变大的时候的极限，但有时我们感兴趣的是一个或多个变量趋近于 0 时的情况。“正确”的极限通常在上下文中是清楚的。例如，$3x^3+2x+x^2\ln x+9$ 在 $x\to\infty$ 的极限下是 $O(x^3)$，它也是 $O(x^4)$。

类似地，$f(\boldsymbol{x})$ 是 $\Omega(g(\boldsymbol{x}))$ 如果它在“适当”的极限下至少是以一个正常数倍大于 $g(\boldsymbol{x})$。我们也使用“软 O”符号—— $\widetilde{O}(g(\boldsymbol{x}))$ ——以类似的方式来隐藏对数因子。例如，$2x^2\ln x+x^{1.5}+17$ 是 $\widetilde{O}(x^2)$。最后我们说如果 $f(\boldsymbol{x})$ 既是 $O(g(\boldsymbol{x}))$ 又是 $\Omega(g(\boldsymbol{x}))$，那么 $f(\boldsymbol{x})$ 是 $\theta(g(\boldsymbol{x}))$。

A.2 范式

$p\geqslant 1$，向量 $\boldsymbol{x}\in\mathbb{R}^n$ 的 ℓ_p- 范式写作 $\|\boldsymbol{x}\|_p$，定义如下

$$\|\boldsymbol{x}\|_p\doteq\Big(\sum_{i=1}^{n}|x_i|^p\Big)^{1/p}$$

令 p 趋于 ∞，就得到了 ℓ_∞- 范式，即

$$\|\boldsymbol{x}\|_\infty\doteq\max_{1\leqslant i\leqslant n}|x_i|$$

这些范式自然成对出现，称为对偶。具体地，范式 ℓ_p 和 ℓ_q 形成一个对偶对，如果

$$\frac{1}{p}+\frac{1}{q}=1$$

这意味着 ℓ_1 和 ℓ_∞ 是对偶，然而通常的欧式范式 ℓ_2 和自身形成了对偶。

当范式 ℓ_p 不是很重要或者上下文很清楚时，我们有时也写作 $\|\boldsymbol{x}\|$。

A.3 最大值、最小值、上确界、下确界

令 $A\subseteq\mathbb{R}$，A 中最大的元素写作 $\max A$。通常，我们用集合 I 中的索引 l 来标识元

素，写作

$$\max_{l \in I} a_l$$

作为下式的简写形式，即

$$\max\{a_l : l \in I\}$$

这与下列描述的其他概念类似。

我们还定义了

$$\arg\max_{l \in I} a_l \tag{A.1}$$

来表示实现了最大值的任意索引 $\tilde{l} \in I$ 。也就是说，对于所有 $l \in I$ ，有 $a_{\tilde{l}} \geqslant a_l$ 。如果不只一个索引满足这个属性，那么式（A.1）就等于拥有这个属性的任意索引。

一般来说，对于 $A \subseteq \mathbb{R}$，$\max A$ 不需要一定存在，因为 A 可能没有一个最大的元素（例如，如果 A 是所有负实数构成的集合）。在这种情况下，我们可以用 A 的上确界（suprema）来代替，写作 $\sup A$ ，定义为 A 的最小上界。也就是说，对于所有 $a \in A$ ，满足 $a \leqslant s$ 的最小的 s ，$s \in \mathbb{R}$。如果这样的数不存在，那么 $\sup A = +\infty$ ，例如 A 包含无限大的元素。如果 A 是空的，那么 $\sup A = -\infty$ 。如果 A 是所有负数的集合，那么 $\sup A = 0$。在所有情况下，对于所有 $A \subseteq \mathbb{R}$，$\sup A$ 有定义且存在，并且当最大值存在的时候等于 $\max A$ 。

最小值、arg min 和下确界（infimum）的定义是类似的。具体来说，$\inf A$ ，$A \subseteq \mathbb{R}$的下确界，就是 A 的最大的下界，也就是说，对于所有 $a \in A$ ，满足 $s \leqslant a$ 的最大的 s 。

A.4 极限

令 $\mathbf{x}_1, \mathbf{x}_2, \cdots$是 $\mathbb{R}^n$ 上一序列的点。我们说当 $t \to \infty$ 时，序列收敛于 $\tilde{\mathbf{x}} \in \mathbb{R}^n$ ，写作 $\mathbf{x}_t \to \tilde{\mathbf{x}}$ ，或者

$$\lim_{t \to \infty} \mathbf{x}_t = \tilde{\mathbf{x}}$$

如果对于所有$\varepsilon > 0$，存在 $t_0 > 0$，使得

$$\|\mathbf{x}_t - \tilde{\mathbf{x}}\| < \varepsilon$$

那么该式对于所有的 $t \geqslant t_0$ 成立。

类似地，如果 $x_1, x_2, \cdots$是$\mathbb{R}$上一序列的点，对于所有的$B > 0$，存在$t_0 > 0$，使得对于所有的 $t \geqslant t_0$ ，有 $x_t > B$ ，那么 $x_t \to +\infty$ 。类似地可以定义极限 $x_t \to -\infty$ 。

对于任意这样的序列，我们也定义了如下的单边上限（upper limit）或上确极限（limit superior），即

$$\limsup_{t \to \infty} x_t \doteq \lim_{t_0 \to \infty} \sup_{t \geqslant t_0} x_t$$

换句话说，如果这个表达式等于 s ，那么对于所有的$\varepsilon > 0$，存在$t_0 > 0$，使得对于所有的 $t \geqslant t_0$ ，有 $x_t < s + \varepsilon$ ，而且，s 是拥有这一属性的最小数。因此，s 可以被看作这个序列的极限情况下的最佳上界。类似地，下限或者下确极限为

$$\lim_{t \to \infty} \inf x_t \doteq \lim_{t_0 \to \infty} \inf_{t \geqslant t_0} x_t$$

注意 lim sup x_t 和 *lim* inf x_t 对于所有的序列都是存在的，尽管两者可能都是无限的。当且仅当整个序列有一个极限时（一定等于它们的公共值（common value）），这两个量彼此相等。

如果 $\boldsymbol{f}: A \to \mathbb{R}^n$ ，这里 $A \subseteq \mathbb{R}^n$ ，并且 $\tilde{\mathbf{x}} \in A$ ，那么极限

$$\lim_{\mathbf{x} \to \tilde{\mathbf{x}}} \boldsymbol{f}(\mathbf{x})$$

存在，等于 $\mathbf{y}$（也写作当 $\mathbf{x} \to \tilde{\mathbf{x}}$ 时，$\boldsymbol{f}(\mathbf{x}) \to \mathbf{y}$）。如果对于 A 中的所有序列 $\mathbf{x}_1, \mathbf{x}_2, \cdots$，没有元素等于 $\tilde{\mathbf{x}}$，且 $\mathbf{x}_t \to \tilde{\mathbf{x}}$，那么 $\boldsymbol{f}(\mathbf{x}_t) \to \mathbf{y}$（至少有一个这样的序列存在）。如果 $A \subseteq \mathbb{R}$，那么也可以类似地定义当 $x \to \pm\infty$ 时的极限。

A.5 连续性、闭集和紧性

令 $f: A \to \mathbb{R}$，这里 $A \subseteq \mathbb{R}^n$ 。则 f 在 $\tilde{\mathbf{x}}$上是连续的，对于 A 上的每个序列 $\mathbf{x}_1, \mathbf{x}_2, \cdots$，如果 $\mathbf{x}_t \to \tilde{\mathbf{x}}$，那么 $f(\mathbf{x}_t) \to f(\tilde{\mathbf{x}})$ 。如果在它的域 A 上每个点都是连续的，那么函数 f 是连续的。偶尔，我们也会考虑包括 $\pm\infty$ 的函数。对于这种扩展的实值函数的连续性的定义也采用同样的方法。例如，我们熟悉的函数：x^2 、e^x 、$\cos x$ 在 $\mathbb{R}$上都是连续的。符号函数 sign(x) 不是连续的。函数 $\ln x$ 作为实值函数在 $\mathbb{R}_{++}$ 上是连续的。如果我们定义 $\ln 0 = -\infty$ ，那么它在 $\mathbb{R}_+$ 上也变成了连续的扩展实值函数。

根据中值定理（intermediate value theorem），如果 $f: [a, b] \to \mathbb{R}$是连续的，那么对于任意在 $f(a)$ 和 $f(b)$ 之间的 u 值，一定存在 $x \in [a, b]$，$f(x) = u$ 。

如果 A 中每个收敛序列收敛到的点都在 A 中，那么我们说集合 $A \subseteq \mathbb{R}^n$ 是封闭的。也就是说，A 是封闭的，如果对于 A 上的每个序列 $\mathbf{x}_1, \mathbf{x}_2, \cdots, \mathbf{x}_t \to \tilde{\mathbf{x}}$，那么 $\tilde{\mathbf{x}} \in A$ 。例如，在 $\mathbb{R}$中，集合 $[0,1]$、$\mathbb{Z}$、$\mathbb{R}$都是封闭的，但是集合 (0、1) 不是。

集合 $A \subseteq \mathbb{R}^n$ 的闭包（closure），写作 $\bar{A}$ ，是包含 A 的最小闭集。换句话说，$\bar{A}$ 就是由这样的点 $\tilde{\mathbf{x}}$ 组成：$\tilde{\mathbf{x}} \in \mathbb{R}^n$ ，并且存在 A 中的一个序列收敛于 $\tilde{\mathbf{x}}$ 。例如，$(0,1)$ 的闭包是 $[0,1]$。

如果存在 $B > 0$，使得对于所有的 $\mathbf{x} \in A$ ，有 $\|\mathbf{x}\| < B$ ，那么我们说集合 $A \subseteq \mathbb{R}^n$ 是有界的。如果它既是封闭的又是有界的，那么集合 A 是收紧的。例如，$[0,1]$ 是收紧的，但是 $(0,1)$ 和 $\mathbb{R}$都不是。

收紧的集合有一系列重要的属性。

首先，如果 $A \subseteq \mathbb{R}^n$ 是收紧的、非空的，并且如果 $f: A \to \mathbb{R}$是连续的，那么 f 实际

上在 A 上某一点达到了它的最大值。换句话说

$$\max_{\mathbf{x}\in A} f(\mathbf{x})$$

存在，意味着存在 $\mathbf{x}_0 \in A$ ，使得 $f(\mathbf{x}) \leqslant f(\mathbf{x}_0)$ ，对于所有的 $\mathbf{x} \in A$ 。

其次，如果 $A \subseteq \mathbb{R}^n$ 是收紧的，如果 $\mathbf{x}_1, \mathbf{x}_2, \cdots$ 是 A 上任意序列（不需要收敛），那么这个序列一定有一个收敛的子序列（convergent subsequence）。也就是说，一定存在索引 $i_1 < i_2 < \cdots$ ，使得子序列 $\mathbf{x}_{i_1}, \mathbf{x}_{i_2}, \cdots$ 收敛，因此在 A 中有一个极限。

A.6 导数、梯度和泰勒定理

令 $f: \mathbb{R} \to \mathbb{R}$。那么 f 的一阶导数用 f' 或 $\mathrm{d}f/\mathrm{d}x$ 来表示，用 $f'(\tilde{x})$ 和 $\mathrm{d}f(\tilde{x})/\mathrm{d}x$ 表示在具体的值 $\tilde{x}$ 上的导数值。类似地，f''（或 $\mathrm{d}^2 f/\mathrm{d}x^2$ ）和 $f^{(k)}$ 分别表示二阶和 k 阶导数。

一种泰勒定理的形式如下所述。

定理 A.1 令 $f: [a,b] \to \mathbb{R}$是 $k+1$ 次连续可微。那么对于所有 x_0，$x \in [a,b]$，存在 $\hat{x}$ 在 x_0 和 x 之间，有

$$f(x) = f(x_0) + (x - x_0) f'(x_0) + \cdots + \frac{(x - x_0)^k}{k!} f^{(k)}(x_0) + \frac{(x - x_0)^{k+1}}{(k+1)!} f^{(k+1)}(\hat{x})$$

现在令 $f: \mathbb{R}^n \to \mathbb{R}$是定义在 $x_1, \cdots, x_n$ 上的函数。那么 $\partial f/\partial x_i$ 表示 f 在 x_i 上的偏导，$\partial f(\tilde{\mathbf{x}})/\partial x_i$ 给出了在具体的点 $\tilde{\mathbf{x}}$ 上的偏导值。f 的梯度，用 ∇f 表示，是它的偏导构成的向量，即

$$\nabla f = \left\langle \frac{\partial f}{\partial x_i}, \cdots, \frac{\partial f}{\partial x_n} \right\rangle$$

$\nabla f(\tilde{\mathbf{x}})$ 表示在点 $\tilde{\mathbf{x}}$ 上的值。如果 $\boldsymbol{d}$ 是表明方向的单位向量，那么 f 在点 $\tilde{\mathbf{x}}$ 的斜率在 $\boldsymbol{d}$ 方向上的分量是 $\nabla f(\tilde{\mathbf{x}}) \cdot \boldsymbol{d}$ 。换句话说，如果我们令 $g(u) \doteq f(\tilde{\mathbf{x}} + u\boldsymbol{d})$，那么

$$g'(0) = \nabla f(\tilde{\mathbf{x}}) \cdot \boldsymbol{d} \tag{A.2}$$

这意味着 f 在梯度的正方向上增加得最迅速，在梯度的反方向下降得最迅速。

链式法则表明，如果函数 $f(x_1, \cdots, x_n)$ 的变量 $x_1, \cdots, x_n$ 它们自身是某个变量 u 的函数，那么

$$f(x_1, \cdots, x_n) = f(x_1(u), \cdots, x_n(u))$$

实际上是 u 的函数，那么对其求导可以利用下面的规则，即

$$\frac{\mathrm{d}f}{\mathrm{d}u} = \sum_{i=1}^{n} \frac{\partial f}{\partial x_i} \cdot \frac{\mathrm{d}x_i}{\mathrm{d}u}$$

例如，令 $x_i(u) = \tilde{x}_i + u d_i$ 可得式（A.2）。

A.7　凸集

如果对于所有的 $\mathbf{u}$、$\mathbf{v} \in A$，所有的 $p \in [0,1]$，点 $p\mathbf{u}+(1-p)\mathbf{v}$ 也在 A 中，那么集合 $A \subseteq \mathbb{R}^n$ 是凸集。对于这样一个凸集 A，即如果对所有的 $\mathbf{u}$、$\mathbf{v} \in A$，所有的 $p \in [0,1]$，那么我们说 $f: A \rightarrow \mathbb{R}$是一个凸函数，

$$f(p\mathbf{u}+(1-p)\mathbf{v}) \leqslant pf(\mathbf{u})+(1-p)f(\mathbf{v})$$

当 $\mathbf{u} \neq \mathbf{v}$，$p \in [0,1]$ 时，如果这个条件是严格不等式成立的，那么函数 f 是严格凸的。例如，$1-2x$，x^2，e^x，$-\ln x$ 在它们各自域都是凸的，除了第一个其他的都是严格凸的。

在各种自然操作下，凸性的性质是封闭的。例如，两个或多个凸函数的和是凸的，凸函数与线性函数的组合也是凸的。凸函数没有局部极小值。严格凸函数最多可以有一个全局极小值。如果定义在所有 $\mathbb{R}^n$ 上的实值函数 $f: \mathbb{R}^n \rightarrow \mathbb{R}$是凸的，那么它也必须是连续的。

设 f 是只有一个变量的函数，即其域是 $\mathbb{R}$的（凸）子集。如果 f 是二次可微的，那么当且仅当 f'' 是非负的，函数 f 是凸的。而且，如果 f'' 是处处严格为正，那么 f 是严格凸的（但是反过来不一定成立）。一个凸函数 f 一定完全位于任意点 x_0 的切线之上。如果 f 在 x_0 处是可微的，这意味着对于域内的所有 x

$$f(x) \geqslant f(x_0)+f'(x_0)(x-x_0) \tag{A.3}$$

Jensen 不等式表明，如果 f 是凸的，X 是任意实值随机变量，那么

$$f(\mathbf{E}(X)) \leqslant \mathbf{E}(f(X)) \tag{A.4}$$

A.8　拉格朗日乘子法

设我们希望找到如下形式的凸优化问题的解，$\mathbf{x} \in \mathbb{R}^n$。

$$\begin{aligned} &\text{最小化：} f(\mathbf{x}) \\ &\text{满足：} g_i(\mathbf{x}) \leqslant 0,\ i=1,\ \cdots,\ m \\ &\qquad\quad \mathbf{a}_j \cdot \mathbf{x}=b_j,\ j=1,\ \cdots,\ \ell \end{aligned}$$

这里 f，$g_1,\cdots,g_m$ 都是凸的，$\mathbf{a}_1,\cdots,\mathbf{a}_\ell \in \mathbb{R}^n$，$b_1,\cdots,b_\ell \in \mathbb{R}$。我们把这称为原始问题(primal problem)。处理这类问题的一种常用方法是首先形成拉格朗日量，即

$$L(\mathbf{x},\boldsymbol{\alpha},\boldsymbol{\beta}) \doteq f(\mathbf{x})+\sum_{i=1}^{m} \alpha_i g_i(\mathbf{x})+\sum_{j=1}^{\ell} \beta_j(\mathbf{a}_j \cdot \mathbf{x}-b_j)$$

这是最初的“原始”变量 $\mathbf{x}$，新的“对偶”变量，叫作拉格朗日乘子，$\alpha_1,\cdots,\alpha_m$，和 $\beta_1,\cdots,\beta_\ell$ 的函数。β_j 没有限制，但是我们要求 α_i 是非负的。

下一步，对于 $\boldsymbol{\alpha}$、$\boldsymbol{\beta}$ 的每次选择，这个方法规定找到最小化 L 的 $\mathbf{x}$，然后将结果代回 L。换句话说，我们计算

$$h(\boldsymbol{\alpha},\boldsymbol{\beta}) \doteq \inf_{\mathbf{x}\in\mathbb{R}^n} L(\mathbf{x},\boldsymbol{\alpha},\boldsymbol{\beta})$$

则得到了对偶优化问题。

$$\text{最大化：} h(\boldsymbol{\alpha},\boldsymbol{\beta})$$

$$\text{满足：} \alpha_i \geqslant 0, i=1,\cdots,m$$

在适当的条件下，可以证明这个优化问题的解与最初的原始问题相同。在这种情况下，我们可以求解这个对偶问题，然后在取得这些值的条件下，通过找到使 L 最小化的 $\mathbf{x}$ 以得到原始问题的解。8.1.3 节给出了一个例子。

A.9 分布和中心极限定理

二项式系数 $\binom{n}{k}$ 表示从 n 个元素的集合中选取 k 个元素一共有多少种方法。因此，有

$$\binom{n}{k} \doteq \frac{n!}{k!\,(n-k)!}$$

按照惯例，如果 $k<0$ 或者 $k>n$，那么 $\binom{n}{k} \doteq 0$。

设 $X_1,\cdots,X_n$ 是 n 个独立随机变量，每个以概率 p 为 1，否则为 0。那么随机变量的分布

$$Y \doteq \sum_{i=1}^{n} X_i$$

计算为 1 的总数，叫作二项式分布。具体地说，我们有

$$\mathbf{Pr}[Y=k] = \binom{n}{k} p^k (1-p)^{n-k}$$

实值随机变量 X 的方差定义为

$$\text{Var } X \doteq \mathbf{E}[(X-\mathbf{E}(X))^2]$$

例如上面的例子，$\text{Var } X_i = p(1-p)$，$\text{Var } Y = np(1-p)$。X 的标准差（standard deviation）是 $\sqrt{\text{Var } X}$，是衡量分布的“散布”情况的标准度量。

在一维的情况下，随机变量 X 遵循正态分布或高斯分布，其均值为 μ，标准差为 σ。如果其概率密度函数如下所示

$$p(x;\mu,\sigma) = \frac{1}{\sigma\sqrt{2\pi}} \exp\left(-\frac{(x-\mu)^2}{2\sigma^2}\right)$$

这意味着，对于所有 $z\in\mathbb{R}$，有

$$\mathbf{Pr}[X\leqslant z] = \int_{-\infty}^{z} p(x;\mu,\sigma)\,\mathrm{d}x$$

标准正态分布是指 $\mu=0$，$\sigma=1$ 的正态分布。

中心极限定理指出，在适当的归一化（标准化）的情况下，大量独立随机变量的和将收敛于正态分布。更准确地说，令 $X_1, X_2, \cdots$是独立的、同分布的随机变量，每个变量的均值都是 μ，标准方差为σ。令

$$Y_n \doteq \sum_{i=1}^{n} X_i$$

是前 n 个变量的和，令

$$Z_n \doteq \frac{Y_n - n\mu}{\sigma\sqrt{n}}$$

是和的归一化（标准化）版本，其均值为 0，标准方差为 1，则中心极限定理指出 Z_n 在分布上收敛于标准正态分布。这意味着对于所有 $z \in \mathbb{R}$，有

$$\lim_{n \to \infty} \mathbf{Pr}[Z_n \leqslant z] = \mathbf{Pr}[Z^* \leqslant z]$$

这里 Z^* 是标准正态分布随机变量。